青岛科技大学产教融合教材建设项目

运筹学
模型与方法

OPERATION RESEARCH
Models and Methods

王玉梅 于龙振 索 琪
杨树国 何宗斌 编著

经济管理出版社
ECONOMY & MANAGEMENT PUBLISHING HOUSE

图书在版编目（CIP）数据

运筹学 ：模型与方法 / 王玉梅等编著. -- 北京 ：经济管理出版社，2025. -- ISBN 978-7-5243-0187-5

Ⅰ. O22

中国国家版本馆 CIP 数据核字第 2025AH6687 号

组稿编辑：王　洋
责任编辑：王　洋
责任印制：张莉琼
责任校对：陈　颖　王淑卿

出版发行：经济管理出版社
（北京市海淀区北蜂窝 8 号中雅大厦 A 座 11 层　100038）
网　　址：www. E-mp. com. cn
电　　话：（010）51915602
印　　刷：唐山玺诚印务有限公司
经　　销：新华书店
开　　本：787mm×1092mm/16
印　　张：30. 5
字　　数：683 千字
版　　次：2025 年 5 月第 1 版　　2025 年 5 月第 1 次印刷
书　　号：ISBN 978-7-5243-0187-5
定　　价：78. 00 元

前 言

通过本教材的理论教学、启发教学和案例教学，使学生认识运筹学的现状与趋势，理解运筹学的内涵及应用过程，培养科学决策思维和创新思维。理解决策者需要具备的独特技能与素质，并运用特定的求解方法进行求解，为管理决策提供科学依据。参考所学理论创造新方法，提高应用价值。《运筹学：模型与方法》的主要内容包括最优计划、最优分配、最优管理和最优决策等一系列问题，重点掌握线性规划、整数规划、目标规划、图与网络分析和决策分析等理论及方法。

全书具体内容包括：一是熟悉有关运筹学的发展过程、基本概念，理解运筹学解决问题的逻辑；二是熟悉有关线性规划的基本概念、理解线性规划的含义、理解掌握线性规划解的概念、掌握单纯形法的计算过程、掌握构建模型的技巧；三是熟悉有关线性规划对偶问题的基本概念、基本性质、影子价格的含义，理解掌握对偶理论求解线性规划问题的逻辑，掌握对偶单纯形法的计算过程，掌握构建模型的技巧；四是熟悉有关整数规划的基本概念、基本性质、特点，掌握分配问题与匈牙利法的求解过程，理解掌握分枝定界法、割平面法求解整数规划问题的逻辑，掌握构建模型的技巧；五是熟悉有关目标规划的基本概念、基本性质、特点，掌握图解分析法过程，理解掌握用单纯形法求解目标规划的逻辑，掌握构建模型的技巧；六是熟悉有关图的基本概念与模型、特点，掌握最小部分树求解过程，理解掌握最短路问题、网络最大流问题和最小费用流求解过程，掌握构建模型的技巧；七是熟悉有关 PERT 网络图的构成与特点、掌握 PERT 网络图的计算过程、理解掌握关键路线和网络计划的优化过程、掌握构建模型的技巧；八是熟悉有关多阶段的决策问题概念与特点、掌握最优化原理与动态规划的数学模型的计算过程、掌握构建模型的技巧。

绪 论

运筹学一词的英文原名为 Operations Research（缩写为 O. R.），可直译为“作业研究”或“运用研究”。早在《史记·高祖本纪》中就有记载：夫运筹策帷帐之中，决胜于千里之外。由于运筹学涉及的主要领域是科学管理决策问题，研究的基本手段是建立数学模型，并比较多地运用各种数学方法和工具，从这点出发，我们撰写了《运筹学：模型与方法》。

运筹学一词起源于 20 世纪 30 年代，《大英百科全书》中指出“运筹学是一门应用于管理有组织系统的科学”。运筹学是为管理者提供决策目标和数量分析的工具。在我国《辞海》中指出，运筹学主要研究在军事活动与经济活动中能用数量来表达的，有关运用、筹划与管理方面的问题。根据实际问题的要求，管理者可以通过运筹学的模型与方法进行定量的分析与运算，从而作出科学的、综合性的合理决策，以达到较经济、有效地使用资源的目的。《中国企业管理百科全书》中指出，运筹学应用分析、试验、量化的方法，对经济管理系统中人、财、物等有限资源进行统筹安排，为决策者提供有依据的最优方案，以实现最有效的管理。

运筹学的思想渊源在我国古代文献中就有不少记载，如齐王赛马和丁渭主持皇宫的修复等故事。齐王赛马的故事是说一次齐王和田忌赛马，规定双方出上、中、下三个等级的马各一匹。如果按同等级的马比赛，齐王可获全胜，但田忌采取的策略是以下马对齐王的上马，以上马对齐王的中马，以中马对齐王的下马，结果田忌反以二比一获胜。丁渭修皇宫的故事发生在北宋时代，皇宫因火焚毁，由丁渭主持修复工作，他让人在宫前大街取土烧砖，挖成大沟后灌水成渠，利用水渠运来各种建筑用材料，工程完毕后再以废砖乱瓦等填沟修复大街，做到减少和方便运输，加快了工程进度。但运筹学这个名词的正式使用是在 1938 年，当时英国为解决空袭的早期预警，做好反侵略战争准备，积极进行“雷达”的研究。但随着雷达性能的改善和配置数量的增多，出现了来自不同雷达站的信息以及雷达站同整个防空作战系统的协调配合问题。1938 年 7 月，鲍德西（Bawdsey）雷达站的负责人罗伊（Rowe）提出立即进行整个防空作战系统运行的研究，并用“Operational Research”一词作为这方面研究的描述，这就是 O. R.（运筹学）这个名词的起源。运筹学小组的活动开始时局限于对空军战术的研究，以后扩展到海军和陆军，并参与战略决策的研究。这种研究在美国、加拿大等国很快得到效法。第二次世界大战中，各国的运筹学小组广泛进行了如何提高轰炸效果或侦察效果，如何用水雷有效封锁敌方海面和其他战略战术方面的分析，为取得反法西斯战争的胜利做出了贡献。1939 年，苏联学者康托罗维奇（Kantorovich）出版了《生产组织与计划中的数学方法》一书，对彼得格勒胶合板厂的计划任务建立了一个线性规划的模型并提出了“解乘数法”的求解方法，为数学与管理科学的结合做出了开创性的工作。“二战”后，运筹学的活动扩展到工业和政府等部门，它的发展大致可分三个阶段：

第一阶段是从 1945 年到 20 世纪 50 年代初，被称为运筹学的创建时期。此阶段的特点是研究人员不多，研究范围较小，出版物、学会等寥寥无几。最早英国一些战时从事运筹学研究的人积极讨论如何将运筹学方法应用于民用部门，并于 1948 年成立“运筹学俱乐部”，在煤炭、电力等部门推广应用运筹学取得一些进展。1948 年美国麻省理工学院把运筹学作为一门课程介绍，1950 年英国伯明翰大学正式开设运筹学课程。1952 年美国凯斯（Case）理工学院设立了运筹学的硕士和博士学位。第一本运筹学杂志《运筹学季刊》（O. R. Quarterly）1950 年于英国创刊，第一个运筹学会——美国运筹学会于 1952 年成立，并于同年出版运筹学学报（Journal of ORSA）。

第二阶段是 20 世纪 50 年代，被认为是运筹学的成长时期。此阶段的一个特点是计算机技术的迅速发展，使运筹学中一些方法如单纯形法、动态规划方法等，得以用来解决实际管理系统中的优化问题，促进了运筹学的推广应用。20 世纪 50 年代末，美国大约有半数的大公司在自己的经营管理中应用运筹学。另一个特点是有更多学会、刊物出现。从 1956 年到 1959 年就有法国、印度、日本、荷兰、比利时等 10 个国家成立运筹学会，并有 6 种运筹学刊物问世。1957 年在英国牛津大学召开了第一次国际运筹学会议，1959 年国际运筹学联合会（International Federation of Operational Research Societies，IFORS）成立。

第三阶段是 20 世纪 60 年代至今，被认为是运筹学迅速发展和普及的时期。此阶段的特点是运筹学进一步细分为各个分支，专业学术团体迅速增多，更多期刊创办，运筹学书籍大量出版以及更多学校将运筹学课程纳人教学计划之中，并且第三代计算机的出现，促使运筹学得以用来研究一些大的复杂的系统，如城市交通、环境污染、国民经济计划等。

我国运筹学发展历史大致如下：我国第一个运筹学小组于 1956 年在中国科学院力学研究所成立，1958 年建立了运筹学研究室。1960 年在山东济南召开全国应用运筹学的经验交流和推广会议，1980 年 4 月中国数学会运筹学分会成立，1991 年中国运筹学会成立。此后，在农林、交通运输、建筑、机械、冶金、石油化工、水利、邮电、纺织等部门，运筹学的方法开始得到应用推广。除中国运筹学会外，中国系统工程学会以及与国民经济各部门有关的专业学会，也都把运筹学应用作为重要的研究领域，我国各高等院校，特别是各经济管理类专业已普遍把运筹学作为一门专业的主干课程列入教学计划之中。

任何学科都诞生于实践，并在实践中进行检验、更新和不断地发展。运筹学作为一门以优化决策为核心的交叉学科，在当今中国高质量发展的进程中正发挥着不可替代的战略作用。在党的二十大提出“加快构建新发展格局”的背景下，从智慧物流到智能制造，从能源调度到交通治理，都需要运用科学方法进行分析，确保管理决策目标和方法的科学性，避免主观偏见，提高管理决策的准确性和有效性，运筹学的数学建模与算法创新正深度融入国家发展的核心场景中。

目　录

第1章

线性规划与单纯形法

1.1　线性规划问题及其数学模型

线性规划被广泛应用于解决企业管理实际问题，作为运筹学的一个重要分支内容，其不但过程简单，而且方便管理人员使用。自1947年丹捷格（G. B. Dantzig）提出一般线性规划问题求解的方法——单纯形法之后，线性规划在理论上趋向成熟，在实用中日益广泛与深入。尤其是在数字化、信息化等现代化方法和手段出现后，人们可以借助计算机和人工智能方法来处理约束条件过多和决策变量过多的线性规划问题，使线性规划方法的适用领域更广泛了。统计学家们对现代企业管理过程中使用的方法做过统计，统计结果显示，有90%以上的企业在管理过程中使用过线性规划方法。从解决管理和技术问题的最优化设计到军事、公共事业、工业、农业、商业、交通运输业、经济计划和管理决策等领域都可以发挥作用。线性规划方法已成为现代科学管理的重要手段之一。

1.1.1　问题的提出

党的二十大报告明确指出，高质量发展是全面建设社会主义现代化国家的首要任务，强调要坚持以推动高质量发展为主题，着力提高全要素生产率，着力提升产业链供应链韧性和安全水平，着力推进城乡融合和区域协调发展，推动经济实现质的有效提升和量的合理增长。在现代生产、管理、经营、服务等活动中经常遇到同样的一类问题，即在一定的条件下如何合理地利用有限的人力、物力、财力等资源，以便得到最好的经济效果。为了解决这类问题，首先通过几个案例说明什么是线性规划问题。

例1：某企业在计划期内要安排生产Ⅰ、Ⅱ两种不同的产品，已知生产单位Ⅰ、Ⅱ两种产品所需的设备台时（在每一台设备上）及A、B两种原材料的消耗，如表1-1所示。

在当前市场状况下，该企业每生产一件产品Ⅰ可获利2元，每生产一件产品Ⅱ可获利3元，问应如何安排Ⅰ、Ⅱ两种产品的生产计划使该企业获利最多？

表1－1

	Ⅰ	Ⅱ	总资源
设备	1	2	8台时
原材料A	4	0	16千克
原材料B	0	4	12千克

为了使用线性规划方法，这类问题可以用以下的数学模型来描述，设x_1、x_2分别表示在计划期内企业生产Ⅰ、Ⅱ两类产品的产量。因为设备的有效台时资源是8台时，这是一个限制产量的条件，所以在确定Ⅰ、Ⅱ两类产品的产量时，要考虑不超过设备的有效台时总资源数，即可用不等式表示为：

$x_1+2x_2\leqslant 8$

同理，因原材料A、B的总资源限量，可以得到以下不等式：

$4x_1\leqslant 16$

$4x_2\leqslant 12$

该企业的目标是在不超过所有资源限量的条件下，如何确定产量x_1、x_2以得到最大的利润。若用z表示利润，这时$z=2x_1+3x_2$。综合上述，该计划问题可用数学模型表示为：

目标函数 $\max z=2x_1+3x_2$

$$\text{满足约束条件}\begin{cases}x_1+2x_2\leqslant 8\\4x_1\leqslant 16\\4x_2\leqslant 12\\x_1,\ x_2\geqslant 0\end{cases}$$

例2：靠近某河流有两个化工企业（见图1－1），流经第一化工企业的河流流量为每天500万立方米，在两个企业之间有一条流量为每天200万立方米的支流。第一化工企业每天排放含有某种有害物质的工业污水2万立方米，第二化工企业每天排放这种工业污水1.4万立方米。从第一化工企业排出的工业污水流到第二化工企业以前，有20%的工业污水可自然净化。根据环保要求，河流中工业污水的含量应不大于0.2%。为达到环保要求，这两个化工企业都需各自处理一部分工业污水。第一化工企业处理工业污水的成本是1000元/万立方米，第二化工企业处理工业污水的成本是800元/万立方米。现在要问在满足环保要求的条件下，每厂各应处理多少工业污水，使这两个企业总的处理工业污水费用最小。

图1-1

上述决策问题可用以下的数学模型来描述。设第一化工企业每天处理工业污水量为 x_1 万立方米，第二化工企业每天处理工业污水量为 x_2 万立方米，从第一化工企业到第二化工企业之间，以及两个化工企业附近河流中工业污水含量要不大于0.2%，由此可得近似关系式：

$(2-x_1)/500 \leqslant 2/1000$

流经第二化工企业后，河流中的工业污水量仍要不大于0.2%，这时有近似关系式：

$[0.8(2-x_1)+(1.4-x_2)]/700 \leqslant 2/1000$

由于每个企业每天处理的工业污水量不会大于每天的排放量，故有：

$x_1 \leqslant 2$；$x_2 \leqslant 1.4$

这个决策问题的目标是在达到环保要求的前提下，实现两企业用于处理工业污水的总费用最小，即：

$z=1000x_1+800x_2$

综合上述，这个环保问题可用数学模型表示为：

目标函数　$\min z=1000x_1+800x_2$

$$\text{满足约束条件}\begin{cases}x_1 \geqslant 1\\ 0.8x_1+x_2 \geqslant 1.6\\ x_1 \leqslant 2\\ x_2 \leqslant 1.4\\ x_1,\ x_2 \geqslant 0\end{cases}$$

从以上两个具体案例可以看出，它们都属于一类决策与优化问题。它们具有以下共同特征：

（1）都可以用一组决策变量向量 $(x_1, x_2, \dots, x_n)^T$ 表示某一方案（一般情况下 $n \geqslant 2$），当这组决策变量的值不同时，代表不同的决策方案。一般这些决策变量的取值是非负的。

（2）存在一系列由决策变量构成的、互不矛盾的约束条件（至少一个），这些约束条件可以用一组线性等式或线性不等式来表示。这些约束条件的函数关系由变量之间的相互关系来决定。

（3）有唯一由决策变量及其有关的价值系数构成的线性函数等式作为目标函数。

按问题的不同，要求目标函数实现最大化或最小化。

同时满足以上三个条件的数学模型称为线性规划的数学模型。其一般形式为：

目标函数 $\max(\min) z = c_1x_1 + c_2x_2 + \cdots + c_nx_n$ (1－1)

满足约束条件
$$\begin{cases} a_{11}x_1 + a_{12}x_2 + \cdots + a_{1n}x_n \leqslant (=, \geqslant) b_1 \\ a_{21}x_1 + a_{22}x_2 + \cdots + a_{2n}x_n \leqslant (=, \geqslant) b_2 \\ \quad\vdots \\ a_{m1}x_1 + a_{m2}x_2 + \cdots + a_{mn}x_n \leqslant (=, \geqslant) b_m \\ x_1, x_2, \cdots, x_n \geqslant 0 \end{cases}$$
(1－2)

(1－3)

在线性规划的数学模型中，式（1－1）称为目标函数，其中 c_n 为价值系数；式（1－2）、式（1－3）称为约束条件，b_m 称为限额系数或资源系数；式（1－3）也称为决策变量的约束条件方程；a_{mn}称为技术系数；x_n 称为决策变量。

特别说明：线性规划的数学模型构建完成后，为了尽可能地保留决策所需要的信息，模型尽量不要化简，否则改变了模型中的相关技术系数或资源系数后，不利于根据情况的变化调整相应的决策。

例3：用一块边长为 8 米的正方形铁皮做一个无盖容器，应如何裁剪使做成的容器的容积最大？

分析：对于这一决策问题，根据数学知识可知，一般只要在铁皮四个角上剪去四个边长各为 x 的正方形，折叠起来就做成一个容器，容积为 $V=(8-2x)^2x$，要使容积最大，如图 1－2 所示，就是要确定 x 的值，使无盖容器体积 V 达到最大。上述函数关系，可以用以下模型来表示：

$$\max V = (8-2x)^2x$$

$$x \leqslant \frac{8}{2}$$

$$x \geqslant 0$$

可见例 3 模型目标函数是非线性的，不符合线性规划模型的特征条件，所以例 3 不是线性规划问题。

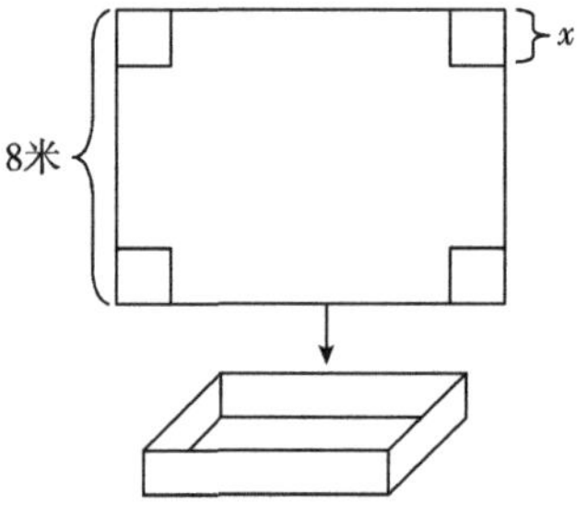

图 1－2

1.1.2　图解法

我们可以依据线性代数中的克莱姆法则来求解线性规划问题，也可以用图解法来求解线性规划问题。但这些方法在实际决策过程中都存在一定的局限性。在借助计算机手段的情况下线性代数中的克莱姆法则具有一定实际应用价值，但求解过程和结果会丢失有价值的决策信息；用图解法来求解线性规划问题的过程虽然简单直观，但同样也会丢失有价值的决策信息，而且对于多于两个决策变量的线性规划问题来说图解法的实际操作性较差。

为了更加直观地了解线性规划问题求解的基本原理和有关概念。现用图解法求解例 1。在以 x_1、x_2 为坐标轴的直角坐标系中，先找到由所有约束条件共同构成的区域，非负条件 x_1、$x_2 \geqslant 0$ 是指第一象限。例 1 的每个约束条件都代表一个边界不弯曲的半平面。如约束条件 $x_1+2x_2 \leqslant 8$ 是代表以直线 $x_1+2x_2=8$ 为边界的左下方的半平面，这也是线性规划方程的主要特征之一。若同时满足 x_1、$x_2 \geqslant 0$，$x_1+2x_2 \leqslant 8$，$4x_1 \leqslant 16$ 和 $4x_2 \leqslant 12$ 的约束条件的点，必然落在 x_1、x_2 坐标轴和由这三个半平面交成的区域内。由例 1 的所有约束条件为半平面交成的区域见图 1－3 中的阴影部分。阴影区域中的每一个点（包括边界点）都是这个线性规划问题的解（称可行解），因而此区域是例 1 的线性规划问题的解集合，称它为可行域。

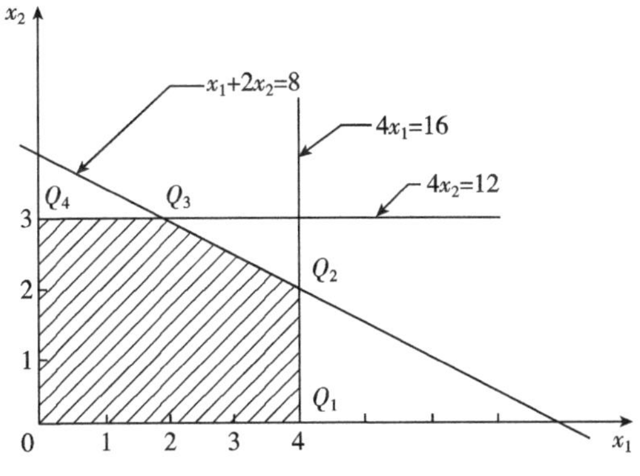

图 1－3

再分析目标函数 $\max z=2x_1+3x_2$，在这个坐标平面上，它可表示以 z 为参数、$-\frac{2}{3}$ 为斜率的一族平行直线：$x_2=-\frac{2}{3}x_1+\frac{z}{3}$。位于同一直线上的点，具有相同的目标函数值，因而称它为“等值线”。当 z 值由小变大时，直线 $x_2=-\frac{2}{3}x_1+\frac{z}{3}$ 沿其法线方向向右上方移动。当移动到 Q_2 点时，使 z 值在可行域边界实现最大化（见图 1－4），就得到了例 1 的最优解 Q_2，Q_2 点的坐标为（4，2）。于是可计算出满足所有约束条件下的最大值 $z=14$。

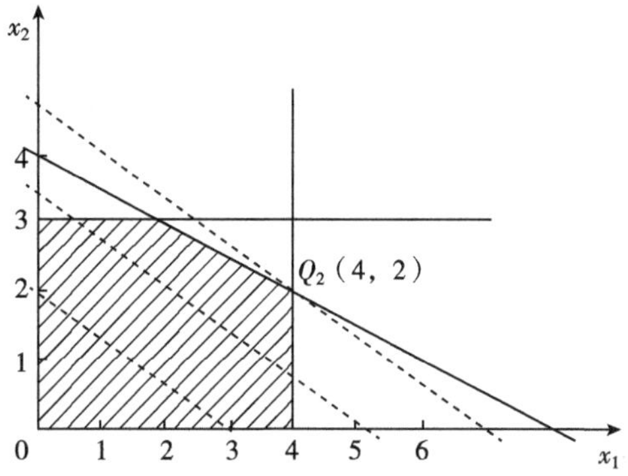

图 1-4

这说明该企业的最优生产计划方案是：生产产品Ⅰ：4 件，生产产品Ⅱ：2 件，可得最大利润为 14 元。上例中求解得到问题的最优解是唯一的，对一般线性规划问题，求解结果可能出现以下两种情况：

1.1.2.1 有最优解的情况

（1）唯一最优解。如例 1 所示情况，这种情况下这个唯一最优解位于可行域边界的一个交点上。

（2）无穷多最优解（多重最优解）。若将例 1 中的目标函数变为求 $\max z=2x_1+4x_2$，则表示目标函数中以参数 z 的这族平行直线与约束条件 $x_1+2x_2\leqslant 8$ 的边界线平行。当 z 值由小变大时，将与线段 Q_2Q_3 重合（见图 1-5）。线段 Q_2Q_3 上任意一点都使 z 取得相同的最大值，这个线性规划问题有无穷多最优解（多重最优解）。

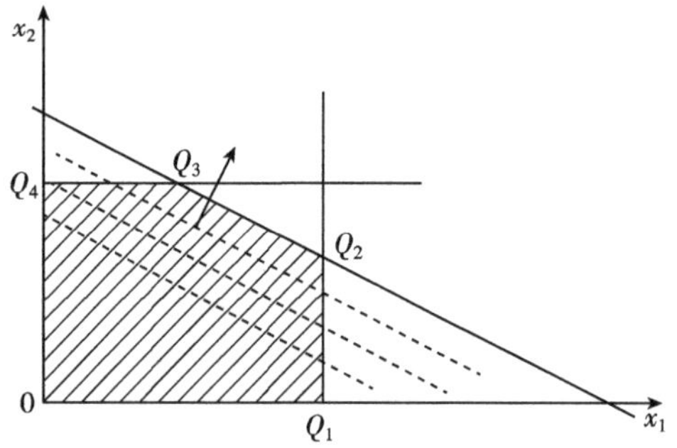

图 1-5

无穷多最优解情况下，最优解位于可行域边界的一条线段上，这条线段的两个端点是可行域边界的两个交点。

1.1.2.2 没有最优解的情况

（1）无界解。例如，对下述线性规划问题：

$$\max z = x_1 + x_2$$

$$\text{s. t.} \begin{cases} -2x_1 + x_2 \leqslant 4 \\ x_1 - x_2 \leqslant 2 \\ x_1,\ x_2 \geqslant 0 \end{cases}$$

用图解法求解结果见图1－6。从图1－6中可以看到，该问题可行域无界，为达到目标函数值的增加，目标函数所代表的平行线在可行域内，可以增大到无穷大。称这种情况为无界解。

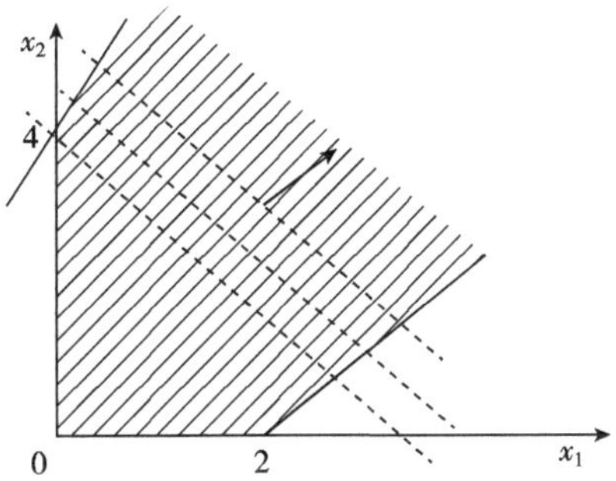

图1－6

（2）无可行解。如果在例1的数学模型的系列约束条件中增加一个约束条件：$-2x_1 + x_2 \geqslant 4$，该问题的可行域为空集，既无可行解，也不存在最优解。

当求解结果出现无界解或无可行解两种情况时，一般说明线性规划问题的数学模型有错误或不完善。前者缺乏必要的约束条件，后者是有矛盾的约束条件，在决策建模时应注意充分考虑各种相关因素。

从图解法中可以直观地看到，当线性规划问题存在可行解、可行域非空时，它是有界或无界凸多边形，边界为直。若线性规划问题存在最优解，它一定在有界可行域的某个顶点得到（唯一最优解时）；若在两个顶点同时得到最优解，则它们连线上的任意一点都是最优解，即有无穷多最优解。

图解法虽然直观、简便，但当变量数多于三个时，从实际操作来看，它就无能为力了。所以在1.3节中要介绍一种代数法——单纯形法。

1.1.3 线性规划问题的标准形式

在运用单纯形法求解线性规划问题时，应先将线性规划问题的数学模型进行标准形式的转化。由前节可知，线性规划问题有各种不同的形式。根据实际问题的背景，建立的线性规划模型中的目标函数有的要求 max，有的要求 min；约束条件可以是“≤”，也可以是“≥”形式的不等式，还可以是等式。资源向量有的可以大于0，有的可以小于0，有的可以等于0。决策变量一般是非负约束，但也允许在（$-\infty$，∞）范围内取值，即无约束。将这些多种形式的数学模型统一变换为标准形式。

这里规定线性规划问题的标准形式为：

$$\max z = c_1x_1 + c_2x_2 + \cdots + c_nx_n$$

$$\text{s.t.}\begin{cases} a_{11}x_1 + a_{12}x_2 + \cdots + a_{1n}x_n = b_1 \\ a_{21}x_1 + a_{22}x_2 + \cdots + a_{2n}x_n = b_2 \\ \qquad \vdots \\ a_{m1}x_1 + a_{m2}x_2 + \cdots + a_{mn}x_n = b_m \\ x_1,\ x_2,\ \cdots,\ x_n \geqslant 0 \end{cases}$$

简写为：

$$\max z = \sum_{j=1}^{n} c_jx_j$$

$$\text{s.t.}\begin{cases} \sum_{j=1}^{n} a_{ij}x_j = b_i, i = 1,2,\cdots,m \\ x_j \geqslant 0, j = 1,2,\cdots,n \end{cases}$$

用向量和矩阵符号表述时为：

$$\max z = CX$$

$$\text{s.t.}\begin{cases} \sum_{j=1}^{n} P_jx_j = b \\ x_j \geqslant 0, j = 1,2,\cdots,n \end{cases}$$

$C=(c_1,\ c_2,\ \cdots,\ c_n)$；$X=(x_1,\ x_2,\ \cdots,\ x_n)^T$；$P_j=(a_{1j},\ a_{2j},\cdots,\ a_{mj})^T$；$b=(b_1,\ b_2,\ \cdots,\ b_m)^T$

向量 P_j 为决策变量，是 x_j 在约束条件方程中所对应的系数向量。

用矩阵描述时为：

$$\max z = CX$$

$$AX = b$$

$$X \geqslant 0$$

其中：

$$A=\begin{pmatrix} a_{11} & a_{12} & \cdots & a_{1n} \\ \vdots & \vdots & \vdots & \vdots \\ a_{m1} & a_{m2} & \cdots & a_{mn} \end{pmatrix}=(P_1,\ P_2,\ \cdots,\ P_n)；\ 0=\begin{pmatrix} 0 \\ 0 \\ \vdots \\ 0 \end{pmatrix}$$

A——约束条件的 $m \times n$ 维系数矩阵，一般 $m < n$；

b——资源向量；

C——价值向量；

X——决策变量向量。

实际碰到各种线性规划问题的数学模型都应变换为标准形式后求解（松弛变量和剩余变量在目标函数中的系数为 0）。

此时的标准形式模型，只是为了介绍单纯形法的使用和讨论。在实际应用时标准形式的数学模型目标函数也可以使用 min 的形式。标准型模型中目标函数为 min 形式的标准化转化问题，在逻辑上可参考 max 形式的标准化转化过程。

以下讨论如何将构建的线性规划模型变换为标准型线性规划模型的问题。

1.1.3.1　目标函数的标准化转化问题

（1）若原线性规划问题模型的目标函数要求实现最大化，即 $\max Z = CX$。则不用进行标准化处理。

（2）若原线性规划问题模型的目标函数要求实现最小化，即 $\min Z = CX$。这时需将目标函数最小化变换求目标函数最大化，即令 $Z' = -Z$，于是得到 $\max Z' = -CX$。这就同标准型的目标函数的形式一致了。

1.1.3.2　约束条件方程的标准化

（1）原线性规划问题模型的约束条件方程为“≤”不等式，可以在“≤”不等式的左端加入非负松弛变量，把原“≤”不等式变为等式。

（2）原线性规划问题模型的约束条件方程为“≥”不等式，则可在“≥”不等式的左端减去一个非负剩余变量（也可称松弛变量），把不等式约束条件变为等式约束条件。

（3）原线性规划问题模型的约束条件方程为“=”等式，则不用进行标准化处理。

1.1.3.3　决策变量的标准化

（1）原线性规划问题模型的决策变量“$x_j \geq 0$”，则不用进行标准化处理。

（2）原线性规划问题模型的决策变量“$x_j \leq 0$”，可令 $x'_j = -x_j$，$x'_j \geq 0$，将 $x_j = -x'_j$ 代入模型。

（3）原线性规划问题模型的决策变量 x_j 的取值无约束，则可令 $x_j = x'_j - x''_j$，$x'_j \geq 0$，$x''_j \geq 0$，将 $x_j = x'_j - x''_j$ 代入模型。

若存在某些约束条件方程中的右端项 $b_i \leq 0$，则在标准化之前，需在该约束条件方程两端同时乘以“-1”。

下面举例说明。

例 4：将下述线性规划问题化为标准型。

$\min z = -x_1 + 2x_2 - 3x_3$

$$\text{s.t.}\begin{cases}x_1+x_2+x_3\leqslant 7\\ x_1-x_2+x_3\geqslant 2\\ -3x_1+x_2+2x_3=-5\end{cases}$$

$x_1\geqslant 0$，$x_2\leqslant 0$，x_3 为无约束

解：先将第三个约束条件方程两端同时乘以“-1”。

（1）设 $Z'=-Z$；$x_2=-x_4$；$x_3=x_5-x_6$；x_4，x_5，$x_6\geqslant 0$。

（2）分别用 $-x_4$ 替换 x_2，用 x_5-x_6 替换 x_3。

（3）第一个约束条件不等式“≤”左端加入非负松弛变量 x_7，将不等式变为等式。

（4）第二个约束条件不等式“≥”左端减去非负剩余变量 x_8，将不等式变为等式。

（5）目标函数变为 $\max Z'=-\min Z$。

按以上步骤，可得到该线性规划问题的标准型：

$$\max z'=x_1+2x_4+3(x_5-x_6)+0x_7+0x_8$$

$$\text{s.t.}\begin{cases}x_1-x_4+(x_5-x_6)+x_7=7\\ x_1+x_4+(x_5-x_6)-x_8=2\\ 3x_1+x_4-2(x_5-x_6)=5\end{cases}$$

x_1，x_4，x_5，x_7，$x_8\geqslant 0$

1.1.4 线性规划问题解的概念

在讨论线性规划问题的求解前，先要了解线性规划问题的解的概念。由 1.1.3 节可知，一般线性规划问题的标准型为：

$$\max z=\sum_{j=1}^{n}c_jx_j \tag{1-4}$$

$$\text{s.t.}\begin{cases}\sum_{j=1}^{n}a_{ij}x_j=b_i, i=1,2,\cdots,m & (1-5)\\ x_j\geqslant 0, j=1,2,\cdots,n & (1-6)\end{cases}$$

（1）可行解：满足约束条件式（1-5）、式（1-6）的解 $X=(x_1, x_2, \cdots, x_n)^T$，称为线性规划问题的可行解。

（2）最优解：使目标函数达到最大值的可行解，以及满足式（1-4）的可行解，称为最优解。

（3）基：设 A 是约束方程组的 $m\times n$ 维系数矩阵，其秩为 m。B 是矩阵 A 中 $m\times n$ 阶非奇异子矩阵（$|B|\neq 0$），则称 B 是线性规划问题的一个基。这就是说，矩阵 B 是由 m 个线性独立的列向量组成的。为不失一般性，可设

$$B=\begin{pmatrix}a_{11} & a_{12} & \cdots & a_{1m}\\ \vdots & \vdots & \vdots & \vdots\\ a_{m1} & a_{m2} & \cdots & a_{mm}\end{pmatrix}=(P_1, P_2, \cdots, P_m)$$

称 P_j（$j=1, 2, \cdots, m$）为基向量，与基向量 P_j 相应的变量 x_j（$j=1, 2, \cdots, m$）为基变量，否则称为非基变量，为了进一步讨论线性规划问题的解，下面研究约束方程组（1-5）的求解问题。假设该方程组系数矩阵 A 的秩为 m，因 $m<n$，故它有无穷多个解。假设前 m 个变量的系数列向量是线性独立的。这时式（1-5）可写成

$$\begin{pmatrix} a_{11} \\ a_{21} \\ \vdots \\ a_{m1} \end{pmatrix} x_1 + \begin{pmatrix} a_{12} \\ a_{22} \\ \vdots \\ a_{m2} \end{pmatrix} x_2 + \cdots + \begin{pmatrix} a_{1n} \\ a_{2n} \\ \vdots \\ a_{mn} \end{pmatrix} x_m = \begin{pmatrix} b_1 \\ b_2 \\ \vdots \\ b_m \end{pmatrix} - \begin{pmatrix} a_{1,m+1} \\ a_{2,m+1} \\ \vdots \\ a_{m,m+1} \end{pmatrix} x_{m+1} - \cdots - \begin{pmatrix} a_{1n} \\ a_{2n} \\ \vdots \\ a_{mn} \end{pmatrix} x_n \tag{1-7}$$

或

$$\sum_{j=1}^{m} P_j x_j = b - \sum_{j=m+1}^{n} P_j x_j$$

方程组（1-7）的一个基是

$$B = \begin{pmatrix} a_{11} & a_{12} & \cdots & a_{1m} \\ a_{21} & a_{22} & \cdots & a_{2m} \\ \vdots & \vdots & \vdots & \vdots \\ a_{m1} & a_{m2} & \cdots & a_{mm} \end{pmatrix} = (P_1, P_2, \cdots, P_m)$$

设 X_B 是对应于这个基的基变量

$$X_B = (x_1, x_2, \cdots, x_m)^T$$

现若令式（1-7）的非基变量 $x_{m+1}=x_{m+2}=\cdots=x_n=0$，这时变量的个数等于线性方程的个数。用高斯消去法，求出一个解

$$X = (x_1, x_2, \cdots, x_m, 0, \cdots, 0)^T$$

该解的非零分量的数目不大于方程个数 m，称 X 为基解。由此可见，有一个基，就可以求出一个基解。如图1-3中的点0、Q_1、Q_2、Q_3、Q_4 以及延长各条线（包括 $x_1=0$，$x_2=0$）的交点都代表基解。

（4）基可行解：满足非负条件式（1-6）的基解，称为基可行解。图1-3中的点0、Q_1、Q_2、Q_3、Q_4 代表基可行解。可见，基可行解的非零分量的数目也不大于 m，并且都是非负的。

（5）可行基：对应于基可行解的基，称为可行基。

约束方程组（1-5）具有基解的数目最多是 C_n^m 个。一般基可行解的数目要小于基解的数目。以上提到的四种解的概念，它们之间的关系可用图1-7表明。另外还要说明一点，基解中的非零分量的个数小于 m 个时，该基解是退化解。在以下讨论时，假设不出现退化的情况。以上给出了线性规划问题的解的概念和定义，它们将有助于分析线性规划问题的求解过程。

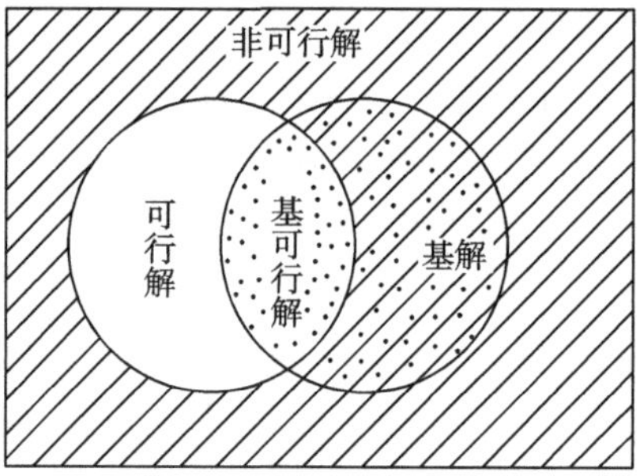

图 1－7

1.2　线性规划问题的几何意义

在 1.1.2 节介绍图解法时，已直观地看到可行域和最优解的几何意义，这一节从理论上进一步讨论。

1.2.1　基本概念

（1）凸集：设 K 是 n 维欧氏空间的一个点集合，若任意两点 $X^{(1)}\in K$，$X^{(2)}\in K$ 的连线上的所有点 $\alpha X^{(1)}+(1-\alpha)X^{(2)}\in K(0\leqslant\alpha\leqslant1)$，则称 K 为凸集。

实心圆、实心球体、实心立方体等都是凸集，圆环不是凸集。从直观上讲，凸集没有凹入部分，其内部没有空洞。图 1－8 中的（a）、（b）是凸集，（c）不是凸集。图 1－3 中的交叉阴影部分是凸集，非交叉阴影部分不是凸集。任何两个凸集的交集是凸集，见图 1－8（d）。

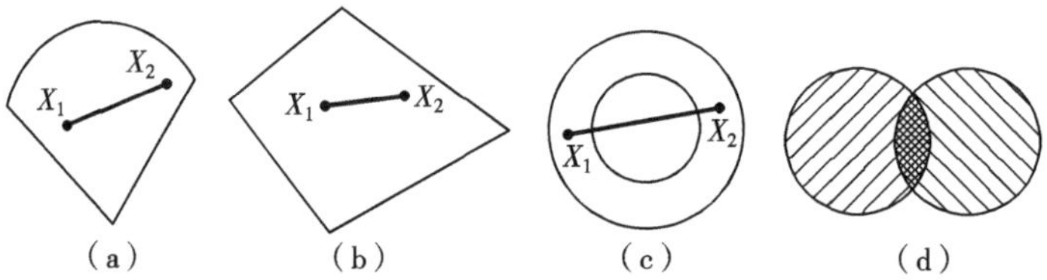

图 1－8

（2）凸组合：设 $X^{(1)}$，$X^{(2)}$，…，$X^{(k)}$ 是 n 维欧氏空间 E^n 中的 k 个点。若存在 μ_1，

μ_2，…，μ_k，且 $0\leqslant\mu_i\leqslant1$，$i=1$，2，…，$k$；$\sum_{i=1}^{k}\mu_i=1$，使

$$X=\mu_1X^{(1)}+\mu_2X^{(2)}+\cdots+\mu_kX^{(k)}$$

则称 X 为 $X^{(1)}$，$X^{(2)}$，…，$X^{(k)}$ 的凸组合（当 $0<\mu_i<1$ 时，称为严格凸组合）。

（3）顶点：设 K 是凸集，$X\in K$，若 X 不能用不同的两点 $X^{(1)}\in K$ 和 $X^{(2)}\in K$ 的线性组合表示为

$$X=\alpha X^{(1)}+(1-\alpha)X^{(2)}\ (0<\alpha<1)$$

则称 X 为 K 的一个顶点（或极点）。

1.2.2　几何定理

定理 1：若线性规划问题存在可行域，则其可行域 $D=\left\{X\,\middle|\,\sum_{j=1}^{n}P_jx_j=b,x_j\geqslant0\right\}$ 是凸集。

证：为了证明满足线性规划问题的约束条件

$$\sum_{j=1}^{n}P_jx_j=b,\ x_j\geqslant0,\ j=1,\ 2,\ \cdots,\ n$$

的所有点（可行解）组成的集合是凸集，只要证明 D 中任意两点连线上的点必然在 D 内即可。

设　$X^{(1)}=(x_1^{(1)},\ x_2^{(1)},\ \cdots,\ x_n^{(1)})^T$，$X^{(2)}=(x_1^{(2)},\ x_2^{(2)},\ \cdots,\ x_n^{(2)})^T$ 是 D 内任意两点；$X^{(1)}\neq X^{(2)}$。

则有

$$\sum_{j=1}^{n}P_jx_j^{(1)}=b,\ x_j^{(1)}\geqslant0,\ j=1,\ 2,\ \cdots,\ n$$

$$\sum_{j=1}^{n}P_jx_j^{(2)}=b,\ x_j^{(2)}\geqslant0,\ j=1,\ 2,\ \cdots,\ n$$

令 $X=(x_1,\ x_2,\ \cdots,\ x_n)^T$ 为 $x^{(1)}$、$x^{(2)}$ 连线上的任意一点，即

$$X=\alpha X^{(1)}+(1-\alpha)X^{(2)}\ (0\leqslant\alpha\leqslant1)$$

X 的每一个分量是 $x_j=\alpha x_j^{(1)}+(1-\alpha)x_j^{(2)}$，将它代入约束条件，得到

$$\begin{aligned}\sum_{j=1}^{n}P_jx_j&=\sum_{j=1}^{n}P_j[\alpha x_j^{(1)}+(1-\alpha)x_j^{(2)}]\\&=\alpha\sum_{j=1}^{n}P_jx_j^{(1)}+\sum_{j=1}^{n}P_jx_j^{(2)}-\alpha\sum_{j=1}^{n}P_jx_j^{(2)}\\&=\alpha b+b-\alpha b=b\end{aligned}$$

又因 $x_j^{(1)}$、$x_j^{(2)}\geqslant0$，$\alpha>0$，$1-\alpha>0$，所以 $x_j\geqslant0$，$j=1$，2，…，n。由此可见，$X\in D$，D 是凸集。

引理 1：线性规划问题的可行解 $X=(x_1,\ x_2,\ \cdots,\ x_n)^T$ 为基可行解的充要条件是

X 的正分量所对应的系数列向量是线性独立的。

证：(1) 必要性：由基可行解的定义可知。

(2) 充分性：若向量 P_1，P_2，…，P_k 线性独立，则必有 $k \leq m$；当 $k=m$ 时，它们恰构成一个基，从而 $X=(x_1, x_2, \cdots, x_k, 0, \cdots, 0)^T$ 为相应的基可行解。当 $k<m$ 时，则一定可以从其余的列向量中取出 $m-k$ 个与 P_1，P_2，…，P_k 构成最大的线性独立向量组，其对应的解恰为 X，所以根据定义它是基可行解。

定理 2：线性规划问题的基可行解 X 对应于可行域 D 的顶点。

证：不失一般性，假设基可行解 X 的前 m 个分量为正。故

$$\sum_{j=1}^{n} P_j x_j = b \tag{1-8}$$

现在分两步来讨论，分别用反证法。

(1) 若 X 不是基可行解，则它一定不是可行域 D 的顶点。

根据引理 1，若 X 不是基可行解，则其正分量所对应的系数列向量 P_1，P_2，…，P_m 线性相关，即存在一组不全为零的数 α_i $(i=1, 2, \cdots, m)$ 使得

$$\alpha_1 P_1 + \alpha_2 P_2 + \cdots + \alpha_m P_m = 0 \tag{1-9}$$

用一个 $\mu>0$ 的数乘式 (1-9) 再分别与式 (1-8) 相加和相减，得到

$$(x_1-\mu\alpha_1)P_1 + (x_2-\mu\alpha_2)P_2 + \cdots + (x_m-\mu\alpha_m)P_m = b$$

$$(x_1+\mu\alpha_1)P_1 + (x_2+\mu\alpha_2)P_2 + \cdots + (x_m+\mu\alpha_m)P_m = b$$

现取

$$X^{(1)} = [(x_1-\mu\alpha_1), (x_2-\mu\alpha_2), \cdots, (x_m-\mu\alpha_m), 0, \cdots, 0]^T$$

$$X^{(2)} = [(x_1+\mu\alpha_1), (x_2+\mu\alpha_2), \cdots, (x_m+\mu\alpha_m), 0, \cdots, 0]^T$$

由 $X^{(1)}$、$X^{(2)}$ 可以得到 $X=\frac{1}{2}X^{(1)}+\frac{1}{2}X^{(2)}$，即 X 是 $X^{(1)}$、$X^{(2)}$ 连线的中点。

此外，当 μ 充分小时，可保证

$$x_i \pm \mu\alpha_i \geq 0, \ i=1, 2, \cdots, m$$

即 $X^{(1)}$、$X^{(2)}$ 是可行解。这证明了 X 不是可行域 D 的顶点。

(2) 若 X 不是可行域 D 的顶点，则它一定不是基可行解。

因为 X 不是可行域 D 的顶点，故在可行域 D 中可找到不同的两点

$$X^{(1)} = (x_1^{(1)}, x_2^{(1)}, \cdots, x_n^{(1)})^T$$

$$X^{(2)} = (x_1^{(2)}, x_2^{(2)}, \cdots, x_n^{(2)})^T$$

使 $X=\alpha X^{(1)}+(1-\alpha)X^{(2)} \ (0<\alpha<1)$

设 X 是基可行解，对应向量组 P_1，…，P_m 线性独立。当 $j>m$ 时，有 $x_j=x_j^{(1)}=x_j^{(2)}=0$，由于 $X^{(1)}$、$X^{(2)}$ 是可行域的两点。应满足

$$\sum_{j=1}^{m} P_j x_j^{(1)} = b \text{ 与 } \sum_{j=1}^{m} P_j x_j^{(2)} = b$$

将这两式相减，即得

$$\sum_{j=1}^{m} P_j(x_j^{(1)} - x_j^{(2)}) = 0$$

因 $X^{(1)} \neq X^{(2)}$，所以上式系数（$x_j^{(1)} - x_j^{(2)}$）不全为零，故向量组 P_1，P_2，…，P_m 线性相关，与假设矛盾。即 X 不是基可行解。

引理 2：若 K 是有界凸集，则任何一点 $X \in K$ 可表示为 K 的顶点的凸组合。

本引理证明从略，用以下例子说明这一引理。

例 5：设 X 是三角形中任意一点，$X^{(1)}$、$X^{(2)}$ 和 $X^{(3)}$ 是三角形的三个顶点，试用三个顶点的坐标表示 X（见图 1－9）。

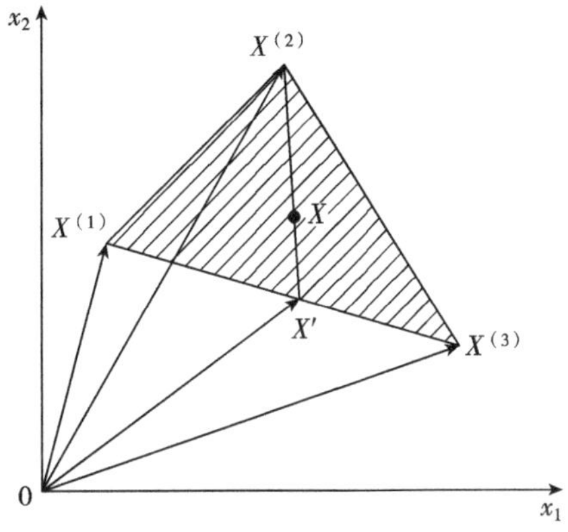

图 1－9

解：任选一个顶点 $X^{(2)}$，做一条连线 $XX^{(2)}$；并延长交于 $X^{(1)}$、$X^{(3)}$ 连接线上一点 X'。因 X' 是 $X^{(1)}$、$X^{(3)}$ 连线上一点，故可用 $X^{(1)}$、$X^{(3)}$ 线性组合表示为

$$X' = \alpha X^{(1)} + (1-\alpha)X^{(3)}\ (0<\alpha<1)$$

又因 X 是 X' 与 $X^{(2)}$ 连线上的一个点，故

$$X = \lambda X' + (1-\lambda)X^{(2)}\ (0<\lambda<1)$$

将 X' 的表达式代入上式得到

$$\begin{aligned} X &= \lambda[\alpha X^{(1)} + (1-\alpha)X^{(3)}] + (1-\lambda)X^{(2)} \\ &= \lambda\alpha X^{(1)} + \lambda(1-\alpha)X^{(3)} + (1-\lambda)X^{(2)} \end{aligned}$$

令 $\mu_1 = \alpha\lambda$，$\mu_2 = 1-\lambda$，$\mu_3 = \lambda(1-\alpha)$

这就得到

$$X = \mu_1 X^{(1)} + \mu_2 X^{(2)} + \mu_3 X^{(3)}$$

$$\sum_i \mu_i = 1,\ 0<\mu_i<1$$

定理 3：若可行域有界，线性规划问题的目标函数一定可以在其可行域的顶点上达

到最优。

证：设 $X^{(1)}$，$X^{(2)}$，…，$X^{(k)}$ 是可行域的顶点，若 $X^{(0)}$ 不是顶点，且目标函数在 $X^{(0)}$ 处达到最优 $z^*=CX^{(0)}$（标准型是 $z^*=\max z$）。

因 $X^{(0)}$ 不是顶点，所以它可以用 D 的顶点线性表示为

$$X^{(0)}=\sum_{i=1}^{k}\alpha_i X^{(i)}，\alpha_i>0，\sum_{i=1}^{k}\alpha_i=1$$

因此

$$CX^{(0)}=C\sum_{i=1}^{k}\alpha_i X^{(i)}=\sum_{i=1}^{k}\alpha_i CX^{(i)} \tag{1-10}$$

在所有的顶点中必然能找到某一个顶点 $X^{(m)}$，使 $CX^{(m)}$ 是所有 $CX^{(i)}$ 中最大者。并且将 $X^{(m)}$ 代替式(1-10)中的所有 $X^{(i)}$，这就得到

$$\sum_{i=1}^{k}\alpha_i CX^{(i)}\leqslant\sum_{i=1}^{k}\alpha_i CX^{(m)}=CX^{(m)}$$

由此得到

$$CX^{(0)}\leqslant CX^{(m)}$$

根据假设 $CX^{(0)}$ 是最大值，所以只能有

$$CX^{(0)}=CX^{(m)}$$

即目标函数在顶点 $X^{(m)}$ 处也达到最大值。

有时目标函数可能在多个顶点处达到最大值。这时在这些顶点的凸组合上也达到最大值。称这种线性规划问题有无限多个最优解。

假设 $\hat{X}^{(1)}$，$\hat{X}^{(2)}$，…，$\hat{X}^{(k)}$ 是目标函数达到最大值的顶点，若 $\hat{X}$ 是这些顶点的凸组合，即

$$\hat{X}=\sum_{i=1}^{k}\alpha_i\hat{X}^{(i)}，\alpha_i>0，\sum_{i=1}^{k}\alpha_i=1$$

于是

$$C\hat{X}=C\sum_{i=1}^{k}\alpha_i\hat{X}^{(i)}=\sum_{i=1}^{k}\alpha_i C\hat{X}^{(i)}$$

设 $C\hat{X}^{(i)}=m$，$i=1，2，\cdots，k$

于是

$$C\hat{X}=\sum_{i=1}^{k}\alpha_i m=m$$

需要说明的是，当线性规划问题为无穷多最优解时，其目标函数也可以在其可行域的非顶点上达到。

另外，若可行域为无界，则可能无最优解，也可能有最优解，若有也必定可以在某顶点上得到。根据上述讨论，可以得到以下结论：

线性规划问题的所有可行解构成的集合是凸集，也可能为无界域，它们有有限个顶

点，线性规划问题的每个基可行解对应可行域的一个顶点；若线性规划问题有最优解，必可以在某顶点上得到。虽然顶点数目是有限的（它不大于 C_n^m 个），若采用“枚举法”找所有基可行解，然后一一比较，最终可能找到最优解。但当 m、n 的数较大时，这种办法是行不通的，所以要继续讨论，如何有效地找到最优解，有多种方法，这里仅介绍单纯形法。

1.3 单纯形法

一般线性规划问题具有线性方程组的变量数大于方程个数，这时有不定的解。但可以从线性方程组中找出一个个的单纯形，每一个单纯形可以求得一组解，然后再判断该解使目标函数值是增大还是变小，决定下一步选择的单纯形。这就是迭代，直到目标函数实现最大值或最小值为止。这样问题就得到了最优解，先举一例来说明。

1.3.1 举例

例 6：试以例 1 来讨论如何用单纯形法求解。例 1 的标准型为：

$$\max z = 2x_1 + 3x_2 + 0x_3 + 0x_4 + 0x_5 \tag{1-11}$$

$$\text{s. t.} \begin{cases} x_1 + 2x_2 + x_3 = 8 \\ 4x_1 + x_4 = 16 \\ 4x_2 + x_5 = 12 \end{cases}$$

$$x_j \geqslant 0,\ j = 1,\ 2,\ \cdots,\ 5 \tag{1-12}$$

约束方程式（1-12）的系数矩阵

$$A = (P_1,\ P_2,\ P_3,\ P_4,\ P_5) = \begin{pmatrix} 1 & 2 & 1 & 0 & 0 \\ 4 & 0 & 0 & 1 & 0 \\ 0 & 4 & 0 & 0 & 1 \end{pmatrix}$$

从式（1-12）中可以看到 x_3、x_4、x_5 的系数列向量

$$\mathbf{P}_3 = \begin{pmatrix} 1 \\ 0 \\ 0 \end{pmatrix},\ \mathbf{P}_4 = \begin{pmatrix} 0 \\ 1 \\ 0 \end{pmatrix},\ \mathbf{P}_5 = \begin{pmatrix} 0 \\ 0 \\ 1 \end{pmatrix}$$

是线性独立的，这些向量构成一个基

$$B = (P_3,\ P_4,\ P_5) = \begin{pmatrix} 1 & 0 & 0 \\ 0 & 1 & 0 \\ 0 & 0 & 1 \end{pmatrix}$$

对应于 B 的变量 x_3、x_4、x_5 为基变量，从式（1-12）中可以得到

$$\begin{cases} x_3 = 8 - x_1 - 2x_2 \\ x_4 = 16 - 4x_1 \\ x_5 = 12 - 4x_2 \end{cases} \tag{1-13}$$

将式（1－13）代入目标函数式（1－11）得到

$$z = 0 + 2x_1 + 3x_2 \tag{1-14}$$

当令非基变量 $x_1 = x_2 = 0$，便得到 $z = 0$。这时得到一个基可行解 $X^{(0)}$

$$X^{(0)} = (0,\ 0,\ 8,\ 16,\ 12)^T$$

这个基可行解表示：企业没有安排生产产品Ⅰ、Ⅱ；资源都没有被利用，所以企业的利润指标 $z = 0$。

从分析目标函数的表达式（1－14）可以看到：非基变量 x_1、x_2（即没有安排生产产品Ⅰ、Ⅱ）的系数都是正数，因此将非基变量变换为基变量，目标函数的值就可能增大。从经济意义上讲，安排生产产品Ⅰ或Ⅱ，就可以使企业的利润指标增加。所以只要在目标函数表达式（1－14）中还存在有正系数的非基变量，这表示目标函数值还有增加的可能，就需要将非基变量与基变量进行对换。一般选择正系数最大的那个非基变量 x_2 为换入变量，将它换入到基变量中去，同时还要确定基变量中有一个要换出来成为非基变量，可按以下方法来确定换出变量。

现分析式（1－13），当将 x_2 定为换入变量后，必须从 x_3、x_4、x_5 中确定一个换出变量，并保证其余的都是非负，即 x_3、x_4、$x_5 \geqslant 0$。

当 $x_1 = 0$，由式（1－13）得到

$$\begin{cases} x_3 = 8 - 2x_2 \geqslant 0 \\ x_4 = 16 \geqslant 0 \\ x_5 = 12 - 4x_2 \geqslant 0 \end{cases} \tag{1-15}$$

从式（1－15）中可以看出，只有选择

$$x_2 = \min(8/2,\ -,\ 12/4) = 3$$

时，才能使式（1－15）成立。因为当 $x_2 = 3$ 时，基变量 $x_5 = 0$，这就决定用 x_2 去替换 x_5。以上数学描述说明了每生产一件产品Ⅱ，需要用掉的各种资源数为（2，0，4）。由这些资源中的薄弱环节，就确定了产品Ⅱ的产量。这里就是由原材料 B 的数量确定了产品Ⅱ的产量

$$x_2 = \frac{12}{4} = 3(\text{件})$$

为了求得以 x_3、x_4、x_2 为基变量的一个基可行解和进一步分析问题，需将式（1－13）中 x_2 的位置与 x_5 的位置对换。得到

$$\begin{cases} x_3 + 2x_2 = 8 - x_1 & (1) \\ x_4 = 16 - 4x_1 & (2) \\ 4x_2 = 12 - x_5 & (3) \end{cases} \tag{1-16}$$

用高斯消去法，将式(1-16)中 x_2 的系数列向量变换为单位列向量。其运算步骤是：$(3)'=(3)/4$；$(1)'=(1)-2\times(3)'$；$(2)'=(2)$，并将结果仍按原顺序排列有：

$$\begin{cases} x_3=2-x_1+\dfrac{1}{2}x_5 & (1)' \\ x_4=16-4x_1 & (2)' \\ x_2=3-\dfrac{1}{4}x_5 & (3)' \end{cases} \tag{1-17}$$

再将式（1-17）代入目标函数式（1-11）得到

$$z=9+2x_1-\frac{3}{4}x_5 \tag{1-18}$$

令非基变量 $x_1=x_5=0$，得到 $z=9$，并得到另一个基可行解 $X^{(1)}$

$$X^{(1)}=(0,\ 3,\ 2,\ 16,\ 0)^T$$

从目标函数的表达式（1-18）中可以看到，非基变量 x_1 的系数是正的，说明目标函数值还可以增大，$X^{(1)}$ 不一定是最优解。于是再用上述方法，确定换入、换出变量，继续迭代，再得到另一个基可行解 $X^{(2)}$

$$X^{(2)}=(2,\ 3,\ 0,\ 8,\ 0)^T$$

再经过一次迭代，再得到另一个基可行解 $X^{(3)}$

$$X^{(3)}=(4,\ 2,\ 0,\ 0,\ 4)^T$$

而这时得到目标函数的表达式是：

$$z=14-1.5x_3-0.125x_4 \tag{1-19}$$

再检查式（1-19），可看到所有非基变量 x_3、x_4 的系数都是负数。这说明若要用剩余资源 x_3、x_4，就必须支付附加费用。所以当 $x_3=x_4=0$ 时，即不再利用这些资源时，目标函数达到最大值。所以 $X^{(3)}$ 是最优解。即当产品Ⅰ生产4件，产品Ⅱ生产2件，企业才能得到最大利润。通过上例，可以了解利用单纯形法求解线性规划问题的思路。现将每步迭代得到的结果与图解法做一对比，其几何意义就很清楚了。

原例1的线性规划问题是二维的，即两个变量 x_1、x_2；当加入松弛变量 x_3、x_4、x_5 后，变换为高维的。这时可以想象，满足所有约束条件的可行域是高维空间的凸多面体（凸集）。这个凸多面体上的顶点就是基可行解。初始基可行解 $X^{(0)}=(0,\ 0,\ 8,\ 16,\ 12)^T$ 就相当于图1-3中的原点(0，0)，$X^{(1)}=(0,\ 3,\ 2,\ 16,\ 0)^T$ 相当于图1-3中的 Q_4 点(0，3)；$X^{(2)}=(2,\ 3,\ 0,\ 8,\ 0)^T$ 相当于图1-3中的 Q_3 点(2，3)；最优解 $X^{(3)}=(4,\ 2,\ 0,\ 0,\ 4)^T$ 相当于图1-3中的 Q_2 点(4，2)。从初始基可行解 $X^{(0)}$ 开始迭代，依次得到 $X^{(1)}$、$X^{(2)}$、$X^{(3)}$。这相当于图1-3中的目标函数平移时，从0点开始，首先碰到 Q_4，然后碰到 Q_3，最后达到 Q_2。下面讨论一般线性规划问题的求解。

单纯形法求解线性规划问题的思路是：针对标准化的线性规划问题模型，先找到一个初始基可行解，设法判别其是否为最优解。如果是最优解停止运算，否则由该基可行解过渡到另一个基可行解，并使目标函数有所增加，再重新判断新基可行解是否为最优解。以此反复进行，直到找到最优解为止。

1.3.2 初始基可行解的确定

为了确定初始基可行解，要首先找出初始可行基，其方法如下：

（1）若线性规划问题。

$$\max z = \sum_{j=1}^{n} c_j x_j \tag{1-20}$$

$$\sum_{j=1}^{n} P_j x_j = b \tag{1-21}$$

$x_j \geqslant 0$，$j=1, 2, \cdots, n$

从 P_j（$j=1, 2, \cdots, n$）中一般能直接观察到存在一个初始可行基

$$B = (P_1, P_2, \cdots, P_m) = \begin{pmatrix} 1 & 0 & \cdots & 0 \\ 0 & 1 & \cdots & 0 \\ \vdots & \vdots & & \vdots \\ 0 & 0 & \cdots & 1 \end{pmatrix}$$

（2）对所有约束条件是"≤"形式的不等式，可以利用化为标准型的方法，在每个约束条件的左端加上一个松弛变量。经过整理，重新对 x_j 及 a_{ij}（$i=1, 2, \cdots, m$；$j=1, 2, \cdots, n$）进行编号，则可得下列方程组

$$\begin{cases} x_1 + a_{1,m+1}x_{m+1} + \cdots + a_{1n}x_n = b_1 \\ x_2 + a_{2,m+1}x_{m+1} + \cdots + a_{2n}x_n = b_2 \\ \cdots \\ x_m + a_{m,m+1}x_{m+1} + \cdots + a_{mn}x_n = b_m \end{cases}$$

$$x_j \geqslant 0, \ j=1, 2, \cdots, n \tag{1-22}$$

显然得到一个 $m \times m$ 单位矩阵

$$B = (P_1, P_2, \cdots, P_m) = \begin{pmatrix} 1 & 0 & \cdots & 0 \\ 0 & 1 & \cdots & 0 \\ \vdots & \vdots & & \vdots \\ 0 & 0 & \cdots & 1 \end{pmatrix}$$

以 B 作为可行基。将式（1-22）每个等式移项得

$$\begin{cases} x_1 = b_1 - a_{1,m+1}x_{m+1} - \cdots - a_{1n}x_n \\ x_2 = b_2 - a_{2,m+1}x_{m+1} - \cdots - a_{2n}x_n \\ \cdots \\ x_m = b_m - a_{m,m+1}x_{m+1} - \cdots - a_{mn}x_n \end{cases} \tag{1-23}$$

令 $x_{m+1} = x_{m+2} = \cdots = x_n = 0$，由式(1-23)可得

$x_i = b_i(i=1,\ 2,\ \cdots,\ m)$

又因 $b_i \geqslant 0$（在 1.1.3 节中已做过规定），所以得到一个初始基可行解

$$X = (x_1,\ x_2,\ \cdots,\ x_m,\ \underbrace{0,\ \cdots,\ 0}_{n-m\text{个}})^T$$
$$= (b_1,\ b_2,\ \cdots,\ b_m,\ \underbrace{0,\ \cdots,\ 0}_{n-m\text{个}})^T$$

(3) 对所有约束条件是"≥"形式的不等式及等式约束情况，若不存在单位矩阵时，就采用人造基方法。即对不等式约束减去一个非负的剩余变量后，再加上一个非负的人工变量；对于等式约束再加上一个非负的人工变量，总能得到一个单位矩阵。关于这个方法将在 1.5 节中进一步讨论。

1.3.3　最优性检验与解的判别

对线性规划问题的求解结果可能出现唯一最优解、无穷多最优解、无界解和无可行解四种情况，为此需要建立对解的判别准则。一般情况下，经过迭代后，式（1-23）变成

$$x_i = b'_i - \sum_{j=m+1}^{n} a'_{ij} x_j (i=1,\ 2,\ \cdots,\ m) \tag{1-24}$$

将式（1-24）代入目标函数式（1-20），整理后得

$$z = \sum_{i=1}^{m} c_i b'_i + \sum_{j=m+1}^{n} \left(c_j - \sum_{i=1}^{m} c_i a'_{ij} \right) x_j \tag{1-25}$$

令

$$z_0 = \sum_{i=1}^{m} c_i b'_i,\ z_j = \sum_{i=1}^{m} c_i a'_{ij} (j=m+1,\ \cdots,\ n)$$

于是

$$z = z_0 + \sum_{j=m+1}^{n} (c_j - z_j) x_j \tag{1-26}$$

再令

$$\sigma_j = c_j - z_j (j=m+1,\ \cdots,\ n)$$

则

$$z = z_0 + \sum_{j=m+1}^{n} \sigma_j x_j \tag{1-27}$$

1.3.3.1　最优解判别定理

若 $X^{(0)} = (b'_1,\ b'_2,\ \cdots,\ b'_m,\ 0,\ \cdots,\ 0)^T$ 为对应于基 B 的一个基可行解，且对于一切 $j=m+1,\ \cdots,\ n$，有 $\sigma_j \leqslant 0$，则 $X^{(0)}$ 为最优解。称 σ_j 为检验数。

1.3.3.2　无穷多最优解判别定理

若 $X^{(0)} = (b'_1,\ b'_2,\ \cdots,\ b'_m,\ 0,\ \cdots,\ 0)^T$ 为一个基可行解，对于一切 $j=m+1,\ \cdots,$

n，有 $\sigma_j \leqslant 0$，又存在某个非基变量的检验数 $\sigma_{m+k}=0$，则线性规划问题有无穷多最优解。

证：只需将非基变量 x_{m+k} 换入基变量中，找到一个新基可行解 $X^{(1)}$。因 $\sigma_{m+k}=0$，由式（1-27）知 $z=z_0$，故 $X^{(1)}$ 也是最优解。由 1.2.2 中的定理 3 可知 $X^{(0)}$、$X^{(1)}$ 连线上所有点都是最优解。

1.3.3.3 无界解判别定理

若 $X^{(0)}=(b'_1, b'_2, \cdots, b'_m, 0, \cdots, 0)^T$ 为一基可行解，有一个 $\sigma_{m+k}>0$，并且对 $i=1, 2, \cdots, m$，有 $a'_{i,m+k} \leqslant 0$，那么该线性规划问题具有无界解（或称无最优解）。

证：构造一个新的解 $X^{(1)}$，它的分量为

$$x_i^{(1)}=b'_i-\lambda a'_{i,m+k}(\lambda>0)$$

$$x_{m+k}^{(1)}=\lambda$$

$$x_j^{(1)}=0(j=m+1, \cdots, n \text{ 且 } j \neq m+k)$$

因 $a'_{i,m+k} \leqslant 0$，所以对任意的 $\lambda>0$ 都是可行解，把 $x^{(1)}$ 代入目标函数得

$$z=z_0+\lambda\sigma_{m+k}$$

因 $\sigma_{m+k}>0$，故当 $\lambda \to +\infty$ 时，则 $z \to +\infty$，因此该问题目标函数无界。

以上讨论都是针对标准型，即求目标函数极大化时的情况。当求目标函数极小化时，一种情况如前所述，将其化为标准型。如果不化为标准型，只需在前两个定理中把 $\sigma_j \leqslant 0$ 改为 $\sigma_j \geqslant 0$，在第三个定理中将 $\sigma_{m+k}>0$ 改写为 $\sigma_{m+k}<0$ 即可。

1.3.4 基变换

若初始基可行解 $X^{(0)}$ 不是最优解及不能判别无界时，需要找一个新的基可行解。具体做法是从原可行基中换一个列向量（当然要保证线性独立），得到一个新的可行基，这称为基变换。为了换基，先要确定换入变量，再确定换出变量，让它们相应的系数列向量进行对换，就得到一个新的基可行解。

1.3.4.1 换入变量的确定

由式（1-27）可以看到，当某些 $\sigma_j>0$ 时，x_j 增加则目标函数值还可以增大，这时要将某个非基变量 x_j 换到基变量中去（称为换入变量）。若有两个以上的 $\sigma_j>0$，那么选哪个非基变量作为换入变量呢？为了使目标函数值增加得快，从直观上一般选 $\sigma_j>0$ 中的大者，即

$$\max_j(\sigma_j>0)=\sigma_k$$

则对应的 x_k 为换入变量。但也可以任选或按最小足码选。

1.3.4.2 换出变量的确定

设 $P_1, P_2, \cdots, P_m$ 是一组线性独立的向量组，它们对应的基可行解是 $X^{(0)}$。将它

代入约束方程组（1－21）得到

$$\sum_{i=1}^{m} x_i^{(0)} P_i = b \tag{1-28}$$

其他的向量 P_{m+1}，P_{m+2}，…，P_{m+t}，…，P_n 都可以用 P_1，P_2，…，P_m 线性表示，若确定非基变量 P_{m+t}为换入变量，必然可以找到一组不全为 0 的数($i=1$，2，…，m)使得

$$P_{m+t} = \sum_{i=1}^{m} \beta_{i,m+t} P_i$$

或

$$P_{m+t} - \sum_{i=1}^{m} \beta_{i,m+t} P_i = 0 \tag{1-29}$$

在式（1－29）两边同乘一个正数 θ，然后将它加到式（1－28）上，得到

$$\sum_{i=1}^{m} x_i^{(0)} P_i + \theta\left(P_{m+t} - \sum_{i=1}^{m} \beta_{i,m+t} P_i\right) = b$$

或

$$\sum_{i=1}^{m} (x_i^{(0)} - \theta\beta_{i,m+t}) P_i + \theta P_{m+t} = b \tag{1-30}$$

当 θ 取适当值时，就能得到满足约束条件的一个可行解（即非零分量的数目不大于 m 个）。就应使 $x_i^{(0)} - \theta\beta_{i,m+t}$（$i=1$，2，…，$m$）中的某一个为零，并保证其余的分量为非负。这个要求可以用以下的办法达到：比较各比值$\dfrac{x_i^{(0)}}{\beta_{i,m+t}}$（$i=1$，2，…，$m$）。又因为 θ 必须是正数，所以只选择$\dfrac{x_i^{(0)}}{\beta_{i,m+t}}>0$（$i=1$，2，…，$m$）中比值最小的等于 θ。以上描述用数学式表示为：

$$\theta = \min_i\left(\frac{x_i^{(0)}}{\beta_{i,m+t}} \middle| \beta_{i,m+t} > 0\right) = \frac{x_l^{(0)}}{\beta_{l,m+t}}$$

这时 x_l 为换出变量。按最小比值确定 θ 值，称为最小比值规则。将 $\theta = \dfrac{x_l^{(0)}}{\beta_{l,m+t}}$代入 X 中，便得到新的基可行解。

$$X^{(1)} = \Bigg(x_1^{(0)} - \frac{x_l^{(0)}}{\beta_{l,m+t}} \cdot \beta_{1,m+t},\ \cdots,\ \underset{\substack{\uparrow \\ \text{第 } l \text{ 个分量}}}{0},\ \cdots,$$

$$x_m^{(0)} - \frac{x_l^{(0)}}{\beta_{l,m+t}} \cdot \beta_{m,m+t},\ 0,\ \cdots,\ \underset{\substack{\uparrow \\ \text{第 } m+t \text{ 个分量}}}{\frac{x_l^{(0)}}{\beta_{l,m+t}}},\ \cdots,\ 0\Bigg)$$

由此得到由 $X^{(0)}$ 转换到 $X^{(1)}$ 的各分量的转换公式：

$$x_i^{(1)}=\begin{cases}x_i^{(0)}-\dfrac{x_l^{(0)}}{\beta_{l,m+t}}\cdot\beta_{i,m+t}, & i\neq l\\ \dfrac{x_l^{(0)}}{\beta_{l,m+t}}, & i=l\end{cases}$$

这里 $x_i^{(0)}$ 是原基可行解 $X^{(0)}$ 的各分量；$x_i^{(1)}$ 是新基可行解 $X^{(1)}$ 的各分量；$\beta_{i,m+t}$ 是换入向量 P_{m+t} 的对应原来一组基向量的坐标。现在的问题是，这个新解 $X^{(1)}$ 的 m 个非零分量对应的列向量是否线性独立？事实上，因 $X^{(0)}$ 的第 l 个分量对应于 $X^{(1)}$ 的相应分量是零，即

$$x_l^{(0)}-\theta\beta_{l,m+t}=0$$

其中 $x_l^{(0)}$，θ 均不为零，根据 θ 规则（最小比值），$\beta_{l,m+t}\neq 0$。$X^{(1)}$ 中的 m 个非零分量对应 m 个列向量 P_j（$j=1, 2, \cdots, m, j\neq l$）和 P_{m+t}。若这组向量不是线性独立，则一定可以找到不全为零的数 α_j，使

$$P_{m+t}=\sum_{j=1}^{m}\alpha_j P_j (j\neq l) \tag{1-31}$$

成立。又因

$$P_{m+t}=\sum_{j=1}^{m}\beta_{j,m+t}P_j \tag{1-32}$$

将式（1-32）减式（1-31）得到

$$\sum_{\substack{j=1\\ j\neq l}}^{m}(\beta_{j,m+t}-\alpha_j)P_j+\beta_{l,m+t}P_l=0$$

由于上式中至少有 $\beta_{l,m+t}\neq 0$，所以上式表明 P_1，P_2，…，P_m 是线性相关的，这与假设相矛盾。

由此可见，$X^{(1)}$ 中的 m 个非零分量对应的列向量 P_j（$j=1, 2, \cdots, m, j\neq l$）与 P_{m+t} 是线性独立的，即经过基变换得到的解是基可行解。实际上，从一个基可行解到另一个基可行解的变换，就是进行一次基变换。从几何意义上讲，就是从可行域的一个顶点转向另一个顶点（见图 1-3 解法）。

1.3.5 迭代（旋转运算）

上述讨论的基可行解的转换方法是用向量方程来描述的，在实际计算时不太方便，因此采用系数矩阵法。现考虑以下形式的约束方程组

$$\begin{cases} x_1 \quad + a_{1,m+1}x_{m+1} + \cdots + a_{1k}x_k + \cdots + a_{1n}x_n = b_1 \\ \quad x_2 \quad + a_{2,m+1}x_{m+1} + \cdots + a_{2k}x_k + \cdots + a_{2n}x_n = b_2 \\ \quad \vdots \\ \quad\quad x_l \quad + a_{l,m+1}x_{m+1} + \cdots + a_{lk}x_k + \cdots + a_{ln}x_n = b_l \\ \quad\quad \vdots \\ \quad\quad\quad x_m \quad + a_{m,m+1}x_{m+1} + \cdots + a_{mk}x_k + \cdots + a_{mn}x_n = b_m \end{cases} \tag{1-33}$$

在一般线性规划问题的约束方程组中加入松弛变量或人工变量后，很容易得到上述形式。

设 x_1，x_2，…，x_m 为基变量，对应的系数矩阵是 $m \times m$ 单位阵 I，它是可行基。令非基变量 x_{m+1}，x_{m+2}，…，x_n 为零，即可得到一个基可行解。若它不是最优解，则要另找一个使目标函数值增大的基可行解。这时从非基变量中确定 x_k 为换入变量。显然这时 θ 为

$$\theta = \min_i \left(\frac{b_i}{a_{ik}} \middle| a_{ik} > 0 \right) = \frac{b_l}{a_{lk}}$$

在迭代过程中 θ 可表示为

$$\theta = \min_i \left(\frac{b'_i}{a'_{ik}} \middle| a'_{ik} > 0 \right) = \frac{b'_l}{a'_{lk}}$$

其中 b'_i、a'_{ik}是经过迭代后对应于 b_i、a_{ik}的元素值（读者可自己验证）。

按 θ 规则确定 x_l 为换出变量，x_k、x_l 的系数列向量分别为

$$P_k = \begin{pmatrix} a_{1k} \\ a_{2k} \\ \vdots \\ a_{ik} \\ \vdots \\ a_{mk} \end{pmatrix}; \quad P_l = \begin{pmatrix} 0 \\ \vdots \\ 1 \\ 0 \\ \vdots \\ 0 \end{pmatrix} \begin{matrix} \\ \\ \leftarrow \text{第 } l \text{ 个分量} \\ \\ \\ \\ \end{matrix}$$

为了使 x_k 与 x_l 进行对换，须把 P_k 变为单位向量，这可以通过式（1－33）系数矩阵的增广矩阵进行初等变换来实现。

$$\begin{matrix} x_1 & \cdots & x_l & \cdots & x_m & x_{m+1} & \cdots & x_k & \cdots & x_n & b \end{matrix}$$

$$\left[\begin{array}{ccccccccccc|c} 1 & & & & & a_{1,m+1} & \cdots & a_{1k} & \cdots & a_{1n} & & b_1 \\ & \vdots & & & & & & & & & & \vdots \\ & & 1 & & & a_{l,m+1} & \cdots & a_{lk} & \cdots & a_{ln} & & b_l \\ & & & \vdots & & & & & & & & \vdots \\ & & & & 1 & a_{m,m+1} & \cdots & a_{mk} & \cdots & a_{mn} & & b_m \end{array}\right] \tag{1-34}$$

变换的步骤是：

（1）将增广矩阵式（1－34）中的第 l 行除以 a_{lk}，得到

$$\left(0,\ \cdots,\ 0,\ \frac{1}{a_{lk}},\ 0,\ \cdots,\ 0,\ \frac{a_{l,m+1}}{a_{l,k}},\ \cdots,\ 1,\ \cdots,\ \frac{a_{1n}}{a_{lk}}\left|\frac{b_l}{a_{lk}}\right.\right) \tag{1-35}$$

（2）将式（1－34）中 x_k 列的各元素，除 a_{lk} 变换为1以外，其他都应变换为0。其他行的变换是将式（1－35）乘以 a_{ik}（$i\neq l$）后，从式（1－34）的第 i 行减去，得到新的第 i 行。

$$\left(0,\ \cdots,\ 0,\ -\frac{a_{ik}}{a_{lk}},\ 0,\ \cdots,\ 0,\ a_{i,m+1}-\frac{a_{l,m+1}}{a_{lk}}a_{ik},\ \cdots,\ 0,\ \cdots,\ a_{1n}-\frac{a_{1n}}{a_{lk}}\cdot a_{ik}\left|\ b_i-\frac{b_l}{a_{lk}}a_{ik}\right.\right)$$

由此可得到变换后系数矩阵各元素的变换关系式：

$$a'_{ij}=\begin{cases}a_{ij}-\dfrac{a_{lj}}{a_{lk}}a_{ik} & (i\neq l)\\ \dfrac{a_{lj}}{a_{lk}} & (i=l)\end{cases};\quad b'_i=\begin{cases}b_i-\dfrac{a_{ik}}{a_{lk}}b_l & (i\neq l)\\ \dfrac{b_l}{a_{lk}} & (i=l)\end{cases}$$

a'_{ij}、b'_i 是变换后的新元素。

（3）经过初等变换后的新增广矩阵是

$$\begin{array}{cccccccccccc} x_1 & \cdots & x_l & \cdots & x_m & x_{m+1} & \cdots & x_k & \cdots & x_n & & b\end{array}$$

$$\left[\begin{array}{cccccccccc|c} 1 & \cdots & -\dfrac{a_{1k}}{a_{lk}} & \cdots & 0 & a'_{1,m+1} & \cdots & 0 & \cdots & a'_{1n} & b'_1\\ \vdots & & \vdots & & & & & \vdots & & & \vdots\\ 0 & \cdots & +\dfrac{1}{a_{1k}} & \cdots & 0 & a'_{l,m+1} & \cdots & 1 & \cdots & a'_{ln} & b'_l\\ \vdots & & \vdots & & & & & \vdots & & & \vdots\\ 0 & \cdots & -\dfrac{a_{mk}}{a_{lk}} & \cdots & 1 & a'_{m,m+1} & \cdots & 0 & \cdots & a'_{mn} & b'_m\end{array}\right] \tag{1-36}$$

（4）由式（1－36）中可以看到 x_1，x_2，…，x_k，…，x_m 的系数列向量构成 $m\times m$ 单位矩阵，它是可行基，当非基变量 x_{m+1}，…，x_l，…，x_n 为0时，就得到一个基可行解 $X^{(1)}$。

$$X^{(1)}=(b'_1,\ \cdots,\ b'_{l-1},\ 0,\ b'_{l+1},\ \cdots,\ b'_m,\ 0,\ \cdots,\ b'_k,\ 0,\ \cdots,\ 0)^T$$

在上述系数矩阵的变换中，元素 a_{lk} 称为主元素，它所在的列称为主元列，它所在的行称为主元行。元素 a_{lk} 位置变换后为1。

例7：试用上述方法计算例6的两个基变换。

解：将例6的约束方程组的系数矩阵写成增广矩阵

$$\begin{array}{cccccc} x_1 & x_2 & x_3 & x_4 & x_5 & b\end{array}$$

$$\left[\begin{array}{ccccc|c} 1 & 2 & 1 & 0 & 0 & 8\\ 4 & 0 & 0 & 1 & 0 & 16\\ 0 & 4 & 0 & 0 & 1 & 12\end{array}\right]$$

当以 x_3、x_4、x_5 为基变量，x_1、x_2 为非基变量，令 x_1、$x_2=0$，可得到一个基可行解

$$X^{(0)}=(0,\ 0,\ 8,\ 16,\ 12)^T$$

现用 x_2 去替换 x_5，于是将 x_3、x_4、x_2 的系数矩阵变换为单位矩阵，经变换后为

$$\begin{array}{ccccc|c} x_1 & x_2 & x_3 & x_4 & x_5 & b \\ \end{array}$$

$$\left[\begin{array}{ccccc|c} 1 & 0 & 1 & 0 & -\frac{1}{2} & 2 \\ 4 & 0 & 0 & 1 & 0 & 16 \\ 0 & 1 & 0 & 0 & \frac{1}{4} & 3 \end{array}\right]$$

令非基变量 x_1、$x_5=0$，得到新的基可行解

$$X^{(1)}=(0,\ 3,\ 2,\ 16,\ 0)^T$$

1.4 单纯形法的计算步骤

根据以上讨论的结果，将求解线性规划问题的单纯形法的计算步骤归纳如下。

1.4.1 单纯形表

为了便于理解计算关系，现设计一种计算表，称为单纯形表，其功能与增广矩阵相似，下面来建立这种计算表。

将式（1-22）与目标函数组成 $n+1$ 个变量，$m+1$ 个方程的方程组。

$$x_1+a_{1m+1}x_{m+1}+\cdots+a_{1n}x_n=b_1$$

$$x_2+a_{2m+1}x_{m+1}+\cdots+a_{2n}x_n=b_2$$

$$\cdots$$

$$x_m+a_{mm+1}x_{m+1}+\cdots+a_{mn}x_n=b_m$$

$$-z+c_1x_1+c_2x_2+\cdots+c_mx_m+c_{m+1}x_{m+1}+\cdots+c_nx_n=0$$

为了便于迭代运算，可将上述方程组写成增广矩阵形式

$$\begin{array}{cccccccc|c} -z & x_1 & x_2 & \cdots & x_m & x_{m+1} & \cdots & x_n & b \end{array}$$

$$\left[\begin{array}{cccccccc|c} 0 & 1 & 0 & \cdots & 0 & a_{1,m+1} & \cdots & a_{1n} & b_1 \\ 0 & 0 & 1 & \cdots & 0 & a_{2,m+1} & \cdots & a_{2n} & b_2 \\ & & & & \vdots & & & & \\ 0 & 0 & 0 & \cdots & 1 & a_{m,m+1} & \cdots & a_{mn} & b_m \\ 1 & c_1 & c_2 & \cdots & c_m & c_{m+1} & \cdots & c_n & 0 \end{array}\right]$$

若将 z 看作不参与基变换的基变量，它与 x_1，x_2，…，x_m 的系数构成一个基，这时可采用行初等变换将 c_1，c_2，…，c_m 变换为零，使其对应的系数矩阵为单位矩阵。得到：

$$
\begin{array}{cccccccc|c}
-z & x_1 & x_2 & \cdots & x_m & x_{m+1} & \cdots & x_n & b \\
0 & 1 & 0 & \cdots & 0 & a_{1,m+1} & \cdots & a_{1n} & b_1 \\
0 & 0 & 1 & \cdots & 0 & a_{2,m+1} & \cdots & a_{2n} & b_2 \\
\vdots & \vdots & \vdots & \vdots & \vdots & \vdots & \vdots & \vdots & \vdots \\
0 & 0 & 0 & \cdots & 1 & a_{m,m+1} & \cdots & a_{mn} & b_m \\
1 & 0 & 0 & \cdots & 0 & c_{m+1} - \sum_{i=1}^{m} c_i a_{i,m+1} & \cdots & c_n - \sum_{i=1}^{m} c_i a_{in} & -\sum_{i=1}^{m} c_i b_i
\end{array}
$$

可根据上述增广矩阵设计计算表，见表 1－2。

表 1－2

$c_j \rightarrow$			c_1	…	c_m	c_{m+1}	…	c_n	θ_i
C_B	X_B	b	x_1	…	x_m	x_{m+1}	…	x_n	
c_1	x_1	b_1	1	…	0	$a_{1,m+1}$	…	a_{1n}	θ_1
c_2	x_2	b_2	0		0	$a_{2,m+1}$		a_{2n}	θ_2
…	…	…	…	…	…	…	…	…	…
c_m	x_m	b_m	0	…	1	$a_{m,m+1}$	…	a_{mn}	θ_m
$c_j - z_j$			0	…	0	$c_{m+1} - \sum_{i=1}^{m} c_i a_{i,m+1}$	…	$c_n - \sum_{i=1}^{m} c_i a_{in}$	

X_B 列中填入基变量，这里是 x_1，x_2，…，x_m。

C_B 列中填入基变量的价值系数，这里是 c_1，c_2，…，c_m；它们是与基变量相对应的。

b 列中填入约束方程组右端的常数。

c_j 行中填入基变量的价值系数 c_1，c_2，…，c_n。

θ_i 列的数字是在确定换入变量后，按 θ 规则计算后填入。

最后一行称为检验数行，对应各非基变量 x_j 的检验数是：

$$c_j - \sum_{i=1}^{m} c_i a_{ij}，j = 1，2，\cdots，n$$

表 1－2 称为初始单纯形表，每迭代一步构造一个新单纯形表。

1.4.2 求解思路与计算步骤

以标准型线性规划模型为基础，先找到一个初始基可行解，设法判别其是否为最优，若是，则停止运算。否则，从当前的基可行解过渡到另一个基可行解，并使目标函数有所增加，再重新判别这个刚得到的基可行解是否为最优，如此反复进行，直到找到最优解为止。以上求解思路的具体步骤如下：

（1）找出初始可行基，确定初始基可行解，建立初始单纯形表。

（2）检验各非基变量 x_j 的检验数是

$$\sigma_j = c_j - \sum_{i=1}^{m} c_i a_{ij}，若 \sigma_j \leqslant 0，j = m+1，\cdots，n$$

则已得到最优解，可停止计算。否则转入下一步。

（3）在 $\sigma_j > 0$（$j = m+1，\cdots，n$）中，若有某个 σ_k 对应 x_k 的系数列向量 $P_k \leqslant 0$，则此问题是无界，停止计算。否则，转入下一步。

（4）根据 $\max(\sigma_j > 0) = \sigma_k$，确定 x_k 为换入变量，按 θ 规则计算

$$\theta = \min\left(\frac{b_i}{a_{ik}} \middle| a_{ik} > 0 \right) = \frac{b_l}{a_{lk}}$$

可确定 x_l 为换出变量，转入下一步。

（5）以 a_{lk} 为主元素进行迭代（即用高斯消去法或称为旋转运算），把 x_k 所对应的列向量

$$P_k = \begin{pmatrix} a_{1k} \\ a_{2k} \\ \vdots \\ a_{lk} \\ \vdots \\ a_{mk} \end{pmatrix} 变换 \Rightarrow \begin{pmatrix} 0 \\ 0 \\ \vdots \\ 1 \\ \vdots \\ 0 \end{pmatrix} \leftarrow 第\ l\ 行$$

将 X_B 列中的 x_l 换为 x_k，得到新的单纯形表。重复步骤（2）～（5），直到终止。

现用例 1 的标准型来说明上述计算步骤。

（1）根据例 1 的标准型，取松弛变量 x_3、x_4、x_5 为基变量，它对应的单位矩阵为基。这就得到初始基可行解

$$X^{(0)} = (0，0，8，16，12)^T$$

将有关数字填入表中，得到初始单纯形表，见表 1－3。

表 1－3

$c_j \to$			2	3	0	0	0	θ_i
C_B	X_B	b	x_1	x_2	x_3	x_4	x_5	
0	x_3	8	1	2	1	0	0	4
0	x_4	16	4	0	0	1	0	—

续表

$c_j \rightarrow$			2	3	0	0	0	θ_i
C_B	X_B	b	x_1	x_2	x_3	x_4	x_5	
0	x_5	12	0	[4]	0	0	1	3
$c_j - z_j$			2	3	0	0	0	

表1－3中左上角的 c_j 表示目标函数中各变量的价值系数。在 C_B 列填入初始基变量的价值系数，它们都为零，各非基变量的检验数为

$\sigma_1 = c_1 - z_1 = 2 - (0 \times 1 + 0 \times 4 + 0 \times 0) = 2$

$\sigma_2 = c_2 - z_2 = 3 - (0 \times 2 + 0 \times 0 + 0 \times 4) = 3$

（2）因检验数都大于零，且 P_1、P_2 有正分量存在，转入下一步。

（3）max（σ_1，σ_2）＝max（2，3）＝3，对应的变量 x_2 为换入变量，计算 θ

$$\theta = \min_i \left(\frac{b_i}{a_{i2}} \middle| a_{i2} > 0 \right) = \min(8/2,\ -,\ 12/4) = 3$$

它所在行对应的 x_3 为换出变量。x_2 所在列和 x_5 所在行的交叉处［4］称为主元素或枢元素（pivot element）。

（4）以［4］为主元素进行旋转运算，即初等行变换，使 P_2 变换为 $(0, 0, 1)^T$，在 X_B 列中用 x_2 替换 x_5，于是得到表1－4。

表1－4

$c_j \rightarrow$			2	3	0	0	0	θ_i
C_B	X_B	b	x_1	x_2	x_3	x_4	x_5	
0	x_3	2	[1]	0	1	0	－1/2	2
0	x_4	16	4	0	0	1	0	4
3	x_2	3	0	1	0	0	1/4	—
$c_j - z_j$			2	0	0	0	－3/4	

b 列的数字是 $x_3 = 2$，$x_4 = 16$，$x_2 = 3$

于是得到新的基可行解 $X^{(1)} = (0, 3, 2, 16, 0)^T$

目标函数的取值 $z = 9$

（5）检查表1－4的所有 $c_j - z_j$，这时有 $c_1 - z_1 = 2$；说明 x_1 应为换入变量。重复（2）～（4）的计算步骤，得表1－5。

表 1-5

$c_j \to$			2	3	0	0	0	θ_i
C_B	X_B	b	x_1	x_2	x_3	x_4	x_5	
2	x_1	2	1	0	1	0	-1/2	—
0	x_4	8	0	0	-4	1	[2]	4
3	x_2	3	0	1	0	0	1/4	12
$c_j - z_j$			0	0	-2	0	1/4	
2	x_1	4	1	0	0	1/4	0	
0	x_5	4	0	0	-2	1/2	1	
3	x_2	2	0	1	1/2	-1/8	0	
$c_j - z_j$			0	0	-3/2	-1/8	0	

（6）表 1-5 最后一行的所有检验数都已为负或 0。这表示目标函数值已不可能再增大，于是得到最优解为：$X^* = X^{(3)} = (4, 2, 0, 0, 4)^T$，目标函数值为：$z^* = 14$。

补充说明： 以上介绍了标准型目标函数为 max 形式的线性规划模型的单纯形法具体求解过程。若以目标函数为 min 形式的标准型在单纯形法求解过程中需要注意的是，最优解的判别标准应当是：

$$\sigma_j = c_j - \sum_{i=1}^{m} c_i a_{ij}，若 \sigma_j \geqslant 0，j = m+1，\cdots，n$$

1.5 单纯形法的进一步讨论

1.5.1 人工变量法

在 1.3.2 节中提到用人工变量法可以得到初始基可行解。这里加以讨论。

设线性规划问题的约束条件是

$$\sum_{j=1}^{n} P_j x_j = b$$

分别给每一个约束方程加入人工变量 x_{n+1}，$\cdots$，x_{n+m}，得到

$$\begin{cases} a_{11}x_1 + a_{12}x_2 + \cdots + a_{1n}x_n + x_{n+1} = b_1 \\ a_{21}x_1 + a_{22}x_2 + \cdots + a_{2n}x_n + x_{n+2} = b_2 \\ \cdots \\ a_{m1}x_1 + a_{m2}x_2 + \cdots + a_{mn}x_n + x_{n+m} = b_m \\ x_1, x_2, \cdots, x_n \geqslant 0, x_{n+1}, \cdots, x_{n+m} \geqslant 0 \end{cases}$$

以 x_{n+1}，…，x_{n+m} 为基变量，并可得到一个 $m \times m$ 单位矩阵。令非基变量 x_1，x_2，…，x_n 为零，便可得到一个初始基可行解 $X^{(0)} = (0, 0, \cdots, 0, b_1, b_2, \cdots, b_m)^T$。因为人工变量是后加入到原约束条件中的虚拟变量，要求经过基的变换将它们从基变量中逐个替换出来。基变量中不再含有非零的人工变量，这表示原问题有解。若在最终表中当所有 $c_j - z_j \leqslant 0$，而在其中还有某个非零人工变量，这表示无可行解。

1.5.1.1 大 M 法

在一个线性规划问题的约束条件中加进人工变量后，要求人工变量对目标函数取值不受影响，为此假定人工变量在目标函数中的系数为（$-M$）（M 为任意大的正数），这样目标函数要实现最大化时，必须把人工变量从基变量换出。否则目标函数不可能实现最大化。

例 8：现有线性规划问题

$$\min z = -3x_1 + x_2 + x_3$$

$$\text{s. t.} \begin{cases} x_1 - 2x_2 + x_3 \leqslant 11 \\ -4x_1 + x_2 + 2x_3 \geqslant 3 \\ -2x_1 + x_3 = 1 \\ x_1, x_2, x_3 \geqslant 0 \end{cases}$$

试用大 M 法求解。

解：在上述问题的约束条件中加入松弛变量 x_4，剩余变量 x_5，人工变量 x_6、x_7，得到

$$\min z = -3x_1 + x_2 + x_3 + 0x_4 + 0x_5 + Mx_6 + Mx_7$$

$$\text{s. t.} \begin{cases} x_1 - 2x_2 + x_3 + x_4 = 11 \\ -4x_1 + x_2 + 2x_3 - x_5 + x_6 = 3 \\ -2x_1 + x_3 + x_7 = 1 \\ x_1, x_2, x_3, x_4, x_5, x_6, x_7 \geqslant 0 \end{cases}$$

这里 M 是一个任意大的正数。

用单纯形法进行计算时，见表 1－6。因本例的目标函数是要求 min，所以用所有 $c_j - z_j \geqslant 0$ 来判别目标函数是否实现了最小化。表 1－6 的最终表表明得到的最优解是：$x_1 = 4$，$x_2 = 1$，$x_3 = 9$，$x_4 = x_5 = x_6 = x_7 = 0$，目标函数 $z = -2$。

表 1－6

$c_j \to$			-3	1	1	0	0	M	M	θ_i
C_B	X_B	b	x_1	x_2	x_3	x_4	x_5	x_6	x_7	
0	x_4	11	1	-2	1	1	0	0	0	11

续表

$c_j \to$			−3	1	1	0	0	M	M	θ_i
C_B	X_B	b	x_1	x_2	x_3	x_4	x_5	x_6	x_7	
M	x_6	3	−4	1	2	0	−1	1	0	3/2
M	x_7	1	−2	0	[1]	0	0	0	1	1
$c_j - z_j$			$-3+6M$	$1-M$	$1-3M$	0	M	0	0	
0	x_4	10	3	−2	0	1	0	0	−1	
M	x_6	1	0	[1]	0	0	−1	1	−2	1
1	x_3	1	−2	0	1	0	0	0	1	
$c_j - z_j$			−1	$1-M$	0	0	M	0	$3M-1$	
0	x_4	12	[3]	0	0	1	−2	2	−5	4
1	x_2	1	0	1	0	0	−1	1	−2	
1	x_3	1	−2	0	1	0	0	0	1	
$c_j - z_j$			−1	0	0	0	1	$M-1$	$M+1$	
−3	x_1	4	1	0	0	1/3	−2/3	2/3	−5/3	
1	x_2	1	0	1	0	0	−1	1	−2	
1	x_3	9	0	0	1	2/3	−4/3	4/3	−7/3	
$c_j - z_j$			0	0	0	1/3	1/3	$M-1/3$	$M-2/3$	

1.5.1.2　两阶段法

下面介绍求解加入人工变量的线性规划问题的两阶段法。

第一阶段：不考虑原问题是否存在基可行解；给原线性规划问题加入人工变量，并构造仅含人工变量的目标函数和要求实现最小化。如

$$\min \omega = x_{n+1} + \cdots + x_{n+m} + 0x_1 + \cdots + 0x_n$$

$$\text{s. t.} \begin{cases} a_{11}x_1 + \cdots + a_{1n}x_n + x_{n+1} = b_1 \\ a_{21}x_1 + \cdots + a_{2n}x_n + x_{n+2} = b_2 \\ \cdots \\ a_{m1}x_1 + \cdots + a_{mn}x_n + x_{n+m} = b_m \\ x_1, x_2, \cdots, x_{n+m} \geqslant 0 \end{cases}$$

然后用单纯形法求解上述模型，若得到 $\omega = 0$，这说明原问题存在基可行解，可以进行第二阶段计算。否则原问题无可行解，应停止计算。

第二阶段：将第一阶段计算得到的最终表，除去人工变量。将目标函数行的系数换为原问题的目标函数系数，作为第二阶段计算的初始表。

各阶段的计算方法及步骤与 1.3 节单纯形法相同。下面举例说明。

例 9：线性规划问题

$$\min z = -3x_1 + x_2 + x_3$$

$$\text{s.t.} \begin{cases} x_1 - 2x_2 + x_3 \leqslant 11 \\ -4x_1 + x_2 + 2x_3 \geqslant 3 \\ -2x_1 + x_3 = 1 \\ x_1, x_2, x_3 \geqslant 0 \end{cases}$$

试用两阶段法求解。

解：先在上述线性规划问题的约束方程中加入人工变量，给出第一阶段的数学模型为：

$$\min \omega = x_6 + x_7$$

$$\text{s.t.} \begin{cases} x_1 - 2x_2 + x_3 + x_4 = 11 \\ -4x_1 + x_2 + 2x_3 - x_5 + x_6 = 3 \\ -2x_1 + x_3 + x_7 = 1 \\ x_1, x_2, x_3, x_4, x_5, x_6, x_7 \geqslant 0 \end{cases}$$

这里 x_6、x_7 是人工变量。用单纯形法求解，见表 1－7。第一阶段求得的结果是$\omega=0$，得到的最优解是

$$x_1=0,\ x_2=1,\ x_3=1,\ x_4=12,\ x_5=x_6=x_7=0$$

表 1－7

$c_j \to$			0	0	0	0	0	1	1	θ_i
C_B	X_B	b	x_1	x_2	x_3	x_4	x_5	x_6	x_7	
0	x_4	11	1	−2	1	1	0	0	0	11
1	x_6	3	−4	1	2	0	−1	1	0	3/2
1	x_7	1	−2	0	[1]	0	0	0	1	1
$c_j - z_j$			6	−1	−3	0	1	0	0	
0	x_4	10	3	−2	0	1	0	0	−1	—
1	x_6	1	0	[1]	0	0	−1	1	−2	1
0	x_3	1	−2	0	1	0	0	0	1	—
$c_j - z_j$			0	−1	0	0	1	0	3	
0	x_4	12	3	0	0	1	−2	2	−5	4
0	x_2	1	0	1	0	0	−1	1	−2	
0	x_3	1	−2	0	1	0	0	0	1	
$c_j - z_j$			0	0	0	0	0	1	1	

因人工变量 $x_6=x_7=0$，所以 $(0,\ 1,\ 1,\ 12,\ 0)^T$ 是这个线性规划问题的基可行

解。于是可以进行第二阶段运算。将第一阶段的最终表中的人工变量取消填入原问题的目标函数的系数。进行第二阶段计算，见表1-8。

表1-8

$c_j \to$			-3	1	1	0	0	θ_i
C_B	X_B	b	x_1	x_2	x_3	x_4	x_5	
0	x_4	12	[3]	0	0	1	-2	4
1	x_2	1	0	1	0	0	-1	—
1	x_3	1	-2	0	1	0	0	—
$c_j - z_j$			-1	0	0	0	1	
-3	x_1	4	1	0	0	1/3	-2/3	
1	x_2	1	0	1	0	0	-1	
1	x_3	9	0	0	1	2/3	-4/3	
$c_j - z_j$			0	0	0	1/3	1/3	

从表1-8中得到最优解为 $x_1=4$，$x_2=1$，$x_3=9$，目标函数值 $z=-2$。

1.5.2 退化

单纯形法计算中用 θ 规则确定换出变量时，有时存在两个以上相同的最小比值，这样在下一次迭代中就有一个或几个基变量等于零，这就出现退化解。这时换出变量 $x_l=0$，迭代后目标函数值不变。这时不同基表示为同一顶点。有人构造了一个特例，当出现退化时，进行多次迭代，而基从 B_1，B_2，…，B_n，又返回到 B_1，即出现计算过程的循环，便永远达不到最优解。

尽管计算过程的循环现象极少出现，但还是有可能的。如何解决这个问题？先后有人提出了“摄动法”“字典序法”。1974年由勃兰特（Bland）提出一种简便的规则，简称勃兰特规则：

（1）选取 $c_j - z_j > 0$ 中下标最小的非基变量 x_k 为换入变量，即

$k = \min(j \mid c_j - z_j > 0)$

（2）当按 θ 规则计算存在两个和两个以上最小比值时，选取下标最小的基变量为换出变量。

按勃兰特规则计算时，一定能避免出现循环。

1.5.3 检验数的几种表示形式

本书以 $\max z = CX$；$AX=b$，$X \geqslant 0$ 为标准型；以 $c_j - z_j \leqslant 0$（$j=1, 2, \cdots, n$）为最优解的判别准则。还有其他的形式。为了避免混淆，现将几种情况归纳如下：

设 x_1，x_2，…，x_m 为约束方程的基变量，于是可得

$$x_i = b_i - \sum_{j=m+1}^{n} a_{ij}x_j,\ i=1,\ 2,\ \cdots,\ m$$

将它们代入目标函数后，可有两种表达形式

$$(1)z = \sum_{i=1}^{m} c_i b_i + \sum_{j=m+1}^{n} \left(c_j - \sum_{i=1}^{m} c_i a_{ij}\right)x_j$$

$$= z_0 + \sum_{j=m+1}^{n} (c_j - z_j)x_j \tag{1-37}$$

$$(2)z = \sum_{i=1}^{m} c_i b_i - \sum_{j=m+1}^{n} \left(\sum_{i=1}^{m} c_i a_{ij} - c_j\right)x_j$$

$$= z_0 - \sum_{j=m+1}^{n} (z_j - c_j)x_j \tag{1-38}$$

要求目标函数实现最大化时，若用式（1－37）来分析，就得到 $c_j - z_j \leqslant 0$（$j=1,\ 2,\ \cdots,\ n$）的判别准则。若用式（1－38）来分析，就得到 $z_j - c_j \geqslant 0$（$j=1,\ 2,\ \cdots,\ n$）的判别准则。

同样，在要求目标函数实现最小化时，可用式（1－37）或式（1－38）来分析，这时分别用 $c_j - z_j \geqslant 0$ 或 $z_j - c_j \leqslant 0$（$j=1,\ 2,\ \cdots,\ n$）来判别目标函数已达到最小。现将几种情况汇总于表1－9。

表1－9

检验数 \ 标准型	$\max z = CX$ $AX=b,\ X\geqslant 0$	$\min z = CX$ $AX=b,\ X\geqslant 0$
$c_j - z_j$	$\leqslant 0$	$\geqslant 0$
$z_j - c_j$	$\geqslant 0$	$\leqslant 0$

1.5.4 单纯形法小结

（1）根据实际问题给出数学模型，列出初始单纯形表。进行标准化，见表1－10。

表1－10

变量	$x_j \geqslant 0$		不需要处理
	$x_j \leqslant 0$		令 $x'_j = -x_j$；$x'_j \geqslant 0$
	x_j 无约束		令 $x_j = x'_j - x''_j$；x'_j，$x''_j \geqslant 0$
约束条件	$b \geqslant 0$		不需要处理
	$b < 0$		约束条件两端同乘 －1
	$\leqslant$		加松弛变量 x_{si}
	$=$		加人工变量 x_{ai}
	$\geqslant$		减去剩余（松弛）变量 x_{si}，加人工变量 x_{ai}

续表

目标函数	max z		不需要处理
	min z		令 $z' = -z$，求 max z'
	加入变量的系数	松弛变量	
		x_{si}	0
		人工变量	
		x_{ai}	$-M$

分别以每个约束条件中的松弛变量或人工变量为基变量，列出初始单纯形表。

（2）对目标函数求 max 的线性规划问题，用单纯形法计算步骤的框图如图 1－10 所示。

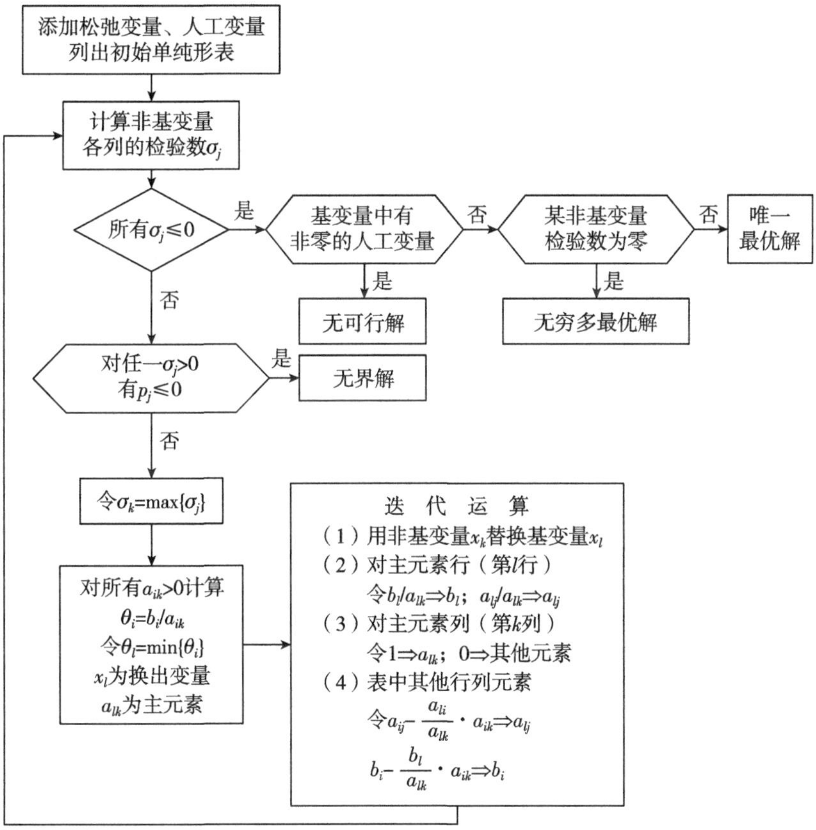

图 1－10

需要说明的是，以上所讲述的单纯形法求解线性规划问题的过程，针对的是标准型的线性规划问题模型。在这里我们规定其标准型的目标函数为极大化，约束条件方程为等式，决策变量为非负。对于目标函数为极小化，约束条件方程为等式，决策变量为非负的线性规划问题模型也可以采用单纯形法求解，只是此时最优解的判别标准，以及换入变量的确定标准有所改变。

1.6 应用举例

一般来讲，一个经济、管理问题凡满足以下条件时，才能建立线性规划的模型。

（1）要求解问题的目标函数能用数值指标来表示，且为线性函数；

（2）存在着多种方案及有关数据；

（3）要求达到的目标是在一定约束条件下实现的，这些约束条件可用线性等式或不等式来描述。

下面举例说明线性规划在经济管理等方面的应用。

例 10：合理利用线材问题。现要做 100 套钢架，每套需用长为 2.9 米、2.1 米和 1.5 米的元钢各一根。已知原料长 7.4 米，问应如何下料，使用的原材料最省？

解：最简单的做法是，在每一根原材料上截取 2.9 米、2.1 米和 1.5 米的元钢各一根组成一套，每根原材料剩下料头 0.9 米。为了做 100 套钢架，需用原材料 100 根，共有 90 米料头。若改为用套裁，这可以节约原材料。下面有几种套裁方案，都可以考虑采用，见表 1－11。

表 1－11

下料根数 \ 长度（米）	方案							
	Ⅰ	Ⅱ	Ⅲ	Ⅳ	Ⅴ	Ⅵ	Ⅶ	Ⅷ
2.9	1	2	0	1	0	1	0	0
2.1	0	0	2	2	1	1	3	0
1.5	3	1	2	0	3	1	0	4
合计	7.4	7.3	7.2	7.1	6.6	6.5	6.3	6.0
料头	0	0.1	0.2	0.3	0.8	0.9	1.1	1.4

为了得到 100 套钢架，需要混合使用各种下料方案。设按Ⅰ方案下料的原材料根数为 x_1，Ⅱ方案为 x_2，Ⅲ方案为 x_3，Ⅳ方案为 x_4，Ⅴ方案为 x_5……根据表 1－11 的方案，可列出以下数学模型：

$$\min z = 0x_1 + 0.1x_2 + 0.2x_3 + 0.3x_4 + 0.8x_5 + 0.9x_6 + 1.1x_7 + 1.4x_8$$

$$\text{s. t.}\begin{cases}x_1+2x_2+x_4+x_6=100\\2x_3+2x_4+x_5+x_6+3x_7=100\\3x_1+x_2+2x_3+3x_5+x_6+4x_8=100\\x_1,\ \cdots,\ x_8\geqslant 0\text{ 且为整数}\end{cases}$$

分析： 上述模型中决策变量有取整数的要求，这不在单纯形法使用条件之内。为了使用单纯形法求解该问题，先不考虑决策变量取整数这一要求。在以上约束条件中加入人工变量 x_6、x_7、x_8，然后用表 1－12 进行计算。

表 1－12

$c_j\to$			0	−0.1	−0.2	−0.3	−0.8	$-M$	$-M$	$-M$	θ_i
C_B	X_B	b	x_1	x_2	x_3	x_4	x_5	x_6	x_7	x_8	
$-M$	x_6	100	1	2	0	1	0	1	0	0	$\frac{100}{1}$
$-M$	x_7	100	0	0	2	2	1	0	1	0	—
$-M$	x_8	100	[3]	1	2	0	3	0	0	1	$\frac{100}{3}$
c_j-z_j			$4M$	$-0.1+3M$	$-0.2+4M$	$-0.3+3M$	$-0.8+4M$	0	0	0	
$-M$	x_6	200/3	0	5/3	−2/3	1	−1	1	0	−1/3	$\frac{200}{3}$
$-M$	x_7	100	0	0	2	[2]	1	0	1	0	$\frac{100}{2}$
0	x_1	100/3	1	1/3	2/3	0	1	0	0	1/3	—
c_j-z_j			0	$-0.1+5/3M$	$-0.2+4/3M$	$-0.3+3M$	−0.8	0	0	$-4/3M$	
$-M$	x_6	50/3	0	[5/3]	−5/3	0	−3/2	1	−1/2	−1/3	$\frac{150}{15}$
−0.3	x_4	50	0	0	1	1	1/2	0	1/2	0	
0	x_1	100/3	1	1/3	2/3	0	1	0	0	1/3	$\frac{100}{1}$
c_j-z_j			0	$-0.1+5/3M$	$0.1-5/3M$	0	$-0.65-3/2M$	0	$0.15-3/2M$	$-4/3M$	
0.1	x_2	10	0	1	−1	0	−9/10	3/5	−3/10	−1/5	
−0.3	x_4	50	0	0	1	1	1/2	0	1/2	0	
0	x_1	30	1	0	1	0	13/10	−1/5	1/10	2/5	
c_j-z_j			0	0	0	0	−0.74	$-M+0.06$	$-M+0.12$	$-M-0.02$	

由计算得到最优下料方案是：按Ⅰ方案下料 30 根；Ⅱ方案下料 10 根；Ⅳ方案下料 50 根。即需 90 根原材料可以制造 100 套钢架。由单纯形法求解结果看，决策变量的值恰好为整数，虽然为了使用单纯形法求解而没有考虑决策变量取整数的要求，但单纯形法计算结果恰好符合了原模型的要求。这个案例为后面学习整数规划问题的求解提供了

一定的参考。

例 11：配料问题。

某企业要用三种原材料 C、P、H 混合调配出三种不同规格的产品 A、B、D。已知产品的规格要求、产品单价、每天能供应的原材料数量及原材料单价，分别见表 1－13 和表 1－14。该厂应如何安排生产，使利润收入为最大?

表 1－13

产品名称	规格要求	单价（元/千克）
A	原材料 C 不少于 50% 原材料 P 不超过 25%	50
B	原材料 C 不少于 25% 原材料 P 不超过 50%	35
D	不限	25

表 1－14

原材料名称	每天最多供应量（千克）	单价（元/千克）
C	100	65
P	100	25
H	60	35

解：如以 A_C 表示产品 A 中 C 的成分，以 A_P 表示产品 A 中 P 的成分，依次类推。

根据表 1－13 有：

$$A_C \geqslant \frac{1}{2}A，A_P \leqslant \frac{1}{4}A，B_C \geqslant \frac{1}{4}B，B_P \leqslant \frac{1}{2}B \tag{1-39}$$

这里 $A_C + A_P + A_H = A$ （1－40）

$B_C + B_P + B_H = B$

将式（1－40）逐个代入式（1－39）并整理得到：

$$-\frac{1}{2}A_C + \frac{1}{2}A_P + \frac{1}{2}A_H \leqslant 0$$

本例中存在多重最优解，请读者自检。

$$-\frac{1}{4}A_C + \frac{3}{4}A_P - \frac{1}{4}A_H \leqslant 0$$

$$-\frac{3}{4}B_C + \frac{1}{4}B_P + \frac{1}{4}B_H \leqslant 0$$

$$-\frac{1}{2}B_C + \frac{1}{2}B_P - \frac{1}{2}B_H \leqslant 0$$

表 1－14 表明这些原材料供应数量的限额。加入到产品 A、B、D 的原材料 C 总量

每天不超过 100 千克，P 的总量不超过 100 千克，H 的总量不超过 60 千克。由此

$A_C + B_C + D_C \leqslant 100$

$A_P + B_P + D_P \leqslant 100$

$A_H + B_H + D_H \leqslant 60$

在约束条件中共有 9 个变量，为计算和叙述方便，分别用 x_1，…，x_9 表示。令

$x_1 = A_C \quad x_2 = A_P \quad x_3 = A_H$

$x_4 = B_C \quad x_5 = B_P \quad x_6 = B_H$

$x_7 = D_C \quad x_8 = D_P \quad x_9 = D_H$

由此约束条件可表示为：

$$
\text{s.t.}\begin{cases}
-\frac{1}{2}x_1 + \frac{1}{2}x_2 + \frac{1}{2}x_3 \leqslant 0 \\
-\frac{1}{4}x_1 + \frac{3}{4}x_2 - \frac{1}{4}x_3 \leqslant 0 \\
-\frac{3}{4}x_4 + \frac{1}{4}x_5 + \frac{1}{4}x_6 \leqslant 0 \\
-\frac{1}{2}x_4 + \frac{1}{2}x_5 - \frac{1}{2}x_6 \leqslant 0 \\
x_1 + x_4 + x_7 \leqslant 100 \\
x_2 + x_5 + x_8 \leqslant 100 \\
x_3 + x_6 + x_9 \leqslant 60 \\
x_1, \cdots, x_9 \geqslant 0
\end{cases}
$$

我们的目的是使利润最大，即产品价格减去原材料的价格为最大。

产品价格为：50（$x_1 + x_2 + x_3$）——产品 A

35（$x_4 + x_5 + x_6$）——产品 B

25（$x_7 + x_8 + x_9$）——产品 D

原材料价格为：65（$x_1 + x_4 + x_7$）——原材料 C

25（$x_2 + x_5 + x_8$）——原材料 P

35（$x_3 + x_6 + x_9$）——原材料 H

目标函数

$$
\begin{aligned}
\max z =& 50(x_1 + x_2 + x_3) + 35(x_4 + x_5 + x_6) + 25(x_7 + x_8 + x_9) - 65(x_1 + x_4 + x_7) - \\
& 25(x_2 + x_5 + x_8) - 35(x_3 + x_6 + x_9) \\
=& -15x_1 + 25x_2 + 15x_3 - 30x_4 + 10x_5 - 40x_7 - 10x_9
\end{aligned}
$$

为了得到初始解，在约束条件中加入松弛变量 $x_{10} \sim x_{16}$，得到数学模型：

$$
\begin{aligned}
\max z =& -15x_1 + 25x_2 + 15x_3 - 30x_4 + 10x_5 - 40x_7 - 10x_9 + 0 \cdot (x_{10} + x_{11} + x_{12} + x_{13} + \\
& x_{14} + x_{15} + x_{16})
\end{aligned}
$$

$$
\text{s.t.}\begin{cases}
-\frac{1}{2}x_1+\frac{1}{2}x_2+\frac{1}{2}x_3+x_{10}=0\\
-\frac{1}{4}x_1+\frac{3}{4}x_2-\frac{1}{4}x_3+x_{11}=0\\
-\frac{3}{4}x_4+\frac{1}{4}x_5+\frac{1}{4}x_6+x_{12}=0\\
-\frac{1}{2}x_4+\frac{1}{2}x_5-\frac{1}{2}x_6+x_{13}=0\\
x_1+x_4+x_7+x_{14}=100\\
x_2+x_5+x_8+x_{15}=100\\
x_3+x_6+x_9+x_{16}=60\\
x_i\geqslant 0,\ i=1,\ 2,\ \cdots,\ 16
\end{cases}
$$

上述数学模型，可用单纯形法计算，计算结果是：每天只生产产品 A 为 200 千克，分别需要用原料 C 为 100 千克、P 为 50 千克、H 为 50 千克。

总的利润收入是 $z=500$ 元/天。

例 12：生产与库存的优化安排。

某企业生产五种产品（$i=1,\ \cdots,\ 5$），上半年各月对每种产品的最大市场需求量为 d_{ij}（$i=1,\ \cdots,\ 5;\ j=1,\ \cdots,\ 6$）。已知每件产品的单件售价为 S_i 元，生产每件产品所需要工时为 a_i，单件成本为 C_i 元；该企业上半年各月正常生产工时为 r_j（$j=1,\ \cdots,\ 6$），各月内允许的最大加班工时为 r'_j；C'_i 为加班单件成本。每月生产的各种产品如当月销售不完，可以库存。库存费用为 H_i（元/件·月）。假设 1 月初所有产品的库存为零，要求 6 月底各产品库存量分别为 k_i 件。现要求为该企业制订一个生产计划，在尽可能利用生产能力的条件下，获取最大利润。

解：设 x_{ij}、x'_{ij}分别为该企业第 i 种产品的第 j 个月在正常时间和加班时间内的生产量；y_{ij}为第 i 种产品在第 j 个月的销售量，ω_{ij}为第 i 种产品第 j 个月月末的库存量。根据题意，可用以下模型描述：

（1）各种产品每月的生产量不能超过允许的生产能力，表示为

$$\sum_{i=1}^{5} a_i x_{ij}\leqslant r_j(j=1,\ \cdots,\ 6)$$

$$\sum_{i=1}^{5} a_i x'_{ij}\leqslant r'_j(j=1,\ \cdots,\ 6)$$

（2）各种产品每月销售量不超过市场最大需求量

$$y_{ij}\leqslant d_{ij}(i=1,\ \cdots,\ 5;\ j=1,\ \cdots,\ 6)$$

（3）每月末库存量等于上月末库存量加上该月产量减掉当月的销售量

$$\omega_{ij}=\omega_{i,j-1}+x_{ij}+x'_{ij}-y_{ij}\ (i=1,\ \cdots,\ 5;\ j=1,\ \cdots,\ 6)$$

其中，$\omega_{i0}=0$，$\omega_{i6}=k_i$

（4）满足各变量的非负约束

$x_{ij} \geqslant 0$，$x'_{ij} \geqslant 0$，$y_{ij} \geqslant 0(i=1, \cdots, 5;\ j=1, \cdots, 6)$

$\omega_{ij} \geqslant 0(i=1, \cdots, 5;\ j=1, \cdots, 5)$

（5）该企业上半年总盈利最大可表示为

目标函数 $\max z = \sum_{i=1}^{5}\sum_{j=1}^{6}[S_i y_{ij} - C_i x_{ij} - C'_i x'_{ij}] - \sum_{i=1}^{5}\sum_{j=1}^{6} H_i \omega_{ij}$

例 13：连续投资问题。

某部门在今后五年内考虑给下列项目投资，已知：

项目 A，从第一年到第四年每年初需要投资，并于次年末回收本利 115%；

项目 B，第三年初需要投资，到第五年末能回收本利 125%，但规定最大投资额不超过 4 万元；

项目 C，第二年初需要投资，到第五年末能回收本利 140%，但规定最大投资额不超过 3 万元；

项目 D，五年内每年初可购买公债，于当年末归还，并加利息 6%。

该部门现有资金 10 万元，问它应如何确定给这些项目每年的投资额，使到第五年末拥有的资金的本利总额为最大？

解：

（1）确定变量。

这是一个连续投资问题，与时间有关。但这里设法用线性规划方法，静态地处理。以 x_{iA}、x_{iB}、x_{iC}、x_{iD}（$i=1, 2, \cdots, 5$）分别表示第 i 年初给项目 A、B、C、D 的投资额，它们都是待定的未知变量。根据给定的条件，将变量列于表 1－15 中。

表 1－15　　单位：元

项目	第一年	第二年	第三年	第四年	第五年
A	x_{1A}	x_{2A}	x_{3A}	x_{4A}	
B			x_{3B}		
C		x_{2C}			
D	x_{1D}	x_{2D}	x_{3D}	x_{4D}	x_{5D}

（2）投资额应等于手中拥有的资金额。

由于项目 D 每年都可以投资，并且当年末即能回收本息。所以该部门每年应把资金全部投出去，手中不应当有剩余的呆滞资金。因此

第一年：该部门年初拥有 100000 元，所以有

$x_{1A} + x_{1D} = 100000$

第二年：因第一年给项目 A 的投资要到第二年末才能回收。所以该部门在第二年初拥有资金额仅为项目 D 在第一年回收的本息 x_{1D}（1 +6%）。于是第二年的投资分配为

$$x_{2A}+x_{2C}+x_{2D}=1.06x_{1D}$$

第三年：第三年初的资金额是从项目 A 第一年投资及项目 D 第二年投资中回收的本利总和：x_{1A}（1 +15%）及 x_{2D}（1 +6%）。于是第三年的资金分配为

$$x_{3A}+x_{3B}+x_{3D}=1.15x_{1A}+1.06x_{2D}$$

第四年：与以上分析相同，可得

$$x_{4A}+x_{4D}=1.15x_{2A}+1.06x_{3D}$$

第五年：

$$x_{5D}=1.15x_{3A}+1.06x_{4D}$$

此外，由于对项目 B、C 的投资有限额的规定，即：

$$x_{3B}\leqslant 40000$$

$$x_{2C}\leqslant 30000$$

（3）目标函数。

问题是要求在第五年末该部门拥有的资金额达到最大，这个目标函数可表示为

$$\max z=1.15x_{4A}+1.40x_{2C}+1.25x_{3B}+1.06x_{5D}$$

（4）数学模型。

经过以上分析，这个与时间有关的投资问题可以用以下线性规划模型来描述：

$$\max z=1.15x_{4A}+1.40x_{2C}+1.25x_{3B}+1.06x_{5D}$$

满足

$$\text{s.t.}\begin{cases}x_{1A}+x_{1D}=100000\\-1.06x_{1D}+x_{2A}+x_{2C}+x_{2D}=0\\-1.15x_{1A}-1.06x_{2D}+x_{3A}+x_{3B}+x_{3D}=0\\-1.15x_{2A}-1.06x_{3D}+x_{4A}+x_{4D}=0\\-1.15x_{3A}-1.06x_{4D}+x_{5D}=0\\x_{2C}\leqslant 30000\\x_{3B}\leqslant 40000\\x_{iA},\ x_{iB},\ x_{iC},\ x_{iD}\geqslant 0,\ i=1,\ 2,\ \cdots,\ 5\end{cases}$$

（5）用单纯形法计算结果。

第一年：$x_{1A}=34783$ 元，$x_{1D}=65217$ 元

第二年：$x_{2A}=39130$ 元，$x_{2C}=30000$ 元，$x_{2D}=0$

第三年：$x_{3A}=0$，$x_{3B}=40000$ 元，$x_{3D}=0$

第四年：$x_{4A}=45000$ 元，$x_{4D}=0$

第五年：$x_{5D}=0$

到第五年末该部门拥有资金总额为143750元，即盈利43.75%。

习　题

1.1：用图解法求解下列线性规划问题，并指出问题是具有唯一最优解、无穷多最优解、无界解还是无可行解？

（1）$\max z=x_1+x_2$

$$\text{s.t.}\begin{cases}5x_1+10x_2\leqslant 50\\x_1+x_2\geqslant 1\\x_2\leqslant 4\\x_1,\ x_2\geqslant 0\end{cases}$$

（2）$\min z=x_1+1.5x_2$

$$\text{s.t.}\begin{cases}x_1+3x_2\geqslant 3\\x_1+x_2\geqslant 2\\x_1,\ x_2\geqslant 0\end{cases}$$

（3）$\max z=2x_1+2x_2$

$$\text{s.t.}\begin{cases}x_1-x_2\geqslant -1\\-0.5x_1+x_2\leqslant 2\\x_1,\ x_2\geqslant 0\end{cases}$$

（4）$\max z=x_1+x_2$

$$\text{s.t.}\begin{cases}x_1-x_2\geqslant 0\\3x_1-x_2\leqslant -3\\x_1,\ x_2\geqslant 0\end{cases}$$

1.2：将下列线性规划问题变换成标准型，并列出初始单纯形表。

（1）$\min z=-3x_1+4x_2-2x_3+5x_4$

$$\text{s.t.}\begin{cases}4x_1-x_2+2x_3-x_4=-2\\x_1+x_2+3x_3-x_4\leqslant 14\\-2x_1+3x_2-x_3+2x_4\geqslant 2\\x_1,\ x_2,\ x_3\geqslant 0,\ x_4\text{ 无约束}\end{cases}$$

（2）$\max s=z_k/p_k$

$$\text{s.t.}\begin{cases}z_k=\sum\limits_{i=1}^{n}\sum\limits_{k=1}^{m}a_{ik}x_{ik}\\\sum\limits_{k=1}^{m}-x_{ik}=-1,i=1,\cdots,n\\x_{ik}\geqslant 0,i=1,\cdots,n;k=1,\cdots,m\end{cases}$$

1.3：在下面的线性规划问题中找出满足约束条件的所有基解。指出哪些是基可行解，并代入目标函数，确定哪一个是最优解。

（1）$\max z=2x_1+3x_2+4x_3+7x_4$

$$\text{s.t.}\begin{cases}2x_1+3x_2-x_3-4x_4=8\\x_1-2x_2+6x_3-7x_4=-3\\x_1,\ x_2,\ x_3,\ x_4\geqslant 0\end{cases}$$

（2）$\max z=5x_1-2x_2+3x_3-6x_4$

$$\text{s.t.}\begin{cases}x_1+2x_2+3x_3+4x_4=7\\2x_1+x_2+x_3+2x_4=3\\x_1,\ x_2,\ x_3,\ x_4\geqslant 0\end{cases}$$

1.4：分别用图解法和单纯形法求解下列线性规划问题，并指出单纯形法迭代的每一步相当于图形上的哪一个顶点。

(1) $\max z = 2x_1 + x_2$

$$\text{s.t.}\begin{cases}3x_1 + 5x_2 \leqslant 15\\6x_1 + 2x_2 \leqslant 24\\x_1,\ x_2 \geqslant 0\end{cases}$$

(2) $\max z = 2x_1 + 5x_2$

$$\text{s.t.}\begin{cases}x_1 \leqslant 4\\2x_2 \leqslant 12\\3x_1 + 2x_2 \leqslant 18\\x_1,\ x_2 \geqslant 0\end{cases}$$

1.5：以 1.4 题（1）为例，具体说明当目标函数中变量的系数怎样改变时，使满足约束条件的可行域的每一个顶点，都有可能使目标函数值达到最优。

1.6：分别用单纯形法中的大 M 法和两阶段法求解下述线性规划问题，并指出属于哪一类解。

(1) $\max z = 2x_1 + 3x_2 - 5x_3$

$$\text{s.t.}\begin{cases}x_1 + x_2 + x_3 = 7\\2x_1 - 5x_2 + x_3 \geqslant 10\\x_1,\ x_2,\ x_3 \geqslant 0\end{cases}$$

(2) $\min z = 2x_1 + 3x_2 + x_3$

$$\text{s.t.}\begin{cases}x_1 + 4x_2 + 2x_3 \geqslant 8\\3x_1 + 2x_2 \geqslant 6\\x_1,\ x_2,\ x_3 \geqslant 0\end{cases}$$

(3) $\max z = 10x_1 + 15x_2 + 12x_3$

$$\text{s.t.}\begin{cases}5x_1 + 3x_2 + x_3 \leqslant 9\\-5x_1 + 6x_2 + 15x_3 \leqslant 15\\2x_1 + x_2 + x_3 \geqslant 5\\x_1,\ x_2,\ x_3 \geqslant 0\end{cases}$$

(4) $\max z = 2x_1 - x_2 + 2x_3$

$$\text{s.t.}\begin{cases}x_1 + x_2 + x_3 \geqslant 6\\-2x_1 + x_3 \geqslant 2\\2x_2 - x_3 \geqslant 0\\x_1,\ x_2,\ x_3 \geqslant 0\end{cases}$$

1.7：求下述线性规划问题目标函数 z 的上界 $\overline{z}^*$ 和下界 $\underline{z}^*$

$\max z = c_1x_1 + c_2x_2$

$$\text{s.t.}\begin{cases}a_{11}x_1 + a_{12}x_2 \leqslant b_1\\a_{21}x_1 + a_{22}x_2 \leqslant b_2\\x_1,\ x_2 \geqslant 0\end{cases}$$

其中：$1 \leqslant c_1 \leqslant 3$，$4 \leqslant c_2 \leqslant 6$，$8 \leqslant b_1 \leqslant 12$，$10 \leqslant b_2 \leqslant 14$，$-1 \leqslant a_{11} \leqslant 3$，$2 \leqslant a_{12} \leqslant 5$，$2 \leqslant a_{21} \leqslant 4$，$4 \leqslant a_{22} \leqslant 6$。

1.8：表 1-16 是某个求极大化线性规划问题计算得到的单纯形表。表中无人工变量，a_1、a_2、a_3、d、c_1、c_2 为待定常数。

表 1-16

基 B	x_1	x_2	x_3	x_4	x_5	x_6
$x_3 \cdot d$	4	a_1	1	0	a_2	0
$x_4 \cdot 2$	-1	-3	0	1	-1	0
$x_6 \cdot 3$	a_3	-5	0	0	-4	1
$c_j - z_j$	c_1	c_2	0	0	-3	0

试说明这些常数分别取何值时，以下结论成立。

（1）表中解为唯一最优解；

（2）表中解为最优解，但存在无穷多最优解；

（3）该线性规划问题具有无界解；

（4）表中解非最优，为对解改进，换入变量为 x_1，换出变量为 x_6。

1.9：某昼夜服务的公交线路每天各时间区段内所需司机和乘务人员数如下：

班次	时间	所需人数
1	6：00～10：00	60
2	10：00～14：00	70
3	14：00～18：00	60
4	18：00～22：00	50
5	22：00～2：00	20
6	2：00～6：00	30

设司机和乘务人员分别在各时间区段一开始时上班，并连续工作 8 小时，问该公交线路至少配备多少名司机和乘务人员。列出这个问题的线性规划模型。

1.10：某糖果厂用原料 A、B、C 加工成三种不同牌号的糖果甲、乙、丙。已知各种牌号糖果中 A、B、C 含量、原料成本、各种原料的每月限制用量，三种牌号糖果的单位加工费及售价如表 1－17 所示。

表 1－17

糖果牌号 / 原料	甲	乙	丙	原料成本（元/千克）	每月限制用量（千克）
A	≥60%	≥15%		2.00	2000
B				1.50	2500
C	≤20%	≤60%	≤50%	1.00	1200
加工费（元/千克）	0.50	0.40	0.30		
售价	3.40	2.85	2.25		

问该厂每月应生产这三种牌号糖果各多少千克，使该厂获利最大？试建立这个问题的线性规划的数学模型。

1.11：某厂生产三种产品 Ⅰ、Ⅱ、Ⅲ。每种产品要经过 A、B 两道工序来加工。设该厂有两种规格的设备能完成 A 工序，它们用 A_1、A_2 表示；有三种规格的设备能完成 B 工序，它们用 B_1、B_2、B_3 表示。产品 Ⅰ 可在 A、B 任何一种规格设备上加工。产品

Ⅱ可在任何规格的 A_1、A_2 设备上加工，但完成 B 工序时，只能在 B_1 设备上加工；产品Ⅲ只能在 A_2 与 B_2 设备上加工。已知在各种机床设备的单件工时、原材料费、产品销售价格、各种设备有效台时以及满负荷操作时机床设备的费用如表 1－18 所示，要求安排最优的生产计划，使该厂利润最大。

表 1－18

设备	产品			设备有效台时（小时）	满负荷时的设备费用（元）
	Ⅰ	Ⅱ	Ⅲ		
A_1	5	10		6000	300
A_2	7	9	12	10000	321
B_1	6	8		4000	250
B_2	4		11	7000	783
B_3	7			4000	200
原料费（元/件）	0.25	0.35	0.50		
单价（元/件）	1.25	2.00	2.80		

第2章

对偶理论和灵敏度分析

2.1 单纯形法的矩阵描述

经济增长一方面取决于要素投入，另一方面取决于全要素生产率的提升，这是经济增长的两个源泉。经济增长总额中，扣除要素投入贡献后的“余值”部分，就是全要素生产率（TFP）的贡献。党的二十大报告指出，着力提高全要素生产率。这既是推动高质量发展的重要途径，也是检验高质量发展最重要的指标之一。我国经济转向高质量发展阶段，资本、劳动等要素条件和边际产出发生改变，也就是生产函数发生变化，同时资源环境的硬约束持续强化，已经不可能像高速增长阶段那样主要依靠要素投入驱动经济增长，必须转向更多依靠生产率的提高。为了更简便地给出最优决策，现在用矩阵描述单纯形法的计算过程。它也将有助于对单纯形法的理解，以及学习对偶理论和灵敏度分析。

设线性规划问题：$\max z=CX$；$AX\leqslant b$；$X\geqslant 0$。给该线性规划问题的约束条件加入松弛变量 $X_s=(x_{s1},x_{s2},\cdots,x_{sm})^T$ 以后，得到标准型：

$$\max z=CX+OX_s$$

$$\text{s. t.}\begin{cases}AX+IX_s=b\\X,\ X_s\geqslant 0\end{cases}$$

这里的 I 是 $m\times m$ 单位矩阵。若以 X_s 为基变量，这时可标记成 X_B。其对应的单位矩阵就是基矩阵 B，这时将系数矩阵（A，I）分为（B，N）两块。N 是非基变量的系数矩阵，相应的决策变量被分为 $X=\begin{bmatrix}X_B\\X_N\end{bmatrix}$，同时目标函数的系数 C 分为 C_B、C_N，分别对应于基变量和非基变量，并记作 $C=(C_B,C_N)$。

经过迭代运算后，在基矩阵中可能存在松弛变量或全无松弛变量。为了阐述方便起见，设

$$X_B=\begin{bmatrix}X_{B_1}\\X_{S1}\end{bmatrix};\ X_N=\begin{bmatrix}X_{N1}\\X_{S2}\end{bmatrix};\ X_S=\begin{bmatrix}X_{S1}\\X_{S2}\end{bmatrix};\ A=\begin{bmatrix}B\\N\end{bmatrix};\ N=\begin{bmatrix}N_1\\S_2\end{bmatrix}$$

B、N、S 分别表示对应基变量、非基变量、松弛变量的系数矩阵。这时线性规划问题可以表示为

目标函数 $\max z=C_BX_B+C_NX_N=C_BX_B+C_{N1}X_{N1}+C_{S2}X_{S2}$ (2-1)

约束条件 $BX_B+NX_N=BX_B+N_1X_{N1}+S_2X_{S2}=b$ (2-2)

非负条件 X_B，$X_N\geqslant 0$ (2-3)

将式（2-2）移项后，得到 $BX_B=b-N_1X_{N1}-S_2X_{S2}$；然后给等式两边左乘 B^{-1}后，得到

$$X_B=B^{-1}b-B^{-1}N_1X_{N1}-B^{-1}S_2X_{S2} \quad (2-4)$$

将式（2-4）代入目标函数式（2-1），因 S_2 是单位矩阵，得到

$$z=C_BB^{-1}b+(C_{N1}-C_BB^{-1}N_1)X_{N1}+(C_{S2}-C_BB^{-1}I)X_{S2} \quad (2-5)$$

令非基变量 $X_N=0$，可得到一个基可行解 $X^{(1)}=\begin{bmatrix}B^{-1}b\\0\end{bmatrix}$，这时目标函数 $z=C_BB^{-1}b$。

从表达式中可以看到：

（1）非基变量的系数（$C_{N1}-C_BB^{-1}N_1$）就是第 1 章中用符号 c_j-z_j（$j=1$，2，…，n）表示的检验数。因为 $C_{S2}=0$，I 是单位矩阵，所以 X_{S2} 的系数是 $-C_BB^{-1}$，X_B 在式（2-5）中的系数是 0，实质上是 $C_B-C_BB^{-1}B=0$，因此所有检验数可以用 $C-C_BB^{-1}A$ 与 $-C_BB^{-1}$表示。

（2）用矩阵描述时，θ 规则的表达式是：

$$\theta=\min_i\left[\frac{(B^{-1}b)_i}{(B^{-1}P_j)_i}\,\middle|\,(B^{-1}P_j)_i>0\right]=\frac{(B^{-1}b)_i}{(B^{-1}P_j)_i} \quad (2-6)$$

这里的 $(B^{-1}b)_i$ 表示 $B^{-1}b$ 中的第 i 个元素，$(B^{-1}P_j)_i$ 表示向量 $B^{-1}P_j$ 中的第 i 个元素。这里的表达式的形式与第 1 章中有所不同，但其含义完全相同，这里不再重述。

（3）单纯形表与矩阵表示的关系。

先将式（2-4）、式（2-5）改写成：

$$X_B+B^{-1}N_1X_{N1}+B^{-1}X_{S2}=B^{-1}b-z+(C_{N1}-C_BB^{-1}N_1)X_{N1}-C_BB^{-1}X_{S2}=-C_BB^{-1}b$$

再将以上两式用矩阵关系式表示为：

$$\begin{bmatrix}0 & 1 & B^{-1}N_1 & B^{-1}\\1 & 0 & C_N-C_BB^{-1}N_1 & -C_BB^{-1}\end{bmatrix}\begin{bmatrix}-z\\X_B\\X_{N1}\\X_{S2}\end{bmatrix}=\begin{bmatrix}B^{-1}b\\-C_BB^{-1}b\end{bmatrix} \quad (2-7)$$

式（2-7）的分块矩阵也可用表 2-1 表示，因（0，1）^{T} 这列不参加运算，所以在表中不填这些数据。

表 2－1

	基变量 X_B	非基变量		等式右边
		X_N	X_S	RHS
系数矩阵	$B^{-1}B=I$	$B^{-1}N_1$	B^{-1}	$B^{-1}b$
检验数	0	$C_{N1}-C_BB^{-1}N_1$	$-C_BB^{-1}$	$-C_BB^{-1}b$

表 2－1 即为迭代后的单纯形计算表，各部分的数字都用 B^{-1} 来计算。此外还可以看到，在初始单位矩阵的位置经过迭代运算后，就是 B^{-1} 的位置。

2.2　改进单纯形法

当用单纯形表求解线性规划问题时，每行每列的数字都要计算，而有些行列的数字在下一步计算时并不需要。改进单纯形法通过矩阵运算求解线性规划问题的关键是计算 B^{-1}。以下介绍一种比较简便的计算 B^{-1} 的方法：

设：系数矩阵 $A=\begin{pmatrix} a_{11} & a_{12} & \cdots & a_{1m} \\ a_{21} & a_{22} & \cdots & a_{2m} \\ \vdots & \vdots & & \vdots \\ a_{m1} & a_{m2} & \cdots & a_{mm} \end{pmatrix}$，求其逆矩阵时，可以先从第 1 列开始。

$P_1=\begin{pmatrix} a_{11} \\ a_{21} \\ \vdots \\ a_{m1} \end{pmatrix}$，以 a_{11} 为主元素，进行变换为：$\xi_1=\begin{pmatrix} 1/a_{11} \\ -a_{21}/a_{11} \\ \vdots \\ -a_{m1}/a_{11} \end{pmatrix}$。

然后构造含有该列而其他列都是单位列的矩阵

$E_1=\begin{pmatrix} 1/a_{11} & 0 & \cdots & 0 \\ -a_{21}/a_{11} & 1 & & \\ \vdots & & \ddots & \\ -a_{m1}/a_{11} & & & 1 \end{pmatrix}$，这时有 $E_1P_1=\begin{pmatrix} 1 \\ 0 \\ \vdots \\ 0 \end{pmatrix}$；$E_1A=\begin{pmatrix} 1 & a_{12}^{(1)} & \cdots & a_{1m}^{(1)} \\ 0 & a_{22}^{(1)} & \cdots & a_{2m}^{(1)} \\ \vdots & \vdots & & \vdots \\ 0 & a_{m2}^{(1)} & \cdots & a_{mm}^{(1)} \end{pmatrix}$。

再以第 2 列的 $a_{22}^{(1)}$ 为主元素，进行变换为 $\xi_2=\begin{pmatrix} -a_{12}^{(1)}/a_{22}^{(1)} \\ 1/a_{22}^{(1)} \\ \vdots \\ -a_{m2}^{(1)}/a_{22}^{(1)} \end{pmatrix}$，然后构造 $E_2=$

$\begin{pmatrix} 1 & -a_{12}^{(1)}/a_{22}^{(1)} & \cdots & 0 \\ 0 & 1/a_{22}^{(1)} & \cdots & 0 \\ \vdots & \vdots & & \vdots \\ 0 & -a_{m2}^{(1)}/a_{22}^{(1)} & \cdots & 1 \end{pmatrix}$，这时有 $E_2E_1A = \begin{pmatrix} 1 & 0 & a_{13}^{(2)} & \cdots & a_{1m}^{(2)} \\ 0 & 1 & a_{23}^{(2)} & \cdots & a_{2m}^{(2)} \\ \vdots & \vdots & \vdots & & \vdots \\ 0 & 0 & a_{m3}^{(2)} & \cdots & a_{mm}^{(2)} \end{pmatrix}$。如此一步步地进行，直到获得 $E_m \cdots E_2E_1A = \begin{pmatrix} 1 & & & \\ & 1 & & \\ & & \ddots & \\ & & & 1 \end{pmatrix}$为止。可见 $E_m \cdots E_2E_1 = A^{-1}$。用该方法可以求得单纯形表基矩阵 B 的逆矩阵 B^{-1}。以下用例子说明具体计算过程。

例 1：用改进单纯形法求解线性规划问题

$$\max z = 2x_1 + 3x_2 + 0x_3 + 0x_4 + 0x_5$$

$$\text{s. t.} \begin{cases} x_1 + 2x_2 + x_3 = 8 \\ 4x_1 + x_4 = 16 \\ 4x_2 + x_5 = 12 \end{cases}$$

解：第一步：利用前节中矩阵描述线性规划问题的表达式，给出初始基

$$B_0 = (P_3,\ P_4,\ P_5) = \begin{pmatrix} 1 & 0 & 0 \\ 0 & 1 & 0 \\ 0 & 0 & 1 \end{pmatrix}$$

这是单位矩阵，其逆矩阵也是单位矩阵。初始基变量 $X_{B_0} = \begin{pmatrix} x_3 \\ x_4 \\ x_5 \end{pmatrix}$；对应的系数 $C_{B_0} = (0,\ 0,\ 0)$；非基变量 $X_{N_0} = \begin{pmatrix} x_1 \\ x_2 \end{pmatrix}$；对应的系数 $C_{N_0} = (2,\ 3)$。计算非基变量的检验数。

$$\sigma_{N_0} = C_{N_0} - C_{B_0}B_0^{-1}N_0 = (2,\ 3) - (0,\ 0,\ 0)\begin{pmatrix} 1 & 0 & 0 \\ 0 & 1 & 0 \\ 0 & 0 & 1 \end{pmatrix}\begin{pmatrix} 1 & 2 \\ 4 & 0 \\ 0 & 4 \end{pmatrix} = (2,\ 3)$$

由此可确定 x_2 为换入变量，计算 $\theta = \min\left\{ \frac{(B_0^{-1}b)_i}{(B_0^{-1}P_2)_i} \middle| B_0^{-1}P_2 > 0 \right\} = \min\left(\frac{8}{2},\ -,\ \frac{12}{4} \right) = 3$。

对应的换出变量为 x_5，由换入变量 x_2 的系数向量 $P_2 = \begin{pmatrix} 2 \\ 0 \\ 4 \end{pmatrix}$，确定 4 为主元素，然后

计算 $\xi_1=\begin{pmatrix}-1/2\\0\\1/4\end{pmatrix}$，求逆矩阵 $B^{-1}=E_1B_0^{-1}=\begin{pmatrix}1&0&-1/2\\0&1&0\\0&0&1/4\end{pmatrix}\begin{pmatrix}1&0&0\\0&1&0\\0&0&1\end{pmatrix}=\begin{pmatrix}1&0&-1/2\\0&1&0\\0&0&1/4\end{pmatrix}$。

计算非基变量（x_1，x_5）的系数矩阵：由 $N_1=\begin{pmatrix}1&0\\4&0\\0&1\end{pmatrix}$变换为：

$$B_1^{-1}N_1=\begin{pmatrix}1&0&-1/2\\0&1&0\\0&0&1/4\end{pmatrix}\begin{pmatrix}1&0\\4&0\\0&1\end{pmatrix}=\begin{pmatrix}1&-1/2\\4&0\\0&1/4\end{pmatrix}$$

并且计算：

$$B_1^{-1}b=\begin{pmatrix}1&0&-1/2\\0&1&0\\0&0&1/4\end{pmatrix}\begin{pmatrix}8\\16\\12\end{pmatrix}=\begin{pmatrix}2\\16\\3\end{pmatrix}$$

于是得到新的基 $B_1=(P_3, P_4, P_2)$。

新基变量 $X_{B_1}=\begin{pmatrix}x_3\\x_4\\x_2\end{pmatrix}$，非基变量 $X_{N_1}=\begin{pmatrix}x_1\\x_5\end{pmatrix}$；相应地，$C_{B_1}=(0, 0, 3)$，$C_{N_1}=(2, 0)$。

第二步：计算非基变量的检验数。

非基变量的检验数：

$$\sigma_{N_1}=C_{N_1}-C_{B_1}B_1^{-1}N_1=(2, 0)-(0, 0, 3)\begin{pmatrix}1&0&-1/2\\0&1&0\\0&0&1/4\end{pmatrix}\begin{pmatrix}1&0\\4&0\\0&1\end{pmatrix}$$

$$=(2, -3/4)$$

确定对应的换入变量为 x_1，计算：

$$\theta=\min\left\{\frac{(B_1^{-1}b)_i}{(B_1^{-1}P_1)_i}\,\middle|\,B_1^{-1}P_1>0\right\}=\min\left(\frac{2}{1}, \frac{16}{4}\right)=2$$

对应的换出变量为 x_3，由此得到新的基 $B_2=(P_1, P_4, P_2)$。由 x_1 的系数向量 $P_1=\begin{pmatrix}1\\4\\0\end{pmatrix}$，确定以 1 为主元素，计算 $\xi_2=\begin{pmatrix}1\\-4\\0\end{pmatrix}$和新的基矩阵的逆矩阵

$$B_2^{-1}=E_2B_1^{-1}=\begin{pmatrix}1&0&0\\-4&1&0\\0&0&1\end{pmatrix}\begin{pmatrix}1&0&-1/2\\0&1&0\\0&0&1/4\end{pmatrix}=\begin{pmatrix}1&0&-1/2\\-4&1&2\\0&0&1/4\end{pmatrix}$$并且计算：

$$B_2^{-1}b=\begin{pmatrix}1&0&-1/2\\-4&1&2\\0&0&1/4\end{pmatrix}\begin{pmatrix}8\\16\\12\end{pmatrix}=\begin{pmatrix}2\\8\\3\end{pmatrix}$$

第三步：计算非基变量（x_3，x_5）的检验数。

非基变量的检验数：

$$\sigma_{N_2}=C_{N_2}-C_{B_2}B_2^{-1}N_2=(0,\ 0)-(2,\ 0,\ 3)\begin{pmatrix}1&0&-1/2\\-4&1&2\\0&0&1/4\end{pmatrix}\begin{pmatrix}1&0\\0&0\\0&1\end{pmatrix}$$

$$=(-2,\ 1/4)$$

对应的换入变量为 x_5，计算

$$\theta=\min\left\{\frac{(B_2^{-1}b)_i}{(B_2^{-1}P_5)_i}\,\middle|\,B_2^{-1}P_5>0\right\}=\min\left(-,\ \frac{8}{2},\ \frac{3}{1/4}\right)=4$$

对应的换出变量为 x_4，由此得到新的基 $B_3=(P_1,\ P_5,\ P_2)$。

这时换入变量 x_5 的系数向量是 $B_2^{-1}P_5=\begin{pmatrix}-1/2\\2\\1/4\end{pmatrix}$，以 2 为主元素，计算 $\xi_3=\begin{pmatrix}1/4\\1/2\\-1/8\end{pmatrix}$。

B_3 的逆矩阵

$$B_3^{-1}=E_3B_2^{-1}=\begin{pmatrix}1&1/4&0\\0&1/2&0\\0&-1/8&1\end{pmatrix}\begin{pmatrix}1&0&-1/2\\-4&1&2\\0&0&1/4\end{pmatrix}=\begin{pmatrix}0&1/4&0\\-2&1/2&1\\1/2&-1/8&0\end{pmatrix}$$

再计算非基变量 $X_{N_3}=(x_3,\ x_4)$ 的检验数：

$$\sigma_{N_3}=C_{N_3}-C_{B_3}B_3^{-1}N_3=(0,\ 0)-(2,\ 0,\ 3)\begin{pmatrix}0&1/4&0\\-2&1/2&1\\1/2&-1/8&0\end{pmatrix}\begin{pmatrix}1&0\\0&1\\0&0\end{pmatrix}$$

$$=(-3/2,\ -1/8)$$

都是负值，得到了最优解为

$$X^*=\begin{pmatrix}x_1\\x_5\\x_2\end{pmatrix}=B_3^{-1}b=\begin{pmatrix}0&1/4&0\\-2&1/2&1\\1/2&-1/8&0\end{pmatrix}\begin{pmatrix}8\\16\\12\end{pmatrix}=\begin{pmatrix}4\\4\\2\end{pmatrix}$$

目标函数的值：$z^*=C_BB_3^{-1}b=(2,\ 0,\ 3)\begin{pmatrix}4\\4\\2\end{pmatrix}=14$

2.3　对偶问题的提出

这里的对偶是指对同一事物（问题）从不同的角度（立场）观察，有两种对立的表述。线性规划的对偶问题则是针对企事业单位当前所面临的客观情况，结合现有的资源条件，从不同角度所做出的决策。

在第1章例1中讨论了企业生产计划模型及其解法，现从另一角度来讨论这个问题。假设该企业的决策者决定不生产产品Ⅰ、Ⅱ，而将其所有资源出租或外售。这时企业的决策者就要考虑给每种资源如何定价的问题。设用 y_1、y_2、y_3 分别表示出租单位设备台时的租金和出让单位原材料A、B的附加额。他在做定价决策时，做如下比较：若用1个单位设备台时和4个单位原材料A可以生产一件产品Ⅰ，可获利2元，那么生产每件产品Ⅰ的设备台时和原材料出租或出让的所有收入应不低于生产一件产品Ⅰ的利润，这就有

$$y_1 + 4y_2 \geqslant 2$$

同理将生产每件产品Ⅱ的设备台时和原材料出租或出让的所有收入应不低于生产一件产品Ⅱ的利润，这就有

$$2y_1 + 4y_3 \geqslant 3$$

把企业所有设备台时和资源都出租或出让，其收入为

$$\omega = 8y_1 + 16y_2 + 12y_3$$

从企业的决策者来看当然 ω 越大越好，但从接受者来看他的支付越少越好。依据供需均衡理论，企业的决策者只有在满足大于等于所有产品的利润条件下，提出一个尽可能低的出租或出让价格，才能实现其原意，为此需解如下的线性规划问题

$$\min \omega = 8y_1 + 16y_2 + 12y_3$$

$$\text{s. t.} \begin{cases} y_1 + 4y_2 \geqslant 2 \\ 2y_1 + 4y_3 \geqslant 3 \\ y_i \geqslant 0,\ i = 1,\ 2,\ 3 \end{cases} \tag{2-8}$$

称这个线性规划问题为例1线性规划问题（这里称原问题）的对偶问题。该对偶问题的模型可以用经济学中的S-D（供需平衡）关系来解释。如图2-1所示。

图2-1中，横坐标 Q 为产品的产量（供应量），纵坐标 P 为价格（金额），S 线描述了产品的供应方随着产品价格的增加而增加供应量的关系，D 线描述了资源的接受方随着产品价格的增加而减少接受量的关系。S 线与 D 线的交点 E 所对应的 Q_E 和 P_E 为市场均衡时的产品产量和价格，是既满足资源的提供方也满足资源接受方意愿的均衡点。E 对应的 D 线体现了接受方的意愿，可以用对偶问题的目标函数方程来表达；E 对应的 S 线体现了供应方的意愿，可以用对偶问题的约束条件方程来表达。

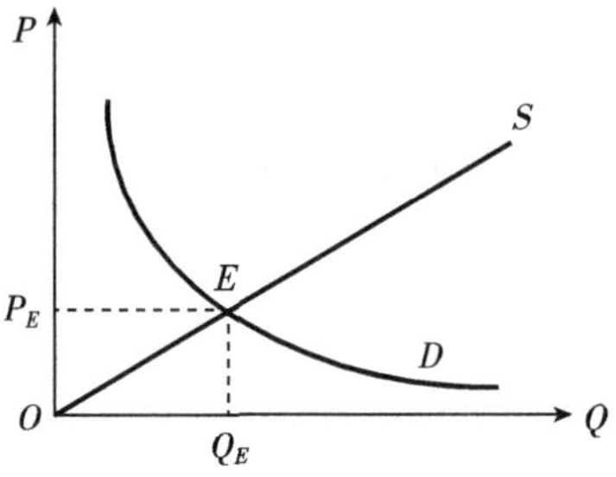

图 2－1

下面再从另一角度来讨论。

从 2.1 节得到检验数的表达式是

$C_N - C_B B^{-1} N$ 与 $- C_B B^{-1}$

在第 1 章已提到，当检验数

$$C_N - C_B B^{-1} N \leqslant 0 \tag{2-9}$$

$$- C_B B^{-1} \leqslant 0 \tag{2-10}$$

这表示线性规划问题已得到最优解。可见式（2－9）、式（2－10）是作为得到最优解的条件。

现在讨论这两个条件。

（1）式（2－9）、式（2－10）中都有乘子 $C_B B^{-1}$，称它为单纯形乘子，用符号 $Y = C_B B^{-1}$ 表示。由式（2－10）可得到

$Y \geqslant 0$

（2）对应基变量 X_B 的检验数是 0。$C - C_B B^{-1} B = 0$。包括基变量在内的所有检验数可用 $C - C_B B^{-1} A \leqslant 0$ 表示。由此可得

$C - C_B B^{-1} A = C - YA \leqslant 0$

移项后，得到

$YA \geqslant C$

（3）Y 由式（2－10）得到

$$-Y = - C_B B^{-1} \tag{2-11}$$

将式（2－11）两边同乘 b，得到

$$-Yb = - C_B B^{-1} b \tag{2-12}$$

$Yb = C_B B^{-1} b = z$

因 Y 的上界为无限大，所以只存在最小值。

（4）从这里可以得到另一个线性规划问题

$\min \omega = Yb$

$$\text{s. t.}\begin{cases}YA\geqslant C\\Y\geqslant 0\end{cases}$$

称它为原线性规划问题 $\{\max z=CX \mid AX\leqslant b,\ X\geqslant 0\}$ 的对偶问题。

从这两个规划问题的表达式可看出：根据原线性规划问题的系数矩阵 A、C、b 就可以写出它的对偶问题。如第 1 章的例 1，原线性规划问题的各系数矩阵是

$$A=\begin{bmatrix}1&2\\4&0\\0&4\end{bmatrix};\ C=(2,\ 3);\ b=\begin{bmatrix}8\\16\\12\end{bmatrix}$$

那么它的对偶问题便是

$$\min \omega=Y(8,\ 16,\ 12)^T$$

$$\text{s. t.}\begin{cases}Y\begin{bmatrix}1&2\\4&0\\0&4\end{bmatrix}\geqslant(2,\ 3)\\Y\geqslant 0\\Y=(y_1,\ y_2,\ y_3)\end{cases}$$

即

$$\min \omega=8y_1+16y_2+12y_3$$

$$\text{s. t.}\begin{cases}y_1+4y_2\geqslant 2\\2y_1+4y_3\geqslant 3\\y_1,\ y_2,\ y_3\geqslant 0\end{cases}$$

2.4　线性规划的对偶理论

从以上讨论可直观地了解到原线性规划问题与对偶问题之间的关系；本节将从理论上进一步讨论线性规划的对偶问题。

2.4.1　原问题与对偶问题的关系

对于“$\leqslant$”不等式约束条件的原问题与“$\geqslant$”不等式约束条件的对偶问题的展开形式是：

原问题

$$\max z=c_1x_1+c_2x_2+\cdots+c_nx_n$$

$$\begin{bmatrix} a_{11} & a_{12} & \cdots & a_{1n} \\ \vdots & \vdots & & \vdots \\ a_{m1} & a_{m2} & \cdots & a_{mn} \end{bmatrix} \begin{bmatrix} x_1 \\ x_2 \\ \vdots \\ x_n \end{bmatrix} \leqslant \begin{bmatrix} b_1 \\ \vdots \\ b_m \end{bmatrix}$$

$$x_1, x_2, \cdots, x_n \geqslant 0$$

对偶问题

$$\min \omega = y_1 b_1 + y_2 b_2 + \cdots + y_m b_m$$

$$(y_1, y_2, \cdots, y_m) \begin{bmatrix} a_{11} & a_{12} & \cdots & a_{1n} \\ \vdots & \vdots & & \vdots \\ a_{m1} & a_{m2} & \cdots & a_{mn} \end{bmatrix} \geqslant (c_1, c_2, \cdots, c_n)$$

$$y_1, y_2, \cdots, y_m \geqslant 0$$

以上是原问题与对偶问题的标准形式，它们之间的关系可以用表 2 – 2 表示。

表 2 – 2

x_j \ y_j	x_1	x_2	$\cdots$	x_n	原关系	$\min \omega$
y_1	a_{11}	a_{12}	$\cdots$	a_{1n}	$\leqslant$	b_1
y_2	a_{21}	a_{22}	$\cdots$	a_{2n}	$\leqslant$	b_2
$\vdots$	$\vdots$	$\vdots$		$\vdots$	$\vdots$	$\vdots$
y_m	a_{m1}	a_{m2}	$\cdots$	a_{mn}	$\leqslant$	b_m
对偶关系	$\geqslant$	$\geqslant$	$\cdots$	$\geqslant$	$\max z = \min \omega$	
$\max z$	c_1	c_2	$\cdots$	c_n		

表 2 – 2 是将原问题与对偶问题的关系汇总于一个表中，从正面看是原问题，将它转 90°后看是对偶问题。若将第 1 章的原线性规划的系数列成如表 2 – 2 所示的形式，这就是表 2 – 3。

例 2：根据表 2 – 3 写出原问题与对偶问题的表达式。

表 2 – 3

x_j \ y_j	x_1	x_2	b
y_1	1	2	8
y_2	4	0	16
y_3	0	4	12
c	2	3	

解：原问题

$$\max z = 2x_1 + 3x_2 \qquad\qquad \min \omega = 8y_1 + 16y_2 + 12y_3$$

$$\text{s. t.} \begin{cases} x_1 + 2x_2 \leqslant 8 \\ 4x_1 \leqslant 16 \\ 4x_2 \leqslant 12 \\ x_1,\ x_2 \geqslant 0 \end{cases} \quad \Rightarrow \quad \text{s. t.} \begin{cases} y_1 + 4y_2 \geqslant 2 \\ 2y_1 + 4y_3 \geqslant 3 \\ y_1,\ y_2,\ y_3 \geqslant 0 \end{cases}$$

将上述原问题与对偶问题之间的变换关系称为对称形式。一般线性规划问题中遇到非对称形式时，处理如下：

原问题的约束条件中含有等式约束条件时，按以下步骤处理。

设等式约束条件的线性规划问题

$$\max z = \sum_{j=1}^{n} c_j x_j$$

$$\text{s. t.} \begin{cases} \sum\limits_{j=1}^{n} a_{ij} x_j = b_i,\ i = 1,\ 2,\ \cdots,\ m \\ x_j \geqslant 0,\ j = 1,\ 2,\ \cdots,\ n \end{cases}$$

第一步：先将等式约束条件分解为两个不等式约束条件。这时上述线性规划问题可表示为

$$\max z = \sum_{j=1}^{n} c_j x_j$$

$$\text{s. t.} \begin{cases} \sum\limits_{j=1}^{n} a_{ij} x_j \leqslant b_i, i = 1,2,\cdots,m & (2-13) \\ -\sum\limits_{j=1}^{n} a_{ij} x_j \leqslant -b_i, i = 1,2,\cdots,m & (2-14) \\ x_j \geqslant 0, j = 1,2,\cdots,m \end{cases}$$

设 y'_i 是对应式（2－13）的对偶变量，y''_i 是对应式（2－14）的对偶变量。这里 $i=1,\ 2,\ \cdots,\ m$。

第二步：按对称形式变换关系可写出它的对偶问题

$$\min \omega = \sum_{i=1}^{m} b_i y'_i + \sum_{i=1}^{m} (-b_i y''_i)$$

$$\text{s. t.} \begin{cases} \sum\limits_{i=1}^{m} a_{ij} y'_i + \sum\limits_{i=1}^{m} (-a_{ij} y''_i) \geqslant c_j,\ j = 1,\ 2,\ \cdots,\ n \\ y'_i,\ y''_i \geqslant 0,\ i = 1,\ 2,\ \cdots,\ m \end{cases}$$

将上述规划问题的各式整理后得到

$$\min \omega = \sum_{i=1}^{m} b_i (y'_i - y''_i)$$

$$\sum_{i=1}^{m} a_{ij}(y'_i - y''_i) \geq c_j, \ j=1, 2, \cdots, n$$

令 $y_i = y'_i - y''_i$，y'_i，$y''_i \geq 0$。由此可见，y_i 不受正、负限制。将 y_i 代入上述规划问题，便得到对偶问题

$$\min \omega = \sum_{i=1}^{m} b_i y_i$$

$$\text{s. t.} \begin{cases} \sum_{i=1}^{m} a_{ij} y_i \geq c_j, \ j=1, 2, \cdots, n \\ y_i \text{ 为无约束}, \ i=1, 2, \cdots, m \end{cases}$$

综合上述，线性规划的原问题与对偶问题的关系，其变换形式归纳为表 2－4 中所示的对应关系。

表 2－4

原问题（或对偶问题）	对偶问题（或原问题）
目标函数 max z	目标函数 min ω
变量：n 个；≥ 0；≤ 0；无约束	约束条件：n 个；$\geq$；$\leq$；$=$
约束条件：m 个；$\leq$；$\geq$；$=$	变量：m 个；≥ 0；≤ 0；无约束
约束条件右端项	目标函数变量的系数
目标函数变量的系数	约束条件右端项

例 3：试求下述线性规划原问题的对偶问题

$$\min z = 2x_1 + 3x_2 - 5x_3 + x_4$$

$$\text{s. t.} \begin{cases} x_1 + x_2 - 3x_3 + x_4 \geq 5 & ① \\ 2x_1 + 2x_3 - x_4 \leq 4 & ② \\ x_2 + x_3 + x_4 = 6 & ③ \\ x_1 \leq 0; \ x_2, \ x_3 \geq 0; \ x_4 \text{ 无约束} \end{cases}$$

解：设对应于约束条件①、②、③的对偶变量分别为 y_1、y_2、y_3；则由表 2－4 中原问题和对偶问题的对应关系，可以直接写出上述问题的对偶问题，即

$$\max z' = 5y_1 + 4y_2 + 6y_3$$

$$
\text{s.t.}\begin{cases}y_1+2y_2\geqslant 2\\ y_1+y_3\leqslant 3\\ -3y_1+2y_2+y_3\leqslant -5\\ y_1-y_2+y_3=1\\ y_1\geqslant 0,\ y_2\leqslant 0,\ y_3\ \text{无约束}\end{cases}
$$

2.4.2　对偶问题的基本性质

性质 1（对称性）：对偶问题的对偶是原问题。

证：设原问题是

$\max z=CX$；$AX\leqslant b$；$X\geqslant 0$

根据对偶问题的对称变换关系，可以找到它的对偶问题是

$\min \omega=Yb$；$YA\geqslant C$；$Y\geqslant 0$

若将上式两边取负号，又因 $\min \omega=\max(-\omega)$，可得到

$\max(-\omega)=-Yb$；$-YA\leqslant -C$；$Y\geqslant 0$

根据对称变换关系，得到上式的对偶问题是

$\min(-\omega')=-CX$；$-AX\geqslant -b$；$X\geqslant 0$

又因

$\min(-\omega')=\max \omega'$

可得

$\max \omega'=\max z=CX$；$AX\leqslant b$；$X\geqslant 0$

这就是原问题。

证毕。

性质 2（弱对偶性）：若 $\bar{X}$ 是原问题的可行解，$\bar{Y}$ 是对偶问题的可行解。则存在 $C\bar{X}\leqslant \bar{Y}b$。

证：设原问题是

$\max z=CX$；$AX\leqslant b$；$X\geqslant 0$

因 $\bar{X}$ 是原问题的可行解，所以满足约束条件，即

$A\bar{X}\leqslant b$

若 $\bar{Y}$ 是给定的一组值，设它是对偶问题的可行解，将 $\bar{Y}$ 左乘上式，得到

$\bar{Y}A\bar{X}\leqslant \bar{Y}b$

原问题的对偶问题是

$\min \omega=Yb$；$YA\geqslant C$；$Y\geqslant 0$

因为 $\bar{Y}$ 是对偶问题的可行解，所以满足

$$\bar{Y}A \geqslant C$$

将 $\bar{X}$ 右乘上式，得到

$$\bar{Y}A\bar{X} \geqslant C\bar{X}$$

于是得到

$$C\bar{X} \leqslant \bar{Y}A\bar{X} \leqslant \bar{Y}b$$

证毕。

性质 3（无界性）：若原问题（对偶问题）为无界解，则其对偶问题（原问题）无可行解。

证：由弱对偶性可得。

注意这个问题的性质不存在逆。当原问题（对偶问题）无可行解时，其对偶问题（原问题）或具有无界解或无可行解。例如下述一对问题两者皆无可行解。

原问题（对偶问题）

$$\min \omega = -x_1 - x_2$$

$$\text{s. t.} \begin{cases} x_1 - x_2 \geqslant 1 \\ -x_1 + x_2 \geqslant 1 \\ x_1, \ x_2 \geqslant 0 \end{cases}$$

对偶问题（原问题）

$$\max z = y_1 + y_2$$

$$\text{s. t.} \begin{cases} y_1 - y_2 \leqslant -1 \\ -y_1 + y_2 \leqslant -1 \\ y_1, \ y_2 \geqslant 0 \end{cases}$$

性质 4（可行解是最优解时的性质）：设 $\hat{X}$ 是原问题的可行解，$\hat{Y}$ 是对偶问题的可行解，当 $C\hat{X} = \hat{Y}b$ 时，$\hat{X}$、$\hat{Y}$ 是最优解。

证：若 $C\hat{X} = \hat{Y}b$，根据性质 2 可知：对偶问题的所有可行解 $\bar{Y}$ 都存在 $\bar{Y}b \geqslant C\hat{X}$，因 $C\hat{X} = \hat{Y}b$，所以 $\bar{Y}b \geqslant \hat{Y}b$。可见 $\hat{Y}$ 是使目标函数取值最小的可行解，因而是最优解。同样可证明：对于原问题的所有可行解 $\bar{X}$，存在

$$C\hat{X} = \hat{Y}b \geqslant C\bar{X}$$

所以 $\hat{X}$ 是最优解。

证毕。

性质 5（对偶定理）：若原问题有最优解，那么对偶问题也有最优解；且目标函数值相等。

证：设 $\hat{X}$ 是原问题的最优解，它对应的基矩阵 B 必存在 $C - C_B B^{-1} A \leqslant 0$。即得到 $\hat{Y}A \geqslant C$，其中 $\hat{Y} = C_B B^{-1}$。

若这时 $\hat{Y}$ 是对偶问题的可行解，它使

$$\omega = \hat{Y}b = C_B B^{-1} b$$

因原问题的最优解是 $\hat{X}$，使目标函数取值

$$z=C\hat{X}=C_BB^{-1}b$$

由此，得到

$$\hat{Y}b=C_BB^{-1}b=C\hat{X}$$

可见 $\hat{Y}$ 是对偶问题的最优解。

证毕。

性质 6（互补松弛性）：若 $\hat{X}$、$\hat{Y}$ 分别是原问题和对偶问题的可行解，那么 $\hat{Y}X_S=0$ 和 $Y_S\hat{X}=0$，当且仅当 $\hat{X}$、$\hat{Y}$ 为最优解。

证：设原问题和对偶问题的标准型是

原问题　　　　　　　　对偶问题

$$\max z=CX \qquad\qquad \min \omega=Yb$$

$$\text{s. t.}\begin{cases}AX+X_S=b\\ X,\ X_S\geqslant 0\end{cases}\qquad\qquad \text{s. t.}\begin{cases}YA-Y_S=C\\ Y,\ Y_S\geqslant 0\end{cases}$$

将原问题目标函数中的系数向量 C 用 $C=YA-Y_S$ 代替后，得到

$$z=(YA-Y_S)X=YAX-Y_SX \tag{2-15}$$

将对偶问题的目标函数中系数列向量，用 $b=AX+X_S$ 代替后，得到

$$\omega=Y(AX+X_S)=YAX+YX_S \tag{2-16}$$

若 $Y_S\hat{X}=0$，$\hat{Y}X_S=0$；则 $\hat{Y}b=\hat{Y}A\hat{X}=C\hat{X}$，由性质 4 可知 $\hat{X}$、$\hat{Y}$ 是最优解。

又若 $\hat{X}$、$\hat{Y}$ 分别是原问题和对偶问题的最优解，根据性质 4，则有

$$C\hat{X}=\hat{Y}A\hat{X}=\hat{Y}b$$

由式（2-15）、式（2-16）可知，必有 $\hat{Y}X_S=0$，$Y_S\hat{X}=0$。

证毕。

性质 7：设原问题是

$$\max z=CX;\ AX+X_S=b;\ X,\ X_S\geqslant 0$$

它的对偶问题是

$$\min \omega=Yb;\ YA-Y_S=C;\ Y,\ Y_S\geqslant 0$$

则原问题单纯形表的检验数行对应其对偶问题的一个基解，其对应关系如表 2-5 所示。

表 2-5

X_B	X_N	X_S
0	$C_N-C_BB^{-1}N$	$-C_BB^{-1}$
Y_{S1}	$-Y_{S2}$	$-Y$

这里 Y_{S1} 是对应原问题中基变量 X_B 的剩余变量，Y_{S2} 是对应原问题中非基变量 X_N 的剩余变量。

证：设 B 是原问题的一个可行基，于是 $A=(B,\ N)$；原问题可以改写为

$$\max z = C_B X_B + C_N X_N$$

$$\text{s. t.}\begin{cases} BX_B + NX_N + X_S = b \\ X_B,\ X_N,\ X_S \geqslant 0 \end{cases}$$

相应地对偶问题可表示为

$$\min \omega = Yb$$

$$\text{s. t.}\begin{cases} YB - Y_{S1} = C_B & (2-17) \\ YN - Y_{S2} = C_N & (2-18) \\ Y,\ Y_{S1},\ Y_{S2} \geqslant 0 \end{cases}$$

这里 $Y_S = (Y_{S1},\ Y_{S2})$。

当求得原问题的一个解：

$$X_B = B^{-1}b$$

其相应的检验数为 $C_N - C_B B^{-1} N$ 与 $-C_B B^{-1}$。现分析这些检验数与对偶问题的解之间的关系：令 $Y = C_B B^{-1}$，将它代入式（2－17）、式（2－18）得

$$Y_{S1} = 0$$

$$-Y_{S2} = C_N - C_B B^{-1} N$$

证毕。

例 4：已知线性规划问题

$$\max z = x_1 + x_2$$

$$\text{s. t.}\begin{cases} -x_1 + x_2 + x_3 \leqslant 2 \\ -2x_1 + x_2 - x_3 \leqslant 1 \\ x_1,\ x_2,\ x_3 \geqslant 0 \end{cases}$$

试用对偶理论证明上述线性规划问题无最优解。

证：首先看到该问题存在可行解，如 $X = (0,\ 0,\ 0)$；而上述问题的对偶问题为

$$\min \omega = 2y_1 + y_2$$

$$\text{s. t.}\begin{cases} -y_1 - 2y_2 \geqslant 1 \\ y_1 + y_2 \geqslant 1 \\ y_1 - y_2 \geqslant 0 \\ y_1,\ y_2 \geqslant 0 \end{cases}$$

由于第一个约束条件与决策变量非负约束相矛盾，可知对偶问题无可行解，因原问题有可行解，故无最优解。

例 5：已知线性规划问题

$$\min \omega = 2x_1 + 3x_2 + 5x_3 + 2x_4 + 3x_5$$

$$\text{s. t.}\begin{cases} x_1 + x_2 + 2x_3 + x_4 + 3x_5 \geqslant 4 \\ 2x_1 - x_2 + 3x_3 + x_4 + x_5 \geqslant 3 \\ x_j \geqslant 0,\ j = 1,\ 2,\ \cdots,\ 5 \end{cases}$$

已知其对偶问题的最优解为 $y_1^* = 4/5$，$y_2^* = 3/5$；$z = 5$。试用对偶理论找出原问题的最优解。

解：先写出它的对偶问题

$$\max z = 4y_1 + 3y_2$$

$$\text{s.t.} \begin{cases} y_1 + 2y_2 \leqslant 2 & ① \\ y_1 - y_2 \leqslant 3 & ② \\ 2y_1 + 3y_2 \leqslant 5 & ③ \\ y_1 + y_2 \leqslant 2 & ④ \\ 3y_1 + y_2 \leqslant 3 & ⑤ \\ y_1,\ y_2 \geqslant 0 \end{cases}$$

将 y_1^*、y_2^* 的值代入约束条件，得式②、式③、式④为严格不等式；由互补松弛性得 $x_2^* = x_3^* = x_4^* = 0$。因 y_1，$y_2 \geqslant 0$；原问题的两个约束条件应取等式，故有

$$x_1^* + 3x_5^* = 4$$

$$2x_1^* + x_5^* = 3$$

求解后得到 $x_1^* = 1$，$x_5^* = 1$；故原问题的最优解为

$$X^* = (1,\ 0,\ 0,\ 0,\ 1)^T;\ \omega^* = 5$$

2.5　对偶问题的经济解释

——影子价格

前面讲到，在单纯形法的每步迭代中，目标函数 $z = C_B B^{-1} b$ 和检验数 $C_N - C_B B^{-1} N$ 中都有乘子 $Y = C_B B^{-1}$，那么 Y 的经济意义是什么？

设 B 是 $\{\max z = CX \mid AX \leqslant b,\ X \geqslant 0\}$ 的最优基，由式（2－12）可知

$$z^* = C_B B^{-1} b = Y^* b$$

由此

$$\frac{\partial z^*}{\partial b} = C_B B^{-1} = Y^*$$

所以变量 y_i^* 的经济意义是在其他条件不变的情况下，单位资源变化所引起的目标函数的最优值的变化。

由第 1 章例 1 的最终计算表（见表 1－5）可见，$y_1^* = 1.5$，$y_2^* = 0.125$，$y_3^* = 0$。这说明在其他条件不变的情况下，若设备增加 1 台时，该厂按最优计划安排生产可多获利 1.5 元；原材料 A 增加 1 千克，可多获利 0.125 元；原材料 B 增加 1 千克，对获利无影响。从图 2－2 可看到，设备增加 1 台时，代表该约束条件的直线由①移至①′，相应

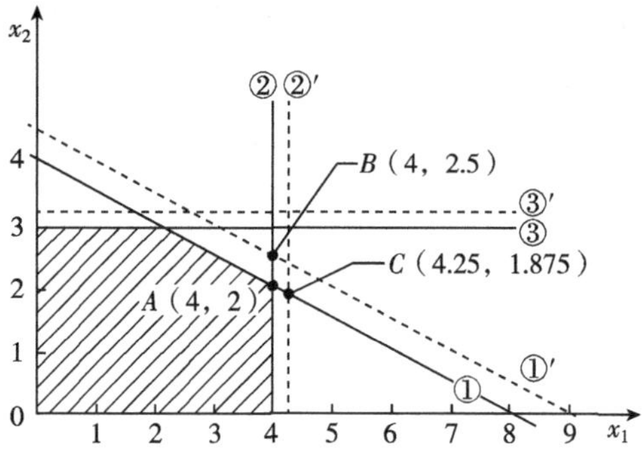

图 2－2

的最优解由（4，2）变为（4，2.5），目标函数 $z=2\times4+3\times2.5=15.5$，即比原来的增大 1.5。若原材料 A 增加 1 千克时，代表该约束方程的直线由②移至②′，相应的最优解从（4，2）变为（4.25，1.875），目标函数 $z=2\times4.25+3\times1.875=14.125$。比原来的增加 0.125。原材料 B 增加 1 千克时，代表该约束方程的直线由③移至③′，这时的最优解不变。

y_i^* 的值代表对第 i 种资源的估价。这种估价是针对具体企业的具体产品而存在的一种特殊价格，称它为“影子价格”。在该厂现有资源和现有生产方案的条件下，设备的每小时租费为 1.5 元，1 千克原材料 A 的出让费为除成本外再附加 0.125 元，1 千克原材料 B 可按原成本出让，这时该厂的收入与自己组织生产时获利相等。影子价格随具体情况而异，在完全市场经济的条件下，当某种资源的市场价低于影子价格时，企业应买进该资源用于扩大生产；而当某种资源的市场价高于影子价格时，则企业的决策者应把已有资源卖掉。可见影子价格对市场有调节作用。

2.6 对偶单纯形法

前节讲到原问题与对偶问题的解之间的对应关系时指出：在单纯形表中进行迭代时，在 b 列中得到的是原问题的基可行解，而在检验数行得到的是对偶问题的基解。通过逐步迭代，当在检验数行得到对偶问题的解也是基可行解时，根据性质 2、性质 3 可知，已得到最优解。即原问题与对偶问题都是最优解。

根据对偶问题的对称性，也可以这样考虑：若保持对偶问题的解是基可行解，即 $c_j-C_BB^{-1}P_j\leqslant0$，而原问题在非可行解的基础上，通过逐步迭代达到基可行解，这样也得到了最优解。其优点是原问题的初始解不一定是基可行解，可从非基可行解开始迭代，方法如下：

设原问题　$\max z = CX$

$$\text{s. t.}\begin{cases}AX = b\\ X \geqslant 0\end{cases}$$

又设 B 是一个基。不失一般性，令 $B=(P_1, P_2, \cdots, P_m)$，它对应的变量为

$X_B=(x_1, x_2, \cdots, x_m)$

当非基变量都为零时，可以得到 $X_B = B^{-1}b$。若在 $B^{-1}b$ 中至少有一个负分量，设 $(B^{-1}b)_i < 0$，并且在单纯形表的检验数行中的检验数都为非正，即对偶问题保持可行解，它的各分量是

（1）对应基变量 $x_1, x_2, \cdots, x_m$ 的检验数是

$\sigma_i = c_i - z_i = c_i - C_B B^{-1} P_j = 0, \ i = 1, 2, \cdots, m$

（2）对应非基变量 $x_{m+1}, \cdots, x_n$ 的检验数是

$\sigma_j = c_j - z_j = c_i - C_B B^{-1} P_j \leqslant 0, \ j = m+1, \cdots, n$

每次迭代是将基变量中的负分量 x_l 取出，去替换非基变量中的 x_k，经基变换，所有检验数仍保持非正。从原问题来看，经过每次迭代，原问题由非可行解往可行解靠近。当原问题得到可行解时，便得到了最优解。

对偶单纯形法仅在满足以下条件时使用：原问题为非可行解（b 列的数字不全大于或等于 0），对偶问题为基可行解（检验数行数字均小于或等于 0）。在满足以上条件下，对偶单纯形法的计算步骤如下：

（1）根据线性规划问题，列出初始单纯形表。检查 b 列的数字，若都为非负，检验数都为非正，则已得到最优解。停止计算。若检查 b 列的数字时，至少还有一个负分量，检验数保持非正，那么进行以下计算。

（2）确定换出变量。

按 $\min\{(B^{-1}b)_i \mid (B^{-1}b)_i < 0\} = (B^{-1}b)_l$ 对应的基变量 x_i 为换出变量。

（3）确定换入变量。

在单纯形表中检查 x_l 所在行的各系数 α_{lj}（$j=1, 2, \cdots, n$）。若所有 $\alpha_{lj} \geqslant 0$，则无可行解，停止计算。若存在 $\alpha_{lj} < 0$（$j=1, 2, \cdots, n$），计算

$$\theta = \min_j \left\{ \frac{c_j - z_j}{\alpha_{lj}} \middle| \alpha_{lj} < 0 \right\} = \frac{c_k - z_k}{\alpha_{lk}}$$

按 θ 规则所对应的列的非基变量 x_k 为换入变量，这样才能保持得到的对偶问题解仍为可行解。

（4）以 α_{lk} 为主元素，按原单纯形法在表中进行迭代运算，得到新的计算表。

重复步骤（1）～（4）。

下面举例来说明具体算法。

例 6：用对偶单纯形法求解

$\min \omega = 2x_1 + 3x_2 + 4x_3$

$$\text{s. t.}\begin{cases}x_1+2x_2+x_3\geqslant 3\\2x_1-x_2+3x_3\geqslant 4\\x_1,\ x_2,\ x_3\geqslant 0\end{cases}$$

解：先将此问题化成下列形式，以便得到对偶问题的初始可行基

$$\max z=-2x_1-3x_2-4x_3$$

$$\text{s. t.}\begin{cases}-x_1-2x_2-x_3+x_4=-3\\-2x_1+x_2-3x_3+x_5=-4\\x_j\geqslant 0,\ j=1,\ 2,\ \cdots,\ 5\end{cases}$$

建立此问题的初始单纯形表，如表 2-6 所示。

表 2-6

$c_j\to$			-2	-3	-4	0	0
C_B	X_B	b	x_1	x_2	x_3	x_4	x_5
0	x_4	-3	-1	-2	-1	1	0
0	x_5	-4	[-2]	1	-3	0	1
c_j-z_j			-2	-3	-4	0	0

从表 2-6 可以看到，检验数行对应的对偶问题的解是可行解。因 b 列数字为负，故需进行迭代运算。

换出变量的确定：按上述对偶单纯形法计算步骤（2），计算

$$\min(-3,\ -4)=-4$$

故 x_5 为换出变量。

换入变量的确定：按上述对偶单纯形法计算步骤（3），计算

$$\theta=\min\left(\frac{-2}{-2},\ -,\ \frac{-4}{-3}\right)=\frac{-2}{-2}=1$$

故 x_1 为换入变量。

换入、换出变量的所在列、行的交叉处“-2”为主元素。按单纯形法计算步骤进行迭代，得到表 2-7。

表 2-7

$c_j\to$			-2	-3	-4	0	0
C_B	X_B	b	x_1	x_2	x_3	x_4	x_5
0	x_4	-1	0	[-5/2]	1/2	1	-1/2
-2	x_1	2	1	-1/2	3/2	0	-1/2
c_j-z_j			0	-4	-1	0	-1

由表 2-7 可以看出，对偶问题仍是可行解，而 b 列中仍有负分量。故重复上述迭代步骤，得到表 2-8。

表 2-8

$c_j \to$			-2	-3	-4	0	0
C_B	X_B	b	x_1	x_2	x_3	x_4	x_5
-3	x_2	2/5	0	1	-1/5	-2/5	1/5
-2	x_1	11/5	1	0	7/5	-1/5	-2/5
$c_j - z_j$			0	0	-3/5	-8/5	-1/5

在表 2-8 中，b 列数字全为非负，检验数全为非正，故问题的最优解为

$X^* = (11/5, 2/5, 0, 0, 0)^T$

若对应两个约束条件的对偶变量分别为 y_1 和 y_2，则对偶问题的最优解为

$Y^* = (y_1^*, y_2^*) = (8/5, 1/5)$

从以上求解过程可以看到对偶单纯形法有以下优点：

（1）初始解可以是非可行解，当检验数都为负数时就可以进行基的变换，这时不需要加入人工变量，因此可以简化计算。

（2）当变量多于约束条件，对这样的线性规划问题，用对偶单纯形法计算可以减少计算工作量，因此对变量较少而约束条件很多的线性规划问题，可先将它变换成对偶问题，然后用对偶单纯形法求解。

（3）在灵敏度分析及求解整数规划的割平面法中，有时需要用对偶单纯形法，这样可使问题的处理简化。无论是对偶单纯形法，还是单纯形法，都是在单纯形表中进行的求解，通过上述介绍，我们可以看出，单纯形法和对偶单纯形法各有优点与不足。当单纯形表中原问题为非基可行解，对偶问题为基可行解时，应使用对偶单纯形法进行迭代求最优解；当原问题为基可行解，对偶问题为非基可行解时，应使用单纯形法进行迭代求最优解；当原问题和对偶问题皆为非基可行解时用人工变量法进行迭代求最优解；当原问题和对偶问题皆为基可行解时，已求得最优解。对偶单纯形法的局限性主要是，对大多数线性规划问题，很难找到一个初始可行基，因而这种方法在求解线性规划问题时很少单独应用。

2.7　灵敏度分析

以前讨论线性规划问题时，假定 a_{ij}、b_i、c_j 都是常数。但实际上这些系数往往是估计值和预测值。如市场条件一变，c_j 值就会变化；a_{ij}往往是因工艺条件的改变而改变；b_i 是根据资源投入后的经济效果决定的一种决策选择。因此提出这样两个问题：当这些系数有一个或几个发生变化时，已求得的线性规划问题的最优解会有什么变化；或者这些系数在什么范围内变化时，线性规划问题的最优解或最优基不变。后一个问题将在 2.8 节参数线性规划中讨论。

显然，当线性规划问题中某一个或几个系数发生变化后，原来已得结果一般会发生变化。当然可以用单纯形法从头计算，以便得到新的最优解。这样做很麻烦，而且也没有必要。因在单纯形法迭代时，每次运算都和基变量的系数矩阵 B 有关，因此可以把发生变化的个别系数，经过一定计算后直接填入最终计算表中，并进行检查和分析，可按表 2－9 中的四种情况进行处理。

表 2－9

原问题	对偶问题	结论或继续计算的步骤
可行解	可行解	表中的解仍为最优解
可行解	非可行解	用单纯形法继续迭代求最优解
非可行解	可行解	用对偶单纯形法继续迭代求最优解
非可行解	非可行解	引进人工变量，编制新的单纯形表，求最优解

下面就各种情况进行讨论。

2.7.1 资源数量变化的分析

资源数量变化是指系数 b_r 发生变化，即 $b_r' = b_r + \Delta b_r$。并假设规划问题的其他系数都不变。这样使最终表中原问题的解相应地变化为

$$X_B' = B^{-1}(b + \Delta b)$$

这里 $\Delta b = (0, \cdots, \Delta b_r, 0, \cdots, 0)^T$。只要 $X_B' \geqslant 0$，因最终表中检验数不变，故最优基不变，但最优解的值发生了变化，所以 X_B' 为新的最优解。新的最优解的值可允许变化范围用以下方法确定。

$$B^{-1}(b + \Delta b) = B^{-1}b + B^{-1}\Delta b = B^{-1}b + B^{-1}\begin{pmatrix} 0 \\ \vdots \\ \Delta b_r \\ \vdots \\ 0 \end{pmatrix}$$

$$B^{-1}\begin{pmatrix} 0 \\ \vdots \\ \Delta b_r \\ \vdots \\ 0 \end{pmatrix} = \begin{pmatrix} \bar{a}_{1r}\Delta b_r \\ \vdots \\ \bar{a}_{ir}\Delta b_r \\ \vdots \\ \bar{a}_{mr}\Delta b_r \end{pmatrix} = \Delta b_r \begin{pmatrix} \bar{a}_{1r} \\ \vdots \\ \bar{a}_{ir} \\ \vdots \\ \bar{a}_{mr} \end{pmatrix}$$

要求在最终表中求得的 b 列的所有元素 $\bar{b}_i + \bar{a}_{ir}\Delta b_r \geqslant 0$，$i = 1, 2, \cdots, m$。由此可得

$$\bar{a}_{ir}\Delta b_r \geqslant -\bar{b}_i,\ i = 1, 2, \cdots, m$$

当 $\bar{a}_{ir} > 0$ 时，$\Delta b_r \geqslant -\bar{b}_i / \bar{a}_{ir}$；$\bar{a}_{ir} < 0$ 时，$\Delta b_r \leqslant -\bar{b}_i / \bar{a}_{ir}$。于是得到

$$\max_i\{-\bar{b}_i/\bar{a}_{ir} \mid \bar{a}_{ir}>0\} \leqslant \Delta b_r \leqslant \min_i\{-\bar{b}_i/\bar{a}_{ir} \mid \bar{a}_{ir}<0\}$$

例如求第 1 章例 1 中第二个约束条件 b_2 的变化范围 Δb_2 时，可计算

$$B^{-1}b+B^{-1}\begin{bmatrix}0\\ \Delta b_2\\ 0\end{bmatrix}=\begin{bmatrix}4\\ 4\\ 2\end{bmatrix}+\begin{bmatrix}0.25\\ 0.5\\ -0.125\end{bmatrix}\Delta b_2 \geqslant \begin{bmatrix}0\\ 0\\ 0\end{bmatrix}$$

可得 $\Delta b_2 \geqslant -4/0.25=-16$，$\Delta b_2 \geqslant -4/0.5=-8$，$\Delta b_2 \leqslant 2/0.125=16$。所以 Δb_2 的变化范围是 $[-8, 16]$；显然 b_2 的变化范围是 $[8, 32]$。

例 7：从表 1 - 5 得知第 1 章例 1 中，每设备台时的影子价格为 1.5 元，若该厂又从其他处抽调 4 台时用于生产产品Ⅰ、Ⅱ。求这时该厂生产产品Ⅰ、Ⅱ的最优方案。

解：先计算 $B^{-1}\Delta b$

$$B^{-1}\Delta b=\begin{pmatrix}0 & 0.25 & 0\\ -2 & 0.5 & 1\\ 0.5 & -0.125 & 0\end{pmatrix}\begin{pmatrix}4\\ 0\\ 0\end{pmatrix}=\begin{pmatrix}0\\ -8\\ 2\end{pmatrix}$$

将上述结果反映到最终表表 1 - 5 中，得到表 2 - 10。

表 2 - 10

$c_j \rightarrow$			2	3	0	0	0
C_B	X_B	b	x_1	x_2	x_3	x_4	x_5
2	x_1	4 + 0	1	0	0	0.25	0
0	x_5	4 - 8	0	0	[-2]	0.5	1
3	x_2	2 + 2	0	1	0.5	-0.125	0
$c_j - z_j$			0	0	-1.5	-0.125	0

由于表 2 - 10 中 b 列有负数，故用对偶单纯形法求新的最优解。计算结果见表 2 - 11。

表 2 - 11

$c_j \rightarrow$			2	3	0	0	0
C_B	X_B	b	x_1	x_2	x_3	x_4	x_5
2	x_1	4	1	0	0	0.25	0
0	x_3	2	0	0	1	-0.25	-0.5
3	x_2	3	0	1	0	0	0.25
$c_j - z_j$			0	0	0	-0.5	-0.75

即该厂最优生产方案应改为生产 4 件产品Ⅰ，生产 3 件产品Ⅱ，获利

$z^* = 4 \times 2 + 3 \times 3 = 17$（元）

从表 2 - 11 可以看出，$x_3 = 2$，即设备有 2 小时未被利用。

2.7.2 目标函数中价值系数 c_j 的变化分析

可以分别就 c_j 是对应的非基变量和基变量两种情况来讨论。

（1）若 c_j 是非基变量 x_j 的系数，这时它在计算表中所对应的检验数是

$$\sigma_j = c_j - C_B B^{-1} P_j$$

或

$$\sigma_j = c_j - \sum_{i=1}^{m} a_{ij} y_i$$

当 c_j 变化 Δc_j 后，要保证最终表中这个检验数仍小于或等于零，即

$$\sigma'_j = c_j + \Delta c_j - C_B B^{-1} P_j \leqslant 0$$

那么 $c_j + \Delta c_j \leqslant YP_j$，即 Δc_j 的值必须小于或等于 $YP_j - c_j$，才可以满足原最优解条件。这就可以确定 Δc_j 的范围了。

（2）若 c_r 是基变量 x_r 的系数。因 $c_r \in C_B$，当 c_r 变化 Δc_r 时，就引起 C_B 的变化，这时

$$(C_B + \Delta C_B) B^{-1} A = C_B B^{-1} A + (0, \cdots, \Delta c_r, \cdots, 0) B^{-1} A$$
$$= C_B B^{-1} A + \Delta c_r (a_{r1}, a_{r2}, \cdots, a_{rn})$$

可见，当 c_r 变化 Δc_r 后，最终表中的检验数是

$$\sigma'_j = c_j - C_B B^{-1} A - \Delta c_r \bar{a}_{rj}, \ j = 1, 2, \cdots, n$$

若要求原最优解不变，即必须满足 $\sigma'_j \leqslant 0$。于是得到

当 $\bar{a}_{rj} < 0$，$\Delta c_r \leqslant \sigma_j / \bar{a}_{rj}$；

$\bar{a}_{rj} > 0$，$\Delta c_r \geqslant \sigma_j / \bar{a}_{rj}$，$j = 1, 2, \cdots, n$

Δc_r 可变化的范围是

$$\max_j \{ \sigma_j / \bar{a}_{rj} \mid \bar{a}_{rj} > 0 \} \leqslant \Delta c_r \leqslant \min_j \{ \sigma_j / \bar{a}_{rj} \mid \bar{a}_{rj} < 0 \}$$

例 8：试以第 1 章例 1 的最终表表 1－5 为例。设基变量 x_2 的系数 c_2 变化 Δc_2，在原最优解不变的条件下，确定 Δc_2 的变化范围。

解：这时表 1－5 最终计算表便成为表 2－12。

表 2－12

$c_j \rightarrow$			2	$3+\Delta c_2$	0	0	0
C_B	X_B	b	x_1	x_2	x_3	x_4	x_5
2	x_1	4	1	0	0	0.25	0
0	x_5	4	0	0	−2	0.5	1
$3+\Delta c_2$	x_2	2	0	1	0.5	−0.125	0
$c_j - z_j$			0	0	$-1.5-\Delta c_2/2$	$\Delta c_2/8-1/8$	0

从表 2 - 12 可见：$-1.5-\Delta c_2/2\leqslant 0$ 和 $\Delta c_2/8-1/8\leqslant 0$。由此可得 $\Delta c_2\geqslant -1.5/0.5$；$\Delta c_2\leqslant 1$。$\Delta c_2$ 的变化范围为：$-3\leqslant\Delta c_2\leqslant 1$，即 x_2 的价值系数 c_2 可以在［0，4］之间变化，而不影响原最优解。

2.7.3　技术系数 a_{ij} 的变化

分两种情况来讨论技术系数 a_{ij} 的变化，下面以具体例子来说明。

例 9：分析在原计划中是否应该安排一种新产品。以第 1 章例 1 为例。设该厂除了生产产品Ⅰ、Ⅱ外，现有一种新产品Ⅲ。已知生产产品Ⅲ，每件需消耗原材料 A、B 各为 6 千克、3 千克，使用设备 2 台时；每件可获利 5 元。问该厂是否应生产该产品和生产多少?

解：分析该问题的步骤是：

（1）设生产产品Ⅲ为 x_3' 台，其技术系数向量 $P_3'=(2,6,3)^T$，然后计算最终表中对应 x_3' 的检验数

$$\sigma'_3=c_3'-C_BB^{-1}P_3'=5-(1.5,\ 0.125,\ 0)(2,\ 6,\ 3)^T=1.25>0$$

说明安排生产产品Ⅲ是有利的。

（2）计算产品Ⅲ在最终表中对应 x_3' 的列向量

$$B^{-1}P_3'=\begin{bmatrix}0 & 0.25 & 0\\ -2 & 0.5 & 1\\ 0.5 & -0.125 & 0\end{bmatrix}\begin{bmatrix}2\\ 6\\ 3\end{bmatrix}=\begin{bmatrix}1.5\\ 2\\ 0.25\end{bmatrix}$$

并将（1）、（2）的计算结果填入最终计算表表 1 - 5 中，得到表 2 - 13（a）。

表 2 - 13（a）

$c_j\rightarrow$			2	3	0	0	0	5
C_B	X_B	b	x_1	x_2	x_3	x_4	x_5	x_3'
2	x_1	4	1	0	0	0.25	0	1.5
0	x_5	4	0	0	-2	0.5	1	[2]
3	x_2	2	0	1	0.5	-0.125	0	0.25
c_j-z_j			0	0	-1.5	-0.125	0	1.25

由于 b 列的数字没有变化，原问题的解是可行解。但检验数行中还有正检验数，说明目标函数值还可以改善。

（3）将 x_3' 作为换入变量，x_5 作为换出变量，进行迭代，求出最优解。计算结果见表 2 - 13（b），这时得最优解：$x_1=1$，$x_2=1.5$，$x_3'=2$。总的利润为 16.5 元。比原计划增加了 2.5 元。

表 2-13（b）

$c_j \to$			2	3	0	0	0	5
C_B	X_B	b	x_1	x_2	x_3	x_4	x_5	x_3'
2	x_1	1	1	0	1.5	-0.125	-0.75	0
0	x_3'	2	0	0	-1	0.25	0.5	1
3	x_2	1.5	0	1	0.75	-0.1875	-0.125	0
$c_j - z_j$			0	0	-0.25	-0.4375	-0.625	0

例 10：分析原计划生产产品的工艺结构发生变化。仍以第 1 章例 1 为例，若原计划生产产品Ⅰ的工艺结构有了改进，这时有关它的技术系数向量变为 $P_1' = (2, 5, 2)^T$，每件利润为 4 元，试分析对原最优计划有什么影响？

解：把改进工艺结构的产品Ⅰ看作产品Ⅰ′，设 x_1'为其产量。于是计算在最终表中对应 x_1'的列向量，并以 x_1'代替 x_1。

$$B^{-1}P_1' = \begin{bmatrix} 0 & 0.25 & 0 \\ -2 & 0.5 & 1 \\ 0.5 & -0.125 & 0 \end{bmatrix} \begin{bmatrix} 2 \\ 5 \\ 2 \end{bmatrix} = \begin{bmatrix} 1.25 \\ 0.5 \\ 0.375 \end{bmatrix}$$

同时计算出 x_1'的检验数为

$$c_1' - C_B B^{-1} P_1' = 4 - (1.5, 0.125, 0)(2, 5, 2)^T$$
$$= 0.375$$

将以上计算结果填入最终表 2-13（a）中 x_1 的列向量位置，得到表 2-14。

表 2-14

C_B	X_B	b	x_1'	x_2	x_3	x_4	x_5
2	x_1	4	1.25	0	0	0.25	0
0	x_5	4	0.5	0	-2	0.5	1
3	x_2	2	0.375	1	0.5	-0.125	0
$c_j - z_j$			0.375	0	-1.5	-0.125	0

由表 2-14 可见，x_1'为换入变量，经过迭代得到表 2-15。

表 2-15

C_B	X_B	b	x_1'	x_2	x_3	x_4	x_5
4	x_1'	3.2	1	0	0	0.2	0
0	x_5	2.4	0	0	-2	0.4	1
3	x_2	0.8	0	1	0.5	-0.2	0
$c_j - z_j$			0	0	-1.5	-0.2	0

表 2 – 15 表明原问题和对偶问题的解都是可行解，所以表中的结果已是最优解。即当生产产品Ⅰ′3.2 单位，生产产品Ⅱ0.8 单位，可获利 15.2 元。

例 11：假设例 10 的产品Ⅰ′的技术系数向量变为 $P_1' = (4, 5, 2)^T$，而每件获利仍为 4 元。试问该厂应如何安排最优生产方案？

解：方法与例 10 相同，以 x_1'代替 x_1，计算

$$B^{-1}P_1' = \begin{bmatrix} 0 & 0.25 & 0 \\ -2 & 0.5 & 1 \\ 0.5 & -0.125 & 0 \end{bmatrix}\begin{bmatrix} 4 \\ 5 \\ 2 \end{bmatrix} = \begin{bmatrix} 1.25 \\ -3.5 \\ 1.375 \end{bmatrix}$$

x_1'的检验数为 $c_1' - C_B B^{-1} P_1' = 4 - (1.5, 0.125, 0)(4, 5, 2)^T = -2.625$。将这些数字填入最终表表 1 – 15 的 x_1 列的位置，得到表 2 – 16。

表 2 – 16

C_B	X_B	b	x_1'	x_2	x_3	x_4	x_5
2	x_1	4	1.25	0	0	0.25	0
0	x_5	4	−3.5	0	−2	0.5	1
3	x_2	2	1.375	1	0.5	−0.125	0
$c_j - z_j$			−2.625	0	−1.5	−0.125	0

将表 2 – 16 的 x_1'替换基变量中的 x_1，得到表 2 – 17。

表 2 – 17

C_B	X_B	b	x_1'	x_2	x_3	x_4	x_5
4	x_1'	3.2	1	0	0	0.2	0
0	x_5	15.2	0	0	−2	1.2	1
3	x_2	−2.4	0	1	0.5	−0.4	0
$c_j - z_j$			0	0	−1.5	0.4	0

从表 2 – 17 可见原问题和对偶问题都是非可行解。于是引入人工变量 x_6。因在表 2 – 17 中 x_2 所在行，用方程表示时为

$$0x_1' + x_2 + 0.5x_3 - 0.4x_4 + 0x_5 = -2.4$$

引入人工变量 x_6 后，便为

$$-x_2 - 0.5x_3 + 0.4x_4 + x_6 = 2.4$$

将 x_6 作为基变量代替 x_2，填入表 2 – 17，得到表 2 – 18。

这时可按单纯形法求解。x_4 为换入变量，x_6 为换出变量。经基变换运算后，得到表 2 – 19 的上半部分。在表 2 – 19 的上半部分中，确定 x_2 为换入变量，x_5 为换出变量。

经基变换运算后，得到表 2-19 的下半部分。此表的所有检验数都为非正，已得最优解。最优生产方案为生产产品Ⅰ′0.667 单位，生产产品Ⅱ2.667 单位，可得最大利润 10.67 元。

表 2-18

C_B	X_B	b	x_1'	x_2	x_3	x_4	x_5	x_6
4	x_1'	3.2	1	0	0	0.2	0	0
0	x_5	15.2	0	0	-2	1.2	1	0
$-M$	x_6	2.4	0	-1	-0.5	[0.4]	0	1
c_j-z_j			0	$3-M$	$-0.5M$	$-0.8+0.4M$	0	0

表 2-19

$c_j\rightarrow$			4	3	0	0	0	$-M$
C_B	X_B	b	x_1'	x_2	x_3	x_4	x_5	x_6
4	x_1'	2	1	0.5	0.25	0	0	0.5
0	x_5	8	0	[3]	-0.5	0	1	-3
0	x_4	6	0	-2.5	-1.25	1	0	2.5
c_j-z_j			0	1	-1	0	0	$-M+2$
4	x_1'	0.667	1	0	0.33	0	-0.33	0
3	x_2	2.667	0	1	-0.167	0	0.33	-1
0	x_4	12.667	0	0	1.667	1	0.83	0
c_j-z_j			0	0	-0.83	0	-0.33	$-M+3$

2.8 参数线性规划

进行灵敏度分析时，主要讨论在最优基不变的情况下，确定系数 a_{ij}、b_i、c_j 的变化范围。而参数线性规划是研究这些参数中某一参数连续变化时，使最优解发生变化的各临界点的值。即把某一参数作为参变量，而目标函数在某区间内是这个参变量的线性函数，含这个参变量的约束条件是线性等式或不等式。因此仍可用单纯形法和对偶单纯形法分析参数线性规划问题。其步骤是：

（1）对含有某参变量 t 的参数线性规划问题。先令 $t=0$，用单纯形法求出最优解。

（2）用灵敏度分析法，将参变量 t 直接反映到最终表中。

（3）当参变量 t 连续变大或变小时，观察 b 列和检验数行各数字的变化。若在 b 列首先出现某负值时，则以它对应的变量为换出变量；于是用对偶单纯形法迭代一步。若在检验数行首先出现某正值时，则它对应的变量为换入变量。用单纯形法迭代一步。

（4）在经迭代一步后得到的新表上，令参变量 t 继续变大或变小，重复步骤（3），直到 b 列不再出现负值，检验数行不再出现正值为止。

2.8.1　参数 c 的变化

例 12：试分析以下参数线性规划问题。当参数 $t\geq 0$ 时，其最优解的变化范围。

$$\max z(t) = (3+2t)x_1 + (5-t)x_2$$

$$\text{s.t.}\begin{cases} x_1 \leq 4 \\ 2x_2 \leq 12 \\ 3x_1 + 2x_2 \leq 18 \\ x_1,\ x_2 \geq 0 \end{cases}$$

解：将此模型化为标准型

$$\max z(t) = (3+2t)x_1 + (5-t)x_2$$

$$\text{s.t.}\begin{cases} x_1 + x_3 = 4 \\ 2x_2 + x_4 = 12 \\ 3x_1 + 2x_2 + x_5 = 18 \\ x_j \geq 0,\ j=1,\ 2,\ \cdots,\ 5 \end{cases}$$

令 $t=0$，用单纯形法求解，见表 2－20。

表 2－20

$c_j \to$			3	5	0	0	0
C_B	X_B	b	x_1	x_2	x_3	x_4	x_5
0	x_3	2	0	0	1	1/3	－1/3
5	x_2	6	0	1	0	1/2	0
3	x_1	2	1	0	0	－1/3	1/3
$c_j - z_j$			0	0	0	－3/2	－1

将 c 的变化直接反映到最终表表 2－20 中，得到表 2－21。

当 t 增大，$t\geq\dfrac{3/2}{7/6}=\dfrac{9}{7}$ 时，首先出现 $\sigma_4\geq 0$，在 $\sigma_4\leq 0$，即 $0\leq t\leq 9/7$ 时，得最优解 $(2,\ 6,\ 2,\ 0,\ 0)^T$。$t=9/7$ 为第一临界点。当 $t>9/7$ 时，$\sigma_4>0$，这时 x_4 作为换入变量。用单纯形法迭代一步，得到表 2－22。

表 2－21

$c_j \to$			$3+2t$	$5-t$	0	0	0
C_B	X_B	b	x_1	x_2	x_3	x_4	x_5
0	x_3	2	0	0	1	1/3	－1/3
$5-t$	x_2	6	0	1	0	1/2	0
$3+2t$	x_1	2	1	0	0	－1/3	1/3
c_j-z_j			0	0	0	$-3/2+\frac{7}{6}t$	$-1-\frac{2}{3}t$

表 2－22

$c_j \to$			$3+2t$	$5-t$	0	0	0
C_B	X_B	b	x_1	x_2	x_3	x_4	x_5
0	x_4	6	0	0	3	1	－1
$5-t$	x_2	3	0	1	－3/2	0	1/2
$3+2t$	x_1	4	1	0	1	0	0
c_j-z_j			0	0	$9/2-\frac{7}{2}t$	0	$-5/2+\frac{1}{2}t$

当 t 继续增大，$t\geqslant\frac{5/2}{1/2}=5$ 时，首先出现 $\sigma_5\geqslant0$，在 $\sigma_5\leqslant0$，即 $9/7\leqslant t\leqslant5$ 时，得最优解 $(4, 3, 0, 6, 0)^T$。$t=5$ 为第二临界点。当 $t>5$ 时，$\sigma_5>0$，这时 x_5 作为换入变量，用单纯形法迭代一步，得到表 2－23。

表 2－23

$c_j \to$			$3+2t$	$5-t$	0	0	0
C_B	X_B	b	x_1	x_2	x_3	x_4	x_5
0	x_4	12	0	2	0	1	0
0	x_5	6	0	2	－3	0	1
$3+2t$	x_1	4	1	0	1	0	0
c_j-z_j			0	$5-t$	$-3-2t$	0	0

表 2－23 中 t 继续增大时，恒有 σ_2，$\sigma_3<0$，故当 $t\geqslant5$ 时，最优解为 $(4, 0, 0, 12, 6)^T$。

2.8.2　参数 b 的变化分析

例 13：分析以下线性规划问题，当 $t\geqslant0$ 时，其最优解的变化范围。

$$\max z = x_1 + 3x_2$$

$$\text{s.t.} \begin{cases} x_1 + x_2 \leqslant 6 - t \\ -x_1 + 2x_2 \leqslant 6 + t \\ x_1, x_2 \geqslant 0 \end{cases}$$

解：将上述模型化为标准型

$$\max z = x_1 + 3x_2$$

$$\text{s.t.} \begin{cases} x_1 + x_2 + x_3 = 6 - t \\ -x_1 + 2x_2 + x_4 = 6 + t \\ x_1, x_2, x_3, x_4 \geqslant 0 \end{cases}$$

令 $t=0$，用单纯形法求解，见表 2－24。

表 2－24

$c_j \to$			1	3	0	0
C_B	X_B	b	x_1	x_2	x_3	x_4
1	x_1	2	1	0	2/3	－1/3
3	x_2	4	0	1	1/3	1/3
$c_j - z_j$			0	0	－5/3	－2/3

计算

$$B^{-1}\Delta b = \begin{bmatrix} 2/3 & -1/3 \\ 1/3 & 1/3 \end{bmatrix} \begin{bmatrix} -t \\ t \end{bmatrix} = \begin{bmatrix} -t \\ 0 \end{bmatrix}$$

将此计算结果反映到最终表表 2－24 中，得到表 2－25。

表 2－25

$c_j \to$			1	3	0	0
C_B	X_B	b	x_1	x_2	x_3	x_4
1	x_1	$2-t$	1	0	2/3	－1/3
3	x_2	4	0	1	1/3	1/3
$c_j - z_j$			0	0	－5/3	－2/3

在表 2－25 中，当 t 增大至 $t \geqslant 2$ 时，则 $b \leqslant 0$。即 $0 \leqslant t \leqslant 2$ 时，最优解为 $(2-t, 4, 0, 0)^T$。当 $t > 2$ 时，则 $b_1 < 0$；故将 x_1 作为换出变量，用对偶单纯形法迭代一步，得到表 2－26。

表 2-26

$c_j\to$			1	3	0	0
C_B	X_B	b	x_1	x_2	x_3	x_4
0	x_4	$-6+3t$	-3	0	-2	1
3	x_2	$6-t$	1	1	1	0
c_j-z_j			-2	0	-3	0

从表 2-26 可见，当 $t>6$ 时，问题无可行解；当 $2\leqslant t\leqslant 6$ 时，问题的最优解为 $(0, 6-t, 0, -6+3t)^T$。

习 题

2.1：用改进单纯形法求解以下线性规划问题。

（1）$\max z=6x_1-2x_2+3x_3$

$$\text{s.t.}\begin{cases}2x_1-x_2+2x_3\leqslant 2\\ x_1+4x_3\leqslant 4\\ x_1, x_2, x_3\geqslant 0\end{cases}$$

（2）$\min z=2x_1+x_2$

$$\text{s.t.}\begin{cases}3x_1+x_2=3\\ 4x_1+3x_2\geqslant 6\\ x_1+2x_2\leqslant 3\\ x_1, x_2\geqslant 0\end{cases}$$

2.2：已知某线性规划问题，用单纯形法计算时得到的中间某两步的计算表如表 2-27 所示，试将表中空白处数字填上。

表 2-27

$c_j\to$			3	5	4	0	0	0
C_B	X_B	b	x_1	x_2	x_3	x_4	x_5	x_6
	x_2	8/3	2/3	1	0	1/3	0	0
	x_5	14/3	-4/3	0	5	-2/3	1	0
	x_6	20/3	5/3	0	4	-2/3	0	1
c_j-z_j			-1/3	0	4	-5/3	0	0
…								
	x_2					15/41	8/41	-10/41
	x_3					-6/41	5/41	4/41
	x_1					-2/41	-12/41	15/41
c_j-z_j								

2.3：写出下列线性规划问题的对偶问题。

（1）$\min z=2x_1+2x_2+4x_3$

$$\text{s.t.}\begin{cases}2x_1+3x_2+5x_3\geqslant 2\\3x_1+x_2+7x_3\leqslant 3\\x_1+4x_2+6x_3\leqslant 5\\x_1,\ x_2,\ x_3\geqslant 0\end{cases}$$

（2）$\max z=x_1+2x_2+3x_3+4x_4$

$$\text{s.t.}\begin{cases}-x_1+x_2-x_3-3x_4=5\\6x_1+7x_2+3x_3-5x_4\geqslant 8\\12x_1-9x_2-9x_3+9x_4\leqslant 20\\x_1,\ x_2\geqslant 0,\ x_3\leqslant 0,\ x_4\text{ 无约束}\end{cases}$$

（3）$\min z=\sum_{i=1}^{m}\sum_{j=1}^{n}c_{ij}x_{ij}$

$$\text{s.t.}\begin{cases}\sum_{j=1}^{n}x_{ij}=a_i,i=1,\cdots,m\\\sum_{i=1}^{m}x_{ij}=b_j,j=1,\cdots,n\\x_{ij}\geqslant 0\end{cases}$$

（4）$\max z=\sum_{j=1}^{n}c_jx_j$

$$\text{s.t.}\begin{cases}\sum_{j=1}^{n}a_{ij}x_j\leqslant b_i,i=1,\cdots,m_1\leqslant m\\\sum_{j=1}^{n}a_{ij}x_j=b_i,i=m_1+1,m_1+2,\cdots,m\\x_j\geqslant 0,\text{当}j=1,\cdots,n_1\leqslant n\\x_j\text{无约束},\text{当}j=n_1+1,\cdots,n\end{cases}$$

2.4：判断下列说法是否正确，为什么？

（1）如线性规划的原问题存在可行解，则其对偶问题也一定存在可行解；

（2）如线性规划的对偶问题无可行解，则其原问题也一定无可行解；

（3）如果线性规划的原问题和对偶问题都具有可行解，则该线性规划问题一定具有有限最优解。

2.5：设线性规划问题（1）是

$$\max z_1=\sum_{j=1}^{n}c_jx_j$$

$$\text{s.t.}\begin{cases}\sum_{j=1}^{n}a_{ij}x_j\leqslant b_i,i=1,2,\cdots,m\\x_j\geqslant 0,j=1,2,\cdots,n\end{cases}$$

（y_1^*，…，y_m^*）是其对偶问题的最优解。

又设线性规划问题（2）是

$$\max z_2=\sum_{j=1}^{n}c_jx_j$$

$$\text{s.t.}\begin{cases}\sum_{j=1}^{n}a_{ij}x_j\leqslant b_i+k_i,i=1,2,\cdots,m\\x_j\geqslant 0,j=1,2,\cdots,n\end{cases}$$

其中 k_i 是给定的常数，求证

$$\max z_2\leqslant\max z_1+\sum_{i=1}^{m}k_iy_i^*$$

2.6：已知线性规划问题

$\max z = c_1x_1 + c_2x_2 + c_3x_3$

$$\begin{bmatrix} a_{11} \\ a_{21} \end{bmatrix} x_1 + \begin{bmatrix} a_{12} \\ a_{22} \end{bmatrix} x_2 + \begin{bmatrix} a_{13} \\ a_{23} \end{bmatrix} x_3 + \begin{bmatrix} 1 \\ 0 \end{bmatrix} x_4 + \begin{bmatrix} 0 \\ 1 \end{bmatrix} x_5 = \begin{bmatrix} b_1 \\ b_2 \end{bmatrix}$$

$x_j \geqslant 0$，$j = 1$，…，5

用单纯形法求解，得到最终单纯形表如表 2－28 所示：

（1）求 a_{11}、a_{12}、a_{13}、a_{21}、a_{22}、a_{23}、b_1、b_2 的值；

（2）求 c_1、c_2、c_3 的值。

表 2－28

X_B	b	x_1	x_2	x_3	x_4	x_5
x_3	3/2	1	0	1	1/2	－1/2
x_2	2	1/2	1	0	－1	2
$c_j - z_j$		－3	0	0	0	－4

2.7：已知线性规划问题

$\max z = 2x_1 + x_2 + 5x_3 + 6x_4$　　对偶变量

$$\text{s. t.} \begin{cases} 2x_1 + x_3 + x_4 \leqslant 8 & y_1 \\ 2x_1 + 2x_2 + x_3 + 2x_4 \leqslant 12 & y_2 \\ x_j \geqslant 0, \quad j = 1, \cdots, 4 \end{cases}$$

其对偶问题的最优解为（$y_1^* = 4$，$y_2^* = 1$），试应用对偶问题的性质，求原问题的最优解。

2.8：试用对偶单纯形法求解下列线性规划问题

（1）$\min z = x_1 + x_2$

$$\text{s. t.} \begin{cases} 2x_1 + x_2 \geqslant 4 \\ x_1 + 7x_2 \geqslant 7 \\ x_1, \ x_2 \geqslant 0 \end{cases}$$

（2）$\min z = 3x_1 + 2x_2 + x_3 + 4x_4$

$$\text{s. t.} \begin{cases} 2x_1 + 4x_2 + 5x_3 + x_4 \geqslant 0 \\ 3x_1 - x_2 + 7x_3 - 2x_4 \geqslant 2 \\ 5x_1 + 2x_2 + x_3 + 6x_4 \geqslant 15 \\ x_1, \ x_2, \ x_3, \ x_4 \geqslant 0 \end{cases}$$

2.9：现有线性规划问题

$\max z = -5x_1 + 5x_2 + 13x_3$

$$\text{s. t.} \begin{cases} -x_1 + x_2 + 3x_3 \leqslant 20 & ① \\ 12x_1 + 4x_2 + 10x_3 \leqslant 90 & ② \\ x_1, \ x_2, \ x_3 \geqslant 0 \end{cases}$$

先用单纯形法求出最优解，然后分析在下列各种条件下，最优解分别有什么变化？

（1）约束条件①的右端常数由 20 变为 30；

（2）约束条件②的右端常数由 90 变为 70；

（3）目标函数中 x_3 的系数由 13 变为 8；

（4）x_1 的系数列向量由$\begin{pmatrix}-1\\12\end{pmatrix}$变为$\begin{pmatrix}0\\5\end{pmatrix}$；

（5）增加一个约束条件③$2x_1+3x_2+5x_3\leqslant 50$；

（6）将原约束条件②改变为 $10x_1+5x_2+10x_3\leqslant 100$。

2.10：已知某企业计划生产Ⅰ、Ⅱ、Ⅲ三种产品，各产品需要在 A、B、C 设备上加工，有关数据见表 2－29。

表 2－29

设备代号	Ⅰ	Ⅱ	Ⅲ	设备有效台时（台时/月）
A	8	2	10	300
B	10	5	8	400
C	2	13	10	420
单位产品利润（千元）	3	2	2.9	

试回答：

（1）如何充分发挥设备能力，使生产盈利最大？

（2）若为了增加产量，可借用其他企业的设备 B，每月可借用 60 台时，租金为 1.8 万元，问借用 B 设备是否合算？

（3）若另有两种新产品Ⅳ、Ⅴ，其中，Ⅳ需用设备 A——12 台时、B——5 台时、C——10 台时，单位产品盈利 2.1 千元；Ⅴ需用设备 A——4 台时、B——4 台时、C——12 台时，单位产品盈利 1.87 千元。如 A、B、C 设备台时不增加，分别回答这两种新产品投产在经济上是否合算？

（4）对产品工艺重新进行设计，改进结构。改进后生产每件产品Ⅰ，需用设备 A——9 台时，设备 B——12 台时，设备 C——4 台时，单位产品盈利 4.5 千元，问这对原计划有何影响？

2.11：分析下列参数规划中当 t 变化时最优解的变化情况。

（1）$\max z(t)=(3-6t)x_1+(2-2t)x_2+(5-5t)x_3\ (t\geqslant 0)$

$$\text{s.t.}\begin{cases}x_1+2x_2+x_3\leqslant 430\\3x_1+2x_3\leqslant 460\\x_1+4x_2\leqslant 420\\x_1,\ x_2,\ x_3\geqslant 0\end{cases}$$

（2） $\max z(t)=(7+2t)x_1+(12+t)x_2+(10-t)x_3(t\geqslant 0)$

$$\text{s. t.}\begin{cases}x_1+x_2+x_3\leqslant 20\\2x_1+2x_2+x_3\leqslant 30\\x_1,\ x_2,\ x_3\geqslant 0\end{cases}$$

（3） $\max z(t)=2x_1+x_2(0\leqslant t\leqslant 25)$

$$\text{s. t.}\begin{cases}x_1\leqslant 10+2t\\x_1+x_2\leqslant 25-t\\x_2\leqslant 10+2t\\x_1,\ x_2\geqslant 0\end{cases}$$

（4） $\max z(t)=21x_1+12x_2+18x_3+15x_4(0\leqslant t\leqslant 59)$

$$\text{s. t.}\begin{cases}6x_1+3x_2+6x_3+3x_4\leqslant 30+t\\6x_1-3x_2+12x_3+6x_4\leqslant 78-t\\9x_1+3x_2-6x_3+9x_4\leqslant 135-2t\\x_j\geqslant 0,\ j=1,\ 2,\ 3,\ 4\end{cases}$$

第3章 运输问题与表上作业法

前两章讨论了一般线性规划问题的单纯形法求解方法。但在实际工作中，往往碰到有些线性规划问题，它们的约束方程组的系数矩阵具有特殊的结构，这就有可能找到比单纯形法更为简便的求解方法，从而可节约计算时间和费用。本章讨论的运输问题就属于这样一类特殊的线性规划问题。

3.1 运输问题的数学模型

产业链供应链是经济循环畅通的关键。提升产业链供应链现代化水平是推动实体经济高质量发展的关键途径。经过改革开放40多年的发展，我国已经形成规模庞大、配套齐全的完备产业体系，是全球唯一拥有联合国产业分类中全部工业门类的国家。但产业链供应链还存在诸多“卡点”“堵点”，部分核心环节和关键技术受制于人，产业基础能力不强。党的二十大报告指出，增强国内大循环内生动力和可靠性，提升国际循环质量和水平，着力提升产业链供应链韧性和安全水平。在经济建设中，经常发生大宗物资调运问题。如煤、钢铁、木材、粮食等物资，在全国有若干生产基地，据已有的交通网，应如何制订调运方案，将这些物资运到各消费地点，而总运费要最小。这些问题可用以下数学语言描述。

已知有 m 个生产地点 $A_i(i=1, 2, \cdots, m)$ 可供应某种物资，其供应量(产量)分别为$a_i(i=1, 2, \cdots, m)$，有 n 个销地 $B_j(j=1, 2, \cdots, n)$，其需要量分别为 $b_j(j=1, 2, \cdots, n)$，从 A_i 到 B_j 运输单位物资的运价(单价)为 c_{ij}，这些数据可汇总于产销平衡表和单位运价表中，见表3－1、表3－2。有时可把这两表合二为一。这里的生产地和销地是广义的概念，可以提供物资的都可以看作生产地，接收物资的都可以看作销地。

若用 x_{ij}表示从 A_i 到 B_j 的运量，那么在产销平衡的条件下，即在总产量和总销量相等的条件下要求得总运费最小的调运方案，可求解以下数学模型：

$$\min z = \sum_{i=1}^{m}\sum_{j=1}^{n} c_{ij}x_{ij}$$

$$\text{s. t.}\begin{cases}\sum_{i=1}^{m} x_{ij} = b_j, j = 1,2,\cdots,n & (3-1)\\ \sum_{j=1}^{n} x_{ij} = a_i, i = 1,2,\cdots,m & (3-2)\\ x_{ij} \geqslant 0\end{cases}$$

表 3-1

销地 产地	1　2　…　n	产量
1		a_1
2		a_2
⋮		⋮
m		a_m
销量	b_1　b_2　…　b_n	

表 3-2

销地 产地	1	2	…	n
1	c_{11}	c_{12}	…	c_{1n}
2	c_{21}	c_{22}	…	c_{2n}
⋮	⋮			
m	c_{m1}	c_{m2}	…	c_{mn}

这就是运输问题的数学模型。它包含 $m \times n$ 个变量，$m + n$ 个约束方程。其系数矩阵的结构比较松散，且特殊。

$$\begin{array}{c} \\ u_1 \\ u_2 \\ \vdots \\ u_m \\ v_1 \\ v_2 \\ \vdots \\ v_n \end{array}\begin{array}{c} x_{11}\ x_{12}\cdots x_{1n}\ x_{21}\ x_{22}\cdots x_{2n}\cdots x_{m1}\ x_{m2}\cdots x_{mn} \\ \left[\begin{array}{cccccccccccc} 1 & 1 & \cdots & 1 & & & & & & & & \\ & & & & 1 & 1 & \cdots & 1 & & & & \\ & & & & & & & & \ddots & & & \\ & & & & & & & & & 1 & 1 & \cdots & 1 \\ 1 & & & & 1 & & & & \cdots & 1 & & & \\ & 1 & & & & 1 & & & \cdots & & 1 & & \\ & & \ddots & & & & \ddots & & \cdots & & & \ddots & \\ & & & 1 & & & & 1 & \cdots & & & & 1 \end{array}\right] \end{array}\begin{array}{l} \\ \left.\begin{array}{c} \\ \\ \\ \\ \end{array}\right\} m\text{行} \\ \left.\begin{array}{c} \\ \\ \\ \\ \end{array}\right\} n\text{行} \end{array}$$

该系数矩阵中对应于变量 x_{ij} 的系数向量 P_{ij}，其分量中除第 i 个和第 $m+j$ 个为1外，其余的都为零。即

$P_{ij}=(0\cdots1\cdots0\cdots1\cdots0)^T=e_i+e_{m+j}$

对产销平衡的运输问题，由于有以下关系式存在：

$$\sum_{j=1}^{n}b_j=\sum_{i=1}^{m}\left(\sum_{j=1}^{n}x_{ij}\right)=\sum_{j=1}^{n}\left(\sum_{i=1}^{m}x_{ij}\right)=\sum_{i=1}^{m}a_i$$

所以模型最多只有 $m+n-1$ 个独立约束方程。即系数矩阵的秩≤$m+n-1$。根据运输问题的数学模型可知，运输问题符合线性规划问题的条件要求。因此运输问题在理论上可以使用单纯形法求解。但是对于有 m 个产地、n 个销地的运输问题所涉及的决策变量有 $m\times n$ 个，再加上人工变量，如果使用单纯形法求解，十分不便。由于有以上特征，所以求解运输问题时，可用比较简便的计算方法，习惯上称为表上作业法。运输问题在本质上属于线性规划问题，一定存在最优解（唯一或无穷多）。

3.2　表上作业法

表上作业法是单纯形法在求解运输问题时的一种简化方法，其实质是单纯形法。但具体计算和术语有所不同。对于产销平衡的运输问题，求解思路为：先找到运输问题的初始调运方案，设法判别该调运方案的总运费是否为最省。如果是最省的调运方案，停止运算。否则，过渡到另外一个新的调运方案，并使总运费有所下降。以此反复进行，直到找到最优方案。以上过程可归纳为：

（1）找出初始基可行解。即在（$m\times n$）产销平衡表上给出 $m+n-1$ 个数字格。这 $m+n-1$ 个数字格就是初始基变量的值。

（2）最优方案的判别。求各非基变量的检验数，即在表上计算空格的检验数，判别是否达到最优解的要求。如已是最优解，则停止计算，否则转到下一步。

（3）确定换入变量和换出变量，找出新的基可行解。在表上用闭回路法调整。

（4）重复（2）、(3)，直到得到最优解为止。

以上运算都可以在表上完成，下面通过例子说明表上作业法的计算步骤。

例1：某公司经销甲产品。它下设三个加工厂。每日的产量分别是：A_1 为7吨，A_2 为4吨，A_3 为9吨。该公司把这些产品分别运往四个销售点。各销售点每日销量为：B_1 为3吨，B_2 为6吨，B_3 为5吨，B_4 为6吨。已知从各工厂到各销售点的单位产品的运价如表3－3所示。问：该公司应如何调运产品，在满足各销点的需要量的前提下，使总运费最少？

解：先画出这个问题的单位运价表和产销平衡表，见表3－3、表3－4。

表 3-3 单位运价表

加工厂 \ 销地	B_1	B_2	B_3	B_4
A_1	3	11	3	10
A_2	1	9	2	8
A_3	7	4	10	5

表 3-4 产销平衡表

产地 \ 销地	B_1	B_2	B_3	B_4	产量
A_1					7
A_2					4
A_3					9
销量	3	6	5	6	

3.2.1 确定初始基可行解

这与一般线性规划问题不同。产销平衡的运输问题总是存在可行解。因有

$$\sum_{i=1}^{m} a_i = \sum_{j=1}^{n} b_j = d$$

必存在

$$x_{ij} \geqslant 0, \ i=1, \ \cdots, \ m, \ j=1, \ \cdots, \ n$$

这就是可行解。又因

$$0 \leqslant x_{ij} \leqslant \min(a_j, \ b_j)$$

故运输问题必存在最优解。

确定初始基可行解的方法很多，一般希望的方法是既简便又尽可能接近最优解。下面介绍两种方法：最小元素法和伏格尔（Vogel）法。

3.2.1.1 最小元素法

这一方法的基本思想是就近供应，即从单位运价表中最小的运价开始确定供销关系，然后次小。一直到给出初始基可行解为止。以例 1 进行讨论。

第一步：从表 3-3 中找出最小运价为 1，这表示先将 A_2 的产品供应给 B_1。因 $a_2 > b_1$，A_2 除满足 B_1 的全部需要外，还可多余 1 吨产品。在表 3-4 的（A_2，B_1）的交叉格处填上 3，得到表 3-5。并将表 3-3 的 B_1 列运价划去，得到表 3-6。

第二步：在表 3-6 未划去的元素中再找出最小运价 2，确定 A_2 多余的 1 吨供应 B_3，并给出表 3-7、表 3-8。

表3-5

销地 加工厂	B_1	B_2	B_3	B_4	产量
A_1					7
A_2	3				4
A_3					9
销量	3	6	5	6	

表3-6

销地 产地	B_1	B_2	B_3	B_4
A_1	3	11	3	10
A_2	1	9	2	8
A_3	7	4	10	5

表3-7

销地 产地	B_1	B_2	B_3	B_4	产量
A_1					7
A_2	3		1		4
A_3					9
销量	3	6	5	6	

表3-8

销地 产地	B_1	B_2	B_3	B_4
A_1	3	11	3	10
A_2	1	9	2	8
A_3	7	4	10	5

第三步：在表3-8未划去的元素中再找出最小运价3；这样一步步地进行下去，直到单位运价表上的所有元素划去为止，最后在产销平衡表上得到一个调运方案，见表3-9。这个方案的总运费为86。

表 3-9

产地＼销地	B_1	B_2	B_3	B_4	产量
A_1			4	3	7
A_2	3		1		4
A_3		6		3	9
销量	3	6	5	6	

用最小元素法给出的初始解是运输问题的基可行解，其理由为：

（1）用最小元素法给出的初始解，是从单位运价表中逐次地挑选最小元素，并比较产量和销量。当产大于销时，划去该元素所在列。当产小于销时，划去该元素所在行。然后在未划去的元素中再找最小元素，再确定供应关系。这样在产销平衡表上每填入一个数字，在运价表上就划去一行或一列。表中共有 m 行 n 列，总共可划 $n+m$ 条直线。但当表中只剩一个元素时，这时在产销平衡表上填这个数字，而在运价表上同时划去一行和一列。此时把单价表上所有元素都划去了，相应地在产销平衡表上填了 $m+n-1$ 个数字。即给出了 $m+n-1$ 个基变量的值。

（2）这 $m+n-1$ 个基变量对应的系数列向量是线性独立的。

证：若表中确定的第一个基变量为 x_{i1j1}，它对应的系数列向量为

$$P_{i1j1}=e_{i1}+e_{m+j1}$$

因当给定 x_{i1j1} 的值后，将划去第 i_1 行或第 j_1 列，即其后的系数列向量中再不出现 e_{i1} 或 e_{m+j1}，因而 P_{i1j1} 不可能用解中的其他向量的线性组合表示。类似地，给出第二个，…，第 $m+n-1$ 个。这 $m+n-1$ 个向量都不可能用解中的其他向量的线性组合表示。故这 $m+n-1$ 个向量是线性独立的。

用最小元素法给出初始解时，有可能在产销平衡表上填入一个数字后，在单位运价表上同时划去一行和一列。这时就出现退化。关于退化时的处理将在 3.4 节中讲述。

补充说明：在实际决策中会遇到产地与销地之间调运物资，实现利益最大的问题，即求解目标函数最大的问题。我们可以参考最小元素法的求解思路，用最大元素法解法相应过程。

3.2.1.2 伏格尔法

最小元素法的缺点是：为了节省一处的费用，有时造成在其他处要多花几倍的运费。伏格尔法考虑到，一产地的产品假如不能按最小运费就近供应，就考虑次小运费，这就有一个差额。差额越大，说明不能按最小运费调运时，运费增加越多。因而对差额最大处，就应当采用最小运费调运。基于此，伏格尔法的步骤是：

第一步：在表 3-3 中分别计算出各行和各列的最小运费和次最小运费的差额，并填入该表的最右列和最下行，见表 3-10。

表 3 - 10

销地 产地	B_1	B_2	B_3	B_4	行差额
A_1	3	11	3	10	0
A_2	1	9	2	8	1
A_3	7	4	10	5	1
列差额	2	5	1	3	

第二步：从行或列差额中选出最大者，选择它所在行或列中的最小元素。在表 3 - 10 中 B_2 列是最大差额所在列。B_2 列中最小元素为 4，可确定 A_3 的产品先供应 B_2 的需要，得到表 3 - 11。同时将运价表中的 B_2 列数字划去，如表 3 - 12 所示。

表 3 - 11

销地 产地	B_1	B_2	B_3	B_4	产量
A_1					7
A_2					4
A_3		6			9
销量	3	6	5	6	

表 3 - 12

销地 产地	B_1	B_2	B_3	B_4	行差额
A_1	3	11	3	10	0
A_2	1	9	2	8	1
A_3	7	4	10	5	2
列差额	2		1	3	

第三步：对表 3 - 12 中未划去的元素再分别计算出各行、各列的最小运费和次最小运费的差额，并填入该表的最右列和最下行。重复第一、第二步。直到给出初始解为止。用此法给出例 1 的初始解列于表 3 - 13。

表 3 - 13

销地 产地	B_1	B_2	B_3	B_4	产量
A_1			5	2	7
A_2	3			1	4
A_3		6		3	9
销量	3	6	5	6	

由以上可见：伏格尔法同最小元素法除在确定供求关系的原则上不同外，其余步骤相同。伏格尔法给出的初始解比用最小元素法给出的初始解更接近最优解。

补充说明： 实际决策时若遇到求解目标函数极大的问题，使用伏格尔法时，行（列）差为同行（列）中最大元素与次大元素之差。

本例用伏格尔法给出的初始解就是最优解。

3.2.2 最优解的判别

判别的方法是计算空格（非基变量）的检验数 $c_{ij}-C_BB^{-1}P_{ij}$（i，$j\in N$）。因运输问题的目标函数是要求实现最小化，故当所有的 $c_{ij}-C_BB^{-1}P_{ij}\geqslant 0$ 时，为最优解。下面介绍两种求空格检验数的方法。

3.2.2.1 闭回路法

在给出调运方案的计算表（表 3－13）上，从每一空格出发找一条闭回路。它是以某空格为起点。用水平或垂直线向前划，当碰到一数字格时可以转 90°后，继续前进，直到回到起始空格为止。闭回路如图 3－1（a）、（b）、（c）所示。

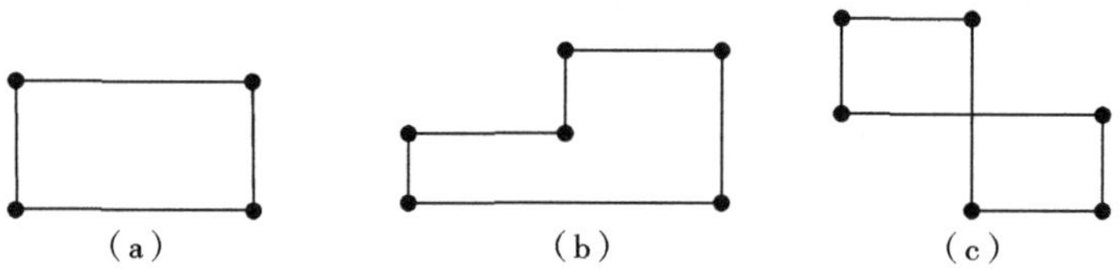

图 3－1

从每一空格出发一定存在和可以找到唯一的闭回路。因 $m+n-1$ 个数字格（基变量）对应的系数向量是一个基。任一空格（非基变量）对应的系数向量是这个基的线性组合。如 P_{ij}（i，$j\in N$）可表示为

$$
\begin{aligned}
P_{ij} &= e_i+e_{m+j}\\
&= e_i+e_{m+k}-e_{m+k}+e_l-e_l+e_{m+s}-e_{m+s}+e_u-e_u+e_{m+j}\\
&= (e_i+e_{m+k})-(e_l+e_{m+k})+(e_l+e_{m+s})-(e_u+e_{m+s})+(e_u+e_{m+j})\\
&= P_{ik}-P_{lk}+P_{ls}-P_{us}+P_{uj}
\end{aligned}
$$

其中，P_{ik}，P_{lk}，P_{ls}，P_{us}，$P_{uj}\in B$。而这些向量构成了闭回路（见图 3－2）。

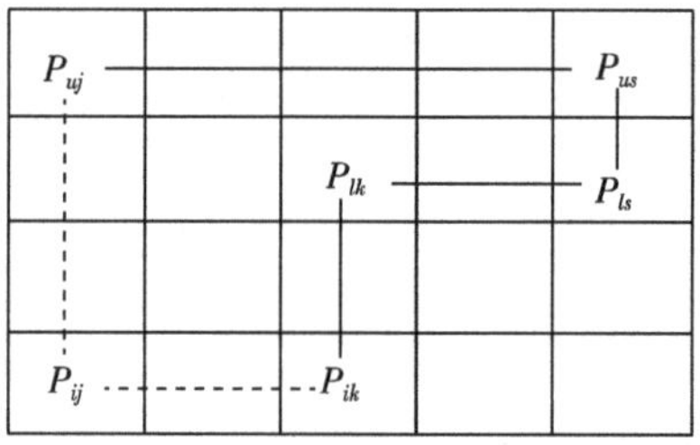

图 3－2

闭回路法计算检验数的经济解释为：在已给出初始解的表3－9中，可从任一空格出发，如（A_1，B_1），若让A_1的产品调运1吨给B_1。为了保持产销平衡，就要依次作调整：在（A_1，B_3）处减少1吨，（A_2，B_3）处增加1吨，（A_2，B_1）处减少1吨，即构成了以（A_1，B_1）空格为起点，其他为数字格的闭回路。如表3－14中的虚线所示。在表3－4中闭回路各顶点所在格的右上角数字是单位运价。

表3－14

产地 \ 销地	B_1	B_2	B_3	B_4	产量
A_1	[3] (+1)	[11]	[3] 4 (−1)	[10] 3	7
A_2	[1] 3 (−1)	[9]	[2] 1 (+1)	[8]	4
A_3	[7]	[4] 6	[10]	[5] 3	9
销量	3	6	5	6	

可见这个调整方案使运费增加

$(+1)\times3+(-1)\times3+(+1)\times2+(-1)\times1=1$(元)

这表明若这样调整运量将增加运费。将“1”这个数填入（A_1，B_1）格，这就是检验数。按以上所述，可找出所有空格的检验数，见表3－15。

表3－15

空格	闭回路	检验数
(11)	(11) － (13) － (23) － (21) － (11)	1
(12)	(12) － (14) － (34) － (32) － (12)	2
(22)	(22) － (23) － (13) － (14) － (34) － (32) － (22)	1
(24)	(24) － (23) － (13) － (14) － (24)	－1
(31)	(31) － (34) － (14) － (13) － (23) － (21) － (31)	10
(33)	(33) － (34) － (14) － (13) － (33)	12

当检验数还存在负数时，说明原方案不是最优解，改进方法见3.2.3小节。

3.2.2.2　位势法

用闭回路法求检验数时，需给每一空格找一条闭回路。当产销点很多时，这种计算很烦琐。下面介绍较为简便的方法——位势法。

设 u_1，u_2，…，u_m；v_1，v_2，…，v_n 是对应运输问题的 $m+n$ 个约束条件的对偶变量。B 是含有一个人工变量 x_a 的 $(m+n)\times(m+n)$ 初始基矩阵。人工变量 x_a 在目标函数中的系数 $c_a=0$，由线性规划的对偶理论可知

$$C_B B^{-1}=(u_1,\ u_2,\ \cdots,\ u_m;\ v_1,\ v_2,\ \cdots,\ v_n)$$

而每个决策变量 x_{ij} 的系数向量 $P_{ij}=e_i+e_{m+j}$，所以 $C_B B^{-1}P_{ij}=u_i+v_j$。于是检验数

$$\sigma_{ij}=c_{ij}-C_B B^{-1}P_{ij}=c_{ij}-(u_i+v_j)$$

由单纯形法得知所有基变量的检验数等于 0。即

$$c_{ij}-(u_i+v_j)=0,\ i,\ j\in B$$

例如，在例 1 的由最小元素法得到的初始解中，x_{23}、x_{34}、x_{21}、x_{32}、x_{13}、x_{14} 是基变量。x_a 为人工变量，这时对应的检验数是：

基变量	检验数	
x_a	$c_a-u_1=0$	$\because c_a=0 \therefore u_1=0$
x_{23}	$c_{23}-(u_2+v_3)=0$	即 $2-(u_2+v_3)=0$
x_{34}	$c_{34}-(u_3+v_4)=0$	$5-(u_3+v_4)=0$
x_{21}	$c_{21}-(u_2+v_1)=0$	$1-(u_2+v_1)=0$
x_{32}	$c_{32}-(u_3+v_2)=0$	$4-(u_3+v_2)=0$
x_{13}	$c_{13}-(u_1+v_3)=0$	$3-(u_1+v_3)=0$
x_{14}	$c_{14}-(u_1+v_4)=0$	$10-(u_1+v_4)=0$

从以上 7 个方程中，由 $u_1=0$ 可求得

$$u_2=-1,\ u_3=-5,\ v_1=2,\ v_2=9,\ v_3=3,\ v_4=10$$

因非基变量的检验数

$$\sigma_{ij}=c_{ij}-(u_i+v_j),\ i,\ j\in N$$

这就可以从已知的 u_i、v_j 值中求得。这些计算可在表格中进行。以例 1 说明。

第一步：按最小元素法给出表 3-9 的初始解，做表 3-16。即在对应表 3-9 的数字格处填入单位运价，如表 3-16 所示。

表 3-16

产地＼销地	B_1	B_2	B_3	B_4
A_1			3	10
A_2	1		2	
A_3		4		5

第二步：在表 3-16 上增加一行一列，在列中填入 u_i，在行中填入 v_j，得到表 3-17。

表 3－17

销地 产地	B_1	B_2	B_3	B_4	u_i
A_1			3	10	0
A_2	1		2		－1
A_3		4		5	－5
v_j	2	9	3	10	

先令 $u_1=0$，然后按 $u_i+v_j=c_{ij}$（i，$j\in B$），相继地确定 u_i、v_j。由表 3－17 可见，当 $u_1=0$ 时，由 $u_1+v_3=3$ 可得 $v_3=3$，由 $u_1+v_4=10$ 可得 $v_4=10$；当 $v_4=10$ 时，由 $u_3+v_4=5$ 可得 $u_3=-5$，以此类推可确定所有的 u_i、v_j 的数值。

第三步：按 $\sigma_{ij}=c_{ij}-(u_i+v_j)(i,\ j\in N)$ 计算所有空格的检验数。如

$$\sigma_{11}=c_{11}-(u_1+v_1)=3-(0+2)=1$$

$$\sigma_{12}=c_{12}-(u_1+v_2)=11-(0+9)=2$$

这些计算可直接在表 3－17 上进行。为了方便，特设计计算表，如表 3－18 所示。

表 3－18

销地 产地	B_1	B_2	B_3	B_4	u_i
A_1	3 1	11 2	3 0	10 0	0
A_2	1 0	9 1	2 0	8 －1	－1
A_3	7 10	4 0	10 12	5 0	－5
v_j	2	9	3	10	

在表 3－18 中还有负检验数。说明未得出最优解，还可以改进。

补充说明： 实际决策时若遇到求解目标函数极大的问题，最优解判别标准为：检验数均为非正。

3.2.3 改进的方法——闭回路调整法

当在表中空格处出现负检验数时，表明未得出最优解。若有两个或两个以上的负检验数时，一般选其中最小的负检验数，以它对应的空格为调入格。即以它对应的非基变量为换入变量。由表 3－18 得（2，4）为调入格。以此格为出发点，作一闭回路，如表 3－19 所示。

表 3－19

销地 产地	B_1	B_2	B_3	B_4	产量
A_1			4（+1）	3（−1）	7
A_2	3		1（−1）	（+1）	4
A_3		6			9
销量	3	6	5	6	

（2，4）格的调入量 θ 是选择闭回路上具有（－1）的数字格中的最小者。即 $\theta=\min(1,3)=1$（其原理与单纯形法中按 θ 规划来确定换出变量相同）。然后按闭回路上的正、负号，加入或减去此值，得到调整方案，如表 3－20 所示。

表 3－20

销地 产地	B_1	B_2	B_3	B_4	产量
A_1			5	2	7
A_2	3			1	4
A_3		6		3	9
销量	3	6	5	6	

对表 3－20 给出的解，再用闭回路法或位势法求各空格的检验数，如表 3－21 所示。表中的所有检验数都非负，故表 3－20 中的解为最优解。这时得到的总运费最小是 85。

表 3－21

销地 产地	B_1	B_2	B_3	B_4
A_1	0	2		
A_2		2	1	
A_3	9		12	

3.2.4 表上作业法计算中的问题

3.2.4.1 无穷多最优解

在 2.1 节中提到，产销平衡的运输问题必定存在最优解。那么有唯一最优解还是有无穷多最优解？判别依据与1.3.3节讲述的相同。即某个非基变量（空格）的检验数为0时，该问题有无穷多最优解。表3－21空格（1，1）的检验数是0，表明例1有无穷多最优解。可在表3－20中以（1，1）为调入格，作闭回路（1，1）$_+$－（1，4）$_-$－（2，4）$_+$－（2，1）$_-$－（1，1）$_+$。确定$\theta = \min(2, 3) = 2$。经调整后得到另一最优解，如表3－22所示。

表3－22

销地 产地	B_1	B_2	B_3	B_4	产量
A_1	2		5		7
A_2	1			3	4
A_3		6		3	9
销量	3	6	5	6	

3.2.4.2 退化

用表上作业法求解运输问题，当出现退化时，在相应的格中一定要填一个0，以表示此格为数字格。有以下两种情况：

（1）当确定初始解的各供需关系时，若在(i, j)格填入某数字后，出现A_i处的余量等于B_j处的需要量。这时在产销平衡表上填一个数，而在单位运价表上相应地要划去一行和一列。为了使在产销平衡表上有$m+n-1$个数字格。这时需要添加一个0。它的位置可在对应同时划去的那行或那列的任一空格处。如表3－23、表3－24所示。因第一次划去第一列，剩下最小元素为2，其对应的销地B_2需要量为6，而对应的产地A_3未分配量也是6。这时在产销表（3，2）交叉格中填入6，这时在表3－24中需同时划去B_2列和A_3行。在表3－23的空格（1，2）、（2，2）、（3，3）、（3，4）中任选一格添加一个0。

表3－23

销地 产地	B_1	B_2	B_3	B_4	产量
A_1					7
A_2					4
A_3	3	6			9
销量	3	6	5	6	

表 3-24

产地＼销地	B_1	B_2	B_3	B_4
A_1	3	11	4	5
A_2	7	7	3	8
A_3	1	2	10	6

（2）在用闭回路法调整时，在闭回路上出现两个和两个以上的具有（-1）标记的相等的最小值。这时只能选择其中一个作为调入格。而经调整后，得到退化解。这时另一个数字格必须填入一个0，表明它是基变量。当出现退化解作改进调整时，可能在某闭回路上有标记为（-1）的取值为0的数字格，这时应取调整量 $\theta=0$。

补充说明：实际决策中若遇到求解目标函数极大的问题，在应用闭回路法进行方案调整时，应当选择检验数小于0中最小者所对应的调运方案关系位置为换入变量。

3.3 产销不平衡的运输问题及其求解方法

前面讲的表上作业法，都是以产销平衡，即

$$\sum_{i=1}^{m} a_i = \sum_{j=1}^{n} b_j$$

为前提的，但是实际问题中产销往往是不平衡的。就需要把产销不平衡的问题化成产销平衡的问题。分以下两种情况：

第一种情况，总产量大于总销量的产销不平衡问题。即

$$\sum_{i=1}^{m} a_i > \sum_{j=1}^{n} b_j$$

此时，运输问题的数学模型可写成

$$\min z = \sum_{i=1}^{m} \sum_{j=1}^{n} c_{ij}x_{ij}$$

满足

$$\text{s.t.}\begin{cases}\sum_{j=1}^{n} x_{ij} \leqslant a_i,\ i = 1,2,\cdots,m \\ \sum_{i=1}^{m} x_{ij} = b_j,\ j = 1,2,\cdots,n \\ x_{ij} \geqslant 0\end{cases}$$

由于总的产量大于总的销量，就要考虑多余的物资在哪一个产地就地储存的问题。

设 $x_{i,n+1}$ 是产地 A_i 的储存量，于是有：

$$\sum_{j=1}^{n} x_{ij} + x_{i,n+1} = \sum_{j=1}^{n+1} x_{ij} = a_i,\ i=1,\ 2,\ \cdots,\ m$$

$$\sum_{i=1}^{m} x_{ij} = b_j,\ j=1,\ 2,\ \cdots,\ n$$

$$\sum_{i=1}^{m} x_{i,n+1} = \sum_{i=1}^{m} a_i - \sum_{j=1}^{n} b_j = b_{n+1}$$

令　$c'_{ij} = c_{ij}$，当 $i=1,\ \cdots,\ m,\ j=1,\ \cdots,\ n$ 时

$c'_{ij} = 0$，当 $i=1,\ \cdots,\ m,\ j=n+1$ 时

将其分别代入，得到

$$\min z' = \sum_{i=1}^{m}\sum_{j=1}^{n+1} c'_{ij}x_{ij} = \sum_{i=1}^{m}\sum_{j=1}^{n} c'_{ij}x_{ij} + \sum_{i=1}^{m} c'_{i,n+1}x_{ij}$$

$$= \sum_{i=1}^{m}\sum_{j=1}^{n} c_{ij}x_{ij}$$

满足

$$\text{s. t.} \begin{cases} \sum_{j=1}^{n+1} x_{ij} = a_i \\ \sum_{i=1}^{m} x_{ij} = b_j \\ x_{ij} \geqslant 0 \end{cases}$$

由于这个模型中

$$\sum_{i=1}^{m} a_i = \sum_{j=1}^{n} b_j + b_{n+1} = \sum_{j=1}^{n+1} b_j$$

所以这是一个产销平衡的运输问题。

当总产量大于总销量时，只要增加一个假想的销地 $j=n+1$（实际上是储存），该销地总需要量为：$\sum_{i=1}^{m} a_i - \sum_{j=1}^{n} b_j$。如果没有特殊要求，在单位运价表中从各产地到假想销地的单位运价为 $c'_{i,n+1}=0$，就转化成一个产销平衡的运输问题。

第二种情况，当总销量大于总产量时，可以在产销平衡表中增加一个假想的产地 $i=m+1$，该地产量为：$\sum_{j=1}^{n} b_j - \sum_{i=1}^{m} a_i$。在单位运价表上令从该假想产地到各销地的运价 $c'_{m+1,j}=0$，同样可以转化为一个产销平衡的运输问题。

例 2：设有三个化肥厂（A、B、C）供应四个地区（Ⅰ、Ⅱ、Ⅲ、Ⅳ）的农用化肥。假定等量的化肥在这些地区使用效果相同。各化肥厂年产量、各地区年需要量及从各化肥厂到各地区运送单位化肥的运价如表 3－25 所示。试求出总的运费最节省的化肥调拨方案。

表 3-25

化肥厂 \ 需求地区	Ⅰ	Ⅱ	Ⅲ	Ⅳ	产量（万吨）
A	16	13	22	17	50
B	14	13	19	15	60
C	19	20	23	—	50
最低需求（万吨）	30	70	0	10	
最高需求（万吨）	50	70	30	不限	

解：这是一个产销不平衡的运输问题，总产量为160万吨，四个地区的最低需求为110万吨，最高需求为无限。根据现有产量，第Ⅳ个地区每年最多能分配到60万吨，这样最高需求为210万吨，大于产量。为了求得平衡，在产销平衡表中增加一个假想的化肥厂D，其年产量为50万吨。由于各地区的需要量包含两部分，如地区Ⅰ，其中30万吨是最低需求，故不能由假想化肥厂D供给，令相应运价为M（任意大正数），而另一部分20万吨满足或不满足均可以，因此可以由假想化肥厂D供给，按前面讲的，令相应运价为0。对凡是需求分两种情况的地区，实际上可按照两个地区看待。这样可以得出这个问题的产销平衡表（见表3-26）和单位运价表（见表3-27）。

表 3-26　产销平衡表　　单位：万吨

产地 \ 销地	Ⅰ′	Ⅰ″	Ⅱ	Ⅲ	Ⅳ′	Ⅳ″	产量
A							50
B							60
C							50
D							50
销量	30	20	70	30	10	50	

表 3-27　单位运价表

产地 \ 销地	Ⅰ′	Ⅰ″	Ⅱ	Ⅲ	Ⅳ′	Ⅳ″
A	16	16	13	22	17	17
B	14	14	13	19	15	15
C	19	19	20	23	M	M
D	M	0	M	0	M	0

根据表上作业法计算，可以求得这个问题的最优方案，如表3-28所示。

表3-28 单位：万吨

产地＼销地	Ⅰ′	Ⅰ″	Ⅱ	Ⅲ	Ⅳ′	Ⅳ″	产量
A			50				50
B			20		10	30	60
C	30	20	0				50
D				30		20	50
销量	30	20	70	30	10	50	

3.4 应用举例

由于在变量个数相等的情况下，表上作业法的计算远比单纯形法简单得多，所以在解决实际问题时，人们常常尽可能把某些线性规划的问题化为运输问题的数学模型。下面介绍三个典型的例子。

例3：某厂按合同规定须于当年每个季度末分别提供10台、15台、25台、20台同一规格的柴油机。已知该厂各季度的生产能力及生产每台柴油机的成本如表3-29所示。如果生产出来的柴油机当季不交货的，每台每积压一个季度需储存、维护等费用0.15万元。要求在完成合同的情况下，作出使该厂全年生产（包括储存、维护）费用最小的决策。

表3-29

季度	生产能力（台）	单位成本（万元）
Ⅰ	25	10.8
Ⅱ	35	11.1
Ⅲ	30	11.0
Ⅳ	10	11.3

解：由于每个季度生产出来的柴油机不一定当季交货，所以设x_{ij}为第i季度生产的用于第j季度交货的柴油机数。

根据合同要求，必须满足

$$\text{s.t.}\begin{cases}x_{11}=10\\x_{12}+x_{22}=15\\x_{13}+x_{23}+x_{33}=25\\x_{14}+x_{24}+x_{34}+x_{44}=20\end{cases}$$

每季度生产的用于当季和以后各季交货的柴油机数不可能超过该季度的生产能力，故又有：

$$\text{s.t.}\begin{cases}x_{11}+x_{12}+x_{13}+x_{14}\leqslant 25\\x_{22}+x_{23}+x_{24}\leqslant 35\\x_{33}+x_{34}\leqslant 30\\x_{44}\leqslant 10\end{cases}$$

第 i 季度生产的用于第 j 季度交货的每台柴油机的实际成本 c_{ij} 应该是该季度单位成本加上储存、维护等费用。c_{ij} 的具体数值如表 3－30 所示。

表 3－30　c_{ij} 的值

i \ j	Ⅰ	Ⅱ	Ⅲ	Ⅳ
Ⅰ	10.80	10.95	11.10	11.25
Ⅱ		11.10	11.25	11.40
Ⅲ			11.00	11.15
Ⅳ				11.30

设用 a_i 表示该厂第 i 季度的生产能力，b_j 表示第 j 季度的合同供应量，则问题可写成：

$$\min z=\sum_{i=1}^{4}\sum_{j=1}^{4}c_{ij}x_{ij}$$

满足

$$\text{s.t.}\begin{cases}\sum_{j=1}^{4}x_{ij}\leqslant a_i\\\sum_{i=1}^{4}x_{ij}=b_j\\x_{ij}\geqslant 0\end{cases}$$

显然，这是一个产大于销的运输问题模型。注意到这个问题中当 $i>j$ 时，$x_{ij}=0$，所以应令对应的 $c_{ij}=M$，再加上一个假想的需求 D，就可以把这个问题变成产销平衡的运输模型，并写出产销平衡表和单位运价表（合在一起，见表 3－31）。

表3－31

产地＼销地	Ⅰ	Ⅱ	Ⅲ	Ⅳ	*D*	产量
Ⅰ	10.8	10.95	11.10	11.25	0	25
Ⅱ	*M*	11.10	11.25	11.40	0	35
Ⅲ	*M*	*M*	11.00	11.15	0	30
Ⅳ	*M*	*M*	*M*	11.30	0	10
销量	10	15	25	20	30	

经用表上作业法求解，可得多个最优方案，表3－32中列出最优方案之一。即第Ⅰ季度生产25台，10台当季交货，15台第Ⅱ季度交货；第Ⅱ季度生产5台，用于第Ⅲ季度交货；第Ⅲ季度生产30台，其中20台于当季交货，10台于第Ⅳ季度交货。第Ⅳ季度生产10台，于当季交货。按此方案生产，该厂总的生产（包括储存、维护）费用为773万元。

表3－32　　单位：台

生产季度＼销售季度	Ⅰ	Ⅱ	Ⅲ	Ⅳ	*D*	产量
Ⅰ	10	15	0			25
Ⅱ			5		30	35
Ⅲ			20	10		30
Ⅳ				10		10
销量	10	15	25	20	30	

例4：某航运公司承担六个港口城市A、B、C、D、E、F的四条固定航线的物资运输任务。已知各条航线的起点、终点城市及每天航班数如表3－33所示。假定各条航线使用相同型号的船只，各城市间的航程天数如表3－34所示。

又知每条船只每次装卸货的时间各需1天，则该航运公司至少应配备多少条船，才能满足所有航线的运货需求？

表3－33

航线	起点城市	终点城市	每天航班数（次）
1	E	D	3
2	B	C	2
3	A	F	1
4	D	B	1

表 3－34　　　　单位：天

从＼到	A	B	C	D	E	F
A	0	1	2	14	7	7
B	1	0	3	13	8	8
C	2	3	0	15	5	5
D	14	13	15	0	17	20
E	7	8	5	17	0	3
F	7	8	5	20	3	0

解：该公司所需配备船只分两部分。

（1）载货航程需要的周转船只数。例如航线 1，在港口 E 装货 1 天，E→D 航程 17 天，在 D 卸货 1 天，总计 19 天。每天 3 航班，故该航线周转船只需 57 条。各条航线周转所需船只数见表 3－35。以上累计共需周转船只数 91 条。

表 3－35

航线	装卸天数	航程天数	卸货天数	小计（天）	航班数（次）	需周转船只数（条）
1	1	17	1	19	3	57
2	1	3	1	5	2	10
3	1	7	1	9	1	9
4	1	13	1	15	1	15

（2）各港口间调度所需船只数。有些港口每天到达船数多于需要船数，如港口 D，每天到达 3 条，需求 1 条；而有些港口到达数少于需求数，如港口 B。各港口每天余缺船只数的计算如表 3－36 所示。

表 3－36　　　　单位：条

港口城市	每天到达	每天需求	余缺数
A	0	1	－1
B	1	2	－1
C	2	0	2
D	3	1	2
E	0	3	－3
F	1	0	1

为使配备船只数最少，应做到周转的空船数为最少。因此建立以下运输问题，其产销平衡表如表3－37所示。

表3－37

港口	A	B	E	每天多余船只（条）
C				2
D				2
F				1
每天缺少船只（条）	1	1	3	

单位运价表应为相应各港口之间的船只航程天数，见表3－38。

表3－38　　单位：天

港口	A	B	E
C	2	3	5
D	14	13	17
F	7	8	3

用表上作业法求出空船的最优调度方案见表3－39。

表3－39

港口	A	B	E	每天多余船只（条）
C	1		1	2
D		1	1	2
F			1	1
每天缺少船只（条）	1	1	3	

由表3－39知最少需周转的空船数为40条。这样在不考虑维修、储备等情况下，该公司至少应配备131条船。

例5：在本章的例1中，如果假定①每个工厂生产的产品不一定直接发运到销售点，可以将其中几个产地集中一起运；②运往各销地的产品可以先运给其中几个销地，再转运给其他销地；③除产、销地外，中间还可以有几个转运站，在产地之间、销地之间或产地与销地间转运。已知各产地、销地、中间转运站及相互之间每吨产品的运价如表3－40所示，问在考虑到产销地之间直接运输和非直接运输的各种可能方案的情况下，如何将三个厂每天生产的产品运往销售地，使总的运费最少。

表 3－40

项目		产地			中间转运站				销地			
		A_1	A_2	A_3	T_1	T_2	T_3	T_4	B_1	B_2	B_3	B_4
产地	A_1		1	3	2	1	4	3	3	11	3	10
	A_2	1		—	3	5	—	2	1	9	2	8
	A_3	3	—		1	—	2	3	7	4	10	5
中间转运站	T_1	2	3	1		1	3	2	2	8	4	6
	T_2	1	5	—	1		1	1	4	5	2	7
	T_3	4	—	2	3	1		2	1	8	2	4
	T_4	3	2	3	2	1	2		1	—	2	6
销地	B_1	3	1	7	2	4	1	1		1	4	2
	B_1	11	9	4	8	5	8	—	1		2	1
	B_3	3	2	10	4	2	2	2	4	2		3
	B_4	10	8	5	6	7	4	6	2	1	3	

解：从表 3－40 中可以看出，从 A_1 到 B_2 每吨产品的直接运费为 11 元，如从 A_1 经 A_3 运往 B_2，每吨运价为 $3+4=7$ 元，从 A_1 经 T_2 运往 B_2 只需 $1+5=6$ 元，而从 A_1 到 B_2 运费最少的路径是从 A_1 经 A_2、B_1 到 B_2，每吨产品的运费只需 $1+1+1=3$ 元。可见这个问题中从每个产地到各销地之间的运输方案是很多的。为了把这个问题仍当作一般的运输问题处理，可以这样做：

（1）由于问题中所有产地、中间转运站、销地都可以看作产地，又可看作销地。因此把整个问题当作有 11 个产地和 11 个销地的扩大的运输问题。

（2）对扩大的运输问题建立单位运价表。方法将表 3－40 中不可能的运输方案的运价用任意大的正数 M 代替。

（3）所有中间转运站的产量等于销量。由于运费最少时不可能出现一批物资来回倒运的现象，所以每个转运站的转运数不超过 20 吨。可以规定 T_1、T_2、T_3、T_4 的产量和销量均为 20 吨。由于实际的转运量

$$\sum_{j=1}^{n} x_{ij} \leqslant a_i, \sum_{i=1}^{m} x_{ij} \leqslant b_j$$

可以在每个约束条件中增加一个松弛变量 x_{ii}，x_{ii}相当于一个虚构的转运站，意义就是自己运给自己。$(20-x_{ii})$ 就是每个转运站的实际转运量，x_{ii}的对应运价 $c_{ii}=0$。

（4）扩大的运输问题中原来的产地与销地因为也有转运站的作用，所以同样在原来产量与销量的数字上加 20 吨，即三个厂每天糖果产量改成 27 吨、24 吨、29 吨，销量均为 20 吨；四个销售点的每天销量改为 23 吨、26 吨、25 吨、26 吨，产量均为 20 吨，同时引进 x_{ii}作为松弛变量。

下面写出扩大运输问题的产销平衡表与单位运价表（见表 3 - 41），由于这是一个产销平衡的运输问题，所以可以用表上作业法求解（计算略）。

表 3 - 41

产地 \ 销地	A_1	A_2	A_3	T_1	T_2	T_3	T_4	B_1	B_2	B_3	B_4	产量
A_1	0	1	3	2	1	4	3	3	11	3	10	27
A_2	1	0	M	3	5	M	2	1	9	2	8	24
A_3	3	M	0	1	M	2	3	7	4	10	5	29
T_1	2	3	1	0	1	3	2	2	8	4	6	20
T_2	1	5	M	1	0	1	1	4	5	2	7	20
T_3	4	M	2	3	1	0	2	1	8	2	4	20
T_4	3	2	3	2	1	2	0	1	M	2	6	20
B_1	3	1	7	2	4	1	1	0	1	4	2	20
B_2	11	9	4	8	5	8	M	1	0	2	1	20
B_3	3	2	10	4	2	2	2	4	2	0	3	20
B_4	10	8	5	6	7	4	6	2	1	3	0	20
销量	20	20	20	20	20	20	20	23	26	25	26	

习　题

3.1：判断表 3 - 42 和表 3 - 43 中给出的调运方案能否作为用表上作业法求解时的初始解？为什么？

表 3 - 42

产地 \ 销地	1	2	3	4	产量
1	0	15			15
2			15	10	25
3	5				5
销量	5	15	15	10	

表 3－43

产地＼销地	1	2	3	4	5	产量
1	150			250		400
2		200	300			500
3			250		50	300
4	90	210				300
5				80	20	100
销量	240	410	550	330	70	

3.2：表 3－44 和表 3－45 中分别给出两个运输问题的产销平衡表和单位运价表，试用伏格尔法直接给出近似最优解。

表 3－44

产地＼销地	1	2	3	产量
1	5	1	8	12
2	2	4	1	14
3	3	6	7	4
销量	9	10	11	

表 3－45

产地＼销地	1	2	3	4	5	产量
1	10	2	3	15	9	25
2	5	10	15	2	4	30
3	15	5	14	7	15	20
4	20	15	13	M	8	30
销量	20	20	30	10	25	

3.3：用表上作业法求表 3－46 到表 3－49 中给出的运输问题的最优解（表中数字 M 为任意大正数）。

表 3-46

产地＼销地	甲	乙	丙	丁	产量
1	3	7	6	4	5
2	2	4	3	2	2
3	4	3	8	5	3
销量	3	3	2	2	

表 3-47

产地＼销地	甲	乙	丙	丁	产量
1	10	6	7	12	4
2	16	10	5	9	9
3	5	4	10	10	4
销量	5	2	4	6	

表 3-48

产地＼销地	甲	乙	丙	丁	戊	产量
1	10	20	5	9	10	5
2	2	10	8	30	6	6
3	1	20	7	10	4	2
4	8	6	3	7	5	9
销量	4	4	6	2	4	

表 3-49

产地＼销地	甲	乙	丙	丁	戊	产量
1	10	18	29	13	22	100
2	13	M	21	14	16	120
3	0	6	11	3	M	140
4	9	11	23	18	19	80
5	24	28	36	30	34	60
销量	100	120	100	60	80	

3.4：已知运输问题的产销平衡表、单位运价表及最优调运方案分别为表 3－50 和表 3－51，试回答下列问题。

表 3－50　产销平衡表及最优调运方案

产地＼销地	B_1	B_2	B_3	B_4	产量
A_1		5		10	15
A_2	0	10	15		25
A_3	5				5
销量	5	15	15	10	

表 3－51　单位运价表

产地＼销地	B_1	B_2	B_3	B_4
A_1	10	1	20	11
A_2	12	7	9	20
A_3	2	14	16	18

（1）$A_2 \to B_2$ 的单位运价 c_{22} 在什么范围变化时，上述最优调运方案是否变化？

（2）$A_2 \to B_4$ 的单位运价 c_{24} 变为何值时，有无穷多最优调运方案。除表 3－50 中方案外，至少再写出其他两个。

3.5：某百货公司去外地采购 A、B、C、D 四种规格的服装，数量分别为：A——1500 套，B——2000 套，C——3000 套，D——3500 套。有三个城市可供应上述规格服装，各城市供应数量分别为：Ⅰ——2500 套，Ⅱ——2500 套，Ⅲ——5000 套。由于这些城市的服装质量、运价和销售情况不同，预计售出后的利润（元/套）也不同，详见表 3－52。请帮助该公司确定一个预期盈利最大的采购方案。

表 3－52

城市＼规格	A	B	C	D
Ⅰ	10	5	6	7
Ⅱ	8	2	7	6
Ⅲ	9	3	4	8

3.6：甲、乙、丙三个城市每年需要煤炭分别为：320 万吨、250 万吨、350 万吨，

由 A、B 两处煤矿负责供应。已知 A、B 的煤炭年供应量分别为：400 万吨、450 万吨。由煤矿至各城市的单位运价（万元/万吨）见表 3－53。由于需大于供，经研究平衡决定，甲城市供应量可减少 0～30 万吨，乙城市需要量应全部满足，丙城市供应量不少于 270 万吨。试求将供应量分配完又使总运费为最低的调运方案。

表 3－53

供应点＼城市	甲	乙	丙
A	15	18	22
B	21	25	16

3.7：某造船厂根据合同要从当年起连续三年末各提供三条规格型号相同的大型客货轮。已知该厂这三年内生产大型客货轮的能力及每艘客货轮成本如表 3－54 所示。

表 3－54

年度	正常生产时间内可完成的客货轮数	加班生产时间内可完成的客货轮数	正常生产时每艘成本（万元）
1	2	3	500
2	4	2	600
3	1	3	550

已知加班生产时，每艘客货轮成本比正常生产时高出 70 万元。又知造出来的客货轮如当年不交货，每艘每积压一年造成积压损失为 40 万元。在签订合同时，该厂已储存了两艘客货轮，而该厂希望在第三年末完成合同后还能储存一艘备用。问该厂应如何安排每年客货轮的生产量，使在满足上述各项要求的情况下，总的生产费用加积压损失最少？

第4章

目标规划

4.1 目标规划的数学模型

构建新发展格局是一项关系我国发展全局的重大战略任务。党的二十大报告指出，要加快构建以国内大循环为主体、国内国际双循环相互促进的新发展格局。新发展格局，是指适应我国发展阶段、环境、条件变化，实现多目标协调发展。为了具体说明目标规划与线性规划在处理问题的方法上的区别，先通过例子来介绍目标规划的有关概念及数学模型。

例1：某企业生产Ⅰ、Ⅱ两种产品，已知有关数据见表4-1，试求获利最大的生产方案。

表4-1

	Ⅰ	Ⅱ	拥有量
原材料（千克）	2	1	11
设备台时（小时）	1	2	10
利润（元/件）	8	10	

解：这是求获利最大的单目标的规划问题，用 x_1、x_2 分别表示Ⅰ、Ⅱ产品的产量，其线性规划模型表述为：

$$\max z = 8x_1 + 10x_2$$

$$\text{s. t.}\begin{cases}2x_1 + x_2 \leqslant 11\\ x_1 + 2x_2 \leqslant 10\\ x_1,\ x_2 \geqslant 0\end{cases}$$

用图解法求得最优决策方案为：$x_1^* = 4$(元)，$x_2^* = 3$(元)，$z^* = 62$(元)。

但实际上企业在作决策时，要考虑市场等一系列其他条件。

（1）根据市场信息，产品Ⅰ的销售量有下降的趋势，故考虑产品Ⅰ的产量不大于产品Ⅱ。

（2）超过计划供应的原材料时，需要高价采购，会使成本大幅度增加。

（3）应尽可能充分利用设备台时，但不希望加班。

（4）应尽可能达到并超过计划利润指标 56 元。

这样考虑产品决策时，便为多目标决策问题。目标规划方法是解决这类问题的方法之一。下面引入与建立目标规划数学模型有关的概念。

4.1.1　设 x_1、x_2 为决策变量，此外，引进正、负偏差变量 d^+、d^-

正偏差变量 d^+ 表示决策值超过目标值的部分；负偏差变量 d^- 表示决策值未达到目标值的部分。因决策值不可能既超过目标值同时又未达到目标值，即恒有 $d^+ \times d^- = 0$。

4.1.2　绝对约束和目标约束

绝对约束是指必须严格满足的等式约束和不等式约束；如线性规划问题的所有约束条件，不能满足这些约束条件的解称为非可行解，所以它们是硬约束。目标约束是目标规划特有的，可把约束右端项看作要追求的目标值。在达到此目标值时允许发生正或负偏差，因此在这些约束中加入正、负偏差变量，它们是软约束。线性规划问题的目标函数，在给定目标值和加入正、负偏差变量后可变换为目标约束。也可根据问题的需要将绝对约束变换为目标约束。例 1 的目标函数 $\max z = 8x_1 + 10x_2$ 可变换为目标约束 $8x_1 + 10x_2 + d_1^- - d_1^+ = 56$。约束条件 $2x_1 + x_2 \leqslant 11$ 可变换为目标约束 $2x_1 + x_2 + d_2^- - d_2^+ = 11$。

4.1.3　优先因子（优先等级）与权系数

一个规划问题常常有若干目标。决策者在要求达到这些目标时，有主次或轻重缓急的不同。要求第一位达到的目标赋予优先因子 p_1，次位的目标赋予优先因子 p_2，…，并规定 $p_k \gg p_{k+1}$（$k = 1, 2, 3, \cdots, K$），表示 p_k 比 p_{k+1} 有更大的优先权。即首先保证 p_1 级目标的实现，这时可不考虑次级目标；而 p_2 级目标是在实现 p_1 级目标的基础上考虑的；依次类推。若要区别具有相同优先因子的两个目标的差别，可分别赋予它们不同的权系数 w_j，这些都由决策者按具体情况而定。

4.1.4　目标规划的目标函数

目标规划的目标函数（准则函数）是按各自目标约束的正、负偏差变量和赋予相应的优先因子与权系数而构造的。当每一目标值确定后，决策者的要求是尽可能缩小偏离目标值。因此，目标规划的目标函数只能是 $\min z = f(d^+, d^-)$。其基本形式有三种：

（1）要求恰好达到目标值，即正负偏差变量都要尽可能地小，这时

$\min z = f(d^+ + d^-)$

（2）要求不超过目标值，即允许达不到目标值，就是正偏差变量要尽可能地小。这时

$$\min z = f(d^+)$$

（3）要求超过目标值，即超过量不限，但必须是负偏差变量要尽可能地小，这时

$$\min z = f(d^-)$$

对每一个具体目标规划问题，可根据决策者的要求和赋予各目标的优先因子构造目标函数，以下用例子说明。

例 2：例 1 的决策者在原材料供应受严格限制的基础上考虑：首先是产品Ⅱ的产量不低于产品Ⅰ的产量；其次是充分利用设备有效台时，不加班；最后是利润额不小于 56 元。求决策方案。

解：按决策者所要求的，分别赋予这三个目标 p_1、p_2、p_3 优先因子。这个问题的数学模型是：

$$\min z = p_1 d_1^+ + p_2(d_2^- + d_2^+) + p_3 d_3^-$$

$$\text{s. t.}\begin{cases} 2x_1 + x_2 \leqslant 11 \\ x_1 - x_2 + d_1^- - d_1^+ = 0 \\ x_1 + 2x_2 + d_2^- - d_2^+ = 10 \\ 8x_1 + 10x_2 + d_3^- - d_3^+ = 56 \\ x_1,\ x_2,\ d_i^-,\ d_i^+ \geqslant 0,\ i = 1,\ 2,\ 3 \end{cases}$$

目标规划的一般数学模型为

$$\min z = \sum_{l=1}^{l} p_l \sum_{k=1}^{K} (\omega_{lk}^- d_k^- + \omega_{lk}^+ d_k^+) \tag{4-1}$$

式中 ω_{lk}^-、ω_{lk}^+ 为权系数，

$$\text{s. t.}\begin{cases} \sum_{j=1}^{n} c_{kj} x_j + d_k^- - d_k^+ = g_k,\ k = 1,\ \cdots,\ K \\ \sum_{j=1}^{n} a_{ij} x_j \leqslant (=,\ \geqslant) b_i,\ i = 1,\ \cdots,\ m \\ x_j \geqslant 0,\ j = 1,\ \cdots,\ n \\ d_k^-,\ d_k^+ \geqslant 0,\ k = 1,\ \cdots,\ K \end{cases}$$

建立目标规划的数学模型时，需要确定目标值、优先因子、权系数等，它们都具有一定的主观性和模糊性，可以用专家评定法给予量化。

4.2 解目标规划的图解法

对只有两个决策变量的目标规划的数学模型，可以用图解法来分析求解。用例 2 来

说明。先在平面直角坐标系的第一象限内，做各约束条件。绝对约束条件的可行域为三角形 OAB。做目标约束时，先令 d_i^-，$d_i^+=0$，做相应的直线，然后在这条直线旁标上 d_i^-、d_i^+，如图 4 –1 所示。

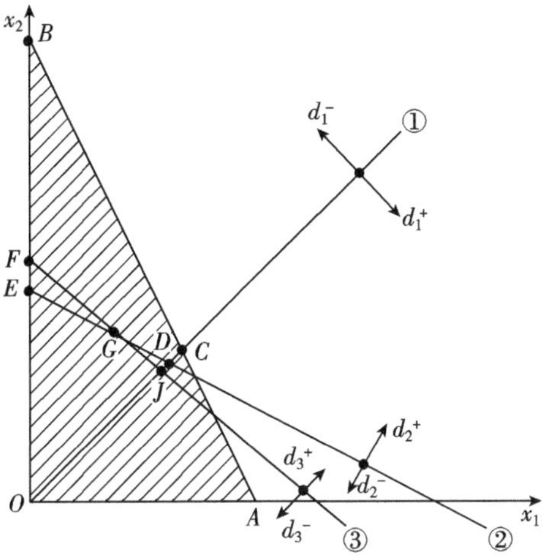

图 4 –1

这表明目标约束可以沿 d_i^-、d_i^+ 所示的方向平移。下面根据目标函数中的优先因子来分析求解。首先考虑具有 P_1 优先因子的目标的实现，在目标函数中要求实现 $\min d_1^+$。从图 4 –1 中可见，可以满足 $d_1^+=0$。这时 x_1、x_2 只能在三角形 OBC 的边界和其中取值。其次考虑具有 P_2 优先因子的目标的实现，在目标函数中要求实现 $\min(d_2^++d_2^-)$，当 d_2^+，$d_2^-=0$ 时，x_1、x_2 可在线段 ED 上取值。最后考虑具有 P_3 优先因子的目标的实现，在目标函数中要求实现 $\min d_3^-$。从图 4 –1 中判断可以使 $d_3^-=0$，这就使 x_1、x_2 取值范围缩小到线段 GD 上，这就是该目标规划问题的解。可求得 G 的坐标是（2，4），D 的坐标是（10/3，10/3），G、D 的凸线性组合都是该目标规划问题的解。

目标规划问题求解时，把绝对约束作最高优先级考虑。在本例中能优先后次序都满足 $d_1^+=0$，$d_2^++d_2^-=0$，$d_3^-=0$，因而 $z^*=0$。但在大多数问题中并非如此，会出现某些约束得不到满足，故将目标规划问题的最优解称为满意解。

例 3：某电视机企业装配黑白和彩色两种电视机，每装配一台电视机需占用装配线 1 小时，装配线每周计划开动 40 小时。预计市场每周彩色电视机的销量是 24 台，每台可获利 80 元；黑白电视机的销量是 30 台，每台可获利 40 元。该企业确定的目标为：

第一优先级：充分利用装配线每周计划开动 40 小时。

第二优先级：允许装配线加班；但加班时间每周尽量不超过 10 小时。

第三优先级：装配电视机的数量尽量满足市场需要。因彩色电视机的利润高，取其权系数为 2。

试建立这个问题的目标规划模型，并求解黑白和彩色电视机的产量。

解：设 x_1、x_2 分别表示黑白和彩色电视机的产量。

这个问题的目标规划模型为

$$\min z = P_1 d_1^- + P_2 d_2^+ + P_3(2d_3^- + d_4^-)$$

$$\text{s. t.}\begin{cases} x_1 + x_2 + d_1^- - d_1^+ = 40 \\ x_1 + x_2 + d_2^- - d_2^+ = 50 \\ x_1 + d_3^- - d_3^+ = 24 \\ x_2 + d_4^- - d_4^+ = 30 \\ x_1,\ x_2,\ d_i^-,\ d_i^+ \geqslant 0,\ i = 1,\ \cdots,\ 4 \end{cases}$$

用图解法求解见图 4 - 2。

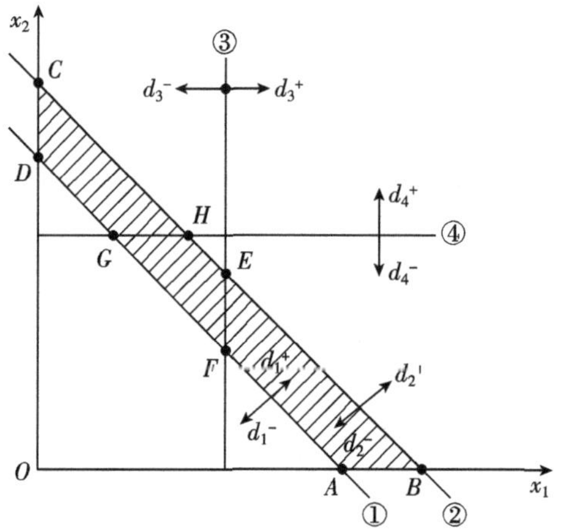

图 4 - 2

从图 4 - 2 中看到，在考虑具有 P_1、P_2 的目标实现后，x_1、x_2 的取值范围为四边形 *ABCD*。考虑 P_3 的目标要求时，因 d_3^- 的权系数大于 d_4^-，故先考虑 $\min d_3^- = 0$；这时 x_1、x_2 的取值范围为四边形 *ABEF*。然后考虑 d_4^-，因在四边形 *ABEF* 中无法满足 $d_4^- = 0$，所以只能在四边形 *ABEF* 中取一点，使 d_4^- 尽可能小，这就是 *E* 点，故取 *E* 点为满意解。其坐标为（24，26），即该企业每周应装配彩色电视机 24 台，黑白电视机 26 台。

4.3 解目标规划的单纯形法

目标规划的数学模型结构与线性规划的数学模型结构形式上没有本质的区别，所以可用单纯形法求解。但要考虑目标规划的数学模型的一些特点，作以下规定：

（1）因目标规划问题的目标函数都是求最小化，所以以 $c_j - z_j \geqslant 0$（$j=1, 2, \cdots, n$）为最优准则。

（2）因非基因变量的检验数中含有不同等级的优先因子，即

$c_j - z_j = \sum a_{kj} P_k$，$j=1, 2, \cdots, n$；$k=1, 2, \cdots, K$

因 $P_1 \gg P_2 \gg \cdots \gg P_K$，从每个检验数的整体来看：检验数的正负首先决定 P_1 的系数 a_{1j}的正负。若 $a_{1j}=0$，这时此检验数的正、负就决定于 P_2 的系数 a_{2j}的正、负，下面可依次类推。

解目标规划问题的单纯形法的计算步骤：

（1）建立初始单纯形表，在表中将检验数行按优先因子的个数分别列成 K 行，置 $k=1$。

（2）检查该行中是否存在负数，且对应的前 $k-1$ 行的系数是零。若有负数取其中最小者对应的变量为换入变量，转（3）。若无负数，则转（5）。

（3）按最小比值规则确定换出变量，当存在两个和两个以上相同的最小比值时，选取具有较高优先级别的变量为换出变量。

（4）按单纯形法进行基变量运算，建立新的计算表，返回（2）。

（5）当 $k=K$ 时，计算结束。表中的解即为满意解。否则置 $k=k+1$，返回到（2）。

例 4：试用单纯形法来求解例 2。

解：将例 2 的数学模型化为标准型：

$$\min z = p_1 d_1^+ + p_2(d_2^- + d_2^+) + p_3 d_3^-$$

$$\text{s.t.} \begin{cases} 2x_1 + x_2 + x_s = 11 \\ x_1 - x_2 + d_1^- - d_1^+ = 0 \\ x_1 + 2x_2 + d_2^- - d_2^+ = 10 \\ 8x_1 + 10x_2 + d_3^- - d_3^+ = 56 \\ x_1, x_2, x_s, d_i^-, d_i^+ \geqslant 0, i=1, 2, 3 \end{cases}$$

（1）取 x_s、d_1^-、d_2^-、d_3^- 为初始基变量，列初始单纯形表，见表 4－2。

（2）取 $k=1$，检查检验数的 P_1 行，因该行无负检验数，故转（5）。

（3）因 $k(=2) < K(=3)$，置 $k=k+1=3$，返回到（2）。

（4）查出检验数 P_2 行中有 -1，-2；取 $\min(-1, -2) = -2$。它对应的变量 x_2 为换入变量，转入（3）。

（5）在表 4－2 上计算最小比值：

$\theta = \min(11/1, 10/2, 56/10) = 10/2$

它对应的变量 d_2^- 为换出变量，转入（4）。

（6）进行基变换运算，得到表 4－3，返回到（2）。以此类推，直至得到最终表为

止。见表4－4。

表4－2

c_j							P_1	P_2	P_2	P_3		θ
C_B	X_B	b	x_1	x_2	x_s	d_1^-	d_1^+	d_2^-	d_2^+	d_3^-	d_3^+	
	x_s	11	2	1	1							11/1
	d_1^-	0	1	－1		1	－1					
P_2	d_2^-	10	1	[2]				1	－1			10/2
P_3	d_3^-	56	8	10						1	－1	56/10
c_j-z_j	P_1						1					
	P_2		－1	－2					2			
	P_3		－8	－10							1	

表4－3

c_j							P_1	P_2	P_2	P_3		θ
C_B	X_B	b	x_1	x_2	x_s	d_1^-	d_1^+	d_2^-	d_2^+	d_3^-	d_3^+	
	x_s	6	3/2		1			－1/2	1/2			4
	d_1^-	5	3/2			1	－1	1/2	－1/2			10/3
	x_2	5	1/2	1				1/2	－1/2			10
P_3	d_3^-	6	[3]					－5	5	1	－1	6/3
c_j-z_j	P_1						1					
	P_2							1	1			
	P_3		－3					5	－5		1	

表4－4

c_j							P_1	P_2	P_2	P_3		θ
C_B	X_B	b	x_1	x_2	x_s	d_1^-	d_1^+	d_2^-	d_2^+	d_3^-	d_3^+	
	x_s	3			1			2	－2	－1/2	1/2	6
	d_1^-	2				1	－1	3	－3	－1/2	1/2	4
	x_2	4		1				4/3	－4/3	－1/6	1/6	24
	x_1	2	1					－5/3	5/3	1/3	－1/3	
c_j-z_j	P_1						1					
	P_2							1	1			
	P_3		－3							1		

表 4-4 所示的解 $x_1^*=2$，$x_2^*=4$ 为例 1 的满意解。此解相当于图 4-1 的 G 点。检查表 4-4 的检验数行，发现非基变量 d_3^+ 的检验数为 0，这表示存在多重解。在表 4-4 中以非基变量 d_3^+ 为换入变量，d_1^- 为换出变量，经迭代得到表 4-5。由表 4-5 得到解 $x_1^*=10/3$，$x_2^*=10/3$，此解相当于图 4-1 的 D 点，G、D 两点的凸线性组合都是例 1 的满意解。

表 4-5

c_j							P_1	P_2	P_2	P_3		θ
C_B	X_B	b	x_1	x_2	x_s	d_1^-	d_1^+	d_2^-	d_2^+	d_3^-	d_3^+	
	x_s	1			1	-1	1	-1	1			
	d_3^+	4				2	-2	6	-6	-1	1	
	x_2	10/3		1		-1/3	1/3	1/3	-1/3			
	x_1	10/3	1			2/3	-2/3	1/3	-1/3			
c_j-z_j	P_1						1					
	P_2							1	1			
	P_3		-3							1		

4.4　灵敏度分析

目标规划的灵敏度分析方法与线性规划相似，这里除分析各项系数的变化外，还要分析优先因子的变化问题，下面举例说明。

改变目标优先等级的分析。

例 5：已知目标规划问题

$$\min z=P_1(2d_1^+ +3d_2^+)+P_2d_3^- +P_3d_4^+$$

$$\text{s. t.}\begin{cases}x_1+x_2+d_1^- -d_1^+ =10\\ x_1+d_2^- -d_2^+ =4\\ 5x_1+3x_2+d_3^- -d_3^+ =56\\ x_1+x_2+d_4^- -d_4^+ =12\\ x_1,\ x_2,\ d_i^-,\ d_i^+ \geqslant 0,\ i=1,\ \cdots,\ 4\end{cases}$$

在得到最终表后，见表 4-6。

表 4－6

c_j						$2P_1$		$3P_1$	P_2			P_3
C_B	X_B	b	x_1	x_2	d_1^-	d_1^+	d_2^-	d_2^+	d_3^-	d_3^+	d_4^-	d_4^+
P_2	x_2	6		1	1	－1	－1	1				
	x_1	4	1				1	－1				
	d_3^-	18			－3	3	－2	2	1	－1		
	d_4^-	2	1		－1	1					1	－1
c_j-z_j	P_1					2		3				
	P_2				3	－3	2	－2		1		
	P_3											1

目标函数的优先等级变化为：

（1） $\min z = P_1(2d_1^+ + 3d_2^+) + P_2 d_4^+ + P_3 d_3^-$

（2） $\min z = P_1 d_3^- + P_2(2d_1^+ + 3d_2^+) + P_3 d_4^+$

试分析原解有什么变化。

解：分析（1），实际是将原目标函数中 d_4^+、d_3^- 的优先因子对换了一下。这时将表 4－6 的检验数中的 P_2、P_3 行和 c_j 的 P_2、P_3 对换即可。这时可见原解仍满足最优解条件。

分析（2），将变化了的优先等级直接反映到表 4－6。再计算检验数，得到表 4－7。然后进行迭代，直到求得新的满意解为止。从表 4－8 中得到新的满意解 $x_1^* = 4$，$x_2^* = 12$。

表 4－7

c_j						$2P_2$		$3P_2$	P_1			P_3
C_B	X_B	b	x_1	x_2	d_1^-	d_1^+	d_2^-	d_2^+	d_3^-	d_3^+	d_4^-	d_4^+
P_1	x_2	6		1	1	－1	－1	1				
	x_1	4	1				1	－1				
	d_3^-	18			－3	3	－2	2	1	－1		
	d_4^-	2			－1	[1]					1	－1
c_j-z_j	P_1				3	－3	2	－2		1		
	P_2					2		3				
	P_3											1

表 4-8

c_j						$2P_2$		$3P_2$	P_1			P_3
C_B	X_B	b	x_1	x_2	d_1^-	d_1^+	d_2^-	d_2^+	d_3^-	d_3^+	d_4^-	d_4^+
	x_2	8		1			-1	1			1	-1
	x_1	4	1				1	-1				
P_1	d_3^-	12					-2	2	1	-1	-3	[3]
$2P_2$	d_1^-	2			-1	1					1	-1
c_j-z_j	P_1						2	-2		1	3	-3
	P_2				2			3				2
	P_3											1
P_3	x_2	12		1			-5/3	5/3	1/3	-1/3		
	x_1	4	1				1	-1				
	d_4^+	4					-2/3	2/3	1/3	-1/3	-1	1
	d_1^+	6			-1	1	-2/3	2/3	1/3	-1/3		
c_j-z_j	P_1								1			
	P_2					2		3				
	P_3						2/3	-2/3	-1/3	1/3		

4.5 应用举例

例 6：某单位领导在考虑本单位职工的升级调资方案时，依次遵守以下规定：

（1）不超过年工资总额 60000 元。

（2）每级的人数不超过定编规定的人数。

（3）Ⅱ、Ⅲ级的升级面尽可能达到现有人数的 20%，且无越级提升。

（4）Ⅲ级不足编制的人数可录用新职工。又Ⅰ级的职工中有 10% 要退休。

有关资料汇总于表 4-9 中，问该领导应如何拟定一个满意的方案。

表 4-9

等级	工资总额（元/年）	现有人数（人）	编制人数（人）
Ⅰ	2000	10	12
Ⅱ	1500	12	15
Ⅲ	1000	15	15
合计		37	42

解：设 x_1、x_2、x_3 分别表示提升到Ⅰ、Ⅱ级和录用到Ⅲ级的新职工人数。对各目标确定的优先因子为：

P_1——不超过年工资总额 60000 元；

P_2——每级的人数不超过定编规定的人数；

P_3——Ⅱ、Ⅲ级的升级面尽可能达到现有人数的 20%。

现分别建立各目标约束。

年工资总额不超过 60000 元：

$2000(10-10\times0.1+x_1)+1500(12-x_1+x_2)+1000(15-x_2+x_3)+d_1^- - d_1^+ =60000$

每级的人数不超过定编规定的人数：

对Ⅰ级有 $10(1-0.1)+x_1+d_2^- - d_2^+ =12$

对Ⅱ级有 $12-x_1+x_2+d_3^- - d_3^+ =15$

对Ⅲ级有 $15-x_2+x_3+d_4^- - d_4^+ =15$

Ⅱ、Ⅲ级的升级面不大于现有人数的 20%，但尽可能多提；

对Ⅱ级有 $x_1+d_5^- - d_5^+ =12\times0.2$

对Ⅲ级有 $x_2+d_6^- - d_6^+ =15\times0.2$

目标函数：$\min z=P_1d_1^+ +P_2(d_2^+ +d_3^+ +d_4^+)+P_3(d_5^- +d_6^-)$

以上目标规划模型可用单纯形法求解，得到多重解。现将这些解汇总于表 4－10，这个单位的领导再按具体情况从表 4－10 中选一个执行方案。

表 4－10

变量	含义	解 1	解 2	解 3	解 4
x_1	晋升到Ⅰ级的人数	2.4	2.4	3	3
x_2	晋升到Ⅱ级的人数	3	3	3	5
x_3	晋升到Ⅲ级的人数	0	3	3	5
d_1^-	工资总额的结余额	6300	3300	3000	0
d_2^-	Ⅰ级缺编人数	0.6	0.6	0	0
d_3^-	Ⅱ级缺编人数	2.4	2.4	3	1
d_4^-	Ⅲ级缺编人数	3	0	0.6	0
d_5^+	Ⅱ级超编人数	0	0	0	0.6
d_6^+	Ⅲ级超编人数	0	0	0	2

例 7：已知有三个产地给四个销地供应某种产品，产销地之间的供需量和单位运价见表 4－11。有关部门在研究调运方案时依次考虑以下七项目标，并规定其相应的优先等级：

表 4－11　　单位：元，件

销地 / 产地	B_1	B_2	B_3	B_4	产量
A_1	5	2	6	7	300
A_2	3	5	4	6	300
A_3	4	5	2	3	400
销量	200	100	450	250	900/1000

P_1——B_4 是重点保证单位，必须全部满足其需要；

P_2——A_3 向 B_1 提供的产量不少于 100 件；

P_3——每个销地的供应量不小于其需要量的 80%；

P_4——所定调运方案的总运费不超过最小运费调运方案的 10%；

P_5——因路段的问题，尽量避免安排将 A_2 的产品运往 B_4；

P_6——给 B_1 和 B_3 的供应率要相同；

P_7——力求总运费最省。

试求满意的调运方案。

解：用表上作业法求得最小运费的调运方案见表 4－12。这时的最小运费为 2950 元，再根据提出的各项目标的要求建立目标规划的模型。

表 4－12　　单位：元，件

销地 / 产地	B_1	B_2	B_3	B_4	产量
A_1	200	100			300
A_2	0		200		300
A_3			250	150	400
虚设点				100	100
销量	200	100	450	250	1000/1000

供应约束　$x_{11}+x_{12}+x_{13}+x_{14}\leqslant 300$

$x_{21}+x_{22}+x_{23}+x_{24}\leqslant 200$

$x_{31}+x_{32}+x_{33}+x_{34}\leqslant 400$

需求约束　$x_{11}+x_{21}+x_{31}+d_1^- -d_1^+ =200$

$x_{12}+x_{22}+x_{32}+d_2^- -d_2^+ =100$

$x_{13}+x_{23}+x_{33}+d_3^- -d_3^+ =450$

$x_{14}+x_{24}+x_{34}+d_4^- -d_4^+ =250$

A_3 向 B_1 提供的产品量不少于 100

$x_{31}+d_5^- - d_5^+ = 100$

每个销地的供应量不小于其需要量的 80%

$x_{11}+x_{21}+x_{31}+d_6^- - d_6^+ = 200\times 0.8$

$x_{12}+x_{22}+x_{32}+d_7^- - d_7^+ = 100\times 0.8$

$x_{13}+x_{23}+x_{33}+d_8^- - d_8^+ = 450\times 0.8$

$x_{14}+x_{24}+x_{34}+d_9^- - d_9^+ = 250\times 0.8$

调运方案的总运费不超过最小运费调运方案的 10%

$$\sum_{i=1}^{3}\sum_{j=1}^{4} c_{ij}x_{ij} + d_{10}^- - d_{10}^+ = 2950(1+10\%)$$

因路段的问题，尽量避免安排将 A_2 的产品运往 B_4

$x_{24}+d_{11}^- - d_{11}^+ = 0$

给 B_1 和 B_3 的供应率要相同

$$x_{11}+x_{21}+x_{31}-\frac{200}{450}(x_{13}+x_{23}+x_{33}) + d_{12}^- - d_{12}^+ = 0$$

力求总运费最省

$$\sum_{i=1}^{3}\sum_{j=1}^{4} c_{ij}x_{ij} + d_{13}^- - d_{13}^+ = 2950$$

目标函数为：

$$\min z = P_1d_4^- + P_2d_5^- + P_3(d_6^- + d_7^- + d_8^- + d_9^-) + P_4d_{10}^+ + P_5d_{11}^+ + P_6(d_{12}^- + d_{12}^+) + P_7d_{13}^+$$

计算结果，得到满意调运方案见表 4－13。总运费为 3360 元。

表 4－13　　单位：元，件

销地 / 产地	B_1	B_2	B_3	B_4	产量
A_1		100		200	300
A_2	90		110		200
A_3	100		250	50	400
虚设点	10		90		100
销量	200	100	450	250	1000/1000

习　题

4.1：若用以下表达式作为目标规划的目标函数，试述其逻辑是否正确？

（1） $\max z=d^{-}+d^{+}$ （2） $\max z=d^{-}-d^{+}$

（3） $\min z=d^{-}+d^{+}$ （4） $\min z=d^{-}-d^{+}$

4.2：用图解法找出以下目标规划问题的满意解。

（1） $\min z=P_1(d_1^{-}+d_1^{+})+P_2(2d_2^{+}+d_3^{+})$

$$\text{s. t.}\begin{cases}x_1-10x_2+d_1^{-}-d_1^{+}=50\\3x_1+5x_2+d_2^{-}-d_2^{+}=20\\8x_1+6x_2+d_3^{-}-d_3^{+}=100\\x_1,\ x_2,\ d_i^{-},\ d_i^{+}\geqslant 0,\ i=1,\ 2,\ 3\end{cases}$$

（2） $\min z=P_1(d_3^{+}+d_4^{+})+P_2d_1^{+}+P_3d_2^{-}+P_4(d_3^{-}+1.5d_4^{-})$

$$\text{s. t.}\begin{cases}x_1+x_2+d_1^{-}-d_1^{+}=40\\x_1+x_2+d_2^{-}-d_2^{+}=100\\x_1+d_3^{-}-d_3^{+}=30\\x_2+d_4^{-}-d_4^{+}=15\\x_1,\ x_2,\ d_i^{-},\ d_i^{+}\geqslant 0,\ i=1,\ 2,\ 3,\ 4\end{cases}$$

（3） $\min z=P_1(d_1^{-}+d_1^{+})+P_2d_2^{-}+P_3d_3^{+}$

$$\text{s. t.}\begin{cases}x_1+x_2+d_1^{-}-d_1^{+}=10\\3x_1+4x_2+d_2^{-}-d_2^{+}=50\\8x_1+10x_2+d_3^{-}-d_3^{+}=300\\x_1,\ x_2,\ d_i^{-},\ d_i^{+}\geqslant 0,\ i=1,\ 2,\ 3\end{cases}$$

4.3：用单纯形法求解以下目标规划问题的满意解。

（1） $\min z=P_1d_2^{+}+P_1d_2^{-}+P_2d_1^{-}$

$$\text{s. t.}\begin{cases}x_1+2x_2+d_1^{-}-d_1^{+}=10\\10x_1+12x_2+d_2^{-}-d_2^{+}=62.4\\x_1+2x_2\leqslant 8\\x_1,\ x_2,\ d_i^{-},\ d_i^{+}\geqslant 0,\ i=1,\ 2\end{cases}$$

（2） $\min z=P_1d_1^{-}+P_2d_2^{+}+P_3(5d_3^{-}+3d_4^{-})+P_4d_1^{+}$

$$\text{s. t.}\begin{cases}x_1+x_2+d_1^{-}-d_1^{+}=80\\x_1+x_2+d_2^{-}-d_2^{+}=90\\x_1+d_3^{-}-d_3^{+}=70\\x_2+d_4^{-}-d_4^{+}=45\\x_1,\ x_2,\ d_i^{-},\ d_i^{+}\geqslant 0,\ i=1,\ 2,\ 3,\ 4\end{cases}$$

（3） $\min z=P_1(d_1^{+}+d_2^{+})+P_2d_3^{-}$

$$\text{s. t.}\begin{cases}x_1+x_2+d_1^- -d_1^+ =1\\ 2x_1+2x_2+d_2^- -d_2^+ =4\\ 6x_1-4x_2+d_3^- -d_3^+ =50\\ x_1,\ x_2,\ d_i^-,\ d_i^+\geqslant 0,\ i=1,\ 2,\ 3\end{cases}$$

4.4：以下目标规划问题

$$\min z=P_1d_1^- +P_2d_4^+ +P_3(5d_2^- +3d_3^-)+P_3(3d_2^+ +5d_3^+)$$

$$\text{s. t.}\begin{cases}x_1+x_2+d_1^- -d_1^+ =80\\ x_1+d_2^- -d_2^+ =70\\ x_2+d_3^- -d_3^+ =45\\ d_1^+ +d_4^- -d_4^+ =10\\ x_1,\ x_2,\ d_i^-,\ d_i^+\geqslant 0,\ i=1,\ 2,\ 3,\ 4\end{cases}$$

（1）用单纯形法求这个问题的满意解。

（2）若目标函数变为

$$\min z=P_1d_1^- +P_2(5d_2^- +3d_3^-)+P_2(3d_2^+ +5d_3^+)+P_3d_4^+$$

问原满意解有什么变化?

（3）若第一个目标约束的右端项改为120，这时原满意解又有什么变化?

4.5：某企业生产两种产品，每件产品Ⅰ可获利10元，每件产品Ⅱ可获利8元。每生产一件产品Ⅰ，需要3小时；每生产一件产品Ⅱ，需要2.5小时。每周总的有效时间为120小时。若加班生产，则每件产品Ⅰ的利润降低1.5元；每件产品Ⅱ的利润降低1元。决策者希望在允许的工作及加班时间内取最大利润，试建立该问题的目标规划模型，并求解。

4.6：某商标的酒是用三种等级的酒兑制而成。若这三种等级的酒每天的供应量和单位成本如表4－14所示。

表4－14

等级	日供应量（千克）	成本（元/千克）
Ⅰ	1500	6
Ⅱ	2000	4.5
Ⅲ	1000	3

设该种牌号酒有三种商标（红、黄、蓝），各种商标的酒对原料酒的混合比及售价见表4－15。决策者规定：首先必须严格按规定比例兑制各商标的酒；其次是获利最大；最后是红商标的酒每天至少生产2000千克，试列出数学模型。

表4-15

商标	兑制要求	售价（元/千克）
红	Ⅲ少于10%，Ⅰ多于50%	5.5
黄	Ⅲ少于70%，Ⅰ多于20%	5.0
蓝	Ⅲ少于50%，Ⅰ多于10%	4.8

第5章

整数规划

5.1 整数规划问题的提出

党的二十大报告指出，优化基础设施布局、结构、功能和系统集成，构建现代化基础设施体系。重大基础设施的建设在决策过程中往往涉及整体性。在前面讨论的线性规划问题中，有些最优解可能是分数或小数，但对于某些具体问题，常有要求解答必须是整数的情形（称为整数解）。例如，所求解的是机器的台数、完成工作的人数或装货的车数等，分数或小数的解答就不合要求了。为了满足整数解的要求，初看起来，似乎只要把已得到的带有分数或小数的解经过“舍入化整”就可以了。但这常常是不行的，因为化整后不见得是可行解；或虽是可行解，但不一定是最优解。因此，对求最优解整数解的问题，有必要另行研究。我们称这样的问题为整数规划，简称 IP，整数规划是最近几十年来发展起来的规划论中的一个分支。

整数规划中如果所有的变量都限制为（非负）整数，就称为纯整数规划或称为全整数规划；如果仅一部分变量限制为整数，则称为混合整数规划。整数规划的一种特殊情形是0－1规划，它的变量取值仅限于0或1。本章最后讲到的指派问题就是一个0－1规划问题。

现举例说明用前述单纯形法求得的解不能保证是整数最优解。

例1：某厂拟用集装箱托运甲、乙两种货物，每箱的体积、重量、可获利润以及托运所受限制如表5－1所示。问两种货物各托运多少箱，可使获得利润最大？

表5－1

货物	体积（立方米/箱）	重量（百千克/箱）	利润（百元/箱）
甲	5	2	20
乙	4	5	10
托运限制	24 立方米	13 百千克	

解：设 x_1、x_2 分别为甲、乙两种货物的托运数（当然都是非负整数）。这是一个（纯）整数规划问题，用数学式可表示为：

$$\max z = 20x_1 + 10x_2 \quad ①$$

$$\text{s. t.} \begin{cases} 5x_1 + 4x_2 \leqslant 24 & ② \\ 2x_1 + 5x_2 \leqslant 13 & ③ \\ x_1,\ x_2 \geqslant 0 & ④ \\ x_1,\ x_2 \text{ 为整数} & ⑤ \end{cases} \qquad (5-1)$$

它和线性规划问题的区别仅在于最后的条件。现在我们暂不考虑这一条件，即解①~④（以后我们称这样的问题为与原问题相应的线性规划问题），很容易求得最优解为

$x_1 = 4.8$，$x_2 = 0$，$\max x = 96$

但 x_1 是托运甲种货物的箱数，现在它不是整数，所以不符合条件⑤的要求。

是不是把所得的非整数的最优解经过“化整”就可得到符合条件⑤的整数最优解呢？如将（$x_1 = 4.8$，$x_2 = 0$）凑整为（$x_1 = 5$，$x_2 = 0$），这样就破坏了条件②（关于体积的限制），因而它不是可行解；如将（$x_1 = 4.8$，$x_2 = 0$）舍去尾数0.8，便为（$x_1 = 4$，$x_2 = 0$），这当然满足各约束条件，因而是可行解，但不是最优解，因为当 $x_1 = 4$，$x_2 = 0$ 时，$z = 80$，但当 $x_1 = 4$，$x_2 = 1$（这也是可行解）时，$z = 90$。

本例还可以用图解法来说明。见图5-1非整数的最优解在 C（4.8，0）点达到。图中画“+”号的点表示可行的整数解。凑整的（5，0）点不在可行域内，而 C 点又不符合条件⑤。为了满足题中要求，表示目标函数的 Z 的等值线必须向原点平行移动，直到第一次遇到带“+”号 B 点（$x_1 = 4$，$x_2 = 1$）为止。这样，Z 的等值线就由 $z = 96$ 变到 $z = 90$，它们的差值 $\Delta z = 96 - 90 = 6$ 表示利润的降低，这是由于变量的不可分性（装箱）所引起的。

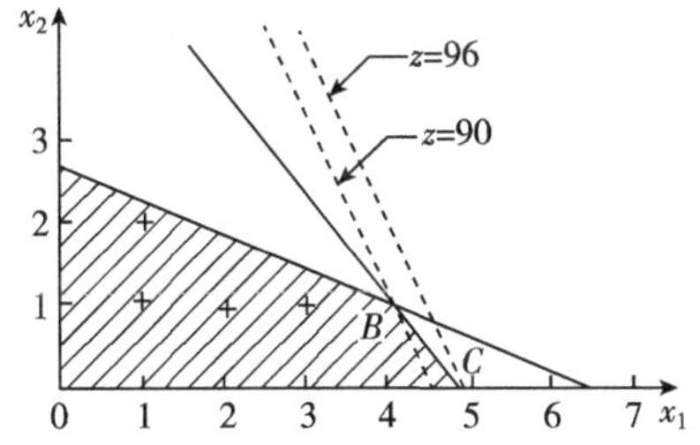

图5-1

由上例看出，将其相应的线性规划的最优解“化整”来解原整数规划，虽是最容易想到的，但常常得不到整数规划的最优解，甚至根本不是可行解。因此，有必要对整

数规划的解法进行专门研究。

5.2 分枝定界法

在求解整数规划时，如果可行域是有界的，首先容易想到的方法就是穷举变量的所有可行的整数组合，就像图 5 - 1 中画出所有“ + ”号的点那样，然后比较它们的目标函数值以定出最优解。对于小型的问题，变量数很少，可行的整数组合要是很小时，这个方法是可行的，也是有效的。在例 1 中，变量只有 x_1 和 x_2；由条件②，x_1 所能取的整数值为 0、1、2、3、4，共 5 个；由条件③，x_2 所能取的整数值为 0、1、2，共 3 个。它的组合（不都是可行的）数是 $3\times5=15$ 个，穷举法还是勉强可用的。对于大型的问题，可行的整数组合数是很大的。例如，在 5.5 节的指派问题（这也是整数规划）中，将 n 想为指派 n 个人去完成，不同的指派方案共有 $n!$ 种，当 $n=10$ 时，方案数就超过 300 万个；当 $n=20$ 时，方案数就为 2×10^{18} 个，如果一一计算，就是用每秒百万次的计算机，也要上万年的时间，很明显，解这样的题，穷举法是不可取的。因此，我们的方法一般应是仅检查可行的整数组合的一部分，就能定出最优的整数解。分枝定界法就是其中的一个。

分枝定界法可用于解纯整数或混合的整数规划问题，此方法在 20 世纪 60 年代初由 Land doig 和 Dakin 等提出。由于该方法灵活且便于用计算机求解，所以现在它已是解整数规划的重要方法。

分枝定界法求解整数规划问题的求解思路是：设有最大化的整数规划问题 A，与它相应的线性规划为问题 B，从解问题 B 开始，若其最优解不符合 A 的整数条件，那么 B 的最优目标函数值必是 A 的最优目标函数值 z^* 的上界，记作 $\bar{z}$；而 A 的任意可行解的目标函数值将是 z^* 的一个下界 $\underline{z}$。分枝定界法就是将 B 的可行域分成子区域（称为分枝）的方法，逐步减小 $\bar{z}$ 和增大 $\underline{z}$，最终求到 z^*。现用下例来说明：

例 2：求解 A

$$\max z=40x_1+90x_2 \quad ①$$

$$\text{s.t.}\begin{cases}9x_1+7x_2\leqslant56 & ②\\7x_1+20x_2\leqslant70 & ③\\x_1,\ x_2\geqslant0 & ④\\x_1,\ x_2\ \text{为整数} & ⑤\end{cases} \tag{5-2}$$

解：先不考虑条件⑤，即解相应的线性规划 B①～④（见图 5 - 2），得到最优解

$x_1=4.81$，$x_2=1.82$，$z_0=356$

可见它不符合整数条件⑤。这时 z_0 是问题 A 的最优目标函数值 z^* 的上界，记作 $z_0=\bar{z}_0$，而 $x_1=0$，$x_2=0$ 时，显然是问题 A 的一个整数可行解，这时 $z=0$，是 z^* 的一个下界，记作 $\underline{z}=0$，即 $0\leqslant z^*\leqslant 356$。

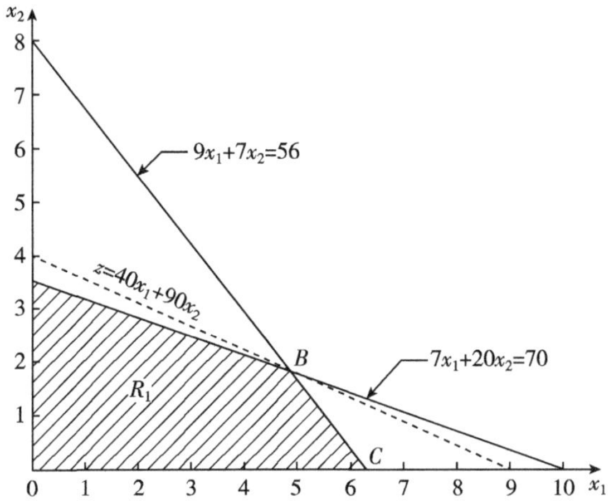

图5-2

分枝定界法的解法，先要注意其中一个非整数变量的解，如 x_1，在问题 B 的解中 $x_1=4.81$。于是对原问题增加两个约束条件：$x_1\leqslant 4$，$x_1\geqslant 5$，可将原问题分解为两个子问题 B_1 和 B_2（即两枝），给每枝增加一个约束条件，如图5-3所示。

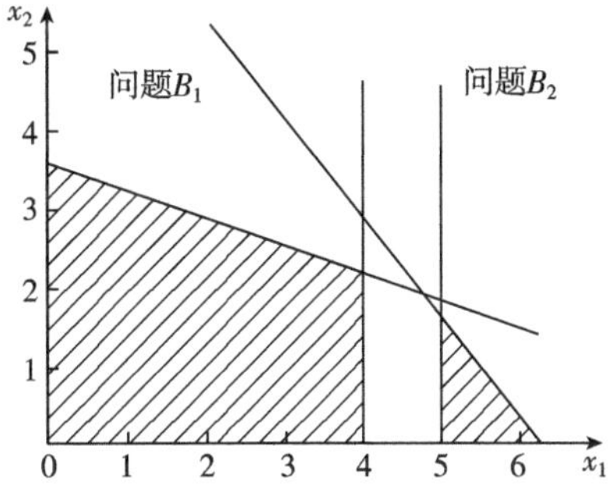

图5-3

这并不影响问题 A 的可行域，不考虑整数条件解问题 B_1 和 B_2，称此为第一次迭代。得到最优解为：

问题 B_1	问题 B_2
$z_1=349$	$z_2=341$
$x_1=4.00$	$x_1=5.00$
$x_2=2.10$	$x_2=1.57$

显然没有得到全部变量是整数的解。因 $z_1>z_2$，故将 $\bar{z}$ 改为 349，那么必存在最优整数解，得到 z^*，并且 $0\leqslant z^*\leqslant 349$。继续对问题 B_1 和 B_2 进行分解，因 $z_1>z_2$，故先分解 B_1 为两枝。增加条件 $x_2\leqslant 2$ 者称为问题 B_3；增加条件 $x_2\geqslant 3$ 者称为问题 B_4。在图 5－3 中舍去 $x_2>2$ 和 $x_2<3$ 之间的可行域，再进行第二次迭代。解题过程的结果都列在图 5－4 中。可见问题 B_3 的解已都是整数，它的目标函数值 $z_3=340$，可取为 $\underline{z}$，而它大于 $z_4=327$。所以再分解 B_4 已无必要。而问题 B_2 的 $z_2=341$，所以 z^* 可能在 $340\leqslant z^*\leqslant 341$ 有整数解。于是对 B_2 分解，得问题 B_5，既非整数，且 $z_5=308<z_3$，问题 B_6 为无可行解。于是可以断定：$z_3=\underline{z}=z^*=340$。问题 B_3 的解 $x_1=4.00$，$x_2=2.00$ 为最优整数解。

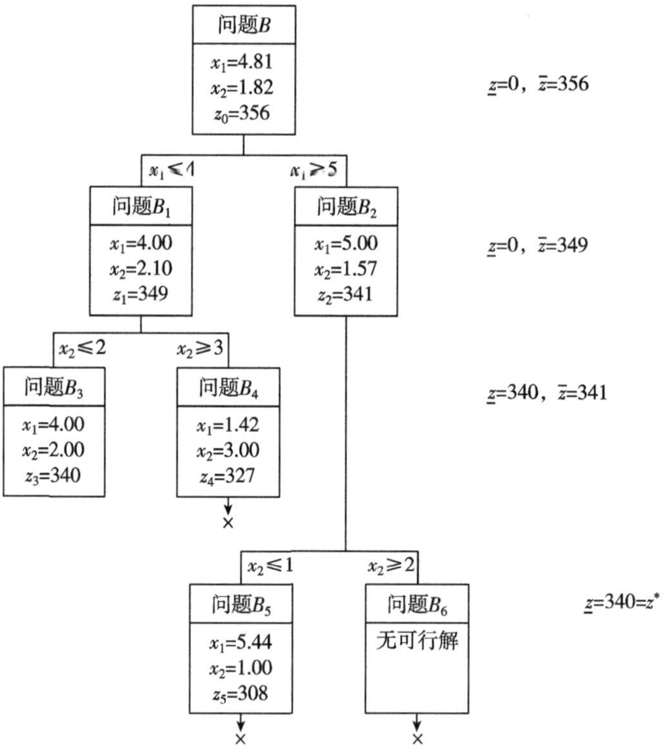

图 5－4

从以上解题过程可得用分枝定界法求解整数规划（最大化）问题的步骤为：

将要求解的整数规划问题称为问题 A，将与它相应的线性规划问题称为问题 B。

（1）解问题 B，可能得到以下情况之一：

①B 没有可行解，这时 A 也没有可行解，则停止。

②B 有最优解，并符合问题 A 的整数条件，B 的最优解即为 A 的最优解，则停止。

③B 有最优解，但不符合问题 A 的整数条件，记它的目标函数值为 $\bar{z}_0$。

（2）用观察法找问题 A 的一个整数可行解，一般可取 $x_j=0$（$j=1$，…，n），试探，求得其目标函数值，并记作 $\underline{z}$。以 z^* 表示问题 A 的最优目标函数值；这时有：$\underline{z}\leqslant z^*\leqslant\bar{z}$，进行迭代。

第一步：分枝，在 B 的最优解中任选一个不符合整数条件的变量 x_j，其值为 b_j，以 $[b_j]$ 表示小于 b_j 的最大整数。构造两个约束条件

$x_j\leqslant[b_j]$ 和 $x_j\geqslant[b_j]+1$

将这两个约束条件分别加入问题 B，求两个后继规划问题 B_1 和 B_2。不考虑整数条件求解这两个后继问题。

定界，以每个后继问题为一个分枝，标明求解的结果，与其他问题的解的结果中，找出最优目标函数值最大者作为新的上界 $\bar{z}$。从已符合整数条件的各分枝中，找出目标函数值为最大者作为新的下界 $\underline{z}$，若无符合整数条件的可行解，则仍取 $\underline{z}=0$。

第二步：比较与剪枝，各分枝的最优目标函数中若有小于 $\underline{z}$ 者，则剪掉这枝（用打×表示），即以后不再考虑了。若大于 $\underline{z}$，且不符合整数条件，则重复第一步。一直到最后得到 $z^*=\underline{z}$ 为止，得最优整数解 x_j^*（$j=1$，…，n）。

用分枝定界法可解纯整数规划问题和混合整数规划问题。它比穷举法优越。因为它仅在一部分可行解的整数解中寻求最优解，计算量比穷举法小。若变量数目很大，其计算工作量也是相当可观的。

补充说明：在实际决策时，若遇到求解最小化的整数规划问题时，可参考上述方法，并在相应过程中调整参数标准。具体如下：设有最小化的整数规划问题 A，与它相应的线性规划为问题 B，从解问题 B 开始，若其最优解不符合 A 的整数条件，那么 B 的最优目标函数值必是 A 的最优目标函数值 z^* 的一个下界，记作 $\underline{z}$；而 A 的任意可行解的目标函数值将是 z^* 的一个上界，记作 $\bar{z}$。分枝定界法就是将 B 的可行域分成子区域（称为分枝）的方法，逐步减小 $\bar{z}$ 和增大 $\underline{z}$，最终求到 z^*。

5.3 割平面法

这个方法的基础仍然是用解线性规划的方法去解整数规划问题，先不考虑变量 X_i 是整数这一条件，但增加线性约束条件（几何术语，称为割平面）使得由原可行域中

切割掉一部分，这部分只包含非整数解，但没有切割掉任何整数可行解。这个方法就是指怎样找出适当的割平面（不见得一次就能找到），使切割后最终得到这样的可行域，它的一个有整数坐标的极点恰好是问题的最优解，这个方法是 R. E. Gomory 提出来的，所以又称为 Gomory 割平面法，以下只讨论纯整数规划的情形，现举例说明。

例 3：求解

$$\max = X_1 + X_2 \quad ①$$

$$\text{s.t.}\begin{cases} -x_1 + x_2 \leqslant 1 & ② \\ 3x_1 + x_2 \leqslant 4 & ③ \\ x_1,\ x_2 \geqslant 0 & ④ \\ x_1,\ x_2 \text{ 为整数} & ⑤ \end{cases} \tag{5-3}$$

如不考虑条件⑤，容易求得相应的线性规划的最优解：

$$x_1 = \frac{3}{4},\ x_2 = \frac{7}{4},\ \max Z = \frac{10}{4}$$

它就是图 5－5 中域 R 的极点 A，但不合于整数条件。现设想，如能找到像 CD 那样的直线去切割域 R（见图 5－6），去掉三角形域 ACD，那么具有整数坐标的 C 点（1，1）就是域 R' 的一个极点，如在域 R' 上求解①～④，而得到的最优解又恰巧在 C 点就得到原问题的整数解，所以解法的关键就是怎样构造一个这样的“割平面” CD，尽管它可能不是唯一的，也可能不是一步能求到的。下面仍就本例说明：

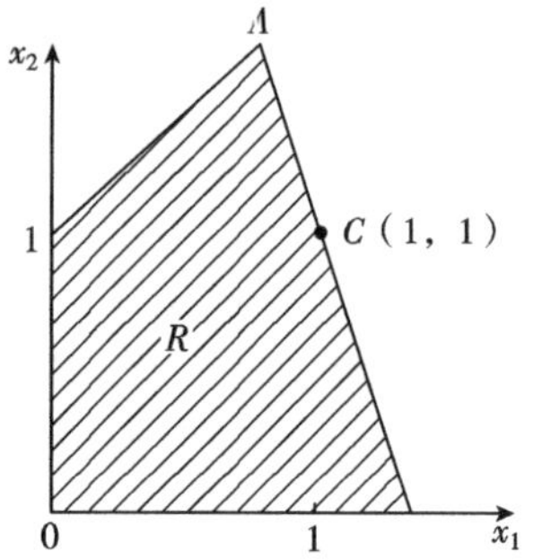

图 5－5

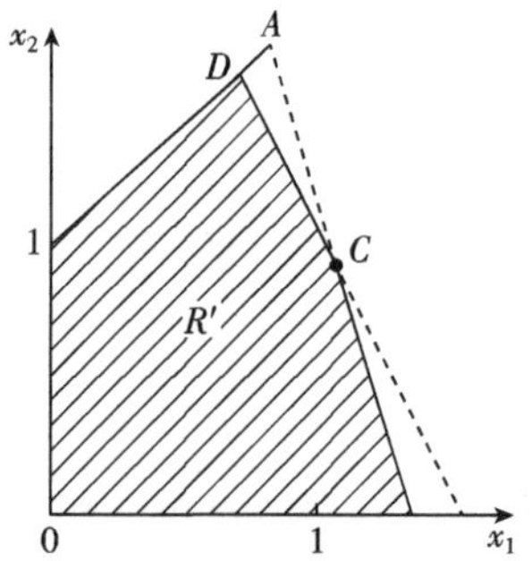

图 5－6

在原问题的前两个不等式中增加非负松弛变量 X_3、X_4，使两式变成等式约束：

$$\text{s. t.}\begin{cases}-x_1+x_2+x_3=1 & ⑥\\ 3x_1+x_2+x_4=4 & ⑦\end{cases}$$

不考虑条件⑤，用单纯形表解题，见表 5－2。

表 5－2

	c_i			1	1	0	0
	C_B	x_B	b	x_1	x_2	x_3	x_4
初始计算表	0	x_3	1	－1	1	1	0
	0	x_4	4	3	1	0	1
	c_i-z_j		0	1	1	0	0
最终计算表	1	x_1	3/4	1	0	－1/4	1/4
	1	x_2	7/4	0	1	3/4	1/4
	c_i-z_j		－5/2	0	0	－1/2	－1/2

从表 5－2 的最终计算表中，得到非整数的最优解：

$$x_1=\frac{3}{4},\ x_2=\frac{7}{4},\ x_3=x_4=0,\ \max z=\frac{5}{2}$$

从最终计算表中得到变量间的关系式：

$$x_1-\frac{1}{4}x_3+\frac{1}{4}x_4=\frac{3}{4}$$

$$x_2+\frac{3}{4}x_3+\frac{1}{4}x_4=\frac{7}{4}$$

将系数和常数项都分解成整数和非负真分数之和，移项以上两式变为

$$x_1-x_3=\frac{3}{4}-\left(\frac{3}{4}x_3+\frac{1}{4}x_4\right)$$

$$x_2-1=\frac{3}{4}-\left(\frac{3}{4}x_3+\frac{1}{4}x_4\right)$$

现考虑整数条件⑤，要求 x_1、x_2 都是非负整数，于是由条件⑥、⑦可知 x_3、x_4 也都是非负整数。在上式中（其实只考虑一式即可）从等式左边看是整数；在等式右边（）内是正数；所以等式右边必是负数。也就是说，整数条件⑤可由下式所代替：

$$\frac{3}{4}-\left(\frac{3}{4}x_3+\frac{1}{4}x_4\right)\leqslant 0$$

$$-3x_3-x_4\leqslant -3 \qquad ⑧$$

将新的约束方程加到表 5－2 的最终计算表，得到表 5－3。

表 5－3

C_j			1	1	0	0	0
C_B	x_B	b	x_1	x_2	x_3	x_4	x_5
1	x_1	3/4	1	0	－1/4	1/4	0
1	x_2	7/4	0	1	3/4	1/4	0
0	x_5	－3	0	0	－3	－1	1
c_j-z_j		－5/2	0	0	－1/2	－1/2	0

从表 5－3 的 b 列中可看到，这时得到的是非可行解，于是需要用对偶单纯形法继续进行计算。选择 x_5 为换出变量，计算

$$\theta=\min_j\left(\frac{C_j-z_j}{a_{lj}}\mid a_{lj}<0\right)=\min\left[\frac{-\frac{1}{2}}{-3},\ \frac{-\frac{1}{2}}{-1}\right]=\frac{1}{6}$$

将 x_3 作为换入变量，再按原单纯形法进行迭代，得到表 5－4。

表 5－4

C_j			1	1	0	0	0
C_B	X_B	b	x_1	x_2	x_3	x_4	x_5
1	x_1	1	1	0	0	1/3	－1/12
1	x_2	1	0	1	0	0	1/4
0	x_3	1	0	0	1	1/3	－1/3
c_j-z_j		－2	0	0	0	－1/3	－1/6

由于 x_1、x_2 的值已都是整数，解题已完成。注意：新得到的约束条件⑧

$-3x_3-x_4\leqslant-3$

如用 x_1、x_2 表示，由式⑥、式⑦得

$3(1+x_1-x_2)+(4-3x_1-x_2)\geqslant3$，$x_2\leqslant1$

这就是（x_1，x_2）平面上平行于 x_1 轴的直线下的区域，见图 5－7。但从解题过程来看，这一步是不必要的。

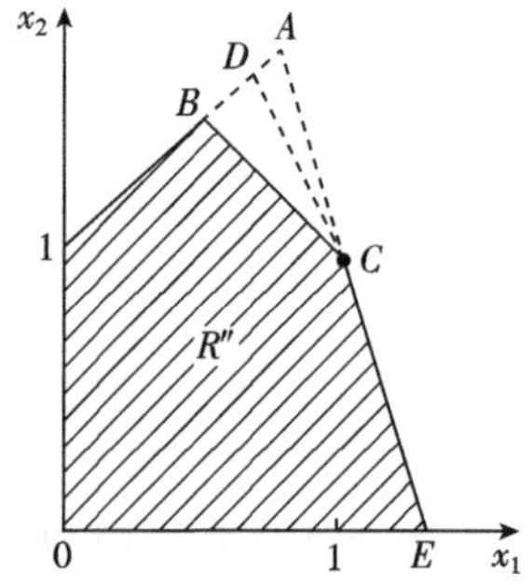

图 5－7

现把求一个切割方程的步骤归纳为：

（1）令 x_i 是相应线性规划最优解中为分数值的一个基变量，由单纯形表的最终表得

$$x_i + \sum_k a_{ik}x_k = b_i \tag{5-4}$$

其中，$i \in Q$（Q 指构成基变量号码的集合），$k \in k$（k 指构成非基变量号码的集合）。

（2）将 b_i 和 α_{ik} 都分解成整数部分 N 与非负真分数 f 之和，即

$$b_i = N_i + f_i,\ 0 < f_i < 1$$

$$a_{ik} = N_{ik} + f_{ik},\ 0 \leqslant f_{ik} < 1 \tag{5-5}$$

而 N 表示不超过 b 的最大整数。例如：

若 $b=2.35$，则 $N=2$，$f=0.35$

若 $b=-0.45$，则 $N=-1$，$f=0.55$

代入式（5-4）得

$$x_i + \sum_k N_{ik}x_k - N_i = f_i - \sum_k f_{ik}x_k \tag{5-6}$$

（3）现在提出变量为整数的条件（当然还有非负的条件），这时，式（5-6）由左边看必须是整数，但由右边看，因为 $0 < f_i < 1$，所以不能为正，即

$$f_i - \sum_k f_{ik}\chi_k \leqslant 0 \tag{5-7}$$

这就是一个切割方程。

由式（5-4）、式（5-6）、式（5-7）可知：

①切割方程式（5-7）真正进行了切割，至少把非整数最优解这一点割掉了。

②没有割掉整数解，这是因为相应的线性规划的任意整数可行解都满足式（5-7）。

Gomory 割平面法自 1958 年被提出后，即引起人们广泛的关注。但至今完全用它解题的仍是少数，原因就是经常遇到收敛很慢的情形，但若和其他方法（如分枝定界法）配合使用，也是有效的。

5.4　0-1 型整数规划

0-1 型整数规划是整数规划中的特殊情形，它的变量 x_i 仅取值 0 或 1。这时 x_i 称为 0-1 变量，或称二进制变量。x_i 仅取值 0 或 1 这个条件可由下述约束条件所代替。

$$x_i \leqslant 1$$

$x_i \geq 0$，整数

它和一般整数规划的约束条件是一致的。在实际问题中，如果引入 0－1 变量，就可以把各种情况需要分别讨论的线性规划问题统一在一个问题中讨论了。在本节我们先介绍引入 0－1 变量的实际问题，再研究解法。

5.4.1　引入 0－1 变量的实际问题

5.4.1.1　投资场所的选定——相互排斥的计划

例 4：某公司拟在市东、西、南三区建立门市部。拟议中有 7 个位置（点）A_i（$i=1, 2, \cdots, 7$）可供选择。规定：

在东区，由 A_1、A_2、A_3 三个点中至多选两个；

在西区，由 A_4、A_5 两个点中至少选一个；

在南区，由 A_6、A_7 两个点中至少选一个。

如选用 A_i 点，设备投资估计为 b_i 元，每年可获得利润估计为 C_i 元，但投资总额不能超过 B 元。问应选择哪几个点可使年利润最大？

解：解题时先引入 0－1 变量 x_i（$i=1, 2, \cdots, 7$），令

$$x_i = \begin{cases} 1，当 A_i 点被选用 \\ 0，当 A_i 点没被选用 \end{cases} \quad i=1, 2, \cdots, 7$$

于是问题可列成：

$$\max z = \sum_{i=1}^{7} C_i x_i$$

$$\text{s. t.} \begin{cases} \sum_{i=1}^{7} b_i x_i \leq B \\ x_1 + x_2 + x_3 \leq 2 \\ x_4 + x_5 \geq 1 \\ x_6 + x_7 \geq 1 \\ x_i = 0 或 1 \end{cases} \tag{5-8}$$

5.4.1.2　相互排斥的约束条件

在本章开始的例 1 中，关于运货的体积限制为

$$5x_1 + 4x_2 \leq 24 \tag{5-9}$$

今设运货有车运和船运两种方式，上面的条件是用车运时的限制条件，如用船运时关于体积的限制条件为

$$7x_1 + 3x_2 \leq 45 \tag{5-10}$$

这两条件是互相排斥的。为了统一在一个问题中，引入 0－1 变量 y，令

$$y=\begin{cases}0，当采取车运方式\\1，当采取船运方式\end{cases}$$

于是式（5－9）和式（5－10）可由下述的条件式（5－11）和式（5－12）来代替：

$$5x_1+4x_2\leqslant 24+yM \tag{5-11}$$

$$7x_1+3x_2\leqslant 45+(1-y)M \tag{5-12}$$

其中 M 是充分大的数。读者可以验证，当 $y=0$ 时，式（5－11）就是式（5－12），自然成立，因而是多余的。当 $y=1$ 时，式（5－12）就是式（5－10），而式（5－11）是多余的。引入的变量 y 不必出现在目标函数内，即认为在目标函数式内 y 的系数为 0。

如果有 m 个互相排斥的约束条件（≤型）：

$$a_{i1}x_1+a_{i2}x_2+\cdots+a_{in}x_n\leqslant b_i，\ i=1，2，\cdots，m$$

为了保证这 m 个约束条件只有一个起作用，我们引入 m 个 0－1 变量 y_i（$i=1$，2，$\cdots$，m），和一个充分大的常数 M，而下面这一组 $m+1$ 个约束条件

$$a_{i1}x_1+a_{i2}x_2+\cdots+a_{in}x_n\leqslant b_i+y_im，\ i=1，2，\cdots，m \tag{5-13}$$

$$y_1+y_2+\cdots+y_m=m-1 \tag{5-14}$$

就合于上述的要求。这是因为，由于式（5－14），m 个 y_i 中只有一个能取 0 值，设 $y_{i}^{*}=0$，代入式（5－13），就只有 $i=i^*$ 的约束条件起作用，而别的式子都是多余的。

5.4.1.3　关于固定费用的问题（fixed cost problem）

在讨论线性规划时，有些问题要求使成本最小。此时总设固定成本为常数，并在线性规划的模型中不必明显列出。有些固定费用（固定成本）的问题不能用一般线性规划来描述，但可以改变为混合整数规划来解决，见例 5。

例 5：某工厂为了生产某种产品，有几种不同的生产方式可供选择，如选定投资高的生产方式（选购自动化程度高的设备），由于产量大，因为分配到每件产品的变动成本就降低；反之，如选定投资低的生产方式，将来分配到每件产品的变动成本肯定增加，所以必须全面考虑。今设有三种方式可供选择，令：

x_j 表示采用第 j 种方式时的产量；

c_j 表示采用第 j 种方式时每件产品的变动成本；

k_j 表示采用第 j 种方式时的固定成本。

为了说明成本的特点，暂不考虑其他约束条件。采用各种生产方式的总成本分别为

$$p_j=\begin{cases}k_j+c_jx_j，当\ x_j>0\\0，当\ x_j=0\end{cases}\quad j=1，2，3$$

在构成目标函数时，为了统一在一个问题中讨论，现引入 0－1 变量 y_j，令

$$y_j=\begin{cases}1，当采用第\ j\ 种生产方式，即\ x_j\ 大于\ 0\ 时\\0，当不采用第\ j\ 种生产方式，即\ x_j\ 等于\ 0\ 时\end{cases} \tag{5-15}$$

于是目标函数

$\min z = (k_1y_1 + c_1x_1) + (k_2y_2 + c_2x_2) + (k_3y_3 + c_3x_3)$

式（5－15）这个规定有下述 3 个线性约束条件：

$$x_j \leqslant y_j M,\ j=1,\ 2,\ 3 \tag{5-16}$$

其中 M 是个正的充分大的常数。式（5－16）说明，当 $x_j>0$ 时，y_j 必须为 1；当 $x_j=0$ 时，只有 y_j 为 0 时才有意义，所以式（5－16）完全可以代替式（5－15）。

5.4.2 0－1 型整数规划的解法

解 0－1 型整数规划最容易想到的方法，和一般整数规划的情形一样，就是穷举法，即检查变量取值为 0 或 1 的每一种组合，比较目标函数值以求得最优解，这就需要检查变量取值的 2^n 个组合。对于变量个数 n 较大（如 $n\geqslant10$），这几乎是不可能的。因此常设计一些方法，只检查变量取值的组合的一部分，就能求到问题的最优解。这样的方法称为隐枚举法（implicit enumeration），分枝定界法也是一种隐枚举法。当然，对有些问题隐枚举法并不适用，所以有时穷举法还是必要的。

下面举例说明一种解 0－1 型整数规划的隐枚举法。

例 6：$\max z = 3x_1 - 2x_2 + 5x_3$

$$\text{s. t.}\begin{cases} x_1+2x_2-x_3\leqslant2 & ①\\ x_1+4x_2+x_3\leqslant4 & ②\\ x_1+x_2\leqslant3 & ③\\ 4x_1+x_3\leqslant6 & ④\\ x_1,\ x_2,\ x_3=0 \text{ 或 } 1 & ⑤\end{cases} \tag{5-17}$$

解题时先通过试探的方法找一个可行解，容易看出 $(x_1,\ x_2,\ x_3)=(1,\ 0,\ 0)$ 就是合于①～④条件的，算出相应的目标函数值 $z=3$。

我们求最优解，对于极大化问题，当然希望 $z\geqslant3$，于是增加一个约束条件：

$3x_1 - 2x_2 + 5x_3 \geqslant 3$　　◎

后加的条件称为过滤的条件（filtering constrain）。这样，原问题的线性约束条件就变成 5 个。用全部枚举的方法，3 个变量共有 $2^3=8$ 个解，原来 4 个约束条件，共需 32 次运算。现在增加了过滤条件◎，如按下述方法进行，就可减少运算次数。将 5 个约束条件按◎～④顺序排好（见表 5－5），对每个解，依次代入约束条件左侧，求出数值，看是否适合不等式条件，如某一条件不适合，同行以下各条件就不必再检查，因而就减少了运算次数。本例计算过程如表 5－5 所示，实际只做 24 次运算。

表 5－5

点	条件					满足条件？	Z 值
	◎	①	②	③	④	是（√）否（×）	
(0, 0, 0)	0			0	1	×	

续表

点	条件					满足条件？是（√）否（×）	Z 值
	◎	①	②	③	④		
(0, 0, 1)	5	−1	1			√	5
(0, 1, 0)	−2					×	
(0, 1, 1)	3	1	5	1	0	×	
(1, 0, 0)	3	1	1	1	1	√	3
(1, 0, 1)	8	0	2			√	8
(1, 1, 0)	1					×	
(1, 1, 1)	6	2	6			×	

于是求得最优解（x_1，x_2，x_3）=（1，0，1），max $z=8$。

在计算过程中，若遇到 z 值已超过条件◎右边的值，应改变条件◎，使右边为迄今为止最大者，然后继续计算。例如，当检查（0，0，1）时因 $z=5$（>3），所以应将条件◎换成

$$3x_1-2x_2+5x_3\geqslant 5 \qquad ◎$$

这种对过滤条件的改进，更可以减少计算量。

一般重新排列 x_i 的顺序是目标函数中 x_i 的系数是递增（不减）的，在上例中，改写 $z=3x_1-2x_2+5x_3=-2x_2+3x_1+5x_3$。

因为 −2，3，5 是递增的，变量（x_2，x_1，x_3）也按下述顺序取值：（0，0，0），（0，0，1），（0，1，0），（0，1，1），…，这样，最优解容易比较早地被发现。再结合过滤条件的改进，更可使计算简化。在上例中

$$\max z=-2x_2+3x_1+5x_3$$

$$\text{s.t.}\begin{cases}-2x_2+3x_1+5x_3\geqslant 3 & ◎\\ 2x_2+x_1-x_3\leqslant 2\\ 4x_2+x_1+x_3\leqslant 4\\ x_2+x_1\leqslant 3\\ 4x_2+x_3\leqslant 6\end{cases} \tag{5-18}$$

解题时按下述步骤进行（见表 5−6（a）、表 5−6（b）、表 5−6（c））：

表 5−6（a）

点（x_2、x_1、x_3）	条件					是否满足条件	Z 值
	◎	①	②	③	④		
(0, 0, 0)	0					×	
(0, 0, 1)	5	−1	1	0	1	√	5

表 5-6 (b)

点 (x_2、x_1、x_3)	条件					是否满足条件	Z 值
	◎′	①	②	③	④		
(0, 1, 0)	3					×	
(0, 1, 1)	8	0	2	1	1	√	8

表 5-6 (c)

点 (x_2、x_1、x_3)	条件					是否满足条件	Z 值
	◎′	①	②	③	④		
(1, 0, 0)	2					×	
(1, 0, 1)	3					×	
(1, 1, 0)	1					×	
(1, 1, 1)	6					×	

改进过滤条件，用 $-2x_2+3x_1+5x_3\geqslant 5$ 代替◎，继续进行。

再改进过滤条件，用 $-2x_2+3x_1+5x_3\geqslant 8$ 代替◎′，再继续进行。至此，Z 值已不能改进，即得到最优解，解答如前，但计算已简化。

补充说明：对于目标函数极小值的 0-1 型整数规划，隐枚举法同样适用，只是在参数设置和更新时有所不同。

5.5 指派问题

在生活中经常遇到这样的问题，某单位需完成 n 项任务，恰好有 n 个人可承担这些任务。由于每个人的专长不同，各人完成任务不同（或所费时间），效率也不同。于是产生应指派哪个人去完成哪项任务，使完成 n 项任务的总效率最高（或所需总时间最小）。这类问题称为指派问题或分派问题（assignment problems）。

例 7：有一份中文说明书，需要译成英、日、德、俄四种文字。分别记作 E、J、G、R。现有甲、乙、丙、丁四人，他们将中文说明书翻译成不同的语种的说明书所需时间如表 5-7 所示。问应指派何人去完成何种工作，使所需总时间最少？

类似有：有 n 项加工任务，怎样指派到 n 台机床上分别完成的问题；有 n 条航线，怎样指定 n 艘船去航行问题……对应每个指派问题，需有类似表 5-7 的数表，称为效率矩阵或系数矩阵，其元素 $C_{ij}>0$（i，$j=1$，2，…，n）表示指派第 i 人去完成第 j 项任务时的效率（或时间、成本等）。

表 5－7

人员＼任务	E	J	G	R
甲	2	15	13	4
乙	10	4	14	15
丙	9	14	16	13
丁	7	8	11	9

解：解题时需引入变量 x_{ij}，其取值只能是 1 或 0。并令

$$x_{ij}=\begin{cases}1,\text{ 当指派第 } i \text{ 人去完成第 } j \text{ 项任务}\\0,\text{ 当不指派第 } i \text{ 人去完成第 } j \text{ 项任务}\end{cases}$$

当问题要求极小化时数学模型是：

$$\min z = \sum_i \sum_j c_{ij}x_{ij} \qquad ①$$

$$\text{s. t.}\begin{cases}\sum_i x_{ij} = 1, j = 1,2,\cdots,n & ②\\ \sum_j x_{ij} = 1, i = 1,2,\cdots,n & ③\\ x_{ij} = 1 \text{ 或 } 0 & ④\end{cases} \qquad (5-19)$$

约束条件②说明第 j 项任务只能由 1 人去完成；约束条件③说明第 i 人只能完成 1 项任务。满足约束条件②～④的可行解 x_{ij} 也可以写成表格或矩阵形式，称为解矩阵。例如，例 7 的一个可行解矩阵是

$$(x_{ij})=\begin{bmatrix}0&1&0&0\\0&0&1&0\\1&0&0&0\\0&0&0&1\end{bmatrix}$$

显然，这不是最优。解矩阵（x_{ij}）中各行各列的元素之和都是 1。

指派问题是 0－1 规划的特例，也是运输问题的特例；即 $n=m$，$a_j=b_i=1$。当然可用整数规划，0－1 规划或运输问题的解法去求解，这就如同用单纯形法解运输问题一样是不合适的。利用指派问题的特点可有更简便的解法。

指派问题的最优解有这样的性质，若从系数矩阵（c_{ij}）的一行（列）各元素中分别减去该行（列）的最小元素，得到新矩阵（b_{ij}），那么以（b_{ij}）为系数矩阵求得的最优解和用原系数矩阵求得的最优解相同。

利用这个性质，可使原系数矩阵变换为含有很多 0 元素的新系数矩阵，而最优解保

持不变，在新系数矩阵（b_{ij}）中，我们关心位于不同行不同列的0元素，简称独立的0元素，若能在系数矩阵（b_{ij}）中找出 n 个独立的0元素，则令解矩阵（x_{ij}）中对应这个 n 个独立的0元素的元素值为1，其他元素值为0，将其代入目标函数中得到 $z_b=0$，它一定是最小的，这就是以（b_{ij}）为系数矩阵的指派问题的最优解。也就得到了原问题的最优解。

库恩（W. W. Kuhn）于1955年提出了指派问题的解法，他引用了匈牙利数学家康尼格（D. Konig）一个关于矩阵中0元素的定理：系数矩阵中独立0元素的最多个数等于能覆盖所有0元素的最少直线数。库恩的这一解法称为匈牙利法，此后在方法上虽有不断改进，但仍沿用这个名称。以下用例7来说明指派问题解法。

第一步：指派问题的系数矩阵经常变换，在各行各列中都出现0元素。

（1）从系数矩阵的每行元素减去该行的最小元素；

（2）再从所得系数矩阵的每列元素中减去该列的最小元素。

若某行（列）已有0元素，那就不必再减了。例7的计算为

$$(c_{ij})=\begin{bmatrix}2&15&13&4\\10&4&14&15\\9&14&16&13\\7&8&11&9\end{bmatrix}\begin{matrix}\text{min}\\2\\4\\9\\7\end{matrix}\rightarrow\begin{bmatrix}0&13&11&2\\6&0&10&11\\0&5&7&4\\0&1&4&2\end{bmatrix}\rightarrow\begin{bmatrix}0&13&7&0\\6&0&6&9\\0&5&3&2\\0&1&0&0\end{bmatrix}=(b_{ij})$$
$$\qquad\qquad\qquad\qquad\qquad\qquad\qquad\qquad 4\quad 2\quad \text{min}$$

第二步：进行试指派，以寻求最优解。为此，按以下步骤进行：

经第一步变换后，系数矩阵中每行每列都已有了0元素；但需要找出 n 个独立的0元素。若能找出，就以这些独立0元素对应解矩阵（x_{ij}）中的元素为1，其余为0，这就得到最优解。当 n 较小时，可用观察法、试探法去找出 n 个独立0元素。若 n 较大时，就必须按一定的步骤去找，常用的步骤为：

（1）从只有一个0元素的行（列）开始，给这个0元素加圈，记作◎。这表示对这行所代表的人，只有一种任务可指派。然后划去◎所在列（行）的其他0元素，记作 Φ。这表示这列所代表的任务已指派完，不必再考虑别人了。

（2）给只有一个0元素列（行）的0元素加圈，记作◎；然后划去◎所在行的0元素，记作 Φ。

（3）反复进行（1）、（2）两步，直到所有0元素都被圈出和划掉为止。

（4）若仍有没有加圈的0元素，且同行（列）的0元素至少有两个（表示对这个可以从两项任务中指派其一）。这可用不同的方案去试探。从剩有的0元素最少的行（列）开始，比较这行各0元素所在列中元素的数目，选择0元素少的那列的这个0元素加圈（表示选择性多的要“礼让”选择性少的）。然后划掉同行同列的其他0元素。可反复进行，直到所有0元素都已圈出和划掉为止。

（5）若◎元素的数目 m 等于矩阵的阶数 n，那么指派问题的最优解已得到。若 $m<n$，则转入下一步。

现用例 7 的（b_{ij}）矩阵，按上述步骤进行运算。按步骤（1），先给 b_{22}加圈，然后给 b_{31}加圈，划掉 b_{11}、b_{41}；按步骤（2），给 b_{44}加圈，最后给 b_{14}加圈，得到

$$\begin{bmatrix} \Phi & 13 & 7 & ◎ \\ 6 & ◎ & 6 & 9 \\ ◎ & 5 & 3 & 2 \\ \Phi & 1 & ◎ & \Phi \end{bmatrix}$$

可见 $m=n=4$，所以得最优解为

$$(x_{ij}) = \begin{bmatrix} 0 & 0 & 0 & 1 \\ 0 & 1 & 0 & 0 \\ 1 & 0 & 0 & 0 \\ 0 & 0 & 1 & 0 \end{bmatrix}$$

这表示：指定甲译出俄文，乙译出日文，丙译出英文，丁译出德文。所需总时间最少

$$\min z_b = \sum_i \sum_j b_{ij}x_{ij} = 0$$

$$\min z = \sum_i \sum_j b_{ij}x_{ij} = c_{31} + c_{22} + c_{43} + c_{14} = 28(\text{小时})$$

例 8：求表 5 - 8 所示效率矩阵的指派问题的最小解。

表 5 - 8

任务 人员	A	B	C	D	E
甲	12	7	9	7	9
乙	8	9	6	6	6
丙	7	17	12	14	9
丁	15	14	6	6	10
戊	4	10	7	10	9

解题时按上述第一步，将这一系数矩阵进行变换。

$$\begin{bmatrix} 12 & 7 & 9 & 7 & 9 \\ 8 & 9 & 6 & 6 & 6 \\ 7 & 17 & 12 & 14 & 9 \\ 15 & 14 & 6 & 6 & 10 \\ 4 & 10 & 7 & 10 & 9 \end{bmatrix} \begin{matrix} \min \\ 7 \\ 6 \\ 7 \\ 6 \\ 4 \end{matrix} \rightarrow \begin{bmatrix} 5 & 0 & 2 & 0 & 2 \\ 2 & 3 & 0 & 0 & 0 \\ 0 & 10 & 5 & 7 & 2 \\ 9 & 8 & 0 & 0 & 4 \\ 0 & 6 & 3 & 6 & 5 \end{bmatrix}$$

经一次运算即得每行每列都有0元素的系数矩阵，再按上述步骤运算，得到

$$\begin{bmatrix} 5 & \circledcirc & 2 & \Phi & 2 \\ 2 & 3 & \Phi & \circledcirc & \Phi \\ \circledcirc & 10 & 5 & 7 & 2 \\ 9 & 8 & \circledcirc & \Phi & 4 \\ \Phi & 6 & 3 & 6 & 5 \end{bmatrix} \qquad ①$$

这里◎的个数 $m=4$，而 $n=5$；所以解题没有完成，这时应按以下步骤继续进行。

第三步：作最少的直线覆盖所有0元素，以确定该系数矩阵中能找到最多的独立元素数。为此按以下步骤进行：

（1）对没有◎的行打√号；

（2）对已打√号的行中所有含 Φ 元素打√号；

（3）再对有√号的列中含◎元素的行打√号；

（4）重复（2）、（3）直到打不出新的√号的行、列为止；

（5）对没有打√号的行画一横线，有打√号的列画一纵线，这就得到覆盖所有0元素的最少直线数。

令直线数为 L。若 $L<n$，说明必须再变换当前的系数矩阵，才能找到 n 个独立的0元素，为此转第四步：若 $L=n$，而 $m<n$，应回到第二步（4），另行试探。

在例8中，对矩阵①按以下次序进行：

先在第五行旁打√，接着可判断应在第1列下打√，接着在第3行旁打√。经检查不能再打√了，对没有打√行，画一直线以覆盖0元素，已打√的列画一直线以覆盖0元素。得

$$\begin{array}{c} \begin{bmatrix} 5 & \circledcirc & 2 & \Phi & 2 \\ 2 & 3 & \Phi & \circledcirc & \Phi \\ \circledcirc & 10 & 5 & 7 & 2 \\ 9 & 8 & \circledcirc & \Phi & 4 \\ \Phi & 6 & 3 & 6 & 5 \end{bmatrix} \begin{array}{c} \\ \\ \surd \\ \\ \surd \end{array} \\ \surd \qquad\qquad\qquad\qquad \end{array} \qquad ②$$

由此可见，$L=4<n$。所以应继续对矩阵②进行变换。转入第四步。

第四步：对矩阵②进行变换的目的是增加0元素。为此在没有被直线覆盖的部分中找出最小元素。然后在打√行各元素中都减去这个最小元素，而在打√列的各元素中都加上这个最小元素，以保证原来0元素不变。这样得到新系数矩阵（它的最优解和原问题相同）。

若得到几个独立的0元素，则已得最优解，否则回到第三步重复进行。

在例8的矩阵②中，在没有被覆盖部分（第3、第5行）中找出最小的元素2，然

后对第3、第5行各元素分别减去2，给第1列各元素加2，得到矩阵③。按第二步，找出所有独立的0元素，得到矩阵④。

$$\begin{bmatrix} 7 & 0 & 2 & 0 & 2 \\ 4 & 3 & 0 & 0 & 0 \\ 0 & 8 & 3 & 5 & 0 \\ 11 & 8 & 0 & 0 & 4 \\ 0 & 4 & 1 & 4 & 3 \end{bmatrix} \qquad ③$$

$$\begin{bmatrix} 7 & ◎ & 2 & \Phi & 2 \\ 4 & 3 & \Phi & ◎ & \Phi \\ \Phi & 8 & 3 & 5 & ◎ \\ 11 & 8 & ◎ & \Phi & 4 \\ ◎ & 4 & 1 & 4 & 3 \end{bmatrix} \qquad ④$$

它具有 n 个独立0元素。这就得到了最优解，相应的解矩阵为

$$\begin{bmatrix} 0 & 1 & 0 & 0 & 0 \\ 0 & 0 & 0 & 1 & 0 \\ 0 & 0 & 0 & 0 & 1 \\ 0 & 0 & 1 & 0 & 0 \\ 1 & 0 & 0 & 0 & 0 \end{bmatrix}$$

由解矩阵得最优指派方案

甲——B，乙——D，丙——E，丁——C，戊——A

本例还可以得到另一个最优指派方案

甲——B，乙——C，丙——E，丁——D，戊——A

所需总时间为 $\min z = 32$。

当指派问题的系数矩阵经过变换得到了同行和同列中都有两个或两个以上0元素时，可以任选一行（列）中某一个0元素，再划去同行（列）的其他0元素。这时会出现多重解。

以上讨论限于极小化的指派问题。对极大化的问题，即求

$$\max z = \sum_i \sum_j c_{ij} x_{ij} \tag{5-20}$$

可令 $b_{ij} = M - c_{ij}$

其中 M 是足够大的常数（如选 c_{ij} 中最大元素为 M 即可），这时系数矩阵可变换为

$$B = (b_{ij})$$

这时 $b_{ij} \geqslant 0$，符合匈牙利法的条件。目标函数经变换后，即解

$$\min z' = \sum_i \sum_j b_{ij} X_{ij} \tag{5-21}$$

所得最小解就是原问题的最大解，因为

$$\begin{aligned}\sum_i \sum_j b_{ij}x_{ij} &= \sum_i \sum_j (M - C_{ij})x_{ij} \\ &= \sum_i \sum_j Mx_{ij} - \sum_i \sum_j C_{ij}x_{ij} \\ &= nM - \sum_i \sum_j C_{ij}x_{ij}\end{aligned}$$

因为 nM 为常数，所以当 $\sum_i \sum_j b_{ij}x_{ij}$ 取最小值时，$\sum_i \sum_j C_{ij}x_{ij}$ 便为最大。

补充说明：第 3 章运输问题的表上作业法也可用于求解指派问题。此时，可将任务作为销地，人作为生产地。

习　题

5.1：对下列整数规划问题，用先解相应的线性规划再凑整的办法能否求到最优整数解？

（1）$\max z = 3x_1 + 2x_2$

$$\text{s. t.}\begin{cases}2x_1 + 3x_2 \leqslant 14.5 \\ 4x_1 + x_2 \leqslant 16.5 \\ x_1,\ x_2 \geqslant 0 \\ x_1,\ x_2 \text{ 为整数}\end{cases}$$

（2）$\max z = 3x_1 + 2x_2$

$$\text{s. t.}\begin{cases}2x_1 + 3x_2 \leqslant 14 \\ 2x_1 + x_2 \leqslant 9 \\ x_1,\ x_2 \geqslant 0 \\ x_1,\ x_2 \text{ 为整数}\end{cases}$$

5.2：用分枝定界法解：

$\max z = x_1 + x_2$

$$\text{s. t.}\begin{cases}2x_1 + \dfrac{9}{14}x_2 \leqslant \dfrac{51}{14} \\ -2x_1 + x_2 \leqslant \dfrac{1}{3} \\ x_1,\ x_2 \geqslant 0 \\ x_1,\ x_2 \text{ 为整数}\end{cases}$$

5.3：用 Gomorg 割平面法解：

（1）$\max z = x_1 + x_2$

$$\text{s. t.}\begin{cases}2x_1 + x_2 \leqslant 6 \\ 4x_1 + x_2 \leqslant 20 \\ x_1,\ x_2 \geqslant 0 \\ x_1,\ x_2 \text{ 为整数}\end{cases}$$

（2）$\max z = 3x_1 - x_2$

$$\text{s. t.}\begin{cases}3x_1 - 2x_2 \leqslant 3 \\ -5x_1 - 4x_2 \leqslant -10 \\ 2x_1 + x_2 \leqslant 5 \\ x_1,\ x_2 \geqslant 0 \\ x_1,\ x_2 \text{ 为整数}\end{cases}$$

5.4：某城市的消防总部将全市划分为 11 个防火区，设有 4 个消防（救火）站。图 5-8 表示各防火区域与消防站的位置，其中①②③④表示消防站，1、2、…、11 表示防火区域。根据历史的资料证实，各消防站可在事先规定的允许时间内对所有负责的地区的火灾予以消灭。图中虚线即表示各地区由哪个消防站负责（没有虚线连接，就表示不负责）。现在总部提出：可否减少消防站的数目，仍能同样负责各地区的防火任务？如果可以，应当关闭哪个？

提示：对每个消防站定义一个 0-1 变量 x_i，令

$$x_j=\begin{cases}1, & \text{当某防火区域可由第 } j \text{ 消防站负责时}\\0, & \text{当某防火区域不由第 } j \text{ 消防站负责时}\end{cases}$$

$j=1, 2, 3, 4$

然后对每个防火区域列一个约束条件。

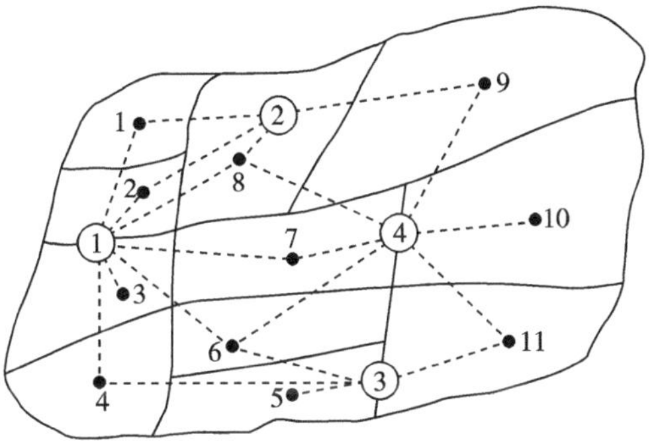

图 5-8

5.5：在有互相排斥的约束条件问题中，如果约束条件是（≤）型的，我们用加 y_iM 项（y_i 是 0-1 变量，M 是很大的常数）的方法统一在一个问题中。如果约束条件是（≥）型的，我们将怎样利用 y_i 和 M 呢？

5.6：解 0-1 规划：

（1）$\max z=4x_1+3x_2+2x_3$

$$\text{s.t.}\begin{cases}2x_1-5x_2+3x_3\leqslant 4\\4x_1+x_2+3x_3\geqslant 3\\x_2+x_3\geqslant 1\\x_1,\ x_2,\ x_3=0 \text{ 或 } 1\end{cases}$$

（2）$\min z=2x_1+5x_2+3x_3+4x_4$

$$\text{s.t.}\begin{cases}-4x_1+x_2+x_3+x_4\geqslant 0\\-2x_1+4x_2+2x_3+4x_4\geqslant 4\\x_1+x_2-x_3+x_4\geqslant 1\\x_1,\ x_2,\ x_3,\ x_4=0 \text{ 或 } 1\end{cases}$$

5.7：有 4 个工人，要指派他们分别完成 4 种工作，每人做各种工作所消耗的时间如表 5-9 所示，问指派哪个人去完成哪种工作，可使总的消耗时间最少？

表 5-9

任务 人员	A	B	C	D
甲	15	18	21	24
乙	19	23	22	18
丙	26	17	16	19
丁	19	21	23	17

第 6 章
无约束问题

6.1 基本概念

党的二十大报告强调，坚持科学决策、民主决策、依法决策，全面落实重大决策程序制度。可见，依据科学的模型和方法进行管理决策是重要的原则。这要求管理决策者基于充分的调查研究和客观事实，选择适合的模型，运用科学方法进行分析，确保管理决策目标和方法的科学性。

6.1.1 引言

6.1.1.1 问题的提出

例 1：某公司经营两种产品，第一种产品每件售价 30 元，第二种产品每件售价 450 元。根据统计，售出一件第一种产品所需要的服务时间平均是 0.5 小时，第二种产品是 $(2+0.25x_2)$ 小时，其中 x_2 是第二种产品的售出数量。已知该公司在这段时间的总营业时间是 800 小时，试决定使其营业额最大的营业计划。

下面我们来分析这个例子，并为其建立数学模型。

设该公司经营第一种产品 x_1 件，第二种产品 x_2 件，根据题意，其营业额为

$$f(X)=30x_1+450x_2$$

由于营业时间的限制，该计划必须满足

$$0.5x_1+(2+0.25x_2)x_2\leqslant 800$$

此外，这个问题还满足

$$x_1\geqslant 0,\ x_2\geqslant 0$$

于是，得到这个问题的数学模型如下：

$$\begin{cases}\max f(X)=30x_1+450x_2\\0.5x_1+2x_2+0.25x_2^2\leqslant 800\\x_1\geqslant 0,\ x_2\geqslant 0\end{cases}$$

例 2：为了进行多属性问题（假设有 n 个属性）的综合评价，就需要确定每个属性的相对重要性，即求它们的权重。为此将每个属性的重要性（对评价者或者决策者而言）进行两两比较，从而得出如下判断矩阵：

$$J=\begin{bmatrix}\alpha_{11}\cdots\alpha_{1n}\\ \vdots \quad \vdots\\ \alpha_{n1}\cdots\alpha_{nn}\end{bmatrix}$$

其中，元素 α_{ij}是第 i 个属性的重要性与第 j 个属性的重要性之比。

现需从判断矩阵求出 i 个属性的权重 w_i（$i=1,2,\cdots,n$）。为了使求出的权向量

$W=(w_1,w_2,\cdots,w_n)^T$

在最小二乘意义上能最好地反映判断矩阵的估计，由 $\alpha_{ij}\approx w_i/w_j$，可得

$$\begin{cases}\min\sum_{i=1}^{n}\sum_{j=1}^{n}(\alpha_{ij}w_j-w_i)^2\\ \sum_{i=1}^{n}w_i=1\end{cases}$$

例 1 的目标函数为自变量的线性函数，但其第一个约束条件却是自变量的二次函数，因而它是非线性规划问题。例 2 的目标函数是自变量的非线性函数，所以它也是非线性规划问题。还有第 1 章的例 3，即一块边长为 a 的正方形铁皮做一个容器，应如何裁剪使做成的容器的容积最大。其模型中的目标函数为决策变量的非线性函数，而该问题为非线性规划问题。

6.1.1.2 非线性规划问题的数学模型

非线性规划问题的数学模型常表示成以下形式

$$\min f(X) \tag{6-1}$$

$$h_i(X)=0,\ i=1,2,\cdots,m \tag{6-2}$$

$$g_j(X)\geqslant 0,\ j=1,2,\cdots,l \tag{6-3}$$

其中，自变量 $X=(x_1,x_2,\cdots,x_n)^T$ 是 n 维欧式空间 E^n 中的向量（点）；$f(X)$ 为目标函数，$h_i(X)=0$ 和 $g_j(X)\geqslant 0$ 为约束条件。

由于 $\max f(X)=-\min[-f(X)]$，当需使目标函数极大化时，只需使其负值极小化即可。因而仅考虑目标函数极小化，这无损于一般性。

若约束条件是“$\leqslant$”不等式时，仅需用“-1”乘该约束的两端，即可将这个约束变为“$\geqslant$”的形式。由于等式约束 $h_i(X)=0$，等价于下述两个不等式约束：

$$\begin{cases}h_i(X)\geqslant 0\\-h_i(X)\geqslant 0\end{cases}$$

因而，也可将非线性规划的数学模型统一写成以下形式

$$\begin{cases}\min f(X) & (6-4)\\ g_i(X)\geqslant 0,\ j=1,\ 2,\ \cdots,\ l & (6-5)\end{cases}$$

6.1.1.3　非线性规划问题的图示

图示法可以给人以直观概念，当只有两个自变量时，非线性规划问题也可像线性规划问题那样用图示法来表示（见图6-1）。

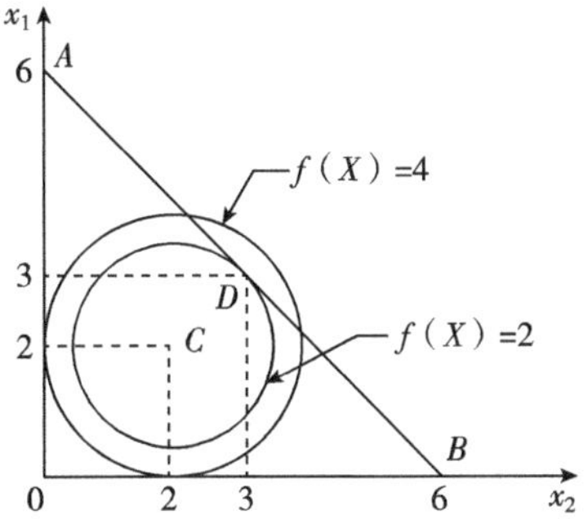

图6-1

考虑非线性规划问题

$$\begin{cases}\min f(X)=(x_1-2)^2+(x_2-2)^2 & (6-6)\\ h(X)=x_1+x_2-6=0 & (6-7)\end{cases}$$

若令其目标函数

$$f(X)=c \tag{6-8}$$

其中 c 为某一常数，则式（6-8）代表目标函数值等于 c 的点的集合，它一般为一条曲线或一张曲面，通常称其为等值线或等值面。对于这个例子来说，若令目标函数式（6-6）分别等于2和4，就得到相应的两条圆形等值线（见图6-1）。由图可见，等值线 $f(X)=2$ 和约束条件直线 AB 相切，切点 D 即为此问题的最优解：$x_1^*=x_2^*=3$，其目标函数值 $f(X^*)=2$。

在这个例子中，约束条件式（6-7）对最优解是有影响的。

现若以

$$h(X)=x_1+x_2-6\leqslant 0 \tag{6-9}$$

代替约束条件式（6-7），则非线性规划问题式（6-6）、式（6-9）的最优解是 $x_1=x_2=2$，即图6-1中的 C 点（这时 $f(X)=0$）。由于最优点位于可行域的内部，故对这个问题的最优解来说，约束式（6-9）事实上是不起作用的。在求这个问题的最优解时，可不考虑约束条件式（6-9），就相当于没有这个约束。

由第1章注意到，如果线性规划问题的最优解存在，其最优解只能在其可行域的边界上达到（特别是在可行域的顶点上达到）；而非线性规划问题的最优解（如果最优解

存在）则可能在其可行域中的任意一点达到。

6.1.2 极值问题

6.1.2.1 局部极值和全局极值

由于线性规划的目标函数为线性函数，可行域为凸集，因而求出的最优解就是在整个可行域上的全局最优解。非线性规划却不然，有时求出的某个解虽是一部分可行域上的极值点，但却并不一定是整个可行域上的全局最优解。

设$f(X)$为定义在n维欧式空间E^n的某一区域R上的n元实函数，其中$X=(x_1, x_2, \cdots, x_n)^T$。对于$X^* \in R$，如果存在某个$\varepsilon>0$，使所有与$X^*$的距离小于$\varepsilon$的$X\in R$（即$X\in R$且$\|X-X^*\|<\varepsilon$）均满足不等式$f(X)\geqslant f(X^*)$，则称$(X^*)$为$f(X)$在$R$上的局部极小点（或相对极小点），$f(X^*)$为局部极小值。若对于所有$X\neq X^*$且与$X^*$的距离小于$\varepsilon$的$X\in R$，$f(X)>f(X^*)$，则称$X^*$为$f(X)$在$R$上的严格局部极小点，$f(X^*)$为严格局部极小值。

若点$(X^*)\in R$，而对于所有$X\in R$都有$f(X)\geqslant f(X^*)$，则称X^*为$f(X)$在R上的全局极小点，$f(X^*)$为全局极小值。若对于所有$X\in R$且$X\neq X^*$，都有$f(X)>f(X^*)$，则称X^*为$f(X)$在R上的严格全局极小点，$f(X^*)$为严格全局极小值。

如将上述不等式反向，即可得到相应的极大点和极大值的定义。

下面仅就极小点及极小值加以说明，而且主要研究局部极小。

6.1.2.2 极值点存在的条件

现说明极值点存在的必要条件和充分条件。

定理1：（必要条件）

设R是n维欧式空间E^n上的某一开集，$f(X)$在R上有一阶连续偏导数，且在点$X^*\in R$取得局部极值，则必有

$$\frac{\partial f(X^*)}{\partial x_1}=\frac{\partial f(X^*)}{\partial x_2}=\cdots=\frac{\partial f(X^*)}{\partial x_n}=0 \tag{6-10}$$

或

$$\nabla f(X^*)=0 \tag{6-11}$$

上式中

$$\nabla f(X^*)=\left(\frac{\partial f(X^*)}{\partial x_1}, \frac{\partial f(X^*)}{\partial x_2}, \cdots, \frac{\partial f(X^*)}{\partial x_n}\right)^T \tag{6-12}$$

为函数$f(X)$在点(X^*)处的梯度。

由分析可知，$\nabla f(X)$的方向为$f(X)$的等值面（等值线）的法线（在点X处）方向，沿这条法线函数值增加最快。

满足式（6-10）或式（6-11）的点称为平稳点或驻点，在区域内部，极值点必为平稳点，但平稳点不一定是极值点。

定理2：（充分条件）

设 R 是 n 维欧氏空间 E^n 上的某一开集，$f(X)$ 在 R 上具有二阶连续偏导数，$X^* \in R$，若 $\nabla f(X^*)=0$，且对任何非零向量 $Z \in E^n$ 有

$$Z^T H(X^*) Z > 0 \tag{6-13}$$

则 X^* 为 $f(X)$ 的严格局部极小点。

此处 $H(X^*)$ 为 $f(X)$ 在点 X^* 处的海塞（Hesse）矩阵：

$$H(X^*) = \begin{bmatrix} \frac{\partial^2 f(X^*)}{\partial \chi_1^2} & \frac{\partial^2 f(X^*)}{\partial \chi_1 \partial \chi_2} & \cdots & \frac{\partial^2 f(X^*)}{\partial \chi_1 \partial \chi_n} \\ \frac{\partial^2 f(X^*)}{\partial \chi_2 \partial \chi_1} & \frac{\partial^2 f(X^*)}{\partial \chi_2^2} & \cdots & \frac{\partial^2 f(X^*)}{\partial \chi_2 \partial \chi_n} \\ \frac{\partial^2 f(X^*)}{\partial \chi_n \partial \chi_1} & \frac{\partial^2 f(X^*)}{\partial \chi_n \partial \chi_2} & \cdots & \frac{\partial^2 f(X^*)}{\partial \chi_n^2} \end{bmatrix} \tag{6-14}$$

需要指出，定理2中的充分条件式（6-13）并不是必要的。可以举出这样的例子：X^* 是 $f(X)$ 的极小点，但却不满足条件式（6-13）。例如，$f(X)=x^*$，它的极小点是 $X^*=0$，但 $f''(X^*)=0$，这不满足式（6-13）。

现考虑二次型 Z^THZ。若对于任意 $Z \neq 0$（即 Z 的元素不全为零），二次型 Z^THZ 的值总是正的，即 $Z^THZ>0$，则称该二次型是正定的；若对于任意 $Z \neq 0$ 总有 $Z^THZ \geqslant 0$，则称其为半正定；若对于任意 $Z \neq 0$ 总有 $Z^THZ<0$，则称其为负定；若对于 $Z \neq 0$ 总有 $Z^THZ \leqslant 0$，则称为半负定。如果对某些 $Z \neq 0$，$Z^THZ>0$，而对另一些 $Z \neq 0$，$Z^THZ<0$，即它既非正定，也非负定，则称其为不定的。由线性代数可知，二次型 Z^THZ 为正定的充要条件，它的矩阵 H 的左上角各阶主子式都大于零；而它为负定的充要条件时，它的矩阵 H 的左上角各阶主子式依次负正相间。

现以 h_{ij} 表示矩阵 H 的元素，上述条件为，当二次型正定时：

$$h_{11}>0;\quad \begin{vmatrix} h_{11} & h_{12} \\ h_{21} & h_{22} \end{vmatrix}>0;\ \cdots;\quad \begin{vmatrix} h_{11} & \cdots & h_{1n} \\ & \cdots & \\ h_{n1} & \cdots & h_{nn} \end{vmatrix}>0$$

当二次型负定时：

$$h_{11}<0;\quad \begin{vmatrix} h_{11} & h_{12} \\ h_{21} & h_{22} \end{vmatrix}>0;\quad \begin{vmatrix} h_{11} & h_{12} & h_{13} \\ h_{21} & h_{22} & h_{23} \\ h_{31} & h_{32} & h_{33} \end{vmatrix}<0;\ \cdots;\ (-1)^n \begin{vmatrix} h_{11} & \cdots & h_{1n} \\ & \cdots & \\ h_{n1} & \cdots & h_{nn} \end{vmatrix}>0$$

二次型 Z^THZ 为正定、负定或不定时，其对称矩阵 H 分别称为正定的、负定的或不定的。定理2中的条件式（6-13），就等于说其海塞矩阵在 X^* 处正定。

6.1.3 凸函数和凹函数

凸集、凸函数以及凸函数的极值的性质，是研究非线性规划问题所不可缺少的内

容。凸集的概念在讲线性规划时已作过说明，因而这里简要说明凸函数的有关问题。

6.1.3.1 什么是凸函数和凹函数

设 $f(X)$ 为定义在 n 维欧式空间 E^n 中某个凸集 R 上的函数，若对任何实数 a（$0<a<1$）以及 R 中的任意两点设 $X^{(1)}$ 和 $X^{(2)}$，恒有

$$f(aX^{(1)}+(1-a)X^{(2)})\leqslant af(X^{(1)})+(1-a)f(X^{(2)}) \qquad (6-15)$$

则称 $f(X)$ 为定义在 R 上的凸函数。

若对任意 a（$0<a<1$）和 $X^{(1)}\neq X^{(2)}\in R$ 恒有

$$f(aX^{(1)}+(1-a)X^{(2)})<af(X^{(1)})+(1-a)f(X^{(2)}) \qquad (6-16)$$

则称 $f(X)$ 为定义在 R 上的严格凸函数。

将式（6-15）和式（6-16）中的不等号反向，即可得到凹函数和严格凹函数的定义。显然，若函数 $f(X)$ 是凸函数（严格凸函数），则 $-f(X)$ 一定是凹函数（严格凹函数）。

凸函数和凹函数的几何意义十分明显，若函数图形上任意两点的连线处处都不在这个函数图形的下方，它当然是下凸的（图6-2（a））。凹函数则是下凹的（上凸的）（图6-2（b））。线性函数既可看作凸函数，也可看作凹函数。

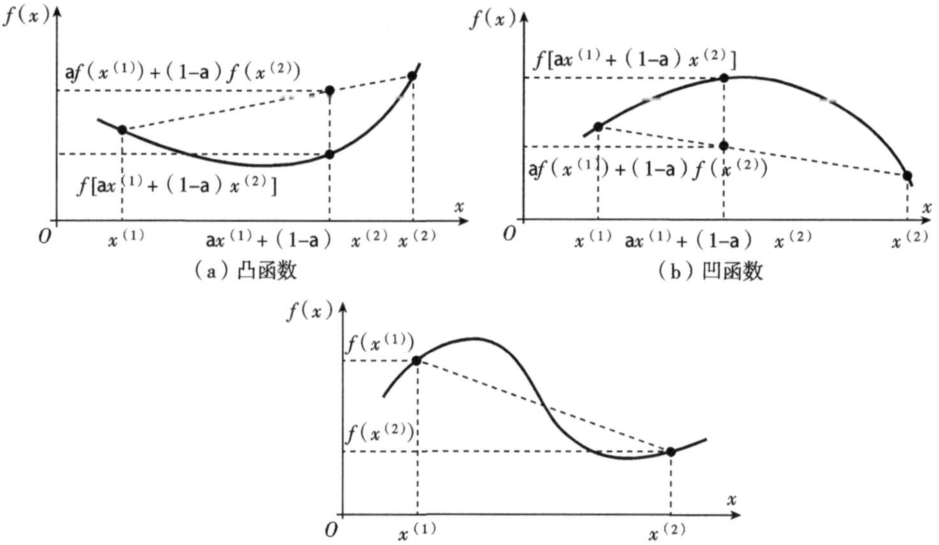

（a）凸函数　（b）凹函数

（c）非凸、非凹函数

图6-2

6.1.3.2 凸函数的性质

性质1：设 $f(X)$ 为定义在凸集 R 上的凸函数，则对任何实数 $\beta\geqslant0$，函数 $\beta f(X)$

也是定义在 R 上的凸函数。

性质2：设 $f_1(X)$ 和 $f_2(X)$ 为定义在凸集 R 上的两个凸函数，则其和 $f(X)=f_1(X)+f_2(X)$ 仍为定义在 R 上的凸函数。

因为 $f_1(X)$ 和 $f_2(X)$ 都是定义在 R 上的凸函数，故对 R 上的任意两点 $X^{(1)}$ 和 $X^{(2)}$ 以及任意 $a\ (0<a<1)$ 恒有：

$$f_1(aX^{(1)}+(1-a)X^{(2)})\leqslant af_1(X^{(1)})+(1-a)f(X^{(2)})$$

$$f_2(aX^{(1)}+(1-a)X^{(2)})\leqslant af_2(X^{(1)})+(1-a)f(X^{(2)})$$

将上式左右两端分别相加得：

$$f(aX^{(1)}+(1-a)X^{(2)})\leqslant af(X^{(1)})+(1-a)f(X^{(2)})$$

故 $f(X)$ 也是 R 上的凸函数。

由以上两个性质可知：有限个凸函数的非负线性组合

$$\beta_1 f_1(X)+\beta_2 f_2(X)+\cdots+\beta_m f_m(X)$$

$$\beta_i\geqslant 0,\ i=1,\ 2,\ \cdots,\ m$$

仍为凸函数。

性质3：设 $f(X)$ 为定义在凸集 R 上的凸函数，则对任意实数 β，集合

$$S_\beta=\{X\mid X\in R,\ f(X)\leqslant\beta\}$$

是凸集（S_β 称为水平集）。

证明：任取 $X^{(1)}\in S_\beta$ 和 $X^{(2)}\in S_\beta$，则有 $f(X^{(1)})\leqslant\beta$，$f(X^{(2)})\leqslant\beta$。

由于 R 为凸集，故对任意实数 $a(0<a<1)$，$aX^{(1)}+(1-a)X^{(2)}\in R$，又因 $f(X)$ 为凸函数，故

$$f(aX^{(1)}+(1-a)X^{(2)})\leqslant af(X^{(1)})+(1-a)f(X^{(2)})\leqslant\beta$$

这就表明点 $aX^{(1)}+(1-a)X^{(2)}\in S_\beta$，于是，$S_\beta$ 为凸集。

6.1.3.3 函数凸性的判定

现在来研究怎样判断一个函数是凸函数，当然可以直接依据定义去判别。对于可微凸函数，也可利用下述两个判别定理。

定理3：（一阶条件）

设 R 为 n 维欧式空间 E^n 上的开凸集，$f(X)$ 在 R 上具有一阶连续偏导数，则 $f(X)$ 为 R 上的凸函数的充要条件是，对任意两个不同点 $X^{(1)}\in R$ 和 $X^{(2)}\in R$，恒有

$$f(X^{(2)})\geqslant f(X^{(1)})+\nabla f(X^{(1)})^T(X^{(2)}-X^{(1)}) \qquad (6-17)$$

证明：必要性：

设 $f(X)$ 为 R 上的凸函数，则对任何 $a\ (0<a<1)$ 有

$$f(aX^{(2)}+(1-a)X^{(1)})\leqslant af(X^{(2)})+(1-a)f(X^{(1)})$$

于是

$$\frac{f(X^{(1)}+a(X^{(2)}-X^{(1)}))-f(X^{(1)})}{a}\leqslant f(X^{(2)})-f(X^{(1)}),\quad a\to +0$$

上式左端的极限为

$$\nabla f(X^{(1)})^T(X^{(2)}-X^{(1)})$$

即$f(X^{(2)})\geqslant f(X^{(1)})+\nabla f(X^{(1)})^T(X^{(2)}-X^{(1)})$

充分性：

任取$X^{(1)}\in R$及$X^{(2)}\in R$，现令

$$X=aX^{(1)}+(1-a)X^{(2)},\ 0<a<1$$

分别以$X^{(1)}$和$X^{(2)}$为式(6－17)中的$X^{(2)}$，以X为式(6－17)中的$X^{(1)}$，则

$$f(X^{(1)})\geqslant f(X)+\nabla f(X)^T(X^{(1)}-X) \tag{6-18}$$

$$f(X^{(2)})\geqslant f(X)+\nabla f(X)^T(X^{(2)}-X) \tag{6-19}$$

用a乘式（6－18），用（$1-a$）乘式（6－19），然后左右两端相加：

$$\begin{aligned}af(X^{(1)})+(1-a)f(X^{(2)})&\geqslant f(X)-\nabla f(X)^T\times[aX^{(1)}-aX+(1-a)(X^{(2)}-X)]\\&=f(X)=f(aX^{(1)}+(1-a)X^{(2)})\end{aligned}$$

从而可知$f(X)$为R上的凸函数。

若式（6－17）为严格不等式，它就是严格凸函数的充要条件。凸函数的定义式（6－15），本质上是说凸函数两点间的线性插值不低于这个函数的值；而定理3则是说，基于某点导数的线性近似不高于这个函数的值（见图6－3）。

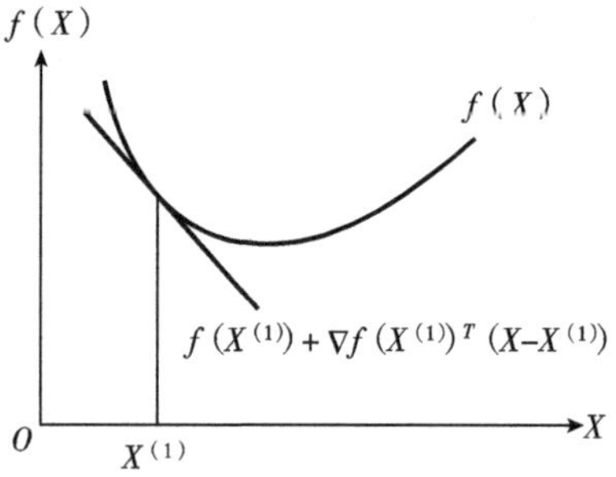

图6－3

定理4：（二阶条件）

设R为n维欧氏空间E^n上的某一凸集，$f(X)$在R上具有二阶连续偏导数，则$f(X)$为R上的凸函数的充要条件是：$f(X)$的海塞矩阵$H(X)$在R上处处半正定。

证明：必要性：

设$f(X)$为R上的凸函数。任取$X\in R$和$Z\in E^n$，现证$Z^TH(X)Z\geqslant 0$

因R为开集，故存在$\bar{a}>0$，使当$\bar{a}\in[-\bar{a},\bar{a}]$时，有$X+aZ\in R$。由定理3可得

$$f(X+aZ)=f(X)+a\nabla f(X)^TZ+\frac{1}{2}a^2Z^TH(X)Z+o(a^2)$$

其中$\lim\limits_{a\to 0}\dfrac{o(a^2)}{a^2}=0$。

由以上两式得

$$\frac{1}{2}a^2Z^TH(X)Z+o(a^2)\geqslant 0$$

从而

$$\frac{1}{2}Z^TH(X)Z+\frac{o(a^2)}{a^2}\geqslant 0$$

令 $a\to 0$，则得

$$Z^TH(X)Z\geqslant 0$$

即 $H(X)$ 为半正定矩阵。

充分性：

设对任意 $X\in R$，$H(X)$ 为半正定矩阵，任取 $\overline{X}\in R$，由泰勒公式，有

$$f(X)=f(\overline{X})+\nabla f(\overline{X})^T(X-\overline{X})+\frac{1}{2}(X-\overline{X})^TH(\overline{X}+\lambda(X-\overline{X}))(X-\overline{X})$$

其中 $\lambda\in(0,1)$。

因 R 为凸集，$\overline{X}+\lambda(X-\overline{X})\in R$。再由假设知 $H(\overline{X}+\lambda(X-\overline{X}))$ 为半正定，从而

$$f(X)\geqslant f(\overline{X})+\nabla f(\overline{X})^T(X-\overline{X})$$

由定理3可知，$f(X)$ 为 R 上的凸函数。

若对一切 $X\in R$，$f(X)$ 的海塞矩阵都是正定的，则 $f(X)$ 是 R 上的严格凸函数。对于凹函数可以得到和上述类似的结果。

例3：试证明 $f(X)=-x_1^2-x_2^2$ 为凹函数。

证：(1) 首先由定义证明 $f_1(X_1)=-x_1^2$ 为凹函数。

任意指定两点 a_1 和 a_2，看下述各式是否成立？

$$-[\alpha a_1+(1-\alpha)a_2]^2\geqslant\alpha(-a_1^2)+(1-\alpha)(-a_2^2)$$

或 $a_1^2(\alpha-\alpha^2)-2a_1a_2(\alpha-\alpha^2)+a_2^2(\alpha-\alpha^2)\geqslant 0$

或 $(\alpha-\alpha^2)(a_1-a_2)^2\geqslant 0$ 成立，从而证明 $f_1(x_1)=-x_1^2$ 为凹函数。用同样的方法可以证明 $f_2(x_2)=-x_2^2$ 也是凹函数。

(2) 根据性质2，$f(X)=-x_1^2-x_2^2$ 为凹函数。

(3) 再用定理3证明。

任意选取第一点 $X^{(1)}=(a_1,b_1)^T$，第二点 $X^{(2)}=(a_2,b_2)^T$。如此，

$$f(X^{(1)})=-a_1^2-b_1^2$$

$$f(X^{(2)})=-a_2^2-b_2^2$$

$$\nabla f(X)=(-2x_1,-2x_2)^T$$

$$\nabla f(X^{(1)})=(-2a_1,-2b_1)^T$$

现看下述各式是否成立？

$$-a_2^2-b_2^2 \leqslant -a_1^2-b_1^2+(-2a_1-2b_1)\begin{pmatrix}a_2-a_1\\ b_2-b_1\end{pmatrix}$$

或 $-a_2^2-b_2^2 \leqslant -a_1^2-b_1^2-2a_1(a_2-a_1)-2b_1(b_2-b_1)$

或 $-(a_2^2-2a_1a_2+a_1^2)-(b_2^2-2b_1b_2+b_1^2) \leqslant 0$

或 $-(a_2-a_1)^2-(b_2-b_1)^2 \leqslant 0$

不管 a_1、a_2、b_1 和 b_2 取什么值，上式均成立，从而得证。

（4）用定理4证明。

由于

$$\frac{\partial f(X)}{\partial x_1}=-2x_1 \qquad \frac{\partial f(X)}{\partial x_2}=-2x_2$$

$$\frac{\partial^2 f(X)}{\partial x_1^2}=-2<0 \qquad \frac{\partial^2 f(X)}{\partial x_2^2}=-2<0$$

$$\frac{\partial^2 f(X)}{\partial x_1 \partial x_2}=\frac{\partial^2 f(X)}{\partial x_2 \partial x_1}=0$$

$$|H|=\begin{vmatrix}-2 & 0\\ 0 & -2\end{vmatrix}=4>0$$

其海塞矩阵处处负定，故 $f(X)$ 为（严格）凹函数。

6.1.3.4 凸函数的极值

前已指出，函数的局部极小值并不一定等于它的最小值，前者只不过反映了函数的局部性质。而最优化的目的，往往是要求函数在整个域中的最小值（最大值）。为此，必须将所得的全部极小值进行比较（有时尚需考虑边界值），以便从中选出最小者。然而对于定义在凸集上的凸函数来说，则用不着进行这种麻烦的工作，它的极小值就等于其最小值。

定理5：若 $f(X)$ 为定义在凸集 R 上的凸函数，则它的任一极小点就是它在 R 上的最小点（全局极小点），而且它的极小点形成一个凸集。

证明：设 X^* 是一个局部极小点，则对于充分小的领域 $N_\delta(X^*)$ 中的一切 X，均有

$$f(X) \geqslant f(X^*)$$

令 Y 是 R 中的任一点，对于充分小的 λ，$0<\lambda<1$，就有

$$((1-\lambda)X^*+\lambda Y) \in N_\delta(X^*)$$

从而

$$f((1-\lambda)X^*+\lambda Y) \geqslant f(X^*)$$

由于 $f(X)$ 为凸函数，故

$$(1-\lambda)f(X^*)+\lambda f(Y) \geqslant f(1-\lambda)X^*+\lambda Y$$

将上述两个不等式相加，移项后除以 λ，得到

$$f(Y) \geqslant f(X^*)$$

这就是说，X^* 是全局极小点。

由性质3，所有极小点的集合形成一个凸集。

定理6：设 $f(X)$ 是定义在凸集 R 上的可微凸函数，若存在点 $X \in R$，使得对于所有的 $X \in R$ 有

$$\nabla f(X^*)^T(X - X^*) \geqslant 0 \tag{6-20}$$

则 X^* 是 $f(X)$ 在 R 上的最小点（全局极小点）。

证明：由定理3

$$f(X) \geqslant f(X^*) + \nabla f(X^*)^T(X - X^*)$$

如此，对所有 $X \in R$ 有

$$f(X) \geqslant f(X^*)$$

一种极为重要的情形是，当点 X^* 是 R 的内点时，式(6－20)对任意$(X - X^*)$都成立，这就意味着可将式(6－20)改为 $\nabla f(X^*) = 0$。

以上两个定理说明，定在凸集上的凸函数的平稳点就是其全局极小点。全局极小点并不一定是唯一的，但若为严格凸函数，则其全局极小点就是唯一的了。

6.1.4 凸规则

现在再回到非线性规划式（6－1）、式（6－2）和式（6－3）。和线性规划类似，把满足约束条件式（6－2）和式（6－3）的点称作可行点（可行解），所有可行点的集合称作可行域。若某个可行解使目标函数式（6－1）为最小，就称它为最优解。

考虑非线性规划

$$\begin{cases} \min\limits_{X \in R} f(X) \\ R = \{X \mid g_j(X) \geqslant 0,\ j = 1,\ 2,\ \cdots,\ l\} \end{cases}$$

假定其中 $f(X)$ 为凸函数，$g_i(X)(j = 1,\ 2,\ \cdots,\ l)$ 为凹函数（或者说 $-g_i(X)$ 为凸函数），这样的非线性规划称为凸规划，可证明，上述凸规划的可行域为凸集，其局部最优解即为全局最优解，而且其最优解的集合形成一个凸集。当凸规划的目标函数 $f(X)$ 为严格凸函数时，其最优解必定唯一（假定最优解存在）。由此可见，凸规划是一类比较简单而又具有重要理论意义的非线性规划。

由于线性函数既可视为凸函数，又可视为凹函数，故线性规划也属于凸规划。

例4：试分析非线性规划

$$\begin{cases} \min f(X) = x_1^2 + x_2^2 - 4x_1 + 4 \\ g_1(X) = x_1 - x_2 + 2 \geqslant 0 \\ g_2(X) = -x_1^2 + x_2 - 1 \geqslant 0 \\ x_1,\ x_2 \geqslant 0 \end{cases}$$

解：$f(X)$ 和 $g_2(X)$ 的海塞矩阵的行列式分别是

$$|H| = \begin{vmatrix} \dfrac{\partial^2 f(X)}{\partial x_1^2} & \dfrac{\partial^2 f(X)}{\partial x_1 \partial x_2} \\ \dfrac{\partial^2 f(X)}{\partial x_2 \partial x_1} & \dfrac{\partial^2 f(X)}{\partial x_2^2} \end{vmatrix} = \begin{vmatrix} 2 & 0 \\ 0 & 2 \end{vmatrix} = 4 > 0$$

$$|g_2| = \begin{vmatrix} \dfrac{\partial^2 g_2(X)}{\partial x_1^2} & \dfrac{\partial^2 g_2(X)}{\partial x_1 \partial x_2} \\ \dfrac{\partial^2 g_2(X)}{\partial x_2 \partial x_1} & \dfrac{\partial^2 g_2(X)}{\partial x_2^2} \end{vmatrix} = \begin{vmatrix} -2 & 0 \\ 0 & 0 \end{vmatrix} = 0$$

可知$f(X)$为严格凸函数，$g_2(X)$为凹函数。由于其他约束条件均为线性函数，所以这是一个凸规划问题(见图6－4)。C点为其最优点：$X^* = (0.58,\ 1.34)^T$，目标函数的最优值为$f(X^*) = 3.8$。

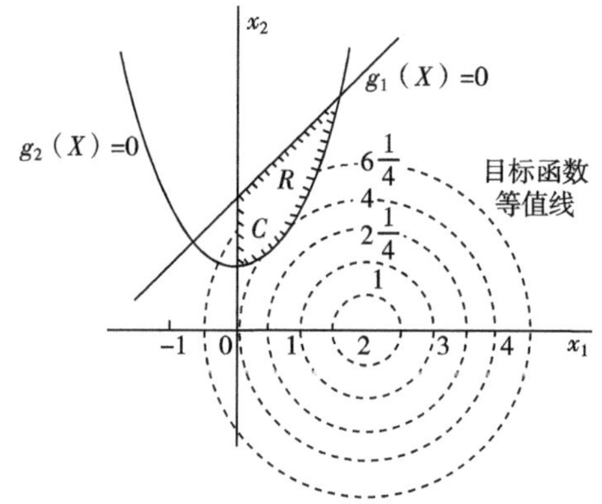

图6－4

6.1.5 下降迭代算法

为了求某可微函数（假定无约束）的最优解，根据前面的叙述，可进行如下操作：令该函数的梯度等于零，由此求得平稳点；然后用充分条件进行判别，求出所要的解。对某些较简单的函数，这样做有时是可行的；但对一般n元函数$f(X)$来说，由条件$\nabla f(X) = 0$得到的常常是一个非线性方程组，解它相当困难。对于不可微函数，当然谈不上使用这样的方法。为此，常直接使用迭代法。

迭代法的基本思路是：为了求函数$f(X)$的最优解，首先给定一个初始估计$X^{(0)}$，然后按某种规划(即算法)找出比$X^{(0)}$更好的解$X^{(1)}$(对极小化问题，$f(X^{(1)}) < f(X^{(0)})$；对极大化问题，$f(X^{(1)}) > f(X^{(0)})$)，再按此种规划找出比$X^{(1)}$更好的解$X^{(2)}$……如此即可得到一个解的序列$\{X^{(k)}\}$。若这个解序列有极限X^*，即

$$\lim_{k\to\infty} X^{(k)} - X^* = 0$$

则称它为收敛于 X^*。

若这种算法是有效的，那么它所产生的解的序列将收敛于该问题的最优解。不过，由于计算机只能进行有限次迭代，一般很难得到准确解，而只能得到近似解。当满足所要求的精度时，即可停止迭代。

若由某算法所产生的解的序列 $\{X^{(k)}\}$ 使目标函数 $f(X^{(k)})$ 逐步减少，就称这种算法为下降算法。"下降"的要求比较容易实现，它包含了很多种具体算法。显然，求解极小化问题应采用下降算法。

现假定已迭代到点 $X^{(k)}$（见图 6－5），若从 $X^{(k)}$ 出发沿任何方向移动都不能使目标函数值下降，则 $X^{(k)}$ 是一局部极小点，迭代停止。若从 $X^{(k)}$ 出发至少存在一个方向可使目标函数值有所下降，则可选定能使目标函数值下降的某方向 $P^{(k)}$，沿这个方向迈进适当的一步，得到下一个迭代点 $X^{(k+1)}$，并使 $f(X^{(k+1)}) < f(X^{(k)})$。这相当于在射线 $X = X^{(k)} + \lambda P^{(k)}$ 上选定新点 $X^{(k+1)} = X^{(k)} + \lambda_k P^{(k)}$，其中，$P^{(k)}$ 称为搜索方向；λ_k 称为步长或步长因子。

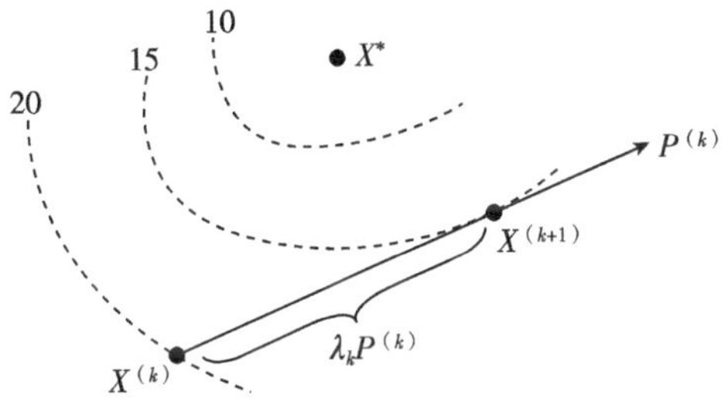

图 6－5

下降迭代算法的步骤可总结如下：

（1）选定某一初始点 $X^{(0)}$，并令 $k:=0$；

（2）确定搜索方向 $P^{(k)}$；

（3）从 $X^{(k)}$ 出发，沿方向 $P^{(k)}$ 求步长 λ_k，以产生下一个迭代点 $X^{(k+1)}$；

（4）检查得到的新点 $X^{(k+1)}$ 是否为极小点或近似极小点。若是，则停止迭代。否则，令 $k:=k+1$，转回（2）继续迭代。

在以上步骤中，选取搜索方向 $P^{(k)}$ 是最关键的一步，各种算法的区分，主要在于确定搜索方向的方法不同。

确定步长 λ_k 可选用不同的方法。第一种最简单的方法是令它等于某一常数（例如令 $\lambda_k=1$），这样做计算简便，但不能保证使目标函数值下降。第二种方法称为可接受点算法，只要能使目标函数值下降可任意选取步长 λ_k。第三种方法是基于沿搜索方向使目标函数值下降最多，即沿射线 $X = X^{(k)} + \lambda P^{(k)}$ 求目标函数 $f(X)$ 的极小点：

$$\lambda_k:\ \min f(X^{(k)} + \lambda P^{(k)}) \tag{6-21}$$

由于这项工作是求以 λ 为变量的一元函数 $f(X^{(k)}+\lambda P^{(k)})$ 的极小点 λ_k，故常称这一过程为(最优)一维搜索或线搜索，这样确定的步长为最佳步长。

一维搜索有个十分重要的性质：在搜索方向上所得最优点处的梯度和该搜索方向正交。

定理 7：设目标函数 $f(X)$ 具有一阶连续偏导数，$X^{(k+1)}$ 按下述规则产生

$$\begin{cases}\lambda_k: \ \min f(X^{(k)}+\lambda P^{(k)})\\ X^{(k+1)}=X^{(K)}+\lambda_k P^{(k)}\end{cases}$$

则有 $\nabla f(X^{(k+1)})^T P^{(k)}=0$ (6-22)

证明：构造函数 $\varphi(\lambda)=f(X^{(k)}+\lambda P^{(k)})$，则得

$$\begin{cases}\varphi(\lambda_k)=\min\limits_{\lambda}\phi(\lambda)\\ X^{(k+1)}=X^{(k)}+\lambda_k P^{(k)}\end{cases}$$

即 λ_k 为 $\varphi(\lambda)$ 的极小点。此外 $\varphi'(\lambda)=\nabla f(X^{(k)}+\lambda_k P^{(k)})^T P^{(k)}$。

由 $\varphi'(\lambda)|_{\lambda=\lambda_k}=0$，可得

$$\nabla f(X^{(k)}+\lambda_k P^{(k)})^T P^{(k)}=\nabla f(X^{(k+1)})^T P^{(k)}=0$$

式（6-22）的几何意义见图 6-6。

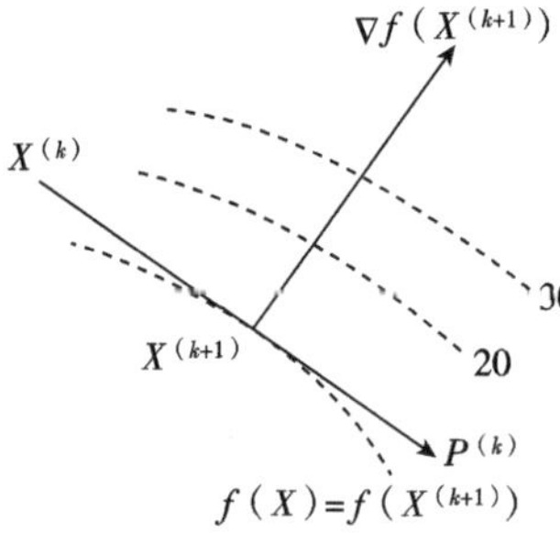

图 6-6

对一个好的算法，不仅要求它产生的点列能收敛到问题的最优解，还要求具有较快的收敛速度。设序列 $\{X^{(k)}\}$ 收敛于 X^*，若存在与迭代次数 k 无关的数 $0<\beta<\infty$ 和 $\alpha\geqslant 1$，使 k 从某个 $k_0>0$ 开始都有

$$\|X^{(k+1)}-X^*\|\leqslant\beta\|X^{(k)}-X^*\|^{\alpha} \quad (6-23)$$

成立，就称 $\{X^{(k)}\}$ 收敛的阶为 α，或 $\{X^{(k)}\}$ α 阶收敛。

当 $\alpha=2$ 时，称为二阶收敛，也可说 $\{X^{(k)}\}$ 具有二阶敛速。

当 $1<\alpha<2$ 时，称为超线性收敛。

当 $\alpha=1$，且 $0<\beta<1$ 时，称为线性收敛或一阶收敛。

一般来讲，线性收敛的敛速是比较慢的，二阶收敛是很快的，超线性收敛介于两者之间。若一个算法具有超线性或更高的收敛速度，就认为它是一个很好的算法。

因为真正的最优解事先并不知道，为决定什么时候停止计算，只能根据相继两次迭代的结果。常用的终止计算准则有以下三种：

（1）根据相继两次迭代的绝对误差。

$$\|X^{(k+1)}-X^{(k)}\|<\varepsilon_1 \tag{6-24}$$

$$|f(x^{k+1})-f(X^{(k)})|<\varepsilon_2 \tag{6-25}$$

（2）根据相继两次迭代的相对误差。

$$\frac{\|X^{(k+1)}-X^{(k)}\|}{\|X^{(k)}\|}<\varepsilon_3 \tag{6-26}$$

$$\frac{|f(X^{(k+1)})-f(X^{(k)})|}{|f(X^{(k)})|}<\varepsilon_4 \tag{6-27}$$

这时要求分母不接近于零。

（3）根据目标函数梯度的模足够小。

$$\|\nabla f(X^{(k)})\|<\varepsilon_5 \tag{6-28}$$

其中，ε_1、ε_2、ε_3、ε_4、ε_5 为事先给定的足够小的正数。

6.2　一维搜索

当用上述迭代法求函数的极小点时，常常要用到一维搜索，即沿某一已知方向求目标函数的极小点。一维搜索的方法很多，常用的有：

（1）试探法（“成功—失败”法、斐波那契法、0.618 法等）；

（2）插值法（抛物线插值法、三次插值法等）；

（3）微积分中的求根法（切线法、三次插值法等）。

限于篇幅，以下仅介绍斐波那契法和 0.168 法。

6.2.1　斐波那契（Fibonacci）法（分数法）

设 $y=f(t)$ 是区间 $[a, b]$ 上的下单峰函数（见图 6－7），在此区间内它有唯一极小点 t^*。若在此区间内任取两点 a_1 和 b_1（$a_1<b_1$），并计算函数值 $f(a_1)$ 和 $f(b_1)$，可能出现以下两种情形：

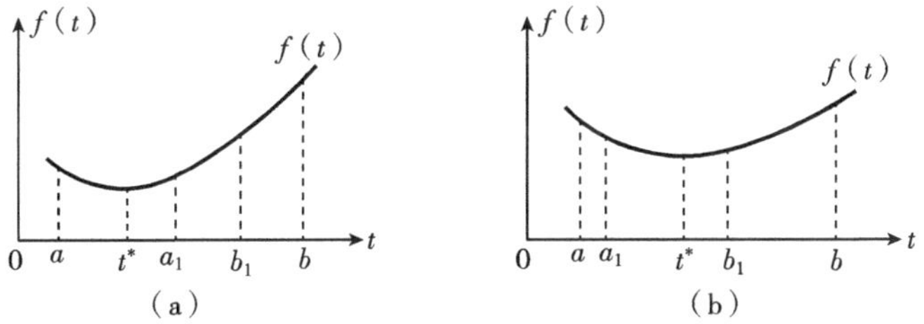

图 6－7

(1) $f(a_1) < f(b_1)$（图6－7（a）），这时极小点 t^* 必在区间 $[a, b_1]$ 内。

(2) $f(a_1) \geqslant f(b_1)$（图6－7（b）），这时极小点 t^* 必在区间 $[a_1, b]$ 内。

这说明，只要在区间$[a, b]$内取两个不同点，并算出它们的函数值加以比较，就可以把搜索区间$[a, b]$缩小成$[a, b_1]$或$[a_1, b]$（缩小后的区间仍需要包含极小点）。现在，如果要继续缩小搜索区间$[a, b_1]$或$[a_1, b]$，就只需在上述区间内再取一点算出其函数值，并与$f(a_1)$或$f(b_1)$加以比较即可。只要缩小后的区间包含极小点 t^*，则区间缩小得越小，就越接近与函数的极小点，但计算函数值的次数也就越多。这就说明区间的缩短率和函数值的计算次数有关。现在要问，计算函数值 n 次能把原来多大的区间缩小成长度为一个单位的区间呢？

如果用 F_n 表示计算 n 个函数值能缩短为单位区间的最大原区间长度，显然 $F_0 = F_1 = 1$。其原因是，当原区间长度本来就是一个单位长度时才不必计算函数值；此外，只计算一次函数值无法将区间缩短，故只有区间长度本来就是单位区间时才行。

现考虑计算函数值两次的情形，今后我们把计算函数值的点称作试算点或试点。

在区间 $[a, b]$ 内取两个不同点 a_1 和 b_1（见图6－8（a）），计算其函数值以缩短区间，缩短后的区间为 $[a, b_1]$ 或 $[a_1, b]$。显然，这两个区间长度之和必大于 $[a, b]$ 长度，也就是说，计算两次函数值一般无法把长度大于两个单位的区间缩成单位区间。但是，对于长度为两个单位的区间，可以如图6－8（b）所示那样选取试点 a_1 和 b_1，图中 ε 为任意小的正数，缩短后的区间长度为 $1+\varepsilon$。由于 ε 可任意选取，故缩短后的区间长度接近于一个单位长度。由此可得 $F_2 -2$。

图6－8

根据同样的分析（见图6－9）可得

$F_3 = 3$，$F_4 = 5$，$F_5 = 8$，…

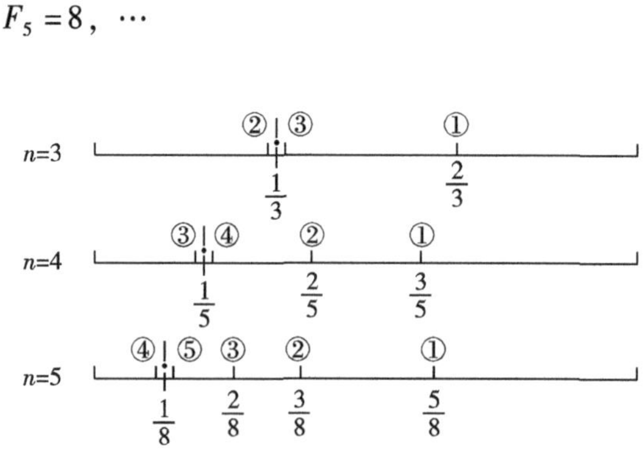

图6－9

序列 $\{F_n\}$ 可写成一个递推公式：

$$F_n = F_{n-1} + F_{n-2} \quad (n \geqslant 2) \tag{6-29}$$

利用式（6-29），可依次算出各 F_n 的值，见表 6-1。这些 F 就是通常所说的斐波那契数。

表 6-1

n	0	1	2	3	4	5	6	7	8	9	10	11	12
F_n	1	1	2	3	5	8	13	21	34	55	89	144	233

由以上讨论可知，计算 n 次函数值所能获得的最大缩短率（缩短后的区间长度与原区间长度之比）为$\frac{1}{F_n}$。例如 $F_{20}=10946$，所以计算 20 个函数值即可把原长度为 L 的区间缩短为$\frac{L}{10946}=0.00009L$ 的区间。现在，要想计算 n 个函数值，而把区间 $[a_0, b_0]$ 的长度缩短为原来长度的 δ 倍，即缩短后的区间长度为 $b_{n-1}-a_{n-1} \leqslant (b_0-a_0)\delta$。则只要 n 足够大，能使下式成立即可：

$$F_n \geqslant \frac{1}{\delta} \tag{6-30}$$

式中 δ 为一个正小数，称为区间缩短的相对精度。有时给出区间缩短的绝对精度 η，要求

$$b_{n-1} - a_{n-1} \leqslant \eta \tag{6-31}$$

显然，上述相对精度和绝对精度之间有如下关系：

$$\eta = (b_0 - a_0)\delta \tag{6-32}$$

用这个方法缩短区间的步骤如下：

（1）确定试点的个数 n。根据相对精度 δ，即可用式（6-30）算出 F_n，然后由表 6-1 确定最小的 n。

（2）选取前两个试点的位置。由式（6-29）可知第一次缩短时的两个试点位置分别是（见图 6-10）：

$$\begin{cases} t_1 = a_0 + \dfrac{F_{n-2}}{F_n}(b_0 - a_0) \\ \quad\;\, = b_0 + \dfrac{F_{n-1}}{F_n}(a_0 - b_0) \\ t' = a_0 + \dfrac{F_{n-1}}{F_n}(b_0 - a_0) \end{cases} \tag{6-33}$$

它们在区间内的位置是对称的。

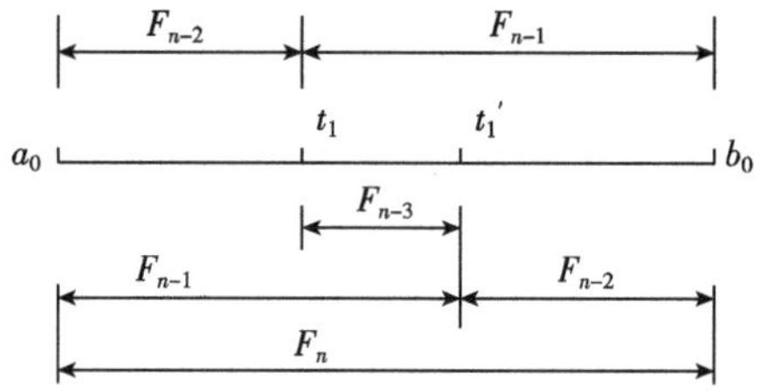

图 6－10

（3）计算函数值$f(t_1)$和$f(t'_1)$，并比较它们的大小。若$f(t_1)<f(t'_1)$，则取

$$a_1=a_0 \quad b_1=t'_1 \quad t'_2=t_1$$

并令

$$t_2=b_1+\frac{F_{n-2}}{F_{n-1}}(a_1-b_1)$$

否则，取

$$a_1=t_1 \quad b_1=b_0 \quad t_2=t'_1$$

并令

$$t'_2=a_1+\frac{F_{n-2}}{F_{n-1}}(b_1-a_1)$$

（4）计算$f(t_2)$或$f(t'_2)$（其中的一个已经算出），如第（3）步那样一步步迭代。计算试点的一般公式为：

$$\begin{cases} t_k=b_{k-1}+\dfrac{F_{n-k}}{F_{n-k+1}}(a_{k-1}-b_{k-1}) \\ t'_k=a_{k-1}+\dfrac{F_{n-k}}{F_{n-k+1}}(b_{k-1}-a_{k-1}) \end{cases} \tag{6－34}$$

其中$k=1, 2, \cdots, n-1$。

（5）当进行至$k=n-1$时，$t_{n-1}=t'_{n-1}=\frac{1}{2}(a_{n-2}+b_{n-2})$，这就无法借比较函数值$f(t_{n-1})$和$f(t'_{n-1})$的大小以确定最终区间，为此，取

$$\begin{cases} t_{n-1}=\dfrac{1}{2}(a_{n-2}-b_{n-2}) \\ t'_{n-1}=a_{n-2}+\left(\dfrac{1}{2}+\varepsilon\right)(b_{n-2}-a_{n-2}) \end{cases} \tag{6－35}$$

其中ε为任意小的数。在t_{n-1}和t'_{n-1}这两点中，以函数值较小者为近似极小点，相应的函数值为近似极小值，并得最终区间$[a_{n-2}, t'_{n-1}]$或$[t_{n-1}, b_{n-2}]$。

由上述分析可知，斐波那契法使用对称搜索的方法，逐步缩短所考察的区间，它能以尽量少的函数求值次数，达到预定的某一缩短率。

例5：试用斐波那契法求函数 $f(t)=t^2-t+2$ 的近似极小点和极小值，要求缩短后的区间长度不大于区间 $[-1,3]$ 的0.08倍。

解：容易验证，在此期间上的函数 $f(t)=t^2-t+2$ 为严格凸函数。为了进行比较，我们给出其精确解是：$t^*=0.5$，$f(t^*)=1.75$。

已知 $\delta=0.08$，$F_n\geqslant\frac{1}{\delta}=\frac{1}{0.08}=12.5$

查表6-1，$n=6$，$a_0=-1$，$b_0=3$

$$\begin{cases} t_1=b_0+\frac{F_5}{F_6}(a_0-b_0)=3+\frac{8}{13}(-1-3)=0.538 \\ t'_1=a_0+\frac{F_5}{F_6}(b_0-a_0)=-1+\frac{8}{13}(-3-(-1))=1.462 \end{cases}$$

$f(t_1)=0.538^2-0.538+2=1.751$

$f(t_1')=1.462^2-1.462+2=2.675$

由于 $f(t_1)<f(t'_1)$，故取 $a_1=-1$，$b_1=1.462$，$t'_2=0.538$

$$t_2=b_1+\frac{F_4}{F_5}(a_1-b_1)=1.462+\frac{5}{8}(-1-1.462)=-0.077$$

$f(t_2)=(-0.077)^2-(-0.077)+2=2.083$

由于 $f(t_2)>f(t'_2)=1.751$，故取 $a_2=-0.077$，$b_2=1.462$，$t'_3=0.538$

$$t'_3=a_2+\frac{F_3}{F_4}(b_2-a_2)=-0.077+\frac{3}{5}(1.462+0.077)=0.846$$

$f(t'_3)=0.846^2-0.846+2=1.870$

由于 $f(t_3)<f(t'_3)=1.751$，故取 $a_3=-0.077$，$b_3=0.846$，$t'_4=0.538$

$$t_4=b_3+\frac{F_2}{F_3}(a_3-b_3)=0.846+\frac{2}{3}(-0.077-0.846)=0.231$$

$f(t_4)=0.231^2-0.231+2=1.822$

由于 $f(t_4)>f(t'_4)=1.751$，故取 $a_4=0.231$，$b_4=0.846$，$t_5=0.538$

现令 $\varepsilon=0.01$，则

$$\begin{aligned} t'_5&=a_4+\left(\frac{1}{2}+\varepsilon\right)(b_4-a_4) \\ &=0.231+(0.5+0.01)(0.846-0.231)=0.545 \end{aligned}$$

$f(t'_5)=0.545^2-0.545+2=1.752>f(t_5)=1.751$

故取 $a_5=0.231$，$b_5=0.545$。由于 $f(t_5)=1.751<f(t'_5)=1.752$，所以以 t_5 为近似极小点，近似极小值为1.751。

缩短后的区间长度为 $0.545-0.231=0.314$，$0.314/4=0.0785<0.08$，其整个计算过程如图6-11所示。

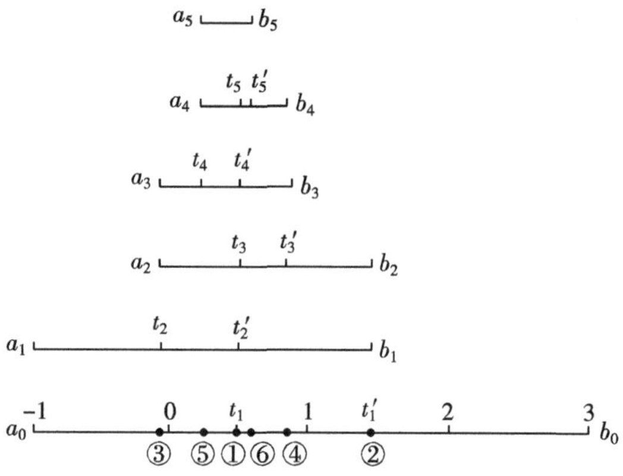

图 6-11

6.2.2 0.618 法（黄金分割法）

由上节的论述可知，当用斐波那契法以 n 个试点来缩短某一区间时，区间长度的第一次缩短率为$\frac{F_{n-1}}{F_n}$，其后各次分别为

$$\frac{F_{n-2}}{F_{n-1}},\ \frac{F_{n-3}}{F_{n-2}},\ \cdots,\ \frac{F_1}{F_2}$$

现将以上数列分为奇数项$\frac{F_{2k-1}}{F_{2k}}$和偶数项$\frac{F_{2k}}{F_{2k+1}}$，可以证明，这两个数列收敛于同一个极限。

设当 $k\to\infty$ 时

$$\frac{F_{2k-1}}{F_{2k}}\to\lambda \quad \frac{F_{2k}}{F_{2k+1}}\to\mu$$

由于 $$\frac{F_{2k-1}}{F_{2k}}=\frac{F_{2k-1}}{F_{2k-1}+F_{2k-2}}=\frac{1}{1+\frac{F_{2k-2}}{F_{2k-1}}}$$

故当 $k\to\infty$ 时

$$\lim_{k\to\infty}\frac{F_{2k-1}}{F_{2k}}=\frac{1}{1+\mu}=\lambda \tag{6-36}$$

同理可证

$$\mu=\frac{1}{1+\lambda} \tag{6-37}$$

将式（6-36）代入式（6-37）得

$$\mu=\frac{1+\mu}{2+\mu}$$

即　$\mu^2+\mu-1=0$

从而可得

$$\mu=\frac{\sqrt{5}-1}{2}$$

若把式（6－37）代入式（6－36），则得

$$\lambda^2+\lambda-1=0$$

故有

$$\lambda=\mu=\frac{\sqrt{5}-1}{2}=0.6180339887418948 \tag{6-38}$$

现在以不变的区间缩短率 0.618 代替斐波那契法每次不同的缩短率，就得到了黄金分割法（0.618 法）。这个方法可以看成是斐波那契法的近似，实现起来比较容易，效果也相当好，因而易于为人们所接受。

当用 0.618 法时，计算 n 个试点的函数值可以把原区间 $[a_0,\ b_0]$ 连续缩短 $n-1$ 次，因为每次的缩短率均为 μ，故最后的区间长度为

$$(b_0-a_0)\mu^{n-1}$$

这就是说，当已知缩短的相对精度为 δ 时，可用下式计算试点个数 n：

$$\mu^{n-1}\leqslant\delta \tag{6-39}$$

当然，也可以不预先计算试点的数目 n，而在计算过程中逐次加以判断，看是否已满足了提出的精度要求。

0.618 法是一种等速对称进行试探的方法，每次的试点均取在区间长度的 0.618 倍和 0.328 倍处。

6.3　无约束极值问题的解法

本节研究无约束极值问题的解法，这种问题可表述为

$$\min f(X),\ X\in E^n \tag{6-40}$$

前面指出，在求解上述问题时常使用迭代法，迭代法可大体分为两大类。一类要用到函数的一阶导数和（或）二阶导数，由于用到了函数的解析性质，故称为解析法；另一类在迭代过程中仅用到函数值，而不要求函数的解析性质，这类方法称直接法。一般来说，直接法的收敛速度较慢，只是在变量较少时适用。但是直接法的迭代步骤简单，特别是当目标函数的解析表达式十分复杂，甚至写不出具体表达式时，它们的导数很难求得，或者根本不存在，这时解析法就无能为力了。

本节仅介绍四种常用的基本方法，其中前三种属解析法，后面一种属直接法。

6.3.1 梯度法（最速下降法）

在求解无约束极值问题的解析法中，梯度法是最为古老但又十分基本的一种数值方法。它的迭代过程简单，使用方便，而且又是理解某些其他最优化方法的基础，所以我们先来说明这一方法。

6.3.1.1 梯度法的基本原理

假定无约束极值问题式(6-40)中的目标函数$f(x)$有一阶连续偏导数，具有极小点X^*。以$X^{(k)}$表示极小点的第k次近似，为了求其第$k+1$次近似点$X^{(k+1)}$，我们在X^k点沿方向$P^{(k)}$做射线

$$X=X^{(k)}+\lambda P^{(k)}(\lambda\geqslant 0)$$

现将$f(x)$在$X^{(k)}$点处展成泰勒级数

$$f(x)=f(X^{(k)}+\lambda P^{(k)})$$
$$=f(x^{(k)})+\lambda\nabla f(X^{(k)})^T P^{(k)}+o(\lambda)$$

其中 $\lim\limits_{\lambda\to 0}\frac{o(\lambda)}{\lambda}=0$

对于充分小的λ，只要

$$\nabla f(x^{(k)})^T P^{(k)}<0 \tag{6-41}$$

即可保证$f((x^{(k)})+\lambda P^{(k)})<f(x^{(k)})$。这时若取

$$X^{(k+1)}-X^{(k)}+\lambda P^{(k)}$$

就能使目标函数值得到改善。

现考察不同的方向$P^{(k)}$。假定$P^{(k)}$的模一定（且不为零），并设$\nabla f(x^{(k)})\neq 0$（否则，$x^{(k)}$是平稳点），使式（6-41）成立的$P^{(k)}$有无限多个。为了使目标函数值能得到尽量大的改善，必须寻求$\nabla f(x^{(k)})^T P^{(k)}$取最小值的$P^{(k)}$。由线性代数知道

$$\nabla f(x^{(k)})^T P^{(k)}=\|\nabla f(x^{(k)})\|\cdot\|P^{(k)}\|\cos\theta \tag{6-42}$$

式中θ为向量$\nabla f(x^{(k)})$与$P^{(k)}$的夹角，当$P^{(k)}$与$\nabla f(x^{(k)})$反向时，$\theta=180°$，$\cos\theta=-1$，这时式(6-41)成立，而且其左端取最小值。我们称方向

$$P^{(k)}=-\nabla f(X^{(k)})$$

为负梯度方向，它是使函数值下降最快的方向（在$X^{(k)}$的某一小范围内）。

为了得到下一个近似极小点，在选定了搜索方向之后，还要确定步长λ，当采用可接受点算法时，就是取$-\lambda$进行试算，看是否满足不等式

$$f((x^{(k)}-\lambda\nabla f(X^{(k)}))<f(x^{(k)}) \tag{6-43}$$

若上述不等式成立，就可以迭代下去。否则，缩小λ使其满足不等式（6-43）。由于采用负梯度方向，满足式（6-43）的λ总是存在的。

另一种方法是通过在负梯度方向的一维搜索，来确定使$f(x)$最小的λ_k，这种梯度法就是所谓的最速下降法。

6.3.1.2 计算步骤

现将用梯度法解无约束极值问题的步骤简要总结如下：

（1）给定初始近似点 $X^{(0)}$ 及精度 $\varepsilon>0$，若 $\|\nabla f(X^{(0)})\|^2\leqslant\varepsilon$，则 $X^{(0)}$ 即为近似极小点。

（2）若 $\|\nabla f(X^{(0)})\|^2>\varepsilon$，求步长 λ_0，并计算

$X^{(1)}=X^{(0)}-\lambda_0\nabla f(X^{(0)})$

求步长可用一维搜索法、微分法或试算法。若求最佳步长，则应使用前面两种方法。

（3）一般地，设已迭代到点 $X^{(k)}$，若 $\|\nabla f(X^{(k)})\|^2\leqslant\varepsilon$，则 $X^{(k)}$ 即为所求的近似解；若 $\|\nabla f(X^{(k)})\|^2\leqslant\varepsilon$，则求步长 λ_k，并确定下一个近似点

$$X^{(k+1)}=X^{(k)}-\lambda_k\nabla f(X^{(k)}) \tag{6-44}$$

如此继续，直至达到要求的精度为止。

若 $f(X)$ 具有二阶连续偏导数，在 $X^{(k)}$ 作 $f(X^{(k)}-\lambda\nabla f(X^{(k)}))$ 的泰勒展开：

$$f(X^{(k)}-\lambda\nabla f(X^{(k)}))\approx f(X^{(k)})-\nabla f(X^{(k)})^T\lambda\nabla f(X^{(k)})+\frac{1}{2}\lambda\nabla f(X^{(k)})^T H(X^{(k)})\lambda\nabla f(X^{(k)})$$

对 λ 求导并令其等于零，则得近似最佳步长

$$\lambda_k=\frac{\nabla f(X^{(k)})^T\nabla f(X^{(k)})}{\nabla f(X^{(k)})^T H(X^{(K)})\nabla f(X^{(k)})} \tag{6-45}$$

可见近似最佳步长不只与梯度有关，而且与海塞矩阵 H 也有关系，计算起来比较麻烦。

确定步长 λ_k 也可不用式（6-45），而采用任一种一维搜索法（如0.168法等）。

有时，将搜索方向 $P^{(k)}$ 的模规格化为1，在这种情况下

$$P^{(k)}=\frac{-\nabla f(X^{(k)})}{\|\nabla f(X^{(k)})\|} \tag{6-46}$$

式（6-45）变为

$$\lambda_k=\frac{\nabla f(X^{(k)})^T\nabla f(X^{(k)})\|\nabla f(X^{(k)})\|}{\nabla f(X^{(k)})^T H(X^{(K)})\nabla f(X^{(k)})} \tag{6-47}$$

例6：试用梯度法求 $f(X)=(x_1-1)^2+(x_2-1)^2$ 的极小点，已知 $\varepsilon=0.1$。

解：取初始点 $X^{(0)}=(0,\ 0)^T$

$\nabla f(X)=[2(x_1-1),\ 2(x_2-1)]^T$

$\nabla f(X^{(0)})=(-2,\ -2)^T$

$\|\nabla f(X^{(k)})\|^2=(\sqrt{(-2)^2+(-2)^2})^2=8>\varepsilon$

$H(X)=\begin{pmatrix}2 & 0\\ 0 & 2\end{pmatrix}$

由式（6-44）得

$$\lambda_0=\frac{\nabla f(X^{(0)})^T\nabla f(X^{(0)})}{\nabla f(X^{(0)})^T H(X^{(0)})\nabla f(X^{(0)})}$$

$$=\frac{(-2,\ -2)\begin{pmatrix}-2\\-2\end{pmatrix}}{(-2,\ -2)\begin{pmatrix}2&0\\0&2\end{pmatrix}\begin{pmatrix}-2\\-2\end{pmatrix}}=\frac{8}{16}=\frac{1}{2}$$

$$X^{(1)}=X^{(0)}-\lambda_0\nabla f(X^{(0)})=\begin{pmatrix}0\\0\end{pmatrix}-\frac{1}{2}\begin{pmatrix}-2\\-2\end{pmatrix}=\begin{pmatrix}1\\1\end{pmatrix}$$

$$\nabla f(X^{(1)})=[2(1-1),\ 2(1-1)]^T=(0,\ 0)^T$$

故 $X^{(1)}$ 即为极小点。

注意，计算步长 λ_0 时也可不用海塞矩阵。由于

$$X^{(1)}=X^{(0)}-\lambda\nabla f(X^{(0)})=\begin{pmatrix}0\\0\end{pmatrix}-\lambda\begin{pmatrix}-2\\-2\end{pmatrix}=\begin{pmatrix}2\lambda\\2\lambda\end{pmatrix}$$

代入目标函数可得

$$f(X^{(1)})=(2\lambda-1)^2+(2\lambda-1)^2=2(2\lambda-1)^2$$

令

$$df(X^{(1)})\setminus d\lambda=0$$

即得所求步长 $\lambda_0=1/2$。

由这个例子可知，对于目标函数的等值线为圆的问题来说，不管初始点位置取在哪里，负梯度方向总是直指圆心，而圆心即为极值点。这样，只要一次迭代即可达到最优解。

例 7：试求 $f(X)=x_1^2+25x_2^2$ 的极小点。

解：取初始点 $X^{(0)}=(2,\ 2)^T$，$f(X^{(0)})=104$。本例使用规格化搜索方向法。

先取用固定步长 $\lambda=1$，其迭代过程如表 6－2 所示。

表 6－2

步骤	点	x_1	x_2	$\frac{\partial f(X^{(k)})}{\partial x_1}$	$\frac{\partial f(X^{(k)})}{\partial x_2}$	$\lVert\nabla f(X^{(k)})\rVert$
0	$X^{(0)}$	2	2	4	100	~100
1	$X^{(1)}$	1.96	1.00	3.92	50	50.1
2	$X^{(2)}$	1.88	0	3.76	0	3.76
3	$X^{(3)}$	0.88	0	1.76	0	1.76
4	$X^{(4)}$	-0.12	0	-0.24	0	0.24
5	$X^{(5)}$	0.88	0		0	

继续计算下去可以看出，x_1 将来回震荡，难以收敛到极小点（0，0）。为使迭代过程收敛，必须不断减小步长 λ 的值。

采用最佳步长时收敛较快，而且相邻两步的搜索方向互相垂直。下面用最佳步长进行搜索。其迭代过程如表6－3所示。

表6－3

步骤	点	λ_k	x_1	x_2	$\frac{\partial f(X^{(k)})}{\partial x_1}$	$\frac{\partial f(X^{(k)})}{\partial x_2}$	$f(X^{(k)})$
0	$X^{(0)}$	2.003	2	2	4	100	104
1	$X^{(1)}$	1.850	1.96	−0.003	3.84	−0.15	3.69
2	$X^{(2)}$	0.070	0.070	0.070	0.14	3.50	0.13
3	$X^{(3)}$		0.070	−0.000			

为直观起见，将上述两种迭代过程分别画于图6－12及图6－13中。

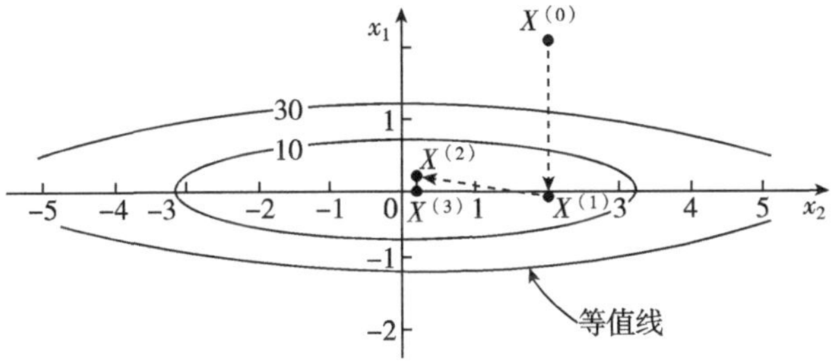

图6－12

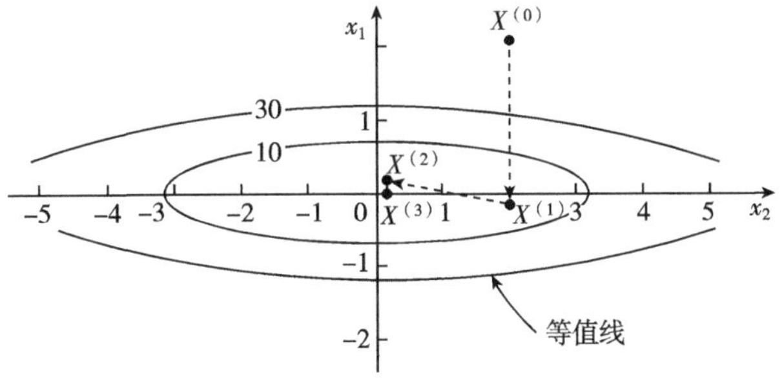

图6－13

可以证明，当 $f(X)$ 是具有一阶连续偏导数的凸函数时，如果由最速下降法所得的点列 $\{X^{(k)}\}$ 有界，则必有：①数列 $\{f(X^{(k)})\}$ 单调下降；② $\{X^{(k)}\}$ 的极限 X^* 满足

$\nabla f(X^*)=0$；③X^*为全局极小点。

由于负梯度方向的最速下降性，很容易使人们认为负梯度方向是理想的搜索方向，最速下降法是一种理想的极小化方法。必须指出 X 点处的负梯度方向 $-\nabla f(X)$，仅在 X 点附近才具有这种“最速下降”的性质，而对于整个极小化过程来说，那就是另外一回事了。由例6可知，若目标函数的等值线为一族同心圆（或是同心球面），则从任一处初始点出发，沿最速下降方向一步即可达到极小点。但通常的情况并不是这样。例如，一般二元二次凸函数的等值线为一族共心椭圆，当用最速下降到趋近极小点时，其搜索路径呈直角锯齿状（见图6－14）。在开头几步，目标函数值下降较快，但接近极小点 X^* 时，收敛速度就不理想了。特别是椭圆比较扁平时，收敛速度就更慢了。因此，在使用中，常将梯度法和其他方法合起来应用，在前期使用梯度法，而在接近极小点时，则使用熟练较快的其他方法。

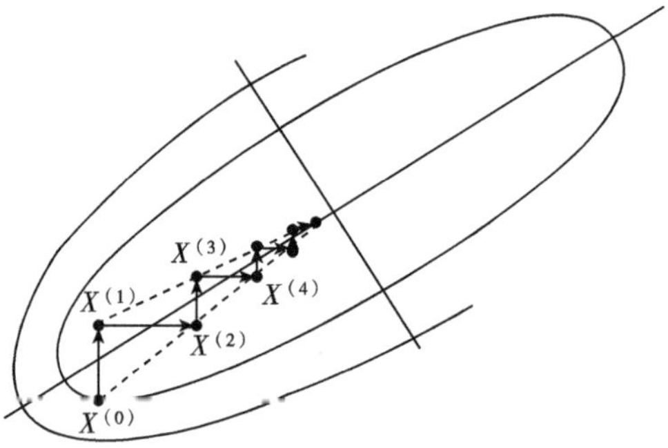

图6－14

6.3.2 共轭梯度法

6.3.2.1 共轭方向

设 X 和 Y 是 n 维欧氏空间 E^n 中两个向量，若有

$$X^TY=0 \tag{6-48}$$

就称 X 和 Y 正交。再设 A 为 $n\times n$ 对称正定阵，如果 X 和 AY 正交，即有

$$X^TAY=0$$

则称 X 和 Y 关于 A 共轭（A 正交）。

一般地，设 A 为 $n\times n$ 对称正定阵，若非零向量组 $p^{(1)}$，$p^{(2)}$，…，$p^{(n)}\in E^n$ 满足条件

$$(p^{(i)})^TAp^{(j)}=0(i\neq j;\ i,\ j=1,\ 2,\ \cdots,\ n) \tag{6-49}$$

则称该向量组为 A 共轭。如果 $A=I$（单位阵），则上述条件即为通常的正交条件。因

此，A 共轭概念实际上是通常正交概念的推广。

定理8：设 A 为 $n\times n$ 对称正定阵，$p^{(1)}$，$p^{(2)}$，…，$p^{(n)}$ 为 A 共轭的非零向量，则这一组向量线性独立。

证明：设向量 $p^{(1)}$，$p^{(2)}$，…，$p^{(n)}$ 之间存在如下线性关系

$$a_1p^{(1)}+a_2p^{(2)}+\cdots+a_np^{(n)}=0$$

对 $i=1$，2，…，n，用 $(p^{(i)})^TA$ 左乘上式得

$$a_i(p^{(i)})^TAP^{(i)}=0$$

但 $p^{(i)}\neq0$，A 为正定，即

$$(p^{(i)})^TAP^{(i)}>0$$

故必有

$$a_i=0,\ i=1,\ 2,\ \cdots,\ n$$

从而 $p^{(1)}$，$p^{(2)}$，…，$p^{(n)}$ 线性独立。

无约束极值问题的一个特殊情形是

$$\min f(X)=\frac{1}{2}X^TAX+B^TX+c \tag{6-50}$$

式中，A 为 $n\times n$ 对称正定阵；X，$B\in E^n$；c 为常数。问题式（6-50）称为正定二次函数极小问题，它在整个最优化问题中起着极其重要的作用。

定理9：设向量 $p^{(i)}(i=0,\ 1,\ 2,\ \cdots,\ n-1)$ 为 A 共轭，则从任一点 $X^{(0)}$ 出发，相继以 $p^{(0)}$，$p^{(1)}$，…，$p^{(n-1)}$ 为搜索方向的下述算法

$$\begin{cases}\min\limits_{\lambda} f(X^{(K)}+\lambda P^{(K)})=f(X^{(k)}+\lambda_kP^{(k)})\\ X^{(K+1)}=X^{(K)}+\lambda_KP^{(K)}\end{cases}$$

经 n 次一维搜索收敛于问题式（6-50）的极小点 X^*。

证明：由式（6-50）得

$$\nabla f(X)=AX+B$$

设相继各次搜索得到的近似解分别为 $X^{(1)}$，$X^{(2)}$，…，$X^{(n)}$，则

$$\nabla f(X^{(k)})=AX^{(k)}+B$$

$$\begin{aligned}\nabla f(X^{(k+1)})&=AX^{(k+1)}+B=A(X^{(k)}+\lambda_kP^{(k)})+B\\&=\nabla f(X^{(k)})+\lambda_kAP^{(k)}\end{aligned}$$

假定 $\nabla f(X)^{(k)}\neq0$，$k=0$，1，2，…，$n-1$，则有

$$\begin{aligned}\nabla f(X^{(n)})&=\nabla f(X^{n-1})+\lambda_{n-1}AP^{(n-1)}=\cdots\\&=\nabla f(X^{(k+1)})+\lambda_{k+1}AP^{(k+1)}+\lambda_{k+2}AP^{(k+2)}+\cdots+\lambda_{n-1}AP^{(n-1)}\end{aligned}$$

由于在进行一维搜索时，为确定最佳步长 λ_k，令

$$\frac{\mathrm{d}f(X^{(k+1)})}{\mathrm{d}\lambda}=\frac{\mathrm{d}f[X^{(k)}+\lambda P^{(k)}]}{\mathrm{d}\lambda}=\nabla f(X^{(k+1)})^TP^{(k)}=0 \tag{6-51}$$

故对 $k=0, 1, 2, \cdots, n-1$ 有

$$(P^{(k)})^T\nabla f(X^{(n)})=(P^{(k)})^T\nabla f(X^{(k+1)})+\lambda_{k+1}(P^{(k)})^TAP^{(k+1)}+\cdots+\lambda_{n-1}(P^{(k)})^TAP^{(n-1)}=0$$

这就是说，$\nabla f(X^{(n)})$ 和 n 个线性独立的向量 $P^{(0)}$，$P^{(1)}$，$\cdots$，$P^{(n-1)}$（它们为 A 共轭）正交，从而必有

$$\nabla f(X^{(n)})=0$$

即 $X^{(n)}$ 为 $f(X)$ 的极小点 X^*。

下面我们就二维正定二次函数的情况加以说明，以便对上述定理有个直观认识。

二维正定二次函数的等值线，在极小点附近可用一族共心椭圆来代表（见图 6－15）。大家知道，过椭圆族中心 X^* 引任意直线，必与诸椭圆相交，各交点处的切线相互平行。如果在两个互相平行的方向上进行最优解一维搜索，则可得 $f(X)$ 在此方向上的极小点 $X^{(1)}$ 和 $\overline{X}^{(1)}$，此两点必为椭圆族中某椭圆与该平行直线的切点，而且联结 $X^{(1)}$ 和 $\overline{X}^{(1)}$ 的直线必通过椭圆族的中心 X^*。

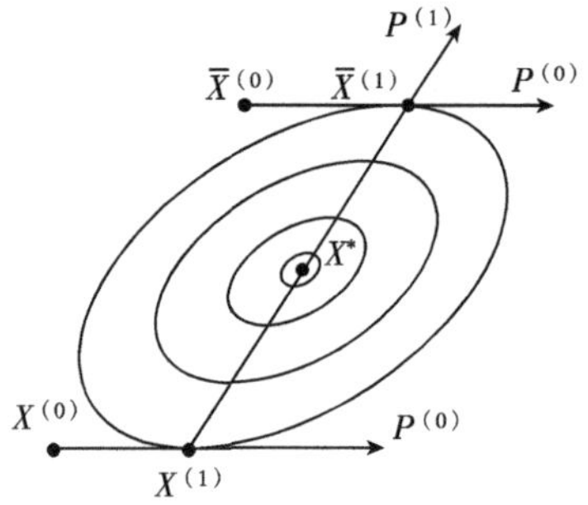

图 6－15

现从任一点 $X^{(0)}$ 出发，沿射线 $P^{(0)}$ 作一维搜索，则可得问题式(6－50)的目标函数 $f(X)$ 在射线 $X^{(0)}+\lambda P^{(0)}$ 上的极小点 $X^{(1)}=X^{(0)}+\lambda_0 P^{(0)}$，其中 λ_0 满足

$$\nabla f(X^{(1)})^T P^{(0)}=0$$

同样，从另一点 $\overline{X}^{(0)}$ 出发也沿 $P^{(0)}$ 方向作一维搜索，可得式(6－50)中 $f(X)$ 在射线 $\overline{X}^{(0)}+\lambda P^{(0)}$ 上的极小点

$$\overline{X}^{(1)}=\overline{X}^{(0)}+\lambda_0 P^{(0)}$$

其中 λ_0 满足

$$\nabla f(\overline{X}^{(1)})^T P^{(0)}=0$$

从而

$$[\nabla f(\overline{X}^{(1)})-\nabla f(X^{(1)})]^T P^{(0)}=0$$

但由式（6－50）则有

$$\nabla f(X)=AX+B$$

若令

$$P^{(1)}=\overline{X}^{(1)}-X^{(1)}$$

则有

$$(P^{(1)})^{T}AP^{(0)}=0$$

即 $P^{(1)}$ 和 $P^{(0)}$ 为 A 共轭。

上述分析说明，对于二维正定二次函数来说，从任一点 $X^{(0)}$ 出发，沿相互共轭的方向 $P^{(0)}$ 和 $P^{(1)}$ 进行两次一维搜索，即可收敛到函数的极小点。

6.3.2.2 正定二次函数的共轭梯度法

对于问题式（6－50）来说，由于 A 为对称正定阵，故存在唯一极小点 X^*，它满足

$$\nabla f(X)=AX+B=0 \tag{6-52}$$

且具有形式

$$X^{*}=-A^{(-1)}B \tag{6-53}$$

如果已知某共轭向量 $P^{(0)}$，$P^{(1)}$，…，$P^{(n-1)}$，由定理9可知，问题式（6－49）的极小点 X^* 可通过下列算法得到：

$$\begin{cases} X^{(k+1)}=X^{(K)}+\lambda_k P^{(k)}, \ k=0,\ 1,\ 2,\ \cdots,\ n-1 \\ \lambda_k:\ \min\limits_{\lambda} f(X^{(K)}+\lambda P^{(k)}) \\ X^{(n)}=X^{*} \end{cases} \tag{6-54}$$

算法式（6－54）称为共轭方向法。它要求：搜索方向 $P^{(0)}$，$P^{(1)}$，…，$P^{(n-1)}$ 必须共轭；确定各近似极小点时必须按最优一维搜索进行。共轭梯度法是共轭方向法的一种，它的搜索方向是利用一维搜索所得极小点处函数的梯度生成的，我们现在就来构造正定二次函数的共轭梯度法。

由于 $\nabla f(X)=AX+B$，故有

$$\nabla f(X^{(k+1)})-\nabla f(X^{(k)})=A(X^{(k+1)}-X^{(k)})$$

但 $X^{(k+1)}=X^{(k)}+\lambda_k P^{(k)}$

$$\nabla f(X^{(k+1)})-\nabla f(X^{(k)})=\lambda_K AP^{(k)},\ k=0,\ 1,\ 2,\ \cdots,\ n-1 \tag{6-55}$$

任取初始近似点 $X^{(0)}$，并取初始搜索方向为此点的负梯度方向，即 $P^{(0)}=-\nabla f(X^{(0)})$ 沿射线 $X^{(0)}+\lambda P^{(0)}$ 进行一维搜索，得

$$\begin{cases} X^{(1)}=X^{(0)}+\lambda P^{(0)} \\ \lambda_0:\ \min\limits_{\lambda} f(X^{(0)}+\lambda P^{(0)}) \end{cases}$$

算出 $\nabla f(X^{(1)})$，由式（6－51）知

$$\nabla f(X^{(1)})^{T}P^{(0)}=-\nabla f(X^{(1)})^{T}\nabla f(X^{(0)})=0$$

从而 $\nabla f(X^{(1)})$ 和 $\nabla f(X^{(0)})$ 正交（这里假设 $\nabla f(X^{(1)})$ 和 $\nabla f(X^{(0)})$ 均不等于零）。

$\nabla f(X^{(0)})$和$\nabla f(X^{(1)})$构成一正交系，我们可以在由它们生成的二维子空间中寻求$P^{(1)}$，为此，可令

$$P^{(1)} = -\nabla f(X^{(1)}) + a_0 \nabla f(X^{(0)})$$

式中a_0为待定系数。欲使$P^{(1)}$与$P^{(0)}$为A共轭，由式（6－55），必须

$$[-\nabla f(X^{(1)}) + a_0 \nabla f(X^{(0)})]^T [\nabla f(X^{(1)}) - \nabla f(X^{(0)})] = 0$$

故

$$-a_0 = \frac{\nabla f(X^{(1)})^T \nabla f(X^{(1)})}{\nabla f(X^{(0)})^T \nabla f(X^{(0)})}$$

令

$$\beta_0 = -a_0 = \frac{\nabla f(X^{(1)})^T \nabla f(X^{(1)})}{\nabla f(X^{(0)})^T \nabla f(X^{(0)})} \tag{6-56}$$

由此可得$P^{(1)} = -\nabla f(X^{(1)}) + \beta_0 P^{(0)}$。

以$p^{(1)}$为搜索方向进行最优一维搜索，可得

$$\begin{cases} X^{(2)} = X^{(1)} + \lambda_1 P^{(1)} \\ \lambda_1: \min\limits_{\lambda} f(X^{(1)} + \lambda P^{(1)}) \end{cases}$$

算出$\nabla f(X^{(2)})$，假定$\nabla f(X^{(2)}) \neq 0$，因$P^{(0)}$和$P^{(1)}$为A共轭，故

$$[\nabla f(X^{(0)})]^T [\nabla f(X^{(2)}) - \nabla f(X^{(1)})] = 0，但 [\nabla f(X^{(0)})]^T \nabla f(X^{(1)}) = 0$$

故

$$\nabla f(X^{(0)})^T \nabla f(X^{(2)}) = 0$$

由于

$$(\nabla f(X^{(2)}))^T P^{(1)} = -(\nabla f(X^{(2)}))^T [-\nabla f(X^{(1)}) + \alpha_0 \nabla f(X^{(0)})] = 0$$

所以

$$\nabla f(X^{(2)})^T \nabla f(X^{(1)}) = 0$$

即$\nabla f(X^{(2)})$、$\nabla f(X^{(1)})$和$\nabla f(X^{(0)})$构成一正交系。现由它们生成的三维子空间中，寻求与$P^{(1)}$和$P^{(0)}$为A共轭的搜索方向$P^{(2)}$。令

$$P^{(2)} = -\nabla f(X^{(2)}) + a_1 \nabla f(X^{(1)}) + a_0 \nabla f(X^{(0)})$$

式中a_0和a_1均为待定系数。由于$P^{(2)}$应与$P^{(0)}$和$P^{(1)}$为A共轭，故须

$$[-\nabla f(X^{(2)}) + a_1 \nabla f(X^{(1)}) + a_0 \nabla f(X^{(0)})]^T [\nabla f(X^{(1)}) - \nabla f(X^{(0)})] = 0$$

$$[-\nabla f(X^{(2)}) + a_1 \nabla f(X^{(1)}) + a_0 \nabla f(X^{(0)})]^T [\nabla f(X^{(2)}) - \nabla f(X^{(1)})] = 0$$

从而

$$a_1 \nabla f(X^{(1)})^T \nabla f(X^{(1)}) - a_0 \nabla f(X^{(0)})^T \nabla f(X^{(0)}) = 0$$

$$-\nabla f(X^{(2)})^T \nabla f(X^{(2)}) - a_1 \nabla f(X^{(1)})^T \nabla f(X^{(1)}) = 0$$

解之得

$$-a_1 = \frac{\nabla f(X^{(2)})^T \nabla f(X^{(2)})}{\nabla f(X^{(1)})^T \nabla f(X^{(1)})}$$

$$a_0 = a_1 \frac{\nabla f(X^{(1)})^T \nabla f(X^{(1)})}{\nabla f(X^{(0)})^T \nabla f(X^{(0)})}$$

令 $\beta_1 = -a_1$，则 $a_0 = -\beta_1\beta_0$，于是

$$\begin{aligned} P^{(2)} &= -\nabla f(X^{(2)}) - \beta_1 \nabla f(X^{(1)}) - \beta_0\beta_1 \nabla f(X^{(0)}) \\ &= -\nabla f(X^{(2)}) + \beta_1[-\nabla f(X^{(1)}) - \beta_0 \nabla f(X^{(0)})] \\ &= -\nabla f(X^{(2)}) + \beta_1[-\nabla f(X^{(1)}) + \beta_0 P^{(0)}] \\ &= -\nabla f(X^{(2)}) + \beta_1 P^{(1)} \end{aligned} \tag{6-57}$$

继续上述步骤，可得一般公式如下：

$$\begin{cases} P^{(k+1)} = -\nabla f(X^{(k+1)}) + \beta_k P^{(k)} \\ \beta_k = \dfrac{\nabla f(X^{(k+1)})^T \nabla f(X^{(k+1)})}{\nabla f(X^{(k)})^T \nabla f(X^{(k)})} \end{cases}$$

对于正定二次函数来说，$\nabla f(X) = AX + B$，由式（6－55）得

$$\nabla f(X^{(k+1)}) = \nabla f(X^{(k)}) + \lambda_k A P^{(k)}$$

由于进行的是最优一维搜索，故有

$$\nabla f(X^{(k+1)})^T P^{(k)} = 0$$

从而

$$\lambda_k = -\frac{\nabla f(X^{(k)})^T P^{(k)}}{(P^{(k)})^T A P^{(k)}}$$

如此，即可得共轭梯度法的一组计算公式如下：

$$\begin{cases} (X^{(k+1)}) = (X^{(k)}) + \lambda_k P^{(k)} & (6-58) \\ \lambda_k = -\dfrac{\nabla f(X^{(k)})^T P^{(k)}}{(P^{(k)})^T A P^{(k)}} & (6-59) \\ P^{(k+1)} = -\nabla f(X^{(k+1)}) + \beta_k P^{(k)} & (6-60) \\ \beta_k = \dfrac{\nabla f(X^{(k+1)})^T \nabla f(X^{(k+1)})}{\nabla f(X^{(k)})^T \nabla f(X^{(k)})} & (6-61) \\ k = 0,\ 1,\ 2,\ \cdots,\ n-1 \end{cases}$$

其中 $X^{(0)}$ 为初始近似，$P^{(0)} = -\nabla f(X^{(0)})$。

由于 $P^{(k)} = -\nabla f(X^{(k)}) + \beta_{k-1} P^{(k-1)}$ 以及 $\nabla f(X^{(k)})^T P^{(k-1)} = 0$，故式(6－59)也可写成

$$\lambda_k = \frac{\nabla f(X^{(k)})^T \nabla f(X^{(k)})}{(P^{(k)})^T A P^{(k)}} \tag{6-62}$$

式（6－61）最先由弗莱彻（Fletcher）和瑞夫斯（Reeves）提出，故此法亦称为FR共轭梯度法。上述公式还有其他等价形式。例如，借助于式（6－55），可将它变为

$$\beta_k = \frac{\nabla f(X^{(k+1)})^T A P^{(k)}}{(P^{(k)})^T A P^{(k)}} \tag{6-63}$$

现将共轭梯度法的计算步骤总结如下：

（1）选择初始近似 $X^{(0)}$，给出允许误差 $\varepsilon>0$。

（2）计算 $P^{(0)}=-\nabla f(X^{(0)})$，并用式(6－58)和式(6－59)算出 $X^{(1)}$。计算步长也可使用以前介绍过的一维搜索法。

（3）一般地，假定已得出 $X^{(k)}$ 和 $P^{(k)}$，则可计算其第 $k+1$ 次近似 $X^{(k+1)}$：

$$\begin{cases}X^{(k+1)}=X^{(k)}+\lambda_k P^{(k)}\\ \lambda_k:\ \min\limits_{\lambda} f(X^{(k)}+\lambda P^{(k)})\end{cases}$$

（4）若 $\|\nabla f(X^{(k+1)})\|^2\leqslant\varepsilon$，停止计算，$X^{(k+1)}$ 即为要求的近似解。否则，若 $k<n-1$，则用式(6－61)和式(6－60)计算 β_k 和 $P^{(k+1)}$，并转向第(3)步。

应当指出，对于二次函数的情形，从理论上说，进行 n 次迭代即可达到极小点。但是，在实际计算中，由于数据的舍入以及计算误差的积累，往往做不到这一点。此外，由于 n 维问题的共轭方向最多只有 n 个，在 n 步以后继续如上进行是没有意义的。因此，在实际应用时，如迭代到 n 步还不收敛，就将 $X^{(n)}$ 作为新的初始近似，重新开始迭代。根据实际经验，采用这种再开始的办法，一般都可以得到较好的效果。

例 8：试用共轭梯度法求下述二次函数的极小点：

$$f(X)=\frac{3}{2}x_1^2+\frac{1}{2}x_2^2-\chi_1\chi_2-2x_1$$

解：将 $f(X)$ 化成式（6－50）的形式，得

$$A=\begin{pmatrix}3 & -1\\ -1 & 1\end{pmatrix}$$

现从 $X^{(0)}=(-2,\ 4)^T$ 开始，由于

$$\nabla f(X)=[(3x_1-x_2-2),\ (x_2-x_1)]^T$$

故

$$\nabla f(X^{(0)})=(-12,\ 6)^T$$

$$P^{(0)}=-\nabla f(X^{(0)})=(-12,\ -6)^T$$

$$\lambda_0=-\frac{\nabla f(X^{(0)})^T P^{(0)}}{(P^{(0)})^T A P^{(0)}}=-\frac{(-12,\ 6)\begin{pmatrix}12\\ -6\end{pmatrix}}{(12,\ -6)\begin{pmatrix}3 & -1\\ -1 & 1\end{pmatrix}\begin{pmatrix}12\\ -6\end{pmatrix}}=\frac{180}{612}=\frac{5}{17}$$

于是

$$X^{(1)}=X^{(0)}+\lambda_0 P^{(0)}=\begin{pmatrix}-2\\ 4\end{pmatrix}+\frac{5}{17}\begin{pmatrix}12\\ -6\end{pmatrix}=\left(\frac{26}{17},\ \frac{38}{17}\right)^T$$

$$\nabla f(X^{(1)})=(6/17,\ 12/17)^T$$

$$\beta_0=\frac{\nabla f(X^{(1)})^T\nabla f(X^{(1)})}{\nabla f(X^{(0)})^T\nabla f(X^{(0)})}=\frac{\left(\frac{6}{17},\ \frac{12}{17}\right)\begin{bmatrix}6/17\\ 12/17\end{bmatrix}}{(-12,\ 6)\begin{pmatrix}-12\\ 6\end{pmatrix}}=\frac{1}{289}$$

$$P^{(1)} = -\nabla f(X^{(1)}) + \beta_0 P^{(0)} = -\begin{bmatrix} 6/17 \\ 12/17 \end{bmatrix} + \frac{1}{289}\begin{pmatrix} 12 \\ -6 \end{pmatrix} = \left(-\frac{90}{289},\ -\frac{210}{289}\right)^T$$

$$\begin{aligned}\lambda_1 &= -\frac{\nabla f(X^{(1)})^T P^{(1)}}{(P^{(1)})^T A P^{(1)}} \\ &= -\frac{\left(\frac{6}{17},\ \frac{12}{17}\right)\left(-\frac{90}{289},\ -\frac{210}{289}\right)^T}{\left(-\frac{90}{289},\ -\frac{210}{289}\right)\begin{pmatrix} 3 & -1 \\ -1 & 1 \end{pmatrix}\left(-\frac{90}{289},\ -\frac{210}{289}\right)^T} \\ &= \frac{6\times17\times90 + 12\times17\times210}{(-60,\ -120)(-90,\ -210)^T} = \frac{17(6\times90 + 12\times210)}{60\times90 + 120\times210} \\ &= \frac{17}{10}\end{aligned}$$

故

$$X^{(2)} = X^{(1)} + \lambda_1 P^{(1)} = \begin{bmatrix} 26/17 \\ 38/17 \end{bmatrix} + (17/10)\begin{bmatrix} -90/289 \\ -210/289 \end{bmatrix} = \begin{pmatrix} 1 \\ 1 \end{pmatrix}$$

这就是 $f(X)$ 的极小点。图 6 – 16 表明了本例的搜索方向和步骤。

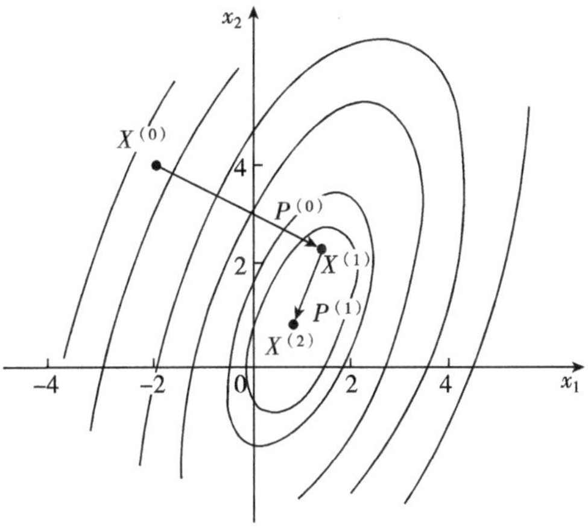

图 6 – 16

6.3.2.3　非二次函数的共轭梯度法

可将共轭梯度法推广到求解一般无约束极值问题式（6 – 40）。

设 $f(X)$ 为某一严格凸函数，它具有二阶连续偏导数，其唯一极小点为 X^*。现任取初始近似 $X^{(0)}$，计算 $\nabla f(X^{(0)})$，选取 $P^{(0)} = -\nabla f(X^{(0)})$ 为初始搜索方向，做射线 $X^{(0)} + \lambda P^{(0)}(\lambda \geqslant 0)$，并将 $f(X) = f(X^{(0)} + \lambda P^{(0)})$ 于 $X^{(0)}$ 附近做泰勒展开：

$$f(X^{(0)} + \lambda P^{(0)}) \approx f(X^0) + \lambda \nabla P(X^{(0)})^T P^{(0)} + \frac{1}{2}\lambda^2 (P^{(0)})^T H(X^{(0)}) P^{(0)}$$

上式为 λ 的二次函数，因 $(P^{(0)})^T H(X^{(0)}) P^{(0)} > 0$，故使该二次函数沿 $P^{(0)}$ 方向取极小值的 λ 为 $\lambda_0 = -\frac{\nabla f(X^{(0)})^T P^{(0)}}{(P^{(0)})^T H(X^{(0)}) P^{(0)}}$。

显然，它近似满足 $\min\limits_{\lambda} f(X^{(0)} + \lambda P^{(0)})$。令 $X^{(1)} = X^{(0)} + \lambda_0 P^{(0)}$，则 $X^{(1)}$ 近似满足 $\nabla f(X^{(1)})^T P^{(1)} = 0$。现构造向量 $P^{(1)} = -\nabla f(X^{(1)}) + \beta_0 P^{(0)}$，使满足 $(P^{(0)})^T H(X^{(0)}) P^{(0)} = 0$，则得

$$\beta_0 = \frac{\nabla f(X^{(1)})^T H(X^{(0)}) P^{(0)}}{(P^{(0)})^T H(X^{(0)}) P^{(0)}}$$

这就确定了 $P^{(1)}$。

按此过程可构造各次迭代的搜索方向及近似点。一般地，我们有：

$$\begin{cases} (X^{(k+1)}) = (X^{(k)}) + \lambda_k P^{(k)} \\ \lambda_k = -\frac{\nabla f(X^{(k)})^T P^{(k)}}{(P^{(k)})^T H(X^{(k)}) P^{(k)}} & (6-64) \\ P^{(k+1)} = -\nabla f(X^{(k+1)}) + \beta_k P^{(k)} \\ \beta_k = \frac{\nabla f(X^{(k+1)})^T H(X^{(k)}) P^{(k)}}{(P^{(k)})^T H(X^{(k)}) P^{(K)}} & (6-65) \end{cases}$$

这就是推广到非二次函数的共轭梯度法的计算公式。

由于在导出上述公式的过程中利用了一些近似关系，以及 $H(X^{(k)})$ 的逐次变化，使 $P^{(0)}$，$P^{(1)}$，…，$P^{(n-1)}$ 的共轭性遭受破坏，因而对于一般非二次函数来说，要以 n 步迭代取得收敛常常是不可能的。因此在实际应用时，如迭代步数 $k \leqslant n$ 以达到要求的精度，则以 $X^{(k)}$ 作为要求的近似解。否则可将前 n 步作为一个循环，同时以所得到的 $X^{(n)}$ 作为新的初始近似重新开始，进行第二个循环。重复进行，直至满足要求精度为止。

6.3.3 变尺度法

变尺度法是近 30 多年来发展起来的，它是求解无约束极值问题的一种有效方法。由于它避免了计算二阶导数矩阵及其求逆过程，又比梯度法的收敛速度快，特别是对高维问题具有显著的优越性，因而使变尺度法获得了很高的声誉，至今仍被公认为求解无约束极值问题最有效的算法之一。下面我们来简要地介绍变尺度法的基本原理及其计算过程。

6.3.3.1 基本原理

假定无约束极值问题的目标函数 $f(X)$ 具有二阶连续偏导数，$X^{(k)}$ 为其极小点的某一近似。在这个点附近取 $f(X)$ 的二阶泰勒多项式逼近

$$f(X) \approx f(X^{(k)}) + \nabla f(X^{(k)})^T \Delta X + \frac{1}{2} \Delta X^T H(X^{(k)}) \Delta X \qquad (6-66)$$

则其梯度为

$$\nabla f(X) \approx \nabla f(X^{(k)}) + H(X^{(k)})\Delta X \tag{6-67}$$

这个近似函数的极小值满足

$$\nabla f(X^{(k)}) + H(X^{(k)})\Delta X = 0$$

从而

$$X = X^{(k)} - H(X^{(k)})^{-1}\Delta f(X^{(k)}) \tag{6-68}$$

其中 $H(X^{(k)})$ 为 $f(X)$ 在 $X^{(k)}$ 点的海塞矩阵。

如果 $f(X)$ 是二次函数，则 $H(X)$ 为常数阵。这时，逼近式(6-66)是准确的。在这种情况下，从任一点 $X^{(k)}$ 出发，用式(6-68)只要一步即可求出 $f(X)$ 的极小点(假定 $H(X^{(k)})$ 正定)。

当 $f(X)$ 不是二次函数时，式(6-66)仅是 $f(X)$ 在 $X^{(k)}$ 点附近的近似表达式。这时，按式(6-68)求得的极小点，只是 $f(X)$ 的极小点的近似。在这种情况下，人们常取 $-H(X^{(k)})^{-1}\nabla f(X^{(k)})$ 为搜索方向，即

$$\begin{cases} P^{(k)} = -H(X^{(k)})^{-1}\nabla f(X^{(k)}) \\ X^{(k+1)} = (X^{(k)}) + \lambda_k P^{(k)} \\ \lambda_k: \ \min\limits_{\lambda} f(X^{(k)} + \lambda P^{(k)}) \end{cases} \tag{6-69}$$

按照这种方式求函数 $f(X)$ 的极小点的方法，称作广义牛顿法。式(6-69)确定的搜索方向，为 $f(X)$ 在点 $X^{(k)}$ 的牛顿方向。牛顿法的收敛速度很快，当 $f(X)$ 的二阶导数及其海塞矩阵的逆阵便于计算时，使用这一方法非常有效。

问题在于，实际问题中的目标函数往往相当复杂，计算二阶导数的工作量或者太大，或者根本不可能，况且，在 X 的维数很高时，计算逆阵也相当费事。为了不计算二阶导数矩阵 $H(X^{(k)})$，从而也不必计算其逆阵 $H(X^{(k)})^{-1}$，我们设法构造另一个矩阵 $\overline{H}^{(k)}$，用它来直接逼近二阶导数矩阵的逆阵 $H(X^{(k)})^{-1}$。

下面就来研究如何构造 $H(X^{(k)})^{-1}$ 的近似矩阵 $\overline{H}^{(k)}$。我们要求，在每一步都能以现有的信息来确定下一个搜索方向；每做一次迭代，目标函数值均有所下降；而且，这些近似矩阵最后应收敛于解点处的海塞矩阵的逆阵。

当 $f(X)$ 是二次函数时，其海塞矩阵为常数阵，可知其在任意两点 $X^{(k)}$ 和 $X^{(k+1)}$ 处的梯度之差等于

$$\nabla f(X^{(k+1)}) - \nabla f(X^{(k)}) = A(X^{(k+1)} - X^{(k)})$$

或

$$X^{(k+1)} - X^{(k)} = A^{-1}[\nabla f(X^{(k+1)}) - \nabla f(X^{(k)}]\tag{6-70}$$

对于非二次函数，仿照二次函数的情形，要求其海塞矩阵的逆阵的第 $k+1$ 次近似矩阵 $\overline{H}^{(k+1)}$ 满足关系式

$$X^{(k+1)} - X^{(k)} = \overline{H}^{(k+1)}[\nabla f(X^{(k+1)}) - \nabla f(X^{(k)})] \tag{6-71}$$

此式就是所谓的拟牛顿条件。

若令

$$\begin{cases}\Delta G^{(k)}=\nabla f(X^{(k+1)})-\nabla f(X^{(k)})\\ \Delta X^{(k)}=X^{(k+1)}-X^{(k)}\end{cases} \tag{6-72}$$

则式（6-71）变为

$$\Delta X^{(k)}=\overline{H}^{(k+1)}\Delta G^{(k)}$$

现设$\overline{H}^{(k)}$已知，并用下式求$\overline{H}^{(k+1)}$（假定$\overline{H}^{(k)}$和$\overline{H}^{(k+1)}$都称为正定阵）：

$$\overline{H}^{(k+1)}=\overline{H}^{(k)}+\Delta\overline{H}^{(k)} \tag{6-73}$$

上式中$\Delta\overline{H}^{(k)}$为第k次校正矩阵，$\overline{H}^{(k+1)}$应满足拟牛顿条件，即要求

$$\Delta X^{(k)}=(\overline{H}^{(k)}+\Delta\overline{H}^{(k)})\Delta G^{(k)}$$

或

$$\Delta\overline{H}^{(k)}\Delta G^{(k)}=\Delta X^{(k)}-\overline{H}^{(k)}\Delta G^{(k)} \tag{6-74}$$

由此可以设想$\Delta\overline{H}^{(k)}$的一种较简单形式为

$$\Delta\overline{H}^{(k)}=\Delta X^{(k)}(Q^{(k)})^T-\overline{H}^{(k)}\Delta G^{(k)}(W^{(k)})^T \tag{6-75}$$

式中$Q^{(k)}$和$W^{(k)}$为两个待定向量。

将表达式（6-75）代入式（6-74）得

$$\Delta X^{(k)}(Q^{(k)})^T\Delta G^{(k)}-\overline{H}^{(k)}\Delta G^{(k)}(W^{(k)})^T\Delta G^{(k)}=\Delta X^{(k)}-\overline{H}^{(k)}\Delta G^{(k)}$$

这就是说，应使

$$(Q^{(k)})^T\Delta G^{(k)}=(W^{(k)})^T\Delta G^{(k)}=1 \tag{6-76}$$

由于$\Delta\overline{H}^{(k)}$应为对阵，最简单的办法就是取

$$\begin{cases}Q^{(k)}=\eta_k\Delta X^{(k)}\\ W^{(k)}=\xi_k\overline{H}^{(k)}\Delta G^{(k)}\end{cases} \tag{6-77}$$

由式（6-76）得

$$\eta_k(\Delta X^{(k)})^T\Delta G^{(k)}=\xi_k(\Delta G^{(k)})^T\overline{H}^{(k)}\Delta G^{(k)}=1$$

设$(\Delta X^{(k)})\Delta G^{(k)}$以及$\Delta G^{(k)}\overline{H}^{(k)}\Delta G^{(k)}$皆不为零，则有

$$\begin{cases}\eta_k=\dfrac{1}{(\Delta X^{(k)})^T\Delta G^{(k)}}=\dfrac{1}{(\Delta G^{(k)})^T\Delta X^{(k)}}\\ \xi_k=\dfrac{1}{(\Delta G^{(k)})^T\overline{H}^{(k)}\Delta G^{(k)}}\end{cases} \tag{6-78}$$

于是得到校正矩阵

$$\Delta\overline{H}^{(k)}=\frac{\Delta X^{(k)}\ (\Delta X^{(k)})^T}{(\Delta G^{(k)})^T\Delta X^{(k)}}-\frac{\overline{H}^{(k)}\Delta G^{(k)}\ (\Delta G^{(k)})^T\overline{H}^{(k)}}{(\Delta G^{(k)})^T\overline{H}^{(k)}\Delta G^{(k)}} \tag{6-79}$$

从而得到

$$\overline{H}^{(k+1)}=\overline{H}^{(k)}+\frac{\Delta X^{(k)}\ (\Delta X^{(k)})^T}{(\Delta G^{(k)})^T\Delta X^{(k)}}-\frac{\overline{H}^{(k)}\Delta G^{(k)}\ (\Delta G^{(k)})^T\overline{H}^{(k)}}{(\Delta G^{(k)})^T\overline{H}^{(k)}\Delta G^{(k)}} \tag{6-80}$$

上述矩阵称为尺度矩阵，在整个迭代过程中它是在不断变化的。有了尺度矩阵，即可依式（6-69）进行迭代计算。

6.3.3.2 计算步骤

现将变尺度法的计算步骤总结如下：

（1）给定初始点 $X^{(0)}$ 及梯度允许误差 $\varepsilon>0$。

（2）若

$$\|\Delta f(X^{(0)})\|^2\leqslant\varepsilon$$

则 $X^{(0)}$ 即为近似极小点，停止迭代。否则，转向下一步。

（3）令

$$\overline{H}^{(0)}=I\text{（单位阵）}$$

$$P^{(0)}=-\overline{H}^{(0)}\nabla f(X^{(0)})$$

在 $P^{(0)}$ 方向进行一维搜索，确定最佳步长 λ_0：

$$\min_{\lambda} f(X^{(0)}+\lambda P^{(0)})=f(X^{(0)}+\lambda_0 P^{(0)})$$

如此可得下一个近似点

$$X^{(1)}=X^{(0)}+\lambda_0 P^{(0)}$$

（4）一般地，设已得到近似点 $X^{(k)}$，算出 $\nabla f(X^{(k)})$，若

$$\|\nabla f(X^{(k)})\|^2\leqslant\varepsilon$$

则 $X^{(k)}$ 即为所求的近似解，停止迭代；否则，按式(6-80)计算 $\overline{H}^{(k)}$，并令

$$P^{(k)}=-\overline{H}^{(k)}\nabla f(X^{(k)})$$

在 $P^{(k)}$ 方向进行一维搜索，确定最佳步长 λ_k：

$$\min_{\lambda} f(X^{(k)}+\lambda P^{(k)})=f(X^{(k)}+\lambda_k P^{(k)})$$

其下一个近似点为

$$X^{(k+1)}=X^{(k)}+\lambda_k P^{(k)}$$

（5）若 $X^{(k+1)}$ 点满足精度要求，则 $X^{(k+1)}$ 即为所求的近似解。否则，转回第（4）步，直到求出某点满足精度要求为止。

和共轭梯度法相类似，如果迭代 n 次仍不收敛，则以 $X^{(n)}$ 为新的 $X^{(0)}$，以这时的 $X^{(0)}$ 为起点重新开始一轮新的迭代。

上述方法首先由戴维顿（Davidon）提出，后经弗莱彻（Fletcher）和鲍威尔（Powell）加以改进，故称 DFP 法，或 DFP 变尺度法。

例 9：试用 DFP 法重新计算例 3。

解：和例 3 一样，仍从 $X^{(0)}=(-2,\ 4)^T$ 开始，并取

$$\overline{H}^{(0)}=\begin{pmatrix}1 & 0\\0 & 1\end{pmatrix}$$

$$\nabla f(X)=[(3x_1-x_2-2),\ (x_2-x_1)]^T$$

$$\nabla f(X^{(0)}) = (-12,\ 6)^T$$

$$P^{(0)} = -\overline{H}^{(0)} \nabla f(X^{(0)}) = -\begin{pmatrix} 1 & 0 \\ 0 & 1 \end{pmatrix}\begin{pmatrix} -12 \\ 6 \end{pmatrix} = \begin{pmatrix} 12 \\ -6 \end{pmatrix}$$

利用一维搜索，即$\min\limits_{\lambda} f(X^{(0)} + \lambda P^{(0)})$，可算得

$$\lambda_0 = \frac{5}{17}$$

$$X^{(1)} = X^{(0)} + \lambda_0 P^{(0)} = \begin{pmatrix} -2 \\ 4 \end{pmatrix} + \frac{5}{17}\begin{pmatrix} 12 \\ -6 \end{pmatrix} = \left(\frac{26}{17},\ \frac{38}{17}\right)^T$$

$$\nabla f(X^{(1)}) = \left(\frac{6}{17},\ \frac{12}{17}\right)^T$$

$$\Delta X^{(0)} = X^{(1)} - X^{(0)} = \left(\frac{26}{17},\ \frac{38}{17}\right)^T - (-2,\ 4)^T = \left(\frac{60}{17},\ -\frac{30}{17}\right)^T$$

$$\Delta G^{(0)} = \nabla f(X^{(1)}) - \nabla f(X^{(0)})$$

$$= \left(\frac{6}{17},\ \frac{12}{17}\right)^T - (-12,\ 6)^T = \left(\frac{210}{17},\ -\frac{90}{17}\right)^T$$

$$\overline{H}^{(1)} = \overline{H}^{(0)} + \frac{\Delta X^{(0)}(\Delta X^{(0)})^T}{(\Delta G^{(0)})^T \Delta X^{(0)}} - \frac{\overline{H}^{(0)} \Delta G^{(0)} (\Delta G^{(0)})^T \overline{H}^{(0)}}{(\Delta G^{(0)})^T \overline{H}^{(0)} \Delta G^{(0)}}$$

$$= \begin{pmatrix} 1 & 0 \\ 0 & 1 \end{pmatrix} + \frac{\left(\frac{60}{17},\ -\frac{30}{17}\right)^T\left(\frac{60}{17},\ -\frac{30}{17}\right)}{\left(\frac{210}{17},\ -\frac{90}{17}\right)\left(\frac{60}{17},\ -\frac{30}{17}\right)^T} -$$

$$\frac{\begin{pmatrix} 1 & 0 \\ 0 & 1 \end{pmatrix}\left(\frac{210}{17},\ -\frac{90}{17}\right)^T\left(\frac{210}{17},\ -\frac{90}{17}\right)\begin{pmatrix} 1 & 0 \\ 0 & 1 \end{pmatrix}}{\left(\frac{210}{17},\ -\frac{90}{17}\right)\begin{pmatrix} 1 & 0 \\ 0 & 1 \end{pmatrix}\left(\frac{210}{17},\ -\frac{90}{17}\right)^T}$$

$$= \begin{pmatrix} 1 & 0 \\ 0 & 1 \end{pmatrix} + \frac{1}{17}\begin{pmatrix} 4 & -2 \\ -2 & 1 \end{pmatrix} - \frac{1}{58}\begin{pmatrix} 49 & -21 \\ -21 & 9 \end{pmatrix}$$

$$= \frac{1}{986}\begin{pmatrix} 385 & 241 \\ 241 & 891 \end{pmatrix}$$

$$P^{(1)} = -\overline{H}^{(1)} \nabla f(X^{(1)}) = -\frac{1}{986}\begin{pmatrix} 385 & 241 \\ 241 & 891 \end{pmatrix}\begin{bmatrix} 6/17 \\ 12/17 \end{bmatrix} = -\begin{bmatrix} 9/29 \\ 21/29 \end{bmatrix}$$

再由一维搜索$\min\limits_{\lambda} f(X^{(1)} + \lambda P^{(1)})$，得

$$\lambda_1 = \frac{29}{17}$$

从而

$$X^{(2)} = X^{(1)} + \lambda_1 P^{(1)} = \begin{bmatrix} 26/17 \\ 38/17 \end{bmatrix} + \frac{29}{17}\begin{bmatrix} -9/29 \\ -21/29 \end{bmatrix} = \begin{pmatrix} 1 \\ 1 \end{pmatrix}$$

$\nabla f(X^{(2)})=(0,\ 0)^T$

可知 $X^{(2)}=(1,\ 1)^T$ 为极小点。

在以上讨论中，我们取第一个尺度矩阵$\overline{H}^{(0)}$为对称正定阵，以后的尺度矩阵由式（6-80）逐步形成。可以证明，这样构成的尺度矩阵均为对称正定阵。由此可知，其搜索方向 $P^{(k)}=-\overline{H}^{(k)}\nabla f(X^{(k)})$ 为下降方向，这就可以保证每次迭代均能使目标函数值有所改善。

当把 DFP 变尺度法用于正定二次函数时，产生的搜索方向为共轭方向，因而也具有有限步收敛的性质。若将初始尺度矩阵也取为单位矩阵，对这种函数来说，DFP 法就与共轭梯度法一样了。

还要指出，可以采用不同的方法来构造尺度矩阵$\overline{H}^{(k)}$，从而产生不同的变尺度法。DFP 法属于拟牛顿法的一种。开始时取$\overline{H}^{(0)}=I$，这相当于第一步采用最速下降法。以后的$\overline{H}^{(k)}$接近于 $H(X^{(k)})^{-1}$，当达到极小点时，从理论上讲，这时的尺度矩阵应等于该点处海塞矩阵的逆阵。

例10：试用 DFP 法求 $\min f(X)=4(x_1-5)^2+(x_2-6)^2$。

解：

$$\overline{H}^{(0)}=\begin{pmatrix}1&0\\0&1\end{pmatrix},\quad X^{(0)}=\begin{pmatrix}8\\9\end{pmatrix}$$

由于

$$\nabla f(X)=[8(x_1-5)\ \ 2(x_2-6)]^T$$

$$\nabla f(X^{(0)})=(24,\ 6)^T$$

故

$$X^{(1)}=X^{(0)}+\lambda_0P^{(0)}=X^{(0)}+\lambda_0[-\overline{H}^{(0)}\nabla f(X^{(0)})]$$

$$=\begin{pmatrix}8\\9\end{pmatrix}-\lambda_0\begin{pmatrix}1&0\\0&1\end{pmatrix}\begin{pmatrix}24\\6\end{pmatrix}=\begin{pmatrix}8\\9\end{pmatrix}-\lambda_0\begin{pmatrix}24\\6\end{pmatrix}$$

$$=\begin{pmatrix}8&-&24\lambda_0\\9&-&6\lambda_0\end{pmatrix}$$

$$\nabla f(X^{(1)})=4[(8-24\lambda_0)-5]^2+[(9-6\lambda_0)-6]^2$$

令

$$\frac{\mathrm{d}f(X^{(1)})}{\mathrm{d}\lambda_0}=0$$

可得

$$\lambda_0=\frac{17}{130}$$

$$X^{(1)}=[(8-24\lambda_0),\ (9-6\lambda_0)]^T=[4.862,\ 8.215]^T$$

$$\Delta X^{(0)}=X^{(1)}-X^{(0)}=(-3.138,\ -0.785)^T$$

$$f(X^{(1)})=4.985$$

$$\nabla f(X^{(1)})=(-1.108,\ 4.431)^T$$

$$\Delta G^{(0)}=\nabla f(X^{(1)})-\nabla f(X^{(0)})=(-25.108,\ -1.569)^T$$

由此可得

$$\overline{H}^{(1)}=\overline{H}^{(0)}+\frac{\Delta X^{(0)}(\Delta X^{(0)})^T}{(\Delta G^{(0)})^T\Delta X^{(0)}}-\frac{\overline{H}^{(0)}\Delta G^{(0)}(\Delta G^{(0)})^T\overline{H}^{(0)}}{(\Delta G^{(0)})^T\overline{H}^{(0)}\Delta G^{(0)}}$$

$$=\begin{pmatrix}1&0\\0&1\end{pmatrix}+\frac{(-3.138,\ -0.785)^T(-3.138,\ -0.785)}{(-25.108,\ -1.569)(-3.138,\ -0.785)^T}$$

$$-\frac{\begin{pmatrix}1&0\\0&1\end{pmatrix}(-25.108,\ -1.569)^T(-25.108,\ -1.569)\begin{pmatrix}1&0\\0&1\end{pmatrix}}{(-25.108,\ -1.569)\begin{pmatrix}1&0\\0&1\end{pmatrix}(-25.108,\ -1.569)^T}$$

$$=\begin{pmatrix}1&0\\0&1\end{pmatrix}+\begin{pmatrix}0.1231&0.0308\\0.0308&0.0077\end{pmatrix}-\begin{pmatrix}0.9961&0.0622\\0.0622&0.0039\end{pmatrix}$$

$$=\begin{pmatrix}0.1270&-0.0315\\-0.0315&1.0038\end{pmatrix}$$

故

$$X^{(2)}=X^{(1)}-\lambda_1\overline{H}^{(1)}\nabla f(X^{(1)})$$

$$=\begin{pmatrix}4.862\\8.215\end{pmatrix}-\lambda_1\begin{pmatrix}0.1270&-0.0315\\-0.0315&1.0038\end{pmatrix}\begin{pmatrix}-1.108\\4.431\end{pmatrix}$$

如上求最佳步长，可得

$$\lambda_1=0.4942$$

代入上式得

$$X^{(2)}=(5,\ 6)^T$$

这就是极小点。

若将该问题的目标函数$f(X)$表示为式（6－50）的形式。可知

$$A=\begin{pmatrix}8&0\\0&2\end{pmatrix}$$

而

$$A^{-1}=\begin{pmatrix}1/8&0\\0&1/2\end{pmatrix}$$

现计算出该问题的$\overline{H}^{(2)}$：

$$\overline{H}^{(2)}=\begin{pmatrix}1.25\times10^{-1}&-8.882\times10^{-16}\\-8.882\times10^{-16}&5.00\times10^{-1}\end{pmatrix}$$

可知二者实际相等。

在以上几节中，我们介绍了求解无约束极值问题的解析法，这些方法只是众多算法中的一部分。一般认为，从迭代次数上考虑，变尺度法所需迭代次数较少，共轭梯度法次之，最速下降法（一阶梯度法）所需迭代次数最多。但从每次迭代所需的计算工作量来看，却正好相反，最速下降最简单，变尺度法比它们都烦琐。

6.3.4　步长加速法

步长加速法亦称模矢法或模式法（Pattern Search），由胡克（Hooke）和基夫斯（Jeeves）于1961年提出，是一种直接法。它易于编制计算机程序，且具有追寻谷线（脊背线）加速移向最优点的性质。

6.3.4.1　基本原理

假定欲求某实值函数 $f(X)$ 的极小点，为此，任选一基点 B_1（初始近似点），算出此点的目标函数值，然后沿第 i 个坐标方向以某一步长 Δ_i 进行探索，即在 $B_1+\Delta_i$ 和 $B_1-\Delta_i$ 这两点中寻求能使目标函数值下降的点，并把它作为临时矢点；再由此点出发沿另一坐标方向进行同样的探索，如能得到比以前更好的点，就以该点代替前面的点作为新的临时矢点。如此沿各个坐标方向轮流探查一遍，并选这一轮探索得到的最好的点（最后的临时矢点）为第二个基点 B_2。由第一个基点 B_1 到第二个基点 B_2 构成了第一个模矢。对第一个基点来说，可以认为这个模矢的方向可能是使目标函数值得以改善的最有利的移动方向，沿这一方向前进，目标函数值下降“最快”（就 B_1 附近而言）。显然，这一方向近似于目标函数的负梯度方向（从而可知这一方法为近似最速下降法）。现假定在第二个基点 B_2 附近进行类似的探索，其结果可能和在 B_1 处的情形相同，故略去这步探索而把第一个模矢加长一倍（即所谓加速）。现设其端点 T_{20} 是第二个模矢的终点（下一步迭代的初始临时矢点），这样 B_2T_{20} 就构成了假定的第二个模矢。然后，在 T_{20} 附近进行如上类似的探索，得出新的最好的点——第三个基点 B_3。据此修改假定的第二个模矢，使它的起点为 B_2，终点为 B_3。其后，再把第二个模矢延长一倍……如此继续进行探索和加速，即可得到越来越好的目标函数下降点（见图6－17）。如果探索进行到某一步时得不出新的下降点，则应缩小步长以进行更精细的探索。当步长已缩小到某一精度要求，但仍得不到新的下降点时，即可将该点作为所求的近似极小点，就此停止迭代。

图6－17示出了一个在二维空间中用模矢法探求极小点 X^* 的例子。该例从初始基点 B_1 开始，用模矢法相继得出基点 B_2、B_3、B_4 和 B_5。这时如不缩小步长，就得不出新的基点（图中的基点 B_5 和 B_6 是同一个点）。

6.3.4.2　计算步骤

根据上述分析，现将用模矢法求解无约束极值问题式（6－40）的计算步骤总结如下：

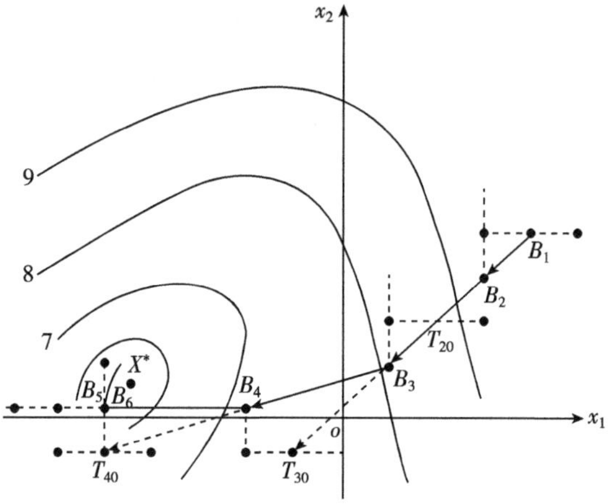

图 6－17

（1）任选初始近似点 B_1，以它为初始基点进行探索。

（2）为每一独立变量 X_i（$i=1, 2, \cdots, n$）选定步长

$$\Delta_i = \begin{bmatrix} 0 \\ \vdots \\ 0 \\ \delta_i \\ 0 \\ \vdots \\ 0 \end{bmatrix} \leftarrow \text{第 } i \text{ 个分量} \tag{6-81}$$

上式中 Δ_i 为第 i 个分量是 δ_i，而其他所有分量均为零的向量。

（3）算出初始基点 B_1 的目标函数值 $f(B_1)$，考虑点 $B_1+\Delta_i$，若 $f(B_1+\Delta_i) < f(B_1)$，就以 $B_1+\Delta_i$ 为临时矢点，并记为 T_{11}。这里的第一个下标表示现在是建立第一个模矢，第二个下标表示变量 x_1 已被摄动。若 $B_1+\Delta_1$ 不比 B_1 点好，就试验 $B_1-\Delta_1$，如果它比 B_1 点好，就以它为临时矢点，否则，以 B_1 为临时点。即

$$T_{11} = \begin{cases} B_1+\Delta_1, \text{ 若} f(B_1+\Delta_1) < f(B_1) \\ B_1-\Delta_1, \text{ 若} f(B_1-\Delta_1) < f(B_1) \leqslant f(B_1+\Delta_1) \\ B_1, \text{ 若} f(B_1) \leqslant \min[f(B_1+\Delta_1), f(B_1-\Delta_1)] \end{cases} \tag{6-82}$$

对于下一个独立变量 x_2 进行类似的摄动，这时，用临时矢点 T_{11} 代替原来的基点 B_1。一般地，

$$T_{1,j+1} = \begin{cases} T_{1j}+\Delta_{j+1}, \text{ 若} f(T_{1j}+\Delta_{j+1}) < f(T_{1j}) \\ T_{1j}-\Delta_{j+1}, \text{ 若} f(T_{1j}-\Delta_{j+1}) < f(T_{1j}) \leqslant f(T_{1j}+\Delta_{j+1}) \\ T_{1j}, \text{ 若} f(T_{1j}) \leqslant \min[f(T_{1j}+\Delta_{j+1}), f(T_{1j}-\Delta_{j+1})] \end{cases} \tag{6-83}$$

上式中，$0 \leqslant j \leqslant n-1$，$T_{10}=B_1$。

n 个变量都摄动之后，得临时矢点 T_{1n}，并令

$$T_{1n}=B_2 \tag{6-84}$$

原来的基点 B_1 和新基点 B_2 确定了第一个模矢。

(4) 将第一个模矢延长一倍，得第二个模矢的初始临时矢点 T_{20}

$$T_{20}=B_1+2(B_2-B_1)=2B_2-B_1 \tag{6-85}$$

(5) 在 T_{20}附近进行和上面类似的探索，建立临时矢点 T_{21}，T_{22}，…，T_{2n}，以 T_{2n}为第三个基点 B_3。这样，B_2、B_3 就确立了第二个模矢。第三个模矢的初始临时矢点为

$$T_{30}=B_2+2(B_3-B_2)=2B_3-B_2$$

注意：如上述进行探索时，若在一个方向上重复见效，就会使模矢增长，这一点可由下式看出：

$$B_3-B_2=2(T_{20}-B_2)=2(B_2-B_1) \tag{6-86}$$

(6) 继续上述过程。对于第 i 个模矢，如果

$$f(T_{i0})<f(B_i)$$

但沿各坐标方向的所有摄动均得不出比 T_{i0}更好的点，则以 T_{i0}为 B_{i+1}，而且不把这个模矢延长。

若$f(T_{i0}) \geqslant f(B_i)$，且由 T_{i0}产生不出比 B_i 更好的点，则应退回到 B_i，并在 B_i 附近进行探索。如能得出新的下降点，即可引出新的模矢；否则，将步长缩小，以进行更精细的探查。当步长缩小到要求的精度时，即可停止迭代。

对于比较复杂的目标函数，为了防止把局部极值误认为全局最优值，应分区域进行探查，并从各区域搜索得到的局部极值和极值点中选取最优者；或者从任意选取的不同点开始，至少引入两个独立的搜索，如果它们都收敛于同一个点，则这个点作为最优点的把握就大大增加了。

第7章

约束极值问题

党的二十大报告指出，坚持守正创新，坚持问题导向，坚持系统观念。实际工作中遇到的大多数极值问题，其变量的取值大多受到一定限制，这种限制由约束条件来体现。带有约束条件的极值问题称为约束极值问题，也叫规划问题。非线性规划的一般形式为

$$\begin{cases}\min f(X)\\ h_i(x)=0,\ i=1,\ 2,\ \cdots,\ m\\ g_j(x)\geqslant 0,\ j=1,\ 2,\ \cdots,\ l\end{cases}\tag{7-1}$$

或

$$\begin{cases}\min f(X)\\ g_j(x)\geqslant 0,\ j=1,\ 2,\ \cdots,\ l\end{cases}\tag{7-2}$$

问题式(7-2)也常写成

$$\begin{cases}\min f(X),\ x\in R\subset E^n\\ R=\{X\mid g_i(x)\geqslant 0,\ j=1,\ 2,\ \cdots,\ l\}\end{cases}\tag{7-3}$$

求解约束极值问题要比求解无约束极值问题困难得多。对极小化问题来说，除了要使目标函数在每次迭代有所下降之外，还要时刻注意解的可行性问题(某些算法除外)，这就给寻优工作带来了很大困难。为了实际求解和(或)简化其优化工作，可采用以下方法：将约束问题化为无约束问题；将非线性规划问题化为线性规划问题；将复杂问题化为较简单问题的其他方法。

7.1 最优性条件

7.1.1 起作用约束和可行下降方向的概念

现考虑上述一般非线性规划，假定 $f(x)$、$h_i(x)$ 和 $g_j(x)$ $(i=1,\ 2,\ \cdots,\ m;\ j=1,$

2，…，l)具有一阶连续偏导数。

设 $X^{(0)}$ 是非线性规划的一个可行解，它当然满足所有约束。现考虑某一不等式 $g_j(X)\geqslant 0$，$X^{(0)}$ 满足它有两种可能：其一为 $g_j(X^{(0)})>0$，这时，点 $X^{(0)}$ 不是处于由这一约束条件形成的可行域边界上，因而这一约束对 $X^{(0)}$ 点的微小摄动不起限制作用，从而称这个约束条件是 $X^{(0)}$ 点不起作用约束(或无效约束)；其二为 $g_j(X^{(0)})=0$，这时 $X^{(0)}$ 点处于该约束条件形成的可行域边界上，它对 $X^{(0)}$ 的摄动起到了某种限制作用，故称这个约束是 $X^{(0)}$ 点的起作用约束(或有效约束)。

显而易见，等式约束对所有可行点来说都是起作用约束。

假定 $X^{(0)}$ 是非线性规划式(7－3)的一个可行点，现考虑此点的某一方向 D，若存在实数 $\lambda_0>0$，使对任意 $\lambda\in[0,\lambda_0]$ 均有

$$X^{(0)}+\lambda D\in R \tag{7-4}$$

就称方向 D 是 $X^{(0)}$ 点的一个可行方向。

若 D 是可行点 $X^{(0)}$ 处的任意一个可行方向(见图 7－1)，则对该点的所有起作用约束 $g_j(X)\geqslant 0$ 均有

$$\nabla g_j(X^{(0)})^T D\geqslant 0,\ j\in J \tag{7-5}$$

其中，J 为这个点所有起作用约束下标的集合。

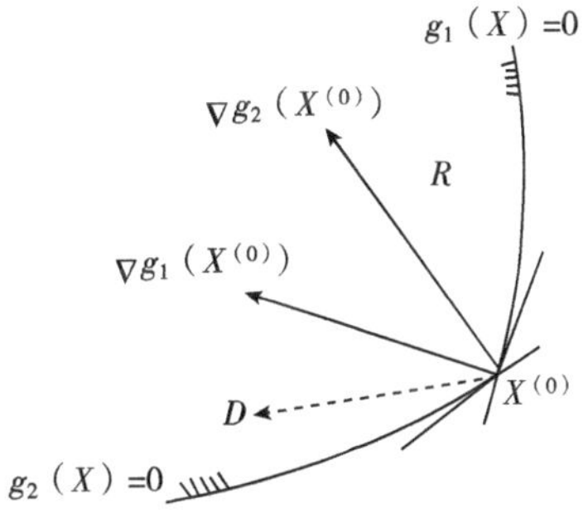

图 7－1

此外，由泰勒公式 $g_j(X^{(0)}+\lambda D)=g_j(X^{(0)})+\lambda\nabla g_j(X^{(0)})^T D+o(\lambda)$，对所有起作用约束，当 $\lambda>0$ 足够小时，只要

$$\nabla g_j(X^{(0)})^T D>0,\ j\in J \tag{7-6}$$

就有

$$g_j(X^{(0)}+\lambda D)\geqslant 0,\ j\in J$$

此外，对 $X^{(0)}$ 点的不起作用约束，由约束函数的连续性，当 $\lambda>0$ 足够小时亦有上式成立。从而，只要方向 D 满足式(7－6)，即可保证它是 $X^{(0)}$ 点的可行方向。

考虑非线性规划的某一可行点 $X^{(0)}$，对该点的任一方向 D 来说，若存在实数 $\lambda'_0>$

0，使对任意 $\lambda \in [0, \lambda'_0]$ 均有 $f(X^{(0)}+\lambda D) < f(X^{(0)})$，就称方向 D 必为 $X^{(0)}$ 点的一个下降方向。

将目标函数 $f(X)$ 在点 $X^{(0)}$ 处作一阶泰勒展开，可知满足条件

$$\nabla f(X^{(0)})^T D < 0 \tag{7-7}$$

的方向 D 必为 $X^{(0)}$ 点的下降方向。

如果方向 D 既是 $X^{(0)}$ 点的可行方向，又是这个点的下降方向，就称它是该点的可行下降方向。假如 $X^{(0)}$ 点不是极小点，继续寻优时的搜索方向就应从该点的可行下降方向中去找。显然，若某点存在可行下降方向，它就不会是极小点，若某点为极小点，则在该点不存在可行下降方向。

定理 1：设 X^* 是非线性规划式(7－3)的一个局部极小点，目标函数 $f(X)$ 在 X^* 处可微，而且

$g_j(X)$ 在 X^* 处可微，当 $j \in J$

$g_j(X)$ 在 X^* 处连续，当 $j \in J$

则在 X^* 点不存在可行下降方向，从而不存在向量 D 同时满足：

$$\begin{cases} \nabla f(X^*)^T D < 0 \\ \nabla g_j(X^*)^T D > 0, \; j \in J \end{cases} \tag{7-8}$$

这个定理显然是成立的。事实上，若存在满足式(7－8)的方向 D，则沿该方向搜索可找到更好的点，从而与 X^* 为极小点的假设矛盾。式(7－8)的几何意义十分明显。满足该条件的方向 D，与点 X^* 处目标函数负梯度方向的夹角为锐角，与点 X^* 处起作用约束梯度方向的夹角也为锐角。

7.1.2 库恩—塔克条件

假定 X^* 是非线性规划式(7－3)的极小点，该点可能位于可行域的内部，也可能处于可行域的边界上。若为前者，这事实上是个无约束问题，X^* 必满足条件 $\nabla f(X^*)=0$；若为后者，情况就复杂得多了，现在我们来讨论后一种情形。

不失一般性，设 X^* 位于第一个约束条件形成的可行域边界上，即第一个约束条件是 X^* 点的起作用约束（$g_1(X^*)=0$）。若 X^* 是极小点，则 $\nabla g_1(X^*)$ 必与 $-\nabla f(X^*)$ 在一条直线上且方向相反（我们在这里假定向量 $\nabla g_1(X^*)$ 和 $\nabla f(X^*)$ 皆不为零）。否则，在该点就一定存在可行下降方向（见图 7－2 中的 X^* 点为极小点；X 点不满足上述要求，它不是极小点，角度 β 表示该点可行下降方向的范围）。上面的论述说明，在上述条件下，存在实数 $\gamma_1 \geq 0$，使

$$\nabla f(X^*) - \gamma_1 \nabla g_1(X^*) = 0$$

若 X^* 点有两个起作用约束，例如有 $g_1(X^*)=0$ 和 $g_2(X^*)=0$。在这种情况下，$\nabla f(X^*)$ 必处于 $\nabla g_1(X^*)$ 和 $\nabla g_2(X^*)$ 的夹角之内。如若不然，在 X^* 点必有可行下降

方向，它就不会是极小点(见图7－3)。由此可见，如果 X^* 是极小点，而且 X^* 点的起作用约束条件的梯度 $\nabla g_1(X^*)$ 和 $\nabla g_2(X^*)$ 线性无关，则可将 $\nabla f(X^*)$ 表示成 $\nabla g_1(X^*)$ 和 $\nabla g_2(X^*)$ 的非负线性组合。也就是说，在这种情况下存在实数 $\gamma_1 \geqslant 0$ 和 $\gamma_2 \geqslant 0$，使

$$\nabla f(X^*) - \gamma_1 \nabla g_1(X^*) - \gamma_2 \nabla g_2(X^*) = 0$$

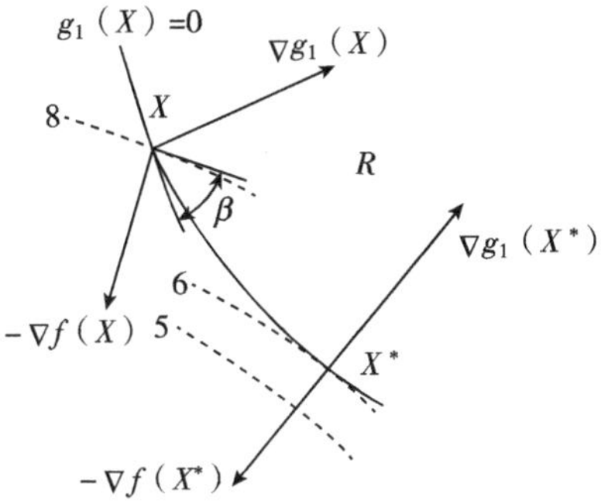

图7－2

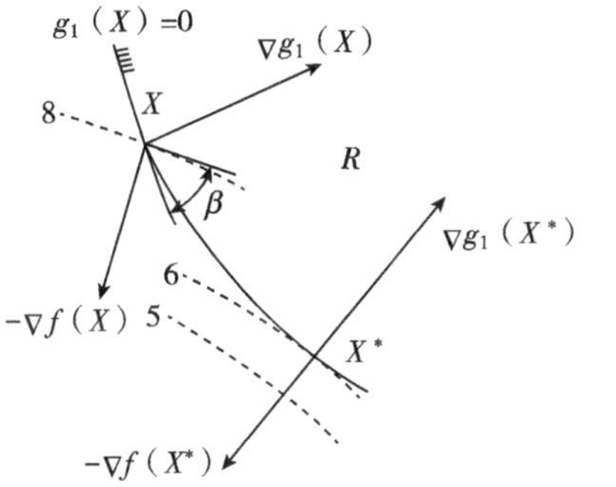

图7－3

如上类推，可以得到

$$\nabla f(X^*) - \sum_{j \in J} \gamma_j \nabla g_j(X^*) = 0 \tag{7-9}$$

为了把不起作用约束也包括进式(7－9)中，增加条件

$$\begin{cases} \gamma_j g_j(X^*) = 0 \\ \gamma_j \geqslant 0 \end{cases}$$

当 $g_j(X^*)=0$ 时，γ_j 可不为零；当 $g_j(X^*) \neq 0$ 时，必有 $\gamma_j = 0$。如此即可得到著名的库恩—塔克(Kuhn－Tucker，K－T)条件。

库恩—塔克条件是非线性规划领域中最重要的理论成果之一，是确定某点为最优点的必要条件。只要是最优点(而且与该点起作用约束的梯度线性无关。满足这种要求的点称为正则点)，就必须满足这个条件。但一般来说它并不是充分条件，因而满足这个条件的

点并不一定就是最优点(对于凸规划，它是最优点存在的必要条件，同时也是充分条件)。

现在可将库恩—塔克条件叙述如下：

设 X^* 是非线性规划式(7－3)的极小点，而且在 X^* 点的各起作用约束的梯度线性无关，则存在向量 $\Gamma^* = (\gamma_1^*, \gamma_2^*, \cdots, \gamma_3^*)^T$，使下述条件成立：

$$\begin{cases}\nabla f(X^*) - \sum_{j=1}^{l} \gamma_j^* \nabla g_j(X^*) = 0 \\ \gamma_j^* g_j(X^*) = 0,\ j=1,\ 2,\ \cdots,\ l \\ \gamma_j^* \geqslant 0,\ j=1,\ 2,\ \cdots,\ l\end{cases} \tag{7-10}$$

条件式(7－10)常简称为 K－T 条件。满足这个条件的点(它当然也满足非线性规划的所有约束条件)称为库恩—塔克点(或 K－T 点)。

为了得出非线性规划式(7－1)的库恩—塔克条件，我们用

$$\begin{cases}h_i(X) \geqslant 0 \\ -h_i(X) \geqslant 0\end{cases}$$

代替约束条件 $h_i(X)=0$，这样即可使用条件式(7－10)，从而得到这时的库恩—塔克条件如下：

设 X^* 是非线性规划式(7－1)的极小点，而且 X^* 点的所有起作用约束的梯度 $\nabla h_i(X^*)(i=1,\ 2,\ \cdots,\ m)$ 和 $\nabla g_j(X^*)(j\in J)$ 线性无关，则存在向量 $\Lambda^* = (\lambda_1^*, \lambda_2^*, \cdots \lambda_m^*)^T$ 和 $\Gamma^* = (\gamma_1^*, \gamma_2^*, \cdots, \gamma_l^*)^T$ 使下述条件成立：

$$\begin{cases}\nabla f(X^*) - \sum_{i=1}^{m} \lambda_i^* \nabla h_i(X^*) - \sum_{j=1}^{l} \gamma_j^* \nabla g_j(X^*) = 0 \\ \gamma_j^* g_j(X^*) = 0,\ j=1,\ 2,\ \cdots,\ l \\ \gamma_j^* \geqslant 0,\ j=1,\ 2,\ \cdots,\ l\end{cases} \tag{7-11}$$

当然，满足条件式(7－11)的点也称为库恩—塔克点。

在条件式(7－10)和式(7－11)中，$\lambda_1^*,\ \lambda_2^*,\ \cdots,\ \lambda_m^*$ 以及 $\gamma_1^*,\ \gamma_2^*,\ \cdots,\ \gamma_l^*$ 称为广义拉格朗日(Lagrange)乘子。

例 1：用库恩—塔克条件解非线性规划

$$\begin{cases}\min f(x) = (x-3)^2 \\ 0 \leqslant x \leqslant 5\end{cases}$$

解：先将该非线性规划问题写成以下形式

$$\begin{cases}\min f(x) = (x-3)^2 \\ g_1(x) = x \geqslant 0 \\ g_2(x) = 5 - x \geqslant 0\end{cases}$$

写出目标函数和约束函数的梯度：

$\nabla f(x) = 2(x-3)$

$\nabla g_1(x)=1$，$\nabla g_2(x)=-1$

对第一个和第二个约束条件分别引入广义拉格朗日乘子 γ_1^* 和 γ_2^*，设K-T点为 x^*，则可写出该问题的K-T条件如下：

$$\begin{cases}2(x^*-3)-\gamma_1^*+\gamma_2^*=0\\ \gamma_1^*x^*=0\\ \gamma_2^*(5-x^*)=0\\ \gamma_1^*,\ \gamma_2^*\geqslant 0\end{cases}$$

为解上述方程组，考虑以下四种情形：

(1)令 $\gamma_1^*\neq 0$，$\gamma_2^*\neq 0$，无解。

(2)令 $\gamma_1^*\neq 0$，$\gamma_2^*\neq 0$，解之，得 $x^*=0$，$\gamma_1^*=-6$，不是K-T点。

(3)令 $\gamma_1^*=0$，$\gamma_2^*\neq 0$，解之，得 $x^*=5$，$\gamma_2^*=-4$，不是K-T点。

(4)令 $\gamma_1^*=0$，$\gamma_2^*=0$，解之，得 $x^*=3$，此为K-T点，其目标函数值 $f(\chi^*)=0$。

由于该非线性规划问题为凸规划，故 $x^*=3$ 就是其全局极小点，该点是可行域的内点，它也可直接由梯度等于零的条件求出。

7.2 二次规划

若某非线性规划的目标函数为自变量 X 的二次函数，约束条件又全是线性的，就称这种规划为二次规划。二次规划是非线性规划中比较简单的一类，它较容易求解。由于很多方面的问题都可以抽象成二次规划的模型，而且它和线性规划又有直接关系，因而此处专门提出来简要做一说明。

二次规划的数学模型可表述如下：

$$\begin{cases}\min f(x)\ =\ \sum\limits_{j=1}^{n}c_jx_j+\dfrac{1}{2}\sum\limits_{j=1}^{n}\sum\limits_{k=1}^{n}c_{jk}x_jx_k & (7-12)\\ c_{jk}=c_{kj},\ k=1,\ 2,\ \cdots,\ n & \\ \sum\limits_{j=1}^{n}a_{ij}x_j+b_i\geqslant 0\ ,\ i=1,\ 2,\ \cdots,\ m & (7-13)\\ x_j\geqslant 0,\ j=1,\ 2,\ \cdots,\ n & (7-14)\end{cases}$$

式(7-12)右端的第二项为二次型。如果该二次型正定（或半正定），则目标函数为严格凸函数（或凸函数）；此外，二次规划的可行域为凸集，因而，上述规划属于凸规划（在极大化问题中，如果上述二次型为负定或半定，则也属于凸规划）。在第6章中已经指出，凸规划的局部极值即为全局极值。对于这种问题来说，库恩—塔克条件不但是极值点存在的必要条件，而且也是充分条件。

将库恩—塔克条件式（7－10）中的第一个条件应用于二次规划式（7－12）至式（7－14），并用 y 代替库恩—塔克条件中的 γ，即可得到

$$-\sum_{k=1}^{n} c_{jk}x_k + \sum_{i=1}^{m} a_{ij}y_{n+i} + y_j = c_j \text{ , } j=1,\ 2,\ \cdots,\ n \tag{7-15}$$

在式（7－13）中引入松弛变量 x_{n+i}，式（7－13）即变为（假定 $b_i \geqslant 0$）

$$\sum_{j=1}^{n} a_{ij}x_j - x_{n+i} + b_i = 0, i = 1,2,\cdots,m \tag{7-16}$$

再将库恩—塔克条件中的第二个条件应用于上述二次规划，并考虑到式（7－16），这就得到

$$x_j y_j = 0,\ j=1,\ 2,\ \cdots,\ n+m \tag{7-17}$$

此外还有

$$x_j \geqslant 0,\ y_j \geqslant 0,\ j=1,\ 2,\ \cdots,\ n+m \tag{7-18}$$

联立求解式（7－15）和式（7－16），如果得到的解也满足式（7－17）和式(7－18)，则这样的解就是原二次规划问题的解。但是在式（7－15）中，c_j 可能为正，也可能为负。为了便于求解，先引入人工变量 z_j（$z_j \geqslant 0$，其前面的符号可取正或负，以便得出可行解），这样式（7－15）就变成了

$$\sum_{i=1}^{m} a_{ij}y_{n+i} + y_j - \sum_{k=1}^{n} c_{jk}x_k + \text{sgn}(c_j)z_j = c_j \quad j=1,\ 2,\ \cdots,\ n \tag{7-19}$$

其中 sgn（c_j）为符号函数，当 $c_j \geqslant 0$ 时，sgn（c_j）＝1；当 $c_j < 0$ 时，sgn（c_j）＝－1。这样一来，可立刻得到初始基本可行解如下：

$$\begin{cases} z_j = \text{sgn}(c_j)\ c_j & j=1,\ 2,\ \cdots,\ n \\ x_{n+i} = b_i & i=1,\ 2,\ \cdots,\ m \\ x_j = 0 & j=1,\ 2,\ \cdots,\ n \\ y_j = 0 & j=1,\ 2,\ \cdots,\ n+m \end{cases}$$

但是，只有当 $z_j = 0$ 时才能得到原来问题的解，故必须对上述问题进行修正，从而得到如下线性规划问题：

$$\begin{cases} \min\phi(z) = \sum_{j=1}^{n} z_j \\ \sum_{i=1}^{m} c_{ij}y_{n+i} + y_j - \sum_{k=1}^{n} c_{jk}x_k + \text{sgn}(c_j)z_j = c_j & j=1,\ 2,\ \cdots,\ n \\ \sum_{j=1}^{n} a_{ij}x_j - x_{n+i} + b_i = 0 & j=1,\ 2,\ \cdots,\ m \\ x_j \geqslant 0 & j=1,\ 2,\ \cdots,\ n+m \\ y_j \geqslant 0 & j=1,\ 2,\ \cdots,\ n+m \\ z_j \geqslant 0 & j=1,\ 2,\ \cdots,\ n \end{cases} \tag{7-20}$$

该线性规划还应满足式(7－17)，这相当于说，不能使 x_j 和 y_j(对每一个 j)同时为基变量。解线性规划式(7－20)，若得到最优解：

$$x_1^*, x_2^*, \cdots, x_{n+m}^*, y_1^*, y_2^*, \cdots, y_{n+m}^*, z_1=0, z_2=0, \cdots, z_n=0$$

则(x_1^*，x_2^*，…，x_n^*)就是原二次规划问题的最优解。

例2：求解二次规划

$$\begin{cases}\max f(x)=8x_1+10x_2-x_1^2-x_2^2\\3x_1+2x_2\leqslant 6\\x_1,\ x_2\geqslant 0\end{cases}$$

解：将上述二次规划改写为

$$\begin{cases}\min f(x)=x_1^2+x_2^2-8x_1-10x_2=\dfrac{1}{2}(2x_1^2+x_2^2)-8x_1-10x_2\\6-3x_1-2x_2\geqslant 0\\x_1\geqslant 0,\ x_2\geqslant 0\end{cases}$$

可知目标函数为严格凸函数。此外

$$c_1=-8,\ c_2=-10,\ c_{11}=2,\ c_{22}=2$$

$$c_{12}=c_{21}=0,\ b_1=6,\ a_{11}=-3,\ a_{12}=-2$$

由于 c_1 和 c_2 小于零，故引入的人工变量 z_1 和 z_2 前面取负号，这样就得到线性规划问题如下：

$$\begin{cases}\min\varphi(Z)=z_1+z_2\\-3y_3+y_1-2x_1-z_1=-8\\-2y_3+y_2-2x_2-z_2=-10\\-3x_1-2x_2-x_3+6=0\\x_1,\ x_2,\ x_3,\ y_1,\ y_2,\ y_3,\ z_1,\ z_2\geqslant 0\end{cases}$$

或

$$\begin{cases}\min\varphi(Z)=z_1+z_2\\2x_1+3y_3-y_1+z_1=8\\2x_2+2y_3-y_2+z_2=10\\3x_1+2x_2+x_3=6\\x_1,\ x_2,\ x_3,\ y_1,\ y_2,\ y_3,\ z_1,\ z_2\geqslant 0\end{cases}$$

此外，还应满足

$$x_jy_j=0,\ j=1,\ 2,\ 3$$

用线性规划的单纯形法解之(注意，在转换过程中应满足条件 $x_jy_j=0$)，得该线性规划问题的解如下：

$$x_1=4/13,\ x_2=33/13,\ x_3=0,\ y_1=0$$

$y_2=0$，$y_3=32/13$，$z_1=0$，$z_2=0$

由此得到原二次规划问题的解为

$x_1^*=4/13$，$x_2^*=33/13$，$f(x^*)=21.3$

可以验证，

$x_1^*=4/13$，$x_2^*=33/13$，$\gamma_1^*=0$，$\gamma_2^*=0$

以及 $\gamma_3^*=32/13$ 满足库恩—塔克条件。

7.3 可行方向法

现考虑非线性规划式（7－3），设 $X^{(k)}$ 是它的一个可行解，但不是要求的极小点。为了求它的极小点，或近似极小点，根据以前所说，应在 $X^{(k)}$ 点的可行下降方向中选取某一方向 $D^{(k)}$，并确定步长 λ_k，使

$$X^{(k+1)}=X^{(k)}+\lambda_k D^{(k)}\in R$$

$$f\left(X^{(k+1)}\right)<f\left(X^{(k)}\right) \tag{7-21}$$

若满足精度要求，迭代停止，$X^{(k+1)}$ 就是所要的点。否则，从 $X^{(k+1)}$ 出发继续进行迭代，直到满足要求为止。上述这种方法称为可行方向法，它具有下述特点：迭代过程中所采用的搜索方向为可行方向，所产生的迭代点列 $\{X^{(k)}\}$ 始终在可行域内，目标函数值单调下降。由此可见，很多方法都可以归入可行方向法一类。但我们通常所说的可行方法，一般指的是 Zoutendijk 在 1960 年提出的算法及其变形，下面就来说明 Zoutendijk 的可行方向法。

设 $X^{(k)}$ 点的起作用约束集非空，为求 $X^{(k)}$ 点的可行下降方向，可由下述不等式组确定向量 D：

$$\begin{cases}\nabla f(X^{(k)})^T D<0\\ \nabla g_j(X^{(k)})^T D>0,\ j\in J\end{cases} \tag{7-22}$$

这等价于由下面的不等式组求向量 D 和实数 η：

$$\begin{cases}\nabla f\left(X^{(k)}\right)^T D\leqslant\eta\\ -\nabla g_j\left(X^{(k)}\right)^T D\leqslant\eta,\ j\in J\\ \eta<0\end{cases} \tag{7-23}$$

现使 $\nabla f\left(X^{(k)}\right)^T$ 和 $-\nabla g_j\left(X^{(k)}\right)^T D$（对所有 $j\in J$）的最大值极小化（必须同时限制向量 D 的模），即可将上述选取搜索方向的工作转换为求解下述线性规划问题：

$$\begin{cases}\min\eta \\ \nabla f\ (X^{(k)})^T D\leqslant\eta \\ -\nabla g_j\ (X^{(k)})^T D\leqslant\eta,\ j\in J\ (X^{(k)}) \\ -1\leqslant d_i\leqslant 1,\ i=1,\ 2,\ \cdots,\ n\end{cases} \tag{7-24}$$

式中 d_i（$i=1, 2, \cdots, n$）为向量 D 的分量。在式（7－24）中加入最后一个限制条件，为的是使该线性规划有有限最优解；由于我们的目的在于寻找搜索方向 D，只需知道 D 的各分量的相对大小即可。

将线性规划式（7－24）的最优解记为（$D^{(k)}$，η_k），如果求出的 $\eta_k=0$，说明在 $X^{(k)}$ 点不存在可行下降方向，在 ∇g_j（$X^{(k)}$）（此处 $j\in J$（$X^{(k)}$））线性无关的条件下，$X^{(k)}$ 为 K－T 点。若解出的 $\eta_k<0$，则得到可行下降方向 $D^{(k)}$，这就是我们所要的搜索方向。

上述可行方向法的迭代步骤如下：

（1）确定允许误差 $\varepsilon_1>0$ 和 $\varepsilon_2>0$，选初始近似点 $X^{(0)}\in R$，并令 $k:=0$。

（2）确定起作用约束指标集

$J(X^{(k)})=\{j\,|\,g_j(X^{(k)})=0,\ 1\leqslant j\leqslant l\}$

①若 $J(X^{(k)})=\phi$（ϕ 为空集），而且 $\|\nabla f(X^{(k)})\|^2\leqslant\varepsilon_1$，停止迭代，得点 $X^{(k)}$。

②若 $J(X^{(k)})=\phi$，但 $\|\nabla f(X^{(k)})\|^2\leqslant\varepsilon_1$，则取搜索方向 $D^{(k)}=-\nabla f(X^{(k)})$，然后转向第(5)步。

③若 $J(X^{(k)})\neq\phi$，转下一步。

（3）求解线性规划

$$\begin{cases}\min\eta \\ \nabla f(X^{(k)})^T D\leqslant\eta \\ -\nabla g_j(X^{(k)})^T D\leqslant\eta, & j\in J(X^{(k)}) \\ -1\leqslant d_i\leqslant 1, & i=1,\ 2,\ \cdots,\ n\end{cases}$$

设它的最优解是($D^{(k)}$，η_k)。

（4）检验是否满足

$|\eta_k|\leqslant\varepsilon_2$

若满足则停止迭代，得到点 $X^{(k)}$；否则，以 $D^{(k)}$ 为搜索方向，并转下一步。

（5）解下述一维极值问题

$\lambda_k=\min\limits_{0\leqslant\lambda\leqslant\bar\lambda} f(X^{(k)}+\lambda D^{(k)})$

$\bar\lambda=\max\{\lambda\,|\,g_i(X^{(k)}+\lambda D^{(k)})\geqslant 0,\ j=1,\ 2,\ \cdots,\ l\}$

（6）令

$X^{(k+1)}=X^{(k)}+\lambda_k D^{(k)}$

$k:=k+1$

转回第（2）步。

例3：用可行方向法解下述非线性规划问题：

$$\begin{cases}\max \bar{f}(X)=4x_1+4x_2-x_1^2-x_2^2\\ x_1+2x_2\leqslant 4\end{cases}$$

解：先将该非线性规划问题写成

$$\begin{cases}\min f(X)=-4x_1-4x_2+x_1^2+x_2^2\\ g_1(X)=-x_1-2x_2+4\geqslant 0\end{cases}$$

取初始可行点 $X^{(0)}=(0,\ 0)^T$，$f(X^{(0)})=0$

$$\nabla f(X)=\begin{pmatrix}2\chi_1-4\\2\chi_2-4\end{pmatrix},\quad \nabla f(X^{(0)})=\begin{pmatrix}-4\\-4\end{pmatrix}$$

$$\nabla g_1(x)=(-1,\ -2)^T$$

$g_1(X^{(0)})=4>0$，从而 $J(X^{(0)})=\phi$(空集)。由于

$$\|\nabla f(X^{(0)})\|^2=(-4)^2+(-4)^2=32$$

所以($X^{(0)}$)不是(近似)极小点。现取搜索方向

$$D^{(0)}=-\nabla f(X^{(0)})=(4,\ 4)^T$$

从而

$$X^{(1)}=X^{(0)}+\lambda D^{(0)}=\begin{pmatrix}0\\0\end{pmatrix}+\lambda\begin{pmatrix}4\\4\end{pmatrix}=\begin{pmatrix}4\lambda\\4\lambda\end{pmatrix}$$

将其代入约束条件，并令 $g_1(X^{(0)})=0$，解得 $\bar{\lambda}=1/3$。

$$f(X^{(1)})=-16\lambda-16\lambda+16\lambda^2+16\lambda^2=32\lambda^2-32\lambda$$

令 $f(X^{(1)})$ 对 λ 的导数等于零，解得 $\lambda=1/2$。因 λ 大于 $\bar{\lambda}$（$\bar{\lambda}=1/3$），故取 $\lambda_0=\bar{\lambda}=1/3$。

$$X^{(1)}=\left(\frac{4}{3},\ \frac{4}{3}\right)^T,\ f(X^{(1)})=-\frac{64}{9}$$

$$\nabla f X^{(1)}=\left(-\frac{4}{3},\ -\frac{4}{3}\right)^T,\ g_1(X^{(1)})=0$$

现构成下述线性规划问题：

$$\begin{cases}\min\eta\\ -\frac{4}{3}d_1-\frac{4}{3}d_2\leqslant\eta\\ d_1+2d_2\leqslant\eta\\ -1\leqslant d_1\leqslant 1,\quad -1\leqslant d_2\leqslant 1\end{cases}$$

为便于用单纯形法求解，令

$$y_1=d_1+1,\ y_2=d_2+1,\ y_3=-\eta$$

从而得到

$$\begin{cases}\min(-y_3)\\ \frac{4}{3}y_1+\frac{4}{3}y_2-y_3\geqslant\frac{8}{3}\\ y_1+2y_2+y_3\leqslant 3\\ y_1\leqslant 2\\ y_2\leqslant 2\\ y_1,\ y_2,\ y_3\geqslant 0\end{cases}$$

引入剩余变量 y_4，松弛变量 y_5y_6 和 y_7 以及人工变量 y_8，得线性规划问题如下：

$$\begin{cases}\min(-y_3+My_8)\\ \frac{4}{3}y_1+\frac{4}{3}y_2-y_3-y_4+y_8=\frac{8}{3}\\ y_1+2y_2+y_3+y_5=3\\ y_1+y_6=2\\ y_2+y_7=2\\ y_j\geqslant 0,\ j=1,\ 2,\ \cdots,\ 8\end{cases}$$

其最优解为：$y_1=2$，$y_2=3/10$，$y_3=4/10$，$y_4=y_5=y_6=0$，$y_7=17/10$。

从而得到 $\eta=-y_3=-4/10$，搜索方向

$$D^{(1)}=\begin{pmatrix}d_1\\ d_2\end{pmatrix}=\begin{pmatrix}y_1-1\\ y_2-1\end{pmatrix}=\begin{pmatrix}1.0\\ -0.7\end{pmatrix}$$

由此

$$X^{(2)}=X^{(1)}+\lambda D^{(1)}=\begin{pmatrix}4/3+\lambda\\ 4/3-0.7\lambda\end{pmatrix}$$

$$f(X^{(2)})=1.49\lambda^2-0.4\lambda-7.111$$

令 $\frac{\mathrm{d}f(X^{(2)})}{\mathrm{d}\lambda}=0$ 得到 $\lambda=0.134$。现暂用该步长，算出

$$X^{(2)}=\begin{pmatrix}4/3+0.134\\ 4/3-0.7\times 0.134\end{pmatrix}=\begin{pmatrix}1.467\\ 1.239\end{pmatrix}$$

因 $g_1(X^{(2)})=0.055>0$，上面算出的 $X^{(2)}$ 为可行点，说明选取 $\lambda_1=0.134$ 正确。

继续迭代下去，可得最优解 $X^*=(1.6,\ 1.2)^T$，$f(X^*)=-7.2$。

原来问题的最优解不变，其目标函数值为 $\bar{f}(X^*)=-f(X^*)^T=7.2$。

7.4 制约函数法

本节介绍求解非线性规划问题的制约函数法。使用这种方法，可将非线性规划问题的求解转化为求解一系列无约束极值问题，因而也称这种方法为序列无约束极小化技术(Sequential Unconstrained Minimization Technique，SUMT)。常用的制约函数基本上有两类：一类是惩罚函数（或称罚函数）(penalty function)，另一类是障碍函数（barrier function)，对应于这两种函数，SUMT 有外点法和内点法。

7.4.1 外点法

考虑非线性规划问题式（7－3），为求其最优解，构造一个函数

$$\psi(t)=\begin{cases}0，当 t\geqslant 0\\ \infty，当 t<0\end{cases} \tag{7-25}$$

现把 $g_j(X)$视为 t，显然，当 $X\in R$ 时，$\psi(g_j(X))=0(j=1,2,\cdots,l)$；当 $X\notin R$ 时，$\psi(g_j(X))=\infty$。再构造函数

$$\varphi(X)=f(X)+\sum_{j=1}^{l}\psi(g_j(X)) \tag{7-26}$$

现求解无约束问题

$$\min\varphi(X) \tag{7-27}$$

若该问题有解，假定其解为 X^*，则由式(7－25)应有 $\psi(g_j(X^*))=0$。这就是说 $X^*\in R$。因而，它不仅是问题式(7－27)的极小解，也是原问题式(7－3)的极小解。这样一来，就把有约束问题式(7－3)的求解化成了求解无约束问题式(7－27)。但是，用上述方法构造的函数 $\psi(t)$在 $t=0$ 处不连续，更没有导数。为此，将该函数修改为

$$\psi(t)=\begin{cases}0，当 t\geqslant 0\\ t^2，当 t<0\end{cases} \tag{7-28}$$

修改后的函数 $\psi(t)$中，当 $t=0$ 时，导数等于零，而且 $\psi(t)$和 $\psi'(t)$对任意 t 都连续。当 $X\in R$ 时，仍有 $\sum_{j=1}^{l}\psi(g_j(x))=0$，当 $X\notin R$ 时，$0<\sum_{j=1}^{l}\psi(g_j(x))<\infty$。我们取一个充分大的数 $M>0$，将 $\varphi(X)$改为

$$p(X,M)=f(X)+M\sum_{j=1}^{l}\psi(g_j(X)) \tag{7-29}$$

或等价地

$$p(X,M)=f(X)+M\sum_{j=1}^{l}[\min(0,g_j(X))]^2 \tag{7-30}$$

从而可使 $\min P(X, M)$ 的解 $X(M)$ 为原问题的极小解或近似极小解。若求得的 $X(M)\in R$，则它必定是原问题的极小解。事实上，对于所有 $X\in R$，有 $f(X)+M\sum_{j=1}^{l}\psi(g_j(X)) = P(X,M) \geqslant P(X(M),M) = f(X(M))$。即当 $X\in R$ 时，有 $f(X)\geqslant f(X(M))$。

函数 $P(X, M)$ 称为惩罚函数，其中的第二项 $M\sum_{j=1}^{l}\psi(g_j(X))$ 称惩罚项。图7－4示出了这种惩罚项的例子，图中左半部表示约束条件 $g(X)=x-a\geqslant 0$ 的情形，右半部则表示 $g(X)=x-b\leqslant 0$ 的情形。

若对于某一个(惩)罚因子 M，例如设 M_1，$X(M_1)\in R$，就加大罚因子的值，随着 M 值的增加，惩罚函数中的惩罚项所起的作用也增大，$\min P(X, M)$ 的解 $X(M)$ 与结束集 R 的"距离"就越来越近。当 $0<M_1<M_2<\cdots<M_k<\cdots$，趋于无穷大时，点列 $\{X(M_k)\}$ 就从可行域 R 的外部趋于原问题式(7－3)的极小点 $X_{\min}$(此处假设点列 $\{X(M_k)\}$ 收敛)。

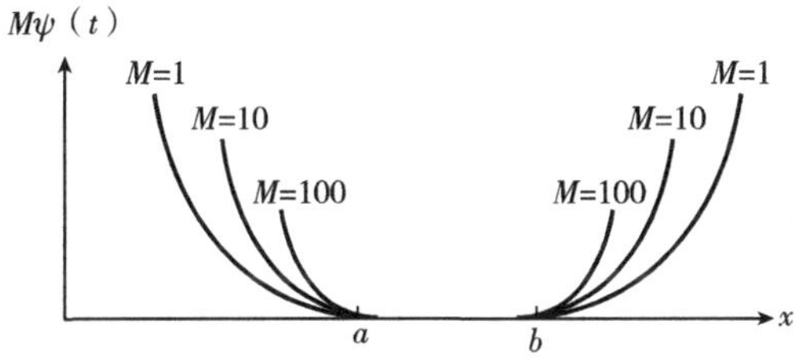

图7－4

可对外点法作如下经济解释：把目标函数 $f(X)$ 看成"价格"，约束条件看成某种"规定"，采购人可在规定范围内购置最便宜的东西。此外，对违反规定制定了一种"罚款"政策，若符合规定，罚款为零；否则，要收罚款。此时，采购人付出的总代价应是价格和罚款的总和。采购者的目标是使总代价最小，这就是上述的无约束问题。当罚款规定得很苛刻时，违反规定支付的罚款很高，这就迫使采购人符合规定。在数学上表现为当罚因子 M_k 足够大时，上述无约束问题的最优解应满足约束条件，而成为约束问题的最优解。

外点法的迭代步骤如下：

(1) 取 $M_1>0$（如取 $M_1=1$），允许误差 $\varepsilon>0$，并令 $k=1$。

(2) 求无约束极值问题的最优解：

$$\min_{x\in E^n} P(X, M_k) = P(X^{(k)}, M_k)$$

其中

$$P(X, M_k) = f(X) + M_k\sum_{j=1}^{l}[\min(0, g_j(X))]^2$$

(3) 若对某一个 j $(1\leqslant j\leqslant l)$ 有

$$-g_j(X^{(k)})\geqslant\varepsilon$$

则取 $M_{k+1}>M_k$(例如，$M_{k+1}=cM_k$，$c=5$ 或 10)，令 $k=k+1$，并转向第(2)步。否则，停止迭代，得 $X_{\min}\approx X^{(k)}$。

例 4：求解非线性规划

$$\begin{cases}\min f(X)=x_1+x_2\\ g_1(X)=-x_1^2+x_2\geqslant 0\\ g_2(X)=x_1\geqslant 0\end{cases}$$

解：构造函数

$$P(X,\ M)=x_1+x_2+M\{[\min(0,\ (-x_1^2+x_2))]^2+[\min(0,\ x_1)]^2\}$$

$$\frac{\partial P}{\partial x_1}=1+2M[\min(0,\ (-x_1^2+x_2)(-2x_1))]+2M[\min(0,\ x_1)]$$

$$\frac{\partial P}{\partial x_2}=1+2M[\min(0,\ (-x_1^2+x_2))]$$

对于不满足约束条件的点 $X=(x_1,\ x_2)^T$，有

$$-x_1^2+x_2<0,\ x_1<0$$

令

$$\frac{\partial P}{\partial x_1}=\frac{\partial P}{\partial x_2}=0$$

得 $\min P(X,\ M)$ 的解为

$$X(M)=\left(-\frac{1}{2(1+M)},\ \left(\frac{1}{4(1+M)^2}-\frac{1}{2M}\right)\right)^T$$

取 $M=1,\ 2,\ 3,\ 4$，可得出以下结果：

$M=1$：$X=(-1/4,\ -7/16)^T$

$M=2$：$X=(-1/6,\ -2/9)^T$

$M=3$：$X=(-1/8,\ -29/192)^T$

$M=4$：$X=(-1/10,\ -23/200)^T$

可知 $X(M)$ 从 R 的外面逐步逼近 R 的边界，当 $M\to\infty$ 时，$X(M)$ 趋于原问题的极小解 $X_{\min}=(0,\ 0)^T$(见图 7-5)。

以上叙述说明，外点法的一个重要特点，就是函数 $P(X,\ M)$ 是在整个 E^n 空间内进行优化，初始点可任意选择，这给计算带来了很大方便。而且外点法也可用于非凸规划的最优化。

最后还要指出，外点法不只适用于含有不等式约束条件的非线性规划问题，对于等式约束条件或同时含有等式和不等式约束条件的问题也同样适用。此外，惩罚函数也可以采用其他形式。

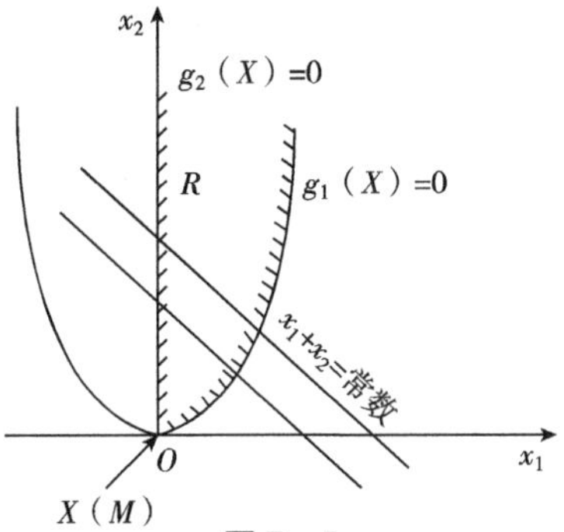

图7-5

7.4.2 内点法

如果要求每次迭代得到的近似解都在可行域内，以便观察目标函数值的变化情况；或者，如果$f(X)$在可行域外的性质比较复杂，甚至没有定义，这时就无法使用外点法。

内点法和外点法不同，它要求迭代过程始终在可行域内部进行。为此，我们把初始点取在可行域内部（即既不在可行域外，也不在可行域边界上，这种可行点称为内点或严格内点），并在可行域的边界上设置一道“障碍”，使迭代点靠近可行域的边界时，给出的新目标函数值迅速增大，从而使迭代始终留在可行域内部。

我们仿照外点法，通过函数叠加的办法来改造原目标函数，使改造后的目标函数（称为障碍函数）具有这种性质：在可行域R的内部与其边界较远的地方，障碍函数与原来的目标函数$f(X)$尽可能相近；而在接近R的边界时可以有任意大的值。可以想见，满足这种要求的障碍函数，其极小解自然不会在R的边界上达到。这就是说用障碍函数来代替（近似）原目标函数，并在可行域R内部使其极小化，虽然R是一个闭集，但因极小点不在闭集的边界上，因而实际上是具有无约束性质的极值问题，可借助于无约束最优化的方法进行计算。

根据上述分析，即可将非线性规划式（7-3）转化为下述一系列无约束性质的极小化问题：

$$\min_{x\in R_0}\overline{P}(X, r_k) \tag{7-31}$$

其中

$$\overline{P}(X, r_k)=f(X)+r_k\sum_{j=1}^{n}\frac{1}{g_j(X)}(r_k>0) \tag{7-32}$$

或

$$\overline{P}(X, r_k)=f(X)-r_k\sum_{j=1}^{n}\log(g_j(X))(r_k>0) \tag{7-33}$$

$$R_0=\{X|g_j(X)>0, j=1, 2, \cdots, l\} \tag{7-34}$$

式（7－32）和式（7－33）右端第二项称为障碍项。易见，在 R 的边界上（即至少有一个 g_j（X）=0），$\overline{P}$（X，r_k）为正无穷大。

如果从可行域内部某一点 $X^{(0)}$ 出发，按无约束极小化方法对式（7－31）进行迭代（在进行一维搜索时要适当控制步长，以免迭代跑到 R_0 之外），则障碍因子 r_k 随之逐步减小，即

$$r_1 > r_2 > \cdots > r_k > \cdots > 0$$

障碍项所起的作用也越来越小，因而，求出的 $\min \overline{P}$（X，r_k）的解 X（r_k）也逐步逼近原问题式（7－3）的极小解 $X_{\min}$。若原来问题的极小解在可行域的边界上，则随着 r_k 的减小，障碍作用逐步降低，所求出的障碍函数的极小解不断靠近边界，直至满足某一精度要求为止。

内点法的迭代步骤如下：

（1）取 $r_1 > 0$（如取 $r_1 = 1$），允许误差 $\varepsilon > 0$。

（2）找出一可行内点 $X^{(0)} \in R_0$，并令 $k = 1$。

（3）构造障碍函数，障碍项可用倒数函数（如式（7－32）），也可采用对数函数（如式（7－33））。

（4）以 $X^{(k-1)} \in R_0$ 为初始点，对障碍函数进行无约束极小化（在 R_0 内）：

$$\begin{cases} \lim\limits_{x \in R_0} \overline{P}(X, r_k) = \overline{P}(X^{(k)}, r_k) \\ X^{(k)} = X(r_k) \in R_0 \end{cases} \tag{7-35}$$

其中 $\overline{P}$（X，r_k），见式（7－32）或式（7－33）。

（5）检验是否满足收敛准则

$$r_k \sum_{j=1}^{l} \frac{1}{g_j(X^{(k)})} \leqslant \varepsilon$$

或

$$\left| r_k \sum_{j=1}^{l} \log(g_j(X^{(k)})) \right| \leqslant \varepsilon$$

如满足上述准则，则以（$X^{(k)}$）为原问题的近似极小解 $X_{\min}$；否则，取 $r_{k+1} < r_k$（如取 $r_{k+1} = r_k/10$ 或 $r_k/5$），令 $k = k+1$，转向第（3）步继续进行迭代。

值得指出的是，根据情况，收敛准则也可采用不同的形式，例如：

$$\| X^{(k)} - X^{(k-1)} \| < \varepsilon$$

或

$$| f(X^{(k)}) - f(X^{(k-1)}) | < \varepsilon$$

例 5：试用内点法求解

$$\begin{cases} \min f(X) = \dfrac{1}{3}(x_1 + 1)^3 + x_2 \\ g_1(X) = x_1 - 1 \geqslant 0 \\ g_2(X) = x_2 \geqslant 0 \end{cases}$$

解：构造障碍函数

$$\overline{P}(X,\ r)=\frac{1}{3}(x_1+1)^3+x_2+\frac{\gamma}{x_1-1}+\frac{\gamma}{x_2}$$

$$\frac{\delta\overline{P}}{\delta x_1}=(x_1+1)^2-\frac{\gamma}{(x_1-1)^2}=0$$

$$\frac{\delta\overline{P}}{\delta x_2}=1-\frac{\gamma}{x_2^2}=0$$

联立解上述两个方程，得

$$x_1(r)=\sqrt{1+\sqrt{r}},\ x_2(r)=\sqrt{r}$$

如此得最优解：

$$X_{\min}=\lim_{r\to 0}(\sqrt{1+\sqrt{r}},\ \sqrt{r})^T=(1,\ 0)^T$$

由于此例可解析求解，故可如上进行。但很多问题不便使用解析法，而需用迭代法求解。

例6：试用内点法解

$$\begin{cases}\min f(X)=x_1+x_2\\ g_1(X)=-x_1^2+x_2\geqslant 0\\ g_2(X)=x_1\geqslant 0\end{cases}$$

解：障碍项采用自然对数函数，得障碍函数如下：

$$\overline{P}(X,\ r)=x_1+x_2-r\log(-x_1^2+x_2)-r\log x_1$$

各次迭代结果如表7-1所示。

表7-1

障碍因子	r	x_1 (r)	x_2 (r)
r_1	1.000	0.500	1.250
r_2	0.500	0.309	0.595
r_3	0.250	0.183	0.283
r_4	0.100	0.085	0.107
r_5	0.0001	0.000	0.000

我们知道，内点法的迭代过程必须由某个内点开始。在处理实际问题时，如果不能找某个内点作为初始点，迭代就无法展开。下面说明初始内点的求法。求初始内点本身也是一个迭代过程。

先任意找一点 $X^{(0)}$ 为初始点，令

$$s_0=\{j\mid g_j(X^{(0)})\leqslant 0,\ 1\leqslant j\leqslant l\}$$

$T_0=\{j\mid g_j(X^{(0)})>0,\ 1\leqslant j\leqslant l\}$

如果 s_0 为空集，则 $X^{(0)}$ 为初始内点；若 s_0 非空，则以 s_0 中的约束函数为假拟目标数，并以 T_0 中的约束函数为障碍项，构成一无约束极值问题，对这一问题进行极小化，可得一个新点 $X^{(1)}$。然后检验 $X^{(1)}$，若仍不为内点，如上继续进行，并减小障碍因子 r，直到求出一个内点为止。

求初始内点的迭代步骤如下：

（1）任意取一点 $X^{(0)}\in E^n$，$r_0>0$（如 $r_0=1$），令 $k=0$。

（2）指定出标集 s_k 及 T_k

$s_k=\{j\mid g_j(X^{(k)})\leqslant 0,\ 1\leqslant j\leqslant l\}$

$T_k=\{j\mid g_j(X^{(k)})>0,\ 1\leqslant j\leqslant l\}$

（3）检查集合 s_k 是否为空集，若为空集，则 X^k 在 R_0 内，初始点找到，迭代停止。否则转向第（4）步。

（4）构造函数

$$\widetilde{P}(X,\ r_k)=-\sum_{j\in s_k}g_j(X)+r_k\sum_{j\in T_k}\frac{1}{g_j(X)},\ \gamma_k>0$$

以 $X^{(k)}$ 为初始点，在保持对集合 $\widetilde{P}_k=\{X\mid g_i(X)>0,\ j\in T_k\}$ 可行的情况下，极小化 $\widetilde{P}(X,\ r_k)$，即 $\min\widetilde{P}(X,\ r_k)$，$X\in\widetilde{R}$ 得 $X^{(k+1)}$，$X^{(k+1)}\in\widetilde{R}_k$，转向第(5)步。

（5）令 $0<r_{k+1}<r_k$（如 $r_{k+1}=r_k/10$），$k:=k+1$，转向第(2)步。

习　题

7.1：在某一试验中变更条件 x_i 四次，测得相应的结果 y_i 如表 7－2 所示，试为这项试验拟合一条直线，使其在最小二乘意义上最好地反映这项试验的结果（仅要求写出数学模型）。

表 7－2

x_i	2	4	6	8
y_i	1	3	5	6

7.2：有一线性方程组如下：

$$\begin{cases}x_1-2x_2+3x_3=2\\3x_1-2x_2+x_3=7\\x_1+x_2-x_3=1\end{cases}$$

现欲用无约束极小化法求解，试建立数学模型，并说明其计算原理。

7.3：试判定下述非线性规划是否为凸规划：

(1) $\begin{cases} \min f(X) = x_1^2 + x_2^2 + 8 \\ x_1^2 - x_2 \geqslant 0 \\ -x_1 - x_2^2 + 2 = 0 \\ x_1, \ x_2 \geqslant 0 \end{cases}$　　(2) $\begin{cases} \min f(X) = 2x_1^2 + x_2^2 + x_3^2 - x_1x_2 \\ x_1^2 + x_2^2 \leqslant 4 \\ 5x_1^2 + x_3 = 10 \\ x_1, \ x_2, \ x_3 \geqslant 0 \end{cases}$

7.4：试用斐波那契法求函数：

$f(x) = x^2 - 6x + 2$

在区间［0，10］上的极小点，要求缩短后的区间长度不大于原区间长度的8%。

7.5：试用0.618法重做习题7.4，并将计算结果与用斐波那契法所得计算结果进行比较。

7.6：试用最速下降法求解：

$\min f(X) = x_1^2 + x_2^2 + x_3^2$

取初始点 $X^{(0)} = (2, \ -2, \ 1)^T$，要求作三次迭代，并验证相邻两步的搜索方向正交。

7.7：试用最速下降法求函数：

$f(X) = -(x_1 - 2)^2 - 2x_2^2$

的极大点。现以 $X^{(0)} = (0, \ 0)^T$ 为初始点进行计算，求出极大点；再以 $X^{(0)} = (0, \ 1)^T$ 为初始点进行两次迭代。最后比较从上述两个不同初始点出发的寻优过程。

7.8：试用牛顿法重解习题7.6。

7.9：使用牛顿法求解：

$\max f(X) = \dfrac{1}{x_1^2 + x_2^2 + 2}$

取初始点 $X^{(0)} = (4, \ 0)^T$，用最佳步长进行。然后采用固定步长 $\lambda = 1$，观察迭代情况，并加以分析说明。

7.10：试用共轭梯度法求二次函数：

$f(X) = \dfrac{1}{2}X^TAX$ 的极小点，此处 $A = \begin{pmatrix} 1 & 1 \\ 1 & 2 \end{pmatrix}$。

7.11：令 $X^{(i)}(i = 1, \ 2, \ \cdots, \ n)$ 为一组 A 共轭向量（假定为列向量），A 为 $n \times n$ 对称正定阵，试证：

$A^{-1} = \sum_{i=1}^{n} \dfrac{X^{(i)}(X^{(i)})^T}{(X^{(i)})^T AX^{(i)}}$

7.12：试用变尺度法求解：

$\min f(X) = (x_1 - 2)^3 + (x_1 - 2x_2)^2$

取初始点 $X^{(0)} = (0.00, \ 3.00)^T$，要求近似极小点处梯度的模不大于0.5。

7.13：试以 $X^{(0)} = (0, \ 0)^T$ 为初始点，分别使用：

（1）最速下降法（迭代4次）；

（2）牛顿法；

（3）变尺度法。

求解无约束极值问题

$$\min f(X) = 2x_1^2 + x_2^2 + 2x_1x_2 + x_1 - x_2$$

并绘图表示使用上述各方法的寻优过程。

7.14：试用步长加速法（模矢法）求函数：

$$f(X) = x_1^2 + 2x_2^2 - 4x_1 - 2x_1x_2$$

的极小点，取初始点 $X^{(0)} = (3,\ 1)^T$，步长

$$\Delta_1 = \begin{pmatrix} 0.5 \\ 0 \end{pmatrix},\ \Delta_2 = \begin{pmatrix} 0 \\ 0.5 \end{pmatrix}$$

并绘图表示整个迭代过程。

7.15：分析非线性规划：

$$\begin{cases} \min f(X) = (x_1 - 2)^2 + (x_2 - 3)^2 \\ x_1^2 + (x_2 - 2)^2 \geqslant 4 \\ x_2 \leqslant 2 \end{cases}$$

在以下各点的可行下降方向（使用式（7－6）和式（7－7））：

（1）$X^{(1)} = (0,\ 0)^T$；

（2）$X^{(2)} = (2,\ 2)^T$；

（3）$X^{(3)} = (3,\ 2)^T$。

并绘图表示各点可行下降方向的范围。

7.16：试写出下述二次规划的 Kuhn－Tucker 条件：

$$\begin{cases} \max f(X) = C^TX + X^THX \\ AX \leqslant b \\ X \geqslant 0 \end{cases}$$

其中，A 为 $m \times n$ 矩阵，H 为 $m \times n$ 矩阵，C 为 n 维列向量，b 为 m 维列向量，变量 X 为 n 维列向量。

7.17：试写出下述非线性规划问题的 Kuhn－Tucker 条件并进行求解：

（1）$\begin{cases} \max f(X) = (x - 3)^2 \\ 1 \leqslant x \leqslant 5 \end{cases}$

（2）$\begin{cases} \min f(X) = (x - 3)^2 \\ 1 \leqslant x \leqslant 5 \end{cases}$

7.18：试找出非线性规划问题：

$$\begin{cases}\max f(X)=x_1\\ x_2-2+(x_1-1)^3\leqslant 0\\ (x_1-1)^3-x_2+2\leqslant 0\\ x_1,\ x_2\geqslant 0\end{cases}$$

的极大点，然后写出其 Kuhn - Tucker 条件，该极大点满足 Kuhn - Tucker 条件吗？试加以说明。

7.19：试求解二次规划：

$$\begin{cases}\min f(X)=2x_1^2-4x_1x_2+4x_2^2-6x_1-3x_2\\ x_1+x_2\leqslant 3\\ 4x_1+x_2\leqslant 9\\ x_1,\ x_2\geqslant 0\end{cases}$$

7.20：试用可行方向法求解：

$$\begin{cases}\min f(X)=2x_1^2+2x_2^2-2x_1x_2-4x_1-6x_2\\ x_1+x_2\leqslant 2\\ x_1+5x_2\leqslant 5\\ x_1,\ x_2\geqslant 0\end{cases}$$

7.21：试用 SUMT 外点法求解：

$$\begin{cases}\min f(X)=2x_1^2+x_2^2\\ x_2=1\end{cases}$$

并求当罚因子等于 1 和 10 时的近似解。

7.22：试用 SUMT 外点法求解：

$$\begin{cases}\max f(X)=x_1\\ (x_2-2)+(x_1-1)^3\leqslant 0\\ (x_1-1)^3-(x_2-2)\leqslant 0\\ x_1,\ x_2\geqslant 0\end{cases}$$

7.23：试用 SUMT 内点法求解：

$$\begin{cases}\min f(X)=(x+1)^2\\ x\geqslant 0\end{cases}$$

7.24：试用 SUMT 内点法求解：

$$\begin{cases}\min f(X)=x\\ 1\geqslant x\geqslant 0\end{cases}$$

第 8 章

动态规划的基本理论

8.1　多阶段决策过程及实例

党的二十大报告指出，“健全总揽全局、协调各方的党的领导制度体系，完善党中央重大决策部署落实机制”。对协调发展做出了更加长远、更加系统的战略部署和总体安排。在生产和科学实验中，有一类活动的过程，由于它的特殊性，可将过程分为若干个互相联系的阶段，在它的每一个阶段都需要作出决策，从而使整个过程达到最好的活动效果。因此，各个阶段决策的选取不是任意确定的，它依赖于当前面临的状态，又影响以后的发展。当各个阶段决策确定后，就组成了一个决策序列，因而也就决定了整个过程的一条活动路线。这种把一个问题可看作是一个前后关联具有链状结构的多阶段过程（见图 8－1）就称为多阶段决策过程，也称序贯决策过程。这种问题就称为多阶段决策过程。

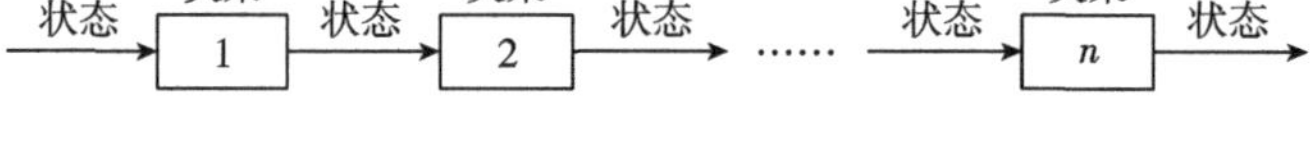

图 8－1

在多阶段决策问题中，各个阶段采取的决策，一般来说是与时间有关的，决策依赖于当前的状态，又随即引起状态的转移，一个决策序列就是在变化的状态中产生出来的，故有“动态”的含义。因此，把处理它的方法称为动态规划方法。但是，一些与时间没有关系的静态规划（如线性规划、非线性规划等）问题，只要人为地引进“时间”因素，也可把它视为多阶段决策问题，用动态规划方法去处理。

多阶段决策问题很多，现举例如下：

例 1：最短路线问题。

如图 8－2 所示，给定一个线路网络，两点之间连线上的数字表示两点间的距离（或费用），试求一条由 A 到 G 的铺管线路，使总距离最短（或总费用最小）。

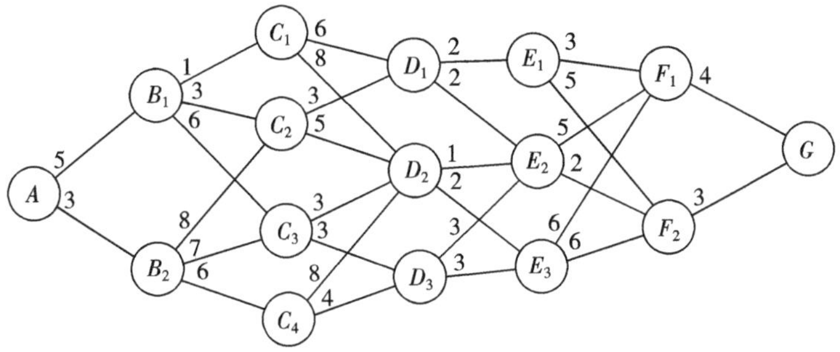

图 8－2

例 2：机器负荷分配问题。

某种机器可以在高低两种不同的负荷下进行生产。在高负荷下进行生产时，产品的年产量 g 和投入生产的机器数量 u 的关系为

$g = g(u)$

这时，机器的年完好率为 a，即如果年初完好机器的数量为 u，到年终时完好的机器就为 au（$0 < a < 1$），在低负荷下进行生产时，产品的年产量 h 和投入生产的机器数量 u_2 的关系为

$h = h(u_2)$

相应的机器年完好率为 b（$0 < b < 1$）。

假定开始生产时完好的机器数量为 S。要求制订一个五年计划，在每年开始时，决定如何重新分配完好的机器在两种不同的负荷下生产的数量，使在五年内产品的总产量达到最高。

还有，如各种资源（人力、物力）分配问题、生产—存储问题、最优装载问题、水库优化调度问题、最优控制问题等，都具有多阶段决策问题的特性，均可用动态规划方法去求解。

8.2　动态规划的基本概念和基本方程

如图 8－2 所示的线路网络，求 A 到 G 的最短路线问题是动态规划中一个较为直观的典型例子。现通过讨论它的解法，来说明动态规划方法的基本思想，并阐述它的基本概念。

由图 8 -2 可知，从 A 点到 G 点可以分为 6 个阶段。从 A 到 B 为第一阶段，从 B 到 C 为第二阶段……从 F 到 G 为第六阶段。在第一阶段，A 为起点，终点有 B_1、B_2 两个，因而这时走的路线有两个选择，一是走到 B_1，二是走到 B_2，若选择走到 B_2 的决策，则 B_2 就是第一阶段在我们决策之下的结果。它既是第一阶段路线的终点，又是第二阶段路线的始点。在第二阶段，再从 B_2 点出发，对应于 B_2 点就有一个可供选择的终点集合 $\{C_2, C_3, C_4\}$；若选择由 B_2 走至 C_2 为第二阶段的决策，则 C_2 就是第二阶段的终点，同时又是第三阶段的始点。同理递推下去，可看到：各个阶段的决策不同，铺管路线就不同。很明显，当某阶段的始点给定时，它直接影响着后面各阶段的行进路线和整个路线的长短，而后面各阶段的路线的发展不受这个点以前各阶段路线的影响。故此问题的要求是：在各个阶段选取一个恰当的决策，使由这些决策组成的一个决策序列所决定的一条路线，其总路程最短。

如何解决这个问题呢？可以采取穷举法。即把由 A 到 G 所有可能的每一条路线的距离都算出来，然后互相比较找出最短者，相应地得出了最短路线。这样，由 A 到 G 的 6 个阶段中，一共有 $2\times3\times2\times2\times2\times1=48$ 条不同的路线，比较 48 条不同的路线的距离值，才找出最短路线为

$A\to B_1\to C_2\to D_1\to E_2\to F_2\to G$

相应最短距离为 18。显然，这样计算是相当繁杂的。当段数很多，各段的不同选择也很多时，这种解法的计算将变得极其繁杂，甚至在电子计算机上计算都是不现实的。因此，为了减少计算工作量，需要寻求更好的算法，这就是下面要介绍的动态规划的方法。为了讨论方便，先介绍动态规划的基本概念和符号。

8.2.1 动态规划的基本概念

8.2.1.1 阶段

把所给问题的过程，恰当地分为若干个相互联系的阶段，以便能按一定的次序去求解。描述阶段的变量称为阶段变量，常用 k 表示。阶段的划分，一般是根据时间和空间的自然特征来划分，但要便于把问题的过程转化为多阶段决策的过程。如例 1 可分为 6 个阶段来求解，k 分别等于 1、2、3、4、5、6。

8.2.1.2 状态

状态表示每个阶段开始所处的自然状况或客观条件，它描述了研究问题过程的状况，又称不可控因素。在例 1 中，状态就是某阶段的出发位置。它既是该阶段某支路的起点，又是前一阶段某支路的终点。通常一个阶段有若干个状态，第一阶段有一个状态，就是点 A，第二阶段有两个状态，即点集合 $\{B_1, B_2\}$，一般第 k 阶段的状态就是第 k 阶段所有始点的集合。

描述过程状态的变量称为状态变量。它可用一个数、一组数或一向量（多维情形）来描述。常用 S_k 表示第 k 阶段的状态变量。如在例 1 中第三阶段有四个状态，则状态变量 S_k 可取四个值，即 C_1、C_2、C_3、C_4。点集合 $\{C_1, C_2, C_3, C_4\}$ 就称为第三阶段的可达状态集合。记为 $S_3 = \{C_1, C_2, C_3, C_4\}$。有时为了方便起见，将该阶段的状态编上号码 1，2，3，4，也可记 $S_3 = \{1, 2, 3, 4\}$。第 k 阶段的可达状态集合就记为 S_k。

这里所说的状态应具有下面的性质：如果某阶段状态给定，则在这阶段以后过程的发展不受这阶段以前各阶段状态的影响。换句话说，过程的过去历史只能通过当前的状态去影响它未来的发展，当前的状态是以往历史的一个总结。这个性质称为无后效性（即马尔科夫性）。

如果状态仅仅描述过程的具体特征，则并不是任何实际过程都能满足无后效性的要求。所以，在构造决策过程的动态规划模型时，不能仅从描述过程的具体特征这点着眼去规定状态变量，而要充分注意是否满足无后效性的要求。如果状态的某种规定方式可能导致不满足无后效性，应适当地改变状态的规定方法，达到能使它满足无后效性的要求。例如，研究物体（把它看作一个质点）受外力作用后，其空间运动的轨迹问题。从描述轨迹这点着眼，可以只选坐标位置（x_k，y_k，z_k）作为过程的状态，但这样不能满足无后效性，因为即使知道了外力的大小和方向，仍无法确定物体受力后的运动方向和轨迹，只有把位置（x_k，y_k，z_k）和速度（$\dot{x}$，$\dot{y}_k$，$\dot{z}_k$）都作为过程的状态变量，才能确定物体运动下一步的方向和轨迹，实现无后效性的要求。

8.2.1.3　决策

决策表示当过程处于某一阶段的某个状态时，可以作出不同的决定（或选择），从而确定下一阶段的状态，这种决定称为决策。在最优控制中也称为控制。描述决策的变量，称为决策变量。它可用一个数、一组数或一向量来描述。常用 $u_k(s_k)$ 表示第 k 阶段当状态处于 s_k 时的决策变量。它是状态变量的函数。在实际问题中，决策变量的取值往往限制在某一范围之内，此范围称为允许决策集合。常用 $D_k(s_k)$ 表示第 k 阶段从状态 s_k 出发的允许决策集合，显然有 $u_k(s_k) \in D_k(s_k)$。

如在例 1 第二阶段中，若从状态 B_1 出发，就可作出三种不同的决策，其允许决策集合 $D_2(B_1) = \{C_1, C_2, C_3\}$；若选取的点为 C_2，则 C_2 是状态 B_1 在决策 $u_2(B_1)$ 作用下的一个新的状态，记作 $u_2(B_1) = C_2$。

8.2.1.4　策略

策略是一个按顺序排列的决策组成的集合。由过程的第 k 阶段开始到终止状态为止的过程，称为问题的后部子过程（或称为 k 子过程）。由每段的决策按顺序排列组成的决策函数序列 $\{u_k(s_k), \cdots, u_n(s_n)\}$ 称为 k 子过程策略，简称子策略，记为 $P_{k,n}(s_k)$。即

$P_{k,n}(s_k)=\{u_k(s_k),\ u_{k+1}(s_{k+1}),\ \cdots,\ u_n(s_n)\}$

当 $k=1$ 时，此决策函数序列称为全过程的一个策略，简称策略，记为 $P_{1,n}$ (s_1)。即

$P_{1,n}(s_1)=\{u_1(s_1),\ u_2(s_2),\ \cdots,\ u_n(s_n)\}$

在实际问题中，可供选择的策略有一定的范围，此范围称为允许策略集合，用 P 表示。从允许策略集合中找出达到最优效果的策略称为最优策略。

8.2.1.5 状态转移方程

状态转移方程是确定过程由一个状态到另一个状态的演变过程。若给定第 k 阶段状态变量 s_k 的值，该段的决策变量 u_k 一经确定，第 $k+1$ 阶段的状态变量 s_{k+1} 的值也就完全确定。即 s_{k+1} 的值随 s_k 和 u_k 的值的变化而变化。这种确定的对应关系，记为

$s_{k+1}=T_k(s_k,\ u_k)$

上式描述了由第 k 阶段到第 $k+1$ 阶段的状态转移规律，称为状态转移方程。T_k 称为状态转移函数。如例 1 中，状态转移方程为 $s_{k+1}=u_k(s_k)$。

8.2.1.6 指标函数和最优值函数

用来衡量所实现过程优劣的一种数量指标，称为指标函数。它是定义在全过程和所有后部子过程中确定的数量函数。常用 $V_{k,n}$ 表示之。即

$V_{k,n}=V_{k,n}(s_k,\ u_k,\ s_{k+1},\ \cdots,\ s_{n+1}),\ k=1,\ 2,\ \cdots,\ n$

对于要构成动态规划模型的指标函数，应具有可分离性，并满足递推关系。即 $V_{k,n}$ 可以表示为 s_k、u_k、$V_{k+1,n}$ 的函数。记为

$V_{k,n}(s_k,\ u_k,\ s_{k+1},\ \cdots,\ s_{n+1})=\psi_k[s_k,\ u_k,\ V_{k+1,n}(s_{k+1},\ \cdots,\ s_{n+1})]$

在实际问题中很多指标函数都满足这个性质。

常见的指标函数的形式如下：

（1）过程和它的任一子过程的指标是它所包含的各阶段的指标的和。即

$$V_{k,n}(s_k,\ u_k,\ \cdots,\ s_{n+1})=\sum_{j=k}^{n}v_j(s_j,\ u_j)$$

其中，v_j $(s_j,\ u_j)$ 表示第 j 阶段的阶段指标。这时上式可写成

$V_{k,n}(s_k,\ u_k,\ \cdots,\ s_{n+1})=v_k(s_k,\ u_k)+V_{k+1,n}(s_{k+1},\ u_{k+1},\ \cdots,\ s_{n+1})$

（2）过程和它的任一子过程的指标是它所包含的各阶段的指标的乘积。即

$$V_{k,n}(s_k,\ u_k,\ \cdots,\ s_{n+1})=\prod_{j=k}^{n}v_j(s_j,\ u_j)$$

这时就可写成

$V_{k,n}(s_k,\ u_k,\ \cdots,\ s_{n+1})=v_k(s_k,\ u_k)V_{k+1,n}(s_{k+1},\ u_{k+1},\ \cdots,\ s_{n+1})$

指标函数的最优值，称为最优值函数，记为 f_k (s_k)。它表示从第 k 阶段的状态 s_k 开始到第 n 阶段的终止状态的过程，采取最优策略所得到的指标函数值。即

$$f_k(s_k) = \underset{\{u_k,\cdots,u_n\}}{\text{opt}} V_{k,n}(s_k, u_k, \cdots, s_{n+1})$$

其中，“opt”是最优化（optimization）的缩写，可根据题意而取 min 或 max。

在不同的问题中，指标函数的含义是不同的，它可能是距离、利润、成本、产品的产量或资源消耗等。例如，在最短路线问题中，指标函数 $V_{k,n}$ 就表示在第 k 阶段由点 s_k 至终点 G 的距离。用 $d_k(s_k, u_k) = v_k(s_k, u_k)$ 表示在第 k 阶段由点 s_k 到点 $s_{k+1} = u_k(s_k)$ 的距离，如 $d_5(E_1, F_1) = 3$ 就表示在第 5 阶段中由点 E_1 到点 F_1 的距离为 3。$f_k(s_k)$ 表示从第 k 阶段点 s_k 到终点 G 的最短距离，如 $f_4(D_1)$ 就表示从第 4 阶段中的点 D_1 到点 G 的最短距离。

8.2.2 动态规划的基本思想和基本方程

现在，再结合解决最短路线问题来介绍动态规划方法的基本思想。生活中的常识告诉我们，最短路线有一个重要特性：如果由起点 A 经过 P 点和 H 点而到达终点 G 是一条最短路线，则由点 P 出发经过 H 点到达终点 G 的这条子路线，对于从点 P 出发到达终点的所有可能选择的不同路线来说，必定也是最短路线。例如，在最短路线问题中，若找到了 $A \to B_1 \to C_2 \to D_1 \to E_2 \to F_2 \to G$ 是由 A 到 G 的最短路线，则 $D_1 \to E_2 \to F_2 \to G$ 应该是由 D_1 出发到 G 点的所有可能选择的不同路线中的最短路线。此特性用反证法易证。因为如果不是这样，则从 P 点到 G 点有另一条距离更短的路线存在，把它和原来最短路线由 A 点到达 P 点的那部分连接起来，就会得到一条由 A 点到 G 点的新路线，它比原来那条最短路线的距离还要短些。这与假设矛盾，是不可能的。

根据最短路线这一特性，寻找最短路线的方法，就是从最后一段开始，用由后向前逐步递推的方法，求出各点到 G 点的最短路线，最后求得由 A 点到 G 点的最短路线。所以，动态规划的方法是从终点逐段向始点方向寻找最短路线的一种方法，如图 8-3 所示。

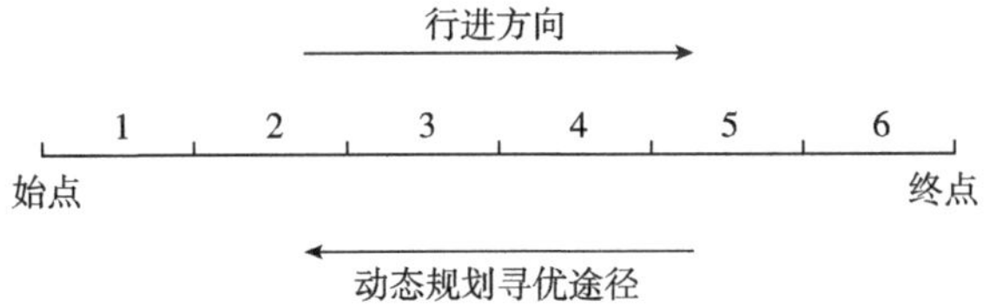

图 8-3

下面按照动态规划的方法，将例 1 从最后一段开始计算，由后向前逐步推移至 A 点。

当 $k=6$ 时，出发点 F_1 到终点 G 只有一条路线，故 $f_6(F_1) = 4$。同理，$f_6(F_2) = 3$。

当 $k=5$ 时，出发点有 E_1、E_2、E_3 三个。若从 E_1 出发，则有两个选择：①至 F_1；

②至 F_2。则

$$f_5(E_1)=\min\begin{Bmatrix}d_5(E_1,\ F_1)+f_6(F_1)\\ d_5(E_1,\ F_2)+f_6(F_2)\end{Bmatrix}=\min\begin{Bmatrix}3+4\\ 5+3\end{Bmatrix}=7$$

其相应的决策为 $u_s(E_1)=F_1$。

这说明，由 E_1 至终点 G 的最短距离为 7，其最短路线是

$E_1\to F_2\to G$

同理，从 E_2 和 E_3 出发，则有

$$f_5(E_2)=\min\begin{Bmatrix}d_5(E_2,\ F_1)+f_6(F_1)\\ d_5(E_2,\ F_2)+f_6(F_2)\end{Bmatrix}=\min\begin{Bmatrix}5+4\\ 2+3\end{Bmatrix}=5$$

其相应的决策为 $u_s(E_2)=F_2$

$$f_5(E_3)=\min\begin{Bmatrix}d_5(E_3,\ F_1)+f_6(F_1)\\ d_5(E_3,\ F_2)+f_6(F_2)\end{Bmatrix}=\min\begin{Bmatrix}6+4\\ 6+3\end{Bmatrix}=9$$

且 $u_5(E_3)=F_2$

类似地，可算得

当 $k=4$ 时，有

$f_4(D_1)=7$　　$u_4(D_1)=E_2$

$f_4(D_2)=6$　　$u_4(D_2)=E_2$

$f_4(D_3)=8$　　$u_4(D_3)=E_2$

当 $k=3$ 时，有

$f_3(C_1)=13$　　$u_3(C_1)=D_1$

$f_3(C_2)=10$　　$u_3(C_2)=D_1$

$f_3(C_3)=9$　　$u_3(C_3)=D_2$

$f_3(C_4)=12$　　$u_3(C_4)=D_3$

当 $k=2$ 时，有

$f_2(B_1)=13$　　$u_2(B_1)=C_2$

$f_2(B_2)=16$　　$u_2(B_2)=C_3$

当 $k=1$ 时，出发点只有一个 A 点，则

$$f_1(A)=\min\begin{Bmatrix}d_1(A,\ B_1)+f_2(B_1)\\ d_1(A,\ B_2)+f_2(B_2)\end{Bmatrix}=\min\begin{Bmatrix}5+13\\ 3+16\end{Bmatrix}=18$$

且 $u_1(A)=B_1$。于是得到从起点 A 到终点 G 的最短距离为 18。

为了找出最短路线，再按计算的顺序反推之，可求出最优决策函数序列 $\{u_k\}$，即由 $u_1(A)=B_1$、$u_2(B_1)=C_2$、$u_3(C_2)=D_1$、$u_4(D_1)=E_2$、$u_5(E_2)=F_2$、$u_6(F_2)=G$ 组成一个最优策略。因而，找出相应的最短线路为

$A\to B_1\to C_2\to D_1\to E_2\to F_2\to G$

从上面的计算过程中可以看出，在求解的各个阶段，我们利用了第 k 阶段与第 $k+1$ 阶段之间的递推关系：

$$\begin{cases} f_k(s_k)=\min\limits_{u_k\in D_k(s_k)}\{d_k(s_k,\ u_k(s_k))+f_{k+1}(u_k(s_k))\} k=6,\ 5,\ 4,\ 3,\ 2,\ 1 \\ f_7(s_7)=0(\text{或写成}f_6(s_6)=d_6(s_6,\ G)) \end{cases}$$

一般情况下，第 k 阶段与第 $k+1$ 阶段的递推关系式可写为

$$f_k(s_k)=\underset{u_k\in D_k(s_k)}{\text{opt}}\{v_k(s_k,\ u_k(s_k))+f_{k+1}(u_k(s_k))\} \tag{8-1}$$

$k=n,\ n-1,\ \cdots,\ 1$

边界条件为

$f_{n+1}(s_{n+1})=0$

这种递推关系式（8－1）称为动态规划的基本方程。

现在把动态规划方法的基本思想归纳如下：

（1）动态规划方法的关键在于正确地写出基本的递推关系式和恰当的边界条件（简称基本方程）。要做到这一点，必须先将问题的过程分成几个相互联系的阶段，恰当地选取状态变量和决策变量及定义最优值函数，从而把一个大问题化成一族同类型的子问题，然后逐个求解。即从边界条件开始，逐段递推寻优，在每一个子问题的求解中，均利用了它前面的子问题的最优化结果，依次进行，最后一个子问题所得的最优解，就是整个问题的最优解。

（2）在多阶段决策过程中，动态规划方法是既把当前一段和未来各段分开，又把当前效益和未来效益结合起来考虑的一种最优化方法。因此，每段决策的选取是从全局来考虑的，与该段的最优选择答案一般是不同的。

（3）在求整个问题的最优策略时，由于初始状态是已知的，而每段的决策都是该段状态的函数，故最优策略所经过的各段状态便可逐次变换得到，从而确定了最优路线。

如例 1 中的最短路线问题，初始状态 A 已知，则按下面箭头所指的方向逐次变换有

u_1（A）　u_2（B_1）　…　u'_0（F_2）

↗　↓　↗　↓　↗　　↗↓

A　B_1　C_2　…　G

（已知）

从而可得最优策略为 $\{u_1\ (A),\ u_2\ (B_1),\ \cdots,\ u'_0\ (F_2)\}$，相应的最短路线为

$A\to B_1\to C_2\to D_1\to E_2\to F_2\to G$

上述最短路线问题的计算过程，也可借助图形直观简明地表示出来，如图 8－4 所示。

图 8－4 中，每节点处上方的方格内的数，表示该点到终点 G 的最短距离。用直线连接的点表示该点到终点 G 的最短路线。未用直线连接的点就说明它不是该点到终点 G

的最短路线，故这些支路均被舍去了。图中粗线表示由始点 A 到终点 G 的最短路线。

这种在图上直接作业的方法叫作标号法。如果规定从 A 点到 G 点为顺行方向，则由 G 点到 A 点为逆行方向，那么，图 8－4 是由 G 点开始从后向前标的。这种以 A 为始端，G 为终端，从 G 到 A 的解法称为逆序解法。

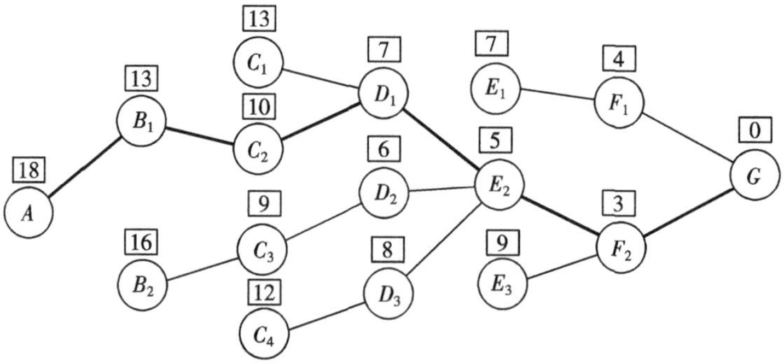

图 8－4

由于线路网络的两端都是固定的，且线路上的数字是表示两点间的距离，则从 A 点计算到 G 点和从 G 点计算到 A 点的最短路线是相同的。因而，标号也可以由 A 开始从前向后标。只是那时是视 G 为起点，A 为终点，按动态规划方法处理的，如图 8－5 所示。

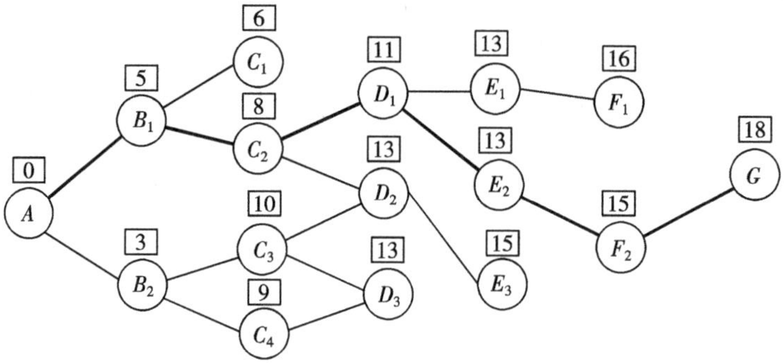

图 8－5

图 8－5 中，每节点处上方方格内的数表示该点到 A 点的最短距离，用直线连接的点表示该点到起点 A 的最短路线，粗线表示从 A 到 G 的最短路线。这种以 A 为始端、G 为终端的从 A 到 G 的解法称为顺序解法。

由此可见，顺序解法和逆序解法只表示行进方向的不同或对始端、终端看法的颠倒。但用动态规划方法求最优解时，都是在行进方向规定后，均要逆着这个规定的行进方向，从最后一段向前逆推计算，逐段找出最优途径。

从上面例 1 的计算过程明显看到，动态规划的方法比穷举法有以下优点：

（1）减少了计算量。计算例 1 若用穷举法，就要对 48 条路线进行比较，运算在计算机上进行时，比较运算要进行 47 次；求各条路线的距离，即使用逐段累加方法，也要进行 $6+12+24+48+48=138$ 次加法运算。

用动态规划方法来计算，比较运算（从 $k=5$ 段开始向前算）共进行 $3+3+4+4+1=15$ 次。每次比较运算相应有两次加法运算，再去掉中间重复两次（即 $B_1 \to C_1$、$B_2 \to C_4$ 各多算了一次），实际只有 28 次加法运算。可见，动态规划方法比穷举法减少了计算量。而且随着段数的增加，计算量将大大减少。

（2）丰富了计算结果。在逆序（或顺序）解法中，我们得到的不仅仅是由 A 点（或 G 点）出发到 G 点（或 A 点）的最短路线及相应的最短距离，而且得到了从所有各中间点出发到 G 点（或 A 点）的最短路线及相应的距离。这就是说，求出的不是一个最优策略，而是一族的最优策略。这对许多实际问题来讲是很有用的，有利于帮助我们分析所得结果。

在明确了动态规划的基本概念和基本思想之后，我们看到，给一个实际问题建立动态规划模型时，必须做到下面五点：

（1）将问题的过程划分成恰当的阶段。

（2）正确选择状态变量 s_k，使它既能描述过程的演变，又要满足无后效性。

（3）确定决策变量 u_k 及每阶段的允许决策集合 $D_k(s_k)$。

（4）正确写出状态转移方程。

（5）正确写出指标函数 $V_{k,n}$ 的关系，它应满足下面三个性质：

①是定义在全过程和所有后部子过程上的数量函数。

②要具有可分离性，并满足递推关系。即

$$V_{k,n}(s_k, u_k, \cdots, s_{n+1}) = \psi_k[s_k, u_k, V_{k+1,n}(s_{k+1}, u_{k+1}, \cdots, s_{n+1})]$$

③函数 $\psi_k(s_k, u_k, V_{k+1,n})$ 对于变量 $V_{k+1,n}$ 要严格单调。

以上五点是构造动态规划模型的基础，是正确写出动态规划基本方程的基本要素。而一个问题的动态规划模型是否正确给出，集中地反映在恰当的定义最优值函数和正确地写出递推关系式及边界条件上。简言之，要正确写出动态规划的基本方程。

根据动态规划方法有逆序解法和顺序解法之分，那么，它们的动态规划基本方程应如何来表述呢？

设指标函数是取各阶段指标的和的形式，即

$$V_{k,n} = \sum_{j=k}^{n} v_j(s_j, u_j)$$

其中，$v_j(s_j, u_j)$ 表示第 j 段的指标。它显然是满足指标函数三个性质的。所以上

式可写成

$$V_{k,n}=v_k(s_k,\ u_k)+V_{k+1,n}[s_{k+1},\ \cdots,\ s_{n+1}]$$

当初始状态给定时，过程的策略就被确定，则指标函数也就确定了。因此，指标函数是初始状态和策略的函数。可记为 $V_{k,n}\ [s_k,\ p_{k,n}\ (s_k)]$。故上面递推关系又可写成

$$V_{k,n}[s_k,\ p_{k,n}]=v_k(s_k,\ u_k)+V_{k+1,n}[s_{k+1},\ p_{k+1,n}]$$

其子策略 $p_{k,n}\ (s_k)$ 可看成是由决策 $u_k\ (s_k)$ 和 $p_{k+1,n}\ (s_{k+1})$ 组合而成的。即

$$p_{k,n}=\{u_k(s_k),\ p_{k+1,n}(s_{k+1})\}$$

如果用 $p_{k,n}^*\ (s_k)$ 表示初始状态为 s_k 的后部子过程所有子策略中的最优子策略，则最优值函数为

$$f_k(s_k)=V_{k,n}[s_k,\ p_{k,n}^*(s_k)]=\underset{p_{k,n}}{\mathrm{opt}}V_{k,n}[s_k,\ p_{k,n}(s_k)]$$

而

$$\begin{aligned}\underset{p_{k,n}}{\mathrm{opt}}V_{k,n}(s_k,\ p_{k,n})&=\underset{\{u_k,p_{k+1,n}\}}{\mathrm{opt}}\{v_k(s_k,\ u_k)+V_{k+1,n}(s_{k+1},\ p_{k+1,n})\}\\&=\underset{u_k}{\mathrm{opt}}\{v_k(s_k,\ u_k)+\underset{p_{k+1,n}}{\mathrm{opt}}V_{k+1,n}\}\end{aligned}$$

但

$$f_{k+1}(s_{k+1})=\underset{p_{k+1,n}}{\mathrm{opt}}V_{k+1,n}(s_{k+1},\ p_{k+1,n})$$

所以

$$f_k(s_k)=\underset{u_k\in D_k(s_k)}{\mathrm{opt}}[v_k(s_k,\ u_k)+f_{k+1}(s_{k+1})](k=n,\ n-1,\ \cdots,\ 1)$$

边界条件为$f_{n+1}(s_{n+1})=0$。

这就是动态规划逆序解法的基本方程。式中 $s_{k+1}=T_k\ (s_k,\ u_k)$，其求解过程，根据边界条件，从 $k=n$ 开始，由后向前逆推，从而逐步可求得各段的最优决策和相应的最优值，最后求出$f_1(s_1)$ 时，就得到整个问题的最优解。

对于动态规划顺序解法的基本方程应如何表述呢？假定阶段序数 k 和状态变量 s_k 的定义不变，而改变决策变量 u_k 的定义，如例 1 中取 $u_k(s_{k+1})\ =s_k$，则这时的状态转移不是由 s_k、u_k 去确定 s_{k+1}，而是反过来由 s_{k+1}、u_k 去确定 s_k，则状态转移方程一般形式为

$$s_k=T_k^r(s_{k+1},\ u_k)$$

因而第 k 阶段的允许决策集合也应作相应的改变，记为 $D_k^r\ (s_{k+1})$。指标函数也应换成以 s_{k+1}和 u_k 的函数表示。于是可得动态规划顺序解法的基本方程为

$$f_k(s_{k+1})=\underset{u_k\in D_k^r(s_{k+1})}{\mathrm{opt}}\{v_k(s_{k+1},\ u_k)+f_{k-1}(s_k)\}(k=1,\ 2,\ \cdots,\ n)$$

边界条件为$f_0\ (s_1)\ =0$

式中 $s_k=T_k^r(s_{k+1},\ u_k)$。其求解过程：根据边界条件，从 $k=1$ 开始，由前向后顺推，逐步求得各段的最优决策和相应的最优值，最后求出$f_n(s_{n+1})$，就得到整个问题的最优解。

8.3 动态规划的最优性原理和最优性定理

20世纪50年代，R. Bellman等根据研究一类多阶段决策问题，提出了最优性原理（有的翻译成最优化原理）作为动态规划的理论基础。用它去解决许多决策过程的优化问题。长期以来，许多动态规划的著作都用“依据最优化原理，则有……”的提法去处理决策过程的优化问题。人们对用这样的一个简单的原理作为动态规划方法的理论根据很难理解。的确如此，实际上，这一提法给用动态规划方法去处理决策过程的优化问题披上神秘的色彩，使读者不能正确理解动态规划方法的本质。

下面将介绍“动态规划的最优性原理”的原文含义，并指出它为什么不是动态规划的理论基础，进而揭示动态规划方法的本质。其理论基础是“最优性定理”。

动态规划的最优性原理：“作为整个过程的最优策略具有这样的性质：无论过去的状态和决策如何，对前面的决策所形成的状态而言，余下的诸决策必须构成最优策略。”简言之，一个最优策略的子策略总是最优的。

但是，随着人们深入地研究动态规划，逐渐认识到：对于不同类型的问题所建立严格定义的动态规划模型，必须对相应的最优性原理给以必要的验证。就是说，最优性原理不是对任何决策过程都成立的；而且“最优性原理”与动态规划基本方程，并不是无条件等价的，两者之间也不存在确定的蕴含关系。可见，动态规划的基本方程在动态规划的理论和方法中起着非常重要的作用。而反映动态规划基本方程的是最优性定理，它是策略最优性的充分必要条件，而最优性原理仅仅是策略最优性的必要条件，它是最优性定理的推论。在求解最优策略时，更需要的是其充分条件。所以，动态规划的基本方程或者说最优性定理才是动态规划的理论基础。

动态规划的最优性定理：设阶段数为 n 的多阶段决策过程，其阶段编号为

$k=0, 1, \cdots, n-1$

允许策略 $p_{0,n-1}^{*}=(u_0^{*}, u_1^{*}, \cdots, u_{n-1}^{*})$ 为最优策略的充要条件是对任意一个 k

$0<k<n-1$ 和 $s_0 \in S_0$，有

$$V_{0,n-1}(s_0, p_{0,n-1}^{*}) = \mathop{\mathrm{opt}}_{p_{0,k-1} \in P_{0,k-1}(s_0)} \left\{ V_{0,k-1}(s_0, p_{0,k-1}) + \mathop{\mathrm{opt}}_{p_{k,n-1} \in P_{k,n-1}(\tilde{s}_k)} V_{k,n-1}(\tilde{s}_k, p_{k,n-1}) \right\} \tag{8-2}$$

式中 $p_{0,n-1}^{*}=(p_{0,k-1}, p_{k,n-1})$，$\tilde{s}_k = T_{k-1}(s_{k-1}, u_{k-1})$，它是由给定的初始状态 s_0 和子策略 $p_{0,k-1}$ 所确定的 k 段状态。当 V 是效益函数时，opt 取 max；当 V 是损失函数时，opt 取 min。

证明： 必要性：设 $p_{0,n-1}^{*}$ 是最优策略，则

$$V_{0,n-1}(s_0, p_{0,n-1}^*) = \mathop{\text{opt}}_{p_{0,n-1} \in P_{0,n-1}} V_{0,n-1}(s_0, p_{0,n-1})$$
$$= \mathop{\text{opt}}_{p_{0,n-1} \in P_{0,n-1}} [V_{0,k-1}(s_0, p_{0,k-1}) + V_{k,n-1}(\tilde{s}_k, p_{k,n-1})]$$

但对于从 k 至 $n-1$ 阶段的子过程而言，它的总指标取决于过程的起始点 $\tilde{s}_k = T_{k-1}(s_{k-1}, u_{k-1})$ 和子策略 $p_{k,n-1}$，而这个起始点 $\tilde{s}_k$ 是由前一段子过程在子策略 $p_{0,k-1}$ 下而确定的。

因此，在策略集合 $p_{0,n-1}$ 上求最优解，就等价于先在子策略集合 $p_{k,n-1}(\tilde{s}_k)$ 上求最优解，然后再求这些子最优解在子策略集合 $p_{0,k-1}(s_0)$ 上的最优解。故上式可写为

$$V_{0,n-1}(s_0, p_{0,n-1}^*) = \mathop{\text{opt}}_{p_{0,k-1} \in P_{0,k-1}(s_0)} \left\{ \mathop{\text{opt}}_{p_{k,n-1} \in P_{k,n-1}(\tilde{s}_k)} [V_{0,k-1}(s_0, p_{0,k-1}) + V_{k,n-1}(\tilde{s}_k, p_{k,n-1})] \right\}$$

但括号内第一项与子策略 $p_{k,n-1}$ 无关，故得

$$V_{0,n-1}(s_0, p_{0,n-1}^*) = \mathop{\text{opt}}_{p_{0,k-1} \in P_{0,k-1}} \left\{ V_{0,k-1}(s_0, p_{0,k-1}) + \mathop{\text{opt}}_{p_{k,n-1} \in P_{k,n-1}} V_{k,n-1}(\tilde{s}_k, p_{k,n-1}) \right\}$$

充分性：设 $p_{0,n-1} = (p_{0,k-1}, p_{k,n-1})$ 为任一策略，$\tilde{s}_k$ 为由 $(s_0, p_{0,k-1})$ 所确定的 k 阶段的起始状态。则有

$$V_{k,n-1}(\tilde{s}_k, p_{k,n-1}) \leqslant \mathop{\text{opt}}_{p_{k,n-1} \in P_{k,n-1}(\tilde{s}_k)} V_{k,n-1}(\tilde{s}_k, p_{k,n-1})$$

在这里记号“$\leqslant$”的含义是：当 opt 表示 max 时就表示“$\leqslant$”，当 opt 表示 min 时就表示“$\geqslant$”。因此，式（8-2）为

$$\begin{aligned} V_{0,n-1}(s_0, p_{0,n-1}) &= V_{0,k-1}(s_0, p_{0,k-1}) + V_{k,n-1}(\tilde{s}_k, p_{k,n-1}) \\ &\leqslant V_{0,k-1}(s_0, p_{0,k-1}) + \mathop{\text{opt}}_{p_{k,n-1} \in P_{k,n-1}(\tilde{s}_k)} V_{k,n-1}(\tilde{s}_k, p_{k,n-1}) \\ &\leqslant \mathop{\text{opt}}_{p_{0,k-1} \in P_{0,k-1}(s_0)} \left\{ V_{0,k-1}(s_0, p_{0,k-1}) + \mathop{\text{opt}}_{p_{k,n-1} \in P_{k,n-1}(\tilde{s}_k)} V_{k,n-1}(\tilde{s}_k, p_{k,n-1}) \right\} \\ &= V_{0,n-1}(s_0, p_{0,n-1}^*) \end{aligned}$$

故只要 $p_{0,n-1}^*$ 使式（8-2）成立，则对任意策略 $p_{0,n-1}$，都有

$$V_{0,n-1}(s_0, p_{0,n-1}) \leqslant V_{0,n-1}(s_0, p_{0,n-1}^*)$$

因此，$p_{0,n-1}^*$ 是最优策略。　证毕。

推论：若允许策略 $p_{0,n-1}^*$ 是最优策略，则对任意的 k（$0<k<n-1$），它的子策略 $p_{k,n-1}^*$ 对于以 $s_k^* = T_{k-1}(s_{k-1}^*, u_{k-1}^*)$ 为起点的 k 到 $n-1$ 子过程来说，必是最优策略。（注意：k 阶段状态 s_k^* 是由 s_0 和 $p_{0,k-1}^*$ 确定的。）

证明：用反证法。

若 $p_{k,n-1}^*$ 不是最优策略，则有

$$V_{k,n-1}(s_k^*, p_{k,n-1}^*) < \mathop{\text{opt}}_{p_{k,n-1} \in P_{k,n-1}(s_k^*)} V_{k,n-1}(s_k^*, p_{k,n-1})$$

此处记号“$<$”的含义是：当 opt 表示 max 时则为“$<$”，当 opt 表示 min 时则为“$>$”。因而

$$
\begin{aligned}
V_{0,n-1}(s_0,\ p_{0,n-1}^*) &= V_{0,k-1}(s_0,\ p_{0,k-1}^*) + V_{k,n-1}(s_k^*,\ p_{k,n-1}^*) \\
&< V_{0,k-1}(s_0,\ p_{0,k-1}^*) + \mathop{\mathrm{opt}}_{p_{k,n-1}\in P_{k,n-1}(s_k^*)} V_{k,n-1}(s_k^*,\ p_{k,n-1}) \\
&< \mathop{\mathrm{opt}}_{p_{0,k-1}\in P_{0,k-1}(s_0)} \left\{ V_{0,k-1}(s_0,\ p_{0,k-1}) + \mathop{\mathrm{opt}}_{p_{k,n-1}\in P_{k,n-1}(\tilde{s}_k)} V_{k,n-1}(\tilde{s}_k,\ p_{k,n-1}) \right\}
\end{aligned}
$$

故与以上定理的必要性矛盾。　　证毕。

此推论就是前面提到的动态规划的“最优性原理”。它仅仅是最优策略的必要性。从最优性定理可以看到：如果一个决策问题有最优策略，则该问题的最优值函数一定可用动态规划的基本方程来表示，反之亦真。该定理为人们用动态规划方法去处理决策问题提供了理论依据和指明方法，就是要充分分析决策问题的结构，使它满足动态规划的条件，正确地写出动态规划的基本方程。

8.4　动态规划和静态规划的关系

动态规划、线性规划和非线性规划都属于数学规划的范围，所研究的对象本质上都是一个求极值的问题，都是利用迭代法去逐步求解的。不过，线性规划和非线性规划所研究的问题，通常是与时间无关的，故又称它们为静态规划。线性规划迭代中的每一步都是就问题的整体加以改善的。而动态规划所研究的问题是与时间有关的，它是研究具有多阶段决策过程的一类问题，将问题的整体按时间或空间的特征而分成若干个前后衔接的时空阶段，把多阶段决策问题表示为前后有关联的一系列单阶段决策问题，然后逐个加以解决，从而求出了整个问题的最优决策序列。因此，对于某些静态的问题，也可以人为地引入时间因素，把它看作是按阶段进行的一个动态规划问题，这就使动态规划成为求解某些线性、非线性规划的有效方法。

由于动态规划方法有逆序解法和顺序解法之分，其关键在于正确写出动态规划的递推关系式，故递推方式有逆推和顺推两种形式。一般地说，当初始状态给定时，用逆推比较方便；当终止状态给定时，用顺推比较方便。

考察如图 8 -6 所示的 n 阶段决策过程。

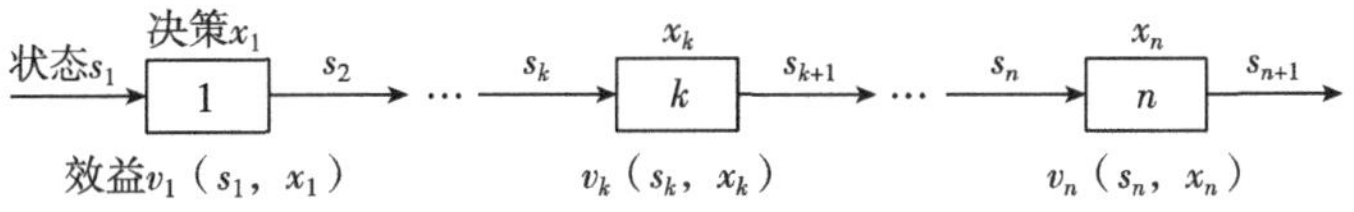

图 8 -6

其中，取状态变量为 s_1，s_2，…，s_{n+1}；决策变量为 x_1，x_2，…，x_n。在第 k 阶段，决策 x_k 使状态 s_k（输入）转移为状态 s_{k+1}（输出），设状态转移函数为

$$s_{k+1}=T_k(s_k, x_k), \quad k=1, 2, \cdots, n$$

假定过程的总效益（指标函数）与各阶段效益（阶段指标函数）的关系为

$$V_{1,n}=v_1(s_1, x_1)*v_2(s_2, x_2)*\cdots*v_n(s_n, x_n)$$

其中记号“*”可都表示为“+”或者都表示为“×”。问题为使 $V_{1,n}$ 达到最优化，即求 $\text{opt}V_{1,n}$，为简单起见，不妨此处就求 $\max V_{1,n}$。

8.4.1 逆推解法

设已知初始状态为 s_1，并假定最优值函数 $f_k(s_k)$ 表示第 k 阶段的初始状态为 s_k，从第 k 阶段到第 n 阶段所得到的最大效益。

从第 n 阶段开始，则有

$$f_n(s_n)=\max_{x_n\in D_n(s_n)} v_n(s_n, x_n)$$

其中，$D_n(s_n)$ 是由状态 s_n 所确定的第 n 阶段的允许决策集合。解此一维极值问题，就得到最优解 $x_n=x_n(s_n)$ 和最优值 $f_n(s_n)$，要注意的是，若 $D_n(s_n)$ 只有一个决策，则 $x_n\in D_n(s_n)$ 就应写成 $x_n=x_n(s_n)$。

在第 $n-1$ 阶段，有

$$f_{n-1}(s_{n-1})=\max_{x_{n-1}\in D_n(s_n-1)}\left[v_{n-1}(s_{n-1}, x_{n-1})*f_n(s_n)\right]$$

其中 $s_n=T_{n-1}(s_{n-1}, x_{n-1})$。解此一维极值问题，得到最优解 $x_{n-1}=x_{n-1}(s_{n-1})$ 和最优值 $f_{n-1}(s_{n-1})$。

在第 k 阶段，有

$$f_k(s_k)=\max_{x_k\in D_k(s_k)}\left[v_k(s_k, x_k)*f_{k+1}(s_{k+1})\right]$$

其中 $s_{k+1}=T_k(s_k, x_k)$。解得最优解 $x_k=x_k(s_k)$ 和最优值 $f_k(s_k)$。

依此类推，直到第 1 阶段，有

$$f_1(s_1)=\max_{x_1\in D_1(s_1)}\left[v_1(s_1, x_1)*f_2(s_2)\right]$$

其中 $s_2=T_1(s_1, x_1)$。解得最优解 $x_1=x_1(s_1)$ 和最优值 $f_1(s_1)$。

由于初始状态 s_1 已知，故 $x_1=x_1(s_1)$ 和 $f_1(s_1)$ 是确定的，从而 $s_2=T_1(s_1, x_1)$ 也就可确定，于是 $x_2=x_2(s_2)$ 和 $f_2(s_2)$ 也就可确定。这样，按照上述递推过程相反的顺序推算下去，就可逐步确定出每阶段的决策及效益。

例 3：用逆推解法求解下面问题：

$$\max z=x_1\cdot x_2^2\cdot x_3$$

$$\begin{cases}x_1+x_2+x_3=c(c>0)\\ x_i\geqslant 0, \ i=1, 2, 3\end{cases}$$

解：按问题的变量个数划分阶段，把它看作一个三阶段决策问题。设状态变量为

s_1、s_2、s_3、s_4，并记 $s_1 = c$；取问题中的变量 x_1、x_2、x_3 为决策变量；各阶段指标函数按乘积方式结合。令最优值函数 $f_k(s_k)$ 表示第 k 阶段的初始状态为 s_k，从第 k 阶段到第 3 阶段所得到的最大值。

设　$s_3 = x_3$，$s_3 + x_2 = s_2$，$s_2 + x_1 = s_1 = c$

则有　$x_3 = s_3$，$0 \leqslant x_2 \leqslant s_2$，$0 \leqslant x_1 \leqslant s_1 = c$

于是用逆推解法，从后向前依次有

$$f_3(s_3) = \max_{x_3 = s_3}(x_3) = s_3 \text{ 及最优解 } x_3^* = s_3$$

$$f_2(s_2) = \max_{0 \leqslant x_2 \leqslant s_2}[x_2^2 \cdot f_3(s_3)] = \max_{0 \leqslant x_2 \leqslant s_2}[x_2^2(s_2 - x_2)] = \max_{0 \leqslant x_2 \leqslant s_2} h_2(s_2, x_2)$$

由 $\dfrac{dh_2}{dx_2} = 2x_2 s_2 - 3x_2^2 = 0$，得 $x_2 = \dfrac{2}{3}s_2$ 和 $x_2 = 0$（舍去）。

又 $\dfrac{d^2 h_2}{dx_2^2} = 2s_2 - 6x_2$，而$\left.\dfrac{d^2 h_2}{dx_2^2}\right|_{x_2 = \frac{2}{3}s_2} = -2s_2 < 0$，故 $x_2 = \dfrac{2}{3}s_2$ 为极大值点。

所以　$f_2(s_2) = \dfrac{4}{27}s_2^3$ 及最优解 $x_2^* = \dfrac{2}{3}s_2$

$$f_1(s_1) = \max_{0 \leqslant x_1 \leqslant s_1}[x_1 \cdot f_2(s_2)] = \max_{0 \leqslant x_1 \leqslant s_1}\left[x_1 \cdot \frac{4}{27}(s_1 - x_1)^3\right]$$

$$= \max_{0 \leqslant x_1 \leqslant s_1} h_1(s_1, x_1)$$

像前面一样利用微分法易知　$x_1^* = \dfrac{1}{4}s_1$

故　$f_1(s_1) = \dfrac{1}{64}s_1^4$

由于已知 $s_1 = c$，因而按计算的顺序反推算，可得各阶段的最优决策和最优值。即

$$x_1^* = \frac{1}{4}c, \ f_1(c) = \frac{1}{64}c^4$$

由　$s_2 = s_1 - x_1^* = c - \dfrac{1}{4}c = \dfrac{3}{4}c$

所以　$x_2^* = \dfrac{2}{3}s_2 = \dfrac{1}{2}c$，$f_2(s_2) = \dfrac{1}{16}c^3$

由　$s_3 = s_2 - x_2^* = \dfrac{3}{4}c - \dfrac{1}{2}c = \dfrac{1}{4}c$

所以　$x_3^* = \dfrac{1}{4}c$，$f_3(s_3) = \dfrac{1}{4}c$

因此得到最优解为　$x_1^* = \dfrac{1}{4}c$，$x_2^* = \dfrac{1}{2}c$，$x_3^* = \dfrac{1}{4}c$

最大值为　$\max z = f_1(c) = \dfrac{1}{64}c^4$

8.4.2 顺推解法

设已知终止状态 s_{n+1}，并假定最优值函数 f_k（s）表示第 k 阶段末的结束状态为 s，从第 1 阶段到第 k 阶段所得到的最大收益。

已知终止状态 s_{k+1}用顺推解法与已知初始状态用逆推解法在本质上没有区别，它相当于把实际的起点视为终点，把实际的终点视为起点，而按逆推解法进行的。换言之，只要把图 8-6 的箭头倒转过来即可，把输出 s_{k+1}看作输入，把输入 s_k 看作输出，这样便得到顺推解法。但应注意，这里是在上述状态变量和决策变量的记法不变的情况下考虑的。因而这时的状态变换是上面状态变换的逆变换，记为 $s_k = T_k^*(s_{k+1}, x_k)$；对运算而言，即是由 s_{k+1}和 x_k 去确定 s_k 的。

从第 1 阶段开始，有

$$f_1(s_2) = \max_{x_1 \in D_1(s_1)} v_1(s_1, x_1)$$

其中 $s_1 = T_1^*(s_2, x_1)$。解得最优解 $x_1 = x_1(s_2)$和最优值$f_1(s_2)$。若 $D_1(s_1)$只有一个决策，则 $x_1 \in D_1(s_1)$就写成 $x_1 = x_1(s_2)$。

在第 2 阶段，有

$$f_2(s_3) = \max_{x_3 \in D_2(s_2)} [v_2(s_2, x_1) * f_1(s_2)]$$

其中 $s_2 = T_2^*(s_3, x_2)$，解得最优解 $x_2 = x_2(s_3)$和最优值$f_2(s_3)$。

依此类推，直到第 n 阶段，有

$$f_n(s_{n+1}) = \max_{x_n \in D_n(s_n)} [v_n(s_n, x_n) * f_{n-1}(s_n)]$$

其中 $s_n = T_n^*(s_{n+1}, x_n)$。解得最优解 $x_n = x_n(s_{n+1})$和最优值$f_n(s_{n+1})$。

由于终止状态 s_{n+1}是已知的，故 $x_n = x_n$（s_{n+1}）和f_n（s_{n+1}）是确定的。再按计算过程的相反顺序推算上去，就可逐步确定出每个阶段的决策及效益。

应指出的是，若将状态变量的记法改为 s_0，s_1，…，s_n，决策变量记法不变，则按顺序解法，此时的最优值函数为f_k（s_k）。因而，这个符号与逆推解法的符号一样，但含义是不同的，这里的 s_k 表示第 k 阶段末的结束状态。

例 4：用顺推解法求解例 3。

解：设 $s_4 = c$，令最优值函数f_k（s_{k+1}）表示第 k 阶段末的结束状态为 s_{k+1}，从第 1 阶段到第 k 阶段的最大值。

设　$s_2 = x_1$，$s_2 + x_2 = s_3$，$s_3 + x_3 = s_4 = c$

则有　$x_1 = s_2$，$0 \leqslant x_2 \leqslant s_3$，$0 \leqslant x_3 \leqslant s_4$

于是用顺推解法，从前向后依次有

$f_1(s_2) = \max\limits_{x_1 = s_2}(x_1) = s_2$ 及最优解 $x_1^* = s_2$

$f_2(s_3) = \max\limits_{0 \leqslant x_2 \leqslant s_3} [x_2^2 \cdot f_1(s_2)] = \max\limits_{0 \leqslant x_2 \leqslant s_3} [x_2^2(s_3 - x_2)] = \dfrac{4}{27}x_3^3$ 及最优解 $x_2^* = \dfrac{2}{3}s_3$

$$f_3(s_4)=\max_{0\leqslant x_3\leqslant s_4}[x_3\cdot f_2(s_3)]=\max_{0\leqslant x_3\leqslant s_4}\left[x_3\cdot\frac{4}{27}(s_4-x_3)^3\right]=\frac{1}{64}s_4^4 \text{ 及最优解 } x_3^*=\frac{1}{4}s_4$$

由于已知 $s_4=c$，故易得到最优解为 $x_1^*=\frac{1}{4}c$，$x_2^*=\frac{1}{2}c$，$x_3^*=\frac{1}{4}c$；相应的最大值为

$$\max z=\frac{1}{64}c^4$$

现在再考虑，若是已知初始状态 $s_1=c$，将例 3 用顺推解法又如何进行求解呢?

因这时的状态转移函数为 $s_k=s_{k+1}+x_k$（$k=1, 2, 3$）。为了保证决策变量非负，必须有 $s_{k+1}\leqslant s_k\leqslant c$。

因此，设　$x_1+s_2=s_1=c$，$x_2+s_3=s_2$，$x_3+s_4=s_3$

则有　$x_1=s_1-s_2=c-s_2$，$0\leqslant x_2\leqslant s_2-s_3\leqslant c-s_3$，$0\leqslant x_3\leqslant s_3-s_4\leqslant c-s_4$

于是用顺推解法，从前向后依次有

$$f_1(s_2)=\max_{x_1=c-s_2}(x_1)=c-s_2 \text{ 及最优解 } x_1^*=c-s_2$$

$$f_2(s_3)=\max_{0\leqslant x_2\leqslant c-s_3}[x_2^2f_1(s_2)]=\max_{0\leqslant x_2\leqslant c-s_3}[x_2^2(c-s_3-x_2)]=\frac{4}{27}(c-s_3)^3 \text{ 及最优解}$$

$$x_2^*=\frac{2}{3}(c-s_3)$$

$$f_3(s_4)=\max_{0\leqslant x_3\leqslant c-s_4}[x_3f_2(s_3)]=\max_{0\leqslant x_3\leqslant c-s_4}\left[x_3\cdot\frac{4}{27}(c-s_4-x_3)^3\right]=\frac{1}{64}(c-s_4)^3 \text{ 及最优解}$$

$$x_3^*=\frac{1}{4}(c-s_4)$$

由于终止状态 s_4 未知，故须再对 s_4 求一次极值，即

$$\max_{0\leqslant s_4\leqslant c}f_3(s_4)=\max_{0\leqslant s_4\leqslant c}\frac{1}{64}(c-s_4)^3$$

显然，只有当 $s_4=0$ 时，f_3（s_4）才能达到最大值。然后按计算顺序反推算可求出各阶段的最优决策及最优值。最后得到最优解为 $x_1^*=\frac{1}{4}c$，$x_2^*=\frac{1}{2}c$，$x_3^*=\frac{1}{4}c$；最大值为

$$\max z=f_3(0)=\frac{1}{64}c^4$$

注意：若记状态变量为 s_0、s_1、s_2、s_3，取 $s_0=c$；决策变量记法不变；令最优值函数 f_k（s_k）表示第 k 阶段末的结束状态为 s_k，从第 1 阶段到第 k 阶段的最大值，则按顺推解法，从前向后依次为

$$f_1(s_1)=\max_{x_1=c-s_1}(x_1)$$

$$f_2(s_2)=\max_{0\leqslant x_2\leqslant c-s_2}[x_2^2f_1(s_1)]$$

$$f_3(s_3)=\max_{0\leqslant x_3\leqslant c-s_3}[x_3f_2(s_2)]$$

例5：用动态规划方法解下面问题

$$\max F=4x_1^2-x_2^2+2x_3^2+12$$

$$\begin{cases}3x_1+2x_2+x_3\leqslant 9\\ x_i\geqslant 0,\ i=1,\ 2,\ 3\end{cases}$$

解：按问题中变量的个数分为三个阶段。设状态变量为 s_0、s_1、s_2、s_3，并记 $s_3\leqslant 9$；取 x_1、x_2、x_3 为各阶段的决策变量；各阶段指标函数按加法方式结合。令最优值函数 f_k（s_k）表示第 k 阶段的结束状态为 s_k，从第1阶段至第 k 阶段的最大值。

设　$3x_1=s_1$，$s_1+2x_2=s_2$，$s_2+x_3=s_3\leqslant 9$

则有　$x_1=s_1/3$，$0\leqslant x_2\leqslant s_2/2$，$0\leqslant x_3\leqslant s_3$

于是用顺推方法，从前向后依次有

$$f_1(s_1)=\max_{x_1=s_1/3}(4x_1^2)=\frac{4}{9}s_1^2\text{ 及最优解 }x_1^*=\frac{s_1}{3}$$

$$f_2(s_2)=\max_{0\leqslant x_2\leqslant s_2/2}[-x_2^2+f_1(s_1)]=\max_{0\leqslant x_2\leqslant s_2/2}\left[-x_2^2+\frac{4}{9}(s_2-2x_2)^2\right]$$

$$=\max_{0\leqslant x_2\leqslant s_2/2}h_2(s_2,\ x_2)$$

由　$\dfrac{dh_2}{dx_2}=\dfrac{14}{9}x_2-\dfrac{16}{9}s_2=0$　解得　$x_2=\dfrac{8}{7}s_2$

因该点不在允许决策集合内，故无须判别。因而 h_2（s_2，x_2）的最大值必在两个端点上选取。

而　h_2（0）$=\dfrac{4}{9}s_2^2$，$h_2\left(\dfrac{s_2}{2}\right)=-\dfrac{s_2^2}{4}$

所以 $h_2(s_2,\ x_2)$ 的最大值点在 $x_2=0$ 处，故得到 $f_2(s_2)=\dfrac{4}{9}s_2^2$ 及相应的最优解 $x_4^*=0$。

$$f_3(s_3)=\max_{0\leqslant x_3\leqslant s_3}[2x_3^2+12+f_2(s_2)]$$

$$=\max_{0\leqslant x_3\leqslant s_3}\left[2x_3^2+12+\frac{4}{9}(s_3-x_3)^2\right]=\max_{0\leqslant x_3\leqslant s_3}h_3(s_3,\ x_3)$$

由　$\dfrac{dh_3}{dx_3}=\dfrac{44}{9}x_3-\dfrac{8}{9}s_3=0$　解得　$x_3=\dfrac{2}{11}s_3$

又　$\dfrac{d^2h_3}{dx_3^2}=\dfrac{44}{9}>0$，故该点为极小值点。

而　$h_3(0)=\dfrac{4}{9}s_3^2+12$，$h_3(s_3)=2s_3^2+12$

故 $h_3(s_2,\ x_3)$的最大值点在 $x_3=s_3$ 处，所以得 $f_3(s_3)=2s_3^2+12$ 及相应的最优解 $x_3^*=s_3$。

由于 s_3 不知道，故须再对 s_3 求一次极值，即

$$\max_{0\leqslant s_3\leqslant 9} f_3(s_3)=\max_{0\leqslant s_3\leqslant 9}[2s_3^2+12]$$

显然，当 $s_3=9$ 时，$f_3(s_3)$才能达到最大值。所以$f_1(9)=2\times 9^2+12=174$ 为最大值。

再按计算的顺序反推算可求得最优解为 $x_1^*=0$，$x_2^*=0$，$x_3=9$；最大值为

$\max F=f_1(9)=174$

注意：

（1）若先作代换，令 $y_1=3x_1$，$y_2=2x_2$，$y_3=x_3$，将原问题变为

$$\max F=\frac{4}{9}y_1^2-\frac{1}{4}y_2^2+2y_3^2+12$$

$$\text{s. t.}\begin{cases}y_1+y_2+y_3\leqslant 9\\ y_i\geqslant 0,\ i=1,\ 2,\ 3\end{cases}$$

再解此问题，然后换回 x_i，也可以。

（2）在计算 h_2 和 h_3 的最大值中，若学习了凸函数的性质，也可利用凸函数的性质来确定最大值。

8.4.3　动态规划的计算框图

在实际问题中，函数序列f_k（s_k）往往不能表示为解析形式；状态变量 s_k 和决策变量 x_k 即使是离散的，其集合也很大。这样，求f_k（s_k）和最优策略的数值解计算量就很大，一般要用计算机来解决。

下面讨论逆序解法的迭代计算程序。由于始端可能是自由状态或固定状态两种情况，终端也可能是自由状态或固定状态两种情况，因而组合起来就有四种情况。这里，仅讨论终端自由而且始端自由或固定的两种情况的计算框图。而终端固定的情况框图与之类似，就不讨论了。

为明确起见，假设：决策变量 x_k 是连续实变数，允许决策集合 $D_k(s_k)$是实数集合；状态变量 s_k 也是连续实变数，各段可达状态集合 S_k 的实数闭区间是$[\underline{s}_k,\ \bar{s}_k]$，对于始端固定的状态变量，各段可达状态集合 s_k^1 的实数闭区间是$[\underline{s}_k^1,\ \bar{s}_k^1]$。在计算前，先要把 s_k 离散化。为此，要选好适当的增量 Δs。在第 k 段，计算将在点列$\{\underline{s}_k,\ \underline{s}_k+\Delta s,\ \cdots,\ \underline{s}_k+m_k\Delta s\}$上进行，其中 m_k 是满足 $s_k+m_k\Delta s\leqslant\overline{S}_k\leqslant\overline{S}_k+(m_k+1)\Delta s$ 的正整数。

根据一般的逆序动态规划的基本方程：

$$\begin{cases}f_{n+1}(s_{n+1})=0\\ f_k(s_k)=\underset{x_k\in D_k(s_k)}{\text{opt}}\{v_k(s_k,\ x_k)+f_{k+1}(s_{k+1})\},\ k=n,\ \cdots,\ 2,\ 1\end{cases}$$

其中 $s_{k+1}=T_k(s_k,\ s_k)$，且当 s_1 固定时，$s_k\in S_k^1$；当 s_1 自由时，$s_k\in S_k$。因而可得动态规划的逆序解法计算程序框图（见图 8－7），下面对框图作几点说明。

（1）图 8－7 中，左边部分是指标函数序列 $\{f_k(s_k)\}$ 的递推计算，它是逆序的，

即 k 由 n 逐步减少到1；右边部分是最优决策序列 $\{x_k^*\}$ 的递推计算，它是顺序的，即 k 由1逐步增大到 n。

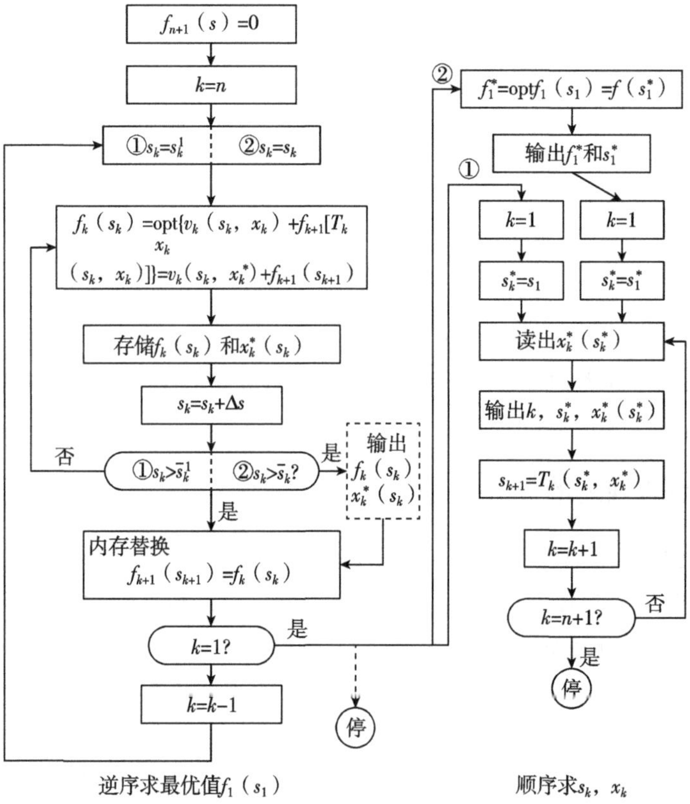

图8-7 动态规划逆序解法计算程序框图

（2）若实际问题要求的不只是整个过程的最优解，而且要求出从各段出发的最优策略和最优值。则在程序中，对每一 k 段，计算完 $f_k(s_k)$ 和 $x_k^*(s_k)$ 后就可输出，如图中的虚线所示。如不需要输出 s_k，可把右边部分框图取消。

（3）框图中包含两种情况：①固定始端；②自由始端。它们的区别是，左边部分输入数据不同，右边部分在自由始端情况下，还需多求一次最优值计算。

（4）因 $f_{k+1}(s_{k+1})$ 只在计算 k 段时有用，到 $k-1$ 段就没用了。故在计算 k 段时，$f_k(s_k)$ 都要存入内存，在计算 $k-1$ 段时，可用 $f_k(s_k)$ 把 $f_{k+1}(s_{k+1})$ 替换掉。函数 $x_k^*(s_k)$ 在左边部分计算出来后不需要用，可送入外存；在右边部分求 $\{x_k^*\}$ 需要用时，再依 k 的序列将 x_k 由外存移入内存。

（5）在计算 $f_k(s_k)$ 时，s_k 在点列上取值，对于

点 $s_k=\underline{s}_k+j\Delta s(0\leqslant j\leqslant m_k)$

点 $\bar{s}_{k+1} = T_k(s_k, x_k)(x_k \in D_k(s_k))$
不一定在 s_{k+1} 的点列中，这时，必须选择适当的内插公式，由 f_{k+1}（s_{k+1}）在点列上的值求它在点 $\bar{s}_{k+1}$ 上的值。

逆序解法计算程序框图：①固定始端；②自由始端。

最后应指出的是，在这节里运用递推关系逐步求出极值函数 $f_1(s)$，…，$f_n(s)$ 及相应的决策函数 $x_1(s)$，…，$x_n(s)$，这是一种通过函数值不断迭代的过程，而逐步达到最优值，通常称为函数空间迭代法。这种迭代方法，不仅对像例 1 那样阶段数为确定有限值的定期多阶段决策过程有效，而且，对在实际问题中，出现的动态规划基本方程，不是一个递推方程，而是为某函数的泛函方程，那种阶段数为有限但不固定的不定期多阶段决策过程或阶段数为无限（或很大）的无期多阶段决策过程也是一种重要的求解方法。还有对解上述两类过程比函数空间迭代法的收敛速度要快些的策略空间迭代法。函数空间迭代法和策略空间迭代法都是动态规划求解不定期或无期的多阶段决策过程的两种重要方法。由于篇幅有限，这里就不介绍了。

习　题

8.1：试分析 8.1 节之例 2 问题中：①阶段的划分；②状态变量及其取值范围；③决策变量及其允许决策集合；④状态转移方程；⑤指标函数和最优值函数。

8.2：设某工厂自国外进口一部精密机器，由机器制造厂至出口港有三个港口可供选择，而进口港又有三个可供选择，进口后可经由两个城市到达目的地，其间的运输成本如图 8－8 所示，试求运费最低的路线？

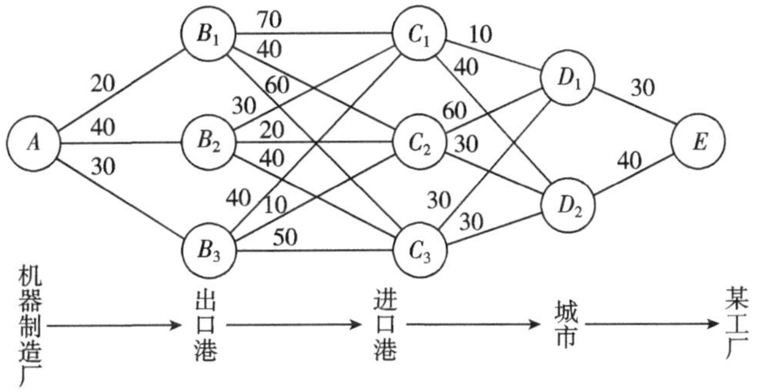

图 8－8

8.3：计算从 A 到 B、C 和 D 的最短路线。已知各段路线的长度如图 8－9 所示。

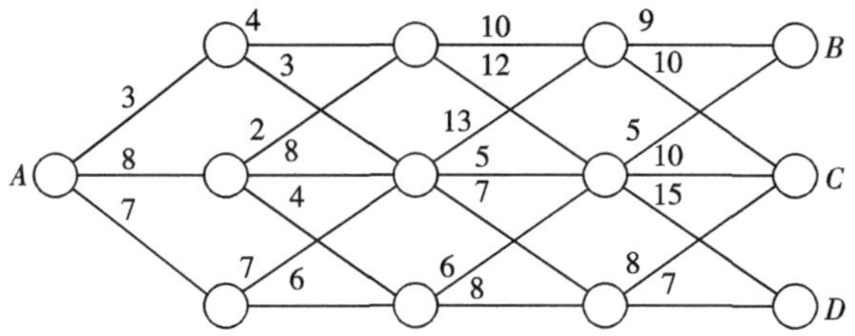

图 8-9

8.4：写出下列问题的动态规划的基本方程。

（1）$\max z = \sum_{i=1}^{n} \phi_i(x_i)$　　（2）$\min z = \sum_{i=1}^{n} c_i x_i^2$

$\text{s.t.} \begin{cases} \sum_{i=1}^{n} x_i = b \ (b>0) \\ x_i \geqslant 0,\ i=1,\ 2,\ \cdots,\ n \end{cases}$　　$\text{s.t.} \begin{cases} \sum_{i=1}^{n} a_i x_i \geqslant b \ (a_i>0) \\ x_i \geqslant 0,\ i=1,\ 2,\ \cdots,\ n \end{cases}$

8.5：用递推方法求解下列问题

（1）$\max z = 4x_1 + 9x_2 + 2x_3^2$　　（2）$\max z = 4x_1 + 9x_2 + 2x_3^2$

$\text{s.t.} \begin{cases} x_1 + x_2 + x_3 = 10 \\ x_i \geqslant 0,\ i=1,\ 2,\ 3 \end{cases}$　　$\text{s.t.} \begin{cases} 2x_1 + 4x_2 + 3x_3 \leqslant 10 \\ x_i \geqslant 0,\ i=1,\ 2,\ 3 \end{cases}$

（3）$\max z = x_1 \cdots x_n$　　（4）$\min z = 3x_1 - 5x_1 + 3x_2^2 - 3x_2 + 2x_3^2 - 7x_3$

$\text{s.t.} \begin{cases} \sum_{i=1}^{n} x_i = c \ (c>0) \\ x_i \geqslant 0,\ i=1,\ 2,\ \cdots,\ n \end{cases}$　　$\text{s.t.} \begin{cases} 2x_1 + 3x_2 + 2x_3 \geqslant 16 \\ x_i \geqslant 0,\ i=1,\ 2,\ 3 \end{cases}$

（5）$\max z = 3x_1^3 - 4x_1 + 2x_2^2 - 5x_2 + 2x_3$　　（6）$\min z = \sum_{i=1}^{n} x_i^p (p > 1)$

$\text{s.t.} \begin{cases} 4x_1 + 2x_2 + 3x_3 \leqslant 18 \\ x_i \geqslant 0,\ i=1,\ 2,\ 3 \end{cases}$　　$\text{s.t.} \begin{cases} \sum_{i=1}^{n} x_i = c(c>0) \\ x_i \geqslant 0,\ i=1,\ 2,\ \cdots,\ n \end{cases}$

8.6：设某人有 400 万元存款，计划在四年内全部用于投资。已知在一年内若投资用去 x 万元就能获得 $\sqrt{x}$ 万元的效用。每年剩余的金额，连同利息（年利息 10%）可再用于下一年的投资。而每年已打算用于投资的金额不计利息。试制订金额的使用计划，而使四年内获得的总效用最大。

（1）用动态规划方法求解；

（2）用拉格朗日乘数法求解；

（3）比较两种解法，并说明动态规划方法有哪些优点。

第 9 章

动态规划方法的应用

9.1 资源分配问题

党的二十大报告指出，要完善分配制度，坚持按劳分配为主体、多种分配方式并存，坚持多劳多得，鼓励勤劳致富。构建初次分配、再分配、第三次分配协调配套的制度体系。这为我们指明了在全面建设社会主义现代化国家新征程中迈向共同富裕的目标任务、改革举措和政策取向。所谓分配问题，就是将数量一定的一种或若干种资源（如原材料、资金、机器设备、劳力、食品等）恰当地分配给若干个使用者，而使目标函数为最优。

9.1.1 一维资源分配问题

设有某种原料，总数量为 a，用于生产 n 种产品。若分配数量 x_i 用于生产第 i 种产品，其收益为 $g_i(x_i)$。问：应如何分配才能使生产 n 种产品的总收入最大？

此问题可写成静态规划问题：

$$\begin{cases} \max\ z = g_1(x_1) + g_2(x_2) + \cdots + g_n(x_n) \\ x_1 + x_2 + \cdots + x_n = a \\ x_i \geqslant 0,\ i = 1,\ 2,\ \cdots,\ n \end{cases}$$

当 $g_i(x_i)$ 都是线性函数时，它是一个线性规划问题；当 $g_i(x_i)$ 是非线性函数时，它是一个非线性规划问题。但当 n 比较大时，具体求解是比较麻烦的。然而，由于这类问题的特殊结构，可以将它看成一个多阶段决策问题，并利用动态规划的递推关系来求解。

在应用动态规划方法处理这类“静态规划”问题时，通常以把资源分配给一个或几个使用者的过程作为一个阶段，把问题中的变量 x_i 选为决策变量，将累计的量或随递推过程变化的量选为状态变量。

设状态变量 s_k 表示分配用于生产第 k 种产品至第 n 种产品的原料数量。

决策变量 u_k 表示分配给生产第 k 种产品的原料数量，即 $u_k = x_k$。

状态转移方程：

$s_{k+1} = s_k - u_k = s_k - x_k$

允许决策集合：

$D_k(s_k) = \{u_k | 0 \leq u_k = x_k \leq s_k\}$

令最优值函数 $f_k(s_k)$ 表示以数量为 s_k 的原料分配给第 k 种产品至第 n 种产品所得到的最大总收入。因而可写出动态规划的逆推关系式为：

$$\begin{cases} f_k(s_k) = \max\limits_{0 \leq x_k \leq s_k} \{g_k(x_k) + f_{k+1}(s_k - x_k)\}, \ k = n-1, \ \cdots, \ 1 \\ f_n(s_n) = \max\limits_{x_n = s_n} g_n(x_n) \end{cases}$$

利用这个递推关系式进行逐段计算，最后求得 $f_1(a)$ 即为所求问题的最大总收入。

例1：某工业部门根据国家计划的安排，拟将某种高效率的设备五台，分配给所属的甲、乙、丙三个工厂，各工厂若获得这种设备之后，可以为国家提供的盈利如表 9－1 所示。

表 9－1

盈利（万元）＼工厂 设备台数	甲	乙	丙
0	0	0	0
1	3	5	4
2	7	10	6
3	9	11	11
4	12	11	12
5	13	11	12

问：这五台设备如何分配给各工厂，才能使国家得到的盈利最大？

解：将问题按工厂分为三个阶段，甲、乙、丙三个工厂分别编号为 1、2、3。

设 s_k 为分配给第 k 个工厂至第 n 个工厂的设备台数。

x_k 为分配给第 k 个工厂的设备台数。

则 $s_{k+1} = s_k - x_k$ 为分配给第 $k+1$ 个工厂至第 n 个工厂的设备台数。

$P_k(s_k)$ 表示 x_k 台设备分配到第 k 个工厂所得的盈利值。

$f_k(s_k)$ 表示 s_k 台设备分配给第 k 个工厂至第 n 个工厂时所得到的最大盈利值。

因而可写出逆推关系式为

$$\begin{cases} f_k(s_k) = \max\limits_{0 \leq x_k \leq s_k} [P_k(x_k) + f_{k+1}(s_k - x_k)], \ k = 3, \ 2, \ 1 \\ f_4(s_4) = 0 \end{cases}$$

下面从最后一个阶段开始向前逆推计算。

第三阶段：

设将 s_3 台设备（$s_3=0$，1，2，3，4，5）全部分配给工厂丙，则最大盈利值为

$$f_3(s_3)=\max_{x_3}[P_3(x_3)]$$

其中 $x_3=s_3=0$，1，2，3，4，5。

因为此时只有一个工厂，有多少台设备就全部分配给工厂丙，故它的盈利值就是该段的最大盈利值。其数值计算如表9－2所示。

表9－2

s_3 \ x_3	$P_3(x_3)$ 0	1	2	3	4	5	$f_3(s_3)$	x_3^*
0	0						0	0
1		4					4	1
2			6				6	2
3				11			11	3
4					12		12	4
5						12	12	5

表中 x_3^* 表示使 $f_3(s_3)$ 为最大值时的最优决策。

第二阶段：

设把 s_2 台设备（$s_2=0$，1，2，3，4，5）分配给工厂乙和工厂丙，则对每个 s_2 值，有一种最优分配方案，使最大盈利值为

$$f_2(s_2)=\max_{x_2}[P_2(x_2)+f_3(s_2-x_2)]$$

其中 $x_2=0$，1，2，3，4，5。

因为给乙工厂 x_2 台，其盈利为 $P_2(x_2)$，余下的 s_2-x_2 台给丙工厂，则它的盈利最大值为 $f_3(s_2-x_2)$。现要选择 x_2 的值，使 $P_2(x_2)+f_3(s_2-x_2)$ 取最大值。其数值计算如表9－3所示。

表9－3

s_2 \ x_2	$P_2(x_2)+f_3(s_2-x_2)$ 0	1	2	3	4	5	$f_2(s_2)$	x_2^*
0	0						0	0
1	0+4	5+0					5	1
2	0+6	5+4	10+0				10	2
3	0+11	5+6	10+4	11+0			14	2
4	0+12	5+11	10+6	11+4	11+0		16	1，2
5	0+12	5+12	10+11	11+6	11+4	11+0	21	2

第一阶段：

设把 s_1（这里只有 $s_1=5$ 的情况）台设备分配给甲、乙、丙三个工厂，则最大盈利值为

$$f_1(5)=\max_{x_1}[P_1(x_1)+f_2(5-x_1)]$$

其中 $x_1=0$，1，2，3，4，5。

因为给甲工厂 x_1 台，其盈利为 $P_1(x_1)$，剩下的 $5-x_1$ 台分给乙和丙两个工厂，则它的盈利最大值为 $f_2(5-x_1)$。现要选择 x_1 值，使 $P_1(x_1)+f_2(5-x_1)$ 取最大值，就是所求的总盈利最大值，其数值计算如表 9－4 所示。

表 9－4

x_1 \ s_1	$P_1(x_1)+f_2(5-x_1)$						$f_1(5)$	x_1^*
	0	1	2	3	4	5		
5	0+21	3+16	7+14	9+10	12+5	13+0	21	0，2

然后按计算表格的顺序反推算，可知最优分配方案有两个：

（1）由于 $x_1^*=0$，根据 $s_2=s_1-x_1^*=5-0=5$，查表 9－3 知 $x_2^*=2$，因 $s_3=s_2-x_2^*=5-2=3$，故 $x_3^*=s_3=3$。即得甲工厂分配 0 台，乙工厂分配 2 台，丙工厂分配 3 台。

（2）由于 $x_1^*=2$，根据 $s_2=s_1-x_1^*=5-2=3$，查表 9－3 知 $x_2^*=2$，因 $s_3=s_2-x_2^*=3-2=1$，故 $x_3^*=s_3=1$。即得甲工厂分配 2 台，乙工厂分配 2 台，丙工厂分配 1 台。

以上两个分配方案所得到的总盈利均为 21 万元。

在这个问题中，如果原设备的台数不是 5 台，而是 4 台或 3 台，用其他方法求解时，往往要从头再算，但用动态规划方法求解时，这些列出的表仍旧有用。只需要修改最后的表格，就可以得到：

当设备台数为 4 台时，最优分配方案为：$x_1^*=1$，$x_2^*=2$，$x_3^*=1$；或 $x_1^*=2$，$x_2^*=2$，$x_3^*=0$，总盈利为 17 万元。

当设备台数为 3 台时，最优分配方案为：$x_1^*=0$，$x_2^*=2$，$x_3^*=1$，总盈利为 14 万元。

这个例子是决策变量取离散值的一类分配问题。在实际中，如销售店分配问题、投资分配问题、货物分配问题等，均属于这类分配问题。这种只将资源合理分配不考虑回收的问题，又称为资源平行分配问题。

在资源分配问题中，还有一种要考虑资源回收利用的问题，这里决策变量为连续值，故称为资源连续分配问题。这类分配问题一般叙述如下：

设有数量为 s_1 的某种资源，可投入 A 和 B 两种生产。第一年若以数量 u_1 投入生产 A，剩下的量 s_1-u_1 就投入生产 B，则可得收入为 $g(u_1)+h(s_1-u_1)$，其中 $g(u_1)$ 和

$h(u_1)$为已知函数，且$g(0)=h(0)=0$。这种资源在投入A、B生产后，年终还可回收再投入生产。设年回收率分别为$0<a<1$和$0<b<1$，则在第一年生产后，回收的资源量合计为$s_2=au_1+b(s_1-u_1)$。第二年再将资源数量s_2中的u_2和s_2-u_2分别投入A、B两种生产，则第二年又可得到收入为$g(u_2)+h(s_2-u_2)$。如此继续进行n年，试问：应当如何决定每年投入A生产的资源量u_1，u_2，…，u_n，才能使总的收入最大？

此问题写成静态规划问题为

$$\max z=\{g(u_1)+h(s_1-u_1)+g(u_2)+h(s_2-u_2)+\cdots+g(u_n)+h(s_n-u_n)\}$$

$$\text{s. t.}\begin{cases}s_2=au_1+b(s_1-u_1)\\ s_3=au_2+b(s_2-u_2)\\ \vdots\\ s_{n+1}=au_n+b(s_n-u_n)\\ 0\leqslant u_i\leqslant s_i,\ i=1,\ 2,\ \cdots,\ n\end{cases}$$

下面用动态规划方法来处理。

设s_k为状态变量，它表示在第k阶段（第k年）可投入A、B两种生产的资源量。

u_k为决策变量，它表示在第k阶段（第k年）用于A生产的资源量，则s_k-u_k表示用于B生产的资源量。

状态转移方程为

$$s_{k+1}=au_k+b\ (s_k-u_k)$$

最优值函数$f_k\ (s_k)$表示有资源量s_k，从第k阶段至第n阶段采取最优分配方案进行生产后所得到的最大总收入。

因此可写出动态规划的逆推关系式为

$$\begin{cases}f_n(s_n)=\max\limits_{0\leqslant u_n\leqslant s_n}\{g(u_n)+h(s_n-u_n)\}\\ f_k(s_k)=\max\limits_{0\leqslant u_k\leqslant s_k}\{g(u_k)+h(s_k-u_k)+f_{k+1}[au_k+b(s_k-u_k)]\}\\ k=n-1,\ \cdots,\ 2,\ 1\end{cases}\tag{9-1}$$

最后求出$f_1(s_1)$即为所求问题的最大总收入。

例2：机器负荷分配问题。某种机器可在高、低两种不同的负荷下进行生产，设机器在高负荷下生产的产量函数为$g=8u$，其中u为投入高负荷下生产的机器数量，年完好率$a=0.7$；在低负荷下生产的产量函数为$h=5y$，其中y为投入低负荷下生产的机器数量，年完好率$b=0.9$。

假定开始生产时完好的机器数量$S=1000$台，试问每年如何安排机器在高、低负荷下的生产，使在五年内生产的产品总产量最高。

解：先构造这个问题的动态规划模型：

设阶段序数k表示年度。

状态变量s_k为第k年度初拥有的完好机器数量，同时也是第$k-1$年度末时的完好机器数量。

决策变量 u_k 为第 k 年度中分配高负荷下生产的机器数量，于是 s_k-u_k 为该年度中分配在低负荷下生产的机器数量。

这里 s_k 和 u_k 均取连续变量，它们的非整数值可以这样理解，如 $s_k=0.6$，就表示一台机器在 k 年度中正常工作时间只占6/10；$u_k=0.3$，就表示一台机器在该年度只有3/10的时间能在高负荷下工作。

状态转移方程为

$$s_{k+1}=au_k+b(s_k-u_k)=0.7u_k+0.9(s_k-u_k),\ k=1,\ 2,\ \cdots,\ 5$$

k 段允许决策集合为 $D_k(s_k)=\{u_k\,|\,0\leqslant u_k\leqslant s_k\}$

设 $v_k(s_k,\ u_k)$ 为第 k 年度的产量，则

$$v_k=8u_k+5(s_k-u_k)$$

故指标函数为

$$V_{1,5}=\sum_{k=1}^{5}v_k(s_k,u_k)$$

令最优值函数 $f_k(s_k)$ 表示由资源量 s_k 出发，从第 k 年开始到第5年结束时所生产的产品的总产量最大值。因而有逆推关系式：

$$\begin{cases}f_6(s_6)=0\\ f_k(s_k)=\max\limits_{u_k\in D_k(s_k)}\{8u_k+5(s_k-u_k)+f_{k+1}[0.7u_k+0.9(s_k-u_k)]\}\\ k=1,\ 2,\ 3,\ 4,\ 5\end{cases}$$

从第5年度开始，向前逆推计算。

当 $k=5$ 时，有

$$\begin{aligned}f_5(s_5)&=\max_{0\leqslant u_5\leqslant s_5}\{8u_5+5(s_5-u_5)+f_6[0.7u_5+0.9(s_5-u_5)]\}\\&=\max_{0\leqslant u_5\leqslant s_5}\{8u_5+5(s_5-u_5)\}\\&=\max_{0\leqslant u_5\leqslant s_5}\{3u_5+5s_5\}\end{aligned}$$

因 f_5 是 u_5 的线性单调增函数，故得最大解 $u_5^*=s_5$，相应地有 $f_5(s_5)=8s_5$。

当 $k=4$ 时，有

$$\begin{aligned}f_4(s_4)&=\max_{0\leqslant u_4\leqslant s_4}\{8u_4+5(s_4-u_4)+f_5[0.7u_4+0.9(s_4-u_4)]\}\\&=\max_{0\leqslant u_4\leqslant s_4}\{8u_4+5(s_4-u_4)+8[0.7u_4+0.9(s_4-u_4)]\}\\&=\max_{0\leqslant u_4\leqslant s_4}\{13.6u_4+12.2(s_4-u_4)\}\\&=\max_{0\leqslant u_4\leqslant s_4}\{1.4u_4+12.2s_4\}\end{aligned}$$

故得最大解，$u_4^*=s_4$，相应地有 $f_4(s_4)=13.6s_4$，以此类推，可求得

$u_3^*=s_3$，相应地有 $f_3(s_3)=17.5s_3$

$u_2^*=0$，相应地有 $f_2(s_2)=20.8s_2$

$u_1^* = 0$，相应地有 $f_1(s_1) = 23.7s_1$

因 $s_1 = 1000$，故 $f_1(s_1) = 23700$(台)。

计算结果表明：最优策略为 $u_1^* = 0$，$u_2^* = 0$，$u_3^* = s_3$，$u_4^* = s_4$，$u_5^* = s_5$，即前两年应把年初全部完好机器投入低负荷生产，后三年应把年初全部完好机器投入高负荷生产。这样所得的产量最高，其最高产量为 23700 台。

在得到整个问题的最优指标函数值和最优策略后，还需反过来确定每年年初的状态，即从始端向终端递推计算出每年年初完好机器数。已知 $s_1 = 1000$ 台，于是可得

$$s_2 = 0.7u_1^* + 0.9(s_1 - u_1^*) = 0.9s_1 = 900(\text{台})$$

$$s_3 = 0.7u_2^* + 0.2(s_2 - u_2^*) = 0.9s_2 = 810(\text{台})$$

$$s_4 = 0.7u_3^* + 0.9(s_3 - u_3^*) = 0.7s_3 = 567(\text{台})$$

$$s_5 = 0.7u_4^* + 0.9(s_4 - u_4^*) = 0.7s_4 = 397(\text{台})$$

$$s_6 = 0.7u_5^* + 0.9(s_5 - u_5^*) = 0.7s_5 = 278(\text{台})$$

上面所讨论的最优策略过程，始端状态 s_1 是固定的，终端状态 s_6 是自由的。由此得出的最优策略称为始端固定终端自由的最优策略，实现的目标函数是五年里的产品总产量最高。

如果在终端也附加上一定的约束条件，如规定在第 5 年度结束时，完好的机器数量为 500 台（上面只有 278 台）。问应如何安排生产，才能在满足这一终端要求的情况下产量最高。读者作为练习自己计算之。

下面进一步来讨论始端固定、终端自由的一般情况。

设有 n 个年度，在高、低负荷下生产的产量函数分别为 $g = cu_1$、$h = du_2$，其中 $c > 0$，$d > 0$，$c > d$。而年回收率分别为 a 和 b，$0 < a < b < 1$。试求出最优策略的一般关系式。显然，这时状态转移方程为

$$s_{k+1} = au_k + b(s_k - u_k),\ k = 1,\ 2,\ \cdots,\ n$$

k 段的指标函数为

$$v_k = cu_k + d(s_k - u_k),\ k = 1,\ 2,\ \cdots,\ n$$

令 $f_k(s_k)$ 表示由状态 s_k 出发，从第 k 年至第 n 年末所生产的产品的总产量最大值。

因而可写出逆推关系式为：

$$\begin{cases} f_{n+1}(s_{n+1}) = 0 \\ f_k(s_k) = \max\limits_{0 \leqslant u_k \leqslant s_k} \{cu_k + d(s_k - u_k) + f_{k+1}[au_k + b(s_k - u_k)]\} \\ k = 1,\ 2,\ \cdots,\ n \end{cases} \tag{9-2}$$

我们知道，在低负荷下生产的时间越长，机器完好率越高，但生产产量少。而在高负荷下生产产量会增加，但机器损坏大。这样，即使每台产量高，总体来看产量也不高。

从前面的数字计算可以看出，前几年一般是全部用于低负荷生产，后几年则全部用

于高负荷生产，这样产量才最高。如果总共为 n 年，从低负荷转为高负荷生产的是第 t 年，$1 \leqslant t \leqslant n$。也就是说，1 至 $t-1$ 年在低负荷下生产，t 至 n 年在高负荷下生产。现在要分析 t 与系数 a、b、c、d 是什么关系。

从回收率看，$(b-a)$ 值越大，表示在高负荷下生产时，机车损坏情况比在低负荷下生产时严重得多，因此 t 值应选大些。从产量看，$(c-d)$ 值越大，表示在高负荷下生产较有利，故 t 应选小些。下面我们从式（9-2）这一基本方程出发来求出 t 与 $(b-a)$、$(c-d)$ 的关系。

令 $\zeta_k = u_k/s_k$。则在低负荷生产时有 $\zeta_k = 0$，高负荷生产时有 $\zeta_k = 1$。对第 n 段，我们有

$$\begin{aligned} f_n(s_n) &= \max_{0 \leqslant u_n \leqslant s_n} \{cu_n + d(s_n - u_n)\} \\ &= \max_{0 \leqslant u_n \leqslant s_n} \{(c-d)u_n + ds_n\} \\ &= \max_{0 \leqslant \zeta_n \leqslant 1} \{(c-d)\zeta_n + d\} s_n \end{aligned}$$

由于 $c > d$，所以 ζ_n 应选 1 才能使 $f_n(s_n)$ 最大。也就是说，最后一年应全部投入高负荷生产。故 $f_n(s_n) = cs_n$。

对 $n-1$ 段，根据式（9-2）有

$$\begin{aligned} f_{n-1}(s_{n-1}) &= \max_{0 \leqslant u_{n-1} \leqslant s_{n-1}} \{cu_{n-1} + d(s_{n-1} - u_{n-1}) + f_n(s_n)\} \\ &= \max_{u_{n-1}} \{cu_{n-1} + d(s_{n-1} - u_{n-1}) + cs_n\} \\ &= \max_{u_{n-1}} \{cu_{n-1} + d(s_{n-1} - u_{n-1}) + c[au_{n-1} + b(s_{n-1} - u_{n-1})]\} \\ &= \max_{u_{n-1}} \{[(c-d) - c(b-a)]u_{n-1} + (d+cb)s_{n-1}\} \\ &= \max_{\zeta_{n-1}} \{[(c-d) - c(b-a)]\zeta_{n-1} + (d+cb)s_{n-1}\} \end{aligned} \tag{9-3}$$

因此，欲要满足上式极值关系的条件是当

$$c - d > c(b-a) \tag{9-4}$$

时，应取 $\zeta_{n-1}^* = 1$，即 $n-1$ 年仍应全部在高负荷下生产。当式（9-4）不满足时，应取 $\zeta_{n-1}^* = 0$，即 $n-1$ 年应全部投入低负荷生产。

由前面知道，只要在第 k 年投入低负荷生产，那么递推计算结果必然是从第 1 年到第 k 年均为低负荷生产，即有 $\zeta_1^* = \zeta_2^* = \cdots = \zeta_k^* = 0$。可见，算出 $\zeta_k^* = 0$ 后，前几年就没有必要再计算了。故只需研究哪一年由低负荷转入高负荷生产，即 ζ 从那一年开始变为 1 就行。

根据这一点，现只分析满足式（9-4）的情况。由于 $\zeta_{n-1}^* = 1$，故式（9-3）变为

$$f_{n-1}(s_{n-1}) = (c + ca)s_{n-1} = c(1+a)s_{n-1}$$

又由于 $s_{n-1} = au_{n-2} + b(s_{n-2} - u_{n-2})$，将它代入上式得

$$f_{n-1}(s_{n-1}) = c(1+a)[(a-b)u_{n-2} + bs_{n-2}] \tag{9-5}$$

对 $n-2$ 段，由式（9-2）有

$$
\begin{aligned}
f_{n-2}(s_{n-2}) &= \max_{0\leqslant u_{n-2}\leqslant s_{n-2}}\{cu_{n-2}+d(s_{n-2}-u_{n-2})+f_{n-1}(s_{n-1})\}\\
&=\max_{u_{n-2}}\{cu_{n-2}+d(s_n-2-u_{n-2})+c(1+a)[(a-b)u_{n-2}+bs_{n-2}]\}\\
&=\max_{u_{n-2}}\{[(c-d)-c(1+a)(b-a)]u_{n-2}+[d+c(1+a)b]s_{n-2}\}\\
&=\max_{\zeta_{n-2}}\{[(c-d)-c(1+a)(b-a)]\zeta_{n-2}+d+cb(1+a)s_{n-2}\}
\end{aligned}
$$

由此可知，只要满足极值条件式

$$c-d>c(1+a)(b-a)$$

就应选 $\zeta_{n-2}^*=1$，否则为0，即应继续在高负荷下生产。

依次类推，如果转入高负荷下生产的是第 t 年，则由

$$f_t(s_t)=\max_{u_t}\{cu_t+d(s_t-u_t)+f_{t+1}(s_{t+1})\}$$

可以推出，应满足极值关系的条件必然是

$$
\begin{cases}
c-d>c(1+a+a^2+\cdots+a^{n-(t+1)})(b-a)\\
c-d<c(1+a+a^2+\cdots+a^{n-t})(b-a)
\end{cases}
$$

相应地有最优策略

$$\zeta_n^*=\zeta_{n-1}^*=\cdots=\zeta_t^*=1$$

$$\zeta_1^*=\zeta_2^*=\cdots=\zeta_{t-1}^*=0$$

它就是例2在始端固定终端自由情况下最优策略的一般结果。

从这个例子看到，应用动态规划，可以在不求出数值解的情况下，确定出最优策略的结构。

可见，只要知道了 a、b、c、d 四个值，就总可找到一个 t 值，满足式（9-5），且

$$1\leqslant t\leqslant n-1$$

例如，题中给定的 $a=0.7$，$b=0.8$，$c=8$，$d=5$，代入式（9-5），应有

$$\frac{c-d}{c(b-a)}=\frac{1-d/c}{b-a}=\frac{1-5/8}{0.9-0.7}=\frac{3}{1.6}=1.875>(1+a)=1+0.7$$

可见，$n-t-1=5-t-1=1$，所以 $t=3$。即从第三年开始将全部机器投入高负荷生产，五年内总产量最高。

从这个例子可看到：当 $g(x)$、$h(x)$ 是线性函数时，问题是易于求解的，当它们为复杂函数时，求解就困难多了。但是，当 $g(x)$、$h(x)$ 为凸函数且 $h(0)=g(0)=0$ 时，可以证明在每个阶段上的最优决策总是取其上限或下限。因此，对于解的结构来说，它与 $g(x)$、$h(x)$ 为线性的情况是类似的。

上面的讨论表明：当 x 在 $[0, s_1]$ 上离散地变化时，利用递推关系式逐步计算或利用表格法求出数值解。当 x 在 $[0, s_1]$ 上连续地变化时，若 $g(x)$ 和 $h(x)$ 是线性函数或凸函数时，根据递推关系式运用解析法不难求出 $f_k(x)$ 和最优解；若 $g(x)$ 和 $h(x)$ 不是线性函数或凸函数时，一般来说，解析法不能奏效，那只好利用递推关系式(9-1)求其数值解。首先要把问题离散化，即把区间 $[0, s_1]$ 进行分割，令 $x=0$，Δ，2Δ，…，

$m\Delta = s_1$。其中 Δ 的大小，应根据计算精度和计算机容量等来确定。然后规定所有的 $f_k(x)$ 和决策变量只在这些分割点上取值。这样，递推关系式（9－1）便可写成

$$\begin{cases} f_n(i\Delta) = \max\limits_{0 \leq j \leq i} \{ g(j\Delta) + h(i\Delta - j\Delta) \} \\ f_k(i\Delta) = \max\limits_{0 \leq j \leq i} \{ g(j\Delta) + h(i\Delta - j\Delta) + f_{k+1}[a(j\Delta) + b(i\Delta - j\Delta)] \} \\ k = n-1, \cdots, 2, 1 \end{cases}$$

对 $i=0, 1, \cdots, m$ 依次进行计算，可逐步求出 $f_n(i\Delta)$，$f_{n-1}(i\Delta)$，…，$f_1(i\Delta)$ 及相应的最优决策，最后求得 $f_1(m\Delta) = f_1(s_1)$ 就是所求的最大总收入。这种离散化算法可以编成程序在计算机中计算。

9.1.2　二维资源分配问题

设有两种原料，数量各为 a 单位和 b 单位，需要分配用于生产 n 种产品。如果第一种原料以数量 x_i 为单位，第二种原料以数量 y_i 为单位，用于生产第 i 种产品，其收入为 g_i（x_i，y_i）。问：应如何分配这两种原料于 n 种产品的生产使总收入最大?

此问题可写成静态规划问题：

$$\max[g_1(x_1, y_1) + g_2(x_2, y_2) + \cdots + g_n(x_n, y_n)]$$

$$\text{s. t.} \begin{cases} x_1 + x_2 + \cdots + x_n = a \\ y_1 + y_2 + \cdots + y_n = b \\ x_i \geq 0, \ y_i \geq 0, \ i = 1, 2, \cdots, n \text{ 且为整数} \end{cases}$$

用动态规划方法来解，状态变量和决策变量要取二维的。

设状态变量（x，y）：

x——分配用于生产第 k 种产品至第 n 种产品的第一种原料的单位数量。

y——分配用于生产第 k 种产品至第 n 种产品的第二种原料的单位数量。

决策变量（x_k，y_k）：

x_k——分配给第 k 种产品用的第一种原料的单位数量。

y_k——分配给第 k 种产品用的第二种原料的单位数量。

状态转换关系：

$$\tilde{x} = x - x_k$$

$$\tilde{y} = y - y_k$$

式中 $\tilde{x}$ 和 $\tilde{y}$ 分别表示用来生产第 $k+1$ 种产品至第 n 种产品的第一种和第二种原料的单位数量。

允许决策集合：

$$D_k(x, y) = \left\{ u_k \middle| \begin{matrix} 0 \leq x_k \leq x \\ 0 \leq y_k \leq y \end{matrix} \right\}$$

$f_k(x, y)$ 表示以第一种原料数量为 x 单位，第二种原料数量为 y 单位，分配用于

生产第 k 种产品至第 n 种产品时所得到的最大收入。故可写出逆推关系为

$$\begin{cases} f_n(x, y) = g_n(x, y) \\ f_k(x, y) = \max\limits_{\substack{0 \leqslant x_k \leqslant x \\ 0 \leqslant y_k \leqslant y}} [g_k(x_k, y_k) + f_{k+1}(x - x_k, y - y_k)] \\ k = n-1, \cdots, 1 \end{cases}$$

最后求得 $f_1(a, b)$ 即为所求问题的最大收入。

在实际问题中，由于 $g(x, y)$ 的复杂性，一般计算较难，常利用这个递推关系进行数值计算，并采用下面的方法进行降维和简化处理，以求得它的解或近似解。

9.1.2.1 拉格朗日乘数法

引入拉格朗日乘数 λ，将二维分配问题化为

$$\max\{g_1(x_1, y_1) + g_2(x_2, y_2) + \cdots + g_n(x_n, y_n) - \lambda(y_1 + y_2 + \cdots + y_n)\}$$

满足条件

$$x_1 + x_2 + \cdots + x_n = a$$

$x_i \geqslant 0$，$y_i \geqslant 0$，$i = 1, 2, \cdots, n$ 且为整数

其中，λ 作为一个固定的参数。

令 $h_i(x_i) = h_i(x_i, \lambda) = \max\limits_{y_i \geqslant 0}[g_i(x_i, y_i) - \lambda y_i]$

（为了使此式有意义，可设 $\lim\limits_{y_i \to \infty} \dfrac{g_i(x_i, y_i)}{y_i} = 0$。）

于是问题变为

$$\max[h_1(x_1) + h_2(x_2) + \cdots + h_n(x_n)]$$

满足

$x_1 + x_2 + \cdots + x_n = a$，$x_i \geqslant 0$ 且为整数

这是一个一维分配问题，可用对一维的方法去求解。这里，由于 λ 是参数，因此，最优解 $\bar{x}_i$ 是参数 λ 的函数，相应地 $\bar{y}_i$ 也是 λ 的函数。即 $x_i = \bar{x}_i(\lambda)$，$y_i = \bar{y}_i(\lambda)$ 为其解。如果 $\sum\limits_{i=1}^{n} \bar{y}_i(\lambda) = b$，则可证明 $\{\bar{x}_i, \bar{y}_i\}$ 为原问题的最优解。如果 $\sum\limits_{i=1}^{n} \bar{y}_i(\lambda) \neq b$，我们将调整 λ 的值（利用插值法逐渐确定 λ），直到 $\sum\limits_{i=1}^{n} \bar{y}_i(\lambda) = b$ 满足为止。

这样的降维方法在理论上有保证，在计算上是可行的，故对于高维的问题可以用上述拉格朗日乘数法的思想来降低维数。

9.1.2.2 逐次逼近法

这是另一种降维方法，先保持一个变量不变，对另一个变量实现最优化，然后交替地固定，以迭代的形式反复进行，直到获得某种要求的程度为止。

先设 $x^{(0)} = \{x_1^{(0)}, x_2^{(0)}, \cdots, x_n^{(0)}\}$ 为满足 $\sum\limits_{i=1}^{n} x_i^{(0)} = a$ 的一个可行解，固定 x 在

$x^{(0)}$，先对 y 求解，则二维分配问题变为一维问题：

$$\begin{cases}\max[g_1(x_1^{(0)},\ y_1)+g_2(x_2^{(0)},\ y_2)+\cdots+g_n(x_n^{(0)},\ y_n)] \\ y_1+y_2+\cdots+y_n=b,\ y_i\geqslant 0\ \text{且为整数}\end{cases}$$

用对一维的方法来求解。设这一解为 $y^{(0)}=\{y_1^{(0)},\ y_2^{(0)},\ \cdots,\ y_n^{(0)}\}$，然后再固定 y 为 $y^{(0)}$，对 x 求解，即

$$\begin{cases}\max\sum_{i=1}^{n}g_i(x_i,y_i^{(0)}) \\ \sum_{i=1}^{n}x_i = a,x_i\geqslant 0\ \text{且为整数}\end{cases}$$

设其解为 $x^{(1)}=\{x_1^{(1)},\ x_2^{(1)},\ \cdots,\ x_n^{(1)}\}$，再固定 x 为 $x^{(1)}$，对 y 求解，这样依次轮换下去得到一系列的解 $\{x^{(k)}\}$，$\{y^{(k)}\}(k=0,\ 1,\ \cdots)$

因为

$$\sum_{i=1}^{n}g_i(x_i^{(0)},y_i)\leqslant\sum_{i=1}^{n}g_i(x_i^{(0)},y_i^{(0)})\leqslant\sum_{i=1}^{n}g_i(x_i^{(1)},y_i^{(0)})$$

故函数值序列 $\{\sum_{i=1}^{n}g_i(x_i^{(k)},y_i^{(k)})\}$ 是单调上升的，但不一定收敛到绝对的最优解，一般只收敛到某一局部最优解。因此，在实际计算时，可选择几个初始点 $x^{(0)}$ 进行计算，然后从所得到的几个局部最优解中选出一个最好的。

9.1.2.3 粗格子点法（疏密法）

在采用离散化的方法计算时，先将矩形定义域：$0\leqslant x\leqslant a$、$0\leqslant y\leqslant b$ 分成网格，然后在这些格子点上进行计算。如将 a、b 各分为 m_1 和 m_2 等份，则总共有 $(m_1+1)\times(m_2+1)$ 个格点，故对每个 k 值需要计算的 $f_k(x,\ y)$ 共有 $(m_1+1)\times(m_2+1)$ 个。因此，这里的计算量是相当大的。随着分点加多，格子点数也增多，那时的计算量将大得惊人。为了使计算可行，往往根据问题要求的精确度，采用粗格子点法逐步缩小区域来减少计算量。

粗格子点法是先用少数的格子点进行粗糙的计算，在求出相应的最优解后，再在最优解附近的小范围内进一步细分，并求在细分格子点上的最优解，如此继续细分下去直到满足要求为止。这个方法也可能出现最优解“漏网”的情况，因此，应用此法时要结合对指标函数的特性进行分析。

逐次逼近法和粗格子点法虽有缺点，但在实际问题中，这两种方法的应用是比较广泛的。

9.1.3 固定资金分配问题

设有 n 个生产行业，都需要某两种资源。对于第 k 个生产行业，如果用第一种资源 x_k 和第二种资源 y_k 进行生产，可获得利润为 r_k（x_k，y_k）。若第一种资源的单位价格为

a，第二种资源的单位价格为 b，现有资金为 Z。应购买第一种资源多少单位（设为 X），第二种资源多少单位（设为 Y），分配到 n 个生产行业，使总利润最大?

此问题的数学模型可写为

$$\max \sum_{k=1}^{n} r_k(x_k, y_k)$$

$$\text{s.t.}\begin{cases} \sum_{k=1}^{n} x_k = X & x_k \text{ 为非负整数} \\ \sum_{k=1}^{n} y_k = Y & y_k \text{ 为非负整数} \\ aX + bY \leqslant Z \end{cases}$$

解决这个问题，可以从固定资金开始，找出所有满足 $aX+bY\leqslant Z$ 的 X 和 Y；然后将资源量最优地分配给 n 个生产行业，找出获利最大的。这当然是一个算法，但不是有效的。

如果我们把资源分配换算成资金分配，这样做要简单些。

（1）把资源分配利润表换算成资金分配利润表，即将 $r_k(x_k,\ y_k)$ 换算成 $R_k(z)$，$z=0,1,\cdots,Z$。但必须注意，分配的资金应先使较贵的资源单位最大。

设有资金 $z(0\leqslant z\leqslant Z)$ 分配到第 k 个生产行业，则由 $Z=aX+bY$ 知，在给定 z 的情况下，若购买第二种资源 y_k 单位，则留下的资金只能购买第一种资源 x_k 单位，$x_k=\left[\dfrac{z-by_k}{a}\right]$，于是得到资金利润函数 $R_k(z)$ 为

$$R_k(z) = \max_{y_k=0,1,\cdots,(z/b)} \left\{ r_k\left(\frac{z-by_k}{a},\ y_k\right) \right\}$$

式中 z/b 指以资金 z 购买第二种资源的最大单位数，$\dfrac{z-by_k}{a}$ 指以资金 z 购买了第二种资源 y_k 单位以后能购买第一种资源的最大单位数。

（2）计算最优资金分配所获得的最大利润。规定最优值函数 $f_k(z)$ 表示以总的资金 z 分配到 k 至 n 个生产行业可能获得的最大利润。

则有逆推关系式：

$$\begin{cases} f_k(z) = \max\limits_{z_k=0,1,\cdots,z} \left[R_k(z_k) + f_{k+1}(z-z_k) \right] \\ f_n(z) = R_n(z) \end{cases}$$

（3）求出 $f_1(z)$，即为问题的解。这样，就把一个原含有两个状态变量的问题转化为只含有一个状态变量的问题。

9.2 生产与存储问题

在生产和经营管理中，经常遇到要合理地安排生产（或采购）与库存的问题，达到既要满足社会的需要，又要尽量降低成本费用。因此，正确制定生产（或采购）策略，确定不同时期的生产量（或采购量）和库存量，以使总的生产成本费用和库存费用之和最小，这就是生产与存储问题的最优化目标。

9.2.1 生产计划问题

设某公司对某种产品要制订一项 n 个阶段的生产（或采购）计划。已知它的初始库存量为零，每阶段生产（或采购）该产品的数量有上限的限制；每阶段社会对该产品的需求量是已知的，公司保证供应；在 n 阶段末的终结库存量为零。问该公司如何制订每个阶段的生产（或采购）计划，从而使总成本最小。

设 d_k 为第 k 阶段对产品的需求量，x_k 为第 k 阶段该产品的生产量（或采购量），v_k 为第 k 阶段结束时的产品库存量。则有

$$v_k = v_{k-1} + x_k - d_k$$

$c_k(x_k)$ 表示第 k 阶段生产产品 x_k 时的成本费用，它包括生产准备成本 K 和产品成本 ax_k（其中 a 是单位产品成本）两项费用。即

$$c_k(x_k) = \begin{cases} 0 & \text{当 } x_k = 0 \\ K + ax_k & \text{当 } x_k = 1,\ 2,\ \cdots,\ m \\ \infty & \text{当 } x_k > m \end{cases}$$

$h_k(v_k)$ 表示在第 k 阶段结束时有库存量 v_k 所需的存储费用。

故第 k 阶段的成本费用为 $c_k(x_k) + h_k(x_k)$。

m 表示每阶段最多能生产该产品的上限数。

因而，上述问题的数学模型为

$$\min g = \sum_{k=1}^{n} [c_k(x_k) + h_k(v_k)]$$

$$\text{s. t.} \begin{cases} v_0 = 0, v_n = 0 \\ v_k = \sum_{j=1}^{k} (x_j - d_j) & k = 2, \cdots, n-1 \\ 0 \leqslant x_k \leqslant m & k = 1, 2, \cdots, n \\ x_k \text{ 为整数} & k = 1, 2, \cdots, n \end{cases}$$

用动态规划方法来求解，把它看作一个 n 阶段决策问题。令

v_{k-1}为状态变量，它表示第 k 阶段开始时的库存量。

x_k 为决策变量，它表示第 k 阶段的生产量。

状态转移方程为

$$v_k = v_{k-1} + x_k - d_k \quad k=1, 2, \cdots, n$$

最优值函数$f_k(v_k)$ 表示从第 1 阶段初始库存量为 0 到第 k 阶段末库存量为 v_k 时的最小总费用。

因此可写出顺序递推关系式为

$$f_k(v_k) = \min_{0 \leqslant x_k \leqslant \sigma_k} [c_k(x_k) + h_k(v_k) + f_{k-1}(v_{k-1})] \quad k=1, \cdots, n$$

其中 $\sigma_k = \min(v_k + d_k, m)$。这是因为，一方面，每阶段生产的上限为 m，另一方面，由于要保证供应，故第 $k-1$ 阶段末的库存量 v_{k-1}必须为非负，即 $v_k + d_k - x_k \geqslant 0$，所以 $x_k \leqslant v_k + d_k$。

边界条件为$f_0(v_0) = 0$（或$f_1(v_1) = \min\limits_{x_1=\sigma_1}[c_1(x_1) + h_1(v_1)]$），从边界条件出发，利用上面的递推关系式，对每个 k，计算出$f_k(v_k)$中的 v_k 在 0 至 $\min[\sum\limits_{j=k+1}^{n} d_j, m - d_k]$之间的值，最后求得的$f_n(0)$即为所求的最小总费用。

若每阶段生产产品的数量无上限的限制，则只要改变 $c_k(x_k)$和 σ_k 就行。即

$$c_k(x_k) = \begin{cases} 0 & \text{当 } x_k = 0 \\ K + ax_k & \text{当 } x_k = 1, 2, \cdots, n \end{cases}$$

$$\sigma_k = v_k + d_k$$

对每个 k，需计算$f_k(v_k)$中的 v_k 在 0 至 $\sum\limits_{j=k+1}^{n} d_j$ 之间的值。

例 3：某工厂要对一种产品制订今后四个时期的生产计划，据估计在今后四个时期内，市场对于该产品的需求量如表 9-5 所示。

表 9-5

时期（k）	1	2	3	4
需求量（d_k）	2	3	2	4

假定该厂生产每批产品的固定成本为 3 千元，若不生产就为 0；每单位产品成本为 1 千元；每个时期生产能力所允许的最大生产批量不超过 6 个单位；每个时期末未售出的产品，每单位需付存储费 0.5 千元。还假定在第 1 时期初始库存量为 0，第 4 时期末的库存量也为 0。试问该厂应如何安排各个时期的生产与库存，才能在满足市场需要的条件下，使总成本最小。

解：用动态规划方法来求解，其符号含义与上面相同。

按四个时期将问题分为四个阶段。由题意可知，在第 k 时期内的生产成本为

$$c_k(x_k)=\begin{cases}0 & \text{当 } x_k=0\\ 3+1\cdot x_k & \text{当 } x_k=1,\ 2,\ \cdots,\ 6\\ \infty & \text{当 } x_k>6\end{cases}$$

第 k 时期末库存量为 v_k 时的存储费用为

$h_k(v_k)=0.5v_k$

故第 k 时期内的总成本为

$c_k(x_k)+h_k(v_k)$

而动态规划的顺序递推关系式为

$$f_k(v_k)=\min_{0\leqslant x_k\leqslant \sigma_k}[c_k(x_k)+h_k(v_k)+f_{k-1}(v_k+d_k-x_k)],\ k=2,\ 3,\ 4$$

其中 $\sigma_k=\min(v_k+d_k,\ 6)$ 和边界条件 $f_1(v_1)=\min\limits_{x_1=\min(v_1+d_1,5)}[c_1(x_1)+h_1(v_1)]$。

当 $k=1$ 时，有

$$f_1(v_1)=\min_{x_1=\min(v_1+2,5)}[c_1(x_1)+h_1(v_1)]$$

对 v_1 在 0 至 $\min[\sum\limits_{j=2}^{4}d_j,\ m-d_1]=\min[9,\ 6-2]=4$ 之间的值分别进行计算。

$v_1=0$ 时，$f_1(0)=\min\limits_{x_1=2}[3+x_1+0.5\times 0]=5$　所以 $x_1=2$

$v_1=1$ 时，$f_1(1)=\min\limits_{x_1=3}[3+x_1+0.5\times 1]=6.5$　所以 $x_1=3$

$v_1=2$ 时，$f_1(2)=\min\limits_{x_1=4}[3+x_1+0.5\times 2]=8$　所以 $x_1=4$

同理得

$f_1(3)=9.5$　　所以 $x_1=5$

$f_1(3)=11$　　所以 $x_1=6$

当 $k=2$ 时，有

$$f_2(v_2)=\min_{0\leqslant x_2\leqslant \sigma_2}[c_2(x_2)+h_2(v_2)+f_1(v_2+3-x_2)]$$

其中 $\sigma_2=\min(v_2+3,\ 6)$。对 v_2 在 0 至 $\min[\sum\limits_{j=3}^{4}d_j,\ 6-3]=\min[6,\ 3]=3$ 之间的值分别进行计算。从而有

$$f_2(0)=\min_{0\leqslant x_2\leqslant 3}[c_2(x_2)+h_2(0)+f_1(3-x_2)]$$

$$=\min\begin{bmatrix}c_2(0)+h_2(0)+f_1(3)\\ c_2(1)+h_2(0)+f_1(2)\\ c_2(2)+h_2(0)+f_1(1)\\ c_2(3)+h_2(0)+f_1(0)\end{bmatrix}=\min\begin{bmatrix}0+9.5\\ 4+8\\ 5+6.5\\ 6+5\end{bmatrix}=9.5\quad \text{所以 } x_2=0$$

$$f_2(1)=\min_{0\leqslant x_2\leqslant 4}[c_2(x_2)+h_2(1)+f_1(4-x_2)]=11.5\quad \text{所以 } x_2=0$$

$f_2(2)=\min\limits_{0\leqslant x_2\leqslant 5}[c_2(x_2)+h_2(2)+f_1(5-x_2)]=14$ 所以 $x_2=5$

$f_2(3)=\min\limits_{0\leqslant x_2\leqslant 6}[c_2(x_2)+h_2(3)+f_1(6-x_2)]=15.5$ 所以 $x_2=6$

在计算 f_2（2）和 f_2（3）时，由于每个时期的最大生产批量为 6 单位，故 f_1（5）和 f_1（6）是没有意义的，就取 f_1（5）$=f_1$（6）$=\infty$，其余以此类推。

当 $k=3$ 时，有

$f_3(v_3)=\min\limits_{0\leqslant x_3\leqslant \sigma_3}[c_3(x_3)+h_3(v_3)+f_2(v_3+2-x_3)]$

其中 $\sigma_3=\min(v_3+2,\ 6)$。对 v_3 在 0 至 $\min[4,\ 6-2]=4$ 之间的值分别进行计算，从而有

$f_3(0)=14$ 所以 $x_3=0$

$f_3(1)=16$ 所以 $x_3=0$ 或 3

$f_3(2)=17.5$ 所以 $x_3=4$

$f_3(3)=19$ 所以 $x_3=5$

$f_3(4)=20.5$ 所以 $x_3=6$

当 $k=4$ 时，因要求第 4 时期末的库存量为 0，即 $v_4=0$，故有

$f_4(0)=\min\limits_{0\leqslant x_1\leqslant 4}[c_4(x_4)+h_4(0)+f_3(4-x_4)]$

$$=\min\begin{bmatrix}c_4(0)+f_3(4)\\c_4(1)+f_3(3)\\c_4(2)+f_3(2)\\c_4(3)+f_3(1)\\c_4(4)+f_3(0)\end{bmatrix}=\min\begin{bmatrix}0+20.5\\4+19\\5+17.5\\6+16\\7+14\end{bmatrix}=20.5 \quad 所以\ x_4=0$$

再按计算的顺序反推算，可找出每个时期的最优生产决策为

$x_1=5,\ x_2=0,\ x_3=6,\ x_4=0$

其相应的最小总成本为 20.5 千元。

如果把上面例题中的有关数据列成表 9－6，然后分析这些数据，可找出一些规律性的东西。

表 9－6

阶段 i	0	1	2	3	4
需求量 d_i	—	2	3	2	4
生产量 x_i	—	5	0	6	0
库存量 v_i	0	3	0	4	0

由表中的数字可以看到，这样的库存问题有如下特征：

（1）对每个 i，有 $v_{i-1}\cdot x_i=0$（$i=1,2,3,4$），其中 $v_0=0$。

（2）对于最优生产决策来说，它被裂解为两个子问题，一个是从第 1 阶段到第 2 阶段，另一个是从第 3 阶段到第 4 阶段。每个子问题的最优生产决策特别简单，它们的最小总成本之和就等于原问题的最小总成本。

这种现象不是偶然的，而是反映着这类库存问题数学模型的特征。研究这类问题，注意到特征（2）的规律，就可将计算量大量地减少。

如果对每个 i，都有 $v_{i-1}x_i=0$，则称该点的生产决策（或称一个策略 $x=x_1$，…，x_n）具有再生产点性质（又称重生性质）。如果 $v_i=0$，则称阶段 i 为再生产点（又称重生点）。

假设 $v_0=0$ 和 $v_n=0$，故阶段 0 和 n 是再生产点。可以证明：若库存问题的目标函数 $g(x)$ 在凸集合 S 上是凹函数（或凸函数），则 $g(x)$ 在 S 的顶点上具有再生产点性质的最优策略。下面运用再生产点性质来求库存问题为凹函数的解。

设 $c(j,i)$（$j\leqslant i$）为阶段 j 到阶段 i 的总成本，给定 $j-1$ 和 i 是再生产点，并且阶段 j 到阶段 i 期间的产品全部由阶段 j 供给。则

$$c(j,i)=c_j\left(\sum_{s=j}^{i}d_s\right)+\sum_{s=j+1}^{i}c_s(0)+\sum_{s=j}^{i-1}h_s\left(\sum_{t=s+1}^{i}d_t\right) \tag{9-6}$$

根据两个再生点之间的最优策略，可以得到一个更有效的动态规划递推关系式。

设最优值函数 f_i 表示在阶段 i 末库存量 $v_i=0$ 时，从阶段 1 到阶段 i 的最小成本。则对应的递推关系式为

$$f_t=\min_{1\leqslant j\leqslant i}[f_{j-1}+c(j,i)]\quad i=1,2,\cdots,n \tag{9-7}$$

边界条件为 $f_0=0$ (9-8)

为了确定最优生产决策，逐个计算 f_1，f_2，…，f_n。则 $f_n(0)$ 为 n 个阶段的最小总成本。设 $j(n)$ 为计算 f_n 时，使式（9-7）右边最小的 j 值，即

$$f_n=\min_{1\leqslant j\leqslant n}[f_{j-1}+c(j,n)]=f_{j(n)-1}+c(j(n),n)$$

则从阶段 $j(n)$ 到阶段 n 的最优生产决策为

$$x_{j(n)}=\sum_{s=j(n)}^{n}d_s$$

$$x_s=0\quad 当\ s=j(n)+1,\ j(n)+2,\ \cdots,\ n\ 时$$

故阶段 $j(n)-1$ 为再生产点。为了进一步确定阶段 $j(n)-1$ 到阶段 1 的最优生产决策，记 $m=j(n)-1$，而 $j(m)$ 是在计算 f_m 时，使式(9-7)右边最小的 j 值，则从阶段 $j(m)$ 到阶段 $j(n)$ 的最优生产决策为

$$x_{j(m)}=\sum_{s=j(m)}^{m}d_s$$

$$x_s=0\quad 当\ s=j(m)+1,\ j(m)+2,\ \cdots,\ m\ 时$$

故阶段 $j(m)-1$ 为再生产点，其余依次类推。

例4：利用再生产点性质解例3。

解：因 $c_i(x_i)=\begin{cases}0 & x_i=0\\ 3+x_i & x_i=1,2,\cdots,6\\ \infty & x_i>6\end{cases}$ 和 $h_i(v_i)=0.5v_i$ 都是凹函数，故可利用再生产点性质来计算。

（1）按式（9－6）计算 $c(j,i)$，$1\leqslant j\leqslant i$，$i=1,2,3,4$

$c(1,1)=c(2)+h(0)=5$

$c(1,2)=c(5)+h(3)=3+5+0.5\times3=9.5$

$c(1,3)=c(7)+h(5)+h(2)=\infty+0.5\times5+0.5\times2=\infty$

$c(1,4)=c(11)+h(9)+h(6)+h(4)=\infty$

$c(2,2)=c(3)+h(0)=6$　　　　$c(2,3)=c(5)+h(2)=9$

$c(2,4)=c(9)+h(6)+h(4)=\infty$　　　　$c(3,3)=c(2)+h(0)=5$

$c(3,4)=c(6)+h(4)=11$　　　　$c(4,4)=c(4)=7$

（2）按式（9－7）和式（9－8）计算 f_i

$f_0=0$

$f_1=f_0+c(1,1)=0+5=5$　　　　所以 $j(1)=1$

$f_2=\min[f_0+c(1,2),f_1+c(2,2)]$

$=\min[0+9.5,5+6]=9.5$　　　　所以 $j(2)=1$

$f_3=\min[f_0+c(1,3),f_1+c(2,3),f_2+c(3,3)]$

$=\min[0+\infty,5+9,9.5+5]=14$　　　　所以 $j(3)=2$

$f_4=\min[f_0+c(1,4),f_1+c(2,4),f_2+c(3,4),f_3+c(4,4)]$

$=\min[0+\infty,5+\infty,9.5+11,14+7]$

$=20.5$　　　　所以 $j(4)=3$

（3）找出最优生产决策

由　$j(4)=3$，故 $x_3=d_3+d_4=6$，$x_4=0$

因　$m=j(4)-1=3-1=2$，所以 $j(m)=j(2)=1$

故　$x_1=d_1+d_2=5$，$x_2=0$

所以最优生产决策为：$x_1=5$，$x_2=0$，$x_3=6$，$x_4=0$。

相应地最小总成本为20.5千元。

还应指出的是，这种利用再生产点性质求解确定性需求不允许缺货的库存问题，可以推广到确定性需求在某些阶段上允许延迟交货的库存问题。

例5：某车间需要按月在月底供应一定数量的某种部件给总装车间，由于生产条件的变化，该车间在各月份中生产每单位这种部件所耗费的工时不同，各月份的生产量于当月月底前，全部要存入仓库以备后用。已知总装车间的各个月份的需求量以及在加工车间生产该部件每单位数量所需工时数如表9－7所示。

表 9-7

月份 k	0	1	2	3	4	5	6
需求量 d_k	0	8	5	3	2	7	4
单位工时 a_k	11	18	13	17	20	10	

设仓库容量限制为 $H=9$，开始库存量为 2，期终库存量为 0，需要制订一个半年的逐月生产计划，既使得满足需要和库容量的限制，又使得生产这种部件的总耗费工时数最少。

解： 按月份划分阶段，用 k 表示月份序号。

设状态变量 s_k 为第 k 段开始时（本段需求量送出之前，上段产品送入之后）部件库存量。

决策变量 u_k 为第 k 段内的部件生产量。

状态转移方程

$$s_{k+1}=s_k+u_k-d_k \quad k=0,\ 1,\ \cdots,\ 6 \tag{9-9}$$

且

$$d_k \leqslant s_k \leqslant H \tag{9-10}$$

故允许决策集合为

$$D_k(s_k)=\{u_k:\ u_k \geqslant 0,\ d_{k+1} \leqslant s_k+u_k-d_k \leqslant H\} \tag{9-11}$$

最优值函数 $f_k(s_k)$ 表示在第 k 段开始的库存量为 s_k 时，从第 k 段至第 6 段所生产部件的最小累计工时数。

因而可写出逆推关系式为

$$\begin{cases} f_k(s_k)=\min\limits_{u_k \in D_k(s_k)}[a_k u_k+f_{k+1}(s_k+u_k-d_k)],\ k=0,\ 1,\ \cdots,\ 6 \\ f_7(s_7)=0 \end{cases} \tag{9-12}$$

当 $k=6$ 时，因要求期终库存量为 0，即 $s_7=0$。由于每月的生产是供应下月的需要，故第 6 个月不用生产，即 $u_6=0$。因此 $f_6(s_6)=0$，而由式（9-9）有 $s_6=d_6=4$。

当 $k=5$ 时，由式（9-9）有 $s_6=s_5+u_5-d_5$，故 $u_5=11-s_5$。

所以 $f_5(s_5)=\min\limits_{u_5=11-s_5}(a_5u_5)=10(11-s_5)=110-10s_5$ 及最优解 $u_5^*=11-s_5$。

当 $k=4$ 时，有

$$\begin{aligned} f_4(s_4) &= \min_{u_4 \in D_4(s_4)}[a_4u_4+f_5(s_4+u_4-d_4)] \\ &= \min_{u_4}[20u_4+110-10(s_4+u_4-2)] \\ &= \min_{u_4}[10u_4-10s_4+130] \end{aligned}$$

其中 u_4 的允许决策集合 $D_4(s_4)$ 由式（9-11）确定

由 $d_5 \leqslant s_4+u_4-d_4 \leqslant H$，故有 $9-s_4 \leqslant u_4 \leqslant 11-s_4$

又 $u_4 \geqslant 0$，因而 $\max[0,\ 9-s_4] \leqslant u_4 \leqslant 11-s_4$

而由式（9－10）知 $s_4 \leqslant 9$，所以 $D_4(s_4)$ 为

$$9-s_4 \leqslant u_4 \leqslant 11-s_4$$

故得　$f_4(s_4)=10(9-s_4)-10s_4+130=220-20s_4$ 及最优解 $u_4^*=9-s_4$

当 $k=3$ 时，有

$$\begin{aligned} f_3(s_3) &= \min_{u_3 \in D_3(s_3)} [a_3u_3+f_4(s_3+u_3-d_3)] \\ &= \min_{u_3} [17u_3+220-20(s_3+u_3-3)] \\ &= \min_{u_3} [-3u_3-20s_3+280] \end{aligned}$$

由式（9－11）得 $D_3(s_3)$ 为

$$\max[0,\ 5-s_3] \leqslant u_3 \leqslant 12-s_3$$

故得　$f_3(s_3)=244-17s_3$ 及最优解 $u_3^*=12-s_3$

当 $k=2$ 时，有

$$\begin{aligned} f_2(s_2) &= \min_{u_2 \in D_2(s_2)} [a_2u_2+f_3(s_2+u_2-d_2)] \\ &= \min_{u_2} [-4u_2-17s_2+329] \end{aligned}$$

其中 $D_2(s_2)$ 为

$$\max[0,\ 8-s_2] \leqslant u_2 \leqslant 14-s_2$$

故得　$f_2(s_2)=273-13s_2$ 及最优解 $u_2^*=14-s_2$

当 $k=1$ 时，有

$$\begin{aligned} f_1(s_1) &= \min_{u_1 \in D_1(s_1)} [a_1u_1+f_2(s_1+u_1-d_1)] \\ &= \min_{u_1} [5u_1-13s_1+377] \end{aligned}$$

其中 $D_1(s_1)$ 为

$$13-s_1 \leqslant u_1 \leqslant 17-s_1$$

故得　$f_1(s_1)=442-18s_1$ 及最优解 $u_1^*=13-s_1$

当 $k=0$ 时，有

$$\begin{aligned} f_0(s_0) &= \min_{u_0 \in D_0(s_0)} [a_0u_0+f_1(s_0+u_0-d_0)] \\ &= \min_{u_0} [-7u_0+442-18s_0] \end{aligned}$$

其中 $D_0(s_0)$ 为

$$8-s_0 \leqslant u_0 \leqslant 9-s_0$$

故得　$f_0(s_0)=379-11s_0$ 及最优解 $u_0^*=9-s_0$

因　$s_0=2$，所以 $f_0=357$ 和 $u_0^*=7$

再按计算顺序反推之，并结合式（9－9）的运算，即得各阶段的最优决策为：

$$u_0^*=7,\ u_1^*=4,\ u_2^*=9,\ u_3^*=3,\ u_4^*=0,\ u_5^*=4$$

所以 0～5 月的最优生产计划为：7，4，9，3，0，4，相应的最小总工时数为 357。

9.2.2 不确定性的采购问题

在实际问题中，还遇到某些多阶段决策过程，不是像前面所讨论的确定性那样，状态转移是完全确定的，而是出现了随机性因素，状态转移不能完全确定，它是按照某种已知的概率分布取值的。具有这种性质的多阶段决策过程就称为随机性的决策过程。同处理确定性问题类似，用动态规划的方法也可处理这种随机性问题，有的又称此为随机性动态规划。下面举一个简单的例子加以说明。

例6：采购问题。某厂在生产上必须在近五周内采购一批原料，而估计在未来五周内价格有波动，其浮动价格和概率已测得如表9-8所示。试求在哪一周以什么价格购入，使其采购价格的数学期望值最小，并求出期望值。

表9-8 单位：元

单　价	概　率
500	0.3
600	0.3
700	0.4

解：这里价格是一个随机变量，是按某种已知的概率分布取值的。用动态规划方法处理，按采购期限五周分为5个阶段，将每周的价格看作该阶段的状态。设

y_k——状态变量，表示第 k 周的实际价格。

x_k——决策变量，当 $x_k=1$ 时，表示第 k 周决定采购；当 $x_k=0$ 时，表示第 k 周决定等待。

y_{kE}——第 k 周决定等待，而在以后采取最优决策时采购价格的期望值。

$f_k(y_k)$——第 k 周实际价格为 y_k 时，从第 k 周至第五周采取最优决策所得的最小期望值。

因而可得出逆序递推关系式为

$$f_k(y_k)=\min\{y_k,\ y_{kE}\},\ y_k\in s_k \tag{9-13}$$

$$f_5(y_k)=y_5,\ y_5\in s_5 \tag{9-14}$$

其中

$$s_k=\{500,\ 600,\ 700\},\ k=1,\ 2,\ 3,\ 4,\ 5 \tag{9-15}$$

由 y_{kE} 和 $f_k(y_k)$ 的定义可知：

$$y_{kE}=Ef_{k+1}(y_{k+1})=0.3f_{k+1}(500)+0.3f_{k+1}(600)+0.4f_{k+1}(700) \tag{9-16}$$

并且得出最优决策为：

$$x_k=\begin{cases}1(\text{采购}) & \text{当} f_k(y_k)=y_k\\ 0(\text{等待}) & \text{当} f_k(y_k)=y_{kE}\end{cases} \tag{9-17}$$

从最后一周开始，逐步向前递推计算，具体计算过程如下：

当 $k=5$ 时，因 $f_5(y_5)=y_5$，$y_5\in s_5$，故有

$$f_5(500)=500,\ f_5(600)=600,\ f_5(700)=700$$

即在第五周时，若所需的原料尚未买入，则无论市场价格如何，都必须采购，不能再等。

当 $k=4$ 时，由式（9－16）可知

$$\begin{aligned} y_{4E} &= 0.3f_5(500)+0.3f_5(600)+0.4f_5(700) \\ &= 0.3\times500+0.3\times600+0.4\times700=610 \end{aligned}$$

于是，由式（9－13）得

$$f_4(y_4)=\min_{y_4\in s_4}\{y_4,\ y_{4E}\}=\min_{y_4\in s_4}\{y_4,\ 610\}=\begin{cases}500 & 若\ y_4=500\\ 600 & 若\ y_4=600\\ 610 & 若\ y_4=700\end{cases}$$

由式（9－17）可知，第四周的最优决策为

$$x_4=\begin{cases}1\ （采购） & 当\ y_4=500\ 或\ 600\\ 0\ （等待） & 当\ y_4=700\end{cases}$$

同理求得

$$f_3(y_3)=\min_{y_3\in s_3}\{y_3,\ y_{3E}\}=\min_{y_3\in s_3}\{y_3,\ 574\}=\begin{cases}500 & 若\ y_3=500\\ 574 & 若\ y_3=600\ 或\ 700\end{cases}$$

所以 $x_3=\begin{cases}1 & 若\ y_3=500\\ 0 & 若\ y_3=600\ 或\ 700\end{cases}$

$$f_2(y_2)=\min_{y_2\in s_2}\{y_2,\ y_{2E}\}=\min_{y_2\in s_2}\{y_2,\ 551.8\}=\begin{cases}500 & 若\ y_2=500\\ 551.8 & 若\ y_2=600\ 或\ 700\end{cases}$$

所以 $x_2=\begin{cases}1 & 若\ y_2=500\\ 0 & 若\ y_2=600\ 或\ 700\end{cases}$

$$f_1(y_1)=\min_{y_1\in s_1}\{y_1,\ y_{1E}\}=\min_{y_1\in s_1}\{y_1,\ 536.26\}=\begin{cases}500 & 若\ y_1=500\\ 536.26 & 若\ y_1=600\ 或\ 700\end{cases}$$

所以 $x_1=\begin{cases}1 & 若\ y_1=500\\ 0 & 若\ y_1=600\ 或\ 700\end{cases}$

由上可知，最优采购策略为：在第一、第二、第三周时，若价格为500元就采购，否则应该等待；在第四周时，若价格为500元或600元应采购，否则就等待；在第五周时，无论什么价格都要采购。

依照上述最优策略进行采购时，价格（单价）的数学期望值为

$500\times0.3\ [1+0.7+0.7^2+0.7^3+0.7^3\times0.4]\ +$

$600\times0.3\ [0.7^3+0.4\times0.7^3]\ +700\times0.4^2\times0.7^3$

$=500\times0.80106+600\times0.14406+700\times0.05488$

$=525.382\approx525$

且 $0.80106+0.14406+0.05488=1$。

9.3 背包问题

有一个人带一个背包上山，其可携带物品重量的限度为 a 千克。设有 n 种物品可供他选择装入背包中，这 n 种物品编号为 1，2，…，n。已知第 i 种物品每件重量为 w_i 千克，在上山过程中的作用（价值）是携带数量 x_i 的函数 c_i（x_i）。问此人应如何选择携带物品（各几件），使所起作用（总价值）最大。这就是著名的背包问题，类似的问题有工厂里的下料问题、运输中的货物装载问题、人造卫星内的物品装载问题等。

设 x_i 为第 i 种物品的装入件数，则问题的数学模型为

$$\max f = \sum_{i=1}^{n} c_i(x_i)$$

$$\text{s.t.}\begin{cases}\sum\limits_{i=1}^{n} w_i x_i \leqslant a \\ x_i \geqslant 0 \text{ 且为整数}(i=1,2,\cdots,n)\end{cases}$$

它是一个整数规划问题。如果 x_i 只取 0 或 1，又称为 0－1 背包问题。下面用动态规划的方法来求解。

设按可装入物品的 n 种类划分为 n 个阶段。

状态变量 w 表示用于装第 1 种物品至第 k 种物品的总重量。

决策变量 x_k 表示装入第 k 种物品的件数。则状态转移方程为

$$\tilde{w} = w - x_k w_k$$

允许决策集合为

$$D_k(w) = \left\{x_k \,\middle|\, 0\leqslant x_k \leqslant \left[\frac{w}{w_k}\right]\right\}$$

最优值函数 f_k（w）是当总重量不超过 w 千克时，背包中可以装入第 1 种到第 k 种物品的最大使用价值。

即 $$f_k(w) = \max_{\substack{\sum\limits_{i=1}^{k} w_i x_i \leqslant w \\ x_i\geqslant 0\text{且为整数}(i=1,2,\cdots,k)}} \sum_{i=1}^{k} c_i(x_i)$$

因而可写出动态规划的顺序递推关系为

$$f_1(w)=\max_{x_1=0,1,\cdots,[w/w_k]} c_1(x_1)$$

$$f_k(w)=\max_{x_k=0,1,\cdots,[w/w_k]}\{c_k(x_k)+f_{k-1}(w-w_kx_k)\}\ 2\leqslant k\leqslant n$$

然后，逐步计算出$f_1(w)$，$f_2(w)$，…，$f_n(w)$以及相应的决策函数量$x_1(w)$，$x_2(w)$，…，$x_n(w)$，最后得出的$f_n(a)$就是所求的最大价值，其相应的最优策略由反推运算即可得出。

例 7：用动态规划方法求解下列问题：

$$\max f=4x_1+5x_2+6x_3$$

$$\text{s.t.}\begin{cases}3x_1+4x_2+5x_3\leqslant 10\\ x_i\geqslant 0\text{ 且为整数，}i=1,2,3\end{cases}$$

解：用动态规划方法来解，此问题变为求f_3（10）。

而

$$f_3(10)=\max_{\substack{3x_1+4x_2+5x_3\leqslant 10\\ x_i\geqslant 0,\text{整数},i=1,2,3}}\{4x_1+5x_2+6x_3\}$$

$$=\max_{\substack{3x_1+4x_2\leqslant 10-5x_3\\ x_i\geqslant 0,\text{整数},i=1,2,3}}\{4x_1+5x_2+(6x_3)\}$$

$$=\max_{\substack{10-5x_3\geqslant 0\\ x_3\geqslant 0,\text{整数}}}\{6x_3+\max_{\substack{3x_1+4x_2+5x_3\leqslant 10-5x_3\\ x_1\geqslant 0,x_2\geqslant 0,\text{整数}}}[4x_1+5x_2]\}$$

$$=\max_{x_3=0,1,2}\{6x_3+f_2(10-5x_3)\}$$

$$=\max\{0+f_2(10),\ 6+f_2(5),\ 12+f_2(0)\}$$

由此看出，要计算$f_3(10)$，必须先计算$f_2(10)$、$f_2(5)$、$f_2(0)$。而

$$f_2(10)=\max_{\substack{3x_1+4x_2\leqslant 10\\ x_1\geqslant 0,x_2\geqslant 0,\text{整数}}}\{4x_1+5x_2\}$$

$$=\max_{\substack{3x_1\leqslant 10-4x_2\\ x_1\geqslant 0,x_2\geqslant 0,\text{整数}}}\{4x_1+(5x_2)\}$$

$$=\max_{\substack{10-4x_2\geqslant 0\\ x_2\geqslant 0,\text{整数}}}\{5x_2+\max_{\substack{3x_1\leqslant 10-4x_2\\ x_1\geqslant 0,\text{整数}}}(4x_1)\}$$

$$=\max_{x_2=0,1,2}\{5x_2+f_1(10-4x_2)\}$$

$$=\max\{f_1(10),\ 5+f_1(6),\ 10+f_1(2)\}$$

$$f_2(5)=\max_{\substack{3x_1+4x_2\leqslant 5\\ x_1\geqslant 0,x_2\geqslant 0,\text{整数}}}\{4x_1+5x_2\}=\max_{x_2=0,1}\{5x_2+f_1(5-4x_2)\}$$

$$=\max\{f_1(5),\ 5+f_1(1)\}$$

$$f_2(0)=\max_{\substack{3x_1+4x_2\leqslant 0\\ x_1\geqslant 0,x_2\geqslant 0,\text{整数}}}\{4x_1+5x_2\}=\max_{x_2=0}\{5x_2+f_1(0-4x_2)\}=f_1(0)$$

要计算出$f_2(10)$、$f_2(5)$、$f_2(0)$，必须先计算出$f_1(10)$、$f_1(6)$、$f_1(5)$、$f_1(2)$、$f_1(1)$、$f_1(0)$，一般地有

$$f_1(w)=\max_{\substack{3x_1\leqslant w\\ x_1\geqslant 0,\text{整数}}}(4x_1)=4\times(\text{不超过 }w/3\text{ 的最大整数})=4\times[w/3]$$

相应的最优决策为 $x_1=[w/3]$，于是得到

$$f_1(10)=4\times3=12 \qquad (x_1=3)$$
$$f_1(6)=4\times2=8 \qquad (x_1=2)$$
$$f_1(5)=4\times1=4 \qquad (x_1=1)$$
$$f_1(2)=4\times0=0 \qquad (x_1=0)$$
$$f_1(1)=4\times0=0 \qquad (x_1=0)$$
$$f_1(0)=4\times0=0 \qquad (x_1=0)$$

从而

$$\begin{aligned} f_2(10)&=\max\{f_1(10),\ 5+f_1(6),\ 10+f_2(0)\}\\ &=\max\{12,\ 5+8,\ 10+0\}=13 \qquad (x_1=2,\ x_2=1) \end{aligned}$$
$$\begin{aligned} f_2(5)&=\max\{f_1(5),\ 5+f_1(1)\}\\ &=\max\{4,\ 5+0\}=5 \qquad (x_1=0,\ x_2=1) \end{aligned}$$
$$f_2(0)=f_1(0)=0 \qquad (x_1=0,\ x_2=0)$$

故最后得到

$$\begin{aligned} f_3(10)&=\max\{f_2(10),\ 6+f_2(5),\ 12+f_2(0)\}\\ &=\max\{13,\ 6+5,\ 12+0\}\\ &=13 \qquad (x_1=2,\ x_2=1,\ x_3=0) \end{aligned}$$

所以，最优装入方案为 $x_1^*=2$，$x_2^*=1$，$x_3^*=0$，最大使用价值为 13。

在实际应用时应当注意：

（1）若使用计算机进行计算时，对 $f_1(w)$ 和 $f_2(w)(w=0,1,\cdots,10)$ 的值都应算出并存储起来备用。

（2）在实际问题中，当 a 不大时，为了计算简便，可将单位重量 w_i 排成递减序列，然后逐个分析 x_i 能取值的可能性，并适当加以比较调整，再删掉某些可能性，这样能节省计算量。

（3）当 n 很大时，就会产生存储量过大的困难。如果 $c_i(x_i)$ 都是线性函数 c_ix_i 的情形，可按单位重量的价值 $\rho_i=c_i/w_i(i=1,2,\cdots,n)$ 由小到大进行排列。设有 $\rho_1\leqslant\rho_2\leqslant\cdots\leqslant\rho_{n-1}\leqslant\rho_n$，则对于给定的可供装入重量 w，如果 $w<w_n$，背包内当然无法容纳第 n 种物品，即最优解中 $x_n^*=0$；如果 $w=kw_n$（k 为正整数），背包内必然仅含有第 n 种物品，即最优解为 $x_n^*=k$，$x_i^*=0(i\neq n)$；如果 $w>w_n$，且不是 w_n 的整数倍，这时背包容纳了第 n 种物品，甚至可能不是最优解。但可以找到一个粗略的估算公式：当 $w\geqslant\dfrac{\rho_n}{\rho_n-\rho_{n-1}}w_n$ 成立时，最优解中 x_n^* 一定大于或等于 1，即一定要装入第 n 种物品。

上面的例子我们只考虑了背包重量的限制，它被称为“一维背包问题”。如果还增加背包体积的限制为 b，并假设第 i 种物品每件的体积为 v_i 立方米，问应如何装才能使总价值最大。这就是“二维背包问题”，它的数学模型为

$$\max f = \sum_{i=1}^{n} c_i(x_i)$$

$$\text{s.t.}\begin{cases}\sum_{i=1}^{n} w_i x_i \leqslant a \\ \sum_{i=1}^{n} v_i x_i \leqslant b \\ x_i \geqslant 0 \text{ 且为整数}, i = 1,2,\cdots,n\end{cases}$$

用动态规划方法来解，其思想方法与一维背包问题完全类似，只是这时的状态变量是两个（重量和体积的限制），决策变量仍是一个（物品的件数）。设最优值函数 f_k（w，v）表示当总重量不超过 w 千克，总体积不超过 v 立方米时，背包中装入第1种到第 k 种物品的最大使用价值。故

$$f_k(w,v) = \max_{\substack{\sum_{i=1}^{k} w_i x_i \leqslant w \\ \sum_{i=1}^{k} v_i x_i \leqslant v \\ x_i \geqslant 0, \text{整数} i = 1,2,\cdots,k}} \sum_{i=1}^{k} c_i(x_i)$$

因而可写出顺序递推关系式为

$$f_k(w,\ v) = \max_{0 \leqslant x_k \leqslant \min\left(\left[\frac{w}{w_k}\right],\left[\frac{v}{v_k}\right]\right)} \{c_k(x_k) + f_{k-1}(w - w_k x_k,\ v - v_k x_k)\} \quad 1 \leqslant k \leqslant n$$

$$f_0(w,\ v) = 0$$

最后算出 $f_n(a,\ b)$ 即为所求的最大价值。

9.4 复合系统工作可靠性问题

若某种机器的工作系统由 n 个部件串联组成，只要有一个部件失灵，整个系统就不能工作。为提高系统工作的可靠性，在每一个部件上均装有主要元件的备用件，并且设计了备用元件自动投入装置。显然，备用元件越多，整个系统正常工作的可靠性越大。但备用元件多了，整个系统的成本、重量、体积均相应加大，工作精度也降低。因此，最优化问题是在考虑上述限制条件下，应如何选择各部件的备用元件数，使整个系统的工作可靠性最大。

设部件 $i(i=1,\ 2,\ \cdots,\ n)$ 上装有 u_i 个备用件时，它正常工作的概率为 $p_i(u_i)$。因此，整个系统正常工作的可靠性可用它正常工作的概率衡量。即

$$P = \prod_{i=1}^{n} p_i(u_i)$$

设装一个部件 i 备用元件费用为 c_i，重量为 w_i，要求总费用不超过 c，总重量不超过 w，则这个问题有两个约束条件，它的静态规划模型为：

$$\max P = \prod_{i=1}^{n} p_i(u_i)$$

$$\text{s.t.}\begin{cases}\sum_{i=1}^{n} c_i u_i \leqslant c \\ \sum_{i=1}^{n} w_i u_i \leqslant w \\ u_i \geqslant 0 \text{ 且为整数}, i = 1,2,\cdots,n\end{cases}$$

这是一个非线性整数规划问题，因 u_i 要求为整数，且目标函数是非线性的。非线性整数规划是个较为复杂的问题，但是用动态规划方法来解还是比较容易的。

为了构造动态规划模型，根据两个约束条件，就取二维状态变量，采用两个状态变量符号 x_k、y_k 来表达，其中

x_k——由第 k 个到第 n 个部件所容许使用的总费用。

y_k——由第 k 个到第 n 个部件所容许具有的总重量。

决策变量 u_k 为部件 k 上装的备用元件数，这里决策变量是一维的。

这样，状态转移方程为

$x_{k+1} = x_k - u_k c_k$

$y_{k+1} = y_k - u_k w_k$ $(1 \leqslant k \leqslant n)$

允许决策集合为

$D_k(x_k, y_k) = \{u_k: 0 \leqslant u_k \leqslant \min([x_k/c_k], [y_k/w_k])\}$

最优值函数 $f_k(x_k, y_k)$ 为由状态 x_k 和 y_k 出发，从部件 k 到部件 n 的系统的最大可靠性。

因此，整机可靠性的动态规划基本方程为：

$$\begin{cases}f_k(x_k, y_k) = \max\limits_{u_k \in D_k(x_k, y_k)} [p_k(u_k) f_{k+1}(x_k - c_k u_k, y_k - w_k u_k)] \\ k = n, n-1, \cdots, 1 \\ f_{n+1}(x_{n+1}, y_{n+1}) = 1\end{cases}$$

边界条件为 1，这是因为 x_{n+1}、y_{n+1} 均为零，装置根本不工作，故可靠性为 1。最后计算得 $f_1(c, w)$ 即为所求问题的最大可靠性。

这个问题的特点是指标函数为连乘形式，而不是连加形式，但仍满足可分离性和递推关系；边界条件为 1 而不是零。它们是由研究对象的特性所决定的。另外，这里可靠性 $p_i(u_i)$ 是 u_i 的严格单调上升函数，而且 $p_i(u_i) \leqslant 1$。

在这个问题中，如果静态模型的约束条件增加为三个，如要求总体积不许超过 v，则状态变量就要取为三维的 (x_k, y_k, z_k)。它说明静态规划问题的约束条件增加时，对应的动态规划的状态变量维数也需要增加，而决策变量维数可以不变。

例 8：某厂设计一种电子设备，由三种元件 D_1、D_2、D_3 组成。已知这三种元件的价格和可靠性如表 9－9 所示，要求在设计中所使用元件的费用不超过 105 元。试问应如何设计使设备的可靠性达到最大（不考虑重量的限制）。

表 9－9

元　件	单位（元）	可靠性
D_1	30	0.9
D_2	15	0.8
D_3	20	0.5

解：按元件种类划分为三个阶段，设状态变量 s_k 表示能容许用在 D_k 元件至 D_3 元件的总费用；决策变量 x_k 表示在 D_k 元件上的并联个数；p_k 表示一个 D_k 元件正常工作的概率，则 $(1-p_k)^{xk}$ 为 x_k 个 D_k 元件不正常工作的概率。令最优值函数 f_k（s_k）表示由状态 s_k 开始从 D_k 元件至 D_3 元件组成的系统的最大可靠性。因而有

$$f_3(s_3)=\max_{1\leqslant x_3\leqslant[s_3/20]}[1-(0.5)^{x_3}]$$

$$f_2(s_2)=\max_{1\leqslant x_2\leqslant[s_2/15]}\{[1-(0.2)^{x_2}]f_3(s_2-15x_2)\}$$

$$f_1(s_1)=\max_{1\leqslant x_1\leqslant[s_1/30]}\{[1-(0.1)^{x_1}]f_2(s_1-30x_1)\}$$

由于 $s_1=105$，故此问题为求出 f_1（105）即可。

而 $$f_1(105)=\max_{1\leqslant x_1\leqslant 3}\{[1-(0.1)^{x_1}]f_2(105-30x_1)\}$$
$$=\max\{0.9f_2(75),\ 0.99f_2(45),\ 0.999f_2(15)\}$$

但 $$f_2(75)=\max_{1\leqslant x_2\leqslant 4}\{[1-(0.2)^{x_2}]f_3(75-15x_2)\}$$
$$=\max\{0.8f_3(60),\ 0.96f_3(45),\ 0.992f_3(30),\ 0.9984f_3(15)\}$$

可是 $$f_3(60)=\max_{1\leqslant x_3\leqslant 3}[1-(0.5)_{x_3}]=\max\{0.5,\ 0.75,\ 0.875\}=0.875$$
$$f_3(45)=\max\{0.5,\ 0.75\}=0.75$$
$$f_3(30)=0.5$$
$$f_3(15)=0$$

所以 $$f_2(75)=\max\{0.8\times0.875,\ 0.96\times0.75,\ 0.992\times0.5,\ 0.9984\times0\}$$
$$=\max\{0.7,\ 0.72,\ 0.496\}=0.72$$

同理 $$f_2(45)=\max\{0.8f_3(30),\ 0.96f_3(15)\}$$
$$=\max\{0.4,\ 0\}=0.4$$
$$f_2(15)=0$$

故 $$f_1(105)=\max\{0.9\times0.72,\ 0.99\times0.4,\ 0.999\times0\}$$
$$=\max\{0.648,\ 0.396\}=0.648$$

从而求得 $x_1=1$、$x_2=2$、$x_3=2$ 为最优方案，即 D_1 元件用 1 个，D_2 元件用 2 个，D_3 元件用 2 个。其总费用为 100 元，可靠性为 0.648。

9.5 排序问题

设有 n 个工件需要在机床 A、B 上加工，每个工件都必须经过先 A 而后 B 的两道加工工序（见图 9-1）。分别以 a_i、b_i 表示工件 i（$1\leqslant i\leqslant n$）在 A、B 上的加工时间。问应如何在两台机床上安排各工件加工的顺序，使在机床 A 上加工第一个工件开始到在机床 B 上将最后一个工件加工完为止，所用的加工总时间最少。

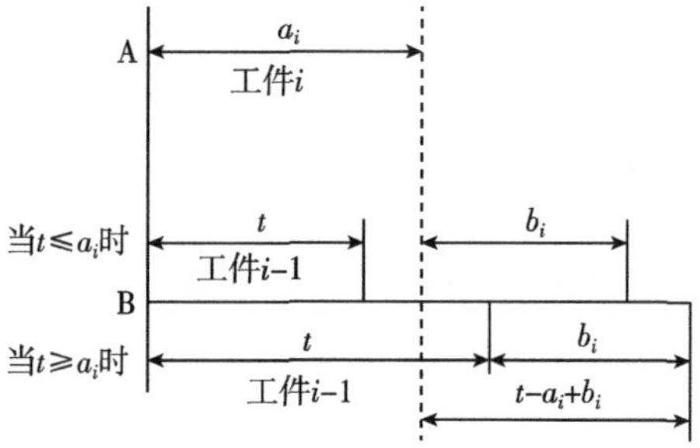

图 9-1

加工工件在机床 A 上有加工顺序问题，在机床 B 上也有加工顺序问题。它们在 A、B 两台机床上加工工件的顺序是可以不同的。当机床 B 上的加工顺序与机床 A 不同时，意味着在机床 A 上加工完毕的某些工件，不能在机床 B 上立即加工，而是要等到另一个或一些工件加工完毕之后才能加工。这样，使机床 B 的等待加工时间加长，从而使总的加工时间加长了。可以证明：最优加工顺序在两台机床上可同时产生。因此，最优排序方案只能在机床 A、B 上加工顺序相同的排序中去寻找。即使如此，所有可能的方案仍有 $n!$ 个，这是一个不小的数，用穷举法是不现实的。下面用动态规划方法来研究同顺序两台机床加工 n 个工件的排序问题。

当加工顺序取定之后，工件在 A 上加工时没有等待时间，而在 B 上则常常等待。因此，寻求最优排序方案只有尽量减少在 B 上等待加工的时间，才能使总加工时间最短。设第 i 个工件在机床 A 上加工完毕以后，在 B 上要经过若干时间才能加工完，故对同一个工件来说，在 A、B 上总是出现加工完毕的时间差，我们以它来描述加工状态。

现在，我们以在机床 A 上更换工件的时刻作为时段。以 X 表示在机床 A 上等待加工的按取定顺序排列的工件集合。以 x 表示不属于 X 的在 A 上最后加工完的工件。以 t

表示在 A 上加工完 x 的时刻算起到 B 上加工完 x 所需的时间。这样，在 A 上加工完一个工件之后，就有（X，t）与之对应。

选取（X，t）作为描述机床 A、B 在加工过程中的状态变量。这样选取状态变量，则当 X 包含有 s 个工件时，过程尚有 s 段，其时段数已隐含在状态变量之中，因而，指标最优值函数只依赖于状态而不明显依赖于时段数。

令 $f(X,t)$ 为由状态（X，t）出发，对未加工的工件采取最优加工顺序后，将 X 中所有工件加工完所需时间。

$f(X,t,i)$ 为由状态（X，t）出发，在 A 上加工工件 i，再对以后的加工工件采取最优顺序后，把 X 中工件全部加工完所需要的时间。

$f(X,t,i,j)$ 为由状态（X，t）出发，在 A 上相继加工工件 i 与 j 后，对以后加工的工件采取最优顺序后，将 X 中的工件全部加工完所需要的时间。

因而，不难得到

$$f(X,t,i)=\begin{cases}a_i+f(X/i,\ t-a_i+b_i) & \text{当 } t\geqslant a_i \text{ 时}\\ a_i+f(X/i,\ b_i) & \text{当 } t\leqslant a_i \text{ 时}\end{cases}$$

式中状态 t 的转换关系如图 9－1 所示。

记 $z_i(t)=\max(t-a_i,0)+b_i$

上式就可合并写成

$$f(X,t,i)=a_i+f[X/i,z_i(t)]$$

其中 X/i 表示在集合 X 中去掉工作 i 后剩下的工作集合。

由定义，可得

$$f(X,t,i,j)=a_i+a_j+f[X/\{i,j\},z_{ij}(t)]$$

其中 $z_{ij}(t)$ 是在机床 A 上从 X 出发相继加工工件 i、j，并从它将 j 加工完的时刻算起，至在 B 上相继加工工件 i、j 并将工件加工完所需时间。故 $(X/\{i,j\},z_{ij}(t))$ 是在 A 加工 i、j 后所形成的新状态。即在机床 A 上加工 i、j 后由状态 (X,t) 转移到状态 $(X/\{i,j\},z_{ij}(t))$。

仿照 $z_i(t)$ 的定义，以 $X/\{i,j\}$ 代替 X/i，$z_i(t)$ 代替 t，a_j 代替 a_i，b_j 代替 b_i，则可得

$$z_{ij}(t)=\max(z_i(t)-a_j,0)+b_j$$

故
$$\begin{aligned}z_{ij}(t)&=\max[\max(t-a_i,0)+b_i-a_j,0]+b_j\\&=\max[\max(t-a_i-a_j+b_i,b_i-a_j),0]+b_j\\&=\max[t-a_i-a_j+b_i+b_j,b_i+b_j-a_j,b_j]\end{aligned}$$

将 i、j 对调，可得

$$f(X,t,j,i)=a_i+a_j+f[X/\{i,j\},z_{ij}(t)]$$

$$z_{ji}(t)=\max[t-a_i-a_j+b_i+b_j,b_i+b_j-a_i,b_i]$$

因此，不管 t 为何值，当 $z_{ij}(t)\leqslant z_{ji}(t)$ 时，工件 i 放在工件 j 之前加工可以使总的加工时

间短些。而由 $z_{ij}(t)$ 和 $z_{ji}(t)$ 的表达式可知，这只需要下面不等式成立就行。即

$$\max(b_i+b_j-a_j,\ b_j)\leqslant\max(b_i+b_j-a_i,\ b_i)$$

将以上不等式两边同减去 b_i 与 b_j，得

$$\max(-a_j,\ -b_i)\leqslant\max(-a_i,\ -b_j)$$

即有

$$\min(a_i,\ b_j)\leqslant\min(a_j,\ b_i)$$

这个条件就是工件 i 应该排在工件 j 之前的条件。即对于从头到尾的最优排序而言。它的所有前后相邻接的两个工件所组成的对，都必须满足以上不等式。根据这个条件，得到最优排序的规则如下：

（1）先作工件的加工时间的工时矩阵

$$M=\begin{pmatrix} a_1 & a_2 & \cdots & a_n \\ b_1 & b_2 & \cdots & b_n \end{pmatrix}$$

（2）在工时矩阵 M 中找出最小元素（若最小的不止一个，可任选其一）：若它在上行，则将相应的工件排在最前位置；若它在下行，则将相应的工件排在最后位置。

（3）将排定位置的工件所对应的列从 M 中划掉，然后对余下的工件重复按步骤（2）进行。但那时的最前位置（或最后位置）是在已排定位置的工件之后（或之前）。如此继续下去，直至把所有工件都排完为止。

这个同顺序两台机床加工 n 个工件的最优排序规则，是 Johnson 在 1954 年提出的。概括起来说，它的基本思路是：尽量减少在机床 B 上等待加工的时间。因此，把在机床 B 上加工时间长的工件先加工，在机床 B 上加工时间短的工件后加工。

例 9：设有 5 个工件需在机床 A、B 上加工，加工的顺序是先 A 后 B，每个工件所需加工时间（单位：小时）如表 9－10 所示。问如何安排加工顺序，使机床连续加工完所有工件的加工总时间最少，并求出总加工时间。

表 9－10

加工时间（小时） 机床 / 工件号码	A	B
1	3	6
2	7	2
3	4	7
4	5	3
5	7	4

解：工件的加工工时矩阵为

$$M=\begin{bmatrix} 3 & 7 & 4 & 5 & 7 \\ 6 & 2 & 7 & 3 & 4 \end{bmatrix}$$

根据最优排序规则，故最优加工顺序为

1→3→5→4→2

总加工时间为 28 小时。

9.6　设备更新问题

在工业和交通运输企业中，经常碰到设备陈旧或部分损坏需要更新的问题。从经济上来分析，一种设备应该使用多长时间后进行更新最恰当，即更新的最佳策略应该如何，从而使在某一时间内的总收入达到最大（或总费用达到最小）。

现以一台机器为例，随着使用年限的增加，机器的使用效率降低，收入减少，维修费用增加。而且机器使用年限越长，它本身的价值就越小，因而更新时所需的净支出费用就越多。设：

$I_j(t)$ ——在第 j 年机器役龄为 t 年的一台机器运行时所得的收入。

$O_j(t)$ ——在第 j 年机器役龄为 t 年的一台机器运行时所需的运行费用。

$C_j(t)$ ——在第 j 年机器役龄为 t 年的一台机器更新时所需的更新净费用。

a——折扣因子（$0 \leqslant a \leqslant 1$），表示一年以后的单位收入的价值被视为现年的 a 单位。

T——在第一年开始时，正在使用的机器的役龄。

n——计划的年限总数。

$g_j(t)$ ——在第 j 年开始使用一个役龄为 t 年的机器时，从第 j 年至第 n 年内的最佳收入。

$x_j(t)$ ——给出 $g_j(t)$ 时，在第 j 年开始时的决策（保留或更新）。

为了写出递推关系式，先从两个方面分析问题。若在第 j 年开始时购买了新机器，则从第 j 年至第 n 年得到的总收入应等于在第 j 年中由新机器获得的收入，减去在第 j 年中的运行费用，减去在第 j 年开始时役龄为 t 年的机器的更新净费用，加上在第 $j+1$ 年开始使用役龄为 1 年的机器从第 $j+1$ 年至第 n 年的最佳收入；若在第 j 年开始时继续使用役龄为 t 年的机器，则从第 j 年至第 n 年的总收入应等于在第 j 年由役龄为 t 年的机器得到的收入，减去在第 j 年中役龄为 t 年的机器的运行费用，加上在第 $j+1$ 年开始使用役龄为 $t+1$ 年的机器从第 $j+1$ 年至第 n 年的最佳收入。然后，比较它们的大小，选取大的，并相应得出是更新还是保留的决策。

将上面这段话写成数学形式，即得递推关系式为

$$g_j(t) = \max\begin{bmatrix} R：I_j(0) - O_j(0) - C_j(t) + a g_{j+1}(1) \\ K：I_j(t) - O_j(t) + a g_{j+1}(t+1) \end{bmatrix}$$

$(j=1, 2, \cdots, n;\ t=1, 2, \cdots, j-1, j+T-1)$

其中，“R”是 Replacement 的缩写，表示更新机器；“K”是 Keep 的缩写，表示保留使用。

由于研究的是今后 n 年的计划，故还要求

$g_{n+1}(t)=0$

对于 $g_1(\cdot)$ 来说，允许的 t 值只能是 T。因为当进入计划过程时，机器必然已使用了 T 年。

应指出的是：这里研究的设备更新问题，是以机龄作为状态变量的，决策是保留和更新两种。但它可推广到多维情形，如还考虑对使用的机器进行大修作为一种决策，那时所需的费用和收入，不仅取决于机龄和购置的年限，也取决于上次大修后的时间。因此，必须使用两个状态变量来描述系统的状态，其过程与此类似。

例 10：假设 $n=5$，$a=1$，$T=1$，其有关数据如表 9－11 所示。试制定 5 年中的设备更新策略，使在 5 年内的总收入达到最大。

表 9－11

产品年序	第一年					第二年				第三年			第四年		第五年	期前				
项目 \ 机龄	0	1	2	3	4	0	1	2	3	0	1	2	0	1	0	1	2	3	4	5
收　入	22	21	20	18	16	27	25	24	22	29	26	24	30	28	32	18	16	16	14	14
运行费用	6	6	8	8	10	5	6	8	9	5	5	6	4	5	4	8	8	9	9	10
更新费用	27	29	32	34	37	29	31	34	36	31	32	33	32	33	34	32	34	36	36	38

解：先解释符号的意思。因第 j 年开始机龄为 t 年的机器，其制造年序应为 $j-t$ 年，因此，$I_5(0)$ 为第五年新产品的收入，故 $I_5(0)=32$。$I_3(2)$ 为第一年的产品其机龄为 2 年的收入，故 $I_3(2)=20$。同理 $O_5(0)=4$，$O_3(2)=8$。而 $C_5(1)$ 是第五年机龄为 1 年的机器（应为第四年的产品）的更新费用，故 $C_5(1)=33$。同理 $C_5(2)=33$，$C_3(1)=31$。其余以此类推。

当 $j=5$ 时，由于设 $T=1$，故从第五年开始计算时，机器使用了 1 年、2 年、3 年、4 年、5 年，则递推关系式为

$$g_5(t)=\max\begin{bmatrix} R:\ I_5(0)-O_5(0)-C_5(t)+1\cdot g_6(1) \\ K:\ I_5(t)-O_5(t)+1\cdot g_6(t+1) \end{bmatrix}$$

因此

$$g_5(1)=\max\begin{bmatrix} R:\ 32-4-33+0=-5 \\ K:\ 28-5+0=23 \end{bmatrix}=23 \quad 所以\ x_5(1)=K$$

$$g_5(2)=\max\begin{bmatrix} R:\ 32-4-33+0=-5 \\ K:\ 24-6+0=18 \end{bmatrix}=18 \quad 所以\ x_5(2)=K$$

同理 $g_5(3)=13$，$x_5(3)=K$；$g_5(4)=6$，$x_5(4)=K$

$g_5(5)=4$，$x_5(5)=K$

当 $j=4$ 时，递推关系为

$$g_4(t)=\max\begin{bmatrix} R: I_4(0)-O_4(0)-C_4(t)+g_5(1) \\ K: I_4(t)-O_4(t)+g_5(t+1) \end{bmatrix}$$

故 $g_4(1)=\max\begin{bmatrix} R: 30-4-32+23=17 \\ K: 26-5+18=39 \end{bmatrix}=39$ 所以 $x_4(1)=K$

同理 $g_4(2)=29$，$x_4(2)=K$；$g_4(3)=16$，$x_4(3)=K$

$g_4(4)=13$，$x_4(4)=R$

当 $j=3$ 时，有

$$g_3(t)=\max\begin{bmatrix} R: I_3(0)-O_3(0)-C_3(t)+g_4(1) \\ K: I_3(t)-O_3(t)+g_4(t+1) \end{bmatrix}$$

故 $g_3(1)=\max\begin{bmatrix} R: 29-5-31+39=32 \\ K: 25-6+29=48 \end{bmatrix}=48$ 所以 $x_3(1)=K$

同理 $g_3(2)=31$，$x_3(2)=R$；$g_3(3)=27$，$x_3(3)=R$

当 $j=2$ 时，有

$$g_2(t)=\max\begin{bmatrix} R: I_2(0)-O_2(0)-C_2(t)+g_3(1) \\ K: I_2(t)-O_2(t)+g_3(t+1) \end{bmatrix}$$

故 $g_2(1)=\max\begin{bmatrix} R: 27-5-29+48=41 \\ K: 21-6+31=46 \end{bmatrix}=46$ 所以 $x_2(1)=K$

$g_2(2)=\max\begin{bmatrix} R: 27-5-34+48=36 \\ K: 16-8+27=35 \end{bmatrix}=36$ $x_2(2)=R$

当 $j=1$ 时，有

$$g_1(t)=\max\begin{bmatrix} R: I_1(0)-O_1(0)-C_1(t)+g_2(1) \\ K: I_1(t)-O_1(t)+g_2(t+1) \end{bmatrix}$$

故 $g_1(1)=\max\begin{bmatrix} R: 22-6-32+46=30 \\ K: 18-8+36=46 \end{bmatrix}=46$ 所以 $x_1(1)=K$

最后，根据上面计算过程反推之，可求得最优策略如表 9－12 所示，相应的最佳收益为 46 单位。

表 9－12

年	机　龄	最佳策略
1	1	K
2	2	R

续表

年	机　龄	最佳策略
3	1	K
4	2	K
5	3	K

9.7　货郎担问题

货郎担问题在运筹学里是一个著名的命题，有一个串村走户的卖货郎，他从某个村庄出发，通过若干个村庄一次且仅一次，最后仍回到原出发的村庄，问应如何选择行走路线，能使总的行程最短。类似的问题有旅行路线问题，应如何选择行走路线，使总路程最短或费用最少。

现在把问题一般化。设有 n 个城市，以 1，2，…，n 表示之。d_{ij}表示从 i 城到 j 城的距离。一个推销员从城市 1 出发到其他每个城市去一次且仅仅是一次，然后回到城市 1。问他如何选择行走的路线，使总的路程最短。这个问题属于组合最优化问题，当 n 不太大时，利用动态规划方法求解是很方便的。

由于规定推销员是从城市 1 开始的，设推销员走到 i 城，记为

$$N_i = \{2, 3, \cdots, i-1, i+1, \cdots, n\}$$

表示由 1 城到 i 城的中间城市集合。

S 表示到达 i 城之前中途所经过的城市的集合，则有 $S \subseteq N_i$。

因此，可选取（i，S）作为描述过程的状态变量，决策为由一个城市走到另一个城市，并定义最优值函数 $f_k(i, S)$ 为从 1 城开始经由 k 个中间城市的 S 集到 i 城的最短路线的距离，则可写出动态规划的递推关系为

$$f_k(i, S) = \min_{j \in s}[f_{k-1}(j, S \setminus \{j\}) + d_{ji}]$$

$$(k=1, 2, \cdots, n-1;\ i=2, 3, \cdots, n;\ S \subseteq N_i)$$

边界条件为 $f_0(i, \Phi) = d_{1i}$

$P_k(i, S)$ 为最优决策函数，它表示从 1 城开始经 k 个中间城市的 S 集到 i 城的最短路线上紧挨着 i 城前面的那个城市。

例 11：求解四个城市旅行推销员问题，其距离矩阵如表 9－13 所示。当推销员从 1 城出发，经过每个城市一次且仅一次，最后回到 1 城，问按怎样的路线走，使总的行程距离最短。

表 9-13

距离 i \ j	1	2	3	4
1	0	8	5	6
2	6	0	8	5
3	7	9	0	5
4	9	7	8	0

解：由边界条件可知

$f_0(2,\ \Phi)=d_{12}=8$，$f_0(3,\ \Phi)=d_{13}=5$，$f_0(4,\ \Phi)=d_{14}=6$

当 $k=1$ 时，即从 1 城开始，中间经过一个城市到达 i 城的最短距离是

$f_1(2,\ \{3\})=f_0(3,\ \Phi)+d_{32}=5+9=14$

$f_1(2,\ \{4\})=f_0(4,\ \Phi)+d_{42}=6+7=13$

$f_1(3,\ \{2\})=8+8=16$　　$f_1(3,\ \{4\})=6+8=14$

$f_1(4,\ \{2\})=8+5=13$　　$f_1(4,\ \{3\})=5+5=10$

当 $k=2$ 时，即从 1 城开始，中间经过二个城市（它们的顺序随便）到达 i 城的最短距离是

$f_2(2,\ \{3,\ 4\})=\min[f_1(3,\ \{4\})+d_{32},\ f_1(4,\ \{3\})+d_{42}]$

$=\min[14+9,\ 10+7]=17$ 所以 $p_2(2,\ \{3,\ 4\})=4$

$f_2(3,\ \{2,\ 4\})=\min[13+8,\ 13+8]=21$ 所以 $p_2(3,\ \{2,\ 4\})=2$ 或 4

$f_2(4,\ \{2,\ 3\})=\min[14+5,\ 16+5]=19$ 所以 $p_2(4,\ \{2,\ 3\})=2$

当 $k=3$ 时，即从 1 城开始，中间经过三个城市（顺序随便）回到 1 城的最短距离是

$f_3(1,\ \{2,\ 3,\ 4\})=\min[f_2(2,\ \{3,\ 4\})+d_{21},\ f_2(3,\ \{2,\ 4\})+d_{31},$

$f_2(4,\ \{2,\ 3\})+d_{41}]=\min[17+6,\ 21+7,\ 19+9]=23$

所以

$p_3(1,\ \{2,\ 3,\ 4\})=2$

由此可知，推销员的最短旅行路线是 $1\to3\to4\to2\to1$，最短总距离为 23。

实际中很多问题都可以归结为货郎担这类问题。如物资运输路线中，汽车应走怎样的路线使路程最短；工厂里在钢板上要挖些小圆孔，自动焊机的割嘴应走怎样的路线使路程最短；城市里在一些地方铺设管道时，管子应走怎样的路线使管子耗费最少；等等。

补充说明：前面学习过的运输问题和整数规划问题，尤其是指派问题均可构建动态规划模型基本方程，用最优化原理求解。例如，运输问题可以以产地作为阶段划分标

准，也可以以销地作为阶段划分标准，再根据调运关系来确定基本方程。

习　题

9.1：有一部货车每天沿着公路给四个零售店卸下 6 箱货物，如果各零售店出售该货物所得利润如表 9－14 所示，试求在各零售店卸下几箱货物，能使获得总利润最大，其值是多少。

表 9－14

利润 零售店 / 箱数	1	2	3	4
0	0	0	0	0
1	4	2	3	4
2	6	4	5	5
3	7	6	7	6
4	7	8	8	6
5	7	9	8	6
6	7	10	8	6

9.2：设有某种肥料共 6 个单位重量，准备供给四块粮田用。其中每块田施肥数量与增产粮食数量关系如表 9－15 所示。试求对每块田施多少单位重量的肥料，才使总的增产粮食最多。

表 9－15

增　肥	粮　田			
	1	2	3	4
0	0	0	0	0
1	20	25	18	28
2	42	45	39	47
3	60	57	61	65
4	75	65	78	74
5	85	70	90	80
6	90	73	95	85

9.3：某公司打算向它的三个营业区增设六个销售店，每个营业区至少增设一个。从各区赚取的利润（单位为万元）与增设的销售店个数有关，其数据如表9－16所示。

表9－16

销售店增加数	A区利润	B区利润	C区利润
0	100	200	150
1	200	210	160
2	280	220	170
3	330	225	180
4	340	230	200

试求各区应分配几个增设的销售店，才能使总利润最大，其值是多少。

9.4：某工厂有100台机器，拟分四个周期使用，在每一周期有两种生产任务。据经验，把机器 x_1 台投入第一种生产任务，则在一个生产周期中将有 $x_1/3$ 台机器作废；余下的机器全部投入第二种生产任务，则有1/10台机器作废。如果进行第一种生产任务，每台机器可收益10，进行第二种生产任务，每台机器可收益7。问怎样分配机器，使总收益最大。

9.5：用逐次逼近法求解下述问题。

$$\max z = x_1^2 y_1 + 3x_2 y_2^2 + 4x_3^2 y_3$$

$$\text{s. t.}\begin{cases} 2x_1 + 3x_2 + 4x_3 \leqslant 24 \\ 3y_1 + 2y_2 + 5y_3 \leqslant 30 \\ x_i \geqslant 0,\ y_j \geqslant 0 \text{ 且为整数}(i=1,\ 2,\ 3;\ j=1,\ 2,\ 3) \end{cases}$$

9.6：设有三种资源，每单位的成本分别为 a、b、c。给定的利润函数为

$r_i(x_i,\ y_i,\ z_i)(i=1,\ 2,\ \cdots,\ n)$

现有资金为 W，应购买各种资源多少单位分配给 n 个行业，才能使总利润最大？试给出动态规划的公式，并写出它的一维递推关系式。

9.7：若例3中每个时期的生产数量无限制，其余条件不变，试解之。

9.8：利用再生产点性质解上题。

9.9：某厂生产一种产品，估计该产品在未来4个月的销售量分别为400件、500件、300件、200件。该项产品的生产准备费用每批为500元，每件的生产费用为1元，存储费用每件每月为1元。假定1月初的存货为100件，4月底的存货为0件。试求该厂在这4个月内的最优生产计划。

9.10：某电视机厂为生产电视机而需生产喇叭，生产以万只为单位。根据以往记录，一年的四个季度需要喇叭分别是3万只、2万只、3万只、2万只。设每万只存放在仓库内一个季度的存储费为0.2万元，每生产一批的装配费为2万元，每万只的生产

成本费为 1 万元。问：应该怎样安排四个季度的生产，才能使总的费用最小？

9.11：某公司需要对某产品决定未来半年内每个月的最佳存储量，以使总费用极小化。已知半年里对该产品的需求量和单位订货费用、单位存储费用的数据如表 9－17 所示。

表 9－17

月份 k	1	2	3	4	5	6
需求量 d_k	50	55	50	45	40	30
单位订货费用 c_k	825	775	850	850	775	825
单位存储费用 p_k	40	30	35	20	40	

9.12：某罐头制造公司需要在近五周内必须采购一批原料，估计在未来五周内价格有波动，其浮动价格和概率如表 9－18 所示。试求各周以什么价格购入，使采购价格的数学期望值最小。

表 9－18

单　价	概　率
9	0.4
8	0.3
7	0.3

9.13：求下列问题的最优解。

（1）$\max z = 10x_1 + 22x_2 + 17x_3$

$$\text{s. t.} \begin{cases} 2x_1 + 4x_2 + 3x_3 \leqslant 20 \\ x_i \geqslant 0 \text{ 且为整数}（i = 1, 2, 3） \end{cases}$$

（2）$\max z = x_1 x_2 x_3 x_4$

$$\text{s. t.} \begin{cases} 2x_1 + 3x_2 + x_3 + 2x_4 = 11 \\ x_i \geqslant 0 \text{ 且为整数}（i = 1, 2, 3, 4） \end{cases}$$

（3）$\max z = 4x_1 + 5x_2 + 8x_3$

$$\text{s. t.} \begin{cases} x_1 + x_2 + x_3 \leqslant 10 \\ x_1 + 3x_2 + 6x_3 \leqslant 13 \\ x_i \geqslant 0 \text{ 且为整数}（i = 1, 2, 3） \end{cases}$$

（4）$\max z = g_1(x_1) + g_2(x_2) + g_3(x_3)$

$$\text{s. t.} \begin{cases} x_1^2 + x_2^2 + x_3^2 \leqslant 20 \\ x_i \geqslant 0 \text{ 且为整数}（i = 1, 2, 3） \end{cases}$$

其中 x_i 与 g_i（x_i）的关系如表9－19所示。

表9－19

x_i	0	1	2	3	4	5	6	7	8	9	10
g_1（x_1）	2	4	7	11	13	15	18	22	18	15	11
g_2（x_2）	5	10	15	20	24	18	12	9	5	3	1
g_3（x_3）	8	12	17	22	19	16	14	11	9	7	4

9.14：某工厂生产三种产品，各产品重量与利润关系如表9－20所示。现将此三种产品运往市场出售，运输能力总重量不超过6吨。问：如何安排运输使总利润最大？

表9－20

种　类	1	2	3
重　量	2	3	4
利　润	80	130	180

9.15：某工厂在一年内进行了A、B、C三种新产品试制，由于资金不足，估计在一年内这三种新产品研制不成功的概率分别为0.40、0.60、0.80，因而都研制不成功的概率为0.40×0.60×0.80＝0.192，为了促进三种新产品的研制，决定增拨2万元的研制费，并要使资金集中使用，以万元为单位进行分配。其增拨研制费与新产品不成功的概率如表9－21所示。试问：如何分配费用，使这三种新产品都研制不成功的概率最小。

表9－21

新产品 研制费 S	不成功概率		
	A	B	C
0	0.40	0.60	0.80
1	0.20	0.40	0.50
2	0.15	0.20	0.30

9.16：某一印刷厂有六项加工任务，对印刷车间和装订车间所需时间（单位为天）如表9－22所示，试求最优的加工顺序和总加工天数。

9.17：试制定五年中的一台机器更新策略，使总收入达到最大。设 $a=1$，$T=2$，有关数据如表9－23所示。

表 9－22

车间＼任务	J_1	J_2	J_3	J_4	J_5	J_6
印刷车间	3	10	5	2	9	11
装订车间	8	12	9	6	5	2

表 9－23

项目＼机龄＼年序	第一年					第二年				第三年		
	0	1	2	3	4	0	1	2	3	0	1	2
收入	20	19	18	16	14	25	23	22	20	27	24	22
运行费用	4	4	6	6	8	3	4	6	7	3	3	4
更新费用	25	27	30	32	35	27	29	32	34	29	30	31

项目＼机龄＼年序	第四年		第五年	期前				
	0	1	0	2	3	4	5	6
收入	28	26	30	16	14	14	12	12
运行费用	2	3	2	6	6	7	7	8
更新费用	30	31	32	30	32	34	34	36

9.18：求解 6 个城市旅行推销员问题。其距离矩阵如表 9－24 所示。设推销员从 1 城出发，经过每个城市一次且仅一次，最后回到 1 城。问按怎样的路线走，才能使总的行程最短。

表 9－24

距离 j＼i	1	2	3	4	5	6
1	0	10	20	30	40	50
2	12	0	18	30	25	21
3	23	9	0	5	10	15
4	34	32	4	0	8	16
5	45	27	11	10	0	18
6	56	22	16	20	12	0

第10章

图与网络优化

党的二十大报告提出，坚持科学决策、民主决策、依法决策。这三者紧密相连，贯穿于决策全过程，统一于正确决策这一根本目的。图论通常以实物或图画的形式抽象地表达认识对象的特征，通过简化难以直接观测的结构或过程，把握其本质特征，按照一定的比例放大或缩小，将这些特征形象化、直观化表达。图论是应用十分广泛的运筹学分支，它已广泛地应用在物理学、化学、控制论、信息论、科学管理、电子计算机等各个领域。在实际生活、生产和科学研究中，有很多问题可以用图论的理论和方法来解决。例如，在组织生产中，为完成某项生产任务，各工序之间怎样衔接，才能使生产任务完成得既快又好。一个邮递员送信，要走完他负责投递的全部街道，完成任务后回到邮局，应该按照怎样的路线走，才能使所走的路程最短。再例如，各种通信网络的合理架设，交通网络的合理分布等问题，应用图论的方法求解都很简便。

欧拉在1736年发表图论方面的第一篇论文，解决了著名的哥尼斯堡七桥问题。哥尼斯堡城中有一条河叫普雷格尔河，该河中有两个岛，河上有七座桥。如图10－1（a）所示。

当时那里的居民热衷于这样的问题：一个散步者能否走过七座桥，且每座桥只走过一次，最后回到出发点？

1736年欧拉将此问题归结为如图10－1（b）所示图形的一笔画问题，即能否从某一点开始，不重复地一笔画出这个图形，最后回到出发点。欧拉证明了这是不可能的，因为图10－1（b）中的每个点都只与奇数条线相关联，不可能将这个图不重复地一笔画成。这是古典图论中的一个著名问题。

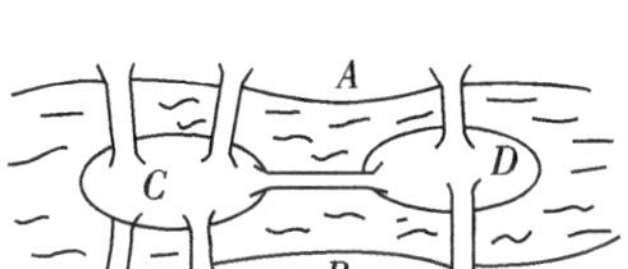

（a）

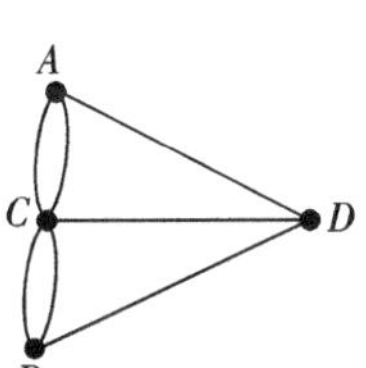

（b）

图10－1

随着科学技术的发展以及电子计算机的出现与广泛应用，20 世纪 50 年代，图论得到进一步发展。将庞大复杂的工程系统和管理问题用图描述，可以解决很多工程设计和管理决策的最优化问题。例如，完成工程任务的时间最少、距离最短、费用最省等。图论受到数学、工程技术及经营管理等各个方面越来越广泛的重视。

10.1 图的基本概念

在实际生活中，人们为了反映一些对象之间的关系，常常在纸上用点和线画出各种各样的示意图。

例 1：图 10－2 是我国北京、上海等十个城市间的铁路交通图，反映了这十个城市间的铁路分布情况。这里用点代表城市，用点和点之间的连线代表这两个城市之间的铁路线。诸如此类的还有电话线分布图、煤气管道图、航空线图等。

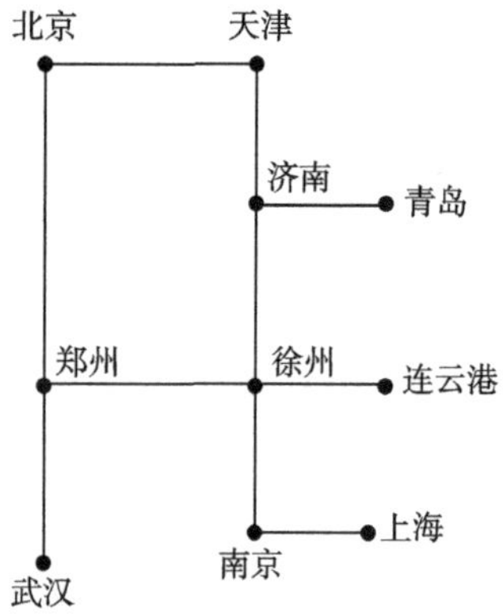

图 10－2

例 2：有甲、乙、丙、丁、戊五个球队，他们之间比赛的情况也可以用图表示出来。已知甲队和其他各队都比赛过一次，乙队和甲队、丙队比赛过，丙队和甲队、乙队、丁队比赛过，丁队和甲队、丙队、戊队比赛过，戊队和甲队、丁队比赛过。为了反映这个情况，可以用点 v_1、v_2、v_3、v_4、v_5 分别代表这五个队，某两个队之间比赛过，就在这两个队所相应的点之间连一条线，这条线不过其他的点，如图 10－3 所示。

例 3：某单位储存八种化学药品，其中某些药品是不能存放在同一个库房里的。为了反映这个情况，可以用点 v_1，v_2，…，v_8 分别代表这八种药品，若药品 v_i 和药品 v_j 是不能存放在同一个库房的，则在 v_i 和 v_j 之间连一条线，如图 10－4 所示。从这个图中可以看到，至少要有四个库房，因为 v_1、v_2、v_5、v_8 必须存放在不同的库房里。事实上，四个库房就足够了。例如，$\{v_1\}$、$\{v_2, v_4, v_7\}$、$\{v_3, v_5\}$、$\{v_6, v_8\}$ 各存放在一个库房里（这一类寻求库房的最少个数问题，属于图论中的所谓染色问题，一般情况下是尚未解决的）。

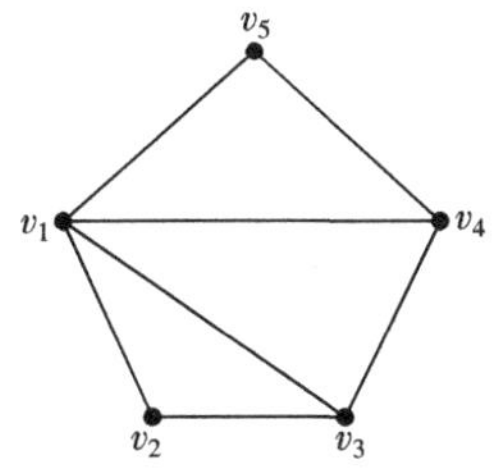

图 10－3

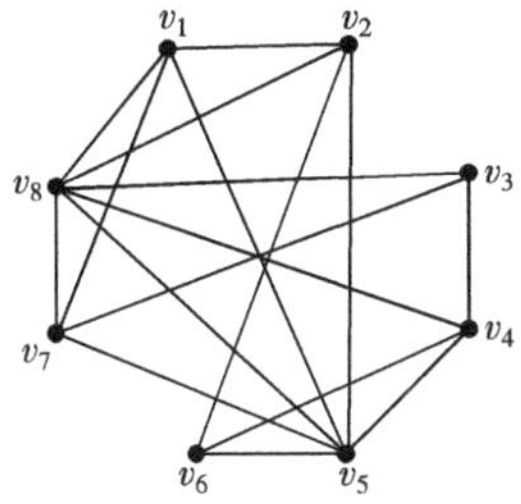

图 10－4

由以上几个例子可见，可以用由点及点与点的连线所构成的图，去反映实际生活中某些对象之间的某个特定的关系。通常用点代表研究的对象（如城市、球队、药品等），用点与点的连线表示这两个对象之间有特定的关系（如两个城市间有铁路线、两个球队比赛过、两种药品不能存放在同一个库房里等）。

因此，可以说图是反映对象之间关系的一种工具，在一般情况下，图中点的相对位置如何，点与点之间连线的长短曲直，对于反映对象之间的关系，并不重要。如例 2，也可以用如图 10－5 所示的图去反映五个球队的比赛情况，这与图 10－3 没有本质的区别。所以，图论中的图与几何图、工程图是不同的。

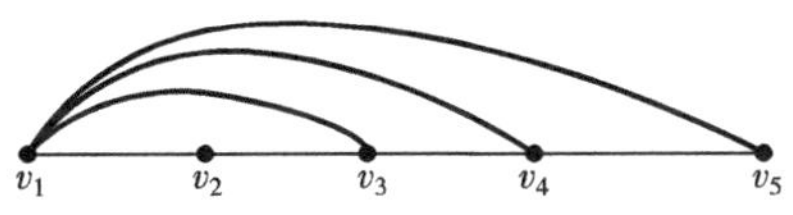

图 10－5

前面几个例子中涉及的对象之间的“关系”具有“对称性”，就是说，如果甲与乙有这种关系，那么同时乙与甲也有这种关系。例如，甲药品不能和乙药品放在一起，那么，乙药品当然也不能和甲药品放在一起。在实际生活中，有许多关系不具有这种对称性。例如，人们之间的认识关系，甲认识乙并不意味着乙也认识甲。比赛中的胜负关系也是这样，甲胜乙和乙胜甲是不同的。反映这种非对称的关系，只用一条连线就不行了。如例2，如果人们关心的是五个球队比赛的胜负情况，那么从图10－3中就看不出来了。为了反映这一类关系，可以用一条带箭头的连线表示。例如，球队 v_1 胜了球队 v_2，可以从 v_1 引一条带箭头的连线到 v_2。

图10－6反映了五个球队比赛的胜负情况，可见 v_1 三胜一负，v_4 打了三场球全负等。类似胜负这种非对称性的关系，在生产和生活中是常见的，如交通运输中的“单行线”，部门之间的领导与被领导的关系、一项工程中各工序之间的先后关系等。

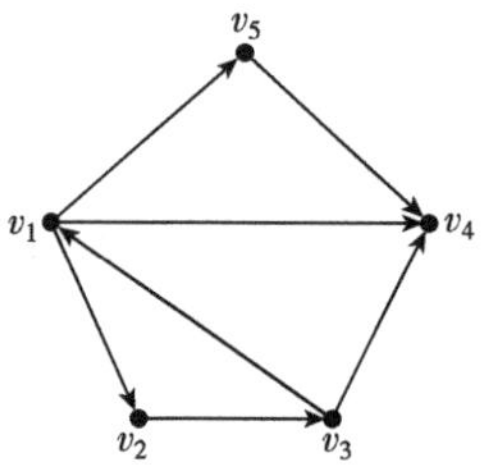

图10－6

综上所述，一个图是由一些点及一些点之间的连线（不带箭头或带箭头）组成的。

为了区别起见，把两点之间的不带箭头的连线称为边，带箭头的连线称为弧。

如果一个图 G 是由点及边构成的，则称之为无向图（也简称为图），记为 $G=(V, E)$，式中 V、E 分别是 G 的点集合和边集合。一条联结点 v_i，$v_j \in V$ 的边记为 $[v_i, v_j]$ 或 $[v_j, v_i]$。

如果一个图 D 是由点及弧构成的，则称为有向图，记为 $D=(V, A)$，式中 V、A 分别表示 D 的点集合和弧集合。一条方向是从 v_i 指向 v_j 的弧，记为 (v_i, v_j)。

图10－7是一个无向图，

$$V=\{v_1, v_2, v_3, v_4\}, E=\{e_1, e_2, e_3, e_4, e_5, e_6, e_7\}$$

其中

$$e_1=[v_1, v_2], e_2=[v_1, v_2], e_3=[v_2, v_3], e_4=[v_3, v_4]$$

$$e_5=[v_1, v_4], e_6=[v_1, v_3], e_7=[v_4, v_4]$$

图10－8是一个有向图，

$$V=\{v_1, v_2, v_3, v_4, v_5, v_6, v_7\}, A=\{a_1, a_2, a_3, a_4, \cdots, a_{11}\}$$

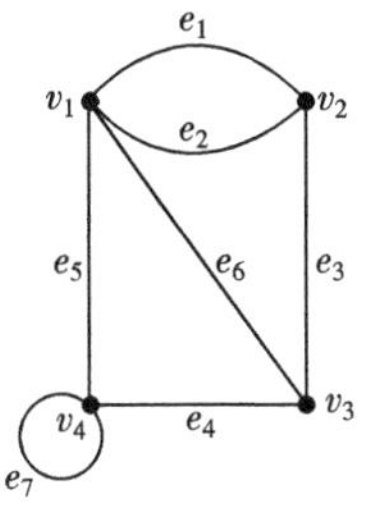

图 10－7

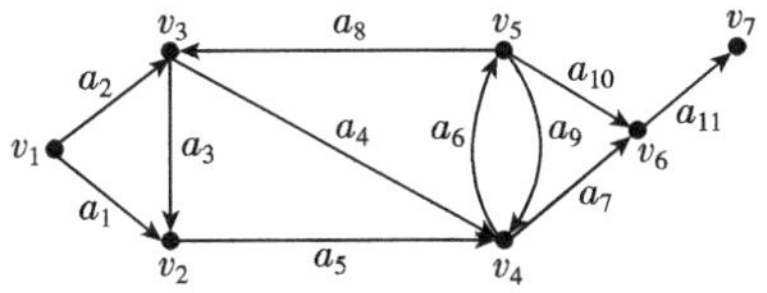

图 10－8

其中

$$a_1=(v_1,\ v_2),\ a_2=(v_1,\ v_3),\ a_3=(v_3,\ v_2),\ a_4=(v_3,\ v_4)$$

$$a_5=(v_2,\ v_4),\ a_6=(v_4,\ v_5),\ a_7=(v_4,\ v_6),\ a_8=(v_5,\ v_3)$$

$$a_9=(v_5,\ v_4),\ a_{10}=(v_5,\ v_6),\ a_{11}=(v_6,\ v_7)$$

图 G 或 D 中的点数记为 $p(G)$ 或 $p(D)$，边(弧)数记为 $q(G)$ 或 $q(D)$。在不会引起混淆的情况下，也分别简记为 p、q。

下面介绍常用的一些名词和记号，先考虑无向图 $G=(V,\ E)$。

若边 $e=[u,\ v]\in E$，则称 u、v 是 e 的端点，也称 u、v 是相邻的。称 e 是点 u 及点 v 的关联边。若图 G 中，某个边 e 的两个端点相同，则称 e 是环(如图 10－7 所示中的 e_7)，若两个点之间有多于一条的边，称这些边为多重边(如图 10－7 中的 e_1、e_2)。一个无环，无多重边的图称为简单图，一个无环，但允许有多重边的图称为多重图。

以点 v 为端点的边的个数称为 v 的次，记为 $d_G(v)$ 或 $d(v)$。如图 10－7 所示中，$d(v_1)=4$，$d(v_2)=3$，$d(v_3)=3$，$d(v_4)=4$(环 e_7 在计算 $d(v_4)$时算作两次)。

称次为 1 的点为悬挂点，悬挂点的关联边称为悬挂边，次为零的点称为孤立点。

定理 1：图 $G=(V,\ E)$ 中，所有点的次之和是边数的两倍，即

$$\sum_{v\in V} d(v) = 2q$$

这是显然的，因为在计算各点的次时，每条边被它的端点各用了一次。

次为奇数的点，称为奇点，否则称为偶点。

定理 2：任意一个图中，奇点的个数为偶数。

证明：设 V_1 和 V_2 分别是 G 中奇点和偶点的集合，由定理 1，有

$$\sum_{v \in V_1} d(v) + \sum_{v \in V_2} d(v) = \sum_{v \in V} d(v) = 2q$$

因 $\sum_{v \in V} d(v)$ 是偶数，$\sum_{v \in V_2} d(v)$ 也是偶数，故 $\sum_{v \in V_1} d(v)$ 必定也是偶数，从而 V_1 的点数是偶数。

给定一个图 $G=(V, E)$，一个点、边的交错序列 $(v_{i1}, e_{i1}, v_{i2}, e_{i2}, \cdots, v_{ik-1}, e_{ik-1}, v_{ik})$，如果满足 $e_{it}=[v_{it}, v_{it+1}]$ $(t=1, 2, \cdots, k-1)$，则称为一条联结 v_{i1} 和 v_{ik} 的链，记为 $(v_{i1}, v_{i2}, \cdots, v_{ik})$，有时称点 $v_{i2}, v_{i3}, \cdots, v_{ik-1}$ 为链的中间点。

链 $(v_{i1}, v_{i2}, \cdots, v_{ik})$ 中，若 $v_{i1}=v_{ik}$，则称之为一个圈，记为 $(v_{i1}, v_{i2}, \cdots, v_{ik-1}, v_{i1})$。若链 $(v_{i1}, v_{i2}, \cdots, v_{ik})$ 中，$v_{i1}, v_{i2}, \cdots, v_{ik}$ 都是不同的，则称之为初等链；若圈 $(v_{i1}, v_{i2}, \cdots, v_{ik-1}, v_{i1})$ 中，$v_{i1}, v_{i2}, \cdots, v_{ik-1}$ 都是不同的，则称之为初等圈；若链（圈）中含的边均不相同，则称之为简单圈。以后说到链（圈），除非特别交代，均指初等链（圈）。

例如图 10－9 中，$(v_1, v_2, v_3, v_4, v_5, v_3, v_6, v_7)$ 是一条简单链，但不是初等链，$(v_1, v_2, v_3, v_6, v_7)$ 是一条初等链。这个图中，不存在联结 v_1 和 v_9 的链。$(v_1, v_2, v_3, v_4, v_1)$ 是一个初等圈，$(v_4, v_1, v_2, v_3, v_5, v_7, v_6, v_3, v_4)$ 是简单圈，但不是初等圈。

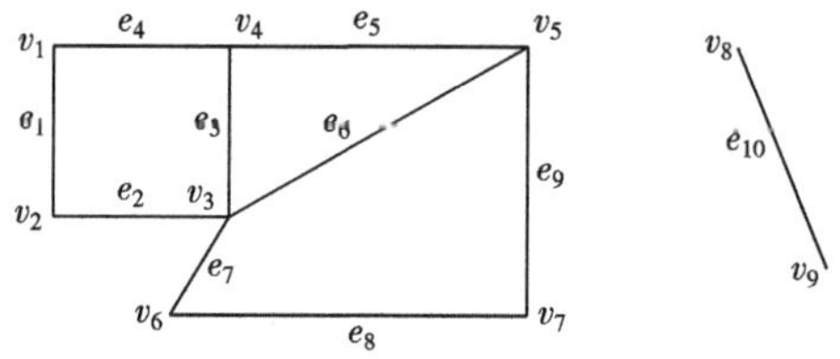

图 10－9

图 G 中，若任何两个点之间，至少有一条链，则称 G 是连通图，否则称为不连通图。若 G 是不连通图，它的每个连通的部分称为 G 的一个连通分图（也简称为分图）。如图 10－9 是一个不连通图，它有两个连通分图。

给了一个图 $G=(V, E)$，如果图 $G'=(V', E')$，使 $V=V'$ 及量 $E' \subseteq E$，则称 G' 是 G 的一个支撑子图。

设 $v \in V(G)$，用 $G-v$ 表示从图 G 中去掉点 v 及 v 的关联边后得到的一个图。

例如若 G 如图 10－10（a）所示，则 $G-v_3$ 见图 10－10（b）。图 10－10（c）是图 G 的一个支撑子图。

现在讨论有向图的情形。设给了一个有向图，$D=(V, A)$，从 D 中去掉所有弧上的箭头，就得到一个无向图，称之为 D 的基础图，记为 $G(D)$。

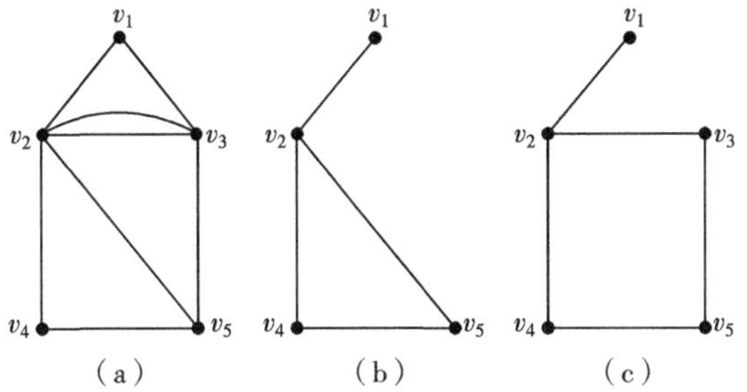

图 10-10

给 D 中的一条弧度 $a=(u, v)$，称 u 为 a 的始点，v 为 a 的终点，称弧 a 是从 u 指向 v 的。

设$(v_{i1}, a_{i1}, v_{i2}, a_{i2}, \cdots, v_{ik-1}, a_{ik-1}, v_{ik})$是 D 中的一个点弧交错序列，如果这个序列在基础图 $G(D)$ 中所对应的点边序列是一条链，则称这个点弧交错序列是 D 的一条链。类似定义圈和初等链(圈)。

如果$(v_{i1}, a_{i1}, v_{i2}, a_{i2}, \cdots, v_{ik-1}, a_{ik-1}, v_{ik})$是 D 中的一条链，并且对 $t=1, 2, \cdots, k-1$，均有 $a_{it}=(v_{it}, v_{it+1})$，称之为从 v_{i1} 到 v_{ik} 的一条路。若路的第一个点和最后一点相通，则称之为回路。类似定义初等路(回路)。

例如图 10-8 中，$(v_3, (v_3, v_2), v_2, (v_2, v_4), v_4, (v_4, v_5), v_5, (v_5, v_3), v_3)$ 是一个回路，$(v_1, (v_1, v_3), v_3, (v_3, v_4), v_4, (v_4, v_6), v_6)$是从 v_1 到 v_6 的路，$(v_1, (v_1, v_3), v_3, (v_5, v_3), v_5, (v_5, v_6), v_6)$是一条链，但不是路。

对无向图，链与路（圈与回路）这两个概念是一致的。

类似于无向图，可定义简单有向图、多重有向图，图 10-8 是一个简单有向图。以后除非特别交代，说到图（有向图）均指简单图（简单有向图）。

10.2　树

10.2.1　树及其性质

在各式各样的图中，有一类图极其简单，却是很有用的，这就是树。

例 4：已知有五个城市，要在它们之间架设电话线，要求任何两个城市都可以互相通话（允许通过其他城市），并且电话线的根数最少。

首先，用五个点 v_1、v_2、v_3、v_4、v_5 分别代表五个城市，如果在某两个城市之间架设电话线，则在相应的两个点之间连一条边，这样一个电话线网就可以用一个图来表示。为了使任何两个城市都可以通话，这样的图必须是连通的。其次，若图中有圈的话，从圈上任意去掉一条边，余下的图仍是连通的，这样可以省去一根电话线。因而，满足要求的电话线网所对应的图必定是不含圈的连通图。图 10－11 代表了满足要求的一个电话线网。

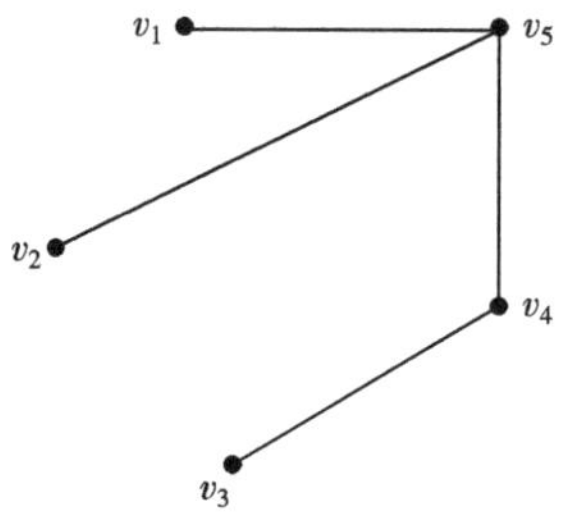

图 10－11

定义 1：一个无圈的连通图称为树。

例 5：某工厂的组织机构如下所示：

- 厂长
  - 行政办公室
    - 生产计划科
    - 技术科
      - 设计组
      - 工艺组
    - 供销科
    - 财务科
    - 行政科
  - 生产办公室
    - 一车间
      - 铸造工段
      - 锻压工段
    - 二车间
    - 三车间
    - 四车间

如果用图表示，该工厂的组织机构图就是一个树，如图 10－12 所示。

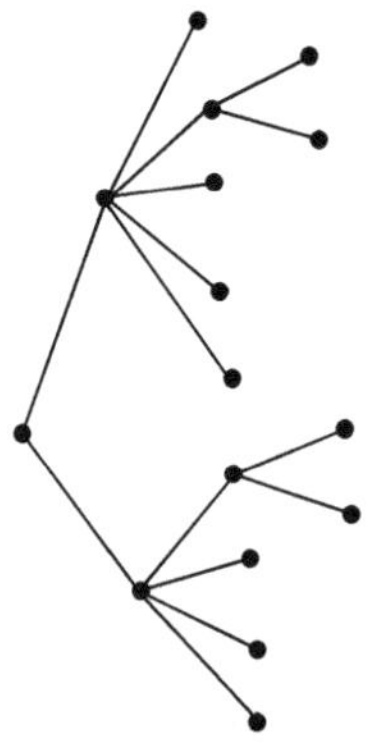

图 10－12

下面介绍树的一些重要性质。

定理3：设图 $G=(V,E)$ 是一个树，$p(G)\geqslant 2$，则 G 中至少有两个悬挂点。

证明：令 $P=(v_1,v_2,\cdots,v_k)$ 是 G 中含边数最多的一条初等链，因 $p(G)\geqslant 2$，并且 G 是连通的，故链 P 中至少有一条边，从而 v_1 与 v_k 是不同的。现在来证明：v_1 是悬挂点，即 $d(v_1)=1$。用反证法，如果 $d(v_1)\geqslant 2$，则存在边 $[v_1,v_m]$，使 $m\neq 2$。若点 v_m 不在 P 上，那么 $(v_m,v_1,v_2,\cdots,v_k)$ 是 G 中的一条初等链，它含的边数比 P 多一条，这与 P 是含边数最多的初等链矛盾。若点 v_m 在 P 上，那么 $(v_1,v_2,\cdots,v_m,v_1)$ 是 G 中的一个圈，这与树的定义矛盾。于是必有 $d(v_1)=1$，即 v_1 是悬挂点。同理可证 v_k 也是悬挂点，因而 G 至少有两个悬挂点。

定理4：图 $G=(V,E)$ 是一个树的充分必要条件是 G 不含圈，且恰有 $p-1$ 条边。

证明：必要性：设 G 是一个树，根据定义，G 不含圈，故只要证明 G 恰有 $p-1$ 条边。对点数 p 施行数学归纳法。$p=1$，2 时，结论显然成立。

假设对点数 $p\leqslant n$ 时，结论成立。设树 G 含 $n+1$ 个点。由定理3，G 含悬挂点，设 v_1 是 G 的一个悬挂点，考虑图 $G-v_1$，易见 $p(G-v_1)=n$，$q(G-v_1)=q(G)-1$。因 $G-v_1$ 是 n 个点的树，由归纳假设，$q(G-v_1)=n-1$，于是

$$q(G)=q(G-v_1)+1=(n-1)+1=n=p(G)-1$$

充分性：只要证明 G 是连通的。用反证法，设 G 是不连通的，G 含 s 个连通分图 $G_1,G_2,\cdots,G_s(s\geqslant 2)$。因每个 $G_i(i=1,2,\cdots,s)$ 是连通的，并且不含圈，故每个 G_i 是树。设 G_i 有 p_i 个点，则由必要性，G_i 有 p_i-1 条边，于是

$$q(G)=\sum_{i=1}^{s}q(G_i)=\sum_{i=1}^{s}(p_i-1)=\sum_{i=1}^{s}p_i-s=p(G)-s\leqslant p(G)-2$$

这与 $q(G)=p(G)-1$ 的假设矛盾。

定理5：图 $G=(V,E)$ 是一个树的充分必要条件是 G 是连通图，并且

$$q(G)=p(G)-1$$

证明：必要性：设 G 是树，根据定义，G 是连通图，由定理4得，$q(G)=p(G)-1$。

充分性：只要证明 G 不含圈，对点数施行归纳。$p(G)=1$，2 时，结论显然成立。设 $p(G)=n(n\geqslant 1)$ 时结论成立。现设 $p(G)=n+1$，首先证明 G 必有悬挂点。若不然，因 G 是连通的，且 $p(G)\geqslant 2$，故对每个点 v_i，有 $d(v_i)\geqslant 2$。从而

$$q(G)=\frac{1}{2}\sum_{i=1}^{p(G)}d(v_i)\geqslant p(G)$$

这与 $q(G)=p(G)-1$ 矛盾，故 G 必有悬挂点。设 v_1 是 G 的一个悬挂点，考虑 $G-v_1$，这个图仍是连通的，$q(G-v_1)=q(G)-1=p(G)-2=p(G-v_1)-1$，由归纳假设知 $G-v_1$ 不含圈，于是 G 也不含圈。

定理6：图 G 是树的充分必要条件是任意两个顶点之间恰有一条链。

证明：必要性：因 G 是连通的，故任意两个点之间至少有一条链。但如果某两个

点之间有两条链的话，那么图 G 中含有圈，这与树的定义矛盾，从而任意两个点之间恰有一条链。

充分性：设图 G 中任意两个点之间恰有一条链，那么易见 G 是连通的。如果 G 中含有圈，那么这个圈上的两个顶点之间有两条链，这与假设矛盾，故 G 不含圈，于是 G 是树。

由这个定理，很容易推出如下结论：

(1)从一个树中去掉任意一条边，则余下的图是不连通的。由此可知，在点集合相同的所有图中，树是含边数最少的连通图。这样，例 4 中所要求的电话线网就是以这五个城市为点的一个树。

(2)在树中不相邻的两个点间添上一条边，则恰好得到一个圈。进一步地说，如果再从这个圈上任意去掉一条边，可以得到一个树。

如图 10－11 所示中，添加$[v_2, v_1]$，就得到一个圈(v_1, v_2, v_5, v_1)，如果从这个圈中去掉一条边$[v_1, v_5]$，就得到如图 10－13 所示的树。

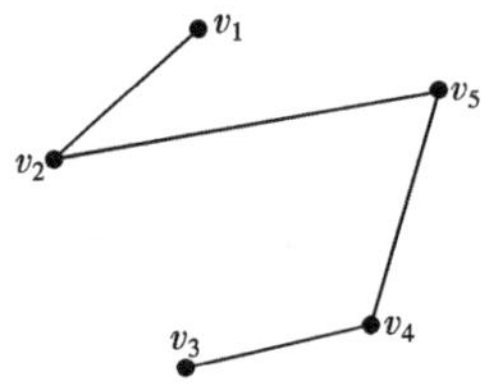

图 10－13

10.2.2 图的支撑树

定义 2：设图 $T=(V, E')$是图 $G=(V, E)$的支撑子图，如果图 $T=(V, E')$是一个树，则称 T 是 G 的一个支撑树。

例如图 10－14(b)是图 10－14(a)的一个支撑树。

若 $T=(V, E')$是 $G=(V, E)$的一个支撑树，则显然，树 T 中边的个数是 $p(G)-1$，G 中不属于树 T 的边数是 $q(G)-p(G)+1$。

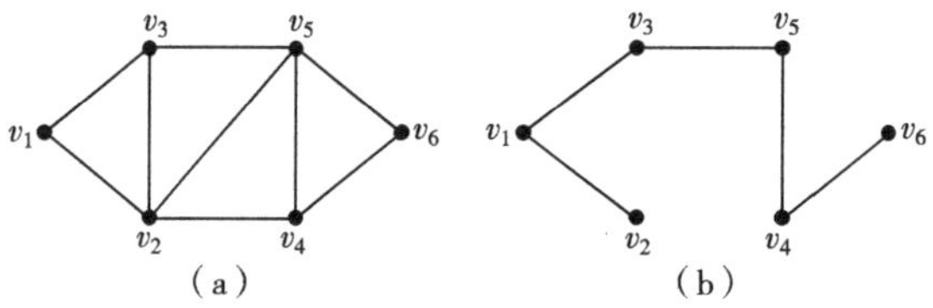

图 10－14

定理 7：图 G 有支撑树的充分必要条件是图 G 是连通的。

证明：必要性是显然的。

充分性：设图 G 是连通图，如果 G 不含圈，那么 G 本身是一个树，从而 G 是它自身的一个支撑树。现设 G 含圈，任意取一个圈，从圈中任意地去掉一条边，得到图 G 的一个支撑子图 G_1。如果 G_1 不含圈，那么 G_1 是 G 的一个支撑树(因为易见 G_1 是连通的)；如果 G_1 仍含圈，那么从 G_1 中任意取一个圈，从圈中再任意去掉一条边，得到图 G 的一个支撑子图 G_2，如此重复，最终可以得到 G 的一个支撑子图 G_k，它不含圈，于是 G_k 是 G 的一个支撑树。

定理 5 中充分性的证明，提供了一个寻求连通图的支撑树的方法。这就是任意取一个圈，从圈中去掉一边，对余下的图重复这个步骤，直到不含圈为止，即得到一个支撑树，称这种方法为“破圈法”。

例 6：在图 10－15 中，用破圈法求出图的一个支撑树。

解：取一个圈(v_1，v_2，v_3，v_1)，从这个圈中去掉边 $e_3=[v_2, v_3]$；在余下的图中，再取一个圈(v_1，v_2，v_4，v_3，v_1)，去掉边 $e_4=[v_2, v_4]$；在余下的图中，从圈(v_3，v_4，v_5，v_3)中去掉边 $e_6=[v_5, v_3]$；再从圈(v_1，v_2，v_5，v_4，v_3，v_1)中去掉边 $e_8=[v_2, v_5]$。这时，剩余的图中不含圈，于是得到一个支撑树，如图 10－15 中粗线所示。

也可以用另一种方法来寻求连通图的支撑树。在图中任意取一条边 e_1，找一条与 e_1 不构成圈的边 e_2，再找一条与 $\{e_1, e_2\}$ 不构成圈的边 e_3，一般，设已有 $\{e_1, e_2, \cdots, e_k\}$，找一条与 $\{e_1, e_2, \cdots, e_k\}$ 中的任何一些边不构成圈的边 e_{k+1}。重复这个过程，直到不能进行为止。这时，由所有取出的边所构成的图是一个支撑树，称这种方法为“避圈法”。

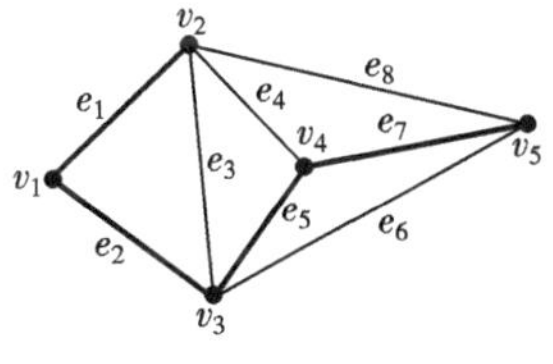

图 10－15

例 7：在图 10－16 中，用避圈法求出一个支撑树。

解：首先任意取边 e_1，因 e_2 与 e_1 不构成圈，所以可以取 e_2，因为 e_5 与 $\{e_1, e_2\}$ 不构成圈，故可以取 e_5(因 e_3 与 $\{e_1, e_2\}$ 构成一个圈(v_1，v_2，v_3，v_1)，所以不能取 e_3)；因 e_6 与 $\{e_1, e_2, e_5\}$ 不构成圈，故可取 e_6；因 e_8 与 $\{e_1, e_2, e_5, e_6\}$ 不构成圈，故可取 e_8(注意，因 e_7 与 $\{e_1, e_2, e_5, e_6\}$ 中的 e_5、e_6 构成圈(v_2，v_5，v_4，v_2)，故不能取 e_7)。这时由 $\{e_1, e_2, e_5, e_6, e_8\}$ 所构成的图就是一个支撑树，如图 10－16 中粗线所示。

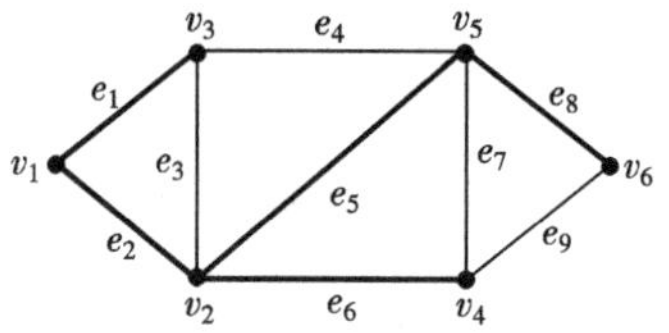

图 10－16

实际上，由定理4、定理5可知，在“破圈法”中去掉的边数必是 $q(G)-p(G)+1$ 条，在“避圈法”中取出的边数必定是 $p(G)-1$ 条。

10.2.3 最小支撑树问题

定义 3：给图 $G=(V,E)$，对 G 中的每一条边 $[v_i, v_j]$，相应地有一个数 w_{ij}，则称这样的图 G 为赋权图，w_{ij} 称为边 $[v_i, v_j]$ 上的权。

这里所说的“权”，是指与边有关的数量指标。根据实际问题的需要，可以赋予它不同的含义，例如表示距离、时间、费用等。

赋权图在图的理论及其应用方面有着重要的地位。赋权图不仅指出各个点之间的邻接关系，同时也表示出各点之间的数量关系。所以，赋权图被广泛地应用于解决工程技术及科学生产管理等领域的最优化问题。最小支撑树问题就是赋权图上的最优化问题之一。

设有一个连通图 $G=(V,E)$，每一边 $e=[v_i, v_j]$，有一个非负权

$w(e)=w_{ij}(w_{ij}\geqslant 0)$

定义 4：如果 $T=(V,E')$ 是 G 的一个支撑树，则称 E' 中所有边的权之和为支撑树 T 的权，记为 $w(T)$。即

$$w(T) = \sum_{[v_i,v_j]\in T} w_{ij}$$

如果支撑树 T^* 的权 $w(T^*)$ 是 G 的所有支撑树的权中最小者，则称 T^* 是 G 的最小支撑树（简称最小树）。即

$$w(T^*)=\min_T w(T)$$

式中对 G 的所有支撑树 T 取最小。

最小支撑树问题就是要求给定连通赋权图 G 的最小支撑树。

假设给定一些城市，已知每对城市间交通线的建造费用。要求建造一个联结这些城市的交通网，使总的建造费用最小，这个问题就是赋权图上的最小树问题。

下面介绍求最小树的两种方法。

10.2.3.1 避圈法（kruskal）

开始选一条最小权的边，以后每一步中，总从与已选边不构成圈的那些未选边中，

选一条权最小的(每一步中，如果有两条或两条以上的边都是权最小的边，则从中任意选一条)。

算法的具体步骤如下：

第一步：令 $i=1$，$E_0=\varnothing$($\varnothing$表示空集)。

第二步：选一条边 $e_i\in E\setminus E_{i-1}$，使 e_i 是使$(V,\ E_{i-1}\cup\{e\})$不含圈的所有边 $e(e\in E\setminus E_{i-1})$中权最小的边。令 $E_i=E_{i-1}\cup\{e\}$，如果这样的边不存在，则 $T=(V,\ E_{i-1})$是最小树。

第三步：把 i 换成 $i+1$，转入第二步。

在证明这个方法的正确性之前，先介绍一个例子。

例 8：某工厂内联结六个车间的道路网如图 10－17(a)所示。已知每条道路的长，要求沿道路架设联结六个车间的电话线网，使电话线的总长最小。

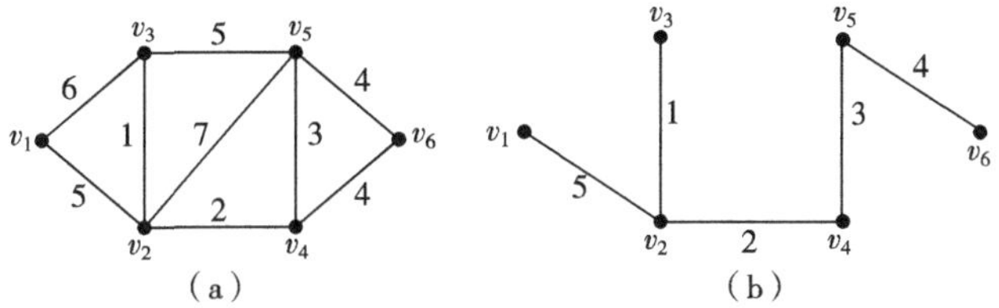

图 10－17

解：这个问题就是求如图 10－17(a)所示的赋权图上的最小树，用避圈法求解。

$i=1$，$E_0=\varnothing$，从 E 中选最小权边$[v_2,\ v_3]$，$E_1=\{[v_2,\ v_3]\}$；

$i=2$，从 $E\setminus E_1$ 中选最小权边$[v_2,\ v_4]$($[v_2,\ v_4]$与$[v_2,\ v_3]$不构成圈)，$E_2=\{[v_2,\ v_3],\ [v_2,\ v_4]\}$；

$i=3$，从 $E\setminus E_2$ 中选$[v_4,\ v_5]$($(V,\ E_2\cup\{[v_4,\ v_5]\})$不含圈)，令 $E_3=\{[v_2,\ v_3],\ [v_2,\ v_4],\ [v_4,\ v_5]\}$；

$i=4$，从 $E\setminus E_3$ 中选$[v_5,\ v_6]$(或选$[v_4,\ v_6]$)($(V,\ E_3\cup\{[v_5,\ v_6]\})$不含圈)，令 $E_4=\{[v_2,\ v_3],\ [v_2,\ v_4],\ [v_4,\ v_5],\ [v_5,\ v_6]\}$；

$i=5$，从 $E\setminus E_4$ 中选$[v_1,\ v_2]$($(V,\ E_4\cup\{[v_1,\ v_2]\})$不含圈)。注意，因$[v_4,\ v_6]$与已选边$[v_4,\ v_5]$、$[v_5,\ v_6]$构成圈，所以虽然$[v_4,\ v_6]$的权小于$[v_1,\ v_2]$的权，但这时不能选$[v_4,\ v_6]$，令 $E_5=\{[v_2,\ v_3],\ [v_2,\ v_4],\ [v_4,\ v_5],\ [v_5,\ v_6],\ [v_1,\ v_2]\}$；

$i=6$，这时，任意一条未选的边都与已选的边构成圈，所以算法终止。

因此$(V,\ E_5)$就是要求的最小树，即电话线总长最小的电话线网方案(见图 10－17(b))，电话线总长为 15 单位。

现在来证明方法一的正确性。

令 $G=(V,\ E)$是连通赋权图，根据 10.2.2 中所述可知：方法一终止时，$T=(V,\ E_{i-1})$是支撑树，并且这时 $i=p(G)$。记

$E(T) = \{e_1, e_2, \cdots, e_{p-1}\}$

式中 $p = p(G)$，T 的权为 $w(T) = \sum_{i=1}^{p-1} w(e_i)$。

用反证法来证明 T 是最小支撑树，设 T 不是最小支撑树，在 G 的所有支撑树中，令 H 是与 T 的公共边数最大的最小支撑树。因 T 与 H 不是同一个支撑树，故 T 中至少有一条边不在 H 中。令 $e_i(1 \leqslant i \leqslant p-1)$ 是第一个不属于 H 的边，把 e_i 放入 H 中，必得到一个且仅一个圈，记这个圈为 C。因为 T 是不含圈的，故 C 中必有一条边不属于 T，记这条边为 e。在 H 中去掉 e，增加 e_i，就得到 G 的另一个支撑树 T_0，可见

$w(T_0) = w(H) + w(e_i) - w(e)$

因为 $w(H) \leqslant w(T_0)$（因 H 是最小支撑树），推出 $w(e) \leqslant w(e_i)$。但根据算法，e_i 是使 $(V, \{e_1, e_2, \cdots, e_i\})$ 不含圈的权最小的边，而 $(V, \{e_1, e_2, \cdots, e_{i-1}, e\})$ 也是不含圈的，故必有 $w(e) = w(e_i)$，从而 $w(T_0) = w(H)$。这就是说 T_0 也是 G 的一个最小支撑树，但是 T_0 与 T 的公共边数比 H 与 T 的公共边数多一条，这与 H 的选取矛盾。

10.2.3.2 破圈法

任意取一个圈，从圈中去掉一条权最大的边（如果有两条或两条以上的边都是权最大的边，则任意去掉其中一条）。在余下的图中，重复这个步骤，直至得到一个不含圈的图为止，这时的图便是最小树。

例 9：用破圈法求图 10－17(a)所示赋权图的最小支撑树。

解：任意取一个圈，比如 (v_1, v_2, v_3, v_1)，边 $[v_1, v_3]$ 是这个圈中权最大的边，于是去掉 $[v_2, v_3]$；再取圈 (v_3, v_5, v_2, v_3)，去掉 $[v_2, v_5]$；取圈 $(v_3, v_5, v_4, v_2, v_3)$，去掉 $[v_3, v_2]$；取圈 (v_5, v_6, v_4, v_5)，这个圈中，$[v_5, v_6]$ 及 $[v_4, v_6]$ 都是权最大的边，去掉其中的一条，比如 $[v_4, v_6]$。这时得到一个不含圈的图（见图 10－17(b)），即为最小树。

补充说明：在实际决策时，如果需要求解最大树，具体的求解逻辑可参考上述破圈法或避圈法。但选择添加或去除边时的标准与求解最小树的标准相反。

10.3 最短路问题

10.3.1 引例

例 10：已知如图 10－18 所示的单行线交通网，每弧旁的数字表示通过这条单行线所需要的费用。现在某人要从 v_1 出发，通过这个交通网到 v_8 去，求使总费用最小的旅行路线。

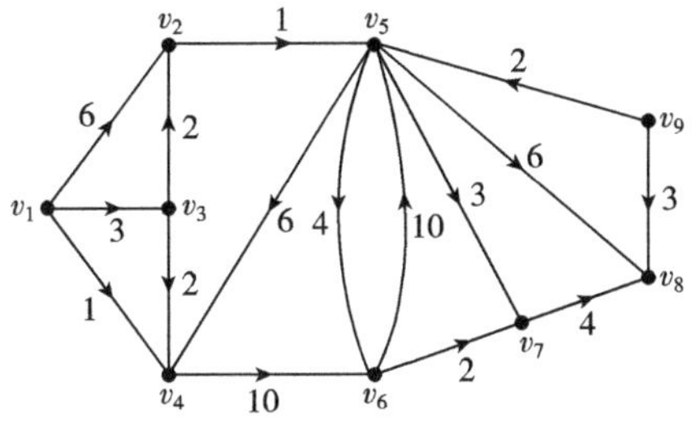

图 10-18

可见，从 v_1 到 v_8 的旅行路线是很多的，例如可以从 v_1 出发，依次经过 v_2、v_5，然后到 v_8；也可以从 v_1 出发，依次经过 v_3、v_4、v_6、v_7，然后到 v_8 等。不同的路线，所需总费用是不同的。比如，按前一个路线，总费用是 $6+1+6=13$ 单位；而按后一个路线，总费用是 $3+2+10+2+4=21$ 单位。不难看到，用图的语言来描述，从 v_1 到 v_8 的旅行路线与有向图中从 v_1 到 v_8 的路是一一对应的。一条旅行路线的总费用就是相应的从 v_1 到 v_8 的路中所有弧旁数字之和。当然，这里说到的路可以不是初等路。例如，某人从 v_1 到 v_8 的旅行路线可以是从 v_1 出发，依次经 v_3、v_4、v_6、v_5、v_4、v_6、v_7，最后到达 v_8。这条路线相应的路是 $(v_1, v_3, v_4, v_6, v_5, v_4, v_6, v_7, v_8)$，总费用是 47 单位。

从这个例子可以引出一般的最短路问题，给定一个赋权有向图，即给了一个有向图 $D=(V, A)$，对每一个弧 $a=(v_i, v_j)$，相应地有权 $w(a)=w_{ij}$，又给定 D 中的两个顶点 v_s、v_t。设 P 是 D 中从 v_s 到 v_t 的一条路，定义路 P 的权是 P 中所有弧的权之和，记为 $w(P)$。最短路问题就是要在所有从 v_s 到 v_t 的路中，求一条权最小的路，即求一条从 v_s 到 v_t 的路 P_0，使

$$w(P_0)=\min_P w(P)$$

式中对 D 中所有从 v_s 到 v_t 的路 P 取最小，称 P_0 是从 v_s 到 v_t 的最短路。路 P_0 的权称为从 v_s 到 v_t 的距离，记为 $d(v_s, v_t)$。显然，$d(v_s, v_t)$ 与 $d(v_t, v_s)$ 不一定相等。

最短路问题是重要的最优化问题之一，它不仅可以直接应用于解决生产实际的许多问题，如管道铺设、线路安排、厂区布局、设备更新等，而且经常被作为一个基本工具，用于解决其他的优化问题。

10.3.2　最短路算法

本小节将介绍在一个赋权有向图中寻求最短路的方法，这些方法实际上求出了从给定一个点 v_s 到任意一个点 v_j 的最短路。

如下事实是经常要利用的，如果 P 是 D 中从 v_s 到 v_j 的最短路，v_i 是 P 中的一个点，那么，从 v_s 沿 P 到 v_i 的路是从 v_s 到 v_i 的最短路。事实上，如果这个结论不成立，设 Q 是从 v_s 到 v_i 的最短路，令 P' 是从 v_s 沿 Q 到达 v_i，再从 v_i 沿 P 到达 v_j 的路，那么，P' 的

权就比 P 的权小，这与 P 是从 v_s 到 v_j 的最短路矛盾。

首先介绍所有 $w_{ij}\geqslant 0$ 的情形下，求最短路的方法。当所有的 $w_{ij}\geqslant 0$ 时，目前公认最好的方法是由 Dijkstra 于 1959 年提出来的。

Dijkstra 方法的基本思路是从 v_s 出发，逐步地向外探寻最短路。执行过程中，与每个点对应，记录下一个数(称为这个点的标号)，它或者表示从 v_s 到该点的最短路的权(称为 P 标号)，或者是从 v_s 到该点的最短路的权的上界(称为 T 标号)，方法的每一步是去修改 T 标号，并且把某一个具 T 标号的点改变为具 P 标号的点，从而使 D 中具 P 标号的顶点数多一个，这样，至多经过 $p-1$ 步，就可以求出从 v_s 到各点的最短路。

在叙述 Dijkstra 方法的具体步骤之前，以例 10 为例说明一下这个方法的基本思想。例 10 中，$s=1$。因为所有 $w_{ij}\geqslant 0$，故有 $d(v_1, v_1)=0$。这时，v_1 是具 P 标号的点。现在考察从 v_1 发出的三条弧，(v_1, v_2)、(v_1, v_3)和(v_1, v_4)。如果某人从 v_1 出发沿(v_1, v_2)到达 v_2，这时需要 $d(v_1, v_1)+w_{12}=6$ 单位的费用；如果他从 v_1 出发，沿(v_1, v_3)到达 v_3，则需要 $d(v_1, v_1)+w_{13}=3$ 单位的费用；类似地，若沿(v_1, v_4)到达 v_4，需要 $d(v_1, v_1)+w_{14}=1$ 单位的费用。由

$$\min\{d(v_1, v_1)+w_{12}, d(v_1, v_1)+w_{13}, d(v_1, v_1)+w_{14}\}=d(v_1, v_1)+w_{14}=1$$

可以断言，他从 v_1 出发到 v_4 所需要的最小费用必定是 1 单位，即从 v_1 到 v_4 的最短路是 (v_1, v_4)，$d(v_1, v_4)=1$。这是因为从 v_1 到 v_4 的任意一条路 P，如果不是(v_1, v_4)，则必是先从 v_1 沿(v_1, v_2)到达 v_2，或者沿(v_1, v_3)到达 v_3，而后再从 v_2 或 v_3 到 v_4 去，但如上所说，这时候他已需要 6 单位或 3 单位的费用，不管他如何再从 v_2 或 v_3 到达 v_4，所需要的总费用都不会比 1 少(因为所有的 $w_{ij}\geqslant 0$)。因而推知 $d(v_1, v_4)=1$，这样就可以使 v_4 变成具 P 标号的点。

现在考察从 v_1 到 v_4 指向其余点的弧，由上已知，从 v_1 出发，分别沿(v_1, v_2)、(v_1, v_3)到达(v_2, v_3)，需要 6 单位或 3 单位的费用，而从 v_4 出发沿(v_4, v_6)到达 v_6，所需要的费用是 $d(v_1, v_4)+w_{46}=1+10=11$ 单位，因

$$\min\{d(v_1, v_1)+w_{12}, d(v_1, v_1)+w_{13}, d(v_1, v_4)+w_{46}\}=d(v_1, v_1)+w_{13}=3$$

基于同样的理由可以断言，从 v_1 到 v_3 的最短路是(v_1, v_3)，$d(v_1, v_3)=3$。这样又可以使点 v_3 变成具 P 标号的点。如此重复这个过程，可以求出从 v_1 到任意一点的最短路。

在下述 Dijkstra 方法具体步骤中，用 P、T 分别表示某个点的 P 标号、T 标号，S_i 表示第 i 步时，具 P 标号点的集合。为了在求出从 v_s 到各点的距离的同时，也求出从 v_s 到各点的最短路，给每个点 v 一个 λ 值，算法终止时，如果 $\lambda(v)=m$，表示在从 v_s 到 v 的最短路上，v 的前一个点是 v_m；如果 $\lambda(v)=M$，则表示 D 中不含从 v_s 到 v 的路，$\lambda(v)=0$ 表示 $v=v_s$。

Dijkstra 方法的具体步骤：给定赋权有向图 $D=(V, A)$。

开始$(i=0)$令 $S_0=\{v_s\}$，$P(v_s)=0$，$\lambda(v_s)=0$，对每一个 $v\neq v_s$，令 $T(v)=+\infty$，

$\lambda(v)=M$，令 $k=s$。

①如果 $S_i=V$，算法终止，这时，对每个 $v\in S_i$，$d(v_s,\ v)=P(v)$；否则转入②。

②考察每个使 $(v_k,\ v_j)\in A$ 且 $v_j\notin S_i$ 的点 v_j。

如果 $T(v_j)>P(v_k)+w_{kj}$，则把 $T(v_j)$ 修改为 $P(v_k)+w_{kj}$，把 $\lambda(v_j)$ 修改为 k；否则转入③。

③令 $T(v_{ji})=\min\limits_{v_j\notin S_i}\{T(v_j)\}$。

如果 $T(v_{ji})<+\infty$，则把 v_{ji} 的 T 标号变为 P 标号 $P(v_{ji})=T(v_{ji})$，令 $S_{i+1}=S_i\cup\{v_{ji}\}$，$k=j_i$，把 i 换成 $i+1$，转入①；否则终止，这时对每一个 $v\in S_i$，$d(v_s,\ v)=P(v)$，而对每一个 $v\notin S_i$，$d(v_s,\ v)=T(v)$。

现在用 Dijkstra 方法求例 10 中从 v_1 到各个顶点的最短路，这时 $s=1$。

(1) $i=0$

$S_0=\{v_1\}$，$P(v_1)=0$，$\lambda(v_1)=0$，$T(v_i)=+\infty$，$\lambda(v_i)=M(i=2,\ 3,\ \cdots,\ 9)$，以及 $k=1$。

转入②，因 $(v_1,\ v_2)\in A$，$v_2\notin S_0$，$P(v_1)+w_{12}<T(v_2)$，故把 $T(v_2)$ 修改为 $P(v_1)+w_{12}=6$，$\lambda(v_2)$ 修改为 1。

同理，把 $T(v_3)$ 修改为 $P(v_1)+w_{13}=3$，$\lambda(v_3)$ 修改为 1；把 $T(v_4)$ 修改为 $P(v_1)+w_{14}=1$，$\lambda(v_4)$ 修改为 1。

转入③，在所有的 T 标号中 $T(v_4)=1$ 最小，于是令 $P(v_4)=1$，令 $S_1=S_0\cup\{v_4\}=\{v_1,\ v_4\}$，$k=4$。

(2) $i=1$

转入②，$T(v_6)$ 修改为 $P(v_4)+w_{46}=11$，$\lambda(v_6)$ 修改为 4。

转入③，在所有 T 标号中，$T(v_3)=3$ 最小，于是令 $P(v_3)=3$，令 $S_2=\{v_1,\ v_4,\ v_3\}$，$k=3$。

(3) $i=2$

转入②，因 $(v_3,\ v_2)\in A$，$v_2\notin S_2$，$T(v_2)>P(v_3)+w_{32}$，把 $T(v_2)$ 修改为 $P(v_3)+w_{32}=5$，$\lambda(v_2)$ 修改为 3。

转入③，在所有 T 标号中，$T(v_2)=5$ 最小，于是令 $P(v_2)=5$，$S_3=\{v_1,\ v_4,\ v_3,\ v_2\}$，$k=2$。

(4) $i=3$

转入②，$T(v_5)$ 修改为 $P(v_2)+w_{25}=6$，$\lambda(v_5)$ 修改为 2。

转入③，在所有 T 标号中，$T(v_5)=6$ 最小，于是令 $P(v_5)=6$，$S_4=\{v_1,\ v_4,\ v_3,\ v_2,\ v_5\}$，$k=5$。

(5) $i=4$

转入②，把 $T(v_6)$、$T(v_7)$、$T(v_8)$ 分别修改为 10、9、12，$\lambda(v_6)$、$\lambda(v_7)$、$\lambda(v_8)$ 均修改为 5。

转入③，在所有 T 标号中，$T(v_7)=9$ 最小，于是令

$P(v_7)=9$，$S_5=\{v_1, v_4, v_3, v_2, v_5, v_7\}$，$k=7$

(6) $i=5$

转入②，因 $(v_7, v_8)\in A$，$v_8\notin S_5$，但因 $T(v_8)<P(v_7)+w_{73}$，故 $T(v_8)$ 不变。

转入③，在所有 T 标号中，$T(v_6)=10$ 最小，于是令

$P(v_6)=10$，$S_6=\{v_1, v_4, v_3, v_2, v_5, v_7, v_6\}$，$k=6$

(7) $i=6$

转入②，从 v_6 出发没有弧指向不属于 S_6 的点，故直接转入③。

转入③，在所有 T 标号中，$T(v_8)=12$ 最小，令

$P(v_8)=12$，$S_7=\{v_1, v_4, v_3, v_2, v_5, v_7, v_6, v_8\}$，$k=8$

(8) $i=7$

转入③，这时仅有的 T 标号点为 v_9，$T(v_9)=+\infty$，算法终止。

算法终止时

$P(v_1)=0$，$P(v_4)=1$，$P(v_3)=3$，$P(v_2)=5$，$P(v_5)=6$

$P(v_7)=9$，$P(v_6)=10$，$P(v_8)=12$，$P(v_9)=+\infty$

$\lambda(v_1)=0$，$\lambda(v_4)=1$，$\lambda(v_3)=1$，$\lambda(v_2)=3$，$\lambda(v_5)=2$

$\lambda(v_7)=5$，$\lambda(v_6)=5$，$\lambda(v_8)=5$，$\lambda(v_9)=M$

这表示对 $i=1, 2, \cdots, 8$，$d(v_1, v_i)=P(v_i)$，而从 v_1 到 v_9 不存在路，根据 λ 值可以求出从 v_1 到 v_i 的最短路（$i=1, 2, \cdots, 8$）。

例如，为了求从 v_1 到 v_8 的最短路，考察 $\lambda(v_8)$，因 $\lambda(v_8)=5$，故最短路包含弧 (v_5, v_8)；再考察 $\lambda(v_5)$，因 $\lambda(v_5)=2$，故最短路包含弧 (v_2, v_5)；以此类推，$\lambda(v_2)=3$，$\lambda(v_3)=1$，于是最短路包含弧 (v_3, v_2) 及 (v_1, v_3)，这样从 v_1 到 v_8 的最短路是 $(v_1, v_3, v_2, v_5, v_8)$。

上面介绍了求一个赋权有向图中，从一个顶点 v_s 到各个顶点的最短路。对于赋权（无向）图 $G=(V, E)$，因为沿边 $[v_i, v_j]$ 既可以从 v_i 到达 v_j，也可以沿 v_j 到达 v_i，所以边 $[v_i, v_j]$ 可以看作是两条弧 (v_i, v_j) 及 (v_j, v_i)，它们具有相同的权 $w[v_i, v_j]$。这样，在一个赋权图中，如果所有的 $w_{ij}\geqslant 0$，只要把 Dijkstra 方法中的"②考察每个使 $(v_k, v_j)\in A$ 且 $v_j\notin S_i$ 的点 v_j"改为"②考察每个使 $[v_k, v_j]\in E$ 且 $v_j\notin S_i$ 的点 v_j"，同样地，可以求出从 v_s 到各点的最短路（对于无向图，即为最短链）。

例 11：用 Dijkstra 方法求如图 10－19 所示的赋权图中，从 v_1 到 v_8 的最短路。

解：这里只写出计算的最后结果，具体步骤留给读者去完成。

$P(v_1)=0$，$P(v_4)=1$，$P(v_3)=3$，$P(v_2)=5$，$P(v_5)=6$

$P(v_9)=8$，$P(v_7)=9$，$P(v_6)=10$，$P(v_8)=11$

$\lambda(v_1)=0$，$\lambda(v_4)=1$，$\lambda(v_3)=1$，$\lambda(v_2)=3$，$\lambda(v_5)=2$

$\lambda(v_9)=5$，$\lambda(v_7)=5$，$\lambda(v_6)=5$，$\lambda(v_8)=9$

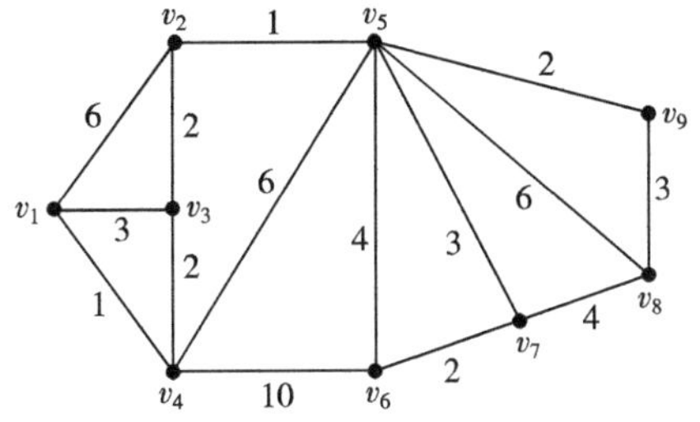

图 10 – 19

这样从 v_1 到 v_8 的最短链为$(v_1, v_3, v_2, v_5, v_9, v_8)$，总权为 11。

现在来证明 Dijkstra 方法的正确性。只要证明对于每一个点 $v \in S_i$，$P(v)$是从 v_s 到 v 的最短路的权，即 $d(v_s, v) = P(v)$即可。

对 i 施行归纳，$i=0$ 时，结论显然正确。设对 $i=n$ 时，结论成立，即对每一个 $v \in S_n$，$d(v_s, v) = P(v)$。现在考察 $i=n+1$，因 $S_{n+1} = S_n \cup \{v_{jn}\}$，所以只要证明 $d(v_s, v_{jn}) = P(v_{jn})$。根据算法，$v_{jn}$是这时的具最小 T 标号的点，即

$$T_n(v_{jn}) = \min_{v_j \notin S_n} \{T_n(v_j)\}$$

这里为了清晰起见，用 $T_n(v)$表示当 $i=n$ 执行步骤③时点 v 的 T 标号。假设 H 是 D 中任意一条从 v_s 到 v_{jn}的路，因为 $v_s \in S_n$，而 $v_{jn} \notin S_n$，那么从 v_s 出发，沿 H 必存在一条弧，它的始点属于 S_n，而终点不属于 S_n。假设(v_r, v_l)是第一条这样的弧，

$$H = (v_s, \cdots, v_r, v_l, \cdots, v_{jn}), \ w(H) = w(v_s, \cdots, v_r) + w_{rl} + w(v_l, \cdots, v_{jn})$$

由归纳假设，$P(v_r)$是从 v_s 到 v_r 的最短路的权，于是

$$w(H) \geqslant P(v_r) + w_{rl} + w(v_l, \cdots, v_{jn})$$

根据方法中 T 标号的修改规则，因 $v_r \in S_n$，$v_l \notin S_n$，故 $P(v_r) + w_{rl} \geqslant T_n(v_l)$。
而 $T_n(v_l) \geqslant T_n(v_{jn})$，故

$$w(H) \geqslant T_n(v_{jn}) + w(v_l, \cdots, v_{jn}) \geqslant T_n(v_{jn})$$

（因为所有的 $w_{ij} \geqslant 0$，故 $w(v_l \cdots, v_{jn}) \geqslant 0$）

这就证明了 $T_n(v_{jn})$是从 v_s 到 v_{jn}的最短路的权，由方法，$P(v_{jn}) = T_n(v_{jn})$，这样就证明了

$$d(v_s, v_{jn}) = P(v_{jn})$$

Dijkstra 算法只适用于所有 $w_{ij} \geqslant 0$ 的情形，当赋权有向图中存在负权时，则算法失效。例如，在如图 10 – 20 所示的赋权有向图中，如果用 Dijkstra 方法，可得出从 v_1 到 v_2 的最短路的权是 1，但这显然是不对的，因为从 v_1 到 v_2 的最短路是(v_1, v_3, v_2)，权是 -1。

现在介绍当赋权有向图 D 中，存在具负权的弧时，求最短路的方法。

为方便起见，不妨设从任意一点 v_i 到任意一点 v_j 都有一条弧（如果在 D 中，$(v_i,$

$v_j) \notin A$，则添加弧(v_i, v_j)。令 $w_{ij} = +\infty$)。

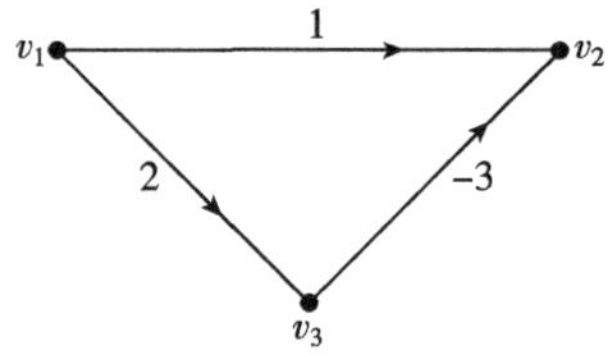

图 10 - 20

显然，从 v_s 到 v_j 的最短路总是从 v_s 出发，沿着一条路到某个点 v_i，再沿(v_i, v_j)到 v_j 的(这里 v_i 可以是 v_s 本身)，由本节开始时介绍的一个结论可知，从 v_s 到 v_i 的这条路必定是从 v_s 到 v_i 的最短路，所以 $d(v_s, v_j)$必满足如下方程：

$$d(v_s, v_j) = \min_i \{d(v_s, v_i) + w_{ij}\}$$

为了求得这个方程的解 $d(v_s, v_1)$，$d(v_s, v_2)$，…，$d(v_s, v_p)$(这里 $p = p(D)$)，可用如下递推公式：

开始时，令

$$d^{(1)}(v_s, v_j) = w_{sj} (j = 1, 2, \cdots, p)$$

对 $t = 2, 3, \cdots, p$

$$d^{(t)}(v_s, v_j) = \min_i \{d^{(t-1)}(v_s, v_i) + w_{ij}\}$$

$j = 1, 2, \cdots, p$

若进行到某一步，如第 k 步时，对所有 $j = 1, 2, \cdots, p$，有

$$d^{(k)}(v_s, v_j) = d^{(k-1)}(v_s, v_j)$$

则$\{d^{(k)}(v_s, v_j)\}_{j=1,2,\cdots,p}$即为 v_s 到各点的最短路的权。

例 12：求如图 10 - 21 所示赋权有向图中从 v_1 到各点的最短路。

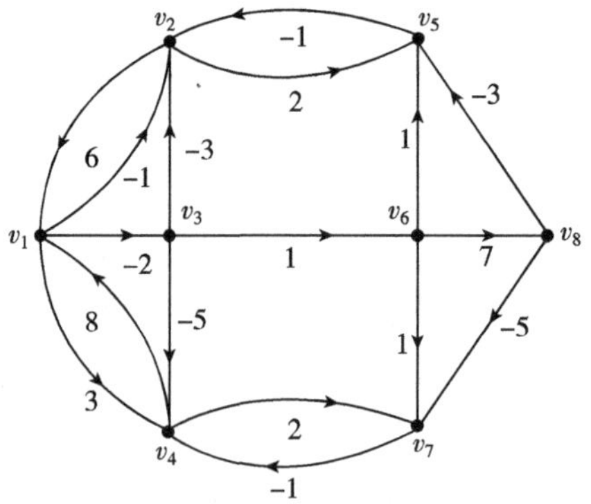

图 10 - 21

解：利用上述递推公式，求解结果如表 10 - 1 所示（表中未写数字的空格内是 $+\infty$）。

可以看到，当 $t=4$ 时，对所有 $j=1, 2, \cdots, 8$，有 $d^{(t-1)}(v_1, v_j)=d^{(t)}(v_1, v_j)$，于是表中最后一列 0，-5，-2，-7，-3，-1，-5，6 就分别是从 v_1 到 $v_1, v_2, \cdots, v_8$ 的最短路的权。

为了进一步求得从 v_s 到各点的最短路，可以类似于 Dijkstra 方法中，给每一个点以 λ 值开始，

$\lambda(v_s)=0$，$\lambda(v_i)=s(i\neq s)$

在迭代过程中，如果

$$
\begin{aligned}
d^{(t)}(v_s, v_j) &= \min\{d^{(t-1)}(v_s, v_i)+w_{ij}\} \\
&= d^{(t-1)}(v_s, v_{i0})+w_{i0j}
\end{aligned}
$$

则把这时的 $\lambda(v_j)$ 修改为 i_0。迭代终止时，根据各点的 λ 值，可以得到从 v_s 到各点的最短路。

寻求最短路的另一个办法是在求出最短路的权以后，采用"反向追踪"的方法。比如已知 $d(v_s, v_j)$，则寻求一个点 v_k，使 $d(v_s, v_k)+w_{kj}=d(v_s, v_j)$，记录下 (v_k, v_j)，再考察 $d(v_s, v_k)$，寻求一点 v_i，使 $d(v_s, v_i)+w_{ik}=d(v_s, v_k)$，如此等等，直至到达 v_s 为止，于是从 v_s 到 v_j 的最短路是 $(v_s, \cdots, v_i, v_k, v_j)$。

表 10 - 1

点	w_{ij}								$d^{(t)}(v_1, v_j)$			
	v_1	v_2	v_3	v_4	v_5	v_6	v_7	v_8	$t=1$	$t=2$	$t=3$	$t=4$
v_1	0	-1	-2	3					0	0	0	0
v_2	6	0			2				-1	-5	-5	-5
v_3		-3	0	-5		1			-2	-2	-2	-2
v_4				0			2		3	-7	-7	-7
v_5		-1			0					1	-3	-3
v_6					1	0	1	7		-1	-1	-1
v_7				-1			0			5	-5	-5
v_8					-3		-5	0			6	6

如例 3，由表 10 - 1 已知 $d(v_1, v_8)=6$，

因 $d(v_1, v_6)+w_{68}=(-1)+7=d(v_1, v_8)$，故记下 (v_6, v_8)。

因 $d(v_1, v_3)+w_{36}=d(v_1, v_6)$，故记下 (v_3, v_6)。

因 $d(v_1, v_7)+w_{73}=d(v_1, v_3)$，从而从 v_1 到 v_8 的最短路是 (v_1, v_3, v_6, v_8)。

定义 5：设 D 是赋权有向图，C 是 D 中的一个回路，如果 C 的权 $w(C)$ 小于零，则称 C 是 D 中的一个负回路。

不难证明：

(1)如果 D 是不含负回路的赋权有向图，那么，从 v_s 到任意一个点的最短路必可取为初等路，从而最多包含 $p-2$ 个中间点。

(2)上述递推公式中的 $d^{(t)}(v_s, v_j)$ 是在至多包含 $t-1$ 个中间点的限制条件下，从 v_s 到 v_j 的最短路的权。

由(1)、(2)可知：当 D 中不含负回路时，上述算法最多经过 $p-1$ 次迭代必定收敛，即对所有的 $j=1, 2, \cdots, p$，均有 $d^{(k)}(v_s, v_j)=d^{(k-1)}(v_s, v_j)$，从而求出从 v_s 到各个顶点的最短路的权。

如果经过 $p-1$ 次迭代，存在某个 j，使 $d^{(p)}(v_s, v_j)\neq d^{(p-1)}(v_s, v_j)$，则说明 D 中含有负回路。显然，这时从 v_s 到 v_j 的路的权是没有下界的。

为了加快收敛速度，可以利用如下的递推公式。

$d^{(1)}(v_s, v_j)=w_{sj}(j=1, 2, \cdots, p)$

$d^{(t)}(v_s, v_j)=\min\{\min\limits_{i<j}\{d^{(t)}(v_s, v_j)+w_{ij}\}, \min\limits_{i\geqslant j}\{d^{(t-1)}(v_s, v_i)+w_{ij}\}\}$

$(j=1, 2, \cdots, p)$, $(t=2, 3, \cdots)$

J. Y. Yen 提出一个改进的递推算法：

$d^{(1)}(v_s, v_j)=w_{sj} \quad j=1, 2, \cdots, p$

对 $t=2, 4, 6, \cdots$，按 $j=1, 2, \cdots, p$ 的顺序计算：

$d^{(t)}(v_s, v_j)=\min\{d^{(t-1)}(v_s, v_j), \min\limits_{i<j}\{d^{(t)}(v_s, v_i)+w_{ij}\}\}$

对 $t=3, 5, 7, \cdots$，按 $j=p, p-1, \cdots, 1$ 的顺序计算：

$d^{(t)}(v_s, v_j)=\min\{d^{(t-1)}(v_s, v_j), \min\limits_{i>j}\{d^{(t)}(v_s, v_i)+w_{ij}\}\}$

同样地，对所有的 $j=1, 2, \cdots, p$

$d^{(k)}(v_s, v_j)=d^{(k-1)}(v_s, v_j)$

时，算法终止。

10.3.3 应用举例

例 13：设备更新问题。某企业使用一台设备，在每年年初，企业领导部门就要决定是购置新的，还是继续使用旧的。若购置新设备，就要支付一定的购置费用；若继续使用旧设备，则需支付一定的维修费用。现在的问题是如何制订一个几年之内的设备更新计划，使总的支付费用最少。我们以一个五年之内要更新某种设备的计划为例，若已知该种设备在各年年初的价格如表 10-2 所示。

表 10-2

第 1 年	第 2 年	第 3 年	第 4 年	第 5 年
11	11	12	12	13

还已知使用不同时间（年）的设备所需要的维修费用如表 10－3 所示。

表 10－3

使用年数	0～1	1～2	2～3	3～4	4～5
维修费用	5	6	8	11	18

可供选择的设备更新方案显然是很多的。例如，每年都购置一台新设备，则其购置费用为 11＋11＋12＋12＋13＝59，而每年支付的维修费用为5，五年合计为25。于是五年总的支付费用为 59＋25＝84。

又如决定在第1、第3、第5 年各购进一台，这个方案的设备购置费为 11＋12＋13＝36，维修费为 5＋6＋5＋6＋5＝27。五年总的支付费用为 63。

如何制订使得总的支付费用最少的设备更新计划呢？可以把这个问题化为最短路问题，见图 10－22。

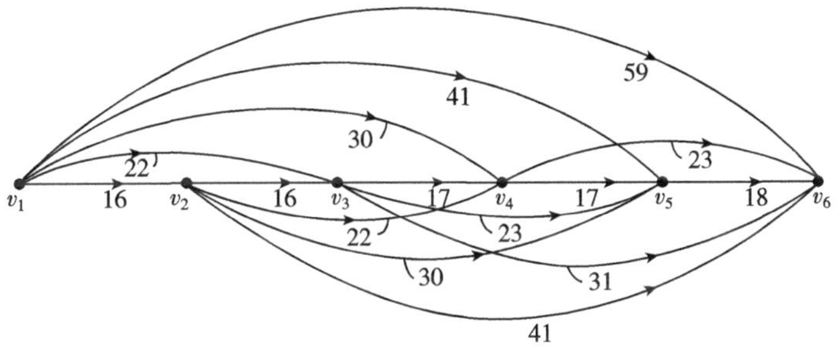

图 10－22

用点 v_i 代表“第 i 年年初购进一台新设备”这种状态（加设一点 v_6，可以理解为第 5 年年底）。从 v_i 到 v_i+1，…，v_6 各画一条弧。弧（v_i，v_j）表示在第 i 年年初购进的设备一直使用到第 j 年年初（即第 $j-1$ 年年底）。

每条弧的权可按已知资料计算出来。例如，（v_1，v_4）是第 1 年年初购进一台新设备（支付购置费 11），一直使用到第 3 年年底（支付维修费 5＋6＋8＝19），故（v_1，v_4）上的权为 30。

这样一来，制订一个最优的设备更新计划问题就等价于寻求从 v_1 到 v_6 的最短路的问题。

按求解最短路的计算方法，$\{v_1, v_3, v_6\}$ 及 $\{v_1, v_4, v_6\}$ 均为最短路，即有两个最优方案。一个方案是在第 1 年、第 3 年各购置一台新设备；另一个方案是在第 1 年、第 4 年各购置一台新设备。五年总的支付费用均为 53。

补充说明：

(1)上述求解最短路的方法在一定条件下也适用于求解最长路问题，如第 11 章的关键路线实际上就是从总开工节点到总完工节点的最长路。在求解最长路问题中要确保图中不存在回路。

(2)参考最短路和最小树的求解方法，对指派问题，也可以用以下方法来求解：

以第 5 章“例 7”为例：有一份中文说明书，需要译成英、日、德、俄四种文字。分别记作 E、J、G、R。现有甲、乙、丙、丁四人。他们将中文说明书翻译成不同的语种的说明书所需时间如表 10－4 所示。问应指派何人去完成何种工作，使所需总时间最少？

表 10－4

任务 人员	E	J	G	R
甲	2	15	13	4
乙	10	4	14	15
丙	9	14	16	13
丁	7	8	11	9

应用最短路的求解思路，具体的求解过程如下：

首先找到该问题的任一可行解，如表 10－5 所示。

表 10－5

任务 人员	E	J	G	R
甲	2	15	13	[4]
乙	10	4	[14]	15
丙	9	[14]	16	13
丁	[7]	8	11	9

注：甲—R、乙—G、丙—J、丁—E。

之后，在该可行解所确定的指派关系中找到数值最大的数字“14”，在效率表中把大于等于“14”的去掉，表示此处不再确定指派关系，在剩下的元素中重复上述步骤，直到找不到可行解为止(见表 10－6、表 10－7、表 10－8)。则最后一次的可行解就是该决策问题的最优解。

表 10－6

任务 人员	E	J	G	R
甲	2		[13]	4
乙	[10]	4		
丙	9			[13]
丁	7	[8]	11	9

表 10－7

任务 人员	E	J	G	R
甲	2			[4]
乙	10	[4]		
丙	[9]			
丁	7	8	[11]	9

表 10－8

任务 人员	E	J	G	R
甲	2			4
乙	10	4		
丙	9			
丁	7	8		9

无可行解，故最优解见表 10－9。

表 10－9

任务 人员	E	J	G	R
甲	2			[4]
乙	10	[4]		
丙	[9]			
丁	7	8	[11]	9

对于求解目标函数为极大值的指派问题也可以使用这一方法。

10.4 网络最大流问题

许多系统包含了流量问题。例如，公路系统中有车辆流、控制系统中有信息流、供水系统中有水流、金融系统中有现金流等。

图 10－23 是联结某产品产地 v_1 和销地 v_6 的交通网，每一弧$(v_i,\ v_j)$代表从 v_i 到 v_j 的运输线，产品经这条弧由 v_i 输送到 v_j，弧旁的数字表示这条运输线的最大通过能力。产品经过交通网从 v_1 输送到 v_6。现在要求制定一个运输方案使从 v_1 运到 v_6 的产品数量最多。

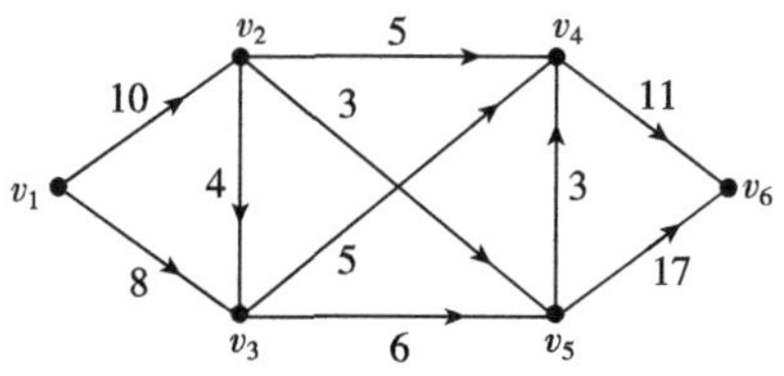

图 10－23

图 10－24 给出了一个运输方案，每条弧旁的数字表示在这个方案中，每条运输线上的运输数量。这个方案使 8 个单位的产品从 v_1 运到 v_6，在这个交通网上输送量是否还可以增多，或者说这个运输网络中，从 v_1 到 v_6 的最大输送量是多少呢？本节就是要研究类似这样的问题。

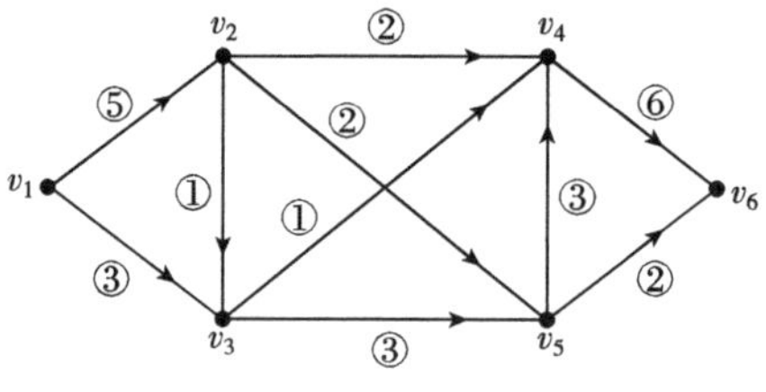

图 10－24

10.4.1 基本概念与基本定理

10.4.1.1 网络与流

定义 6：给一个有向图 $D=(V,\ A)$，在 V 中指定了一点称为发点(记为 v_s)，而另一点称为收点(记为 v_t)，其余的点叫中间点。对于每一个弧 $(v_i, v_j) \in A$，对应有一个 $c(v_i, v_j) \geqslant 0$(或简写为 c_{ij})，称为弧的容量。通常我们就把这样的 D 叫作一个网络。记作

$$D=(V, A, C)$$

所谓网络上的流，是指定义在弧集合 A 上的一个函数 $f=\{f(v_i, v_j)\}$，并称 $f(v_i, v_j)$ 为弧 (v_i, v_j) 上的流量(有时也简记作 f_{ij})。

例如图 10－23 就是一个网络，指定 v_1 是发点，v_6 是收点，其他的点是中间点。弧旁的数字为 c_{ij}。

图 10－24 所示的运输方案，就可看作是这个网络上的一个流，每个弧上的运输量就是该弧上的流量，即 $f_{12}=5$、$f_{24}=2$、$f_{13}=3$、$f_{34}=1$ 等。

10.4.1.2　可行流与最大流

在运输网络的实际问题中可以看出，对于流有两个明显的要求：一是每个弧上的流量不能超过该弧的最大通过能力(即弧的容量)；二是中间点的流量为零。因为对于每个点，运出这点的产品总量与运进这点的产品总量之差，是这一点的净输出量，简称为这一点的流量；由于中间点只起转运作用，所以中间点的流量必为零。易见发点的净流出量和收点的净流入量必相等，也是这个方案的总输送量。因此有：

定义 7：满足下述条件的流 f 称为可行流：

(1)容量限制条件：对每一弧 $(v_i, v_j) \in A$ 有

$$0 \leqslant f_{ij} \leqslant c_{ij}$$

(2)平衡条件：

对于中间点：流出量等于流入量，即对每个 $i(i \neq s, t)$ 有

$$\sum_{(v_i,v_j)\in A} f_{ij} - \sum_{(v_j,v_i)\in A} f_{ji} = 0$$

对于发点 v_s，记

$$\sum_{(v_s,v_j)\in A} f_{sj} - \sum_{(v_j,v_s)\in A} f_{js} = v(f)$$

对于收点 v_t，记

$$\sum_{(v_t,v_j)\in A} f_{tj} - \sum_{(v_j,v_t)\in A} f_{jt} = -v(f)$$

式中 $v(f)$ 称为这个可行流的流量。即发点的净输出量(或收点的净输入量)。

可行流总是存在的。比如令所有弧的流量 $f_{ij}=0$，就得到一个可行流(称为零流)，其流量 $v(f)=0$。

最大流问题就是求一个流 $\{f_{ij}\}$ 使其流量 $v(f)$ 达到最大，并且满足：

$$0 \leqslant f_{ij} \leqslant c_{ij}(v_i, v_j) \in A \qquad ①$$

$$\sum f_{ij} - \sum f_{ji} = \begin{cases} v(f) & (i=s) \\ 0 & (i \neq s,t) \\ -v(f) & (i=t) \end{cases} \qquad ②$$

最大流问题是一个特殊的线性规划问题。即求一组$\{f_{ij}\}$，在满足条件①和②下使$v(f)$达到极大。将会看到利用图的特点，解决这个问题的方法较之线性规划的一般方法要方便、直观得多。

10.4.1.3 增广链

若给一个可行流$f=\{f_{ij}\}$，我们把网络中使$f_{ij}=c_{ij}$的弧称为饱和弧，使$f_{ij}<c_{ij}$的弧称为非饱和弧。使$f_{ij}=0$的弧称为零流弧，使$f_{ij}>0$的弧称为非零流弧。

在图10－24中，(v_5, v_4)是饱和弧，其他的弧为非饱和弧。所有弧都是非零流弧。

若μ是网络中联结发点v_s和收点v_t的一条链，我们定义链的方向是从v_s到v_t，则链上的弧被分为两类：一类是弧的方向与链的方向一致，叫作前向弧。前向弧的全体记为μ^+。另一类是弧的方向与链的方向相反，称为后向弧。后向弧的全体记为μ^-。

图10－23中，在链$\mu=(v_1, v_2, v_3, v_4, v_5, v_6)$上

$\mu^+=\{(v_1, v_2), (v_2, v_3), (v_3, v_4), (v_5, v_6)\}$

$\mu^-=\{(v_5, v_4)\}$

定义8：设f是一个可行流，μ是从v_s到v_t的一条链，若μ满足下列条件，称之为(关于可行流f的)增广链。

在弧$(v_i, v_j)\in\mu^+$上，$0\leqslant f_{ij}<c_{ij}$，即μ^+中每一条弧都是非饱和弧。

在弧$(v_i, v_j)\in\mu^-$上，$0<f_{ij}\leqslant c_{ij}$，即μ^-中每一条弧都是非零流弧。

图10－24中，链$\mu=(v_1, v_2, v_3, v_4, v_5, v_6)$是一条增广链。因为$\mu^+$和$\mu^-$中的弧满足增广链的条件。比如：

$(v_1, v_2)\in\mu^+$，$f_{12}=5<c_{12}=10$

$(v_5, v_4)\in\mu^-$，$f_{54}=3>0$

10.4.1.4 截集与截量

设S，$T\subset V$，$S\cap T=\varnothing$，我们把始点在S中、终点在T中的所有弧构成的集合，记为(S, T)。

定义9：给网络$D=(V, A, C)$，若点集V被剖分为两个非空集合v_1和$\overline{V}_1$，使$v_s\in v_1$，$v_t\in\overline{V}_1$，则把弧集$(v_1, \overline{V}_1)$称为(分离v_s和v_t的)截集。

显然，若把某一截集的弧从网络中除去，则从v_s到v_t便不存在路。所以，从直观上说，截集是从v_s到v_t的必经之道。

定义10：给一截集$(v_1, \overline{V}_1)$，把截集$(v_1, \overline{V}_1)$中所有弧的容量之和称为这个截集的容量(简称为截量)，记为$c(v_1, \overline{V}_1)$，即

$$c(v_1,\overline{V}_1)=\sum_{(v_i,v_j)\in(v_1,\overline{V}_1)}c_{ij}$$

不难证明，任何一个可行流的流量$v(f)$都不会超过任一截集的容量。即

$v(f)\leqslant c(v_1, \overline{V}_1)$

显然，若对于一个可行流 f^*，网络中有一个截集 $(V_1^*, \overline{V}_1^*)$，使 $v(f^*) = c(V_1^*, \overline{V}_1^*)$，则 f^* 必是最大流，而 $(V_1^*, \overline{V}_1^*)$ 必定是 D 的所有截集中，容量最小的一个，即最小截集。

定理 8：可行流 f^* 是最大流，当且仅当不存在关于 f^* 的增广链。

证明：若 f^* 是最大流，设 D 中存在关于 f^* 的增广链 μ，令

$$\theta = \min\{\min_{\mu^+}(c_{ij} - f_{ij}^*), \min_{\mu^-} f_{ij}^*\}$$

由增广链的定义，可知 $\theta > 0$，令

$$f_{ij}^{**} = \begin{cases} f_{ij}^* + \theta & (v_i, v_j) \in \mu^+ \\ f_{ij}^* - \theta & (v_i, v_j) \in \mu^- \\ f_{ij}^* & (v_i, v_j) \notin \mu \end{cases}$$

不难验证 $\{f_{ij}^{**}\}$ 是一个可行流，且 $v(f^{**}) = v(f^*) + \theta > v(f^*)$。这与 f^* 是最大流的假设矛盾。

现在设 D 中不存在关于 f^* 的增广链，证明 f^* 是最大流。我们利用下面的方法来定义 V_1^*：

令 $v_s \in V_1^*$

若 $v_i \in V_1^*$，且 $f_{ij}^* < c_{ij}$，则令 $v_j \in V_1^*$

若 $v_i \in V_1^*$，且 $f_{ji} > 0$，则令 $v_j \in V_1^*$

因为不存在关于 f^* 的增广链，故 $v_t \notin V_1^*$。

记 $\overline{V}_1^* = V \setminus V_1^*$，于是得到一个截集 $(V_1^*, \overline{V}_1^*)$。显然必有

$$f_{ij}^* = \begin{cases} c_{ij} & (v_i, v_j) \in (V_1^*, \overline{V}_1^*) \\ 0 & (v_i, v_j) \in (\overline{V}_1^*, V_1^*) \end{cases}$$

所以 $v(f^*) = c(V_1^*, \overline{V}_1^*)$。于是 f^* 必是最大流。定理得证。

由上述证明中可见，若 f^* 是最大流，则网络中必存在一个截集 $(V_1^*, \overline{V}_1^*)$，使

$$v(f^*) = C(V_1^*, \overline{V}_1^*)$$

于是有如下重要的结论：

最大流量最小截量定理：任意一个网络 D 中，从 v_s 到 v_t 的最大流的流量等于分离 v_s，v_t 的最小截集的容量。

定理 8 为我们提供了寻求网络中最大流的一个方法。若给了一个可行流 f，只要判断 D 中有无关于 f 的增广链。如果有增广链，则可以按定理 8 前半部分证明中的办法，改进 f，得到一个流量增大的新的可行流。如果没有增广链，则得到最大流。而利用定理 8 后半部分证明中定义 V_1^* 的办法，可以根据 v_t 是否属于 V_1^* 来判断 D 中有无关于 f 的增广链。

实际计算时，用给顶点标号的方法来定义 V_1^*。在标号过程中，有标号的顶点表示是 V_1^* 中的点，没有标号的点表示不是 V_1^* 中的点。一旦 v_t 有了标号，就表明找到一条

增广链；如果标号过程进行不下去，而 v_t 尚未标号，则说明不存在增广链，于是得到最大流。而且同时也得到一个最小截集。

10.4.2 寻求最大流的标号法

从一个可行流出发(若网络中没有给定 f，则可以设 f 是零流)，经过标号过程与调整过程。

10.4.2.1 标号过程

在这个过程中，网络中的点或者是标号点(又分为已检查和未检查两种)，或者是未标号点。每个标号点的标号包含两部分：第一个标号表明它的标号是从哪一点得到的，以便找出增广链；第二个标号是为确定增广链的调整量 θ 而用的。

标号过程开始，总先给 v_s 标上$(0, +\infty)$，这时 v_s 是标号而未检查的点，其余都是未标号点。一般地，取一个标号而未检查的点 v_i，对一切未标号点 v_j：

(1)若在弧(v_i, v_j)上，$f_{ij} < c_{ij}$，则给 v_j 标号$(v_i, l(v_j))$。这里 $l(v_j) = \min[l(v_i), c_{ij} - f_{ij}]$。这时点 v_j 成为标号而未检查的点。

(2)若在弧(v_j, v_i)上，$f_{ji} > 0$，则给 v_j 标号$(-v_i, l(v_j))$。这里 $l(v_j) = \min[l(v_i), f_{ji}]$。这时点 v_j 成为标号而未检查的点。

于是 v_i 成为标号而已检查过的点。重复上述步骤，一旦 v_t 被标上号，表明得到一条从 v_s 到 v_t 的增广链 μ，转入调整过程。

若所有标号都是已检查过的，而标号过程进行不下去时，则算法结束，这时的可行流就是最大流。

10.4.2.2 调整过程

首先按 v_t 及其他点的第一个标号，利用“反向追踪”的办法，找出增广链 μ。例如，设 v_t 的第一个标号为 v_k(或 $-v_k$)，则弧(v_k, v_t)(或相应的(v_t, v_k))是 μ 上的弧。接下来检查 v_k 的第一个标号，若为 v_i(或 $-v_i$)，则找出(v_i, v_k)(或相应的(v_k, v_i))。再检查 v_i 的第一个标号，依次下去，直到 v_s 为止。这时被找出的弧就构成了增广链 μ。令调整量 θ 是 $l(v_t)$，即 v_t 的第二个标号。令

$$f'_{ij} = \begin{cases} f_{ij} + \theta & (v_i, v_j) \in \mu^+ \\ f_{ij} - \theta & (v_i, v_j) \in \mu^- \\ f_{ij} & (v_i, v_j) \notin \mu \end{cases}$$

去掉所有的标号，对新的可行流 $f' = \{f'_{ij}\}$，重新进入标号过程。

例 14：用标号法求如图 10－25 所示网络的最大流。弧旁的数是(c_{ij}, f)。

解：(1)标号过程：

①给 v_s 标上$(0, +\infty)$。

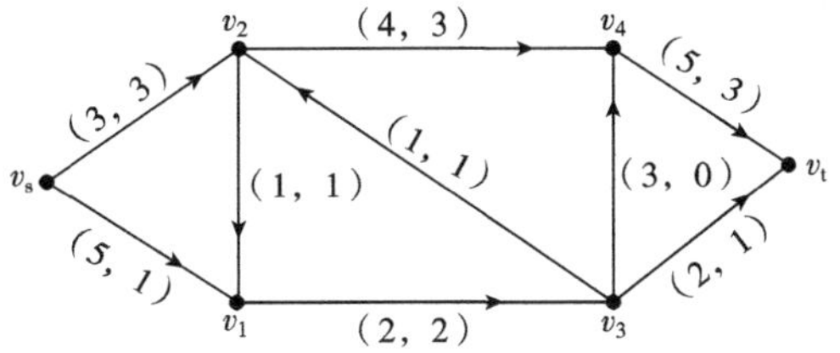

图 10－25

②检查 v_s，在弧$(v_s,\ v_2)$上，$f_{s2}=c_{s2}=3$，不满足标号条件。在弧$(v_s,\ v_1)$上，$f_{s1}=1$，$c_{s1}=5$，$f_{s1}<c_{s1}$，则 v_1 的标号为$(v_s,\ l(v_1))$，其中

$l(v_1)=\min[l(v_s),\ (c_{s1}-f_{s1})]=\min[+\infty,\ 5-1]=4$

③检查 v_1，在弧$(v_1,\ v_3)$上，$f_{13}=2$，$c_{13}=2$，不满足标号条件。

在弧$(v_2,\ v_1)$上，$f_{21}=1>0$，则给 v_2 记下标号为$(-v_1,\ l(v_2))$，这里

$l(v_2)=\min[l(v_1),\ f_{21}]=\min[4,\ 1]=1$

④检查 v_2，在弧$(v_2,\ v_4)$上，$f_{21}=3$，$c_{24}=4$，$f_{24}<c_{24}$，则给 v_4 标号为$(v_2,\ l(v_4))$，这里

$l(v_4)=\min[l(v_2),\ (c_{24}-f_{24})]=\min[1,\ 1]=1$

在弧$(v_3,\ v_2)$上，$f_{31}=1>0$，给 v_3 标号为$(-v_2,\ l(v_3))$，这里

$l(v_3)=\min[l(v_2),\ f_{32}]=\min[1,\ 1]=1$

⑤在 v_3、v_4 中任意选一个进行检查。例如，

在弧$(v_3,\ v_t)$上，$f_{3t}=1$，$c_{3t}=2$，$f_{3t}<c_{3t}$，给 v_t 标号为$(v_3,\ l(v_t))$，这里

$l(v_t)=\min[l(v_3),\ (c_{3t}-f_{3t})]=\min[1,\ 1]=1$

因 v_t 有了标号，故转入调整过程。

(2)调整过程：

按点的第一个标号找到一条增广链，如图 10－26 中双箭头线所示。

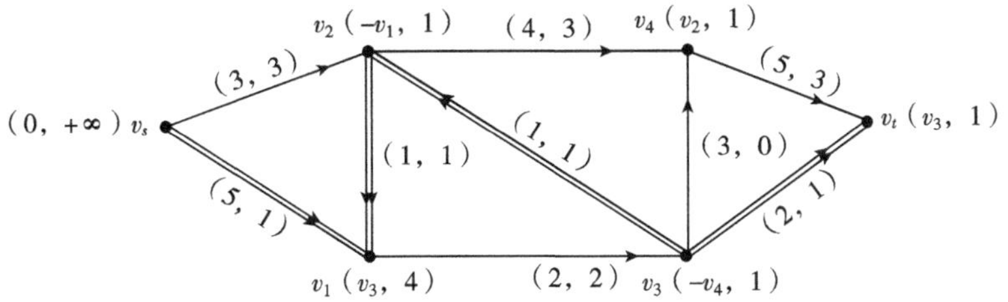

图 10－26

易见

$\mu^+=\{(v_s,\ v_1),\ (v_3,\ v_t)\}$

$\mu^- = \{(v_2, v_1), (v_3, v_2)\}$

按 $\theta = 1$ 在 μ 上调整 f。

μ^+ 上：$f_{s1} + \theta = 1 + 1 = 2$

$f_{3t} + \theta = 1 + 1 = 2$

μ^- 上：$f_{21} - \theta = 1 - 1 = 0$

$f_{32} - \theta = 1 - 1 = 0$

其余的 f_{ij} 不变。

调整后得如图 10－27 所示的可行流，对这个可行流进入标号过程，寻找增广链。

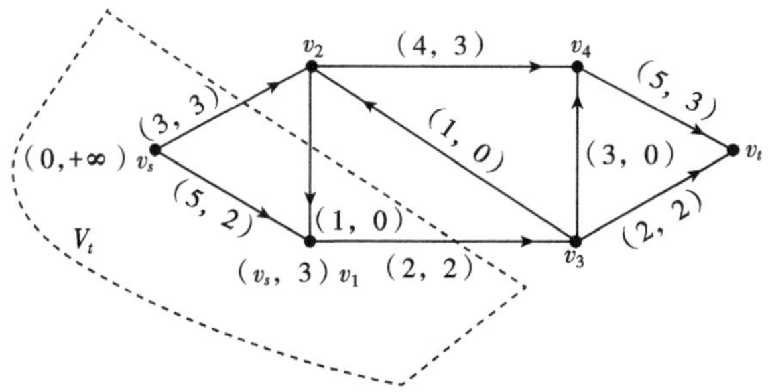

图 10－27

开始给 v_s 标以(0, $+\infty$)，于是检查 v_s，给 v_1 标以(v_s, 3)，检查 v_1，在弧(v_1, v_3)上，$f_{13} = c_{13}$，在弧(v_2, v_1)上，$f_{21} = 0$，均不符合条件，标号过程无法继续下去，算法结束。

这时的可行流(见图 10－27)即为所求最大流。最大流量为

$v(f) = f_{s1} + f_{s2} = f_{4t} + f_{3t} = 5$

与此同时，可找到最小截集(V_1, $\overline{V}_1$)，其中 V_1 为标号点集合，$\overline{V}_1$ 为未标号点集合。弧集合(V_1, $\overline{V}_1$)即为最小截集。

上例中，$V_1 = \{v_s, v_1\}$，$\overline{V}_1 = \{v_2, v_3, v_4, v_t\}$，于是 $(V_1, \overline{V}_1) = \{(v_s, v_2), (v_1, v_3)\}$ 是最小截集，它的容量也是 5。

由上述可见，用标号法找增广链以求最大流的结果，同时得到一个最小截集。最小截集容量的大小影响总的输送量的提高。因此，一方面，为提高总的输送量，必须首先考虑改善最小截集中各弧的输送状况，提高它们的通过能力；另一方面，一旦最小截集中弧的通过能力被降低，就会使总的输送量减少。

10.5　最小费用最大流问题

上一节讨论了寻求网络中的最大流问题。在实际生活中，涉及"流"的问题时，人们考虑的还不只是流量，而且还有"费用"的因素，本节介绍的最小费用最大流问题就是这类问题之一。

已知网络 $D=(V, A, C)$，每一弧 $(v_i, v_j)\in A$ 上，除已给容量 c_{ij} 外，还给了一个单位流量的费用 $b(v_i, v_j)\geqslant 0$（简记为 b_{ij}）。所谓最小费用最大流问题就是要求一个最大流 f，使流的总输送费用

$$b(f)=\sum_{(v_i,v_j)\in A} b_{ij}f_{ij}$$

取极小值。

下面介绍解决这个问题的一种方法。

从上节可知，寻求最大流的方法是从某个可行流出发，找到关于这个流的一条增广链 μ。沿着 μ 调整 f，对新的可行流试图寻求关于它的增广链，如此反复直至最大流。现在要寻求最小费用的最大流，首先考察一下，当沿着一条关于可行流 f 的增广链 μ，以 $\theta=1$ 调整 f，得到新的可行流 f' 时（显然 $v(f')=v(f)+1$），$b(f')$ 比 $b(f)$ 增加多少？不难看出

$$\begin{aligned} b(f')-b(f) &= \left[\sum_{\mu^+} b_{ij}(f'_{ij}-f_{ij})-\sum_{\mu^-} b_{ij}(f'_{ij}-f_{ij})\right] \\ &= \sum_{\mu^+} b_{ij}-\sum_{\mu^-} b_{ij} \end{aligned}$$

我们把 $\sum_{\mu^+} b_{ij}-\sum_{\mu^-} b_{ij}$ 称为这条增广链 μ 的"费用"。

可以证明，若 f 是流量为 $v(f)$ 的所有可行流中费用最小者，而 μ 是关于 f 的所有增广链中费用最小的增广链，那么沿 μ 去调整 f，得到的可行流 f'，就是流量为 $v(f')$ 的所有可行流中的最小费用流。这样，当 f' 是最大流时，它也就是所要求的最小费用最大流了。

应注意到，由于 $b_{ij}\geqslant 0$，所以 $f=0$ 必是流量为 0 的最小费用流。这样，总可以从 $f=0$ 开始。一般地，设已知 f 是流量 $v(f)$ 的最小费用流，余下的问题就是如何去寻求关于 f 的最小费用增广链。为此，可构造一个赋权有向图 $W(f)$，它的顶点是原网络 D 的顶点，而把 D 中的每一条弧 (v_i, v_j) 变成两个相反方向的弧 (v_i, v_j) 和弧 (v_j, v_i)。定义 $W(f)$ 中弧的权 w_{ij} 为

$$w_{ij}=\begin{cases} b_{ij} & 若 f_{ij}<c_{ij} \\ +\infty & 若 f_{ij}=c_{ij} \end{cases}$$

$$w_{ji}=\begin{cases}-b_{ij} & 若 f_{ij}>0\\ +\infty & 若 f_{ij}=0\end{cases}$$

（长度为 $+\infty$ 的弧可以从 $w(f)$ 中略去）

于是在网络 D 中寻求关于 f 的最小费用增广链就等价于在赋权有向图 $W(f)$ 中，寻求从 v_s 到 v_t 的最短路。因此有如下算法：

开始取 $f^{(0)}=0$，一般情况下若在第 $k-1$ 步得到最小费用流 $f^{(k-1)}$，则构造赋权有向图 $W(f^{(k-1)})$，在 $W(f^{(k-1)})$ 中，寻求从 v_s 到 v_t 的最短路。若不存在最短路（即最短路权是 $+\infty$），则 $f^{(k-1)}$ 就是最小费用最大流；若存在最短路，则在原网络 D 中得到相应的增广链 μ，在增广链 μ 上对 $f^{(k-1)}$ 进行调整。调整量为：

$$\theta=\min\left[\min_{\mu^+}(c_{ij}-f_{ij}^{(k-1)}),\ \min_{\mu^-}(f_{ij}^{(k-1)})\right]$$

令

$$f_{ij}^{(k)}=\begin{cases}f_{ij}^{(k-1)}+\theta & (v_i,\ v_j)\in\mu^+\\ f_{ij}^{(k-1)}-\theta & (v_i,\ v_j)\in\mu^-\\ f_{ij}^{(k-1)} & (v_i,\ v_j)\notin\mu\end{cases}$$

得到新的可行流 $f^{(k)}$，再对 $f^{(k)}$ 重复上述步骤。

例 15：以图 10－28 为例，求最小费用最大流。弧旁数字为 $(b_{ij},\ c_{ij})$。

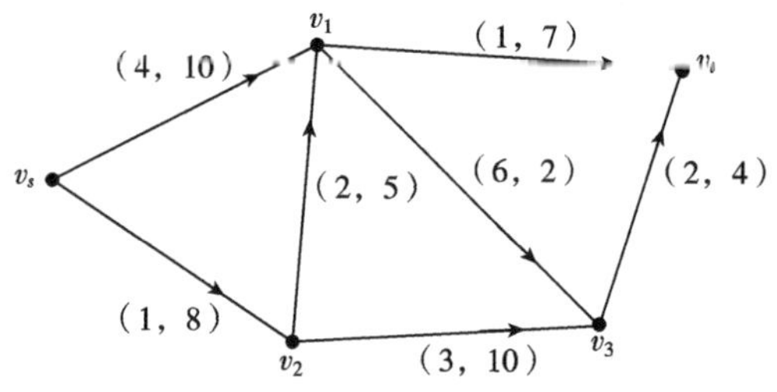

图 10－28

（1）取 $f^{(0)}=0$ 为初始可行流。

（2）构造赋权有向图 $W(f^{(0)})$，并求出从 v_s 到 v_t 的最短路 $(v_s,\ v_2,\ v_1,\ v_t)$，如图 10－29(a)（双箭头即为最短路）所示。

（3）在原网络 D 中，与这条最短路相应的增广链为 $\mu=(v_s,\ v_2,\ v_1,\ v_t)$。

（4）在 μ 上进行调整，$\theta=5$，得 $f^{(1)}$（见图 10－29(b)）。按照上述算法依次得 $f^{(1)}$、$f^{(2)}$、$f^{(3)}$、$f^{(4)}$，流量依次为 5、7、10、11；构造相应的赋权有向图为 $W(f^{(1)})$、$W(f^{(2)})$、$W(f^{(3)})$、$W(f^{(4)})$，如图 10－29 所示。

注意到 $W(f^{(4)})$ 中已不存在从 v_s 到 v_t 的最短路，所以 $f^{(4)}$ 为最小费用最大流。

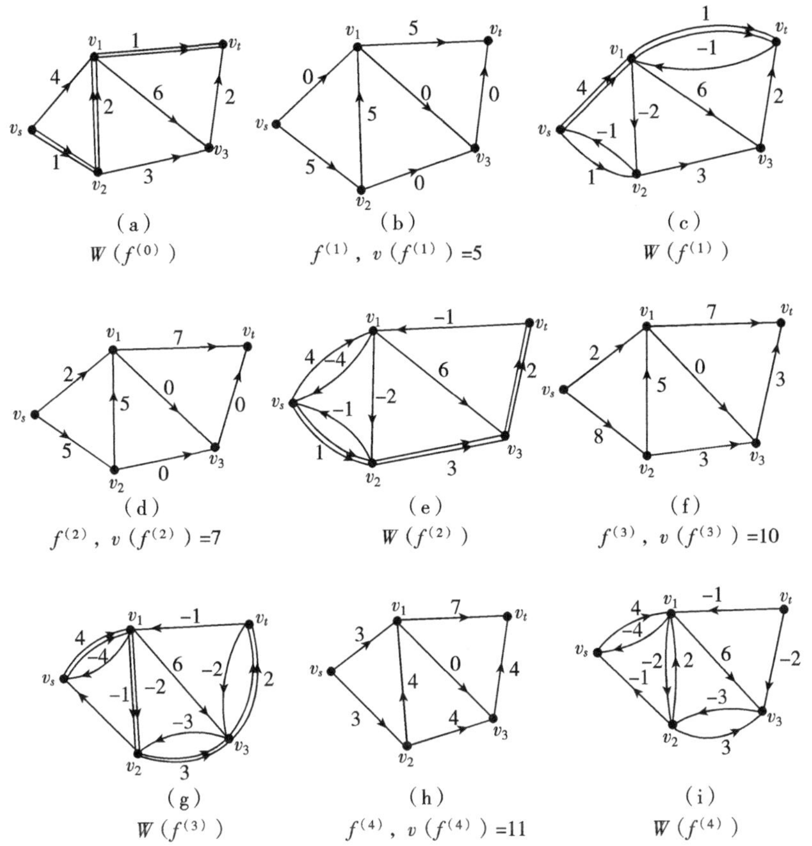

图 10－29

10.6　中国邮递员问题

在本章开始提到的邮递员问题，若把它抽象为图的语言，就是给定一个连通图，在每边 e_i 上赋予一个非负的权 $w(e_i)$，要求一个圈(未必是简单的)，过每边至少一次，并使圈的总权最小。这个问题是我国学者管梅谷在 1962 年首先提出的，因此在国际上通称为“中国邮递员问题”。

10.6.1　一笔画问题

给定一个连通多重图 G，若存在一条链，过每边一次，且仅一次，则称这条链为欧拉链。若存在一个简单圈，过每边一次，且仅一次，称这个圈为欧拉圈。一个图若有欧拉圈，则称为欧拉图。显然，一个图若能一笔画出，这个图必是欧拉图（出发点与终止点重合）或含有欧拉链（出发点与终止点不同）。

定理9：连通多重图 G 有欧拉圈，当且仅当 G 中无奇点。

证明：必要性是显然的，只证明充分性。不妨设 G 至少有三个点，对边数 $q(G)$ 进行数学归纳，因 G 是连通图，不含奇点，故 $q(G)\geqslant 3$。首先当 $q(G)=3$ 时，G 显然是欧拉图。考察 $q(G)=n+1$ 的情况，因 G 是不含奇点的连通图，并且 $p(G)\geqslant 3$，故存在三个点 u、v、w，使 $[u, v]$，$[w, v]\in E$。从 G 中去掉边 $[u, v]$，$[w, v]$，增加新边 $[u, w]$，得到新的多重图 G'。G' 有 $q(G)-1$ 条边，并且仍不含奇点，G' 至多有两个分图。若 G' 是连通的，那么根据归纳假设，G' 有欧拉圈 C'。把 C' 中的 $[w, u]$ 这一条边换成 $[w, v]$，$[v, u]$，即得 G 中的欧拉圈。现设 G' 有两个分图 G_1、G_2。设 v 在 G_1 中。根据归纳假设，G_1、G_2 分别有欧拉圈 C_1、C_2，则把 C_2 中的 $[u, w]$ 这条边换成 $[u, v]$，C_1 及 $[v, w]$，即得 G 的欧拉圈。

推论：连通多重图 G 有欧拉链，当且仅当 G 恰有两个奇点。

证明：必要性是显然的。现设连通多重图 G 恰有两个奇点 u、v。在 G 中增加一个新边 $[u, v]$（如果在 G 中，u、v 之间就有边，那么这个新边是原有边上的重复边），得连通多重图 G'，易见 G' 中无奇点。由定理3，G' 有欧拉圈 C'，从 C' 中丢去增加的那个新边 $[u, v]$，即得 G 中的一条联结 u、v 的欧拉链。

上述定理和推论为我们提供了识别一个图能否是一笔画的简单办法。如前面提到的七桥问题，因为图10-1（b）中有4个奇点，所以不能一笔画出。也就是说，七桥问题的回答是否定的。如图10-30所示，它有两个奇点 v_2 和 v_5，因此可以从点 v_2 开始，用一笔画到点 v_5 终止。

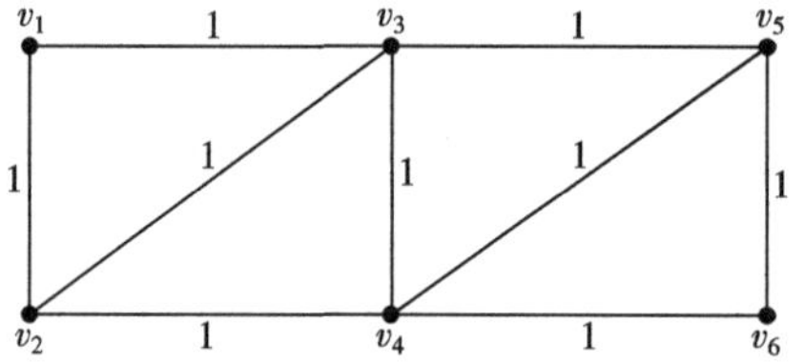

图10-30

现在的问题是：如果我们已经知道图 G 是可以一笔画的，那么，怎样把它一笔画出来呢？也就是说，怎么找出它的欧拉圈（这时 G 无奇点）或欧拉链（这时 G 恰有两个奇点）呢？下面简单地介绍由 Fleury 提供的方法。

首先介绍割边的概念。设 e 是连通图 G 的一个边，如果从 G 中去掉 e，图就不连通了，则称 e 是图 G 的割边。例如，图10-10（b）中，$[v_1, v_2]$ 是割边；树中的每一个边都是割边。

设 $G=(V, E)$是无奇点的连通图，以

$$\mu_k=(v_{i0}, e_{i1}, v_{i1}, e_{i2}, v_{i2}, \cdots, v_{ik-1}, e_{ik}, v_{ik})$$

记在第 k 步得到的简单链。记 $E_k=\{e_{i1}, e_{i2}, \cdots, e_{ik}\}$，$\overline{E}_k=E\setminus E_k$，以及 $G_k=(V, \overline{E}_k)$（开始 $k=0$ 时，令 $\mu_0=(v_{i0})$，这里 v_{i0}是图 G 的任意一点，$E_0=\varnothing$；$G_0=G$）。进行第$(k+1)$步：在 G_k 中选 v_{ik}的一条关联边 $e_{ik+1}=[v_{ik}, v_{ik+1}]$，使 e_{ik+1}不是 G_k 的割边（除非 v_{ik}是 G_k 的悬挂点，这时 v_{ik}在 G_k 中的悬挂边选为 e_{ik+1}）。令

$$\mu_{k+1}=(v_{i0}, e_{i1}, v_{i1}, e_{i2}, v_{i2}, \cdots, v_{ik-1}, e_{ik}, v_{ik}, e_{ik+1}, v_{ik+1})$$

重复这个过程，直到选不到所要求的边为止。可以证明：这时的简单链必定终止于 v_{i0}，并且就是我们要求的图 G 的欧拉圈。

如果 $G=(V, E)$是恰有两个奇点的连通图。只需要取 v_{i0}是图 G 的一个奇点就可以了。最终得到的简单链就是图中联结两个奇点的欧拉链。

10.6.2　奇偶点图上作业法

根据上面的讨论，如果在某邮递员所负责的范围内，街道图中没有奇点，那么他就可以从邮局出发，走过每条街道一次，且仅一次，最后回到邮局，这样他所走的路程也就是最短的路程。对于有奇点的街道图，就必须在某些街道上重复走一次或多次。

例如图 10－30 的街道图中，若 v_1 是邮局，邮递员可以按以下的路线投递信件：

$v_1\to v_2\to v_4\to v_3\to v_2\to v_4\to v_6\to v_5\to v_4\to v_6\to v_5\to v_3\to v_1$，总权为 12。

也可按另一条路线走：

$v_1\to v_2\to v_3\to v_2\to v_4\to v_5\to v_6\to v_4\to v_3\to v_5\to v_3\to v_1$，总权为 11。

可见，按第一条路线走，在边$[v_2, v_4]$、$[v_4, v_6]$、$[v_6, v_5]$上各重复走了一次。而按第二条路线走，在边$[v_3, v_2]$、$[v_3, v_5]$上各重复走了一次。

如果在某条路线中，在边$[v_i, v_j]$上重复走了几次，我们在图中 v_i、v_j 之间增加几条边，令每条边的权和原来的权相等，并把新增加的边，称为重复边。于是这条路线就是相应的新图中的欧拉圈。例如在图 10－30 中，上面提到的两条投递路线分别是图 10－31(a)、(b)中的欧拉圈。

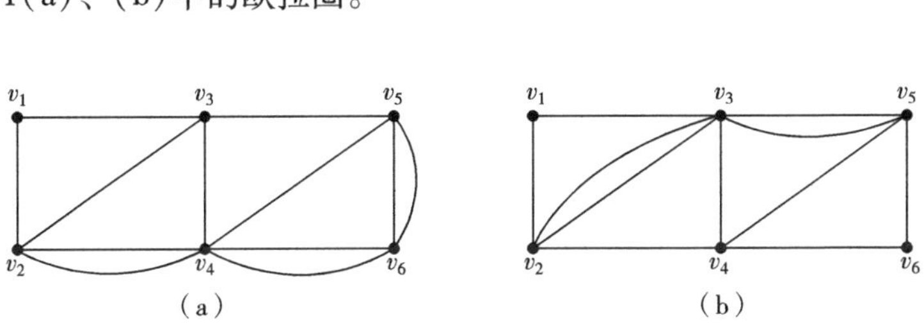

图 10－31

显然，两条邮递路线的总权的差必等于相应的重复边总权的差。因而，中国邮递员

问题可以叙述为在一个有奇点的图中，要求增加一些重复边，使新图不含奇点，并且重复边的总权为最小。

我们把使新图不含奇点而增加的重复边，简称为可行(重复边)方案，使总权最小的可行方案称为最优方案。

现在的问题是第一个可行方案如何确定，在确定一个可行方案后，怎么判断这个方案是否为最优方案？若不是最优方案，如何调整这个方案？

10.6.2.1 第一个可行方案的确定方法

在10.1节中，我们已经证明，在任何一个图中，奇点个数必为偶数。所以如果图中有奇点，就可以把它们配成对。又因为图是连通的，故每一对奇点之间必有一条链，我们把这条链的所有边作为重复边加到图中去，可见新图中必无奇点，这就给出了第一个可行方案。

例16：图10-32中的街道图，有四个奇点 v_2、v_4、v_6、v_8，将其分成两对，比如说 v_2 与 v_4 为一对，v_6 与 v_8 为一对。

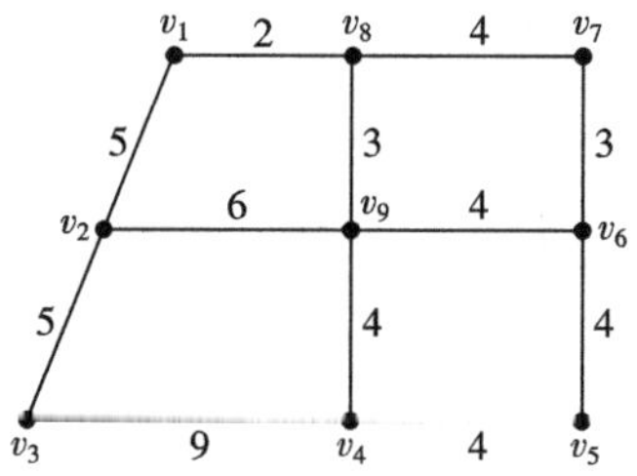

图10-32

在图10-32中，连接 v_2 与 v_4 的链有好几条，任意取一条，如取链(v_2，v_1，v_8，v_7，v_6，v_5，v_4)。把边[v_2，v_1]、[v_1，v_8]、[v_8，v_7]、[v_7，v_6]、[v_6，v_5]、[v_5，v_4]作为重复边加到图中去，同样地，取 v_6 与 v_8 之间的一条链(v_8，v_1，v_2，v_3，v_4，v_5，v_6)，把边[v_8，v_1]、[v_1，v_2]、[v_2，v_3]、[v_3，v_4]、[v_4，v_5]、[v_5，v_6]也作为重复边加到图中去，于是得到图10-33。

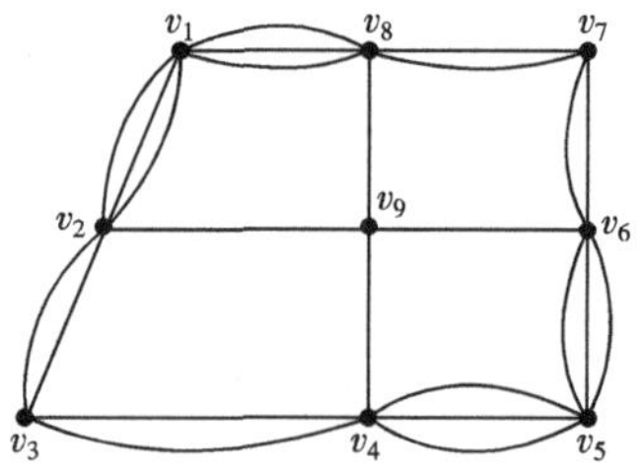

图10-33

在图 10－33 中，没有奇点，对应于这个可行方案，重复边总权为：

$2w_{12}+w_{23}+w_{34}+2w_{45}+2w_{56}+w_{67}+w_{78}+2w_{18}=51$

10.6.2.2　调整可行方案，使重复边总权下降

首先，从图 10－33 中可以看出，在边$[v_1, v_2]$上有两条重复边，如果把它们都从图中去掉，图仍然无奇点。即剩下的重复边还是一个可行方案，而总长度却有所下降。同样道理，$[v_1, v_8]$、$[v_4, v_5]$、$[v_5, v_6]$上的重复边也是如此。

一般情况下，若边$[v_i, v_j]$上有两条或两条以上的重复边时，从中去掉偶数条，就能得到一个总权较小的可行方案。

因而有：

(1)在最优方案中，图的每一边上最多有一条重复边。

依此，图 10－33 可以调整为图 10－34，重复边总权下降为 21。

其次，我们还可以看到，如果把图中某个圈上的重复边去掉，而给原来没有重复边的边加上重复边，图中仍没有奇点。因而如果在某个圈上重复边的总权大于这个圈的总权的一半，像上面所说的那样做一次调整，将会得到一个总权下降的可行方案。

(2)在最优方案中，图中每个圈上的重复边的总权不大于该圈总权的一半。

如在图 10－34 中，圈$(v_2, v_3, v_4, v_9, v_2)$的总权为 24，但圈上重复边总权为 14，大于该圈总权的一半。因此可以做一次调整，以$[v_2, v_9]$、$[v_9, v_4]$上的重复边代替$[v_2, v_3]$、$[v_3, v_4]$上的重复边，使重复边总权下降为 17，如图 10－35 所示。

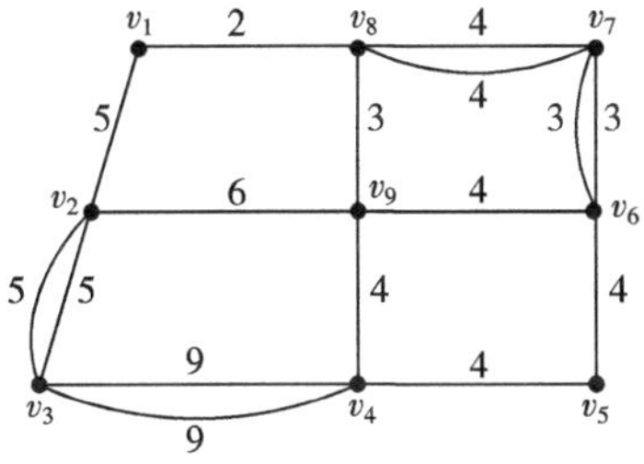

图 10－34

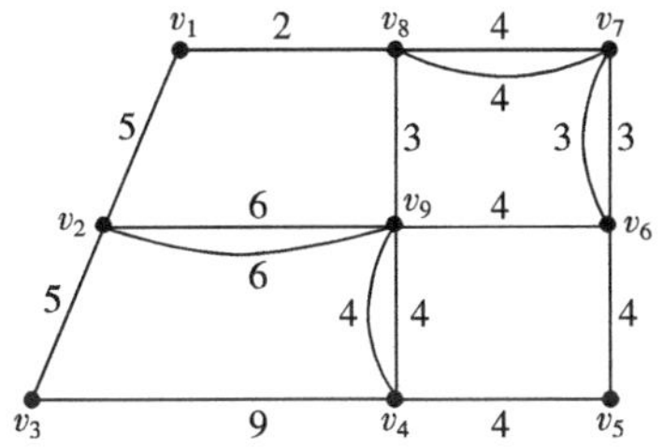

图 10－35

10.6.2.3 判断最优方案的标准

从上面的分析中可知，一个最优方案一定是满足条件（1）和条件（2）的可行方案，反之，可以证明一个可行方案若满足条件（1）和条件（2），则这个可行方案一定是最优方案。根据这样的判断标准，对给定的可行方案，检查它是否满足条件（1）和条件（2）。若满足，所得方案即为最优方案；若不满足，则对方案进行调整，直至条件（1）和条件（2）均得到满足为止。

检查图 10－35 中的圈（v_1，v_2，v_9，v_6，v_7，v_8，v_1），它的重复边总权为 13，而圈的总权为 24，不满足条件（2），经调整得图 10－36。重复边总权下降为 15。

检查图 10－36，条件（1）和条件（2）均满足。于是得最优方案，图 10－36 中的任意一个欧拉圈就是邮递员的最优邮递路线。

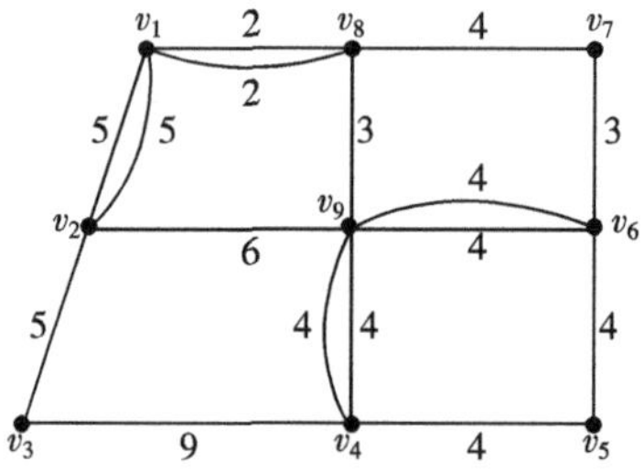

图 10－36

以上所说的求最优邮递路线的方法，通常称为奇偶点图上作业法。值得注意的是，该方法的主要困难在于检查条件（2），它要求检查每一个圈。当图中点、边数较多时，圈的个数将会很多。如“日”字形图就有 3 个圈，而“田”字形图就有 13 个圈。关于中国邮递员问题，已有比较好的算法，在这里我们就不去介绍它了。

习 题

10.1：证明如下序列不可能是某个简单图的次的序列：

（1）7，6，5，4，3，2。

（2）6，6，5，4，3，2，1。

（3）6，5，5，4，3，2，1。

10.2：已知九个人 v_1，v_2，…，v_9 中，v_1 和两人握过手，v_2、v_3 各和四个人握过手，v_4、v_5、v_6、v_7 各和五个人握过手，v_8、v_9 各和六个人握过手，证明这九个人中一

定可以找出三个人互相握过手。

10.3：用破圈法和避圈法找出图 10－37 的一个支撑树。

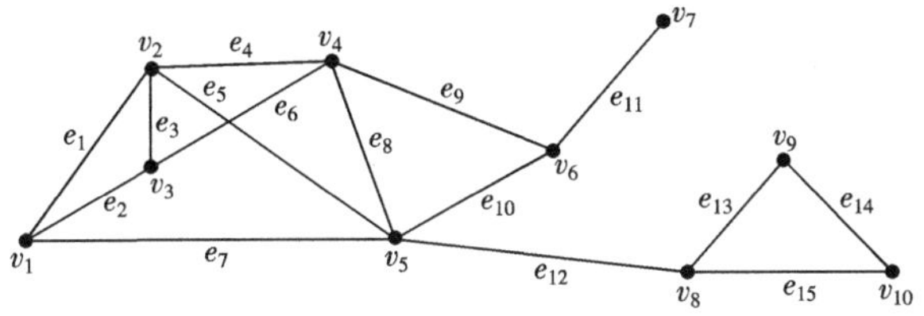

图 10－37

10.4：用破圈法和避圈法求图 10－38 中各图的最小树。

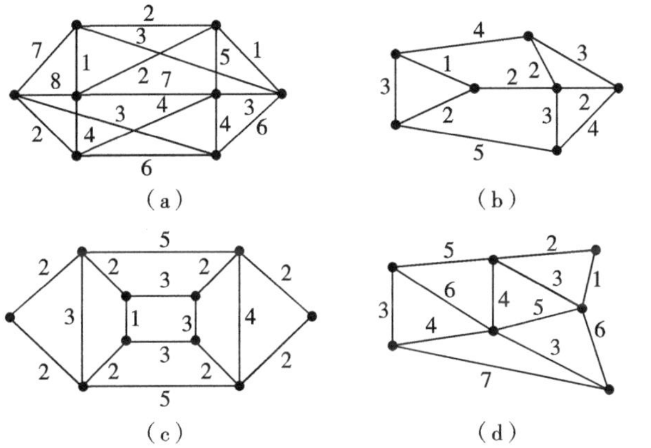

图 10－38

10.5：已知世界六大城市：(*Pe*)、(*N*)、(*Pa*)、(*L*)、(*T*)、(*M*)。试在由表 10－10 所示交通网络的数据中确定最小树。

表 10－10

城市	*Pe*	*T*	*Pa*	*M*	*N*	*L*
Pe	×	13	51	77	68	50
T	13	×	60	70	67	59
Pa	51	60	×	57	36	2
M	77	70	57	×	20	55
N	68	67	36	20	×	34
L	50	59	2	55	34	×

10.6：有九个城市 v_1，v_2，…，v_9，其公路网如图 10－39 所示。弧旁数字是该段公路的长度，有一批货物从 v_1 运到 v_9，问走哪条路最短？

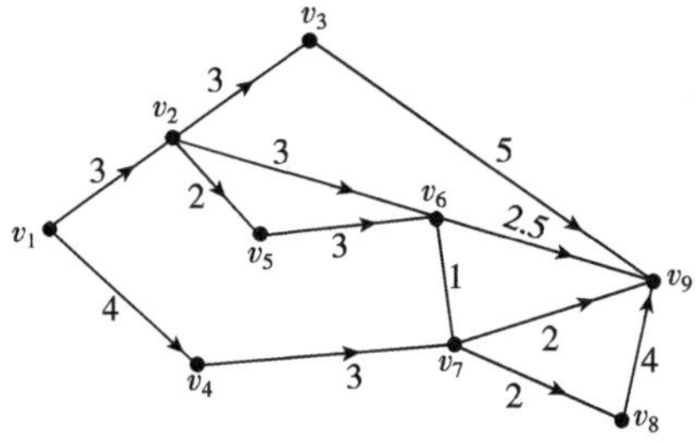

图 10－39

10.7：用 Dijkstra 方法求图 10－40 中从 v_1 到各点的最短路。

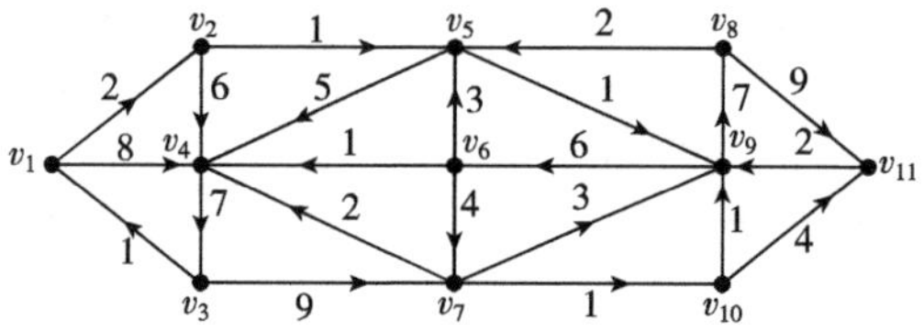

图 10－40

10.8：求图 10－41 中从 v_1 到各点的最短路。

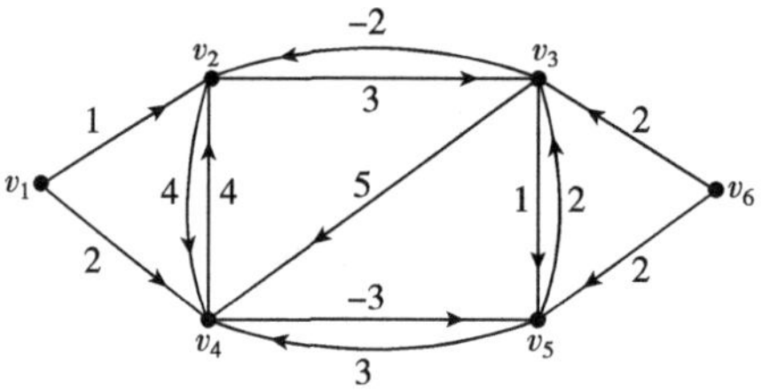

图 10－41

10.9：在图 10－42 中：

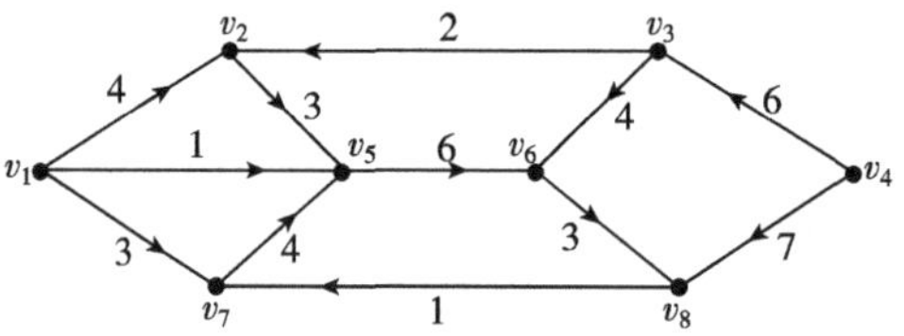

图 10－42

（1）用 Dijkstra 方法求从 v_1 到各点的最短路；

（2）指出对 v_1 来说哪些顶点是不可到达的。

10.10：求图 10－43 中从任意一点到另外任意一点的最短路。

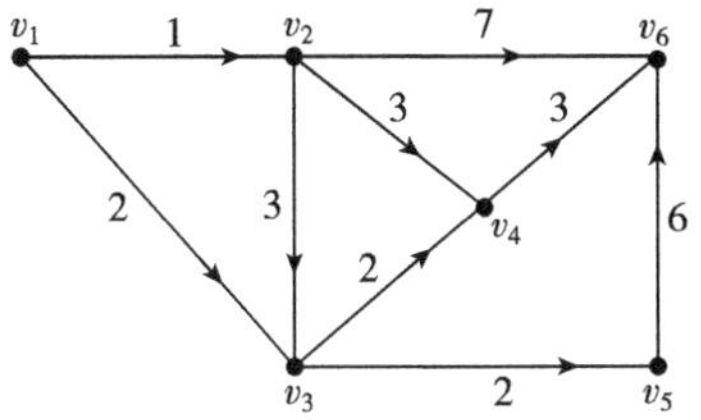

图 10－43

10.11：在如图 10－44 所示的网络中，每弧旁的数字是（c_{ij}，f_{ij}）。

（1）确定所有的截集；

（2）求最小截集的容量；

（3）证明指出的流是最大流。

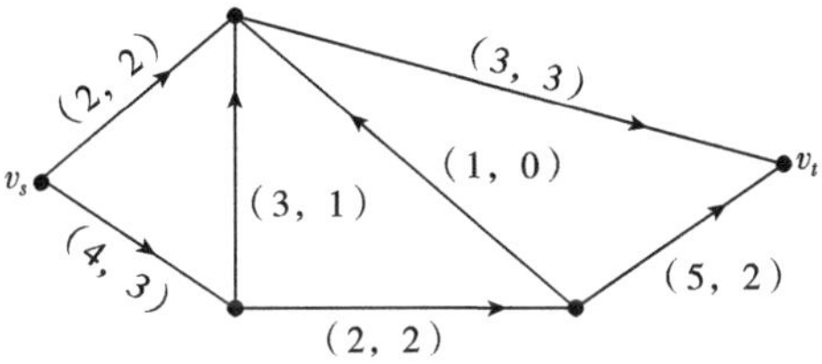

图 10－44

10.12：求如图 10－45 所示的网络的最大流（每弧旁的数字是（c_{ij}，f_{ij}））。

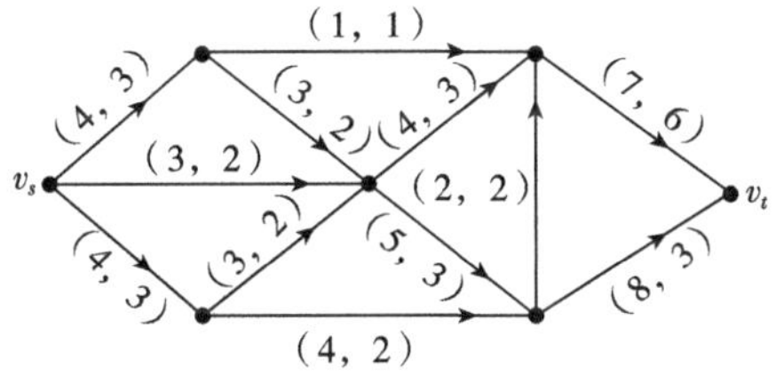

图 10－45

10.13：求如图 10－46 所示的网络的最大流。

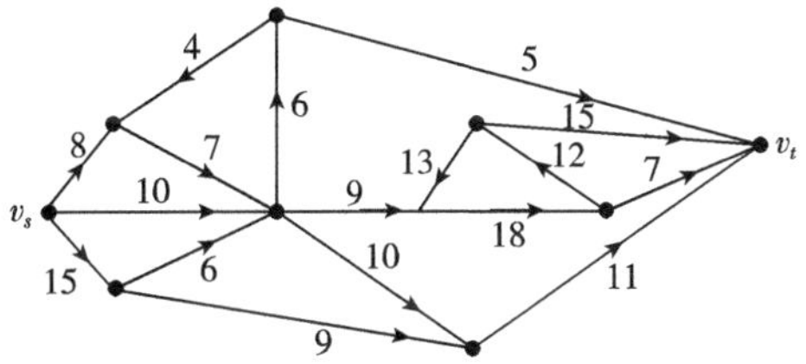

图 10－46

10.14：两家工厂 x_1 和 x_2 生产一种商品，商品通过如图 10－47 所示的网络运送到市场 y_1、y_2、y_3，试用标号法确定从工厂到市场所能运送的最大总量。

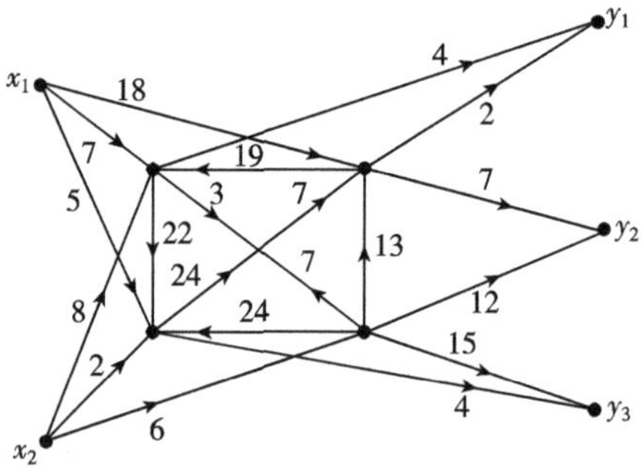

图 10－47

10.15：求如图 10－48 所示的网络的最小费用最大流，每弧旁的数字是（b_{ij}，c_{ij}）。

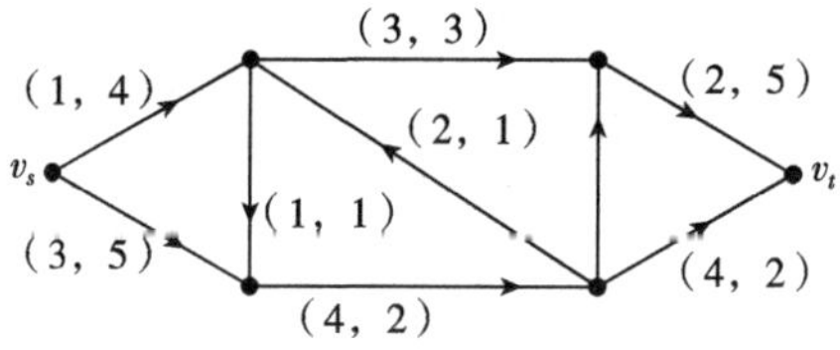

图 10－48

10.16：求解如图 10－49 所示的中国邮递员问题。

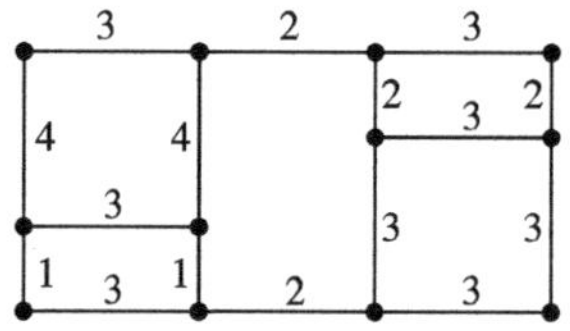

图 10－49

10.17：设 $G=(V, E)$ 是一个简单图，令 $\delta(G)=\min\limits_{v\in V}\{d(v)\}$（称 $\delta(G)$ 为 G 的最小次）。证明：

（1）若 $\delta(G)\geqslant 2$，则 G 必有圈；

（2）若 $\delta(G)\geqslant 2$，则 G 必有包含至少 $\delta(G)+1$ 条边的圈。

10.18：设 G 是一个连通图，不含奇点。证明：G 中不含割边。

10.19：给一个连通赋权图 G，类似于求 G 的最小支撑树的 Kruskal 方法，给出一个求 G 的最大支撑树的方法。

10.20：下述论断正确与否：可行流 f 的流量为零，即 $v(f)=0$，当且仅当 f 是零流。

10.21：设 $D=(V, A, C)$ 是一个网络。证明：如果 D 中所有弧的容量 c_{ij} 都是整数，那么必存在一个最大流 $f=\{f_{ij}\}$，使所有 f_{ij} 都是整数。

10.22：已知有六台机床 x_1，x_2，…，x_6，六个零件 y_1，y_2，…，y_6。机床 x_1 可加工零件 y_1；x_2 可加工零件 y_1 和 y_2；x_3 可加工零件 y_1、y_2、y_3；x_4 可加工零件 y_2；x_5 可加工零件 y_2、y_3、y_4；x_6 可加工零件 y_2、y_5、y_6。现在要求制定一个加工方案，使一台机床只加工一个零件，一个零件只在一台机床上加工，要求尽可能多地安排零件的加工。试把这个问题化为求网络最大流的问题，求出能满足上述条件的加工方案。

第 11 章

网络计划与关键路线法

党的二十大报告强调，继续推进实践基础上的理论创新，首先要把握好新时代中国特色社会主义思想的世界观和方法论，坚持好、运用好贯穿其中的立场观点方法。方法是指关于思想、说话、行动等问题的门路、程序等。除了门路、程序，与方法相近或相关的概念还有方式、形式、形态、途径、办法、法子、工具、手段、手法、诀窍、技巧、技能、道道儿等，可见人们对此已经思考了很多。一项研究成果，人们需要用科学方法来验证，才能判断其是否科学。科学研究应该具备客观、实证、规范和普遍四个特性。

网络计划技术最早起源于美国，美国政府于 1962 年规定，凡与政府签订合同的企业，都必须采用网络计划技术，以保证工期进度和质量。1974 年麻省理工学院调查指出："绝大部分美国公司采用网络计划编制施工计划。"目前，美国基本上实现了用计算机绘画、优化计算和资源平衡、项目进度控制，实现了计划工作自动化。以后又提出了新的网络计划技术，如图示评审技术（GERT）、风险评审技术（VERT）等。

我国应用网络计划技术是从 20 世纪 60 年代初期开始的。著名科学家钱学森将网络计划方法引入我国，并在航天系统应用。著名数学家华罗庚在综合研究各类网络方法的基础上，结合我国实际情况加以简化，于 1965 年发表了《统筹方法平话》，为推广应用网络计划方法奠定了基础。近几年，随着科技的发展和进步，网络计划技术的应用也日趋得到工程管理人员的重视，且已取得可观的经济效益，如上海宝钢炼铁厂 1 号高炉土建工程施工中，应用网络法，缩短工期 21%，降低成本 9.8%，广州白天鹅宾馆在建设中，运用网络计划技术，工期比外商签订的合同提前四个半月，仅投资利息就节约 1000 万港元。为在我国推广普及网络计划技术，我国建设部公布了《工程网络计划技术规程》，以便统一技术术语、符号、代号和计算规范。特别是近几年来，微机的普及和网络计划软件的不断更新换代，为在国内大范围推广网络计划技术创造了条件。

11.1　网络计划图

网络计划图是赋权有向图，它的基本思想是：首先应用网络计划图来表示工程项目中计划要完成的各项工作，完成各项工作必然存在先后顺序及相互依赖的逻辑关系；这些关系用节点、箭线来构成网络图。网络图由左向右绘制，表示工作进程；并标注工作名称、代号和工作持续时间等必要信息。通过对网络计划图进行时间参数的计算，找出计划中的关键工作和关键路线；通过不断改进网络计划，寻求最优方案，以求在计划执行过程中对计划进行有效的控制与监督，保证合理地使用人力、物力和财力，以最小的消耗取得最大的经济效果。

11.1.1　基本术语

网络计划图是在网络图上标注坐标和时间参数的进度计划图，实质上是有时序的有向赋权图。表述关键路线法（CPM）和计划评审技术（PERT）的网络计划图没有本质的区别，它们的结构和术语是一样的。仅前者的时间参数是确定型的，而后者的时间参数是不确定型的。于是统一给出一套专用的术语和符号。

（1）节点，箭线是网络计划图的基本组成元素。箭线是一段带箭头的实射线（用“→”表示）和虚射线（用“┄►”表示），节点是箭线两端的连接点（用“○”或“□”表示）。

（2）工作（也称工序、活动、作业），将整个项目按需要粗细程度分解成若干需要耗费时间或需要耗费其他资源的子项目或单元。它们是网络计划图的基本组成部分。

（3）描述工程项目网络计划图有两种表达的方式：双代号网络计划图和单代号网络计划图。双代号网络计划图在计算时间参数时，又可分为工作计算法和节点计算法。

（4）双代号网络计划图。在双代号网络计划图中，用箭线表示工作，箭尾的节点表示工作的开始点，箭头的节点表示工作的完成点。用（$i-j$）两个代号及箭线表示一项工作，在箭线上标记必需的信息，如图11－1所示。

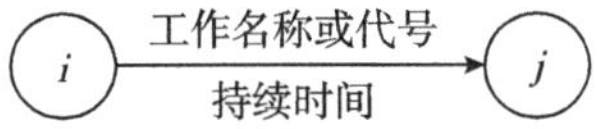

图11－1

箭线之间的连接顺序表示工作之间的先后开工的逻辑关系。

（5）单代号网络计划图。用节点表示工作，箭线表示工作之间的先完成与后完成的关系为逻辑关系。在节点中标记必需的信息，如图11－2所示。

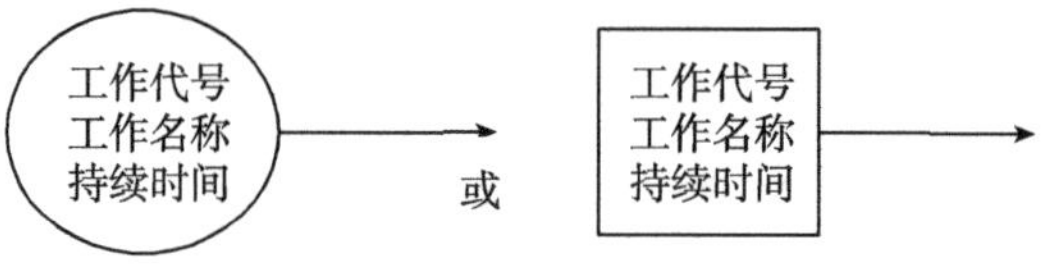

图 11－2

11.1.2 双代号网络计划图

这里主要介绍双代号网络计划图的绘制和按工作计算时间参数的方法。以下通过例题来说明网络计划图的绘制和时间参数的计算。

例 1：开发一个新产品，需要完成的工作和先后关系，各项工作需要的时间汇总在逻辑关系表中（见表 11－1）。要求编制这个项目的网络计划图和计算有关参数，根据表 11－1 中的数据，绘制网络图（见图 11－3）。

表 11－1

序号	工作名称	工作代号	工作持续时间（天）	紧后工作
1	产品设计和工艺设计	*A*	60	*B*，*C*，*D*，*E*
2	外购配套件	*B*	45	*L*
3	锻件准备	*C*	10	*F*
4	工装制造 1	*D*	20	*G*，*H*
5	铸件	*E*	40	*H*
6	机械加工 1	*F*	18	*L*
7	工装制造 2	*G*	30	*K*
8	机械加工 2	*H*	15	*L*
9	机械加工 3	*K*	25	*L*
10	装配与调试	*L*	35	/

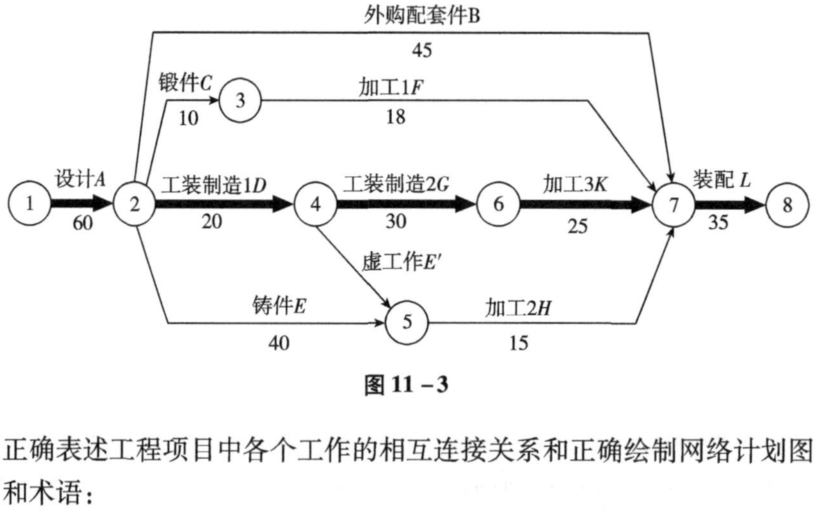

图 11－3

为了正确表述工程项目中各个工作的相互连接关系和正确绘制网络计划图，应遵循以下规则和术语：

11.1.2.1　网络计划图的方向、时序和节点编号

网络计划图是有向、有序的赋权图，按项目的工作流程自左向右地绘制。在时序上反映完成各项工作的先后顺序。节点编号必须按箭尾节点的编号小于箭头节点的编号来标记。在网络图中只能有一个起始节点，表示工程项目的开始，一个终点节点，表示工程项目的完成。从起始节点开始沿箭线方向顺序自左往右，通过一系列箭线和节点，最后到达终点节点的通路，称为路线。

11.1.2.2　紧前工作和紧后工作

紧前工作是指紧排在本工作之前的工作，且开始或完成后，才能开始本工作。紧后工作是指紧排在本工作之后的工作，且本工作开始或完成后，才能做的工作。如图 11－3 所示，只有工作 *A* 完成后，工作 *B*、*C*、*D*、*E* 才能开始，工作 *A* 是工作 *B*、*C*、*D*、*E* 的紧前工作；而工作 *B*、*C*、*D*、*E* 则是工作 *A* 的紧后工作。在复杂的工程项目中，它们之间有三种关系：结束后，才开始；开始后，才开始；结束后，才结束。本例只涉及结束后才开始的关系。从起始节点至本工作之前在同一路线的所有工作，称为先行工作；自本工作到终点节点在同一路线的所有工作，称为后继工作。工作 *G* 的先行工作有工作 *A*、*D*；工作 *K*、*L* 是工作 *G* 的后继工作。

11.1.2.3　虚工作

虚工作是指在双代号网络计划图中，只表示相邻工作之间的逻辑关系，不占用时间和不消耗人力、资金等的虚设的工作。虚工作用虚箭线“┈►”表示。如在图 11－3 中的④┈►⑤只表示工作 *D* 完成后，工作 H 才能开始。

11.1.2.4　相邻两个节点之间只能有一条箭线连接，否则将造成逻辑上的混乱

如图 11－4 所示是错误画法，为了使两个节点之间只有一条箭线，可增加一个节点②′，并增加一项虚工作②′┈►②。图 11－5 是正确的画法。

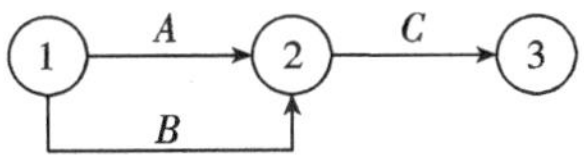

图 11－4

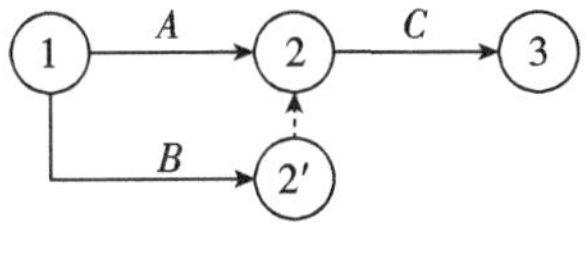

图 11－5

11.1.2.5　网络计划图中不能有缺口和回路

在网络计划图中严禁出现从一个节点出发，顺箭线方向又回到原出发节点，形成回路。回路将表示这些工作永远不能完成。网络计划图中出现缺口，表示这些工作永远达

不到终点。项目无法完成。

11.1.2.6 平行工作

可与本工作同时进行的工作。

11.1.2.7 起始节点与终点节点

在网络计划图中只能有一个起始节点和一个终点节点。当工程开始或完成时存在几个平行工作时，可以用虚工作将它们与起始节点或终点节点连接起来。

11.1.2.8 路线

网络图中从起点节点沿箭线方向顺序通过一系列箭线与节点，最后到达终点节点的通路。本例中有五条路线，并可以计算出各路线的持续时间，见表 11－2。

表 11－2

路线	路线的组成	各工作的持续时间之和（天）
1	①→②→⑦→⑧	60＋45＋35＝140
2	①→②→③→⑦→⑧	60＋10＋18＋35＝123
3	①→②→④→⑥→⑦→⑧	60＋20＋30＋25＋35＝170
4	①→②→④→⑤→⑦→⑧	60＋20＋15＋35＝130
5	①→②→⑤→⑦→⑧	60＋40＋15＋35＝150

从网络图中可以计算出各路线的持续时间。其中有一条路线的持续时间最长路线是关键路线，或称为主要矛盾线。关键路线上的各工作为关键工作。因为它的持续时间就决定了整个项目的工期。关键路线的特征以后再进一步阐述。

11.1.2.9 网络计划图的布局

尽可能将关键路线布置在网络计划图的中心位置，按工作的先后顺序将联系紧密的工作布置在邻近的位置。为了便于在网络计划图上标注时间等数据，箭线应是水平线或具有一段水平线的折线。在网络计划图上附有时间坐标或日历进程。

11.1.2.10 网络计划图的类型

（1）总网络计划图。以整个项目为计划对象，编制网络计划图，供决策领导层使用。

（2）分级网络计划图。这是按不同管理层次的需要，编制的范围大小不同，详细程度不同的网络计划图，供不同管理部门使用。

（3）局部网络计划图。以整个项目某部分为对象而编制的更详细的网络计划图，供专业部门使用。

当用计算机网络计划软件编制时，可在计算机上进行网络计划图分解与合并。网络计划图详细程度，可以根据需要，将工作分解为更细的子工作，也可以将几项工作合并为综合的工作，以便显示不同粗细程度的网络计划。

11.2　网络计划图的时间参数计算

网络计划图的时间参数计算有三种类型：双代号网络计划有工作计算法和节点计算法；单代号网络计划有节点计算法。以下仅介绍工作计算法，其他的计算法可参考《工程网络计划技术规程》(JGJ/T 121－99)。

网络图中工作的时间参数，它们是：工作持续时间（D），工作最早开始时间（ES），工作最早完成时间（EF）；工作最迟开始时间（LS），工作最迟完成时间（LF）；工作总时差（TF）和工作自由时差（FF）。

11.2.1　工作持续时间（D）

工作持续时间计算是一项基础工作，关系到网络计划是否能得到正确实施。为了有效地使用网络计划技术，需要建立相应的数据库。这是需要专项讨论的问题。这里只简述计算工作持续时间的两类数据和两种方法。

11.2.1.1　单时估计法（定额法）

每项工作只估计或规定一个确定的持续时间值的方法。一般具有工作的工作量，劳动定额资料以及投入人力的多少等，计算各工作的持续时间：

工作持续时间：$D = \dfrac{Q}{R \cdot S \cdot n}$

其中，Q——工作的工作量（以时间单位表示，如小时，或以体积、质量、长度等单位表示）；

R——可投入人力和设备的数量；

S——每人或每台设备每工作班能完成的工作量；

n——每天正常工作班数。

当具有类似工作的持续时间的历史统计资料时，可以根据这些资料，采用分析对比的方法确定所需工作的持续时间。

11.2.1.2　三时估计法

在不具备有关工作的持续时间的历史资料、较难估计出工作持续时间时，可对工作进行估计三种时间值，然后计算其平均值。这三个时间值是：

乐观时间——在一切都顺利时，完成工作需要的最少时间，记作 a。

最可能时间——在正常条件下，完成工作需要的时间，记作 m。

悲观时间——在不顺利条件下，完成工作需要的最多时间，记作 b。

显然上述三种时间的发生都具有一定的概率，根据经验，这些时间的概率分布被认为是正态分布。一般情况下，通过专家估计法，给出三个时间估计的数据。可以认为工作进行时出现最顺利和最不顺利的情况比较少，较多是出现正常的情况。按平均意义可用以下公式计算工作持续时间值：$D=\frac{a+4m+b}{6}$；方差 $\sigma^2=\left(\frac{b-a}{6}\right)^2$。

11.2.2 计算关系式

这些时间参数的关系可以用图 11－6 表示工作的关系状态。手工计算可在网络图上进行，计算步骤为：

（1）计算各路线的持续时间（见表 11－2）。

（2）按网络图的箭线的方向，从起始工作开始，计算各工作的 ES、EF。

（3）从网络图的终点节点开始，按逆箭线的方向，推算出各工作的 LS、LF。

（4）确定关键路线（CP）。

（5）计算 TF、FF。

（6）平衡资源。

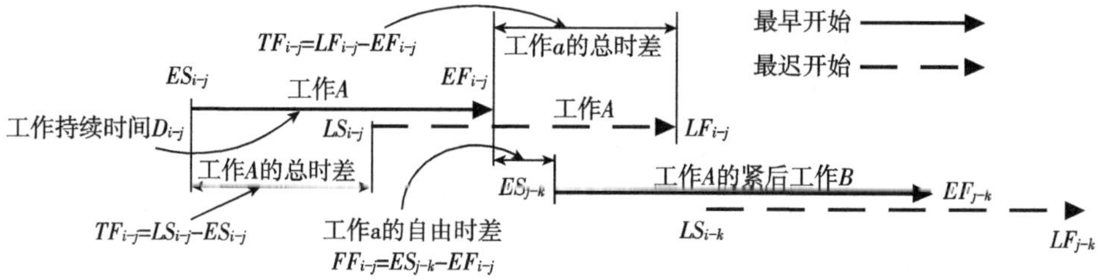

图 11－6

例 2：计算各工作的时间参数，并将计算结果记入网络计划图的相应工作的□中，如图 11－7 所示。

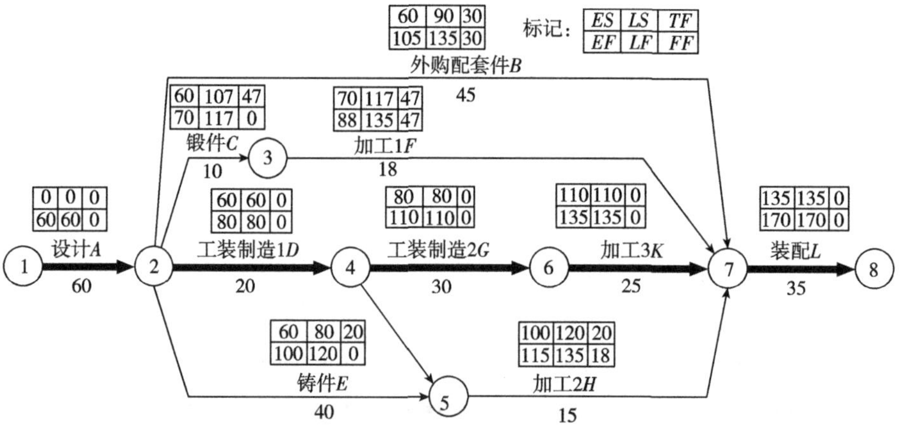

图 11－7

11.2.2.1　工作最早开始时间 ES 和工作最早完成时间 EF 的计算

利用网络计划图，从网络计划图的起始点开始，沿箭线方向依次逐项计算。第一项工作的最早开始时间为 0，记作 $ES_{i-j}=0$（起始点 $i=1$）。第一件工作的最早完成时间 $EF_{1-j}=ES_{1-j}+D_{1-j}$。第一件工作完成后，其紧后工作才能开始。它的工作最早完成时间 EF 就是其紧后工作最早开始时间 ES。本工作的持续时间 D，表示为：

$$EF_{i-j}=ES_{i-j}+D_{i-j}$$

当计算工作的 ES 时，在有多项紧前工作的情况下，只有这些紧前工作都完成后才能开始。因此，本工作的最早开始时间是：ES = max（紧前工作的 EF），其中 EF = ES + 工作持续时间 D，表示为：

$$ES_{i-j}=\max_h(EF_{h-i})=\max_h(ES_{h-i}+D_{h-i})$$

例 2 的 ES、EF 计算值在表 11－3 的第③、第④列中。

表 11－3

工作 $i-j$	持续时间 D_{i-j}	最早开始时间 ES_{i-j}	最早完成时间 EF_{i-j}
①	②	③	④ = ③ + ②
$A(1-2)$	60	$ES_{1-2}=0$	$EF_{1-2}=ES_{1-2}+D_{1-2}=0+60=60$
$B(2-7)$	45	$ES_{2-7}=EF_{1-2}=60$	$EF_{2-7}=ES_{2-7}+D_{2-7}=60+45=105$
$C(2-3)$	10	$ES_{2-3}=EF_{1-2}=60$	$EF_{2-3}=ES_{2-3}+D_{2-3}=60+10=70$
$D(2-4)$	20	$ES_{2-4}=EF_{1-2}=60$	$EF_{2-4}=ES_{2-4}+D_{2-4}=60+20=80$
$E(2-5)$	40	$ES_{2-5}=EF_{1-2}=60$	$EF_{2-5}=ES_{2-5}+D_{2-5}=60+40=100$
$E'(4-5)$	0(虚工作)	$ES_{4-5}=EF_{2-4}=80$	$EF_{4-5}=ES_{4-5}+D_{4-5}=80+0=80$
$F(3-7)$	18	$ES_{3-7}=EF_{2-3}=70$	$EF_{3-7}=ES_{3-7}+D_{3-7}=70+18=88$
$G(4-6)$	30	$ES_{4-6}=EF_{2-4}=80$	$EF_{4-6}=ES_{4-6}+D_{4-6}=80+30=110$
$H(5-7)$	15	$ES_{5-7}=\max(EF_{2-5},\ EF_{4-5})=EF_{2-5}=100$	$EF_{5-7}=ES_{5-7}+D_{5-7}=100+15=115$
$K(6-7)$	25	$ES_{6-7}=EF_{4-6}=110$	$EF_{6-7}=ES_{6-7}+D_{6-7}=110+25=135$
$L(7-8)$	35	$ES_{7-8}=\max(EF_{2-7},\ EF_{3-7},\ EF_{6-7},\ EF_{5-7})=EF_{6-7}=135$	$EF_{7-8}=ES_{7-8}+D_{7-8}=135+35=170$

利用双代号的特征，很容易在表中确定某工作的紧前工作和紧后工作。凡是后续工作的箭尾代号与某工作的箭头代号相同者，便是它的紧后工作；凡是先行工作的箭头代号与某工作的箭尾代号相同者，便是它的紧前工作。在表 11－3 中首先填入①、②两列数据，然后由上往下计算 ES 与 EF。若某工作（$i-j$）的先行工作中存在几个（$h-i$），从中选择最大的 EF_{h-i} 进行计算 $ES_{i-j}=\max_h[EF_{h-i}]$，即计算 EF_{i-j}，如计算 ES_{7-8} 时，可从表 11－3 的第④列已有的 EF_{6-7}、EF_{5-7}、EF_{3-7} 中找到最大的 $EF_{6-7}=135$。将它填入表 11－3 的第③列对应的 L（7－8）行即可。如此计算也很方便。

11.2.2.2 工作最迟开始时间 LS 与工作最迟完成时间 LF

应从网络图的终点节点开始，采用逆序法逐项计算。即按逆箭线方向，依次计算各工作的最迟完成时间 LF 和最迟开始时间 LS，直到第一项工作为止。网络图中最后一项工作（$i-n$）（$j=n$）的最迟完成时间应由工程的计划工期确定。在未给定时，可令其等于其最早完成时间，即 $LF_{i-n}=EF_{i-n}$。EF_{i-n} 由表 11－3 中的计算结果是已知的了，并且应当小于或等于计划工期规定的时间 T_r。

$LF=\min$(紧后工作的 LS)，$LS=LF-$工作持续时间 D

其他工作的最迟开始时间 $LS_{i-j}=LF_{i-j}-D_{i-j}$；当有多个紧后工作时，最迟完成时间 $LF=\min$(紧后工作的 LS)，或表示为 $LF_{i-j}=\min_k(LF_{j-k}-D_{j-k})$。

可在表 11－4 中进行。计算从下到上进行，从工作 L（7－8）开始，令表 11－4 的⑤列最后一行 $LF_{7-8}=EF_{7-8}=170$。

表 11－4

工作 $i-j$	持续时间 D_{i-j}	最迟完成时间 $LF_{i-j}=\min_k(LS_{j-k})$	最迟开始时间 $LS_{i-j}=LF_{i-j}-D_{i-j}$	总时差 $TF_{i-j}=LS_{i-j}-ES_{i-j}$	自由时差 $FF_{i-j}=ES_{i-k}-EF_{i-j}$
①	②	⑤	⑥＝⑤－②	⑦＝⑥－③	⑧
A（1－2）	60	$LF_{1-2}=LS_{2-4}=60$	$LS_{1-2}=LF_{1-2}-60=60-60=0$	$0-0=0$	$FF_{1-2}=ES_{2-3}-EF_{1-2}=0$
B（2－7）	45	$LF_{2-7}=LS_{7-8}=135$	$LS_{2-7}=LF_{2-7}-45=135-45=90$	$90-60=30$	$FF_{2-7}=ES_{7-8}-EF_{2-7}=135-105=30$
C（2－3）	10	$LF_{2-3}=LS_{3-7}=117$	$LS_{2-3}=LF_{2-3}-10=117-10=107$	$107-60=47$	$FF_{2-3}=ES_{3-7}-EF_{2-3}=70-70=0$
D（2－4）	20	$LF_{2-4}=LS_{4-6}=80$	$LS_{2-4}=LF_{2-4}-20=80-20=60$	$60-60=0$	$FF_{2-4}=ES_{4-6}-EF_{2-6}=80-80=0$
E（2－5）	40	$LF_{2-5}=LS_{5-7}=120$	$LS_{2-5}=LF_{2-5}-40=120-40=80$	$80-60=20$	$FF_{2-5}=ES_{5-7}-EF_{2-5}=100-100=0$
F（3－7）	18	$LF_{3-7}=LS_{7-8}=135$	$LS_{3-7}=LF_{3-7}-18=135-18=117$	$117-70=47$	$FF_{3-7}=ES_{7-8}-EF_{3-7}=135-88=47$
G（4－6）	30	$LF_{4-6}=LS_{6-7}=110$	$LS_{4-6}=LF_{4-6}-30=110-30=80$	$80-80=0$	$FF_{4-6}=ES_{6-7}-EF_{4-6}=110-110=0$
H（5－7）	15	$LF_{5-7}=LS_{7-8}=135$	$LS_{5-7}=LF_{5-7}-15=135-15=120$	$120-100=20$	$FF_{5-7}=ES_{7-8}-EF_{5-7}=135-115=20$
K（6－7）	25	$LF_{6-7}=LS_{7-8}=135$	$LS_{6-7}=LF_{6-7}-25=135-25=110$	$110-110=0$	$FF_{6-7}=ES_{7-8}-EF_{6-7}=135-135=0$
L（7－8）	35	$LF_{7-8}=EF_{7-8}=170$	$LS_{7-8}=LF_{7-8}-35=170-35=135$	$135-135=0$	$FF_{7-8}=T-170=170-170=0$

于是可计算出 $EF_{7-8}=LF_{7-8}-D_{7-8}=135$。工作 L（7－8）的紧前工作的箭尾代号与工作 L（7－8）的箭头代号是相同的，这里有 K（6－7）、H（5－7）、F（3－7）、B（2－7）；它们只有唯一的紧后工作 L（7－8），所以 LF_{6-7}、LF_{5-7}、LF_{3-7}、LF_{2-7}都等于 $LF_{7-8}=135$。填入表11－4⑤列的相应行即可。当具有多个紧后工作时，如要计算 LF_{1-2}，先查 A（1－2）的紧后工作有几个，从代号可以看到是 B（2－7）、C（2－3）、D（2－4）、E（2－5），对应的有 $LS_{2-7}=90$、$LS_{2-3}=107$、$LS_{2-4}=60$、$LS_{2-5}=80$。其中最小的是60，即 $LF_{1-2}=LS_{2-4}=60$。

11.2.2.3 工作时差

工作时差是指工作有机动时间。常用的有两种时差，即工作总时差和工作自由时差。

（1）工作总时差 TF_{i-j}。

工作总时差是指在不影响工期的前提下，工作所具有的机动时间，按工作计算法计算。在表11－4中⑦＝⑥－③的数据。

$TF_{i-j}=EF_{i-j}-ES_{i-j}-D_{i-j}=LS_{i-j}-ES_{i-j}$或 $TF_{i-j}=LF_{i-j}-EF_{i-j}$

注意：工作总时差往往为若干项工作共同拥有的机动时间，如工作 C（2－3）和工作 F（3－7），其工作总时差为47，当工作 C（2－3）用去一部分机动时间后，工作 F（3－7）的机动时间将相应地减少。

（2）工作自由时差 FF_{i-j}。

工作自由时差是指在不影响其紧后工作最早开始的前提下，工作所具有的机动时间。

$FF_{i-j}=ES_{j-k}-ES_{i-j}-D_{i-j}$或 $FF_{i-j}=ES_{j-k}-EF_{i-j}$

计算结果见表11－4⑧列和图11－7。工作自由时差是某项工作单独拥有的机动时间，其大小不受其他工作机动时间的影响。

关键路线的特征：在路线上从起点到终点都由关键工作组成。在确定型网络计划中是指路线中工作总持续时间最长的路线。在关键路线上无机动时间，工作总时差为零。在非确定型网络计划中是指估计工期完成可能性最小的路线。

补充说明：因为按照绘制规划，网络图中不存在回路，所以可以利用上一章的标号法求解最长路的方法来寻找关键路线。但当存在多条关键路线时用标号法每次仅能确定一条，这也是标号法的不足之处。

11.3 网络计划的优化

绘制网络计划图，计算时间参数和确定关键路线，仅得到一个初始计划方案。然后根据上级的要求和实际资源的配置，需要对初始方案进行调整和完善，即进行网络计划优化。目标是综合考虑进度、合理利用资源、降低费用等。

11.3.1 工期优化

若网络计划图的计算工期大于上级要求的工期，必须根据要求计划的进度，缩短工程项目的完工工期。主要采取以下措施，增加对关键工作的投入，以便缩短关键工作的持续时间，实现工期缩短。

（1）采取技术措施，提高工效，缩短关键工作的持续时间，使关键路线的时间缩短。

（2）采取组织措施，充分利用非关键工作的总时差，合理调配人力、物力和资金等资源。

11.3.2 资源优化

在编制初始网络计划图后，需要进一步考虑尽量利用现有资源的问题。即在项目的工期不变的条件下，均衡地利用资源。实际工程项目包括工作繁多，需要投入资源种类很多，均衡地利用资源是很麻烦的事，要用计算机来完成。为了简化计算，具体操作如下：

（1）优先安排关键工作所需要的资源。

（2）利用非关键工作的总时差，错开各工作的开始时间，避开在同一时区内集中使用同一资源，以免出现高峰。

（3）在确实受到资源制约，或在考虑综合经济效益的条件下，在许可时，也可以适当地推迟工程的工期。实现错开高峰的目的。

下面通过例 1 的例子说明平衡人力资源的方法。假设在例 1 中，现有机械加工工人 65 人，要完成工作 D、F、G、H、K。各工作需要工人人数列于表 11－5 中。

表 11－5

工作	持续时间（天）	需要工人（人）	总时差（天）
D	20	58	0
F	18	22	47
G	30	42	0
H	15	39	20
K	25	26	0

由于机械加工工人数的限制，若上述工作都按最早开始时间安排，在完成各关键工作的 75 天工期中，每天需要机械加工工人人数如图 11－8 所示。有 10 天需要 80 人，另外 10 天需要 81 人。超过了现有机械加工工人人数的约束，必须进行调整。以虚线表

示的非关键路线上非关键工作 F、H 有机动时间，若将工作 F 延迟 10 天开工，就可以解决第 70 ~ 80 天的超负荷问题；若将工作 H 推迟 10 天开工，可以解决第 100 ~ 110 天的超负荷问题。于是新的负荷图（见图 11 -9）能满足机械加工工人 65 人的约束条件。以上人力资源平衡是利用非关键工作的总时差，可以避开资源负荷的高峰。

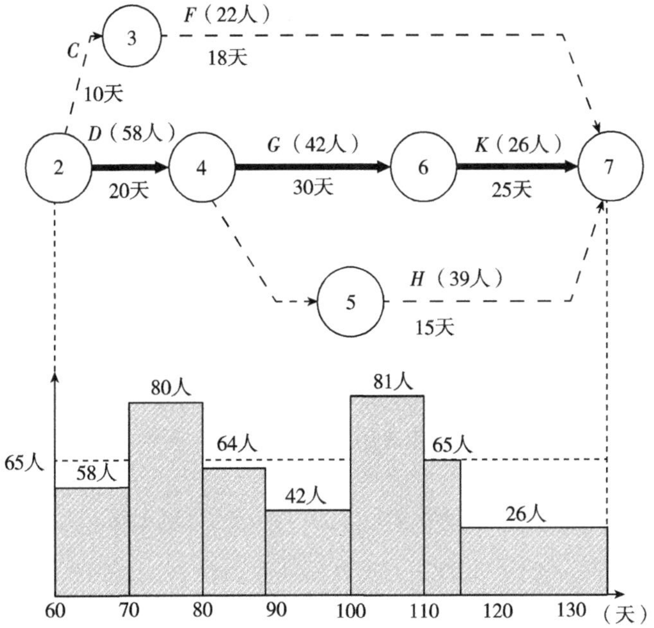

图 11 -8

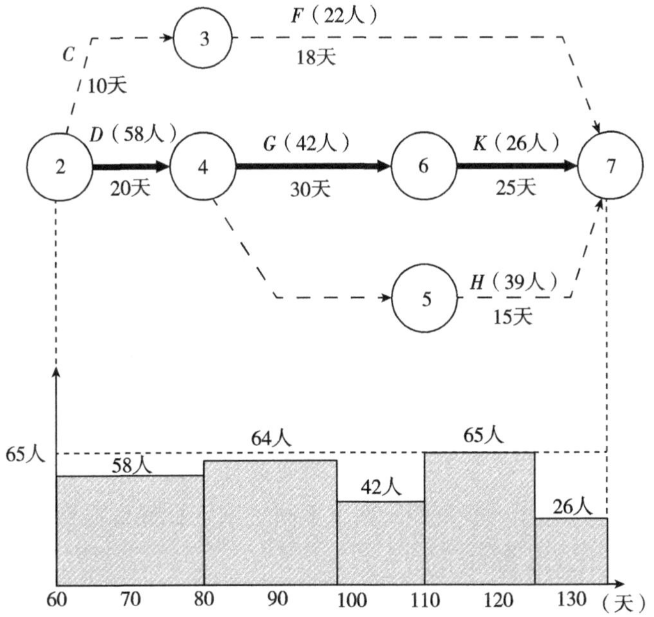

图 11 -9

避开资源负荷高峰时，可以采用将非关键工作分段作业或采用技术措施减少所需要资源，也可以根据计划规定适当延长项目的工期。

11.3.3 时间—费用优化

编制网络计划图时，要研究如何使完成项目的工期尽可能缩短，费用尽可能少；或在保证既定项目完成时间条件下，所需要的费用最少；或在费用限制的条件下，项目完工的时间最短。这就是时间—费用优化要解决的问题。完成一个项目的费用可以分为两大类：

11.3.3.1 直接费用

指直接与项目的规模有关的费用，包括材料费用、直接生产工人工资等。为了缩短工作的持续时间和工期，就需要增加投入，即增加直接费用。

11.3.3.2 间接费用

间接费用包括管理费等。一般按项目工期长度进行分摊，工期越短，分摊的间接费用就越少。一般项目的总费用与直接费用、间接费用、项目工期之间存在一定关系，可以用图 11－10 表示。

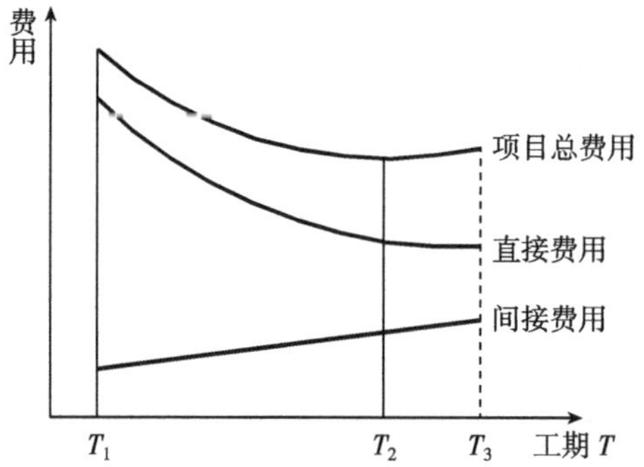

图 11－10　工期与总费用的关系曲线

图 11－10 中：T_1——最短工期，项目总费用最高；

T_2——最佳工期；

T_3——正常的工期。

当总费用最少工期短于要求工期时，这就是最佳工期。

进行时间—费用优化时，首先要计算出不同工期下最低直接费用率，其次考虑相应的间接费用。费用优化的步骤如下：

（1）计算工作费用增加率（简称费用率）。

费用增加率是指缩短工作持续时间每一单位时间（如一天）所需要增加的费用。

按工作的正常持续时间计算各关键工作的费用率，通常可表示为：

$$\Delta C_{i-j}=\frac{CC_{i-j}-CN_{i-j}}{DN_{i-j}-DC_{i-j}}$$

ΔC_{i-j}——工作 $i-j$ 的费用率；

CC_{i-j}——将工作 $i-j$ 持续时间缩短为最短持续时间后，完成该工作所需要的直接费用；

CN_{i-j}——在正常条件下完成工作 $i-j$ 所需要的直接费用；

DN_{i-j}——工作 $i-j$ 正常持续时间；

DC_{i-j}——工作 $i-j$ 最短持续时间。

（2）从网络计划图中找出费用率最低的一项关键工作或一组关键工作作为缩短持续时间的对象。其缩短后的值不能小于最短持续时间，不能成为非关键工作。

（3）同时计算相应的增加的总费用，然后考虑由于工期的缩短间接费用的变化，在这一基础上计算项目的总费用。

重复以上步骤，直到获得满意的方案为止。

以下通过举例说明。已知项目的每天间接费用为 400 元，利用表 11－6 中的已知资料，按图 11－7 的安排进度，项目正常工期为 170 天，对应的项目直接费用为 68900 元，间接费用为 170×400＝68000 元，项目总费用为 136900 元。这是在正常条件下进行的方案，称为 170 天方案。若要缩短这一方案的工期，首先缩短关键路线上直接费用率最小的工作的持续时间，在 170 天方案中关键工作 K、G 的直接费用率是最低的。从表中可见这两项工作的持续时间都只能缩短 10 天。由此总工期可以缩短到 170－10－10＝150 天。按 150 天工期计算，这时总直接费用增加到 68900＋（290×10＋350×10）＝75300 元。由于缩短工期，可以减少间接费用 400×20＝8000 元，工期为 150 天方案的总费用为 75300＋60000＝135300 元。与工期 170 天方案相比，可以节省总费用 1600 元。

但在 150 天方案中已有两条关键路线，即

①→②→④→⑥→⑦→⑧与①→②→⑤→⑦→⑧

如果再缩短工期，工作的直接费用将大幅度增加。例如，在 150 天方案的基础上再缩短工期 10 天，成为 140 天方案。这时应选择工作 D 缩短 10 天，工作 H 缩短 5 天（只能缩短 5 天），工作 E 缩短 5 天。这时直接费用为 75300＋400×10＋400×5＋500×5＝83800 元，间接费用为 140×400＝56000 元，总费用为 139800 元。显然 140 天方案的总费用比 150 天方案和 170 天方案的总费用都高。综合考虑 150 天方案为最佳方案。计算结果汇总在表 11－7 中。

表 11－6

序号	工作代号	正常持续时间（天）	工作直接费用（元）	最短工作时间（天）	工作直接费用（元）	费用率（元/天）
1	A	60	10000	60	10000	—

续表

序号	工作代号	正常持续时间（天）	工作直接费用（元）	最短工作时间（天）	工作直接费用（元）	费用率（元/天）
2	*B*	45	4500	30	6300	120
3	*C*	10	2800	5	4300	300
4	*D*	20	7000	10	11000	400
5	*E*	40	10000	35	12500	500
6	*F*	18	3600	10	5440	230
7	*G*	30	9000	20	12500	350
8	*H*	15	3750	10	5750	400
9	*K*	25	6250	15	9150	290
10	*L*	35	12000	35	12000	—

表 11－7

工期方案	170 天方案	150 天方案	140 天方案
缩短关键工作	—	*K*，*G*	*D*，*H*，*E*
缩短工作持续时间（天）	—	10，10	10，5，5
直接费用（元）	68900	75300	83800
间接费用（元）	68000	60000	56000
总费用（元）	139600	135300	139800

11.4 网络计划软件

11.4.1 概况

20 世纪 60 年代，网络计划图用手工编制时，工作量很大，当遇到有些工作资源配置有变化时，就需要及时修改网络计划图，这是非常麻烦的事，推广与应用都存在很多困难。1980 年以后，计算机开始普及起来，到 1983 年以后有了在计算机上使用的网络计划的软件。这之后经历了几次变革，网络计划的软件随计算机的更新换代而不断改进。目前网络计划技术应用软件的水平大约处在第五代，大多数软件是 Windows 操作系统，可以处理表格及图形输入方式、图形横道图（Gannt 图）带逻辑联线、单代号网络计划图、完成各种数值计算等。第六代是面向对象的图形智能化的操作，并在不断完善。例如，我国梦龙科技有限公司开发的智能项目动态控制软件，目前是国内工程领域中用户最多的项目进度控制软件，它极易进行进度计划编制、进度计划优化、进度跟踪反馈、进度分析、控制等各方面工作。它还可以同时优化、计划、管理和控制多个项目，可以多方案分析比较、目标计划跟踪、实时监控。它利用先进的资源平衡来优化资源计划，采用图像化操作、双代号网络图，并同时自动生成7种不同模式图、双代号网络图、单代号网络图、逻辑图、单双混合图、横道图、时标网络图，完全根据不同的需要来反映工程各种数据。

将整个项目作为一个系统加以处理，通过网络计划形式对整个系统统筹规划，并进行有效的监控管理，解决项目上最关心的两个问题：进度和费用。

以网络计划为核心技术的梦龙智能项目管理动态控制系统 MrPert，也正好体现了这一点。它很好地解决了项目管理者关心的两个问题：进度和费用——为有效地管理工程提供了极大的方便。

大量的工程项目实践表明，应用网络计划技术管理后可以缩短建设周期 20%，降低工程成本 10%，而编制网络计划所需费用仅为总费用的 0.1%。

有关网络计划的计算机软件的开发和研究发展很快，现在已有不少商品化的软件。国外的网络计划软件有：Time Line、Project Scheduler、Microsoft Project 等。Microsoft Project 有若干不断改进的版本，但基本部分是大同小异的。学习和掌握使用可分阶段进行：初步了解和掌握使用、熟悉掌握和灵活使用。它有一套术语，也可以分阶段熟悉。要全部掌握这些软件的使用是需要花一定时间的。编制大型工程项目网络计划图，必须要掌握有关网络计划软件的使用。否则网络计划图就失去其实际控制进度的作用。以下作初步介绍，便于读者入门和引起兴趣。

11.4.2 编制网络计划图前的准备工作

11.4.2.1 项目的工作分解结构（Work Breakdown Structure，WBS）

将一个项目按由粗到细的原则，分解为若干层次，一般是树状结构。分解的粗细程度取决于使用者的要求。最好将项目的工作分解层次多一些，细一些。这是一项基础工作，要求项目的 WBS 应当是稳定的，然后确定工作的逻辑关系，列出工作逻辑关系表，如表 11－1 所示的那样，但是要更详细。一旦经过有关部门审定，就不能随意变动。当将整个项目的 WBS 输入计算机后，软件可按使用者的需要，随时显示不同层次的纲目和细目。

将工作逻辑关系表输入计算机后，软件能自动地给 WBS 的每个组成部分指定识别编号。计算机根据工作的识别编号进行运算。并按软件具有的功能，自动完成各种图表的绘制和有关参数的计算。

11.4.2.2 数据

收集和整理对应项目工作分解结构各层次工作的数据。包括与计算工作持续时间有关的数据，对应各工作的所需要资源及其经济指标，与计算项目经济指标有关的各工作的费用数据，以便进行项目的时间—费用分析。

11.4.2.3 熟悉有关网络计划软件的术语

不同软件的术语虽然有些不一样，但基本术语是相同的。掌握本章的基本术语后，就比较容易理解不同软件中的术语。还有另一类术语是进一步分析所用的术语，需要专门学习。

11.4.3 软件的功能

网络计划软件一般都具有：项目清算表、资源清算表、任务清算表、甘特图、网络图、项目分解结构树形图、资源分布图、日历、各种分析报告或报表。图与表之间的数据是动态连接的，保证数据输入或修改的一致性。当在任务清算表中输入项目的各工作与有关数据后，软件自动生成甘特图，网络图根据日历中指定的项目开工日期，按规定的每月或周的工作日和工作班数，计算出各工作的最早开始日期、最迟开始日期、最早结束日期和最迟结束日期，并计算出关键路线和时差。软件具有平衡资源和优化资源利用的功能，根据需要可打印出不同详细程度的网络计划图和有关报表。

（1）界面：一般软件都采用视窗界面，能显示带有时标的甘特图界面、网络计划图界面、资源平衡界面、可指定日期的日历、资源配置表等，显示需要的计算结果，以及关键路线（CPM）。

（2）操作：软件启动后，软件具有操作提示或帮助，便于使用。可以修改初始数据，新增加工作或删改已有工作。各工作的细化或合并，在界面上很容易实现。进行调整软件给出的图表，编制需要的计算关系式和设计输出报表的格式。通过人机交换进一步分析网络和优化网络等。

（3）输出结果：打印出网络计划图、甘特图（横道图）、资源平衡图、日历进度计划、分析报表等。有的软件可允许使用者自行设计报表的格式和打印需要的内容。

习 题

11.1：已知下列资料（见表 11－8）：

表 11－8

工序	紧前工序	工序时间	工序	紧前工序	工序时间	工序	紧前工序	工序时间
A	*G*，*M*	3	*E*	*C*	5	*I*	*A*，*L*	2
B	*H*	4	*F*	*A*，*E*	5	*J*	*F*，*I*	1
C	—	7	*G*	*B*，*C*	2	*K*	*B*，*C*	7
D	*L*	3	*H*	—	5	*L*	*C*	3

要求：（1）绘制网络图；

（2）用图中计算法计算各项时间参数（r 除外）；

（3）确定关键路线。

11.2：已知下列资料（见表 11－9）：

表 11－9

工序	紧前工序	工序时间	工序	紧前工序	工序时间	工序	紧前工序	工序时间
a	—	60	*g*	*b*，*c*	7	*m*	*j*，*k*	5
b	*a*	14	*h*	*e*，*f*	12	*n*	*i*，*l*	15
c	*a*	20	*i*	*f*	60	*o*	*n*	2
d	*a*	30	*j*	*d*，*g*	10	*p*	*m*	7
e	*a*	21	*k*	*h*	25	*q*	*o*，*p*	5
f	*a*	10	*l*	*j*，*k*	10			

要求：（1）绘制网络图；

（2）计算各项时间参数；

（3）确定关键路线。

11.3：已知下列资料（见表 11－10）：

表 11－10

活动	作业时间	紧前活动	正常完成进度的直接费用（百元）	赶进度一天所需费用（百元）
A	4		20	5
B	8		30	4
C	6	*B*	15	3
D	3	*A*	5	2
E	5	*A*	18	4
F	7	*A*	40	7
G	4	*B*，*D*	10	3
H	3	*E*，*F*，*G*	15	6
合计			153	
工程的间接费用			5（百元/天）	

求出这项工程的最低成本日程。

第12章

排队论与排队系统的最优化

为贯彻落实党的二十大作出的战略部署，党的二十届三中全会会议研究了进一步全面深化改革、推进中国式现代化问题，并提出应完善国家战略规划体系和政策统筹协调机制。构建国家战略制定和实施机制，加强国家重大战略深度融合，增强国家战略宏观引导、统筹协调功能。健全国家经济社会发展规划制度体系，强化规划衔接落实机制，发挥国家发展规划战略导向作用。

12.1 基本概念

12.1.1 排队过程的一般表示

图12－1就是排队过程的一般模型。各个顾客由顾客源（总体）出发，到达服务机构（服务台、服务员）前排队等候接受服务，服务完成后就离开。排队结构指队列的数目和排队列方式，排队规则和服务规则是说明顾客在排队系统中按怎样的规则、次序接受服务的。

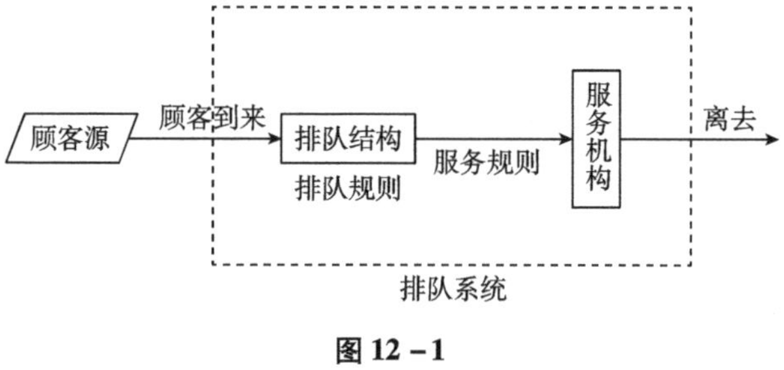

图12－1

我们所说的排队系统就是指图中虚线所包括的部分。

在现实中的排队现象是多种多样的，对上面所说的“顾客”和“服务员”，要做广泛的了解。它可以是人，也可以是非生物；队列排列可以是具体的，也可以是无形的（如向电话交换台要求通话的呼唤）；顾客可以走向服务机构，也可以相反（如送货上门）。下面举一些例子说明现实中形形色色的排队系统（见表 12－1）。

表 12－1

到达的顾客	要求服务内容	服务机构
1. 不能运转的机器	修理	修理技工
2. 修理技工	领取修配零件	发放修配零件的管理员
3. 病人	诊断或动手术	医生（或包括手术台）
4. 电话呼唤	通话	交换台
5. 文件稿	打字	打字员
6. 提货单	提取存货	仓库管理员
7. 到达机场上空的飞机	降落	跑道
8. 驶入港口的货船	装（卸）货	装（卸）货码头（泊位）
9. 上游河水进入水库	放水，调整水位	水闸管理员
10. 进入我方阵地的敌机	我方高射炮进行射击	我方高射炮

12.1.2 排队系统的组成和特征

一般的排队系统都由三个基本组成部分：①输入过程；②排队规则；③服务机构。现在分别说明各部分的特征。

12.1.2.1 输入过程

输入即指顾客到达排队系统，可能有下列各种不同情况，当然这些情况并不是彼此排斥的。

（1）顾客的总体（称为顾客源）的组成可能是有限的，也可能是无限的。上游河水流入水库可以认为总体是无限的，工厂内停机待修的机器显然是有限的总体。

（2）顾客到来的方式可能是一个一个的，也可能是成批的。例如，到餐厅就餐就有单个到来的顾客和受邀请来参加宴会的成批顾客，我们只研究单个到来的情形。

（3）顾客相继到达的间隔时间可以是确定型的，也可以是随机型的。如在自动装配线上的各部件就必须按确定的时间间隔到达装配点，定期运行的班车、班轮、班机的到达也是确定型的。但一般到商店购物的顾客、到医院就诊的病人、通过路口的车辆等，他们的到达都是随机型的。对于随机型的情形，要知道单位时间内的顾客到达数或相继到达的间隔时间的概率分布（见图 12－2）。

（4）顾客的到达可以是相互独立的，也就是说，以前的到达情况对以后顾客的到来没有影响，否则就是有关联的。例如，工厂的机器在一个短的时间区间内出现停机

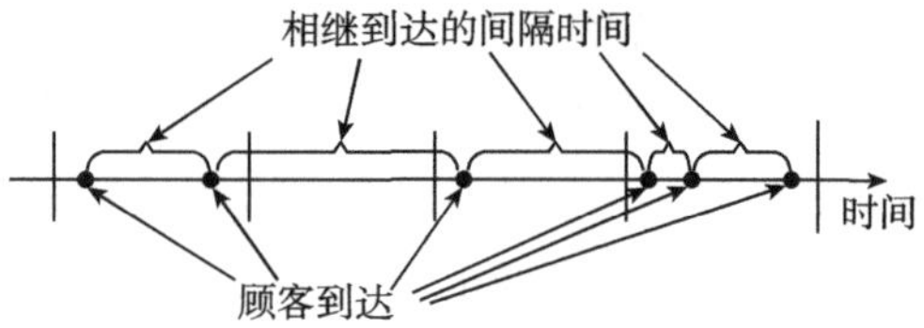

图 12－2

（顾客到达）的概率就受已经待修或被修理的机器数目的影响。我们主要讨论的是相互独立的情形。

（5）输入过程可以是平稳的，或称对时间是齐次的，是指描述相继到达的间隔时间分布和所含参数（如期望值、方差等）都是与时间无关的，否则称为非平稳的。非平稳情形的数学处理是困难的。

12.1.2.2 排队规则

（1）顾客到达时，如所有服务台都正被占用，在这种情形下顾客可以随即离去，也可以排队等候。随即离去的称为即时制或损失制，因为这将失掉许多顾客；排队等候的称为等待制。电话的呼唤属于前者，而到医院挂号排队属于后者。

对于等待制，为顾客进行服务的次序可以采用下列各种规则：先到先服务，后到先服务，随机服务，有优先权的服务等。

先到先服务，即按到达次序接受服务，这是最通常的情形。

后到先服务，如乘用电梯的顾客是后入先出的。仓库中存放的厚钢板也是如此。在情报系统中，最后到达的信息往往是最有价值的，因而常采用后到先服务（指被采用）的规则。

随机服务，指服务员从等待的顾客中随机地选取其一进行服务，而不管到达的先后，如电话交换台接通呼唤的电话就是如此。

有优先权的服务，如医院对于病情严重的患者将给予优先治疗。

（2）从占有的空间来看，队列可以排在具体的处所（如售票处、候诊室等），也可以是抽象的（如向电话交换台要求通话的呼唤）。由于空间的限制或其他原因，有的系统要规定容量（即允许进入排队系统的顾客数）的最大限；有的没有这种限制（即认为容量可以是无限的）。

（3）从队列的数目看，可以是单列的，也可以是多列的。在多列的情形下，各列的顾客有的可以互相转移，有的不能（如用绳子或栏杆隔开）。有的排队顾客因等候时间过长而中途退出，有的不能退出（如高速公路上的汽车流），必须坚持到被服务为止。我们只讨论各队列间不能互相转移，也不能中途退出的情形。

12.1.2.3 服务机构

从机构形式和工作情况来看有以下五种情况：

（1）服务机构可以没有服务员，也可以有一个或多个服务员（服务台、通道、窗口等)。例如，在敞架售书的书店，顾客选书时就没有服务员，但交款时可能有多个服务员。

(2) 在有多个服务台的情形中，它们可以是平行排列（并列）的，可以是前后排列（串列）的，也可以是混合排列的。图 12 - 3 说明了这些情形。

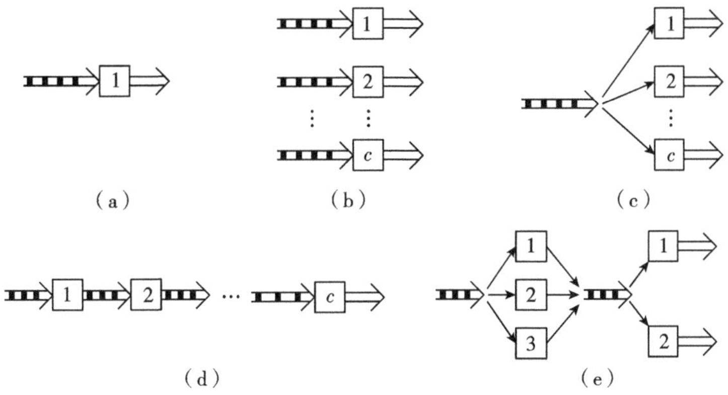

图 12 - 3

图中 12 - 3 中（a）是单队——单服务台的情形；（b）是多队—多服务台（并列）的情形；（c）是单队—多服务台（并列）的情形；（d）是多服务台（串列）的情形；（e）是多服务台（混合）的情形。

(3) 服务方式可以对单个顾客进行，也可以对成批顾客进行，如公共汽车对在站台等候的顾客就是成批进行服务。我们只研究单个对单个的服务方式。

(4) 和输入过程一样，服务时间也分确定型的和随机型的。自动冲洗汽车的装置对每辆汽车冲洗（服务）的时间就是确定型的，但大多数情形的服务时间是随机型的。对于随机型的服务时间，需要知道它的概率分布。

如果输入过程，即相继到达的间隔时间和服务时间二者都是确定型的，那么问题就太简单了。因此，在排队论中所讨论的是二者至少有一个是随机型的情形。

(5) 和输入过程一样，服务时间的分布我们总假定是平稳的，即分布的期望值、方差等参数都不受时间的影响。

12.1.3　排队模型的分类

D. G. Kendall 在 1953 年提出排队模型分类方法，按照上述各部分的特征中最主要的、影响最大的特征有三个，即

(1) 相继顾客达到间隔时间的分布；

(2) 服务时间的分布；

(3) 服务台的个数。

按照这三个特征分类，并用一定符号表示，称为 Kendall 记号。针对并列的服务台

（如果服务台是多于一个的话）的情形，用的符号形式是：

$X/Y/Z$

其中，X 处填写表示相继达到间隔时间的分布；Y 处填写表示服务时间的分布；Z 处填写并列的服务台的数目。

表示相继达到间隔时间和服务时间的各种分布的符号是：

M——负指数分布（M 是 Markov 的字头，因为负指数分布具有无记忆性，即 Markov 性）；

D——确定型（deterministic）；

E_k——k 阶爱尔郎（erlang）分布；

GI——一般相互独立（general independent）的时间间隔的分布；

G——一般（general）服务时间的分布。

例如，$M/M/1$ 表示相继达到间隔时间为负指数分布、服务时间为负指数分布、单服务台的模型；$D/M/C$ 表示确定的到达间隔、服务时间为负指数分布、C 个平行服务台（但顾客是一队）的模型。

在 1971 年一次关于排队论符号标准化的会议上决定，将 Kendall 符号扩充为：

$X/Y/Z/A/B/C$ 形式，其中前三项意义不变，而后三项意义分别是：

A 处填写系统容量限制 N；

B 处填写顾客源数目 m；

C 处填写服务规则，如先到先服务（FCFS），后到后服务（LCFS）等。

并约定，如略去后三项，即指 $X/Y/Z/\infty/\infty/$FCFS 的情形。在本书中，因只讨论先到先服务 FCFS 的情形，所以略去第六项。

12.1.4 排队问题的求解

一个实际问题作为排队问题求解时，首先要研究它属于哪个模型，其中只有顾客到达的间隔时间分布和服务时间分布需要实测的数据来确定，其他因素都是在问题提出时给定的。

解排队问题的目的是研究排队系统运行的效率，估计服务质量，确定系统参数的最优值，以决定系统结构是否合理、研究设计改进措施等。所以必须确定用以判断系统运行优劣的基本数量指标，解排队问题就是首先求出这些数量指标的概率分布或特征数。这些指标通常是：

（1）队长，指在系统中的顾客数，它的期望值记作 L_s；排队长（队列长），指在系统中排队等待服务的顾客数，它的期望值记作 L_q。

$$\begin{bmatrix}\text{系统中}\\\text{顾客数}\end{bmatrix}=\begin{bmatrix}\text{在队列中等待}\\\text{服务的顾客数}\end{bmatrix}+\begin{bmatrix}\text{正被服务}\\\text{的顾客数}\end{bmatrix}$$

一般情形下，L_s（或 L_q）越大，说明服务率越低，排队长龙，是顾客最讨厌的。

（2）逗留时间，指一个顾客在系统中的停留时间，它的期望值记作 W_s；等待时间，指一个顾客在系统中排队等待的时间，它的期望值记作 W_q。

[逗留时间] = [等待时间] + [服务时间]

在机器故障问题中，无论是等待修理或正在修理都使工厂受到停工的损失。所以逗留时间（停工时间）是主要的。但一般购物、诊病等问题中仅等待时间常是顾客们所关心的。

此外，还有忙期（busy period）指从顾客到达空闲服务机构起到服务机构再次为空闲止这段时间长度，即服务机构连续繁忙的时间长度，它关系到服务员的工作强度。忙期和一个忙期中平均完成服务顾客数都是衡量服务机构效率的指标。

在即时制或排队有限制的情形下，还有由于顾客被拒绝而使企业受到损失的损失率以及以后经常遇到的服务强度等，这些都是很重要的指标。

计算这些指标的基础是表达系统状态的概率。所谓系统的状态即指系统中顾客数，如果系统中有 n 个顾客就说系统的状态是 n，它的可能值是：

（1）队长没有限制时，$n=0, 1, 2, \cdots, n$；

（2）队长有限制，最大数为 N 时，$n=0, 1, 2, \cdots, N$；

（3）即时制，服务台个数是 c 时，$n=0, 1, 2, \cdots, c$。

后者，状态 n 又表示正在工作（繁忙）的服务台数。

这些状态的概率一般是随时刻 t 而变化的，所以在时刻 t、系统状态为 n 的概率用 $P_n(t)$ 表示。

求状态概率 $P_n(t)$ 的方法，首先要建立含 $P_n(t)$ 的关系式，如图 12-4 所示，因为 t 是连续变量，而 n 只取非负整数，所以建立的 $P_n(t)$ 的关系式一般是微分差分方程（关于 t 的微分方程，关于 n 的差分方程）。方程的解称为瞬态（或称过渡状态）(transient state) 解。求瞬态解是不容易的，一般地，即使求出也很难利用，因此我们常用它的极限（如果存在的话）

$$\lim_{t\to\infty} P_n(t) = P_n$$

称为稳态（steady state），或称统计平衡状态（statistical equilibrium state）的解。

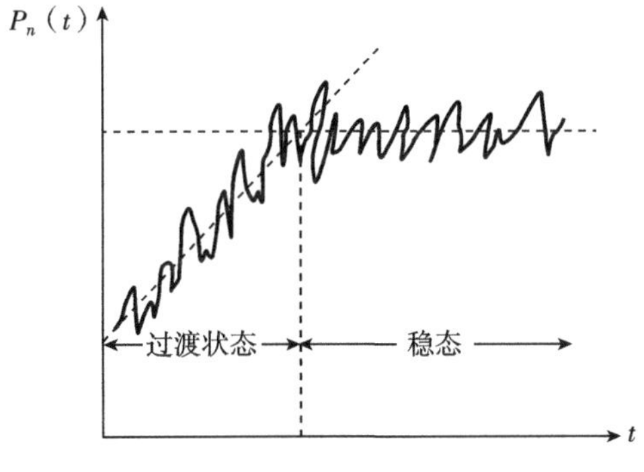

图 12-4

稳态的物理含义是，当系统运行了无限长的时间之后，初始（$t=0$）出发状态的概率分布（$P_n(0)$，$n\geqslant 0$）的影响将消失，而且系统的状态概率分布不再随时间而变化。当然，在实际应用中大多数问题系统会很快趋于稳态，而无须等到 $t\to\infty$ 以后。但永远达不到稳态的情形也确实存在。

求稳态概率 P_n 时，并不一定求 $t\to\infty$ 时 $P_n(t)$ 的极限，只需令导数 $P'_n(t)=0$ 即可。我们以下着重研究问题的情形。

12.2 到达间隔的分布和服务时间的分布

解决排队问题首先要根据原始资料作出顾客到达间隔和服务时间的经验分布，然后按照统计学的方法（如 χ^2 检验法）以确定适合哪种理论分布，并估计它的参数值。本节先举例说明经验分布，然后介绍常见的理论分布——泊松分布、负指数分布和爱尔郎（Erlang）分布。

12.2.1 经验分布

现在举例说明原始资料的整理。

例 1：大连港大港区 1979 年载货 500 吨以上船舶到达（不包括定期到达的船舶）逐日记录如表 12－2 所示。

表 12－2

月＼日	1	2	3	4	5	6	7	8	9	10	11	12	13	14	15	16
一	8	10	4	1	0	1	4	4	7	0	3	2	4	0	2	2
二	2	5	5	2	7	3	6	2	3	2	2	2	2	3	4	6
三	3	3	5	2	4	7	4	3	3	4	3	2	4	5	3	2
四	6	2	1	5	4	3	4	3	7	5	5	1	1	3	7	4
五	7	4	1	2	2	3	4	3	5	3	2	7	5	4	3	7
六	1	4	2	6	5	2	7	4	3	3	1	3	4	5	5	3
七	4	1	1	3	3	4	8	4	4	4	3	5	3	0	7	4
八	4	3	4	4	3	1	2	5	5	3	5	4	3	6	1	3
九	3	4	4	1	7	7	0	7	2	3	0	6	6	2	2	3
十	5	2	1	1	6	6	4	6	2	3	6	7	3	5	3	2
十一	5	4	3	5	2	3	4	4	3	1	3	3	3	4	5	0
十二	6	5	5	2	1	5	4	2	2	2	3	1	7	5	1	4

续表

日 月	17	18	19	20	21	22	23	24	25	26	27	28	29	30	31
一	5	4	2	1	1	3	6	2	3	4	4	2	0	3	1
二	2	2	6	5	2	1	5	3	5	5	2	2	0	0	0
三	1	2	3	8	2	3	3	2	5	4	7	2	4	1	3
四	5	4	4	4	6	5	1	4	4	1	4	3	6	4	0
五	2	1	6	3	2	5	2	5	4	2	4	4	4	4	2
六	5	2	4	3	3	3	6	3	5	5	6	2	1	4	0
七	1	3	4	4	2	3	5	5	1	2	4	3	4	6	3
八	2	0	6	3	4	6	4	4	5	1	2	8	4	5	1
九	4	4	5	3	1	4	6	1	2	3	5	0	2	4	0
十	6	2	5	1	0	7	9	3	2	5	1	7	3	5	3
十一	2	1	0	3	6	6	3	5	5	1	2	2	2	4	0
十二	6	7	3	1	2	1	3	4	1	3	9	3	3	1	4

资料来源：《港口装卸》，1980 年第 5 期，第 5 页。

将表 12－2 整理成船舶到达数的分布表（见表 12－3）。

表 12－3　船舶到达数分布表（大连港大港区，1979 年）

船舶到达数 n	频数	频率（%）
0	12	0.033
1	43	0.118
2	64	0.175
3	74	0.203
4	71	0.195
5	49	0.134
6	26	0.071
7	19	0.052
8	4	0.011
9	2	0.005
10 及以上	1	0.003
合计	365	1.000

$$平均到达率=\frac{到达总数}{总天数}=\frac{1271}{365}=3.48\text{（艘/天）}$$

更原始的资料是记录各顾客到达的时刻和对各顾客的服务时间。以τ_i表示第 i 号顾客到达的时刻，以 S_i 表示对他的服务时间，这样可算出相继到达的间隔时间 t_i（$t_i = \tau_{i+1} - \tau_i$）和排队等待时间 w_i，它们的关系如图 12－5 所示。

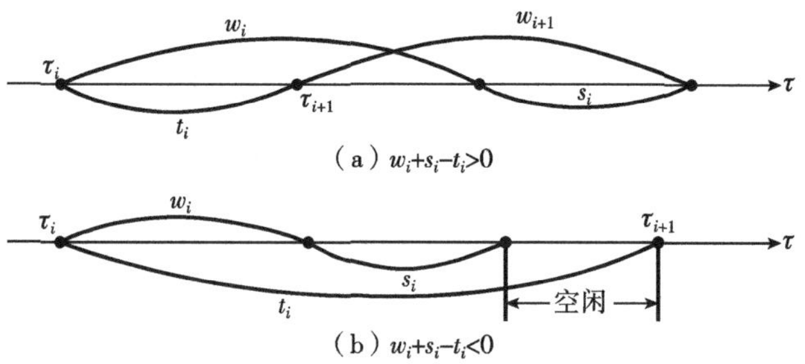

图 12－5

从图 12－5 中看出

间隔　$t_i = \tau_{i+1} - \tau_i$

等待时间　$$w_{i+1} = \begin{cases} w_i + s_i - t_i & (\text{当 } w_i + s_i - t_i > 0) \\ 0 & (\text{当 } w_i + s_i - t_i < 0) \end{cases} \tag{12－1}$$

例 2：某服务机构是单服务台，先到先服务，对 41 个顾客记录到达时刻τ和服务时间 s（单位为分钟）如表 12－4 所示，在表中以第 1 号顾客到达时刻为 0。全部服务时间为 127 分钟。

表 12－4

(1) i	(2) τ_i	(3) s_i	(4) t_i	(5) w_i	(1) i	(2) τ_i	(3) s_i	(4) t_i	(5) w_i
1	0	5	2	0	13	49	1	3	5
2	2	7	4	3	14	52	2	9	3
3	6	1	5	6	15	61	1	1	0
4	11	9	1	2	16	62	2	3	0
5	12	2	7	10	17	65	1	5	0
6	19	4	3	5	18	70	3	1	0
7	22	3	4	6	19	72	4	8	1
8	26	3	10	5	20	80	3	1	0
9	36	1	2	0	21	81	2	2	2
10	38	2	7	0	22	83	3	3	2
11	45	5	2	0	23	86	6	2	2
12	47	4	2	3	24	88	5	4	6

续表

(1) i	(2) τ_i	(3) s_i	(4) t_i	(5) w_i	(1) i	(2) τ_i	(3) s_i	(4) t_i	(5) w_i
25	92	1	3	7	34	121	2	6	7
26	95	3	6	5	35	127	1	2	3
27	101	2	4	2	36	129	6	1	2
28	105	2	1	0	37	130	3	3	7
29	106	1	3	1	38	133	5	2	7
30	109	2	5	0	39	135	2	4	10
31	114	1	2	0	40	139	4	3	8
32	116	8	1	0	41	142	1		9
33	117	4	4	7					

注：各栏意义：(1) 顾客编号 i；(2) 到达时刻τ_i；(3) 服务时间 s_i；(4) 到达间隔 t_i；(5) 排队等待时间 w_i。(1)、(2)、(3) 栏是原始记录；(4)、(5) 两栏是通过式 (12－1) 计算得到的。

现将上面的原始记录整理成表 12－5 和表 12－6。

表 12－5 到达间隔分布

到达间隔（分钟）	次数
1	6
2	10
3	8
4	6
5	3
6	2
7	2
8	1
9	1
10 及以上	1
合计	40

表 12－6 服务时间分布

服务时间（分钟）	次数
1	10
2	10

续表

服务时间（分钟）	次数
3	7
4	5
5	4
6	2
7	1
8	1
9 及以上	1
合计	41

平均间隔时间 = 142/40 = 3.55（分钟/人）

平均到达率 = 41/142 = 0.28（人/分钟）

平均服务时间 = 127/41 = 3.12（分钟/人）

平均服务率 = 41/127 = 0.32（人/分钟）

下面介绍经常用的几个理论分布。

12.2.2　泊松流

设 $N(t)$ 表示在时间区间 $[0, t)$ 内到达的顾客数（$t>0$）。

令 $P_n(t_1, t_2)$ 表示在时间区间 $[t_1, t_2)$（$t_1<t_2$）内有 n（$n\geqslant 0$）个顾客到达（这当然是随机事件）的概率，即

$$P_n(t_1, t_2) = P\{N(t_2) - N(t_1) = n\} \quad (t_2>t_1, n\geqslant 0)$$

当 $P_n(t_1, t_2)$ 适合下列三个条件时，我们说顾客的到达形成泊松流。这三个条件是：

（1）在不相重叠的时间区间内顾客到达数是相互独立的，我们称这一性质为无后效性。

（2）对充分小的 Δt，在时间区间 $[t, t+\Delta t)$ 内有 1 个顾客到达的概率与 t 无关，而与区间长 Δt 成正比，即

$$P_1[t, t+\Delta t) = \lambda\Delta t + o(\Delta t) \tag{12-2}$$

其中 $o(\Delta t)$，当 $\Delta t\to 0$ 时，是关于 Δt 的高阶无穷小。$\lambda>0$ 是常数，它表示单位时间有一个顾客到达的概率，称为概率强度。

（3）对于充分小的 Δt，在时间区间 $[t, t+\Delta t)$ 内有 2 个或 2 个以上顾客到达概率极小，以至于可以忽略，即

$$\sum_{n=2}^{\infty} P_n[t, t+\Delta t) = o(\Delta t) \tag{12-3}$$

在上述条件下，我们研究顾客到达数 n 的概率分布。再由条件（2），我们总可以取时间由 0 算起，并简记 $P_n(0,\ t)=P_n(t)$。由条件(2)和(3)，容易推得在$[t,\ t+\Delta t)$区间内没有顾客到达的概率

$$P_0[t,\ t+\Delta t)=1-\lambda\Delta t+o(\Delta t)$$

在求 $P_n(t)$时，用通常建立未知函数的微分方程法，先求未知函数 $P_n(t)$由时刻 t 到 $t+\Delta t$ 的改变量，从而建立 t 时刻的概率分布与 $t+\Delta t$ 时刻概率分布的关系方程。

对于区间$[0,\ t+\Delta t)$，可分成两个互不重叠的区间$[0,\ t)$和$[t,\ t+\Delta t)$。现在到达总数是 n，分别出现在这两区间上，有下列三种情况。各种情况出现个数和概率如表 12－7 所示。

表 12－7

区间情况	$[0,\ t)$		$[t,\ t+\Delta t)$		$[0,\ t+\Delta t)$	
	个数	概率	个数	概率	个数	概率
(A)	n	$P_n(t)$	0	$1-\lambda\Delta t+o(\Delta t)$	n	$P_n(t)(1-\lambda\Delta t+o(\Delta t))$
(B)	$n-1$	$P_{n-1}(t)$	1	$\lambda\Delta t$	n	$P_{n-1}(t)\lambda\Delta t$
(C)	$n-2$ $n-3$ ⋮ 0	$P_{n-2}(t)$ $P_{n-3}(t)$ ⋮ $P_0(t)$	2 3 ⋮ n	$o(\Delta t)$	n n ⋮ n	$o(\Delta t)$

在$[0,\ t+\Delta t)$内到达 n 个顾客应是表中三种互不相容的情况之一，所以概率 $P_n(t+\Delta t)$应是表中三个概率之和(各 $o(\Delta t)$合为一项)

$$P_n(t+\Delta t)=P_n(t)(1-\lambda\Delta t)+P_{n-1}(t)\lambda\Delta t+o(\Delta t)$$

$$\frac{P_n(t+\Delta t)-P_n(t)}{\Delta t}=-\lambda P_n(t)+\lambda P_{n-1}(t)+\frac{o(\Delta t)}{\Delta t} \tag{12-4}$$

令 $\Delta t\to 0$，得到下列方程，并注意到初始条件，则有

$$\begin{cases}\dfrac{\mathrm{d}P_n(t)}{\mathrm{d}t}=-\lambda P_n(t)+\lambda P_{n-1}(t),\ n\geqslant 1\\ P_n(0)=0\end{cases} \tag{12-5}$$

当 $n=0$ 时，没有(B)、(C)两种情况，所以得

$$\begin{cases}\dfrac{\mathrm{d}P_0(t)}{\mathrm{d}t}=-\lambda P_0(t)\\ P_0(0)=1\end{cases} \tag{12-6}$$

解式（12－5）和式（12－6），可得

$$P_n(t)=\frac{(\lambda t)^n}{n!}e^{-\lambda t},\ t>0\quad n=0,\ 1,\ 2,\ \cdots \tag{12-7}$$

$P_n(t)$表示长为t的时间区间内到达n个顾客的概率，由式(12-7)可知，像在概率论中所学过的，我们说随机变量$\{N(t)=N(s+t)-N(s)\}$服从泊松分布。它的数学期望和方差分别是

$$E[N(t)]=\lambda t;\ \mathrm{Var}[N(t)]=\lambda t \tag{12-8}$$

期望值和方差相等，是泊松分布的一个重要特征，我们可以利用它对一个经验分布是否适合泊松分布进行初步的识别。

12.2.3 负指数分布

随机变量T的概率密度若是

$$f_T(t)=\begin{cases}\lambda e^{-\lambda t},\ t\geqslant 0\\ 0,\ t<0\end{cases} \tag{12-9}$$

则称T服从负指数分布。它的分布函数是

$$F_T(t)=\begin{cases}1-e^{-\lambda t},\ t\geqslant 0\\ 0,\ t<0\end{cases} \tag{12-10}$$

数学期望$E[T]=\dfrac{1}{\lambda}$；方差$\mathrm{Var}[T]=\dfrac{1}{\lambda^2}$；标准差$\sigma[T]=\dfrac{1}{\lambda}$

负指数分布有下列性质：

（1）由条件概率公式容易证明

$$P\{T>t+s\mid T>s\}=P\{T>t\} \tag{12-11}$$

这一性质称为无记忆或马尔科夫性。若T表示排队系统中顾客到达的间隔时间，那么这个性质说明一个顾客到来所需的时间与过去一个顾客到来所需的时间s无关，所以说在这种情形下的顾客到达是纯随机的。

（2）当输入过程是泊松流时，那么顾客相继到达的间隔时间T必须服从负指数分布。这是因为对于泊松流，在$[0,t)$区间内至少有一个顾客到达的概率是

$$1-P_0(t)=1-e^{\lambda t},\ t>0$$

而这一概率又可表示为

$$P\{T\leqslant t\}=F_T(t)$$

结合式（12-10），这性质得到证明。

因此，相继到达的间隔时间是独立的且服从负指数分布（密度函数为$\lambda e^{-\lambda t}$，$t\geqslant 0$），与输入过程为泊松流（参数为λ）是等价的。所以在Kendall记号中就都用M表示。

对于泊松流，λ表示单位时间平均到达的顾客数，所以$1/\lambda$表示相继到达平均间隔时间，而这正和$E[T]$的意义相符。

服务时间v的分布：对一个顾客的服务时间也就是在忙期相继离开系统的两个顾客的间隔时间，有时也服从负指数分布。这时设它的分布函数和密度分别是

$$F_v(t)=1-e^{-\mu t};\ f_v(t)=\mu e^{-\mu t} \tag{12-12}$$

其中μ表示单位时间能被服务完成的顾客数，称为平均服务率，而$\frac{1}{\mu}=E(v)$表示一个顾客平均服务时间，这里平均就是期望值。

12.2.4 爱尔朗分布

设v_1，v_2，…，v_k是k个相互独立的随机变量，服从相同参数$k\mu$的负指数分布，那么

$$T=v_1+v_2+\cdots+v_k$$

的概率密度是

$$b_k(t)=\frac{\mu k(\mu kt)^{k-1}}{(k-1)!}e^{-\mu kt},\ t>0 \tag{12-13}$$

（证明略）我们说T服从k阶爱尔朗分布。

$$E[T]=\frac{1}{\mu};\ \mathrm{Var}[T]=\frac{1}{k\mu^2} \tag{12-14}$$

这是因为

$$E[v_i]=\frac{1}{k\mu},\ i=1,2,\cdots,k$$

所以

$$E[T]=\sum_{i=2}^{k}E(v_i)=\frac{1}{\mu}$$

例如，串联的k个服务台，每台服务时间相互独立，服从相同的负指数分布（参数$k\mu$)，那么一个顾客走完这k个服务台总共所需要服务时间就服从上述的k阶爱尔朗分布。

爱尔朗分布提供了更为广泛的模型类，比指数分布有更大的适应性。事实上，当$k=1$时，爱尔朗分布化为负指数分布，这可看成是完全随机的；当k增大时，爱尔朗分布的图形逐渐变为对称的；当$k\geqslant 30$时，爱尔朗分布近似于正态分布；当$k\to\infty$时，由式（12-14）可以看出 Var［T］$\to 0$，因此这时爱尔朗分布化为确定型分布（见图 12-6)，所以一般的k阶爱尔朗分布可看成完全随机与完全确定的中间型，能对现实世界提供更为广泛的适应性。

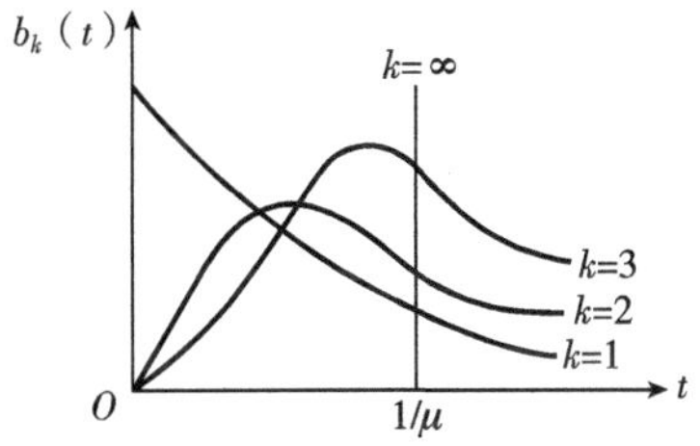

图 12-6

12.3 单服务台负指数分布排队系统的分析

在本节中讨论单服务台的排队系统，它的输入过程服从泊松分布过程，服务时间服从负指数分布。按以下三种情形讨论：

（1）标准的 $M/M/1$ 模型，即（$M/M/1/\infty/\infty$）；

（2）系统的容量有限制，即（$M/M/1/N/\infty$）；

（3）顾客源为有限，即（$M/M/1/\infty/m$）。

12.3.1 标准的 $M/M/1$ 模型（$M/M/1/\infty/\infty$）

标准的 $M/M/1$ 模型是指适合下列条件的排队系统：

（1）输入过程——顾客源是无限的，顾客单个到来，相互独立，一定时间的到达数服从泊松分布，到达过程已是平稳的。

（2）排队规则——单队，且对队长没有限制，先到先服务。

（3）服务机构——单服务台，各顾客的服务时间是相互独立的，服从相同的负指数分布。

此外，还假定到达间隔时间和服务时间是相互独立的。在分析标准的 $M/M/1$ 模型时，首先要求出系统在任意时刻 t 的状态为 n（系统中有 n 个顾客）的概率为 $P_n(t)$，它决定了系统运行的特征。

因已知到达规律服从参数为 λ 的泊松过程，服务时间服从参数为 μ 的负指数分布，所以在$[t, t+\Delta t_j]$时间区间内分布为：

（1）有 1 个顾客到达的概率为 $\lambda\Delta t + o(\Delta t)$；没有顾客到达的概率就是 $1-\lambda\Delta t + o(\Delta t)$。

（2）当有顾客在接受服务时，1 个顾客被服务完了（离去）的概率是 $\mu\Delta t + o(\Delta t)$，没有离去的概率就是 $1-\mu\Delta t + o(\Delta t)$。

（3）多于 1 个顾客的到达或离去的概率是 $o(\Delta t)$，是可以忽略的。

在时刻 $t+\Delta t$，系统中有 n 个顾客($n>0$)存在下列四种情况(到达或离去是 2 个以上的没列入)(见表 12－8)：

它们的概率分别是（略去 $o(\Delta t)$）：

情况（A）：$P_n(t)(1-\lambda\Delta t)(1-\mu\Delta t)$

情况（B）：$P_{n+1}(t)(1-\lambda\Delta t)\cdot\mu\Delta t$

情况（C）：$P_{n-1}(t)\cdot\lambda\Delta t(1-\mu\Delta t)$

情况（D）：$P_n(t)\cdot\lambda\Delta t\cdot\mu\Delta t$

表 12-8

情况	在时刻 t 顾客数	在区间 $[t, t+\Delta t]$		在时刻 $t+\Delta t$
		到达	离去	
(A)	n	×	×	n
(B)	$n+1$	×	○	n
(C)	$n-1$	○	×	n
(D)	n	○	○	n

注：○表示发生（1个）；×表示没有发生。

由于这四种情况是互不相容的，所以 $P_n(t+\Delta t)$ 应是这四项之和，即（将关于 Δt 的高阶无穷小合成一项）：

$$P_n(t+\Delta t) = P_n(t)(1-\lambda\Delta t-\mu\Delta t) + P_{n+1}(t)\lambda\Delta t + P_{n-1}(t)\lambda\Delta t + o(\Delta t)$$

$$\frac{P_n(t+\Delta t) - P_n(t)}{\Delta t} = \lambda P_{n-1}(t) + \mu P_{n+1}(t) - (\lambda+\mu)P_n(t) + \frac{o(\Delta t)}{\Delta t}$$

令 $\Delta t \to 0$，得关于 $P_n(t)$ 的微分差分方程

$$\frac{\mathrm{d}P_n(t)}{\mathrm{d}t} = \lambda P_{n-1}(t) + \mu P_{n+1}(t) - (\lambda+\mu)P_n(t),\ n=1,2,\cdots \qquad (12-15)$$

当 $n=0$，则只有表 12-8 中(A)、(B)两种情况，即

$$P_0(t+\Delta t) = P_0(t)(1-\lambda\Delta t) + P_1(t)(1-\lambda\Delta t)\mu\Delta t$$

同理求得

$$\frac{\mathrm{d}P_0(t)}{\mathrm{d}t} = -\lambda P_0(t) + \mu P_1(t) \qquad (12-16)$$

这样系统状态（n）随时间的过程是称为生灭过程的一个特殊情形。解方程（12-15）、方程（12-16）是很麻烦的，求得解（瞬态解）中因为含有修正的贝赛耳函数，也不便于应用，我们只研究稳态的情况，这时 $P_n(t)$ 与 t 无关，可写成 P_n，它的导数为0，由式（12-15）和式（12-16）可得

$$\begin{cases} -\lambda P_0 + \mu P_1 = 0 & (12-17) \\ \lambda P_{n-1} + \mu P_{n+1} - (\lambda+\mu)P_n = 0,\ n \geq 1 & (12-18) \end{cases}$$

这是关于 P_n 的差分方程。它表明了各状态间的转移关系，用图 12-7 表示。

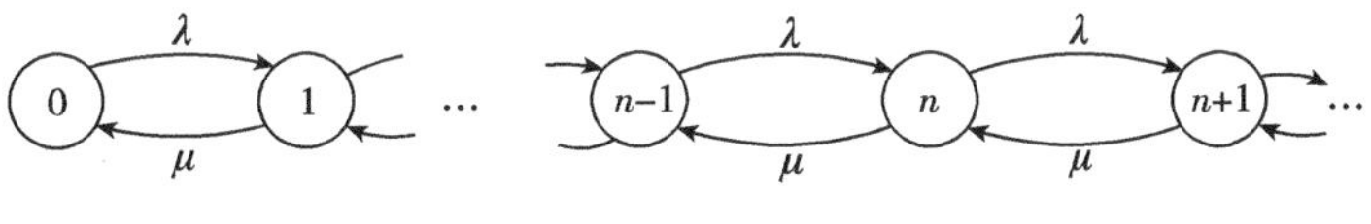

图 12-7

由图 12－7 可见，状态 0 转移到状态 1 的转移率为 λP_0，状态 1 转移到状态 0 的转移率为 μP_1。对状态 0 必须满足以下平衡方程

$$\lambda P_0 = \mu P_1$$

同样对任何 $n \geqslant 1$ 状态，可得到式（12－18）的平衡方程。求解式（12－17）得

$$P_1 = (\lambda/\mu) P_0$$

将它代入式(12－18)，令 $n=1$，

$\mu P_2 = (\lambda+\mu)(\lambda/\mu)P_0 - \lambda P_0$；所以 $P_2 = (\lambda/\mu)^2 P_0$

同理依次推得

$$P_n = (\lambda/\mu)^n P_0$$

设 $\rho = \dfrac{\lambda}{\mu} < 1$（否则队列将排至无限远），又由概率的性质知

$$\sum_{n=0}^{\infty} P_n = 1$$

将 P_n 的关系代入

$$P_0 \sum_{n=0}^{\infty} \rho^n = P_0 \cdot \frac{1}{1-\rho} = 1$$

得

$$\boxed{\begin{array}{l} P_0 = 1-\rho \\ \qquad\qquad\qquad\qquad \rho<1 \\ P_n = (1-\rho)\rho^n,\ n \geqslant 1 \end{array}} \qquad (12-19)$$

这时系统状态为 n 的概率。

上式的 ρ 有其实际意义。根据表达式的不同，可以有不同的解释。当 $\rho = \lambda/\mu$ 时，它是平均到达率与平均服务率之比，即在相同时区内顾客到达的平均数与被服务的平均数之比。若表示为 $\rho = (1/\mu)(1/\lambda)$，它是为一个顾客的服务时间与到达间隔时间之比；称 ρ 为服务强度（traffic intensity），或称 ρ 为话务强度。这是因为早期排队论是爱尔朗等人在研究电话理论时用的术语，一直沿用至今。由式（12－19），$\rho = 1 - P_0$，它刻画了服务机构的繁忙程度；所以又称服务机构的利用率。读者可考虑由于 ρ 的大小不同时，将会产生顾客与服务员之间、服务员与管理员之间怎样不同的反应或矛盾。

以式（12－19）为基础，可以算出系统的运行指标。

（1）在系统中的平均顾客数（队长期望值）

$$\begin{aligned} L_s &= \sum_{n=0}^{\infty} nP_n = \sum_{n=1}^{\infty} n(1-\rho)\rho^n \\ &= (\rho + 2\rho^2 + 3\rho^3 + \cdots) - (\rho^2 + 2\rho^3 + 3\rho^4 + \cdots) \\ &= \rho + \rho^2 + \rho^3 + \cdots = \frac{\rho}{1-\rho},\ 0<\rho<1 \end{aligned}$$

或

$$L_s=\frac{\lambda}{\mu-\lambda}$$

（2）在队列中等待的平均顾客数（队列长期望值）

$$L_q=\sum_{n=1}^{\infty}(n-1)P_n=\sum_{n=1}^{\infty}nP_n-\sum_{n=1}^{\infty}P_n$$
$$=L_s-\rho=\frac{\rho^2}{1-\rho}=\frac{\rho\lambda}{\mu-\lambda}$$

关于顾客在系统中逗留的时间 W（随机变量），在 $M/M/1$ 情形下，它服从参数为 $\mu-\lambda$ 的负指数分布，即

分布函数 $F(w)=1-e^{-(\mu-\lambda)w}\ (w\geqslant 0)$

概率密度 $f(w)=(\mu-\lambda)e^{-(\mu-\lambda)w}$ （12－20）

于是得

（3）在系统中顾客等待逗留时间的期望值

$$W_s=E[W]=\frac{1}{\mu-\lambda}$$

（4）在队列中顾客等待时间的期望值

$$W_q=W_s-\frac{1}{\mu}=\frac{\rho}{\mu-\lambda}$$

现将以上各式归纳如下：

（1）$L_s=\frac{\lambda}{\mu-\lambda}$	（2）$L_q=\frac{\rho\lambda}{\mu-\lambda}$
（3）$W_s=\frac{1}{\mu-\lambda}$	（4）$W_q=\frac{\rho}{\mu-\lambda}$

（12－21）

它们相互的关系如下：

（1）$L_s=\lambda W_s$	（2）$L_q=\lambda W_q$
（3）$W_s=W_q+\frac{1}{\mu}$	（4）$L_s=L_q+\frac{\lambda}{\mu}$

（12－22）

上式为 Little 公式。

例3：某医院手术室根据病人来诊和完成手术时间的记录，任意抽查100个工作小时，每小时来就诊的病人数 n 的出现次数如表12－9所示。又任意抽查了100个完成手术的病历，所用时间 v（小时）出现的次数如表12－10所示。

表12－9

到达的病人数 n	出现次数 f_n
0	10

续表

到达的病人数 n	出现次数 f_n
1	28
2	29
3	16
4	10
5	6
6 及以上	1
合计	100

表 12－10

为病人完成手术时间 v（小时）	出现次数 f_v
0.0～0.2	38
0.2～0.4	25
0.4～0.6	17
0.6～0.8	9
0.8～1.0	6
1.0～1.2	5
1.2 及以上	0
合计	100

（1）算出每小时病人平均到达率 $=\dfrac{\sum nf_n}{100}=2.1$（人/小时）

每次手术平均时间 $=\dfrac{\sum vf_v}{100}=0.4$（小时/人）

每小时完成手术人数（平均服务率）$=\dfrac{1}{0.4}=2.5$（人/小时）

（2）取 $\lambda=2.1$，$\mu=2.5$，可以通过统计检验的方法（例如 χ^2 检验法），认为病人到达数服从参数为 2.1 的泊松分布，手术时间服从参数为 2.5 的负指数分布。

（3）$\rho=\dfrac{\lambda}{\mu}=\dfrac{2.1}{2.5}=0.84$

它说明服务机构（手术室）有 84% 的时间是繁忙（被利用）的，有 16% 的时间是空闲的。

（4）依次代入式（12－21），算出各指标：

在病房中病人数（期望值）$L_s=\dfrac{2.1}{2.5-2.1}=5.25$（人）

排队等待病人数（期望值）$L_q=0.84\times5.25=4.41$（人）

病人在病房中逗留时间（期望值）$W_s=\dfrac{1}{2.5-2.1}=2.5$（小时）

病人排队等待时间（期望值）$W_s=\dfrac{0.84}{2.5-2.1}=2.1$（小时）

不同的服务规则（先到先服务，后到先服务，随机服务）主要反映在等待时间的分布函数的不同，而一些期望值是相同的。我们上面讨论的各种指标，因为都是期望值，所以这些指标的计算公式对三种服务规则都适用（但对有优先权的规则不适用）。

12.3.2　系统的容量有限限制的情况（$M/M/1/N/\infty$）

如果系统的最大容量为 N，对于单服务台的情形，排队等待的顾客最多为 $N-1$，在某时刻一顾客到达时，如系统中已有 N 个顾客，那么这个顾客就被拒绝进入系统（见图 12－8）。

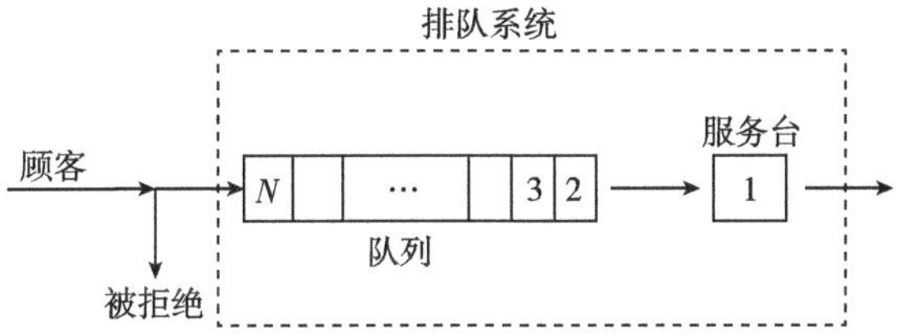

图 12－8

当 $N=1$ 时为即时制的情形；当 $N\to\infty$ 时为容量无限制的情形。

若只考虑稳态的情形，可作各状态间概率强度的转换关系如图 12－9 所示。

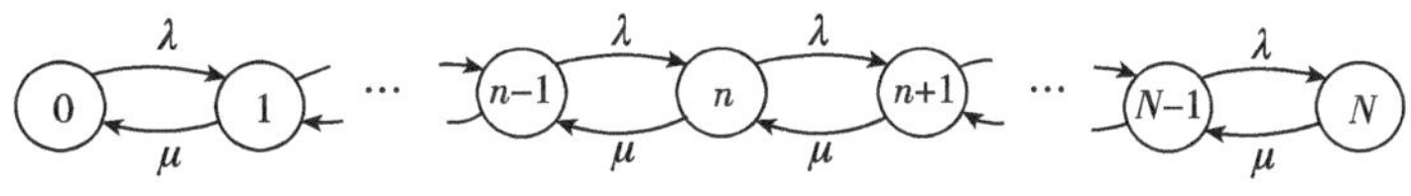

图 12－9

根据图 12－9，列出状态概率的稳态方程：

$$\begin{cases}\mu P_1=\lambda P_0\\ \mu P_{n+1}+\lambda P_{n-1}=(\lambda+\mu)P_n, \quad n\leqslant N-1\\ \mu P_N=\lambda P_{N-1}\end{cases}$$

解这个差分方程与解式（12－17）、式（12－18）是很类似的，所不同的是，

$P_0+P_1+\cdots+P_N=1$

仍令 $\rho=\dfrac{\lambda}{\mu}$，因而得，

$$\begin{cases} P_0=\dfrac{1-\rho}{1-\rho^{N+1}} & (\rho\neq 1) \\ P_n=\dfrac{1-\rho}{1-\rho^{N+1}}\rho^n & (n\leqslant N) \end{cases} \tag{12-23}$$

这里略去 $\rho=1$ 情形的讨论（参阅本章习题第 12.9 题）。

在对容量没有限制的情形下，我们曾设 $\rho<1$，这不仅是实际问题的需要，也是无穷级数收敛所必需的。在容量为有限数 N 的情形下，这个条件就没有必要了。不过当 $\rho>1$ 时，表示损失率的 P_n（或表示被拒绝排队的顾客平均数 λP_n）将是很大的。

根据式（12－23）我们可以导出系统的各种指标（计算过程略）：

（1）队长（期望值）

$$L_s=\sum_{n=0}^{N}nP_n=\frac{\rho}{1-\rho}-\frac{(N+1)\rho^{N+1}}{1-\rho^{N+1}}\rho\neq 1$$

（2）队列长（期望值）

$$L_q=\sum_{n=1}^{N}(n-1)P_n=L_s-(1-P_0)$$

当研究顾客在系统平均逗留时间 W_s 和在队列中平均等待时间 W_q 时，虽然式（12－22）仍可利用，但要注意平均到达率 λ 是在系统中有空时的平均到达率，当系统已满（$n=N$）时，则到达率为 0，因此需要求出有效到达率 $\lambda_e=\lambda(1-P_N)$。可以验证：

$$1-P_0=\lambda_e/\mu$$

（3）顾客逗留时间（期望值）

$$W_s=\frac{L_s}{\mu(1-P_0)}=\frac{L_q}{\lambda(1-P_N)}+\frac{1}{\mu}$$

（4）顾客等待时间（期望值）

$$W_q=W_s-1/\mu$$

现在把 $M/M/1/N/\infty$ 型的指标归纳如下（当 $\rho\neq 1$ 时）：

$$\begin{cases} L_s=\dfrac{\rho}{1-\rho}-\dfrac{(N+1)\rho^{N+1}}{1-\rho^{N+1}} \\ L_q=L_s-(1-P_0) \\ W_s=\dfrac{L_s}{\mu(1-P_0)} \\ W_q=W_s-1/\mu \end{cases} \tag{12-24}$$

例 4：单人理发馆有 6 个椅子接待人们排队等待理发。当 6 个椅子都坐满时，后来到的顾客不进店就离开。顾客平均到达率为 3 人/小时，理发需时平均 15 分钟。则 $N=$

7 为系统中最大的顾客数，$\lambda=3$ 人/小时，$\mu=4$ 人/小时。

（1）求某顾客一到达就能理发的概率

$$P_0=\frac{1-3/4}{1-(3/4)^8}=0.2778$$

（2）求需要等待的顾客数的期望值

$$L_s=\frac{3/4}{1-3/4}-\frac{8(3/4)^8}{1-(3/4)^8}=2.11$$

$$L_q=L_s-(1-P_0)=2.11-(1-0.2778)=1.39$$

（3）求有效到达率

$$\lambda_e=\mu(1-P_0)=4(1-0.2778)=2.89(\text{人/小时})$$

（4）求一顾客在理发馆内逗留的期望时间

$$W_s=L_s/\lambda_e=2.11/2.89=0.73(\text{小时})=43.8(\text{分钟})$$

（5）在可能到来的顾客中不等待就离开的概率（$P_n \geqslant 7$）

这就是求系统中有 7 个顾客的概率：

$$P_7=\left(\frac{\lambda}{\mu}\right)^7\left(\frac{1-\lambda/\mu}{1-(\lambda/\mu)^8}\right)=\left(\frac{3}{4}\right)^7\left(\frac{1-\frac{3}{4}}{1-\left(\frac{3}{4}\right)^8}\right)\approx 3.7\%$$

这也是理发馆的损失率。现以本例比较队长为有限和无限，两种结果如表 12－11 所示。

表 12－11

$\lambda=3$ 人/小时 $\mu=4$ 人/小时	L_s	L_q	W_s	W_q	P_0	可能到来的顾客中有多大概率离开 P_7
有限队长 $N=7$	2.11	1.39	0.73	0.48	0.278	3.7%
无限队长	3	2.25	1.0	0.75	0.25	0

12.3.3　顾客源为有限的情形（$M/M/1/\infty/m$）

现以最常见的机器因故障停机待修问题来说明。设共有 m 台机器（顾客总体），机器因故障停机表示“到达”，待修的机器形成队列，修理工人是服务员，本节只讨论单服务员的情形。类似的例子还有 m 个打字员共用一台打字机，m 个会计分析员同用一个计算机终端，等等。顾客总体虽只有 m 个，但每个顾客到来并经过服务后，仍回到原来总体，所以仍然可以到来。在机器故障问题中同一台机器出了故障（到来）并经修好（服务完了）仍可再出故障（见图 12－10）。模型的符号中第 4 项，写了 ∞，在这表示对系统的容量没有限制，但实际上它永远不会超过 m，所以和写成（$M/M/1/\infty/m/m$）的意义相同。

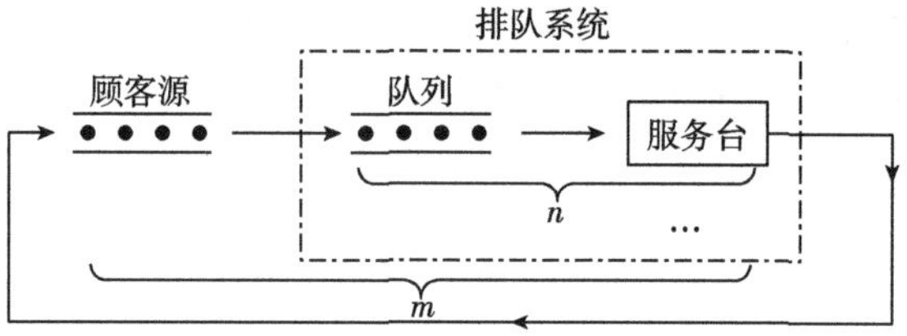

图 12－10

关于平均到达率，在无限源的情形是按全体顾客来考虑的；在有限源的情形必须按每个顾客来考虑。为简单起见，设各个顾客的到达率都是相同的 λ（在这里 λ 的含义是每台机器单位运转时间内发生故障的概率或平均次数），这时在系统外的顾客平均数为 $m-L_s$，对系统的有效到达率 λ_e 应是

$$\lambda_e=\lambda(m-L_s) \tag{12-25}$$

对于（$M/M/1/\infty/m$）模型的分析可用前述的方法。在稳态的情况下，考虑状态间的转移率。当由状态 0 转移到状态 1 时，每台设备由正常状态转移为故障状态，其转移率为 λP_0，现有 m 台设备由无故障状态转移为有一台设备（不论哪一台）发生故障，其转移率为 $m\lambda P_0$，至于由状态 1 转移到状态 0，其状态转移率为 μP_1。所以在状态 0 时有平衡方程 $m\lambda P_0=\mu P_1$。其关系可用图 12－11 表示。

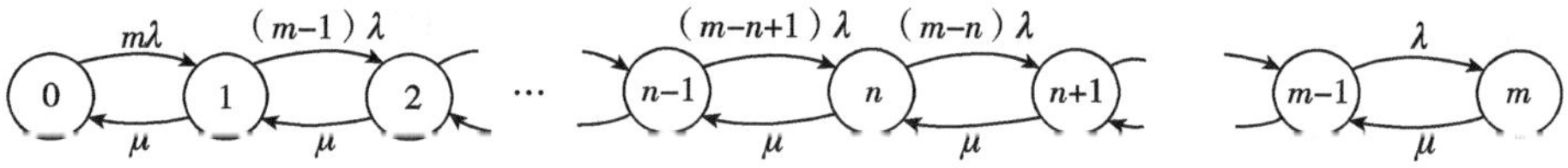

图 12－11

由图 12－11 可得到各状态间的转移差分方程。

$$\begin{cases}\mu P_1=m\lambda P_0\\ \mu P_{n+1}+(m-n+1)\lambda P_{n-1}=[(m-n)\lambda+\mu]P_n, \quad 1\leqslant n\leqslant m-1\\ \mu P_m=\lambda P_{m-1}\end{cases}$$

解这个差分方程，用递推方法，并注意到

$$\sum_{i=0}^{m}P_i=1(\text{因而不要求 }\lambda/\mu<1)$$

得

$$\begin{cases}P_0=\dfrac{1}{\displaystyle\sum_{i=0}^{m}\frac{m!}{(m-i)!}\left(\frac{\lambda}{\mu}\right)^i}\\ P_n=\dfrac{m!}{(m-n)!}\left(\dfrac{\lambda}{\mu}\right)^nP_0 \qquad (1\leqslant n\leqslant m)\end{cases} \tag{12-26}$$

求得系统的各项指标为

$$\begin{cases} L_s = m - \dfrac{\mu}{\lambda}(1 - P_0) \\ L_q = m - \dfrac{(\lambda + \mu)(1 - P_0)}{\lambda} = L_s - (1 - P_0) \\ W_s = \dfrac{m}{\mu(1 - P_0)} - \dfrac{1}{\lambda} \\ W_q = W_s - 1/\mu \end{cases} \tag{12-27}$$

在机器故障问题中 L_s 就是平均故障台数，而 $m - L_s$ 表示正常运转的平均台数。

$$m - L_s = \frac{\mu}{\lambda}(1 - P_0)$$

例 5：某车间有 5 台机器，每台机器的连续运转时间服从负指数分布，平均连续运转时间为 15 分钟，有一个修理工，每次修理时间服从负指数分布，平均每次 12 分钟。求：

（1）修理工空闲的概率；

（2）五台机器都出故障的概率；

（3）出故障的平均台数；

（4）等待修理的平均台数；

（5）平均停工时间；

（6）平均等待修理时间；

（7）评价这些结果。

解：$m = 5$，$\lambda = 1/15$，$\mu = 1/12$，$\lambda/\mu = 0.8$

（1）$P_0 = \left[\frac{5!}{5!}(0.8)^0 + \frac{5!}{4!}(0.8)^1 + \frac{5!}{3!}(0.8)^2 + \frac{5!}{2!}(0.8)^3 + \frac{5!}{1!}(0.8)^4 + \frac{5!}{0!}(0.8)^5\right]^{-1}$

$= 1/136.8 = 0.0073$

（2）$P_5 = \frac{5!}{0!}(0.8)^5 P_0 = 0.287$

（3）$L_s = 5 - \frac{1}{0.8}(1 - 0.0073) = 3.76$（台）

（4）$L_q = 3.76 - 0.993 = 2.77$（台）

（5）$W_s = \dfrac{5}{\frac{1}{12}(1 - 0.007)} - 15 = 46$（分钟）

（6）$W_q = 46 - 12 = 34$（分钟）

（7）机器停工时间过长，修理工几乎没有空闲时间，应当提高服务率减少修理时间或增加修理工人。

12.4　多服务台负指数分布排队系统的分析

现在讨论单对、并列的多服务台（服务台数 c）的情形，我们分以下三种情形讨论。

（1）标准的 $M/M/c$ 模型（$M/M/c/\infty/\infty$）；

（2）系统容量有限制（$M/M/c/N/\infty/\infty$）；

（3）有限顾客客源（$M/M/c/\infty/m$）。

12.4.1　标准的 $M/M/c$ 模型（$M/M/c/\infty/\infty$）

关于标准的 $M/M/c$ 模型各种特征的规定与标准的 $M/M/1$ 模型的规定相同。另外，规定各服务台工作相互独立（不搞协作）且平均服务率相同 $\mu_1=\mu_2=\cdots=\mu_c=\mu$。于是整个服务机构的平均服务率为 $c\mu$（当 $n\geqslant c$）或为 $n\mu$（当 $n<c$）。令 $\rho=\dfrac{\lambda}{c\mu}$，只有当 $\dfrac{\lambda}{c\mu}<1$ 时才不会排成无限的队列，称它为这个系统的服务强度或称服务机构的平均利用率（见图 12－12）。

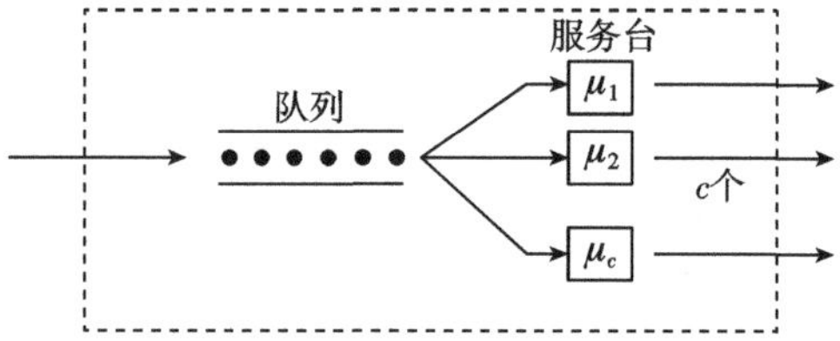

图 12－12

在分析这个排队系统时，仍从状态间的转移关系开始，如图 12－13 所示。如状态 1 转移到状态 0，即系统中有一名顾客被服务完了（离去）的转移率为 μP_1。状态 2 转移到状态 1 时，这就是在两个服务台上被服务的顾客中有一个被服务完成而离去。因为不限哪一个，那么这时状态的转移率便是 $2\mu P_2$。同理，再考虑状态 n 转移到 $n-1$ 的情况。当 $n\leqslant c$ 时，状态转移率为 $n\mu P_n$；当 $n>c$ 时，因为只有 c 个服务台，最多 c 个顾客在被服务，$n-c$ 个顾客在等候，因此这时状态转移率应为 $c\mu P_n$。

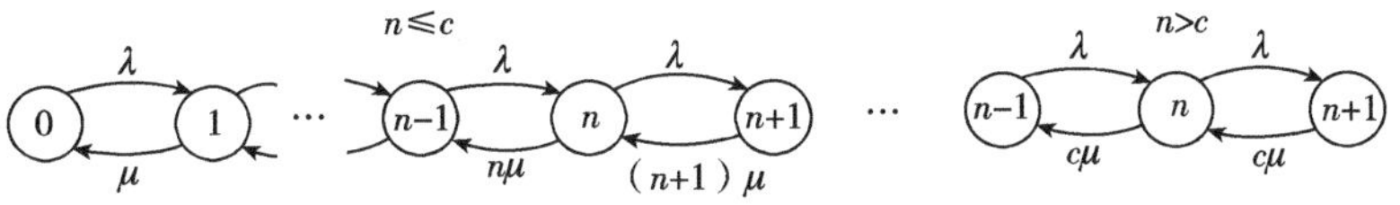

图 12 - 13

由图 12 - 13 可得

$$\begin{cases}\mu P_1 = \lambda P_0 \\ (n+1)\mu P_{n+1} + \lambda P_{n-1} = (\lambda + n\mu)P_n & (1 \leqslant n \leqslant c) \\ c\mu P_{n+1} + \lambda P_{n-1} = (\lambda + c\mu)P_n & (n > c)\end{cases}$$

这里 $\sum\limits_{i=0}^{\infty} P_i = 1$，且 $\rho \leqslant 1$

用递推法解上述差分方程，可求得状态概率

$$\begin{cases}P_0 = \left[\sum\limits_{k=0}^{c-1} \dfrac{1}{k!}\left(\dfrac{\lambda}{\mu}\right)^k + \dfrac{1}{c!} \cdot \dfrac{1}{1-\rho} \cdot \left(\dfrac{\lambda}{\mu}\right)^c\right]^{-1} \\ P_n = \begin{cases}\dfrac{1}{n!}\left(\dfrac{\lambda}{\mu}\right)^n P_0 & (n \leqslant c) \\ \dfrac{1}{c!c^{n-c}}\left(\dfrac{\lambda}{\mu}\right)^n P_0 & (n > c)\end{cases}\end{cases} \tag{12-28}$$

系统的运行指标求得如下：

平均队长

$$\begin{cases}L_s = L_q + \dfrac{\lambda}{\mu} \\ L_q = \sum\limits_{n=c+1}^{\infty} (n-c)P_n = \dfrac{(c\rho)^c \rho}{c!(1-\rho)^2} P_0\end{cases} \tag{12-29}$$

$$\left(\text{因为} \sum_{n=c+1}^{\infty} (n-c)P_n = \sum_{n'=1}^{\infty} n' P_{n'+c} = \sum_{n'=1}^{\infty} \frac{n'}{c!c^{n'}} (c\rho)^{n'+c} p_0 = \text{右边}\right)$$

平均等待时间和逗留时间仍由 Little 公式求得

$$W_q = \frac{L_q}{\lambda},\ W_s = \frac{L_s}{\lambda}$$

例 6：某售票处有三个窗口，顾客的到达服从泊松过程，平均到达率每分钟 $\lambda = 0.9$ 人，服务（售票）时间服从负指数分布，平均服务率每分钟 $\mu = 0.4$ 人。现设顾客到达后排成一队，依次向空闲的窗口购票，如图 12 - 14（a）所示，这就是一个 $M/M/c$ 型的系统，其中 $c = 3$，$\dfrac{\lambda}{\mu} = 2.25$，$\rho = \dfrac{\lambda}{c\mu} = \dfrac{2.25}{3}$（$<1$）符合要求的条件，代入公式得：

（1）整个售票处空闲的概率

$$P_0=\frac{1}{\frac{(2.25)^0}{0!}+\frac{(2.25)^1}{1!}+\frac{(2.25)^2}{2!}+\frac{(2.25)^3}{3!}\cdot\frac{1}{1-\frac{2.25}{3}}}=0.0748$$

（2）平均队长

$$L_q=\frac{(2.25)^3\cdot 3/4}{3!\ (1/4)^2}\times 0.0748=1.70$$

$$L_s=L_q+\lambda/\mu=3.95$$

（3）平均等待时间和逗留时间

$$W_q=\frac{1.70}{0.9}=1.89\text{（分钟）}$$

$$W_s=1.89+\frac{1}{0.4}=4.39\text{（分钟）}$$

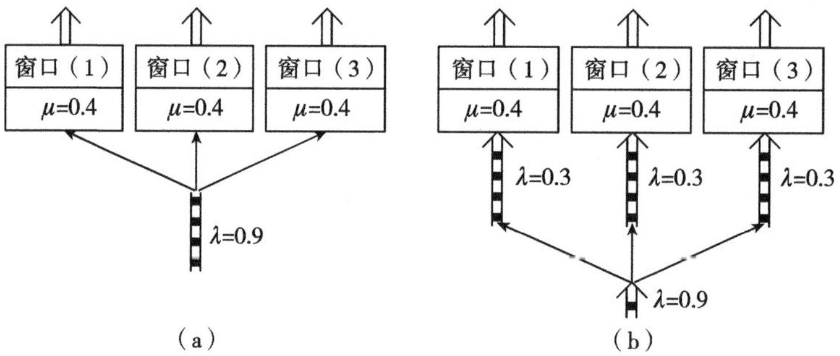

图 12－14

顾客到达后必须等待（即系统中顾客数已有 3 人，即各服务台都没有空闲）的概率

$$P(n\geqslant 3)=\frac{(2.25)^2}{3!\ (1/4)}0.0748=0.57$$

12.4.2 $M/M/c$ 型系统和 c 个 $M/M/1$ 型系统的比较

现就上面的例子说明，如果原题除排队方式外其他条件不变，但顾客到达后在每个窗口前各排一队，且进入队列后坚持不换，这就形成 3 个队列，如图 12－14（b）所示，每个队列平均到达率为

$$\lambda_1=\lambda_2=\lambda_3=0.9/3=0.3\text{（每分钟）}$$

这样，原来的系统就变成 3 个 $M/M/1$ 型的子系统。现按 $M/M/1$ 型解决这个问题，并与上面比较，如表 12－12 所示。

表 12－12

指标＼模型	（1）M/M/3 型	（2）M/M/3 型
服务台空闲的概率 P_0	0.0748	0.25（每个子系统）
顾客必须等待的概率	$P(n\geqslant 3)=0.57$	0.75
平均队列长 L_q	1.70	2.25（每个子系统）
平均队长 L_s	3.95	9.00（整个系统）
平均逗留时间 W_s	4.39（分钟）	10（分钟）
平均等待时间 W_q	1.89（分钟）	7.5（分钟）

从表 12－12 中各指标的对比可以看出（1）（单队）比（2）（三队）有显著优越性，在安排排队方式时应该注意。

由于计算 P_0 和各项指标式（12－29）、式（12－30）很复杂，现在已有专门的数值表可供使用。式（12－29）、式（12－30）中 P_0 和 L_q 都是由 C 和 ρ 完全确定的，于是 $W_q\cdot\mu$ 也由 C 和 ρ 完全确定。可构造一个 $W_q\cdot\mu$ 数值表（见表 12－13），便于使用。

表 12－13　多服务台 $W_q\cdot\mu$ 的数值表

$\lambda/c\mu$	服务台数				
	$C=1$	$C=2$	$C=3$	$C=4$	$C=5$
0.1	0.1111	0.0101	0.0014	0.0002	0.0000*
0.2	0.2500	0.0417	0.0103	0.0030	0.0010
0.3	0.4286	0.0989	0.0333	0.0132	0.0058
0.4	0.6667	0.1905	0.0784	0.0378	0.0199
0.5	1.0000	0.3333	0.1579	0.0870	0.0521
0.6	1.5000	0.5625	0.2956	0.1794	0.1181
0.7	2.3333	0.9608	0.5470	0.3572	0.2519
0.8	4.0000	1.7778	1.0787	0.7455	0.5541
0.9	9.0000	4.2632	2.7235	1.9694	1.5250
0.95	19.0000	9.2564	6.0467	4.4571	3.5112

注：* 表示小于 0.00005。

在例 6 中，已知 $c=3$，$\rho=\dfrac{\lambda}{c\mu}=0.75$。查表 12－11，无此数。故用线性插值法求得

$W_q\cdot\mu=0.8129$

因 $\mu=0.4$，所以 $W_q=2.03$（分）

$$W_s=2.03+\frac{1}{0.4}=4.53\text{（分）}$$

$$L_q=\frac{2.03}{0.9}=2.2\text{（人）}$$

$L_s=2.2+2.5=4.45$（人）

这结果和前面计算的有差异，这是由插值引起的。

12.4.3 系统的容量有限制的情形（$M/M/c/N/\infty$）

设系统的容量最大限制为 N（$\geqslant c$），当系统中的顾客数 n 已达到 N（即队列中顾客数已达 $N-C$）时，再来的顾客即被拒绝，其他条件与标准的 $M/M/c$ 型相同。这时系统的状态概率和运行指标如下：

$$P_0=\frac{1}{\sum_{k=0}^{c}\frac{(c\rho)^k}{k!}+\frac{c^c}{c!}\cdot\frac{\rho(\rho^c-\rho^N)}{1-\rho}}\ (\rho\neq 1)$$

$$P_n=\begin{cases}\dfrac{(c\rho)^n}{n!}P_0 & (0\leqslant n\leqslant c)\\[2ex] \dfrac{c^c}{c!}\rho^n P_0 & (c\leqslant n\leqslant N)\end{cases} \tag{12-30}$$

其中 $\rho=\dfrac{\lambda}{c\mu}$，但现在已不必对 ρ 加以限制（关于 $\rho=1$ 的情形可参照本章习题第 12.9 题进行讨论）

$$\begin{cases}L_q=\dfrac{P_0\rho(c\rho)^c}{c!\ (1-\rho)^2}[1-\rho^{N-c}-(N-c)\rho^{N-c}(1-\rho)]\\[2ex] L_s=L_q+c\rho(1-P_N)\\[2ex] W_q=\dfrac{L_q}{\lambda(1-P_N)}\\[2ex] W_s=W_q+\dfrac{1}{\mu}\end{cases} \tag{12-31}$$

由于公式的复杂，现在已有一些专门图表可供使用。

特别是当 $N=c$（即时制）的情形，如在街头的停车场就不允许排队等待空位，这时

$$\begin{cases}P_0=\dfrac{1}{\sum_{k=0}^{c}\dfrac{(cp)k}{k!}}\\[3ex] P_n=\dfrac{(c\rho)n}{n!}P_0,0\leqslant n\leqslant c\end{cases} \tag{12-32}$$

其中，$N=c$ 即关于 P_c 的公式，被称为爱尔朗呼唤损失公式，是 A. K. Erlang 早在 1917 年发现的，并广泛应用于电话系统的设计中。

这时的运行指标如下：

$$\begin{cases} L_q=0, \ W_q=0, \ W_s=\dfrac{1}{\mu} \\ L_s=\sum\limits_{n=1}^{c} nP_n=\dfrac{c\rho\sum\limits_{n=0}^{c-1}\dfrac{(c\rho)^{n-1}}{n!}}{\sum\limits_{n=0}^{c}\dfrac{(c\rho)^n}{n!}}=c\rho\ (1-P_c) \end{cases} \tag{12-33}$$

它又是使用的服务台数（期望值）。

例 7：在某风景区准备建造旅馆，顾客到达为泊松流，每天平均到 6 人，顾客平均逗留时间为 2 天，试就该旅馆在具有 1，2，3，…，8 个房间的条件下，分别计算每天客房平均占用数 L_s 及满员概率 P_c。

这是即时式，因为在客房满员条件下，旅客显然不能排队等待。计算过程通过表 12－14 进行（$\lambda=6$，$1/\mu=2$，$c\rho=\lambda/\mu=12$）。

表 12－14

(1) n	(2) $(c\rho)^*=12^*$	(3) $n!$	(4) $(c\rho)^n/n!$	(5) $\sum\limits_{n=0}^{c}\frac{(c\rho)^n}{n!}$	(6) P_c（答）	(7) $\sum\limits_{n=0}^{c-1}/\sum\limits_{n=0}^{c}$	(8) L_s（答）
0	1	1	1	1	1	—	—
1	1.2×10	1	12	13	0.92	0.08	0.92
2	1.44×10^2	2	72	85	0.85	0.15	1.83
3	1.73×10^3	6	288	373	0.77	0.23	2.74
4	2.07×10^4	24	864	1.24×10^3	0.70	0.30	3.62
5	2.49×10^5	120	2.07×10^3	3.31×10^3	0.63	0.37	4.48
6	2.99×10^6	720	4.15×10^3	7.46×10^3	0.56	0.44	5.33
7	3.58×10^7	5.04×10^3	7.11×10^3	1.45×10^4	0.49	0.51	6.14
8	4.30×10^8	4.03×10^4	1.07×10^4	2.52×10^5	0.42	0.58	6.93

第（4）栏：（2）／（3）。

第（5）栏：第（4）栏各数累加。

第（6）栏：（4）／（5）得满员概率 P_c，注意第（5）、第（6）两栏的 c 就是同行的 n，P_c 的具体意义是：

当 $c=1$ 时，旅馆只有 1 个房间，满员（旅客被拒绝）概率为 0.92；

当 $c=5$ 时，旅馆备有 5 个房间，满员（旅客被拒绝）概率 0.63；

当 $c=8$ 时，旅馆备有 8 个房间，满员（旅客被拒绝）概率 0.42。

第（7）栏：为求 L_s 做准备，用第（5）栏同行去除上一行结果。

第（8）栏：（7）$\times 12$ 得 L_s，为每天客房平均占用数，它的具体意义是：

当 $n=1$ 时，旅馆只有 1 个房间，每天客房平均占用数 $L_s=0.93$（间）；

当 $n=5$ 时，旅馆备有 5 个房间，$L_s=4.48$（间）；

当 $n=8$ 时，旅馆备有 8 个房间，$L_s=6.92$（间）。

就是说每天平均都有 1 个以上的房间是空闲的。

12.4.4 顾客源为有限的情形（$M/M/c/\infty/m$）

设顾客总体（顾客源）为有限数 m，且 $m>c$，和单服务台情形一样，顾客到达率 λ 是按每个顾客来考虑的，在机器管理问题中，就是共有 m 台机器，有 c 个修理工人，顾客到达就是机器出了故障，而每个顾客的到达率 λ 是指每台机器每单位运转时间出故障的期望次数。系统中顾客数 n 就是出故障的机器台数，当 $n\leqslant c$ 时，所有的故障机器都在被修理，有 $(c-n)$ 个修理工人在空闲；当 $c<n\leqslant m$ 时，有 $(n-c)$ 台机器在停机等待修理，而修理工人都在繁忙状态。假定这 c 个工人修理技术相同，修理（服务）时间都服从参数为 μ 的负指数分布，并假定故障的修复时间和正在生产的机器是否发生故障是相互独立的。

（1）$P_0=\dfrac{1}{m!}\cdot\dfrac{1}{\sum\limits_{k=0}^{c}\dfrac{1}{k!(m-k)!}\left(\dfrac{c\rho}{m}\right)^k+\dfrac{c^c}{c!}\sum\limits_{k=c+1}^{m}\dfrac{1}{(m-k)!}\left(\dfrac{\rho}{m}\right)^k}$

其中 $\rho=\dfrac{m\lambda}{c\mu}$

$$P_n=\begin{cases}\dfrac{m!}{(m-n)!\ n!}\left(\dfrac{\lambda}{\mu}\right)^n P_0 & (0\leqslant n\leqslant c)\\[2ex] \dfrac{m!}{(m-n)!\ c!\ c^{n-c}}\left(\dfrac{\lambda}{\mu}\right)^n P_0 & (c+1\leqslant n\leqslant m)\end{cases} \tag{12-34}$$

（2）平均顾客数（即平均故障台数）

$$L_s=\sum_{n=1}^{m}nP_n$$

$$L_q=\sum_{n=c+1}^{m}(n-c)P_n$$

有效的到达率 λ_e 应等于每个顾客的到达率 λ 乘以在系统外（即正常生产的）机器的期望数：

$\lambda_e=\lambda(m-L_s)$

在机器故障问题中，它是每单位时间 m 台机器平均出现故障的次数。

（3）可以证明

$$\begin{cases}L_s = L_q + \dfrac{\lambda_e}{\mu} = L_q + \dfrac{\lambda}{\mu}(m - L_s') \\ M_s = L_s/\lambda_e \\ W_q = L_q/\lambda_e\end{cases} \tag{12-35}$$

由于 P_0、P_n 计算公式过于复杂，有专用图书列成表格可供使用。

例8：设有两个修理工人，负责5台机器的正常运行，每台机器平均损坏率为每运转小时1次，两工人能以相同的平均修复率4（次/小时）修好机器。求：

（1）等待修理的机器平均数；

（2）需要修理的机器平均数；

（3）有效损坏率；

（4）等待修理时间；

（5）停工时间。

解：$m=5$，$\lambda=1$(次/小时)，$\mu=4$(台/小时)，$c=2$，$c\rho/m=\lambda/\mu=1/4$

$$P_0 = \frac{1}{5!}\left[\frac{1}{5!}\left(\frac{1}{4}\right)^0 + \frac{1}{4!}\left(\frac{1}{4}\right)^1 + \frac{1}{2!\ 3!}\left(\frac{1}{4}\right)^2 + \frac{2^2}{2!}\frac{1}{2!}\left(\frac{1}{8}\right)^3 + \left(\frac{1}{8}\right)^4 + \left(\frac{1}{8}\right)^5\right]^{-1}$$

$$= 0.3149$$

$P_1=0.394$，$P_2=0.197$，$P_3=0.074$，$P_4=0.018$，$P_5=0.002$

(1) $L_q = P_3 + 2P_4 + 3P_5 = 0.118$

(2) $L_s = \sum_{n=1}^{m} nP_n = L_q + c - 2P_0 - P_1 = 1.094$

(3) $\lambda_e = 1 \times (5 - 1.094) = 3.906$

(4) $W_q = 0.118/3.906 = 0.03$(小时)

(5) $W_s = 1.094/3.906 = 0.28$(小时)

12.5　一般服务时间 *M/G/*1 模型

前面我们研究了泊松输入和负指数的服务时间的模型。下面将讨论服务时间是任意分布的情形。当然，对任何情形，下面关系都是正确的。

E[系统中顾客数] = E[队列中顾客数] + E[服务机构中顾客数]

E[在系统中逗留时间] = E[排队等候时间] + E[服务时间]

其中 $E[\cdot]$表示求期望值，用符号表示：

$$\begin{cases}L_s = L_q + L_{se} \\ W_s = W_q + E\ [T]\end{cases} \tag{12-36}$$

T 表示服务时间（随机变量），当 T 服从负指数分布时，$E[T]=1/\mu$ 是讨论过的。式（12－22）中的关系式：

$L_s=\lambda W_s$，$L_q=\lambda W_q$

也是常被利用的。所以上面的 7 个数中只要知道 3 个就可求出其余，不过再有限源和队长有限制情况下，λ 要换成有效到达率 λ_e。

12.5.1 Pollaczek－Khintchine（P－K）公式

对于 $M/G/1$ 模型，服务时间 T 的分布是一般的(但要求期望值 $E[T]$ 和方差 $\mathrm{Var}[T]$ 都存在)，其他条件和标准的 $M/M/1$ 型相同。为了达到稳态，$\rho<1$ 这一条件还是必要的，其中 $\rho=\lambda E[T]$。

在上述条件下，则有

$$L_s=\rho+\frac{\rho^2+\lambda^2\mathrm{Var}[T]}{2(1-\rho)} \tag{12-37}$$

这就是 Pollaczek－Khintchine（P－K）公式。只要知道 λ、$E[T]$ 和 $\mathrm{Var}[T]$，不管 T 是什么具体分布，都可求出 L_s，然后通过式（12－37）和式（12－22）可求出 L_q，W_q 和 W_s。由这个公式还可注意到，因为有方差项的存在，在研究各期望值（各运行指标都是期望值）时，完全不考虑概率性质会得出错误结果，仅当 $\mathrm{Var}[T]=0$ 时，随机性的波动才不影响 L_s，所以要想改进各指标，除考虑期望值外，还可以从改变方差来考虑。

现在举例说明公式的应用。

例 9：有一售票口，已知顾客按平均为 2 分 30 秒的时间间隔的负指数分布到达。顾客在售票口前服务时间平均为 2 分钟。

（1）若服务时间也服从负指数分布，求顾客为购票所需时间的平均逗留时间和等待时间；

（2）若经过调查，顾客在售票口前至少要占用 1 分钟，且认为服务时间服从负指数分布是不恰当的，而应服从以下概率密度分布，求顾客的逗留时间和等待时间。

$$f(y)=\begin{cases} e^{-y+1} & y\geq 1 \\ 0 & y<1 \end{cases}$$

解：(1)$\lambda=1/2.5=0.4$，$\mu=1/2=0.5$，$\rho=\lambda/\mu=0.8$

$$W_s=\frac{1}{\mu-\lambda}=10(\text{分钟})$$

$$W_q=\frac{\rho}{\mu-\lambda}=8(\text{分钟})$$

（3）令 y 为服务时间，那么 $Y=1+X$，X 服从均值为 1 的负指数分布。于是

$E[Y]=2$，$\mathrm{Var}[Y]=\mathrm{Var}[1+x]=\mathrm{Var}[X]=1$

$\rho = \lambda E[Y] = 0.8$

代入 P－K 公式，得

$$L_s = 0.8 + \frac{0.8^2 + 0.4^2 \times 1}{2 \times (1 - 0.8)} = 2.8$$

$$L_q = L_s - \rho = 2$$

$$W_s = L_s/\lambda = 7(\text{分钟})$$

$$W_q = L_q/\lambda = 5(\text{分钟})$$

12.5.2 定长服务时间 *M/D/1* 模型

服务时间是确定的常数，例如在一条装配线上完成一件工作的时间就应是常数。自动的汽车冲洗台，冲洗一辆汽车的时间也是常数，这时

$$T = \frac{1}{\mu},\ \mathrm{Var}[T] = 0$$

$$L_s = \rho + \frac{\rho^2}{2(\ -\rho)} \tag{12-38}$$

例 10：某实验室有一台自动检验机器性能的仪器，要求检验机器的顾客按泊松分布到达，每小时平均 4 个顾客，检验每台机器所需时间为 6 分钟。求：

（1）在检验室内机器台数 L_s（期望值，下同）；

（2）等候检验的机器台数 L_q；

（3）每台机器在室内消耗（逗留）时间 W_s；

（4）每台机器平均等待检验的时间 W_q。

解：$\lambda = 4$，$E(T) = \frac{1}{10}$(小时)，$\rho = \frac{4}{10}$，$\mathrm{Var}[T] = 0$

$$(1) L_s = 0.4 + \frac{(0.4)^2}{2(1-0.4)} = 0.533(\text{台})$$

$$(2) L_q = 0.533 - 0.4 = 0.133(\text{台})$$

$$(3) W_s = \frac{0.533}{4} = 0.133(\text{小时}) = 8(\text{分钟})$$

$$(4) W_q = \frac{0.133}{4} = 0.033(\text{小时}) = 2(\text{分钟})$$

可以证明，在一般服务时间分布的 L_q 和 W_q 中以定长服务时间的为最小，这符合我们通俗的理解——服务时间越有规律，等候的时间就越短。读者还可在热力学或信息论中熵的概念中找出类似的性质。

12.5.3 爱尔朗服务时间 $M/E_k/1$ 模型

由图 12－15 可知，如果顾客必须经过 k 个服务站，在每个服务站的服务时间 T_i 相

互独立，并服从相同的负指数分布(参数为 $k\mu$)，那么 $T=\sum_{i=1}^{k}T_i$ 服从 k 阶爱尔朗分布。

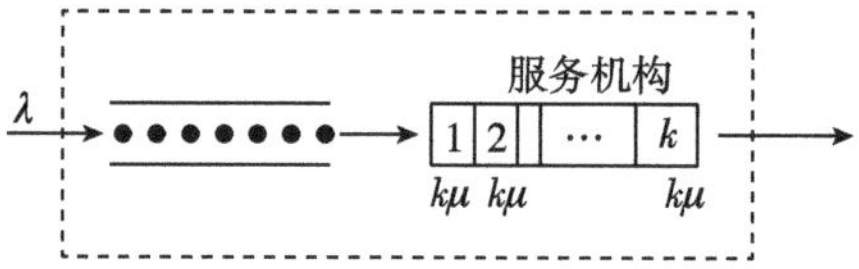

图 12－15

$$E[T_i]=\frac{1}{k\mu}\quad \mathrm{Var}[T_i]=\frac{1}{k^2\mu^2}$$

$$E[T]=\frac{1}{\mu}\quad \mathrm{Var}[T]=\frac{1}{k\mu^2}$$

对于 $M/E_k/1$ 模型(除服务时间外，其他条件与标准的 $M/M/1$ 型相同)

$$L_s=\rho+\frac{\rho^2+\frac{\lambda^2}{k\mu^2}}{2(1-\rho)}=\rho+\frac{(k+1)\rho^2}{2k(1-\rho)}$$

$$L_q=\frac{(k+1)\rho^2}{2k(1-\rho)}\tag{12-39}$$

$$W_s=L_s/\lambda,\ W_q=L_q/\lambda$$

例 11：某单人裁缝店做西服，每套需经过 4 个不同的工序，4 个工序完成后才开始做另一套。每一工序的时间服从负指数分布，期望值为 2 小时。顾客到来服从泊松分布，平均订货率为 5.5 套/周（设一周 6 天，每天 8 小时）。问一顾客为等到做好一套西服期望时间有多长？

解：顾客到达 $\lambda=5.5$ 套/周，设：

μ——平均服务率(单位时间做完的套数)；

$1/\mu$——平均每套所需的时间；

$1/4\mu$——平均每一工序所需的时间。

由题设 $1/4\mu=2$(小时)，$\mu=1/8$(套/小时)$=6$(套/周)，$\rho=5.5/6$，设：

T_i——做完第 i 个工序所需的时间；

T——做完一套西服所需的时间。

$$E[T_i]=2,\ \mathrm{Var}[T_i]=\left(\frac{1}{4\times 6}\right)^2$$

$$E[T]=8(\text{小时}),\ \mathrm{Var}[T]=\frac{1}{4\times 6^2},\ \rho=\frac{5.5}{6}$$

$$L_s=\frac{5.5}{6}+\frac{\left(\frac{5.5}{6}\right)^2+(5.5)^2\times\frac{1}{4\times 6^2}}{2\left(1-\frac{5.5}{6}\right)}=7.2188$$

顾客为等到做好一套西服的期望时间：

$W_s = L_s/\lambda = 7.2188/5.5 = 1.3$（周）

12.6　经济分析——系统的最优化

12.6.1　排队系统的最优化问题

排队系统的最优化问题分为两类：系统设计的最优化和系统控制的最优化。前者称为静态问题，从排队论一诞生起就成为人们研究的内容，目的在于使设备达到最大效益，或者说，在一定的质量指标下要求机构最为经济。后者称为动态问题，是指一个给定的系统，如何运营可使某个目标函数得到最优，这是近十年来排队论的研究重点之一，由于学习这一问题还需更多的数学知识，所以本节只讨论静态最优的问题。

在一般情形下，提高服务水平（数量、质量）自然会降低顾客的等待费用（损失）。但却常常增加了服务机构的成本，我们最优化的目标之一是使二者费用之和为最小，决定达到这个目标的最优的服务水平。另一个目标是使纯收入或使利润（服务收入与服务成本之差）为最大（见图 12－16）。

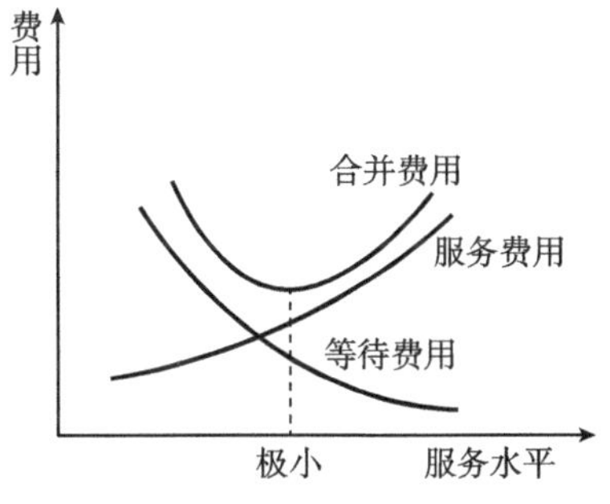

图 12－16

各种费用在稳态情形下，都是按单位时间来考虑的。一般情形，服务费用（成本）是可以确切计算或估计的。至于顾客的等待费用就有许多不同情况，像机械故障问题中等待费用（由于机器待修而使生产遭受的损失）是可以确切估计的，但像病人就诊的等待费用（由于拖延治疗使病情恶化所受的损失），或由于队列过长而失掉潜在顾客所造成的营业损失，就只能根据统计的经验资料来估计。

服务水平也可以由不同形式来表示，首先是平均服务率 μ（代表服务机构的服务能力和经验等)，其次是服务设备，如服务台的个数 c，以及由队列所占空间大小所决定的队列最大限制数 N 等，服务水平也可以通过服务强度 ρ 来表示。

我们常用的求解方法有，对于离散变量常用边际分析法，对于连续变量常用经典的微分法，对于复杂问题读者们当然可以用非线性规划或动态规划的方法。

12.6.2 *M/M/*1 模型中最优服务率 μ

12.6.2.1 标准的 *M/M/*1 模型

取目标函数 z 为单位时间服务成本与顾客在系统逗留费用之和的期望值

$$z = c_s\mu + c_w L_s \tag{12-40}$$

其中，c_s 为当 $\mu=1$ 时服务机构单位时间的费用；c_w 为每个顾客在系统停留单位时间的费用。将式（12-21）中 L_s 的值代入，得

$$z = c_s\mu + c_w \cdot \frac{\lambda}{\mu-\lambda}$$

为了求极小值，先求$\frac{\mathrm{d}z}{\mathrm{d}\mu}$，然后令它为 0。

$$\frac{\mathrm{d}z}{\mathrm{d}\mu} = c_s - c_w\lambda \cdot \frac{1}{(\mu-\lambda)^2}$$

$$c_s - c_w\lambda \cdot \frac{1}{(\mu-\lambda)^2} = 0$$

解出最优的

$$\mu^* = \lambda + \sqrt{\frac{c_w}{c_s}\lambda} \tag{12-41}$$

根号前取 + 号，是因为要保证 $\rho<1$，$\mu>1$。

12.6.2.2 系统中顾客最大限制数为 N 的情形

在这种情形下，系统中如已有 N 个顾客，则后来的顾客即被拒绝，于是：

P_N——被拒绝的概率（借用电话系统的术语，称为呼损率）；

$1-P_N$——能接受服务的概率；

$\lambda(1-P_N)$——单位时间实际进入服务机构顾客的平均数。在稳定状态下，它也等于单位时间内实际服务完成的平均顾客数。

设每服务 1 人能收入 G 元，于是单位时间收入的期望值是 $\lambda(1-P_N)G$ 元。

纯利润
$$\begin{aligned} z &= \lambda(1-P_N)G - c_s\mu \\ &= \lambda G \cdot \frac{1-\rho^N}{1-\rho^{N+1}} - c_s\mu \\ &= \lambda\mu G \cdot \frac{\mu^N-\lambda^N}{\mu^{N+1}-\lambda^{N+1}} - c_s\mu \end{aligned}$$

求$\frac{dz}{d\mu}$，并令$\frac{dz}{d\mu}=0$得

$$\rho^{N+1}\cdot\frac{N-(N+1)\rho+\rho^{N+1}}{(1-\rho^{N+1})^2}=\frac{c_s}{G}$$

最优的解μ^*应适合上式。上式中c_s、G、λ、N都是给定的，但要由上式中解出μ^*是很困难的。通常是通过数值计算来求μ^*的，或将上式左方(对一定的N)作为ρ的函数做出图形(见图12－17)，对于给定的G/c，根据图形可求出μ^*/λ。

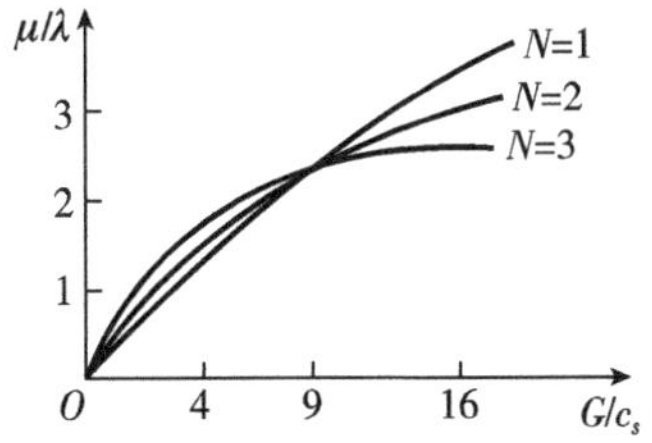

图12－17

12.6.2.3　顾客源为有限的情形

仍按机械故障问题来考虑。设共有机器m台，各台连续运转时间服从负指数分布。有1个修理工人，修理时间服从负指数分布。当服务率$\mu=1$时的修理费用c_s。单位时间每台机器运转可得收入G元。平均运转台数为$m-L_s$，所以单位时间纯利润为

$$z=(m-L_s)G-c_s\mu$$

$$=\frac{mG}{\rho}\cdot\frac{E_{m-1}\left(\frac{m}{\rho}\right)}{E_m\left(\frac{m}{\rho}\right)}-c_s\mu$$

式中的$E_m(x)=\sum_{k=0}^{m}\frac{x^k}{k!}e^{-x}$称为泊松部分和，$\rho=\frac{m\lambda}{\mu}$，而

$$\frac{d}{dx}E_m(x)=E_{m-1}(x)-E_m(x)$$

为了求最优服务率μ^*，求$\frac{dz}{d\mu}$，并令$\frac{dz}{d\mu}=0$，得

$$\frac{E_{m-1}\left(\frac{m}{\rho}\right)E_m\left(\frac{m}{\rho}\right)+\frac{m}{\rho}\left[E_m\left(\frac{m}{\rho}\right)E_{m-2}\left(\frac{m}{\rho}\right)-E_{m-1}^2\left(\frac{m}{\rho}\right)\right]}{E_m^2\left(\frac{m}{\rho}\right)}=\frac{c_s\lambda}{G}$$

当给定m、G、c_s、λ，要由上式解出μ^*是很困难的，通常是利用泊松分布表通过数值计算来求得，或将上式左方（对一定的m）作为ρ的函数作出图形（见

图 12-18)，对于给定的$\frac{c_s\lambda}{G}$根据图形可求出μ^*/λ。

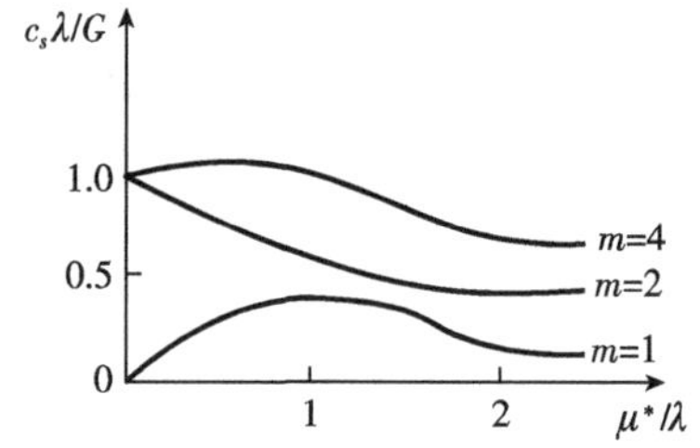

图 12-18

12.6.3 *M/M/c* 模型中最优的服务台数 *c*

仅讨论标准的 $M/M/c$ 模型，且在稳态情形下，这时单位时间全部费用（服务成本与等待费用之和）的期望值

$$z=c'_s\cdot c+c_w\cdot L \tag{12-42}$$

其中，c 是服务台数；c'_s 是每服务台单位时间的成本；c_w 为每个顾客在系统停留单位时间的费用；L 是系统中顾客平均数 L_s 或队列中等待的顾客平均数 L_q(它们都随 c 值的不同而不同)。因为 c'_s 和 c_w 都是给定的，唯一可能变动的是服务台数 c，所以 z 是 c 的函数 $z(c)$，现在是求最优解 c^* 使 $z(c^*)$为最小。因为 c 只取整数值，$z(c)$不是连续变量的函数，所以不能用经典的微分法。我们采用边际分析法(Marginal Analysis)，根据 $z(c^*)$是最小的特点，我们有

$$\begin{cases}z(c^*)\leqslant z(c^*-1)\\ z(c^*)\leqslant z(c^*+1)\end{cases}$$

将式（12-43）中的 z 代入，得

$$\begin{cases}c'_sc^*+c_wL(c^*)\leqslant c'_s(c^*-1)+c_wL(c^*-1)\\ c'_sc^*+c_wL(c^*)\leqslant c'_s(c^*+1)+c_wL(c^*+1)\end{cases}$$

上式化简后，得

$$L(c^*)-L(c^*+1)\leqslant c'_s/c_w\leqslant L(c^*-1)-L(c^*) \tag{12-43}$$

依次求 $c=1, 2, 3, \cdots, c$ 时 L 的值，并作出两相邻的 L 值之差，因 c'_s/c_w 是已知数，根据这个数落在哪个不等式的区间里就可定出 c^*。

例 12：某检验中心为各工厂服务，要求作检验的工厂（顾客）的到来服从泊松流，平均到达率 λ 为每天 48 次，每次来检验由于停工等原因损失为 6 元。服务（作检验）时间服从负指数分布，平均服务率 μ 为每天 25 次，每设置 1 个检验员服务成本（工资

及设备损耗）为每天 4 元。其他条件适合标准的 $M/M/c$ 模型，问应设几个检验员（及设备）才能使总费用的期望值为最小？

解：$c'_s=4$ 元/检验员；$c_w=6$ 元/次；$\lambda=48$；$\mu=25$；$\lambda/\mu=1.92$

设检验员数为 c，令 c 依次为 1、2、3、4、5，根据表 12－15，求出 L_s。计算过程如下：

表 12－15

c	1	2	3	4	5
$\lambda/c\mu$	1.92	0.96	0.64	0.48	0.38
查表 $W_q\cdot\mu$	—	10.2550	0.3961	0.0772	0.0170
$L_s=\frac{\lambda}{\mu}(W_q\cdot\mu+1)$	—	21.610	2.680	2.068	1.952

将 L_s 值代入式（12－43）得表 12－16。

表 12－16

检验员数 c	来检验顾客数 $L_s(c)$	$L(c)-L(c+1)\sim L(c)-L(c-1)$	总费用(每天)$z(c)$
1	∞		∞
2	21.610	18.930 ~ ∞	154.94
3	2.680	0.612 ~ 18.930	27.879 （＊）
4	2.068	0.116 ~ 0.612	28.38
5	1.952		31.71

$\frac{c'_s}{c_w}=0.666$，落在区间（0.612 ~ 18.930）内，所以 $c^*=3$。即以设 3 个检验员使总费用为最小，直接代入式（12－43）也可验证总费用为最小。

$z(c^*)=z(3)=27.87$(元)

12.7　分析排队系统的随机模拟法

当排队系统的到达间隔和服务时间的概率分布很复杂时，或不能用公式给出时，那么就不能用解析法求解。这就需用随机模拟法求解，现举例说明。

例 13：设某仓库前有一卸货场，货车一般是夜间到达，白天卸货。每天只能卸货 2

车，若一天内到达数超过 2 车，那么就推迟到次日卸货。根据如表 12－17 所示的经验，货车到达数的概率分布（相对频率）平均为 1.5 车/天，求每天推迟卸货的平均车数。

表 12－17

到达车数	0	1	2	3	4	5	≥6
概率	0.23	0.30	0.30	0.1	0.05	0.02	0.00

解：这是单服务台的排队系统，可验证到达车数不服从泊松分布，服务时间也不服从负指数分布（这是定长服务时间），不能用以前的方法求解。

随机模拟法首先要求事件能按历史的概率分布规律出现。对例 13 的数据进行分析，取 100 张卡片，按表 12－17 的概率，取 23 张卡片填入 0；取 30 张填 1；取 30 张填 2；取 10 张填 3；取 5 张填 4；取 2 张填 5。然后将这些卡片放在盒内搅均匀，再随机地一一取出，依次记录卡片上的数据，得到这一系列数据就是每天到达车数的模拟。实际应用时可用随机数表，表 12－18 是随机数表的一部分。

表 12－18　随机数

97	95	12	11	90	49	57	13	86	81
02	92	75	91	24	58	39	22	13	02
80	67	14	99	16	89	96	63	67	60
66	24	72	57	32	15	49	63	00	04
96	76	20	28	72	12	77	23	79	46
55	64	82	61	73	94	26	18	37	31
50	02	74	70	16	85	95	32	85	67
29	53	08	33	81	34	30	21	24	25
58	16	01	91	70	07	50	13	18	24
51	16	69	67	16	53	11	06	36	10
04	55	36	97	30	99	80	10	52	40
86	54	35	61	59	89	64	97	16	02
24	23	52	11	59	10	88	68	17	39
39	36	99	50	74	27	69	48	32	68
47	44	41	86	83	50	24	51	02	08
60	71	41	25	90	93	07	24	29	59
65	88	48	06	68	92	70	97	02	66
44	74	11	60	14	57	08	54	12	90
93	10	95	80	32	50	40	44	08	12
20	46	36	19	47	78	16	90	59	64

续表

86	54	24	88	94	14	58	49	80	79
12	88	12	25	19	70	40	06	40	31
42	00	50	24	60	90	69	60	07	86
29	98	81	68	61	24	90	92	32	68
36	63	02	37	89	40	81	77	74	82
01	77	82	78	20	72	35	38	56	89
41	69	43	37	41	21	36	39	57	80
54	40	76	04	05	01	45	84	55	11
68	03	82	32	22	80	92	47	77	62
21	31	77	75	43	13	83	43	70	16
53	64	54	21	04	23	85	44	81	36
91	66	21	47	95	69	58	91	47	59
48	72	74	40	97	92	05	01	61	18
56	21	47	71	84	46	09	85	32	82
55	95	24	85	84	51	61	60	62	13
70	27	01	88	84	85	77	94	67	35
38	13	66	15	38	54	43	64	25	43
36	80	25	24	92	98	35	12	17	62
98	10	91	61	04	90	05	22	75	20
50	54	29	19	26	26	87	94	27	73

本例在求解时先按到达车数的概率，分别给它们分配随机数，如表 12－19 所示。

表 12－19

到达车数	概率	累计概率	对应的随机数
0	0. 23	0. 23	00 ~ 22
1	0. 30	0. 53	23 ~ 52
2	0. 30	0. 83	53 ~ 82
3	0. 10	0. 93	83 ~ 92
4	0. 05	0. 98	93 ~ 97
5	0. 02	1. 00	98 ~ 99
	1. 00		

以下开始模拟（见表 12－20）。前 3 天作为模拟的预备期，记为 x。然后依次从第 1 天、第 2 天、……、第 50 天。如第 1 天得到随机数 66，从表 12－19 中可见，第 1 天

到达车数为2，将它记入表12－20。第2天，得到随机数96，它在表12－19中，对应到达4车……如此一直到第50天。表12－20的第（2）、第（3）列数字都填入后，计算出第（4）、第（5）、第（6）列数字，从第一个x日开始。当天到达车数（3）＋前一天推迟车数（6）＝当天需要卸货车数（4）；

$$卸货车数(5)=\begin{cases}需要卸货车数(4)，当需要卸货车数\leqslant 2\\ 2，当需要卸货车数>2\end{cases}$$

分析结果时，不考虑前三天卸x的预备阶段的数据。这是为了使模拟在一个稳态过程中任意点开始，否则若认为开始时没有积压就失去随机性了。表12－20中表明了模拟50天运行情况，这相当于一个随机样本。由此可见，多数情况下很少发生推迟卸车而造成积压。只是在第36天比较严重，平均到达车数为1.58，比期望值略高。又知平均每天有0.9车推迟卸货，当然模拟时间越长结果越准确。这方法适用于对不同方案可能产生的结果进行比较，用电子计算机进行模拟更为方便。模拟方法只能得到数字结果，不能得出解析式。

表12－20　排队过程的模拟

（1）日期	（2）随机数	（3）到达数	（4）需要卸货车数	（5）卸货车数	（6）推迟卸货车数
x	97	4	4	2	2
x	02	0	2	2	0
x	80	2	2	2	0
1	66	2	2	2	0
2	96	4	4	2	2
3	55	2	4	2	2
4	50	1	3	2	1
5	29	1	2	2	0
6	58	2	2	2	0
7	51	1	1	1	0
8	04	0	0	0	0
9	86	3	3	2	1
10	24	1	2	2	0
11	39	1	1	1	0
12	47	1	1	1	0
13	60	2	2	2	0
14	65	2	2	2	0
15	44	1	1	1	0
16	93	4	4	2	2

续表

(1) 日期	(2) 随机数	(3) 到达数	(4) 需要卸货车数	(5) 卸货车数	(6) 推迟卸货车数
17	20	0	2	2	0
18	86	3	3	2	1
19	12	0	1	1	0
20	42	1	1	1	0
21	29	1	1	1	0
22	36	1	1	1	0
23	01	0	0	0	0
24	41	1	1	1	0
25	54	2	2	2	0
26	68	2	2	2	0
27	21	0	0	0	0
28	53	2	2	2	0
29	91	3	3	2	1
30	48	1	2	2	0
31	36	1	1	1	0

习　题

12.1：某工地为了研究发放工具应设置几个窗口，对于请领和发放工具分别作了调查记录：

(1) 以 10 分钟为一段，记录了 100 段时间内每段到来请领工具的工人数，如表 12-21 所示；

(2) 记录了 1000 次发放工具（服务）所用时间（秒）如表 12-22 所示，试求：

①平均到达率和平均服务率。

②利用统计学的方法证明：若假设到来的数服从参数 $\lambda=1.6$ 的泊松分布，服务时间服从参数 $\mu=0.9$ 的负指数分布，这是可以接受的。

③这时只设一个服务员是不行的，为什么？试分别就服务员数 $C=2$、3、4 各情况计算等待时间 W_q，注意用表 12-13。

④设请领工具的工人等待的费用损失为每小时 6 元，发放工具的服务员空闲费用损失为每小时 3 元，每天按 8 小时计算，问设几个服务员使总费用损失为最小？

表 12－21

每10分钟内领工具人数	次数
5	1
6	0
7	1
8	1
9	1
10	2
11	4
12	6
13	9
14	11
15	12
16	13
17	10
18	9
19	7
20	4
21	3
22	3
23	1
24	1
25	1
合计	100

表 12－22

发放时间（秒）	次数
15	200
30	175
45	140
60	104
75	78
90	69
105	51
120	47
135	38

续表

发放时间（秒）	次数
150	30
165	16
180	12
195	10
210	7
225	9
240	9
255	3
270	1
285	1
合计	1000

12.2：某修理店只有一个修理工人，来修理的顾客的次数服从泊松分布，平均每小时 4 人，修理时间服从指数分布，平均需 6 分钟。求：

（1）修理店空闲时间概率；

（2）店内有 3 个顾客的概率；

（3）店内至少有 1 个顾客的概率；

（4）在店内顾客平均数；

（5）在店内平均逗留时间；

（6）等待服务的顾客平均数；

（7）平均等待修理（服务）时间；

（8）必须在店内消耗 15 分钟以上的概率。

12.3：在某单人理发店顾客到达为泊松流，平均到达间隔为 20 分钟，理发时间服从负指数分布，平均时间为 15 分钟。求：

（1）顾客来理发不必等待的概率；

（2）理发店内顾客平均数；

（3）顾客在理发店内平均逗留时间；

（4）若顾客在店内平均逗留时间超过 1.25 小时，则店主将考虑增加设备及理发员，问平均到达率提高多少，店主才做这样的考虑？

12.4：在例 3 中

（1）试求系统中（包括手术室和候诊室）有 0 个、1 个、2 个、3 个、4 个、5 个病人的概率。

（2）设 λ 不变而 μ 是可控制的，证明：若医院管理人员认为使病人在医院平均耗费时间超过 2 小时是不允许的，那么平均服务率 μ 必须达到 2.6（人/小时）以上。

12.5：称顾客为等待所费时间与服务时间之比为顾客损失率，用 R 表示。

（1）试证：对于 $M/M/1$ 模型

$$R=\frac{\lambda}{\mu-\lambda}$$

（2）在例 3 中仍设 λ 不变，μ 是可控制的，试确定 μ，使顾客损失率小于 4。

12.6：设 n_s 表示系统中顾客数，n_q 表示队列中等候的顾客数，在单服务台系统中有

$$n_s=n_q+1(n_s,\ n_q>0)$$

说明它们的期望值

$$L_s\neq L_q+1$$

$$L_s=L_q+\rho$$

根据这个关系式给 ρ 以直观解释。

12.7：某工厂为职工设立了昼夜 24 小时都能看病的医疗室（按单服务台处理）。病人到达的平均间隔时间为 15 分钟，平均看病时间为 12 分钟，且服从负指数分布，因工人看病每小时给工厂造成损失为 30 元。

（1）试求工厂每天损失的期望值。

（2）问平均服务率提高多少，可使上述损失减少一半？

12.8：对于 $M/M/1/\infty/\infty$ 模型，在先到先服务情况下，试证：顾客排队等待时间分布概率密度是

$$f(w_q)=\lambda(1-\rho)e^{-(\mu-\lambda)w_q}w_q>0$$

并根据这个公式求等待时间的期望值 W_q。

12.9：在 $M/M/1/N/\infty$ 模型中，如 $\rho=1$（$\lambda=\mu$），试证：式（12－24）应为

$$P_0=P_1=\cdots=\frac{1}{N+1}$$

于是

$$L_s=N/2$$

12.10：对 $M/M/1/N/1/\infty$ 模型，试证：

$$\lambda(1-P_n)=\mu(1-P_0)$$

并对上式给予直观的解释。

12.11：在第 12.2 题中如店内已有 3 个顾客，那么后来的顾客即不再排队，其他条件不变。试求：

（1）店内空闲的概率；

（2）各运行指标 L_s、L_q、W_s、W_q。

12.12：第 12.2 题中，若顾客平均到达率增加到每小时 12 人，仍为泊松流，服务

时间不变。这时增加了一个工人。

(1) 根据 λ/μ 的值说明增加工人的原因。

(2) 增加工人后求店内空闲概率；店内有 2 个或更多顾客（即工人繁忙）的概率。

(3) 求 L_s、L_q、W_s、W_q。

12.13：有 $M/M/1/5/\infty$ 模型，平均服务率 $\mu=10$，就两种到达率：$\lambda=6$，$\lambda=15$（分钟），已计算出相应的概率 P_n，如表 12－23 所示。

表 12－23

系统中顾客数 n	$(\lambda=6)\ P_n$	$(\lambda=15)\ P_n$
0	0.42	0.05
1	0.25	0.07
2	0.15	0.11
3	0.09	0.16
4	0.05	0.24
5	0.04	0.37

试就这两种情况计算：

(1) 有效到达率和服务台的服务强度；

(2) 系统中平均顾客数；

(3) 系统的满员率；

(4) 服务应从哪些方面改进工作？理由是什么？

12.14：对于 $M/M/1/m/m$ 模型，试证：

$$L_s=m-\mu(1-P_0)/\lambda$$

并给予直观解释。

12.15：对于 $M/M/c/\infty/\infty$ 模型，μ 是每个服务台的平均服务率，试证：

(1) $L_s-L_q=\lambda/\mu$；

(2) $\lambda=\mu\left[c-\sum_{n-0}^{c}(c-n)\ P_n\right]$。

并给予直观解释。

注意：在单服务台情况下，(1) 式是很容易解释的。但是 c 个服务台时，其结果仍相同，且与 C 无关，这是需要引起注意的。

12.16：车间内有 m 台机器，有 c 个修理工($m>c$)。每台机器发生故障率为 λ，符合 $M/M/C/m/m$ 模型，试证：

$$\frac{W_s}{\frac{1}{\lambda}+W_s}=\frac{L_s}{m}$$

并说明上式左右两端的概率意义。

12.17：在例9 中如售票处使用自动售票机，顾客在窗口前的服务时间将减少20%。这时认为服务时间分布的概率密度是

$$f(z)=\begin{cases}1.25e^{-1.25z+1} & z\geqslant 0.8\\ 0 & z<0.8\end{cases}$$

（这里的服务时间 z 与例9 中（2）的 y 关系很相似 $z=0.8y$）再求顾客的逗留时间和等待时间。

12.18：在第12.2 题中，如服务时间服从正态分布，数学期望值仍是6 分钟，方差 $\sigma^2=1/8$，求店内顾客数的期望值。

12.19：一个办事员核对登记申请书时，必须依次检查8 张表格，核对每份申请书需要1 分钟。顾客到达率为每小时6 人，服务时间和到达间隔均服从负指数分布，求：

（1）办事员空闲的概率；

（2）L_s、L_q、W_s 和 W_q。

12.20：对于单服务台情形，试证：

（1）定长服务时间 $L_q^{(1)}$ 是负指数服务 $L_q^{(2)}$ 的一半；

（2）定长服务时间 $W_q^{(1)}$ 是负指数服务 $W_q^{(2)}$ 的一半。

第 13 章
存储论及存储模型

众所周知，物流与存储是连接生产和消费的关键环节，物流与存储成本水平是国民经济发展质量和综合竞争力的集中体现。党的二十大报告指出，加快建设现代化经济体系，着力提高全要素生产率，着力提升产业链韧性和安全水平，着力推进城乡融合和区域协调发展，推动经济实现质的有效提升和量的合理增长。

13.1 存储论的基本概念

13.1.1 存储问题的提出

人们在生产和日常生活中往往将所需的物资、用品和食物暂时地储存起来，以备将来使用或消费。这种储存物品的现象是为了解决供应（生产）与需求（消费）之间的不协调的一种措施，这种不协调性一般表现在供应量与需求量和供应时期与需求时期的不一致性上，出现供不应求或供过于求。人们在供应与需求这两个环节之间加入储存这一环节，就能缓解供应与需求之间的不协调，以此为研究对象，利用运筹学的方法去解决最合理、最经济的储存问题。

（1）例如，水电站在雨季到来之前，水库应蓄水多少？这个问题就存在一个矛盾。就发电的需要来说，当然蓄水以多为好。就安全来说，如果雨季降雨量大，则必须考虑先放掉一些水，使水库存水量减少。否则洪水到来时，水库水位猛涨，溢洪道排泄不及时，可能会使水坝坍塌，除水电站被破坏外，还会给下游造成巨大的损失。假设只考虑安全，可提前把水库存水放空。当雨季降雨量小时，就会造成水库存水量不足，使发电量减少。因此，合理地调节水库的存水量对国民经济有重大意义。比如 1981 年第一季度，由于我国各地水电站调度合理，比计划多发电 14 亿度，相当于节约用煤 80 万吨。

（2）工厂生产需用原料，如没有储存一定数量的原料，会发生停工待料现象。原料储存过多除积压资金外，还要支付一笔存储保管费用。如蛋品加工厂需用鲜蛋作原料，鲜蛋存量过少，会产生停工待料而使工厂开工不足而造成损失；如储存鲜蛋过多，在支付存储保管费用中还要支出一笔冷冻保鲜费用。遇到一些意外的因素使鲜蛋变质则损失更大。在这种情况下，最好存储多少鲜蛋?

在机器制造厂中，加工一个零件常常需要经过许多工序。一道工序完工后即成为下道工序的生产备件，在这种由前道工序转入下道工序的环节中就会产生存储问题。每台机器由许多部件装配而成，每个部件又由许多零件组成，每个零件又需要许多工序才能制成。因此发生在每个环节中的存储问题，总体来看就不是可以忽略不计的问题了。如果各个环节生产备件的存储量安排得合理，既可避免因停工待料造成经济上的损失，又可以少占用流动资金，加速周转，增加利润。

(3) 在商店里若存储商品数量不足，会发生缺货现象，失去销售机会而减少利润；如果存量过多，一时售不出去，会造成商品积压，占用流动资金过多而且周转不开，这样也会给商家造成经济损失。当然，顾客购买何种商品以及购买多少，都带有随机性，在这种情况下商店的管理人员就应研究商品的存储量。

诸如此类，与存储量有关的问题，需要人们作出抉择，在长期实践中人们摸索到一些规律，也积累了一些经验。专门研究这类有关存储问题的科学，构成运筹学的一个分支，叫作存储论 (inventory)，也称库存论。

本章所介绍的存储问题，模型并不复杂，原理也容易掌握，应用这些原理可以从一个方面改善企业的经营管理，以达到节约资金，获得更多利润的目的。

13.1.2 存储论的基本概念

工厂为了生产，必须储存一些原料，把这些储存物简称存储。生产时从存储中取出一定数量的原料消耗掉，使存储减少。生产不断进行，存储不断减少，到一定时刻必须对存储给予补充，否则存储用完了，生产无法进行。

商店必须储存一些商品 (即存储)，营业时卖掉一部分商品使存储减少，到一定的时候又必须进货，否则库存售空无法继续营业。

一般地说，存储量因需求而减少，因补充而增加。

13.1.2.1 需求

对存储来说，由于需求，从存储中取出一定的数量，使存储量减少，这就是存储的输出。有的需求是间断式的，有的需求是连续均匀的。

图 13-1 和图 13-2 分别表示 t 时间内的输出量皆为 $S-W$，但两者的输出方式不同。图 13-1 表示输出是间断的，图 13-2 表示输出是连续的。

有的需求是确定性的，如钢厂每月按合同卖给电机厂矽钢片 10 吨。有的需求是随机性的，如书店每日卖出去的书可能是 1000 本，也可能是 800 本。但是经过大量的统计以后，可能会发现每日售书数量的统计规律，称之为有一定的随机分布的需求。

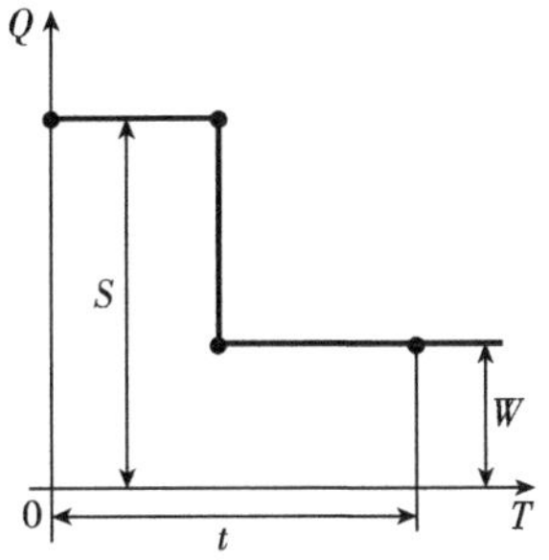

图 13－1

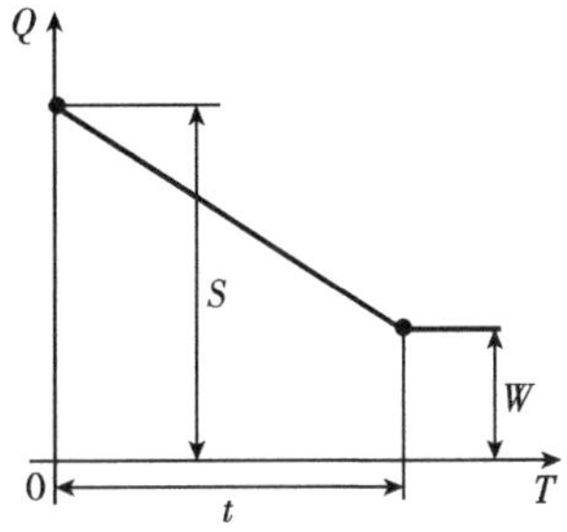

图 13－2

13.1.2.2　补充（订货或生产）

存储由于需求而不断减少，必须加以补充，否则最终将无法满足需求。补充就是存储的输入。补充的办法可能是向其他工厂购买，从订货到货物进入“存储”往往需要一段时间，我们把这段时间称为备货时间。从另一个角度看，为了在某一时刻能补充存储，必须提前订货，那么这段时间也可称为提前时间（leadtime）。

备货时间可能很长，也可能很短，可以是随机性的，也可以是确定性的。

存储论要解决的问题是：多少时间补充一次，每次补充的数量应该是多少。决定多少时间补充一次以及每次补充数量的策略称为存储策略。

存储策略的优劣如何衡量呢？最直接的衡量标准是计算该策略所耗用的平均费用是多少。为此有必要对费用进行详细的分析。

13.1.2.3　费用

主要包括下列一些费用：

（1）存储费，包括货物占用资金应付的利息以及使用仓库、保管货物、货物损坏变质等支出的费用。

（2）订货费，包括两项费用，一项是订购费用（固定费用）如手续费、电信往来、派人员外出采购等费用。订购费与订货次数有关而与订货数量无关。另一项是货物的成本费用，它与订货数量有关（可变费用），例如，货物本身的价格、运费等。例如，货物单价为 K 元，订购费用为 C_3 元，订货数量为 Q，则订货费用为：C_3+KQ。

（3）生产费，补充存储时，如果不需向外厂订货，由本厂自行生产，这时仍需要支出两项费用。一项是装配费用（或称准备、结束费用，是固定费用），如更换模、夹具需要工时，或添置某些专用设备等属于这项费用，也用 C_3 表示。另一项是与生产产品的数量有关的费用，如材料费、加工费等（可变费用）。

（4）缺货费，当存储供不应求时所引起的损失。如失去销售机会的损失、停工待料的损失以及不能履行合同而缴纳罚款等。

在不允许缺货的情况下，在费用上处理的方式是缺货费为无穷大。

13.1.2.4 存储策略

如前所述决定何时补充，补充多少数量的办法称为存储策略，常见的策略有三种类型。

（1）t_0 - 循环策略，每隔 t_0 时间补充存储量 Q。

（2）(s, S) 策略，每当存储量 $x>s$ 时不补充；当 $x\leqslant s$ 时补充存储。补充量 $Q=S-x$（即将存储量补充到 S）。

（3）(t, s, S) 混合策略，每经过 t 时间检查存储量 x，当 $x>s$ 时不补充。当 $x\leqslant s$ 时，补充存储量使之达到 S。

确定存储策略时，首先是把实际问题抽象为数学模型。在形成模型过程中，对一些复杂的条件尽量加以简化，只要模型能反映问题的本质就可以了。其次对模型用数学的方法加以研究，得出数量的结论。这一结论是否正确，还要拿到实践中加以检验。如结论与实际不符，则要对模型重新加以研究和修改。存储问题经长期研究已得出一些行之有效的模型。从存储模型来看大体上可分为两类：一类叫作确定性模型，即模型中的数据皆为确定的数值；另一类叫作随机性模型，即模型中含有随机变量，而不是确定的数值。

由于具体条件有差别，制定存储策略时又不能忽视这些差别，因而模型也有多种类型。本章将按确定性存储模型及随机性存储模型两大类，分别介绍一些常用的存储模型，并从中得出相应的存储策略。

一个好的存储策略，既可以使总费用最小，又可避免因缺货影响生产（或对顾客失去信用），下面利用一些具体的模型阐述如何求出较好的存储策略。

13.2 确定性存储模型

13.2.1 模型一：不允许缺货，备货时间很短

在研究、建立模型时，需要作一些假设，目的是使模型简单、易于理解、便于计算。为此作如下假设：

（1）缺货费用无穷大；

（2）当存储降至零时，可以立即得到补充（即备货时间或拖后时间很短，可以近似地看作零）；

（3）需求是连续的、均匀的，设需求速度 R（单位时间的需求量）为常数，则 t 时间的需求量为 Rt；

（4）每次订货量不变，订购费不变（每次备货量不变，装配费不变）；

（5）单位存储费不变。

存储量的变化情况用图 13－3 表示。

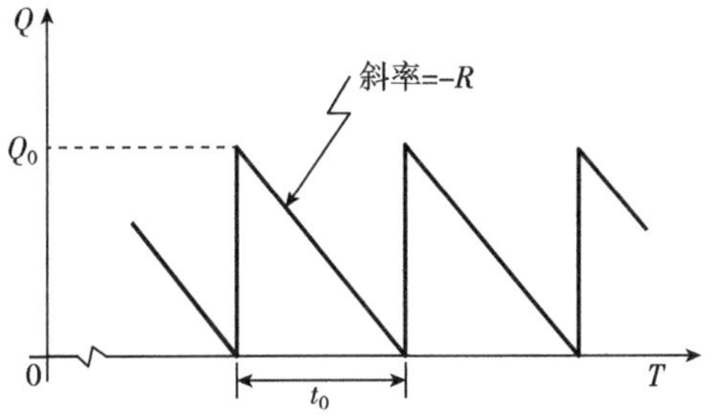

图 13－3

由于可以立即得到补充，所以不会出现缺货，在研究这种模型时不再考虑缺货费用。这些假设条件只是近似地正确，在这些假设条件下如何确定存储策略呢？正如 13.1.2 中所提示的，要用总平均费用来衡量存储策略的优劣。为了找出最低费用的策略，首先想到在需求确定的情况下，每次订货量多，则订货次数可以减少，从而减少了订货费。但是每次订货量多，会增加存储费用。为研究费用的变化情况需要导出费用函数。

假定每隔 t 时间补充一次存储，那么订货量必须满足 t 时间的需求 Rt，记订货量为 Q，$Q=Rt$，订购费为 C_3，货物单价为 K，则订货费为 C_3+KRt；t 时间的平均订货费为 $\frac{C_3}{t}+KR$，t 时间内的平均存储量为

$$\frac{1}{t}\int_0^t RTdT = \frac{1}{2}Rt$$

（此结果在图 13－3 中利用几何知识易得出，平均存储量为三角形高的 1/2）单位时间内单位物品的存储费用为 C_1，t 时间内所需平均存储费用为$\frac{1}{2}RtC_1$。

t 时间内总的平均费用为 $C(t)$

$$C(t) = \frac{C_3}{t}+KR+\frac{1}{2}C_1Rt \tag{13-1}$$

t 取何值时 $C(t)$ 最小？只需对式（13－1）利用微积分求最小值即可。

令：$\frac{dC(t)}{dt}=-\frac{C_3}{t^2}+\frac{1}{2}C_1R=0$

得：$t_0=\sqrt{\frac{2C_3}{C_1R}}$ （13－2）

因$\frac{d^2C(t)}{dt^2}>0$，即每隔 t_0 时间订货一次可使 $C(t)$最小。

订货批量 $Q_0=Rt_0=\sqrt{\frac{2C_3R}{C_1}}$ （13－3）

式（13－3）即存储论中著名的经济订购批量（economic ordering quantity）公式。简称为 E. O. Q 公式，也称平方根公式，或经济批量（economic lot size）公式。由于 Q_0、t_0 均与 K 无关，所以此后在费用函数中略去 KR 这项费用。如无特殊需要不再考虑此项费用，式（13－1）改写为

$$C(t)=\frac{C_3}{t}+\frac{1}{2}C_tRt \tag{13-4}$$

将 t_0 代入式（13－4）得出最佳费用

$$C_0=C(t_0)=C_3\sqrt{\frac{C_1R}{2C_3}}+\frac{1}{2}C_1R\sqrt{\frac{2C_3}{C_1R}}$$
$$=\sqrt{2C_1C_3R}$$

$C_0=\min C(t)$ （13－5）

从费用曲线（见图 13－4）也可以求出 t_0、Q_0、C_0。

存储费用曲线 $\frac{1}{2}C_1Rt$

订购费用曲线 $\frac{C_3}{t}$

总费用曲线 $C(t)=\frac{C_3}{t}+\frac{1}{2}C_1Rt$ （13－1′）

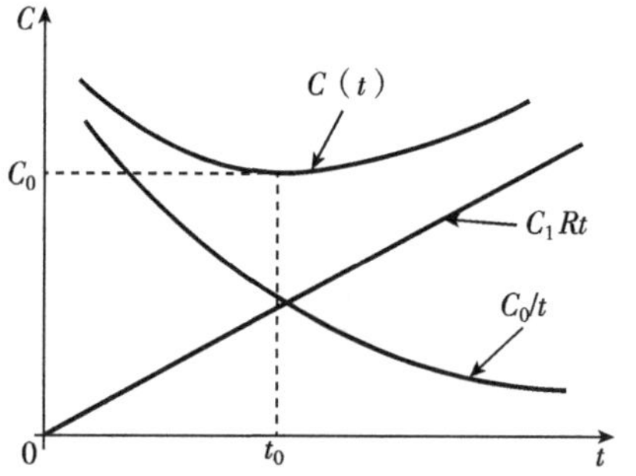

图 13－4

$C(t)$ 曲线的最低点（$\min C(t)$）的横坐标 t_0 与存储费用曲线、订购费用曲线交点横坐标相同。即

$\frac{C_3}{t_0}=\frac{1}{2}C_1Rt_0$，解出 t_0

$$t_0=\sqrt{\frac{2C_3}{C_1R}} \tag{13-2'}$$

$$Q_0=Rt_0=\sqrt{\frac{2C_3R}{C_1}} \tag{13-3'}$$

$$C_0=\frac{C_3}{t_0}+\frac{1}{2}C_1Rt_0=\sqrt{2C_1C_3R} \tag{13-4'}$$

式（13－2′）、式（13－3′）、式（13－4′）与式（13－2）、式（13－3）、式（13－5）一致。

式（13－2）是由于选 t 作为存储策略变量推导出来的。如果选订货批量 Q 作存储策略变量也可以推导出上述公式。

例 1：某厂按合同每年需提供 D 个产品，不许缺货。假设每一周期工厂需装配费 C_3 元，存储费每年每单位产品为 C_1 元，问全年应分几批供货才能使装配费、存储费两者之和最少。

解：设全年分 n 批供货，每批生产量 $Q=\frac{D}{n}$，周期为$\frac{1}{n}$年$\left(\text{即每隔}\frac{1}{n}\text{年供货一次}\right)$。

每个周期内平均存储量为$\frac{1}{2}Q$

每个周期内的平均存储费用为 $C_1\times\frac{1}{2}\times Q\times\frac{1}{n}(\text{年})=\frac{C_1Q}{2n}$

全年所需存储费用$\frac{C_1Q}{2n}n=\frac{C_1Q}{2}$

全年所需装配费用 $C_{3n}=C_3\frac{D}{Q}$

全年总费用（以年为单位的平均费用）：

$$C(Q)=C_1\frac{Q}{2}+C_3\frac{D}{Q}$$

为求出 $C(Q)$ 的最小值，把 Q 看作连续的变量。

$$\frac{\mathrm{d}C(Q)}{\mathrm{d}Q}=\frac{C_1}{2}-C_3\frac{D}{Q^2}=0$$

$$\frac{C_1}{2}=C_3\frac{D}{Q^2}\quad Q_0=\sqrt{\frac{2C_3D}{C_1}}$$

即 $\min C(Q)=C(Q_0)$（Q_0 为经济订购批量）。

最佳批次 $n_0=\frac{D}{Q_0}=\sqrt{\frac{C_1D}{2C_3}}$（取近似的整数）

最佳周期 $t_0=\sqrt{\frac{2C_3}{C_1D}}$

答：全年应分 n_0 次供货可使费用最少。

把例 1 中的 t_0、Q_0 值与式（13－2）、式（13－3）比较，可知它们是一样的。此处 D 就相当于 R；式（13－1）和式（13－1′）都是研究此类存储问题的数学模型。尽管它们在形式上有差别，但都反映了这类存储问题各量之间的本质联系。

从例 1 中还看到这些公式在实际应用时还会有一点问题，因为 t_0（或 Q_0，n_0）不一定是整数。假设 $t_0=16.235$（天）。很明显，小数点后面的数字对实际订货间隔的时间是没有意义的，这时可以取近似的整数。取 $t_0\approx 16$ 或 $t_0\approx 17$ 都可以。为了精确起见，可以比较 $C(16)$、$C(17)$ 的大小，再决定 $t_0=16$ 或 $t_0=17$。从图 13－4 也可以看到 $C(t)$ 在 t_0 附近变化平稳，t 有变化时 $C(t)$ 变化不大。利用数学分析方法可以证明当 t 在 t_0 点有增量 Δt 时，总费用的增量 $\Delta C(t_0)\approx\frac{C_3}{t_0^3}(\Delta t)^2$。即当 $\Delta t\to 0$ 时，ΔC 是 Δt 的高阶无穷小量。（证明的方法可参考微积分台劳公式部分）

例 2：某轧钢厂每月按计划需产角钢 3000 吨，每吨每月需存储费 5.3 元，每次生产需调整机器设备等，共需准备费 2500 元。

解：该厂每月生产角钢一次，生产批量为 3000 吨。

每月需总费用　$5.3\times\frac{1}{2}\times 3000+2500=10450$（元/月）

全年需费用　$10450\times 12=125400$（元/年）

按 E. O. Q 公式计算每次生产批量

$Q_0=\sqrt{2\times C_3（装配费）\times D（需求速度）\div C_1（存储费）}$

$\quad=\sqrt{2\times 2500\times 3000\div 5.3}\approx 1682$（吨）

利用 Q_0 计算出全年应生产 n_0 次

$n_0=\frac{3000\times 12}{Q_0}=21.4$（次）

两次生产相隔的时间 $t_0=365/21.4\approx 17$（天）

17 天的单位存储费 $\frac{5.3}{30}\times 17\approx 3.00$（元/吨），一个存储周期共需费用

$\frac{5.3}{30}\times 17\times\frac{1}{2}\times 1682+2500\approx 5025$（元）

按全年生产 21.5 次（两年生产 43 次）计算，全年共需费用 $5025\times 21.5=108037$（元/年）。

两者相比较，该厂在利用 E. O. Q 公式求出经济批量进行生产即可每年节约资金

125400 - 108037 = 17363（元）

13.2.2　模型二：不允许缺货，生产需一定时间

模型二的假设条件，除生产需要一定时间的条件外，其余皆与模型一相同。

设生产批量为 Q，所需生产时间为 T，则生产速度为 $P=Q/T$。

已知需求速度为 R（$R<P$）。生产的产品一部分满足需求，剩余部分才作为存储，这时存储变化如图 13-5 所示。

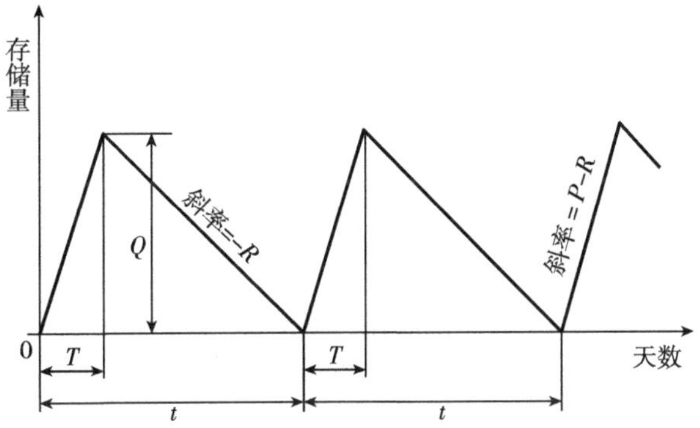

图 13-5

在 $[0, T]$ 区间内，存储以 $(P-R)$ 速度增加，在 $[T, t]$ 区间内存储以速度 R 减少。T 与 t 皆为待定数。从图 13-5 易知 $(P-R)T=R(t-T)$，即 $PT=Rt$（等式表示以速度 P 生产 T 时间的产品等于 t 时间内的需求），并求出 $T=Rt/P$。

t 时间内的平均存储量为 $\frac{1}{2}(P-R)T$

t 时间内所需存储费为 $\frac{1}{2}C_1(P-R)T$

t 时间内所需装配费为 C_3

单位时间总费用（平均费用）为 $C(t)$

$$C(t)=\frac{1}{t}\left[\frac{1}{2}C_1(P-R)Tt+C_3\right]$$

$$=\frac{1}{t}\left[\frac{1}{2}C_1(P-R)\frac{Rt^2}{P}+C_3\right]$$

设 $\min C(t)=C(t_0)$，利用微积分方法可求得

$$t_0=\sqrt{\frac{2C_3P}{C_1R(P-R)}} \qquad (13-6)$$

图 13-5 中 t 表示周期，所求出的 t_0 为最佳周期。相应的生产批量

$$Q_0 = \text{E. O. Q} = \sqrt{\frac{2C_3RP}{C_1(P-R)}} \tag{13-7}$$

$$\min C(t) = C(t_0) = \sqrt{2C_1C_3R\frac{P-R}{P}} \tag{13-8}$$

利用 t_0 可求出最佳生产时间

$$T_0 = \frac{Rt_0}{P} = \sqrt{\frac{2C_3R}{C_1P(P-R)}}$$

将前面求 t_0、Q_0 的公式与式（13－6）、式（13－7）相比较，即知它们只差 $\left(\sqrt{\frac{P}{P-R}}\right)$ 一个因子。

当 P 相当大时，$\frac{P}{P-R}$ 趋近于 1，则两组公式就相同了。

进入存储的最高数量

$$S_0 = Q_0 - RT_0 = \sqrt{\frac{2C_3RP}{C_1(P-R)}} - R\sqrt{\frac{2C_3R}{C_1P(P-R)}} = \sqrt{\frac{2C_3R(P-R)}{C_1P}} \tag{13-9}$$

例 3：某厂每月需甲产品 100 件，每月生产率为 500 件，每批装配费为 5 元，每月每件产品存储费为 0.4 元，求 E. O. Q 及最低费用。

解：已知 $C_3=5$，$C_1=0.4$，$P=500$，$R=100$，将各值代入式（13－7）及式（13－8）得

$$\text{E. O. Q} = \sqrt{\frac{2C_3RP}{C_1(P-R)}} = \sqrt{3125} \approx 56(\text{件})$$

$$C_0 = \sqrt{\frac{2C_1C_3R(P-R)}{P}} \approx 178.9(\text{元})$$

答：每次生产批量为 56 件，每次生产所需装配费及存储费最低为 178.9 元。

例 4：某商店经售甲商品成本单价 500 元，年存储费用为成本的 20%，年需求量 365 件，需求速度为常数。甲商品的定购费为 20 元，提前期为 10 天，求 E. O. Q 及最低费用。

解：此例题从表面上看，似乎应按模型二处理。因为拖后时间似乎与生产需一定时间意义差不多。其实不然，现将本题存储变化情况用图表示（见图 13－6），并与模型一、模型二的图相比较，可看到与模型一完全相同。本题只需在存储降至零时提前 10 天订货即可保证需求。

本例题的数据与例 2 相同，所以解也相同，利用模型一的 E. O. Q 公式计算：$Q_0 \approx 12$（单位），最低费用≈1208 元。

由于提前期为 10 天，10 天内的需求为 10 单位甲商品，因此只要当存储降至 10 就要订货。一般设 t_1 为提前期，R 为需求速度，当存储降至 $L=Rt_1$ 的时候即订货。L 称

为“订购点”（或称订货点）。

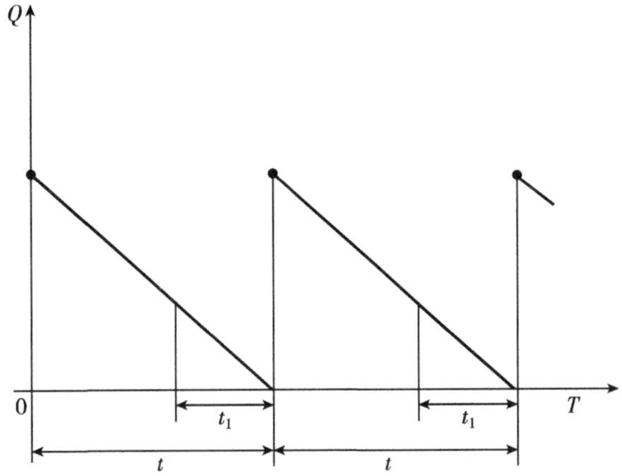

图 13－6

从本例题来看，多少时间订一次货，虽可以用 E. O. Q 除以 R（$t_0=Q_0/R$）得出 t_0，但求解的过程中并没有求出 t_0，只求出订货点 L，这时存储策略是：不考虑 t_0，只要存储降至 L 即订货，订货量为 Q_0，称这种存储策略为定点订货。相对地称每隔 t_0 时间订货一次称为定时订货，每次订货量不变则称为定量订货。

13.2.3　模型三：允许缺货，备货时间很短

模型一、模型二是在不允许缺货的情况下推导出来的。模型三是允许缺货，并把缺货损失定量化来加以研究。由于允许缺货，所以企业在存储降至零后，还可以等一段时间再订货。这就意味着企业可以少付几次订货的固定费用，少支付一些存储费用。一般地说，当顾客遇到缺货时不受损失，或损失很小，而企业除支付少量的缺货费外也无其他损失，这时发生缺货现象可能对企业是有利的。

模型三的假设条件除允许缺货外，其余条件皆与模型一相同。

设：单位时间单位物品存储费用为 C_1，每次订购费为 C_3，缺货费为 C_2（单位缺货损失），R 为需求速度。求最佳存储策略，使平均总费用最小（见图 13－7）。

假设最初存储量为 S，可以满足 t_1 时间的需求，t_1 时间的平均存储量为 $\frac{1}{2}S$，在（$t-t_1$）时间的存储为零，平均缺货量为 $\frac{1}{2}R$（$t-t_1$）。由于 S 仅能满足 t_1 时间的需求 $S=Rt_1$，有 $t_1=S/R$。

在 t 时间内所需存储费　$C_1\times\frac{1}{2}St_1=\frac{1}{2}C_1\frac{S^2}{R}$

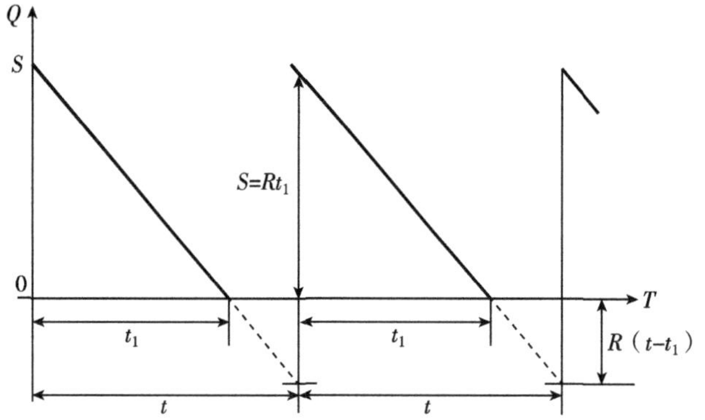

图 13－7

在 t 时间内的缺货费 $C_2\frac{1}{2}R(t-t_1)^2=\frac{1}{2}C_2\frac{(Rt-S)^2}{R}$

订购费为 C_3

平均总费用 $C(t,S)=\frac{1}{t}\left[C_1\frac{S^2}{2R}+C_2\frac{(Rt-S)^2}{2R}+C_3\right]$

上式中有两个变量，利用多元函数求极值的方法求 $C(t,S)$ 的最小值。

$$\frac{\partial C}{\partial S}=\frac{1}{t}\left[C_1\frac{S}{R}-C_2\frac{Rt-S}{R}\right]=0$$

$R\neq0$，$t\neq0$，$C_1S-C_2(Rt-S)=0$

$$S=\frac{C_2Rt}{C_1+C_2} \tag{13-10}$$

$$\frac{\partial C}{\partial t}=-\frac{1}{t^2}\left[C_1\frac{S^2}{2R}+C_2\frac{(Rt-S)^2}{2R}+C_3\right]+\frac{1}{t}[C_2(Rt-S)]=0$$

$R\neq0$，$t\neq0$

$$-C_1\frac{S^2}{2}-C_2\frac{(Rt-S)^2}{2}-C_3R+tR[C_2(Rt-S)]=0$$

将式（13－10）中的 S 值代入上式，消去 S，得

$$t_0=\sqrt{\frac{2C_3(C_1+C_2)}{C_1RC_2}} \tag{13-11}$$

将式（13－10）代入式（13－11）解出 S_0

$$S_0=\sqrt{\frac{2C_2C_3R}{C_1(C_1+C_2)}} \tag{13-12}$$

将式（13－10）、式（13－11）代入 $C(t,S)$，得

$$\min C(t,S)=C_0(t_0,S_0)=\sqrt{\frac{2C_1C_2C_3R}{C_1+C_2}} \tag{13-13}$$

当 C_2 很大时（不允许缺货），

$$C_2 \to \infty,\ \frac{C_2}{C_1 + C_2} \to 1$$

则 $t_0 \approx \sqrt{\frac{2C_3}{C_1 R}}$，$S_0 \approx \sqrt{\frac{2RC_3}{C_1}}$，$C_0 \approx \sqrt{2C_1C_3R}$

与式（13－2）、式（13－3）、式（13－5）相同。

模型三中由于允许缺货最佳周期 t_0 为不允许缺货周期 t 的 $\sqrt{\frac{C_2 + C_1}{C_2}}$ 倍，又由于 $\frac{C_2 + C_1}{C_2} > 1$，所以两次订货间隔时间延长了。

在不允许缺货情况下，为满足 t_0 时间内的需求，订货量 $Q_0 = Rt_0$

即 $$Q_0 = \sqrt{\frac{2RC_3}{C_1} \cdot \frac{C_1 + C_2}{C_2}} \tag{13-14}$$

在允许缺货情况下，存储量只需达到 S_0 即可，

$$S_0 = \sqrt{\frac{2RC_3C_2}{C_1(C_1 + C_2)}}$$

显然 $Q_0 > S_0$，它们的差值

$$\begin{aligned} Q_0 - S_0 &= \sqrt{\frac{2RC_3}{C_1} \cdot \frac{C_1 + C_2}{C_2}} - \sqrt{\frac{2RC_3}{C_1} \cdot \frac{C_2}{C_1 + C_2}} \\ &= \sqrt{\frac{2RC_3}{C_1}}\left(\sqrt{\frac{C_1 + C_2}{C_2}} - \sqrt{\frac{C_2}{C_1 + C_2}}\right) \\ &= \sqrt{\frac{2RC_3}{C_1}}\left(\frac{C_1}{\sqrt{C_2(C_1 + C_2)}}\right) = \sqrt{\frac{2RC_3C_1}{C_2(C_1 + C_2)}} \end{aligned}$$

表示在 t_0 时间内的最大缺货量。

在允许缺货条件下，经过研究而得出的存储策略是隔 t_0 时间订货一次，订货量为 Q_0，用 Q_0 中的一部分补足所缺货物，剩余部分 S_0 进入存储。很明显，在相同的时间段里，允许缺货的订货次数比不允许缺货的订货次数减少了。

例 5：已知需求速度 $R = 100$ 件，$C_1 = 0.40$ 元，$C_2 = 0.15$ 元，$C_3 = 5$ 元，求 S_0 及 C_0。

解：利用式（13－12）、式（13－13）即可计算

$$S_0 = \sqrt{\frac{2RC_3C_2}{C_1(C_1 + C_2)}} = \sqrt{\frac{2 \times 100 \times 0.15 \times 5}{0.4 \times (0.4 + 0.15)}} \approx 26(\text{件})$$

$$C_0 = \sqrt{\frac{2C_1C_3RC_2}{C_1 + C_2}} = \sqrt{\frac{2 \times 0.4 \times 5 \times 100 \times 0.15}{0.4 + 0.15}} \approx 10.44(\text{元})$$

答：$S_0 \approx 26$(件)，$C_0 \approx 10.44$(元)。

研究模型一、模型二、模型三存储策略之间的差别，可以看到不允许缺货、生产需要时间很短条件下，得出的存储策略 $t_0=\sqrt{\frac{2C_3}{C_1R}}$（见式(13-2)）

$Q_0=\sqrt{\frac{2C_3R}{C_1}}$（见式(13-3)）

最大存储量 $S_0=Q_0$

在不允许缺货、生产需一定时间条件下，得出存储策略

$t_0=\sqrt{\frac{2C_3}{C_1R}}\cdot\sqrt{\frac{P}{P-R}}$（见式(13-6)）

$Q_0=\sqrt{\frac{2C_3R}{C_1}}\cdot\sqrt{\frac{P}{P-R}}$（见式(13-7)）

最大存储量 $S_0=\sqrt{\frac{2C_3R}{C_1}}\cdot\sqrt{\frac{P-R}{P}}$（见式(13-9)）

在允许缺货、生产需时间很短条件下，得出存储策略

$t_0=\sqrt{\frac{2C_3}{C_1R}}\cdot\sqrt{\frac{C_1+C_2}{C_2}}$（见式(13-11)）

$Q_0=\sqrt{\frac{2C_3R}{C_1}}\cdot\sqrt{\frac{C_1+C_2}{C_2}}$（见式(13-14)）

最大存储量 $S_0=\sqrt{\frac{2C_3R}{C_1}}\cdot\sqrt{\frac{C_2}{C_1+C_2}}$（见式(13-12)）

模型二、模型三只是以模型一的存储策略乘上相应的因子，这样可以便于记忆，再有

模型一中 $\frac{1}{2}Q_0t_0=\frac{1}{2}S_0t_0=\frac{C_3}{C_1}$

模型二中 $\frac{1}{2}S_0t_0=\sqrt{\frac{2C_3R}{C_1}}\cdot\sqrt{\frac{P-R}{P}}\cdot\sqrt{\frac{2C_3}{C_1R}}\cdot\sqrt{\frac{P}{P-R}}=\frac{C_3}{C_1}$

模型三中 $\frac{1}{2}S_0t_0=\sqrt{\frac{2C_3R}{C_1}}\cdot\sqrt{\frac{C_2}{C_1+C_2}}\cdot\sqrt{\frac{2C_3}{C_1R}}\cdot\sqrt{\frac{C_1+C_2}{C_2}}=\frac{C_3}{C_1}$

都是同一个数值，这样就得出它们之间的差别与内在联系。对于允许缺货（缺货需补足）、生产需要一定时间条件下的存储策略，我们相信它一定是以模型一的存储策略乘以$\sqrt{\frac{C_1+C_2}{C_2}}$及$\sqrt{\frac{P}{P-R}}$两个因子，它也应有$\frac{1}{2}S_0t_0=\frac{C_3}{C_1}$，可自行验证。下面做具体介绍。

13.2.4 模型四：允许缺货（需补足缺货），生产需一定时间

假设条件除允许缺货、生产需一定时间外，其余条件皆与模型一相同，其存储变化

如图 13－8 所示。

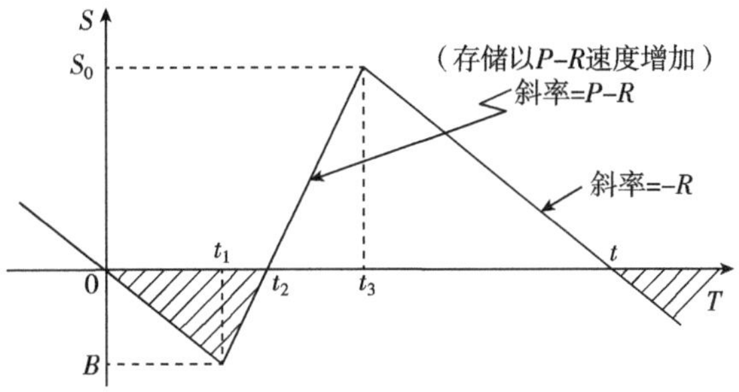

图 13－8

取［0，t］为一个周期，设 t_1 时刻开始生产。

［0，t_2］时间内存储为零，B 表示最大缺货量。

［t_1，t_2］时间内除满足需求外，补足［0，t_1］时间内的缺货。

［t_2，t_3］时间内满足需求后的产品进入存储，存储量以（$P-R$）速度增加。

S 表示存储量，t_3 时刻存储量达到最大，t_3 时刻停止生产。

［t_3，t］时间存储量以需求速度 R 减少。

由图 13－8 易知：

最大缺货量 $B=Rt_1$，或 $B=(P-R)(t_2-t_1)$

即 $Rt_1=(P-R)(t_2-t_1)$，得

$$t_1=\frac{P-R}{P}t_2 \tag{13-15}$$

最大存储量 $S=(P-R)(t_3-t_2)$，或 $S=R(t-t_3)$

即$(P-R)(t_3-t_2)=R(t-t_3)$，得 $t_3=\frac{R}{P}t+\left(1-\frac{R}{P}\right)t_2$

或 $$t_3-t_2=\frac{R}{P}(t-t_2) \tag{13-16}$$

在［0，t］时间内所需费用：

存储费：$\frac{1}{2}C_1$（$P-R$）（t_3-t_2）（$t-t_2$）

将式（13－16）代入消去 t_3，得$\frac{1}{2}C_1$（$P-R$）$\frac{R}{P}$（$t-t_2$）^{2}

缺货费：$\frac{1}{2}C_2Rt_1t_2$

将式（13－15）代入消去 t_1，得$\frac{1}{2}C_2R\frac{(P-R)}{P}t_2^2$

装配费：C_3

在 $[0, t]$ 时间内总平均费用为：

$$C(t, t_2)=\frac{1}{t}\left[\frac{1}{2}C_1\frac{(P-R)R}{P}(t-t_2)^2+\frac{1}{2}C_2\frac{(P-R)R}{P}t_2^2+C_3\right]$$

$$=\frac{1}{2}\frac{(P-R)R}{P}\left[C_1t-2C_1t_2+(C_1+C_2)\frac{t_2^2}{t}\right]+\frac{C_3}{t}$$

$$\frac{\partial C(t, t_2)}{\partial t}=\frac{1}{2}\frac{(P-R)R}{P}\left[C_1+(C_1+C_2)t_2^2\left(-\frac{1}{t^2}\right)\right]-\frac{C_3}{t^2} \quad (13-17)$$

$$\frac{\partial C(t, t_2)}{\partial t_2}=\frac{1}{2}\frac{(P-R)R}{P}\left[-2C_1+2(C_1+C_2)t_2\cdot\frac{1}{t}\right] \quad (13-18)$$

令 $\frac{\partial C(t, t_2)}{\partial t}=0$，$\frac{\partial C(t, t_2)}{\partial t_2}=0$ 解出 t_1、t_2

由式（13－18）得 $t_2=\frac{C_1}{C_1+C_2}t$ （13－19）

由式（13－17）得 $\frac{1}{2}\frac{(P-R)R}{P}\left[C_1+(C_1+C_2)t_2^2\left(-\frac{1}{t^2}\right)\right]-\frac{C_3}{t^2}=0$

将式（13－19）代入上式，消去 t_2 得

$$\frac{1}{2}\frac{(P-R)R}{P}\left[C_1-(C_1+C_2)\frac{C_1^2}{(C_1+C_2)^2}\right]-C_3\frac{1}{t^2}=0$$

$$\frac{1}{2}\frac{(P-R)R}{P}\left[\frac{C_1^2+C_1C_2-C_1^2}{C_1+C_2}\right]-\frac{C_3}{t^2}=0$$

$$t^2=\frac{2P(C_1+C_2)C_3}{C_1C_2(P-R)R}$$

$$t=\sqrt{\frac{2C_3}{C_1R}}\cdot\sqrt{\frac{C_1+C_2}{C_2}}\cdot\sqrt{\frac{P}{P-R}}$$；可记作 t_0

由式（13－19）有

$$t_2=\frac{C_1}{C_1+C_2}t_0=\frac{C_1}{C_1+C_2}\cdot\sqrt{\frac{2C_3}{C_1R}}\cdot\sqrt{\frac{C_1+C_2}{C_2}}\cdot\sqrt{\frac{P}{P-R}}$$

依数学分析的知识可以断定 $C(t, t_2)$ 在 $t=t_0$，$t_2=\frac{C_1}{C_1+C_2}t_0$ 时有最小值。

相应地得到 $t_0=\sqrt{\frac{2C_3}{C_1R}}\cdot\sqrt{\frac{C_1+C_2}{C_2}}\cdot\sqrt{\frac{P}{P-R}}$ （13－20）

$$Q_0=R\cdot t_0=\sqrt{\frac{2C_3R}{C_1}}\cdot\sqrt{\frac{C_1+C_2}{C_2}}\cdot\sqrt{\frac{P}{P-R}} \quad (13-21)$$

$$S_0(\text{最大存储量})=R(t_0-t_3)=R\left(t_0-\frac{R}{P}t_0-\frac{P-R}{P}t_2\right)$$

$$=R\left(t_0-\frac{R}{P}t_0-\frac{P-R}{P}\cdot\frac{C_1}{C_1+C_2}t_0\right)$$

$$=R\cdot\frac{P-R}{P}\cdot\frac{C_2}{C_1+C_2}\cdot t_0$$

$$=\sqrt{\frac{2C_3R}{C_1}}\cdot\sqrt{\frac{C_2}{C_1+C_2}}\cdot\sqrt{\frac{P-R}{P}} \tag{13-22}$$

$$B_0(\text{最大缺货量})=R\cdot t_1=\frac{R(P-R)}{P}\cdot t_2$$

$$=\sqrt{\frac{2C_1C_3R}{(C_1+C_2)C_2}}\cdot\sqrt{\frac{P-R}{P}} \tag{13-23}$$

$$\min C(t_0,\ t_2)=C_0=\sqrt{2C_1C_3R}\cdot\sqrt{\frac{C_2}{C_1+C_2}}\cdot\sqrt{\frac{P-R}{P}} \tag{13-24}$$

13.2.5 价格有折扣的存储问题

以上模型所讨论的货物单价是常量，得出的存储策略都与货物单价无关。现在介绍货物单价随订购（或生产）数量而变化时的存储策略。常见到一种商品有所谓零售价、批发价和出厂价，购买同一种商品的数量不同，商品单价也不同。一般情况下购买数量越多，商品单价越低。在少数情况下，某种商品限额供应，超过限额部分的商品单价要提高。

除去货物单价随订购数量而变化外，其余条件皆与模型一的假设相同时，应如何制定相应的存储策略?

记货物单价为 $K(Q)$，设 $K(Q)$按三个数量等级变化（见图 13 -9）。

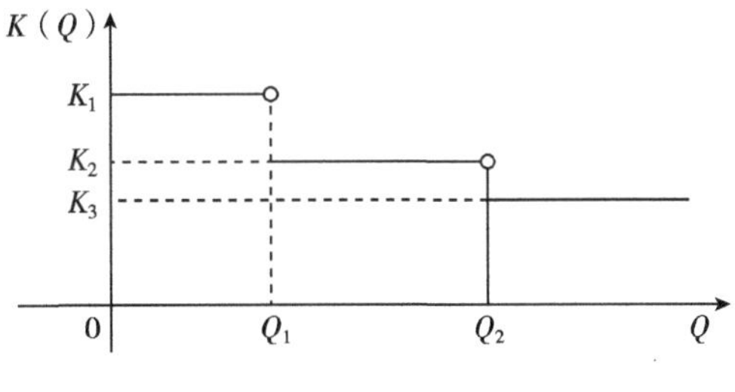

图 13 -9

$$K(Q)=\begin{cases}K_1 & 0\leqslant Q<Q_1\\ K_2 & Q_1\leqslant Q<Q_2\\ K_3 & Q_2\leqslant Q\end{cases}$$

当订购量为 Q 时，一个周期内所需费用为:

$$\frac{1}{2}C_1Q\frac{Q}{R}+C_3+K(Q)Q$$

$Q\in[0,\ Q_1)$ 有 $\frac{1}{2}C_1Q\frac{Q}{R}+C_3+K_1Q$

$Q\in[Q_1,\ Q_2)$ 有 $\frac{1}{2}C_1Q\frac{Q}{R}+C_3+K_2Q$

$Q\geqslant Q_2$ 有 $\frac{1}{2}C_1Q\frac{Q}{R}+C_3+K_3Q$

平均每单位货物所需费用 $C(Q)$（见图 13－10）

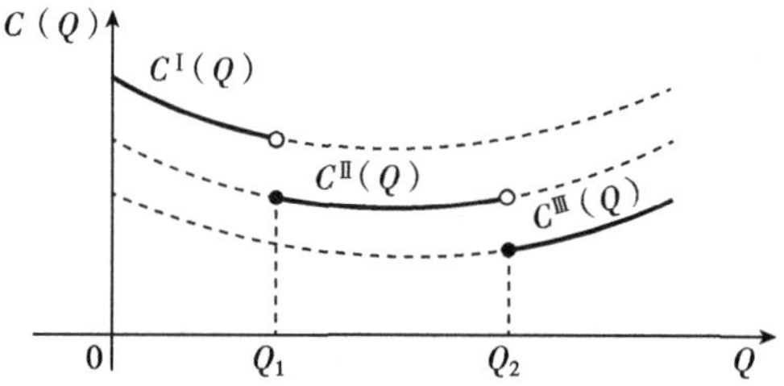

图 13－10

$$C^{\mathrm{I}}(Q)=\frac{1}{2}C_1\frac{Q}{R}+\frac{C_3}{Q}+K_1\quad Q\in(0,\ Q_1)$$

$$C^{\mathrm{II}}(Q)=\frac{1}{2}C_1\frac{Q}{R}+\frac{C_3}{Q}+K_2\quad Q\in[Q_1,\ Q_2)$$

$$C^{\mathrm{III}}(Q)=\frac{1}{2}C_1\frac{Q}{R}+\frac{C_3}{Q}+K_3\quad Q\geqslant Q_2$$

如果不考虑 $C^{\mathrm{I}}(Q)$、$C^{\mathrm{II}}(Q)$、$C^{\mathrm{III}}(Q)$ 的定义域，它们之间只差一个常数，因此它们的导函数相同。为求极小，令导数为零，解得 Q_0，Q_0 落在哪一个区间，事先难以预计。假设 $Q_1<Q_0<Q_2$，这也不能肯定 $C^{\mathrm{II}}(Q_0)$ 最小。图 13－10 的直观感觉启发我们考虑：是否 $C^{\mathrm{III}}(Q_2)$ 的费用更小？设最佳订购批量为 Q^*，在给出价格有折扣情况下，求解步骤如下：

（1）对 $C^{\mathrm{I}}(Q)$（不考虑定义域）求得极值点为 Q_0。

（2）若 $Q_0<Q_1$，计算：

$$C^{\mathrm{I}}(Q_0)=\frac{1}{2}C_1\frac{Q_0}{R}+\frac{C_3}{Q_0}+K_1$$

$$C^{\mathrm{II}}(Q_1)=\frac{1}{2}C_1\frac{Q_1}{R}+\frac{C_3}{Q_1}+K_2$$

$$C^{\mathrm{III}}(Q_2)=\frac{1}{2}C_1\frac{Q_2}{R}+\frac{C_3}{Q_2}+K_3$$

由 $\min\{C^{\mathrm{I}}(Q_0), C^{\mathrm{II}}(Q_1), C^{\mathrm{III}}(Q_2)\}$ 得到单位货物最小费用的订购批量 Q^*。例如 $\min\{C^{\mathrm{I}}(Q_0), C^{\mathrm{II}}(Q_1), C^{\mathrm{III}}(Q_2)\}=C^{\mathrm{II}}(Q_1)$，则取 $Q^*=Q_1$。

(3)若 $Q_1\leqslant Q_0<Q_2$，计算 $C^{\mathrm{II}}(Q_0)$、$C^{\mathrm{III}}(Q_2)$。

由 $\min\{C^{\mathrm{II}}(Q_0), C^{\mathrm{III}}(Q_2)\}$ 决定 Q^*。

(4)若 $Q_2\leqslant Q_0$，则取 $Q^*=Q_0$。

以上步骤易于推广到单价折扣分 m 个等级的情况。

比如说订购量为 Q，其单价 $K(Q)$：

$$K(Q)=\begin{cases} K_1 & 0\leqslant Q<Q_1 \\ K_2 & Q_1\leqslant Q<Q_2 \\ \vdots & \\ K_j & Q_{j-1}\leqslant Q<Q_j \\ \vdots & \\ K_m & Q_{m-1}\leqslant Q \end{cases}$$

对应的平均单位货物所需费用为：

$$C^j(Q)=\frac{1}{2}C_1\frac{Q}{R}+\frac{C_3}{Q}+K_j,\ j=1,\ 2,\ \cdots,\ m$$

对 $C^1(Q)$ 求得极值点为 Q_0，若 $Q_{j-1}\leqslant Q_0<Q_j$，求 $\min\{C^j(Q_0), C^{j+1}(Q_i), \cdots, C^m(Q_{m-1})\}$，设从此式得到的最小值为 $C^l(Q_{l-1})$，则取 $Q^*=Q_{l-1}$。

例6：某厂每年需某种元件5000个，每次订购费 $C_3=500$ 元，保管费每件每年 $C_1=10$ 元，不允许缺货。元件单价 K 随采购数量不同而有变化。

$$K(Q)=\begin{cases} 20\text{ 元} & Q<1500 \\ 19\text{ 元} & 1500\leqslant Q \end{cases}$$

解：利用E. O. Q公式计算

$$Q_0=\sqrt{\frac{2C_3R}{C_1}}=\sqrt{\frac{2\times500\times5000}{10}}\approx707\ (\text{个})$$

分别计算每次订购707个和1500个元件所需平均单位元件所需费用：

$$C(707)=\frac{1}{2}\times10\times\frac{707}{5000}+\frac{500}{707}+20\approx21.414(\text{元/个})$$

$$C(1500)=\frac{1}{2}\times10\times\frac{1500}{5000}+\frac{500}{1500}+19\approx20.833(\text{元/个})$$

因为 $C(1500)<C(707)$，所以最佳订购量 $Q=1500$(个)

答：该厂每次应订购1500个元件。

在本节中，由于订购批量不同，订货周期长短不一样，所以才利用平均单位货物所需费用比较优劣。当然也可以利用不同批量，计算其全年所需费用来比较优劣。

也有的折扣条件为：

$$K(Q)=\begin{cases}K_1 & \text{当 } Q<Q_1 \text{ 时}\\ K_2 & \text{当 } Q>Q_1 \text{ 时}\end{cases}$$

超过 Q_1 部分$(Q-Q_1)$才按 K_2 计算货物单价。

如果 $K_2<K_1$，显然是鼓励大量购买货物。在特殊情况下会出现 $K_2>K_1$，这时是利用价格的变化限制购货数量。本章节提供的方法稍加变化后可解决这类问题。

13.3 随机性存储模型

随机性存储模型的重要特点是需求为随机的，其概率或分布为已知。在这种情况下，前面所介绍过的模型已经不能适用了。例如，商店对某种商品进货500件，这500件商品可能在一个月内售完，也有可能在两个月之后还有剩余。商店如果想既不因缺货而失去销售机会，又不因滞销而过多积压资金，这时必须采用新的存储策略。可供选择的策略主要有三种：

（1）定期订货，但订货数量需要根据上一个周期末剩下货物的数量决定订货量。剩下的数量少，可以多订货；剩下的数量多，可以少订或不订货。这种策略可称为定期订货法。

（2）定点订货，存储降到某一确定的数量时即订货，不再考虑间隔的时间。这一数量值称为订货点，每次订货的数量不变，这种策略可称为定点订货法。

（3）把定期订货与定点订货综合起来的方法，隔一定时间检查一次存储，如果存储数量高于一个数值 s，则不订货。小于 s 时则订货补充存储，订货量要使存储量达到 S，这种策略可以简称为（s，S）存储策略。

此外与确定性模型不同的特点还有：不允许缺货的条件只能从概率的意义方面理解，如不缺货的概率为0.9等。存储策略的优劣通常以盈利的期望值的大小作为衡量的标准。

为了讲清楚随机性存储问题的解法，先通过一个例题介绍求解的思路。

例7：某商店拟在新年期间出售一批日历画片，每售出1千张可盈利700元。如果在新年期间不能售出，必须削价处理，作为画片出售。由于削价，一定可以售完，此时每千张赔损400元。根据以往的经验，市场需求的概率见表13－1。

表13－1

需求量 r（千张）	0	1	2	3	4	5
概率 $P(r)$ $\left(\sum_{r=0}^{5}P(r)=1\right)$	0.05	0.10	0.25	0.35	0.15	0.10

每年只能订货一次，问应订购日历画片几千张才能使获利的期望值最大？

解：如果该店订货 4 千张，我们计算获利的可能数值。

当市场需求为 0 千张时获利为：$(-400)\times4=-1600$（元）

当市场需求为 1 千张时获利为：$(-400)\times3+700=-500$（元）

当市场需求为 2 千张时获利为：$(-400)\times2+700\times2=600$（元）

当市场需求为 3 千张时获利为：$(-400)\times1+700\times3=1700$（元）

当市场需求为 4 千张时获利为：$(-400)\times0+700\times4=2800$（元）

当市场需求为 5 千张时获利为：$(-400)\times0+700\times4=2800$（元）

订购量为 4 千张时获利的期望值：

$$E[C(4)]=(-1600)\times0.05+(-500)\times0.10+600\times0.25+1700\times0.35+2800\times0.15+2800\times0.10=1315\text{（元）}$$

按上述计算法列出表 13－2。

表 13－2

订货量＼获利＼需求量	0	1	2	3	4	5	获利的期望值
0	0	0	0	0	0	0	0
1	－400	700	700	700	700	700	645
2	－800	300	1400	1400	1400	1400	1180
3	－1200	－100	1000	2100	2100	2100	1440*
4	－1600	－500	600	1700	2800	2800	1315
5	－2000	－900	200	1300	2400	3500	1025

获利期望值最大者标有“*”记号，为 1440 元。经比较后可知该店订购 3000 张日历画片可使获利期望值最大。

本例还可以从相反的角度考虑求解。当订货量为 Q 时，可能发生滞销赔损（供过于求的情况），也可能发生因缺货而失去销售机会的损失（求过于供的情况）。把这两种损失合起来考虑，取损失期望值最小者所对应的 Q 值。

当该店订购量为 2 千张时，计算其损失的可能值：

当市场需求量为 0 千张时滞销损失为：$(-400)\times2=-800$（元）

当市场需求量为 1 千张时滞销损失为：$(-400)\times1=-400$（元）

当市场需求量为 2 千张时滞销损失为：0（元）

（以上三项皆为供货大于需求时的滞销损失）

当市场需求量为 3 千张时缺货损失为：$(-700)\times1=-700$（元）

当市场需求量为 4 千张时缺货损失为：(−700) ×2 = −1400（元）
当市场需求量为 5 千张时缺货损失为：(−700) ×3 = −2100（元）
（以上三项皆为供货小于需求时，失去销售机会而少获利的损失）
当订购量为 2 千张时，缺货和滞销两种损失之和的期望值：

$$E[C(2)] = (-800)\times 0.05 + (-400)\times 0.10 + 0\times 0.25 + (-700)\times 0.35 + (-1400)\times 0.15 + (-2100)\times 0.10 = -745(元)$$

按此计算法列出表 13 −3。

表 13 −3

订货量（千张）	0	1	2	3	4	5
损失的期望值	−1925	−1280	−745	−485*	−610	−900

表 13 −3 中期望值以 −485 最大标有“＊”号，因我们采用负数表示损失，即 485 为损失最小值。该店订购 3 千张日历画片可使损失的期望值最小。这个结论与前边得出的结论一样，都是订购日历画片 3 千张。这说明对同一问题可以从两个不同的角度去考虑：一是考虑获利最多，二是考虑损失最小。这两种考虑确实有差别，但在具体问题上实质是一个问题的不同表示形式。因此我们今后处理这类问题时，根据情况选其中之一即可。

13.3.1　模型五：需求是随机离散的

报童问题：报童每日售报数量是一个随机变量。报童每售出一份报纸赚 k 元。如报纸未能售出，每份赔 h 元。每日售出报纸份数 r 的概率 $P(r)$ 根据以往的经验是已知的，问报童每日最好准备多少份报纸？

这个问题是报童每日报纸的订货量 Q 为何值时，赚钱的期望值最大？反言之，如何适当地选择 Q 值，使因不能售出报纸的损失及因缺货失去销售机会的损失，两者期望值之和最小。现在用计算损失期望值最小的办法求解。

解：设售出报纸数量为 r，其概率 $P(r)$ 为已知，$\sum_{r=0}^{\infty} P(r) = 1$

设报童订购报纸数量为 Q。

（1）供过于求时（$r \leqslant Q$），这时报纸因不能售出而承担的损失，其期望值为：

$$\sum_{r=0}^{Q} h(Q-r)P(r)$$（初学者可参看例 7）

（2）供不应求时（$r > Q$），这时因缺货而少赚钱的损失，其期望值为：

$$\sum_{r=Q+1}^{\infty} k(r-Q)P(r)$$

综合（1）、（2）两种情况，当订货量为 Q 时，损失的期望值为：

$$C(Q) = h\sum_{r=0}^{Q}(Q-r)P(r) + k\sum_{r=Q+1}^{\infty}(r-Q)P(r)$$

要从式中决定 Q 的值，使 $C(Q)$ 最小。

由于报童订购报纸的份数只能取整数，r 是离散变量，所以不能用求导数的方法求极值。为此设报童每日订购报纸份数最佳量为 Q，其损失期望值应有：

(1) $C(Q) \leqslant C(Q+1)$

(2) $C(Q) \leqslant C(Q-1)$

从（1）出发进行推导有：

$$h\sum_{r=0}^{Q}(Q-r)P(r) + k\sum_{r=Q+1}^{\infty}(r-Q)P(r) \leqslant$$

$$h\sum_{r=0}^{Q+1}(Q+1-r)P(r) + k\sum_{r=Q+2}^{\infty}(r-Q-1)P(r)$$

经化简后得

$$(k+h)\sum_{r=0}^{Q}P(r) - k \geqslant 0$$

即 $\sum_{r=0}^{Q}P(r) \geqslant \frac{k}{k+h}$

从（2）出发进行推导有：

$$h\sum_{r=0}^{Q}(Q-r)P(r) + k\sum_{r=Q+1}^{\infty}(r-Q)P(r) \leqslant$$

$$h\sum_{r=0}^{Q-1}(Q-1-r)P(r) + k\sum_{r=Q}^{\infty}(r-Q+1)P(r)$$

经化简后得

$$(k+h)\sum_{r=0}^{Q-1}P(r) - k \leqslant 0$$

即 $\sum_{r=0}^{Q-1}P(r) \leqslant \frac{k}{k+h}$

报童应准备的报纸最佳数量 Q 应按下列不等式确定：

$$\sum_{r=0}^{Q-1}P(r) < \frac{k}{k+h} \leqslant \sum_{r=0}^{Q}P(r) \qquad (13-25)$$

从盈利最大来考虑报童应准备的报纸数量。设报童订购报纸数量为 Q，获利的期望值为 $C(Q)$，其余符号和前面推导时表示的意义相同。

当需求 $r \leqslant Q$ 时，报童只能售出 r 份报纸，每份赚 k（元），共赚 $k \cdot r$（元）。未售出的报纸，每份赔 h（元），滞销损失为 $h(Q-r)$（元）。

此时盈利的期望值为

$$\sum_{r=0}^{Q}[kr-h(Q-r)]P(r)$$

当需求 $r>Q$ 时，报童因为只有 Q 份报纸可供销售，盈利的期望值为 $\sum_{r=Q+1}^{\infty}k\cdot QP(r)$，无滞销损失。由以上分析知盈利的期望值：

$$C(Q)=\sum_{r=0}^{Q}k\cdot r\cdot P(r)-\sum_{r=0}^{Q}h(Q-r)P(r)+\sum_{r=Q+1}^{\infty}k\cdot QP(r)$$

为使订购 Q 盈利的期望值最大，应满足下列关系式：

(1) $C(Q+1)\leqslant C(Q)$

(2) $C(Q-1)\leqslant C(Q)$

从（1）式推导出

$$k\sum_{r=0}^{Q+1}rP(r)-h\sum_{r=0}^{Q+1}(Q+1-r)P(r)+k\sum_{r=Q+2}^{\infty}(Q+1)P(r)\leqslant$$

$$k\sum_{r=0}^{Q}rP(r)-h\sum_{r=0}^{Q}(Q-r)P(r)+k\sum_{r=Q+1}^{\infty}Q\cdot P(r)$$

经化简后得

$$kP(Q+1)-h\sum_{r=0}^{Q}P(r)+k\sum_{r=Q+2}^{\infty}P(r)\leqslant 0$$

进一步化简得

$$k\left[1-\sum_{r=0}^{Q}P(r)\right]-h\sum_{r=0}^{Q}P(r)\leqslant 0$$

$$\sum_{r=0}^{Q}P(r)\geqslant\frac{k}{k+h}$$

同理，从（2）式推导出

$$\sum_{r=0}^{Q-1}P(r)\leqslant\frac{k}{k+h}$$

用以下不等式确定 Q 的值，这一公式与式（13－25）完全相同。

$$\sum_{r=0}^{Q-1}P(r)<\frac{k}{k+h}\leqslant\sum_{r=0}^{Q}P(r)$$

尽管报童问题中损失最小的期望值与盈利最大的期望值是不同的，但确定 Q 值的条件是相同的。无论从哪一个方面来考虑，报童的最佳订购份数是一个确定的数值。在下面的模型六中将进一步说明这个问题。

现利用式（13－25）解例 7 的问题。

已知：$k=7$，$h=4$，$\frac{k}{k+h}\approx 0.637$，

$P(0)=0.05$，$P(1)=0.10$，$P(2)=0.25$，$P(3)=0.35$

$$\sum_{r=0}^{2}P(r)=0.40<0.637<\sum_{r=0}^{3}P(r)=0.75$$

知该店应订购日历画片3千张。

例8：某店拟出售甲商品，每单位甲商品成本50元，售价70元。如不能售出必须减价为40元，减价后一定可以售出。已知售货量 r 的概率服从泊松分布

$$P(r)=\frac{e^{-\lambda}\lambda^{r}}{r!}\ (\lambda \text{ 为平均售出数})$$

根据以往经验，平均售出数为6单位（$\lambda=6$）。问该店订购量应为多少单位?

解：该店的缺货损失，每单位商品为 $70-50=20$。滞销损失，每单位商品为 $50-40=10$，利用式（13-25），其中 $k=20$，$h=10$

$$\frac{k}{k+h}=\frac{20}{20+10}\approx 0.667$$

$$P(r)=\frac{e^{-6}6^{r}}{r!}\left(\sum_{r=0}^{Q}P(r)\text{ 记作 }F(Q)\text{,可查统计表}\right)$$

$$F(6)=\sum_{r=0}^{6}\frac{e^{-6}6^{r}}{r!}=0.6063,F(7)=\sum_{r=0}^{7}\frac{e^{-6}6^{r}}{r!}=0.7440$$

因 $F(6)<\frac{k}{k+h}<F(7)$，故订货量应为7单位，此时损失的期望值最小。

答：该店订货量应为7单位甲商品。

例9：例8中如缺货损失为10元，滞销损失为20元。在这种情况下该店订货量应为多少?

解：利用式（13-25），其中 $k=10$，$h=20$

$$\frac{k}{k+h}=\frac{10}{30}\approx 0.3333$$

查统计表，找与0.3333相近的数。

$$F(4)=\sum_{r=0}^{4}\frac{e^{-6}6^{r}}{r!}=0.2851,F(5)=\sum_{r=0}^{5}\frac{e^{-6}6^{r}}{r!}=0.4457$$

$F(4)<0.3333<F(5)$，故订货量应为甲商品5个单位。

答：该店订货量为5个单位甲商品。

模型五只解决一次订货问题，对报童问题实际上的每日订货策略问题也应认为解决了。但模型中有一个严格的约定，即两次订货之间没有联系，都看作独立的一次订货。这种存储策略也可称为定期定量订货。

13.3.2　模型六：需求是连续的随机变量

设：货物单位成本为 K，货物单位售价为 P，单位存储费为 C_1，需求 r 是连续的随机变量，密度函数为 $\phi(r)$，$\phi(r)\mathrm{d}r$ 表示随机变量在 r 与 $r+\mathrm{d}r$ 之间的概率，其分布函数 $F(a)=\int_0^a\phi(r)\mathrm{d}r$，$a>0$，生产或订购的数量为 Q，问如何确定 Q 的数值，使盈利的期望值最大?

解：首先我们来考虑当订购数量为 Q 时，实际销售量应该是 min $[r, Q]$。也就是当需求为 r 而 $r<Q$ 时，实际销售量为 r；$r\geqslant Q$ 时，实际销售量只能是 Q。

需支付的存储费用 $C_1(Q)=\begin{cases} C_1(Q-r) & r\leqslant Q \\ 0 & r>Q \end{cases}$

货物的成本为 KQ，本阶段订购量为 Q，盈利为 $W(Q)$，盈利的期望值记作 $E[W(Q)]$。

$W(Q)=P\cdot\min[r, Q]-KQ-C_1(Q)$

盈利 = 实际销售货物的收入 - 货物成本 - 支付的存储费用

盈利的期望值：

$$
\begin{aligned}
E[W(Q)] &= \int_0^Q Pr\phi(r)\,\mathrm{d}r + \int_Q^\infty PQ\phi(r)\,\mathrm{d}r - KQ - \int_0^Q C_1(Q-r)\phi(r)\,\mathrm{d}r \\
&= \int_0^\infty Pr\phi(r)\,\mathrm{d}r - \int_Q^\infty Pr\phi(r)\,\mathrm{d}r + \int_Q^\infty PQ\phi(r)\,\mathrm{d}r - KQ - \int_0^Q C_1(Q-r)\phi(r)\,\mathrm{d}r \\
&= \underbrace{PE(r)}_{\text{常量(称为平均盈利)}} - \{\underbrace{P\int_Q^\infty (r-Q)\phi(r)\,\mathrm{d}r}_{\text{因缺货失去销售机会损失的期望值}} + \underbrace{\int_0^Q C_1(Q-r)\phi(r)\,\mathrm{d}r}_{\text{因滞销受到损失的期望值(只考虑了存储费)}} + \underbrace{KQ}_{\text{常量}}\}
\end{aligned}
$$

记 $E[C(Q)] = P\int_Q^\infty (r-Q)\phi(r)\,\mathrm{d}r + C_1\int_0^Q (Q-r)\phi(r)\,\mathrm{d}r + KQ$

为使盈利期望值极大化，有下列等式：

$$\max E[W(Q)] = PE(r) - \min E[C(Q)] \tag{13-26}$$

$$\max E[W(Q)] + \min E[C(Q)] = PE(r) \tag{13-27}$$

式（13-26）表明了盈利最大与损失极小所得出的 Q 值相同。式（13-27）表明最大盈利期望值与损失极小期望值之和是常数。从表 13-2 与表 13-3 中对应着相同的 Q，去掉表 13-3 中数据的负号后，两者期望值之和皆为 19.25，称为该问题的平均盈利。

根据上面的分析，求盈利极大可以转化为求 $E[C(Q)]$（损失期望值）极小。当 Q 可以连续取值时，$E[C(Q)]$ 是 Q 的连续函数。可利用微分法求最小。

$$
\begin{aligned}
\frac{\mathrm{d}E[C(Q)]}{\mathrm{d}Q} &= \frac{\mathrm{d}}{\mathrm{d}Q}\left[P\int_Q^\infty (r-Q)\phi(r)\,\mathrm{d}r + \int_0^Q C_1(Q-r)\phi(r)\,\mathrm{d}r + KQ\right] \\
&= C_1\int_0^Q \phi(r)\,\mathrm{d}r - P\int_Q^\infty \phi(r)\,\mathrm{d}r + K
\end{aligned}
$$

令 $\dfrac{\mathrm{d}E[C(Q)]}{\mathrm{d}Q}=0$，记 $F(Q)=\int_0^Q \phi(r)\,\mathrm{d}r$

即 $C_1F(Q)-P[1-F(Q)]+K=0$

$$F(Q)=\frac{P-K}{C_1+P}$$

从此式中解出 Q，记为 Q^*，Q^* 为 $E[C(Q)]$ 的驻点。又因

$$\frac{\mathrm{d}^2E\left[C\left(Q\right)\right]}{\mathrm{d}Q^2}=C_1\phi\left(Q\right)+P\phi\left(Q\right)>0$$

知 Q^* 为 $E\left[C\left(Q\right)\right]$ 的极小值点，在本模型中也是最小值点。

若 $P-K\leqslant 0$，显然由于 $F\left(Q\right)\geqslant 0$，等式不成立，此时 Q^* 取零值。即售价低于成本时，不需要订货（或生产）。

式中只考虑了失去销售机会的损失，如果缺货时要付出的费用 $C_2>P$，应有

$$E[C(Q)] = C_2\int_Q^{\infty}(r-Q)\phi(r)\mathrm{d}r + C_1\int_0^Q(Q-r)\phi(r)\mathrm{d}r + KQ \qquad (13-28)$$

按上述办法推得

$$F(Q) = \int_0^Q\phi(r)\mathrm{d}r = \frac{C_2-K}{C_1+C_2}$$

模型五及模型六都是只解决一个阶段的问题。从一般情况来考虑，上一阶段未售出的货物可以在第二阶段继续出售。这时应该如何制定存储策略呢？

假设上一阶段未能售出的货物数量为 I，作为本阶段初的存储，有

$$\begin{aligned}\min E[C(Q)] &= K(Q-I) + C_2\int_Q^{\infty}(r-Q)\phi(r)\mathrm{d}r + C_1\int_0^Q(Q-r)\phi(r)\mathrm{d}r \\ &= \underbrace{-KI}_{\text{常量}} + \min\underbrace{\left\{C_2\int_Q^{\infty}(r-Q)\phi(r)\mathrm{d}r + C_1\int_0^Q(Q-r)\phi(r)\mathrm{d}r + KQ\right\}}_{\text{与式(13-28)相同}}\end{aligned}$$

利用 $F(Q) = \int_0^Q\phi(r)\mathrm{d}r = \frac{C_2-K}{C_1+C_2}$ 求出 Q^* 值，相应的存储策略为：当 $I\geqslant Q^*$ 时，本阶段不订货。当 $I<Q^*$ 时，本阶段应订货，订货量为 $Q=Q^*-I$，使本阶段的存储达到 Q^*，这时盈利期望值最大。

这种策略也可以称作定期订货，订货量不定的存储策略。

13.3.3 模型七：(s, S) 型存储策略

13.3.3.1 需求为连续的随机变量

设：货物的单位成本为 K，单位存储费用为 C_1，单位缺货费为 C_2，每次订购费为 C_3，需求 r 是连续的随机变量，密度函数为 $\phi\left(r\right)$，$\int_0^{\infty}\phi\left(r\right)\mathrm{d}r=1$，分布函数 $F\left(a\right)=\int_0^{a}\phi\left(r\right)\mathrm{d}r\left(a>0\right)$，期初存储为 I，订货量为 Q，此时期初存储达到 $S=I+Q$。问如何确定 Q 的值，使损失的期望值最小（盈利的期望值最大）？

解：期初存储 I 在本阶段中为常量，订货量为 Q，则期初存储达到 $S=I+Q$。本阶段需订货费 C_3+KQ，本阶段需付存储费用的期望值为

$$\int_0^{I+Q=S}C_1(S-r)\phi(r)\mathrm{d}r$$

需付缺货费用的期望值为

$$\int_{S=I+Q}^{\infty} C_2(r-S)\phi(r)\mathrm{d}r$$

本阶段所需订货费及存储费、缺货费期望值之和

$$\begin{aligned}C(I+Q) &= C(S) = C_3 + KQ + \int_0^S C_1(S-r)\phi(r)\mathrm{d}r + \int_S^{\infty} C_2(r-S)\phi(r)\mathrm{d}r \\ &= C_3 + K(S-I) + \int_0^S C_1(S-r)\phi(r)\mathrm{d}r + \int_S^{\infty} C_2(r-S)\phi(r)\mathrm{d}r\end{aligned}$$

Q 可以连续取值，C（S）是 S 的连续函数。

$$\frac{\mathrm{d}C(S)}{\mathrm{d}S} = K + C_1\int_0^S \phi(r)\mathrm{d}r - C_2\int_S^{\infty}\phi(r)\mathrm{d}r$$

令$\dfrac{\mathrm{d}C(S)}{\mathrm{d}S}=0$，有

$$F(S) = \int_0^S \phi(r)\mathrm{d}r = \frac{C_2-K}{C_1+C_2} \tag{13-29}$$

$\dfrac{C_2-K}{C_1+C_2}$严格小于1，称为临界值，以 N 表示：$N=\dfrac{C_2-K}{C_1+C_2}$。

为得出本阶段的存储策略：

由 $\int_0^S \phi(r)\mathrm{d}r = N$，确定 S 的值

订货量 $Q=S-I$

本模型中有订购费 C_3，如果本阶段不订货可以节省订购费 C_3，因此我们设想是否存在一个数值 s（$s\leqslant S$）使下面不等式能成立。

$$Ks + C_1\int_0^s (s-r)\phi(r)\mathrm{d}r + C_2\int_s^{\infty}(r-s)\phi(r)\mathrm{d}r \leqslant$$

$$C_3 + KS + C_1\int_0^S (S-r)\phi(r)\mathrm{d}r + C_2\int_S^{\infty}(r-S)\phi(r)\mathrm{d}r$$

当 $s=S$ 时，不等式显然成立。

当 $s<S$ 时，不等式右端存储费用期望值大于左端存储费用期望值，右端缺货费用期望值小于左端缺货费用期望值；一增一减后仍然使不等式成立的可能性是存在的。如有不止一个 s 的值使下列不等式成立，则选其中最小者作为本模型（s，S）存储策略的 s。

$$C_3 + K(S-s) + C_1\left[\int_0^S (S-r)\phi(r)\mathrm{d}r - \int_0^s (s-r)\phi(r)\mathrm{d}r\right] +$$

$$C_2\left[\int_S^{\infty}(r-S)\phi(r)\mathrm{d}r - \int_s^{\infty}(r-s)\phi(r)\mathrm{d}r\right] \geqslant 0$$

相应的存储策略是：每阶段初期检查存储，当库存 $I<s$ 时，需订货，订货的数量为 Q，$Q=S-I$。当库存 $I\geqslant s$ 时，本阶段不订货。这种存储策略是：定期订货但订货量不确定。订货数量的多少视期末库存 I 来决定订货量 Q，$Q=S-I$。对于不易清点数量

的存储，人们常把存储分两堆存放，一堆的数量为 s，其余的另放一堆。平时从另放的一堆中取用，当动用了数量为 s 的一堆，期末即订货。如果未动用 s 的一堆，期末即可不订货，俗称两堆法。

13.3.3.2　需求为离散的随机变量

设：需求 r 取值为 r_0，r_1，…，$r_m(r_i<r_{i+1})$

其概率为 $P(r_0)$，$P(r_1)$，…，$P(r_m)$，$\sum_{i=0}^{m} P(r_i)=1$

原有存储量为 I（在本阶段内为常量）

当本阶段开始时订货量为 Q，存储量达到 $I+Q$，本阶段所需的各种费用：

订货费：C_3+KQ

存储费：当需求 $r<I+Q$ 时，未能售出的存储部分需付存储费；

当需求 $r\geqslant I+Q$ 时，不需要付存储费。

所需存储费的期望值：

$\sum_{r\leqslant I+Q} C_1(I+Q-r)P(r)$（$r=I+Q$ 时,不付存储费及缺货费）

缺货费：当需求 $r>I+Q$ 时，$(r-I-Q)$ 部分需付缺货费。

缺货费用的期望值：

$\sum_{r>I+Q} C_2(r-I-Q)P(r)$

本阶段所需订货费及存储费、缺货费期望之和：

$$C(I+Q)=C_3+KQ+\sum_{r\leqslant I+Q} C_1(I+Q-r)P(r)+\sum_{r>I+Q} C_2(r-I-Q)P(r)$$

$I+Q$ 表示存储所达到的水平，记 $S=I+Q$，上式可写为：

$$C(S)=C_3+K(S-I)+\sum_{r\leqslant S}(S-r)C_1P(r)+\sum_{r>S} C_2(r-S)P(r)$$

求出 S 值使 $C(S)$ 最小。

解：

(1) 将需求 r 的随机值按大小顺序排列为

r_0，r_1，…，r_i，r_{i+1}，…，r_m　$r_i<r_{i+1}$，$r_{i+1}-r_i=\Delta r_i\neq 0$（$i=0$，$1$，…，$m-1$）

(2) S 只从 r_0，r_1，…，r_m 中取值。当 S 取值为 r_i 时，记为 S_i

$\Delta S_i=S_{i+1}-S_i=r_{i+1}-r_i=\Delta r_i\neq 0(i=0，1，…，m-1)$

(3) 求 S 的值使 $C(S)$ 最小。因为

$$C(S_{i+1})=C_3+K(S_{i+1}-I)+\sum_{r\leqslant S_{i+1}} C_1(S_{i+1}-r)P(r)+\sum_{r>S_{i+1}} C_2(r-S_{i+1})P(r)$$

$$C(S_i)=C_3+K(S_i-I)+\sum_{r\leqslant S_i} C_1(S_i-r)P(r)+\sum_{r>S_i} C_2(r-S_i)P(r)$$

$$C(S_{i-1})=C_3+K(S_{i-1}-I)+\sum_{r\leqslant S_{i-1}} C_1(S_{i-1}-r)P(r)+\sum_{r>S_{i-1}} C_2(r-S_{i-1})P(r)$$

为选出使 $C(S_i)$ 最小的 S 值，S_i 应满足下列不等式：

①$C(S_{i+1})-C(S_i)\geqslant 0$

②$C(S_i)-C(S_{i-1})\leqslant 0$

定义 $\Delta C(S_i)=C(S_{i+1})-C(S_i)$，$\Delta C(S_{i-1})=C(S_i)-C(S_{i-1})$

由①可推导出

$$\begin{aligned}\Delta C(S_i) &= K\Delta S_i + C_1\Delta S_i\sum_{r\leqslant S_i}P(r) - C_2\Delta S_i\sum_{r>S_i}P(r)\\ &= K\Delta S_i + C_1\Delta S_i\sum_{r\leqslant S_i}P(r) - C_2\Delta S_i\left[1-\sum_{r\leqslant S_i}P(r)\right]\\ &= K\Delta S_i + (C_1+C_2)\Delta S_i\sum_{r\leqslant S_i}P(r) - C_2\Delta S_i \geqslant 0\end{aligned}$$

因 $\Delta S_i\neq 0$ 即 $K+(C_1+C_2)\sum_{r\leqslant S_i}P(r)-C_2\geqslant 0$

有 $\sum_{r\leqslant S_i}P(r)\geqslant\dfrac{C_2-K}{C_1+C_2}=N$

由②同理可推导出

$$\sum_{r\leqslant S_{i-1}}P(r)\leqslant\frac{C_2-K}{C_1+C_2}=N$$

综合以上两式，得到为确定 S_i 的不等式

$$\sum_{r\leqslant S_{i-1}}P(r)<N=\frac{C_2-K}{C_1+C_2}\leqslant\sum_{r\leqslant S_i}P(r) \tag{13-30}$$

取满足式（13－30）的 S_i 为 S，本阶段订货量为 $Q=S-I$

为使 $C(S_i)$ 最小，S_i 的值应使下列不等式成立：

$C(S_{i+1})-C(S_i)\geqslant 0$

$C(S_i)-C(S_{i-1})\leqslant 0$

其中

$$\begin{aligned}C(S_{i+1})-C(S_i) &= K\Delta S_i + C_1\Delta S_i\sum_{r\leqslant S_i}P(r) - C_2\Delta S_i\sum_{r>S_i}P(r)\\ &= K\Delta S_i + C_1\Delta S_i\sum_{r\leqslant S_i}P(r) - C_2\Delta S_i\left[1-\sum_{r\leqslant S_i}P(r)\right]\\ &= K\Delta S_i + (C_1+C_2)\Delta S_i\sum_{r\leqslant S_i}P(r) - C_2\Delta S_i\end{aligned}$$

即 $K\Delta S_i+(C_1+C_2)\Delta S_i\sum_{r\leqslant S_i}P(r)-C_2\Delta S_i\geqslant 0$

因 $\Delta S_i\neq 0$，化简后有

$$\sum_{r\leqslant S_i}P(r)\geqslant\frac{C_2-K}{C_1+C_2}=N$$

同理可推出

$$\sum_{r \leqslant S_{i-1}} P(r) \leqslant N$$

综合上面两式，可利用下面不等式确定 S_i

$$\sum_{r \leqslant S_{i-1}} P(r) < N \leqslant \sum_{r \leqslant S_i} P(r)$$

得出满足不等式的 S_i，即令 $S = S_i$，本阶段订货量为 $Q = S - I$。

例 10：某公司利用塑料作原料制成产品出售，已知每箱塑料购价为 800 元，订购费 $C_3 = 60$ 元，存储费每箱 $C_1 = 40$ 元，缺货费每箱 $C_2 = 1015$ 元，原有存储量 $I = 10$ 箱。已知对原料需求的概率

$P(r = 30\text{ 箱}) = 0.20$，$P(r = 40\text{ 箱}) = 0.20$

$P(r = 50\text{ 箱}) = 0.40$，$P(r = 60\text{ 箱}) = 0.20$

求该公司订购原料的最佳订购量。

解：（1）计算临界值 $N = \dfrac{1015 - 800}{1015 + 40} \approx 0.204$。

（2）选使不等式 $\sum\limits_{r \leqslant S_i} P(r) \geqslant N$ 成立的 S_i 最小值作为 S

$P(30) = 0.20 \ngtr 0.204$

$P(30) + P(40) = 0.20 + 0.20 = 0.40 > 0.204$

$S_i = 40$，作为 S

（3）原存储 $I = 10$，订货量 $Q = S - I = 40 - 10 = 30$。

答：该公司应订购塑料 30 箱。

下面对答案进行验证，分别计算 S 为 30、40、50 所需订货费及存储费期望值、缺货费期望值三者之和。比较它们，看是否当 S 为 40 时最小（见表 13－4）。

表 13－4

S	I	$Q = S - I$	订货费 $C_3 + KQ$	存储费期望值 $C_1 \sum\limits_{r \leqslant S} (S - r)\ P(r)$	缺货费期望值 $C_2 \sum\limits_{r > S} (r - S)\ P(r)$	总计
30	10	20	16060	0	16240	32300
40	10	30	24060	80	8120	32260 *
50	10	40	32060	240	2030	34330

注：* 为最优。

比较后知 $S = 40$ 所需总费用最少，订购量 $Q = 30$。

本模型还有另一方面的问题，原存储量 I 达到什么水平可以不订货？假设这一水平是 s，当 $I > s$ 时可以不订货，当 $I \leqslant s$ 时要订货，使存储量达到 S，订货量 $Q = S - I$。

计算 s 的方法：考察不等式

$$Ks+\sum_{r\leqslant s}C_1(s-r)P(r)+\sum_{r>s}C_2(r-s)P(r)\leqslant C_3+KS+\sum_{r\leqslant S}C_1(S-r)P(r)+\sum_{r>S}C_2(r-S)P(r) \tag{13-31}$$

因 S 也只从 r_0，r_1，…，r_m 中取值。使式（13－31）成立的 r_i（$r_i\leqslant S$）的值中最小者定为 s。当 $s<S$ 时，式（13－31）左端缺货费用的期望值虽然会增加，但订货费用及存储费用期望值都减少，一增一减之间，使不等式仍有可能成立。在最不利的情况下 $s=S$ 时不等式是成立的（因为 $0<C_3$）。因此我们相信一定能找到 s 值。当然计算 s 要比计算 S 复杂一些，但就具体问题计算 s 也不是很难。如例 10 中要计算 s 却很简单。由于已算出 $S=40$，可以作为 s 的 r 值只有 30 或 40 两个值。

将 30 作为 s 值代入式（13－31）右端得

$$800\times30+1015\times[(40-30)\times0.2+(50-30)\times0.4+(60-30)\times0.2]=40240$$

将 40 代入式（13－31）左端得

$$60+800\times40+40\times[(40-30)\times0.2]+1015\times[(50-40)\times0.4+(60-40)\times0.2]=40260$$

即左端数值为 40240，右端数值为 40260，不等式成立，30 已是 r 的最小值，故 $s=30$。

例 10 的存储策略为每个阶段开始时检查存储量 I，当 $I>30$ 箱时不必补充存储。当 $I\leqslant30$ 箱时补充存储量达到 40 箱。

例 11：某厂对原料需求量的概率为

$P(r=80)=0.1$，$P(r=90)=0.2$，$P(r=100)=0.3$

$P(r=110)=0.3$，$P(r=120)=0.1$

订货费 $C_3=2825$ 元，$K=850$ 元

存储费 $C_1=45$ 元（在本阶段的费用）

缺货费 $C_2=1250$ 元（在本阶段的费用）

求该厂存储策略。

解：（1）利用式（13－30）计算临界值 $N=\dfrac{1250-850}{1250+45}=0.309$。

（2）求 S。

$P(r=80)+P(r=90)=0.3\ngtr0.309$

$P(r=80)+P(r=90)+P(r=100)=0.6>0.309$

可知 $S=100$。

（3）利用式（13－31）计算 s。

$S=100$，式（13－31）右端为

$$2825+850\times100+45\times[(100-80)\times0.1+(100-90)\times0.2+(1000-100)\times0.3]+1250\times[(110-100)\times0.3+(120-100)\times0.1]=94255$$

$s=80$，式（13－31）左端为

$$850\times80+45\times(80-80)\times0.1+1250\times[(90-80)\times0.2+(100-80)\times0.3+$$

$(110-80)\times 0.3+(120-80)\times 0.1]$

$=94250$

由于 $94250<94255$，故知 $s=80$。

答：该厂存储策略：每当存储 $I\leqslant 80$ 时补充存储使存储量达到 100，每当存储 $I>80$ 时不补充。

例 12：某市石油公司，下设几个售油站。石油存放在郊区大型油库里，需要时用汽车将油送至各售油站。该公司希望确定一种补充存储的策略，以确定应储存的油量。该公司经营石油品种较多，其中销售量较多的是柴油。所以希望先确定柴油的存储策略。经调查后知每月柴油出售量服从指数分布，平均销售量每月为 100 万升。其密度为：

$$f(r)=\begin{cases}0.000001e^{-0.000001\times r} & r\geqslant 0\\ 0 & r<0\end{cases}$$

柴油每升 2 元，不需订购费。由于油库归该公司管辖，油池灌满与未灌满时的管理费用实际上没有多少差别，故可认为存储费用为零。如缺货就从邻市调用，缺货费 3 元/升。求柴油的存储策略。

解：根据例 12 中条件知 $C_1=0$，$C_3=0$，$K=2$，$C_2=3$，计算临界值。

$N=\dfrac{3-2}{3+0}=0.333$ 由于密度是连续函数，所以需利用积分计算求出 S。

$$\int_0^S f(r)\mathrm{d}r=\int_0^S 0.000001e^{-0.000001\times r}\mathrm{d}r=0.333$$

$$-e^{-0.000001\times r}\Big|_0^S=0.333$$

$$e^{-0.000001\times r}=0.667$$

两端取对数解出

$S=405000$（升）

利用式（13－31）求 s 只需把相应的求和部分利用积分计算即可。

$$2\times s+\int_0^S 0\times(s-r)f(r)\mathrm{d}r+3\int_S^{\infty}(r-s)f(r)\mathrm{d}r\leqslant 2\times S+\int_0^S 0\times(S-r)f(r)\mathrm{d}r+3\int_S^{\infty}(r-S)f(r)\mathrm{d}r$$

即　$$2\times s+\int_S^{\infty}3\times(r-s)f(r)\mathrm{d}r\leqslant 2\times S+\int_S^{\infty}3\times(r-S)f(r)\mathrm{d}r$$

可知，有唯一解 $s=S$，所以当库存柴油下降到 405000 升以下时就应订购，使库存达到 405000 升。为什么会出现 $s=S$ 呢？原因在于订购费为零，可以频繁订货。此外，存储费 C_1 也为零，存储量多一些也不会增加费用。

由于 r 连续，$f(r)$ 也连续，所以计算 S 值时要利用等式 $\int_0^S f(r)\mathrm{d}r=N$ 求解 S 的值。

13.3.4　模型八：需求和备货时间都是随机离散的（仅通过具体例题介绍求解法）

若 t 时间内的需求量 r 是随机的，其概率 $\varphi_t(r)$ 已知，单位时间内的平均需求为 ρ 也是已知的，则 t 时间内的平均需求为 ρt。备货时间 x 是随机的，其概率 $P(x)$ 已知。

设：单位货物年存储费用为 C_1，每阶段单位货物缺货费用为 C_2，每次订购费用为 C_3，年平均需求为 D。由于需求、备货时间都是随机的，应有缓冲（安全）存储量 B，以减少发生缺货现象。L：订货点，B：缓冲存储量，x_1，x_2，…：备货时间（见图 13－11）。

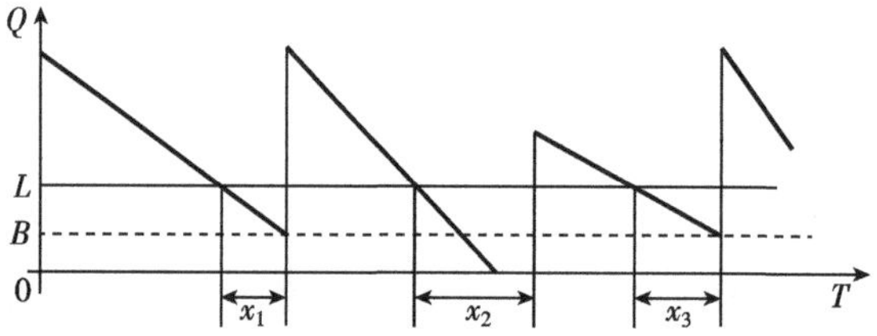

图 13－11

问如何确定缓冲存储量 B，订货点 L，以及订货量 Q_0，使总费用最小？

解：先按确定性模型求出 E. O. Q 及最佳批次 n_0

$$Q_0 = \text{E. O. Q} = \sqrt{\frac{2C_3D}{C_1}};\ n_0 = \frac{D}{Q_0}$$

（存储策略全年分 n_0 次订货，每次订货量 Q_0）

订货点 L 的确定方法除应满足备货时间内的平均需求 D_L 还要求维持缓冲存储量 B，由于备货时间是随机的，设平均备货时间为 μ。

则　$L = D_L + B = \mu\rho + B$

当存储量降至 L 时订货，由于备货时间延长，或因需求增加而引起缺货的概率记作 P_L

$$P_L = \sum_x P(x)F_x(L)$$

其中：$P(x)$ 表示备货时间为 x 天的概率；

$F_x(L)$ 表示订货点为 L（即存储量为 L 时）而在 x 天内需求 $r > L$ 的概率。

$$F_x(L) = \sum_{r>L} \varphi_x(r)$$

P_L 的计算很烦琐，为了简化记缺货费的期望值为 C_2P_L，n_0 次缺货费的期望值为 $n_0C_2P_L$，每年的存储费用为 $\left(\frac{1}{2}Q_0 + B\right)C_1$。由于 Q_0 是根据存储费用和订购费用权衡后得出的最佳值，因此只需要考虑维持缓冲存储量的存储费用以及缺货费期望值两者之和最小。

即令 $n_0C_2P_L+C_1B$ 最小以确定 L 和 B。

由关系式 $L=\mu\rho+B$ 可知只要确定了 L 就相当于 B 也确定了。

例 13：（模型八）某厂生产中需用钢材，t 时间内需求的概率 $\varphi_t(r)$ 服从泊松分布：

$$\varphi_t(r)=\frac{e^{-\rho t}(\rho t)^r}{r!}$$

每天平均需求为 1 吨，$\rho=1$，年平均需求量 D 为 365 吨。则 t 时间内需求为 r 的概率

$$\varphi_t(r)=\frac{e^{-t}t^r}{r!}$$

备货时间为 x 天的概率服从正态分布

$$P(x)=\frac{1}{\sqrt{2\pi}\sigma}e^{-(x-\mu)^2/2\sigma^2}$$

平均备货时间 $\mu=15$（天），方差 $\sigma^2=1$。

$$P(x)=\frac{1}{\sqrt{2\pi}}e^{-(x-15)^2/2}$$

年存储费用每吨为 50 元，每次订购费用为 1500 元，缺货费用每吨为 5000 元，问每年应分多少批次？又订购量 Q、缓冲存储量 B、订货点 L 各为何值才使费用最少？

解：$Q_0=\sqrt{\dfrac{2\times365\times1500}{50}}\approx146$（吨）

$$n_0=\frac{D}{Q_0}\approx2.5\text{（次）}$$

下面计算 L 及 B，各步算出的数值列于表 13－5。

表 13－5

（一）备货时间 x	（二）备货时间的概率 $P(x)$ $\left(P(x)=\frac{1}{\sqrt{2\pi}}e^{-(x-15)^2/2}\right)$	（三）x 天内的平均需求（算式为 ρx）
① 13	0.05	13
② 14	0.24	14
③ 15	0.40	15
④ 16	0.24	16
⑤ 17	0.05	17

需求 $r>L$，$F_x(L)$ 的概率，算式 $F_x(L)=\sum\limits_{r>L}\dfrac{e^{-x}x^r}{r!}=1-\sum\limits_{r=0}^{L}\dfrac{e^{-x}x^r}{r!}$。

（四）

L=15	L=21	L=22	L=23	L=24	L=25	L=26	L=31
① 0.236	0.014	0.008	0.004	0.002	0.001	0	0
② 0.331	0.029	0.017	0.009	0.005	0.003	0.001	0
③ 0.432	0.053	0.033	0.019	0.011	0.006	0.003	0
④ 0.533	0.089	0.058	0.037	0.022	0.013	0.008	0
⑤ 0.629	0.138	0.095	0.063	0.040	0.025	0.015	0.001

（五）相应备货时间及需求两者概率的乘积 $P(x)F_x(L)$

（五）=（二）×（四）

L=15	L=21	L=22	L=23	L=24	L=25	L=26	L=31
①0.012	0	0	0	0	0	0	0
②0.079	0.007	0.004	0.002	0.001	0.001	0	0
③0.173	0.021	0.013	0.008	0.004	0.002	0.001	0
④0.128	0.021	0.014	0.008	0.005	0.003	0.002	0
⑤0.031	0.007	0.005	0.003	0.002	0.001	0.001	0

根据表 13-5 算出 P_L、B 和费用的各种数值，见表 13-6。

表 13-6

L	L=15	L=21	L=22	L=23	L=24	L=25	L=26	L=31
P_L	0.423	0.056	0.036	0.021	0.012	0.007	0.004	0
B	0	6	7	8	9	10	11	16
费用	5287.5	1000	800	663	600	588 *	600	800

$$P_L = \sum_{x=15}^{17} P(x)F_x(L), B = L - \rho x$$

费用的计算式：$n_0 C_2 P_L + C_1 B = 2.5 \times 5000 \times P_L + 50 \times B$

说明：（1）备货时间小于 13，或大于 18 者，因为它们的概率很小，故略去。

（2）L 的选值可以多一些，如保证可以选到最小值，L 选值也可少一些。由表 13-6 中可以看到当 $L=25$，$B=10$ 时，费用 588 为最小，用“*”标记。据此即可确定存储策略。

答：该厂订购批量为 146 吨，订购点为 25 吨，每年订货 2.5 次（两年订货 5 次），缓冲存储量为 10 吨。

当清点存储花费劳动多，或清点困难时，人们常把存储物分成三堆存放。以例 13 来说，将缓冲存储量 $B=10$ 吨放一处，称之为第三堆。将平均拖后时间内的平均需求量 $D_L=\mu\rho=15$ 吨放另一处，称第二堆。第三堆、第二堆之和等于订货点 25 吨。其余存储另放一处称第一堆。平日从第一堆取用，第一堆用完，动用第二堆时，立即订货。动用第三堆时，即需采取措施以防缺货。

13.4　其他类型存储问题

有些存储问题远较本章所述模型复杂，上述公式不能用来求解，也可以利用运筹学的其他方法求解。如水库储水的调度问题，有人利用排队论方法，有人利用动态规划方法，都很好地解决了问题。

下面介绍一个例题，与本章前述的方法无关，可用线性规划方法求解。

例 14：已知仓库最大容量为 A，原有存储量为 I，计划在 m 个周期内，确定每一个周期的合理进货量与销售量，使总收入最多。已知第 i 个周期出售一个单位货物的收入为 a_i，而订购一个单位货物的订货费为 b_i（$i=1, 2, \cdots, m$）。

解：设 x_i、y_i 分别为第 i 个周期的进货量及售货量，这时总收入为：

$$C=\sum_{i=1}^{m}(a_iy_i-b_ix_i)$$

要求出 x_i、y_i 使 C 达到最大值（1，2，…，m）。容易理解 x_i、y_i，这些变量不能任意取值。

（1）它们受到库容的限制，即进货量加上原有存储量不能超过 A；

（2）每个周期的售出量不能超过该周期的存储量；

（3）进货量及售出量不能取负值。

用方程组表示上述的限制（约束条件）：

（1）$I+\sum_{i=1}^{s}(x_i-y_i)\leqslant A(s=1, 2, \cdots, m)$

（2）$y_s\leqslant I+\sum_{i=1}^{s-1}(x_i-y_i)(s=1, 2, \cdots, m)$

（3）$x_i\geqslant 0$，$y_i\geqslant 0$（$i=1, 2, \cdots, m$）

目标函数，约束条件都是线性的，可利用线性规划方法求解。

习 题

13.1：设某工厂每年需用某种原料1800吨，不需每日供应，但不得缺货。设每吨每月的保管费为60元，每次订购费为200元，试求最佳订购量。

13.2：某公司采用无安全存量的存储策略。每年使用某种零件100000件，每件每年的保管费用为30元，每次订购费为600元，试求：

（1）经济订购批量。

（2）订购次数。

13.3：设某工厂生产某种零件，每年需要量为18000个，该厂每月可生产3000个，每次生产的装配费为5000元，每个零件的存储费为1.5元，求每次生产的最佳批量。

13.4：某产品每月用量为4件，装配费为50元，存储费每月每件为8元，求产品每次最佳生产量及最小费用。若生产速度为每月生产10件，求每次生产量及最小费用。

13.5：每月需要某种机构零件2000件，每件成本150元，每年的存储费用为成本的16%，每次订购费100元，求E. O. Q及最小费用。

13.6：在习题13.5中如允许缺货，求库存量 s 及最大缺货量，设缺货费用为 $C_2=$ 200元。

13.7：某制造厂每周购进某种机构零件50件，订购费为40元，每周保管费为3.6元。

（1）求E. O. Q。

（2）该厂为少占用流动资金，希望存储量达到最低限度，决定可使总费用超过最低费用的4%作为存储策略，问这时订购批量为多少？

13.8：某公司采用无安全存量的存储策略，每年需电感5000个，每次订购费500元，保管费用每年每个10元，不允许缺货。若采购少量电感每个单价30元，若一次采购1500个以上则每个单价18元，问该公司每次应采购多少个？

（提示：本题属于订货量多，价格有折扣的类型，即订货费 C_3+KQ，K 为阶梯函数。）

13.9：某工厂的采购情况为

采购数量（件）	单位（元）
0～1999	100
2000以上	80

假设年需要量为10000件，每次订货费为2000元，存储费率为20%，则每次应采购多少？

13.10：一个允许缺货的 E. O. Q 模型的费用绝不会超过一个具有相同存储费、订购费但不允许缺货的 E. O. Q 模型的费用，试说明之。

13.11：某厂对原料需求的概率如下：

需求量 r（吨）	20	30	40	50	60
概率 $P(r)$（$\sum P(r)=1$）	0.1	0.2	0.3	0.3	0.1

每次订购费 $C_3=500$ 元，每吨原料价格 $K=400$ 元，每吨原料存储费 $C_1=50$ 元，缺货费每吨 $C_2=600$ 元。该厂希望制定（s，S）型存储策略，试求 s 及 S 值。

13.12：某厂需用配件数量 r 是一个随机变量，其概率服从泊松分布。t 时间内需求概率为

$$\varphi_t(r)=\frac{e^{-\rho t}(\rho t)^r}{r!}\quad \text{平均每日需求为 } 1(\rho=1)$$

备货时间为 x 天的概率服从正态分布

$$P(x)=\frac{1}{\sqrt{2\pi}\sigma}e^{-(x-\mu)^2/2\sigma^2}$$

平均拖后时间 $\mu=14$ 天，方差 $\sigma^2=1$，在生产循环周期内存储费 $C_1=1.25$ 元，缺货费 $C_2=10$ 元，装配费 $C_3=3$ 元。问两年内应分多少批订货？每次批量及缓冲存储量各为何值才能使总费用最小？

第 14 章

对策论基础

党的二十大报告中指出，当前，世界之变、时代之变、历史之变正以前所未有的方式展开。一方面，和平、发展、合作、共赢的历史潮流不可阻挡。另一方面，和平赤字、发展赤字、安全赤字、治理赤字加重，人类社会面临前所未有的挑战。在世界变局中，维护国家安全面临更艰巨的任务。我国发展进入战略机遇和风险挑战并存、不确定难预料因素增多的时期，必须在新时代新发展理念指引下，不断增强各界信心，为中国经济社会长远发展，构建合作共赢的关系。

14.1 引言

14.1.1 对策行为和对策论

对策论亦称竞赛论或博弈论，是研究具有斗争或竞争性质现象的数学论和方法。一般认为，它是现代数学的一个新分支，是运筹学的一个重要学科。对策论发展的历史并不长，但由于它研究的问题与政治、经济、军事活动乃至一般的日常生活等有着密切联系，并且处理问题的方法具有明显特色，所以日益引起广泛注意。

在日常生活中，经常会看到一些相互之间具有斗争或竞争性质的行为，如下棋、打牌、体育比赛等。还比如战争活动中的双方，都力图选取对自己最有利的策略，千方百计去战胜对手。在政治方面，国际间的谈判，各种政治力量之间的斗争，各国际集团之间的斗争等无一不具有斗争性质。在经济活动中，各国之间、各公司企业之间的经济谈判，企业之间为争夺市场而进行的竞争等，举不胜举。

具有竞争或对抗性质的行为称为对策行为。在这类行为中，参加斗争或竞争的各方各自具有不同的目标和利益。为了达到各自的目标和利益，各方必须考虑对手的各种可能的行动方案，并力图选取对自己最有利或最合理的方案。对策论就是研究对策行为中斗争各方是否存在着最合理行动方案，以及如何找到最合理行动方案的数学理论和方法。

在我国古代，“齐王赛马”就是一个典型的对策论研究例子。

战国时期，有一天齐王提出要与田忌赛马，双方约定从各自的上、中、下三个等级的马中各选一匹参赛，每匹马均只能参赛一次，每一次比赛双方各出一匹马，负者要付给胜者千金。已经知道，在同等级的马中，田忌的马不如齐王的马，而如果田忌的马比齐王的马高一等级，则田忌的马可取胜。当时，田忌手下的一个谋士给他出了个主意：每次比赛时先让齐王牵出他要参赛的马，然后用下马对齐王的上马，用中马对齐王的下马，用上马对齐王的中马。比赛的结果。田忌二胜一负，夺得千金。由此看来，两个人各采取什么样的出马次序对胜负是至关重要的。

14.1.2　对策行为的三个基本要素

以下称具有对策行为的模型为对策模型或对策。对策模型的种类可以千差万别，但本质上都必须包括以下三个基本要素。

14.1.2.1　局中人

在一个对策行为（或一局对策）中，有权决定自己行动方案的对策参加者，称为局中人。通常用 I 表示局中人的集合。如果有 n 个局中人，则 $I=\{1, 2, \cdots, n\}$。一般要求一个对策中至少要有两个局中人。如在“齐王赛马”的例子中，局中人是齐王和田忌。

对策中关于局中人的概念具有广义性。局中人除了可理解为个人外，还可以理解为某一集体，如球队、交战国、企业等。当研究在不确定的气候条件下进行某项与气候条件有关的生产决策时，就可把大自然当作一个局中人。另外，在对策中利益完全一致的参加者只能看成是一个局中人，如桥牌中的东、西方和南、北方各为一个局中人，虽有四人参赛，但只能算有两个局中人。

需要强调的一点是，在对策中总是假定每一个局中人都是“理智的”决策者或竞争者，即对任何一个局中人来讲，不存在利用其他局中人决策的失误来扩大自身利益的可能性。

14.1.2.2　策略集

一局对策中，可供局中人选择的一个实际可行的完整的行动方案称为一个策略。参加对策的每一局中人 i，$i \in I$，都有自己的策略集 S_i。一般，每一局中人的策略集中至少应包括两个策略。

在“齐王赛马”的例子中，如果用（上，中，下）表示以上马、中马、下马依次参赛这样一个次序，这就是一个完整的行动方案，即为一个策略。可见，局中人齐王和田忌各自都有 6 个策略：（上，中，下）、（上，下，中）、（中，上，下）、（中，下，上）、（下，中，上）、（下，上，中）。

14.1.2.3 赢得函数（支付函数）

在一局对策中，各局中人选定的策略形成的策略组称为一个局势，即若 S_i 是第 i 个局中人的一个策略，则 n 个局中人的策略组

$s=(s_1, s_2, \cdots, s_n)$

就是一个局势。全体局势的集合 S 可用各局中人策略集的笛卡儿积表示，即 $S=S_1\times S_2\times\cdots\times S_n$。

当一个局势出现后，对策的结果也就确定了。也就是说，对任一局势 $s\in S$，局中人 i 可以得到一个赢得值 $H_i(s)$，是局势 S 的函数，称为第 i 个局中人的赢得函数。在齐王与田忌赛马的例子中，局中人集合为 $I=\{1, 2\}$，齐王和田忌的策略集可分别用 $S_1=\{\alpha_1, \alpha_2, \alpha_3, \alpha_4, \alpha_5, \alpha_6\}$ 和 $S_2=\{\beta_1, \beta_2, \beta_3, \beta_4, \beta_5, \beta_6\}$ 表示。这样，齐王的任一策略 α_i 和田忌的任一策略 β_i 就形成了一个局势 s_{ij}。如果 $\alpha_1=$（上，中，下），$\beta_1=$（上，中，下），则在局势上 s_{11} 下齐王的赢得值为 $H_1(S_{11})=3$，田忌的赢得值 $H_2(S_{11})=-3$，如此等等。

以上讨论了局中人、策略集和赢得函数这三个概念。当这三个基本要素确定后，一个对策模型也就给定了。

14.1.3 对策问题举例及对策分类

对策论在经济管理的众多领域中有着十分广泛的应用，下面列举几个可以用对策论思想和模型进行分析的例子。

例 1：（市场购买力争夺问题）据预测，某乡镇下一年的饮食品购买力将有 4000 万元。乡镇企业和中心城市企业饮食品的生产情况是：乡镇企业有特色饮食品和低档饮食品两类，中心城市企业有高档饮食品和低档饮食品两类产品。它们争夺这一部分购买力的结局见表 14-1。问题是乡镇企业和中心城市企业应如何选择对自己最有利的产品策略。

表 14-1　　单位：万元

乡镇策略	中心城市企业的策略	
	出售高档饮食品	出售低档饮食品
出售特色饮食品	2000	3000
出售一般饮食品	1000	3000

例 2：（销售竞争问题）假定企业Ⅰ、Ⅱ均能向市场出售某一产品，不妨假定他们可于时间区间［0, 1］内任一时点出售。设企业Ⅰ在时刻 x 出售，企业Ⅱ在时刻 y 出售，则企业Ⅰ的收益（赢得）函数为：

$$H(x, y)=\begin{cases}c(y-x), & 若\ x<y \\ \frac{1}{2}c(1-x), & 若\ x=y \\ c(1-x), & 若\ x>y\end{cases}$$

问这两个企业各选择什么时机出售对自己最有利？在这个例子中，企业Ⅰ、Ⅱ可选择的策略均有无穷个。

例 3：（费用分摊问题）假设沿某一河流有相邻的 3 个城市 A、B、C，各城市可单独建立水厂，也可合作兴建一个大水厂。经估算，合建一个大水厂，加上铺设管道费用，要比单独建 3 个小水厂的费用少。但合建大厂的方案能否实施，要看总的建设费用分摊得是否合理。如果某个城市分摊到的费用比它单独建设水厂的费用还多的话，它显然不会接受合作的方案。问题是应如何合理地分摊费用，使合作兴建大水厂的方案得以实现？

例 4：（拍卖问题）最常见的一种拍卖形式是先由拍卖商把拍卖品描述一番，然后提出第一个报价。接下来由买者报价，每一次报价都要比前一次高，最后谁出的价最高拍卖品即归谁所有。假设有 n 个买主给出的报价分别为 p_1，…，p_n，且不妨设 $p_n > p_{n-1} > \cdots > p_1$，则买主 n 只要报价略高于 p_{n-1}，就能买到拍卖品，即拍卖品实际上是在次高价格上卖出的。现在的问题是，各买主之间可能知道他人的估价，也可能不知道他人的估价，每人应如何报价对自己能以较低的价格得到拍卖品最为有利？最后的结果又会怎样？

例 5：（囚犯难题）设有两个犯罪嫌疑人因涉嫌作案被警官拘留，警官分别对两人进行审讯。根据法律，如果两个人都承认此案是他们干的，则每人各判刑 7 年；如果两人都不承认，则由于证据不足，两人各判刑 1 年；如果只有一人承认并揭发对方，则承认者予以宽大释放，而不承认者将判刑 9 年。因此，对两个囚犯来说，面临着一个在“承认”和“不承认”这两个策略间进行选择的难题。

上面几个例子都可看成是一个对策问题，所不同的是有些是二人对策，有些是多人对策；有些是有限对策，有些是无限对策；有些是零和对策，有些是非零和对策；有些是合作对策，有些是非合作对策；等等。为了便于对不同的对策问题进行研究，可以根据不同方式进行分类，通常的分类方式有：

（1）根据局中人的个数，分为二人对策和多人对策；

（2）根据各局中人赢得函数的代数和是否为零，分为零和对策与非零和对策；

（3）根据各局中人间是否允许合作，分为合作对策和非合作对策；

（4）根据局中人的策略集中的策略个数，分为有限对策和无限对策。

此外，还有许多其他的分类方式。例如，根据策略的选择是否与时间有关，可分为静态对策和动态对策；根据对策模型的数学特征，可分为矩阵对策、连续对策、微分对策、阵地对策、凸对策、随机对策等。

在众多对策模型中，占有重要地位的是二人有限零和对策（finite two - person zero - sum game），又称为矩阵对策。这类对策是到目前为止在理论研究和求解方法方面都比较完善的一个对策分支。矩阵对策可以说是一类最简单的对策模型，其研究思想和方法十分具有代表性，体现了对策论的一般思想和方法，且矩阵对策的基本结果也是研究其他对策模型的基础。基于上述原因，本章将着重介绍矩阵对策的基本内容，只对其他对策模型作简要介绍。

14.2 矩阵对策的基本定理

14.2.1 矩阵对策的数学模型

二人有限零和对策就是矩阵对策，是指只有两个参加对策的局中人，每个局中人都只有有限个策略可以选择。在任一局势下，两个局中人的赢得之和总是等于零，即双方的利益是激烈对抗的。齐王赛马就是一个矩阵对策的例子，齐王和田忌各有 6 个策略，一局对策结束后，齐王的所得必为田忌的所失，反之亦然。

在矩阵对策中，一般用Ⅰ、Ⅱ分别表示两个局中人，并设局中人Ⅰ有 m 个纯策略（以与后面的混合策略区别）α_1，α_2，…，α_m，局中人Ⅱ有 n 个纯策略 β_1，β_2，…，β_n，则局中人Ⅰ、Ⅱ的策略集分别为

$$S_1 = \{\alpha_1, \alpha_2, \cdots, \alpha_m\}$$

$$S_2 = \{\beta_1, \beta_2, \cdots, \beta_n\}$$

当局中人Ⅰ选定纯策略 α_i 和局中人Ⅱ选定纯策略 β_j 后，就形成了一个纯局势（α_i，β_j）。可见这样的纯局势共有 $m \times n$ 个。对任一纯局势（α_i，β_j），记局中人Ⅰ的赢得值为 α_{ij}，并称

$$A = \begin{bmatrix} a_{11} & a_{12} & \cdots & a_{1n} \\ a_{21} & a_{22} & \cdots & a_{2n} \\ \vdots & \vdots & \ddots & \vdots \\ a_{m1} & a_{m2} & \cdots & a_{mn} \end{bmatrix}$$

为局中人Ⅰ的赢得矩阵（或为局中人Ⅱ的支付矩阵）。由于假定对策为零和的，故局中人Ⅱ的赢得矩阵就是 $-A$。

当局中人Ⅰ、Ⅱ和策略集 S_1、S_2 及局中人Ⅰ的赢得矩阵 A 确定后，一个矩阵对策也就给定了。通常，将一个矩阵对策记成

$$G = \{Ⅰ、Ⅱ; S_1, S_2; A\} \text{或} G = \{S_1, S_2; A\}$$

在“齐王赛马”的例子中齐王的赢得可用表 14 - 2 表示。

表 14－2

田忌的策略 / 齐王的赢得 / 齐王的策略	[β_1]（上、中、下）	[β_2]（上、下、中）	[β_3]（中、上、下）	[β_4]（中、下、上）	[β_5]（下、中、上）	[β_6]（下、上、中）
α_1（上、中、下）	3	1	1	1	1	－1
α_2（上、下、中）	1	3	1	1	－1	1
α_3（中、上、下）	1	－1	3	1	1	1
α_4（中、下、上）	－1	1	1	3	1	1
α_5（下、中、上）	1	1	－1	1	3	1
α_6（下、上、中）	1	1	1	－1	1	3

赢得矩阵为

$$A=\begin{bmatrix} 3 & 1 & 1 & 1 & 1 & -1 \\ 1 & 3 & 1 & 1 & -1 & 1 \\ 1 & -1 & 3 & 1 & 1 & 1 \\ -1 & 1 & 1 & 3 & 1 & 1 \\ 1 & 1 & -1 & 1 & 3 & 1 \\ 1 & 1 & 1 & -1 & 1 & 3 \end{bmatrix}$$

当矩阵对策模型给定后，各局中人面临的问题便是如何选取对自己最有利的纯策略，以谋取最大的赢得（或最少损失）。下面通过一个具体例子来分析应如何求解各局中人的最优纯策略。

例 6：设有一矩阵对策 $G=\{S_1, S_2; A\}$

其中

$S_1=\{\alpha_1, \alpha_2, \alpha_3, \alpha_4\}$

$S_2=\{\beta_1, \beta_2, \beta_3\}$

$$A=\begin{bmatrix} -6 & 1 & -8 \\ 3 & 2 & 4 \\ 9 & -1 & -10 \\ -3 & 0 & 6 \end{bmatrix}$$

由 A 可看出，局中人Ⅰ的最大赢得是 9，要想得到这个赢得，他就得选择纯策略 α_3。由于假定局中人Ⅱ也是理智的，他考虑到了局中人Ⅰ打算出 α_3 的心理，于是便准备以 β_3 对付之，使局中人Ⅰ不但得不到 9 反而失掉 10。局中人Ⅰ当然也会猜到局中人Ⅱ的这一心理，故想出 α_4 来对付，使局中人Ⅱ得不到 10 反而失掉 6……所以，如果双方都不想冒险，都不存在侥幸心理，而是考虑到对方必然会设法使自己的所得最少这一点，就应该从各自可能出现的最不利的情形中选择一种最有利的情形作为决策的依据，这就是所谓的“理智行为”，也是对策双方实际上都能接受的一种稳妥的方法。

在例 6 中，局中人Ⅰ分析到出纯策略 α_1、α_2、α_3、α_4 可能带来的最少赢得（矩阵 A 中每行的最小元素）分别为：-8、2、-10、-3。

在这些最少赢得（最不利的情形）中最好的结果（最有利的情形）是赢得为 2。因此，局中人Ⅰ只要以 α_2 参加对策，无论局中人Ⅱ选取什么样的纯策略，都能保证局中人Ⅰ的收入不会少于 2；而出其他任何纯策略，其收入都有可能少于 2，甚至输给对方。同理，对局中人Ⅱ来说，各纯策略 β_1、β_2、β_3 可能带来的最不利的结果（矩阵 A 中每列中最大元素）分别为：9、2、6。

在这些最不利的结果中最好的结果（输得最少）也是 2，即局中人Ⅱ只要选择纯策略 β_2，无论局中人Ⅰ采取什么纯策略，都能保证自己的支付不会多于 2；而采取其他任何纯策略，都有可能使自己的所失多于 2。上面的分析表明，局中人Ⅰ、Ⅱ的“理智行为”分别是选取纯策略 α_2 和 β_2，这时局中人Ⅰ的赢得值和局中人Ⅱ所失值的绝对值相等（都是 2）。局中人Ⅰ是按最大最小原则选择自己的纯策略，局中人Ⅱ是按最小最大原则选择自己的纯策略，这对双方来说都是一种最为稳妥的行为，因此 α_2、β_2 分别为局中人Ⅰ、Ⅱ的最优纯策略。

对于一般矩阵对策，有如下定义：

定义 1：设 $G=\{S_1, S_2; A\}$ 为矩阵对策

其中

$S_1=\{\alpha_1, \alpha_2, \cdots, \alpha_m\}$

$S_2=\{\beta_1, \beta_2, \cdots, \beta_n\}$

$A=(a_{ij})_{m\times n}$

若等式

$$\max_i \min_j a_{ij}=\min_j \max_i a_{ij}=a_{i^*j^*} \tag{14-1}$$

成立，记 $V_G=a_{i^*j^*}$，则称 V_G 为对策 G 的值，称使式（14－1）成立的纯局势（α_{i^*}，β_{j^*}）为 G 在纯策略下的解（或平衡局势），α_{i^*} 与 β_{j^*} 分别为局中人Ⅰ、Ⅱ的最优纯策略。

由定义 1 可知，在矩阵对策中两个局中人都采取最优纯策略（如果最优纯策略存在）才是理智的行动。

例 7：求解矩阵对策 $G=\{S_1, S_2; A\}$，其中

$$A=\begin{bmatrix} -7 & 1 & -8 \\ 3 & 2 & 4 \\ 16 & -1 & -3 \\ -3 & 0 & 5 \end{bmatrix}$$

解：根据矩阵 A，有

	β_1	β_2	β_3	$\min_j a_{ij}$
α_1	-7	1	-8	-8
α_2	3	2	4	2*
α_3	16	-1	-3	-3
α_4	-3	0	5	-3
$\max_i a_{ij}$	16	2*	5	

注：* 为最优解。

于是

$$\max_i \min_j a_{ij} = \min_j \max_i a_{ij} = a_{22} = 2$$

由定义 1 可知，$V_G = 2$，G 的解为（α_2，β_2），α_2 与 β_2 分别是局中人Ⅰ、Ⅱ的最优纯策略。

从例 7 可以看出，矩阵 A 的元素 a_{22} 既是其所在行的最小元素，又是其所在列的最大元素，即

$$a_{i2} \leqslant a_{22} \leqslant a_{2j} \quad i = 1, 2, 3, 4;\ j = 1, 2, 3$$

将这一事实推广到一般矩阵对策，可得如下定理：

定理 1： 矩阵对策 $G = \{S_1, S_2; A\}$ 在纯策略意义下有解的充分必要条件是：存在纯局势(α_{i^*}，β_{j^*})使得对一切 $i = 1, \cdots, m$；$j = 1, \cdots, n$，均有

$$a_{ij^*} \leqslant a_{i^*j^*} \leqslant a_{i^*j} \tag{14-2}$$

证明： 先证充分性，由于对任意 i、j 均有

$$a_{ij^*} \leqslant a_{i^*j^*} \leqslant a_{i^*j}$$

故

$$\max_i a_{ij^*} \leqslant a_{i^*j^*} \leqslant \min_j a_{i^*j}$$

又因

$$\min_j \max_i a_{ij} \leqslant \max_i a_{ij^*}$$

$$\min_j a_{i^*j} = \max_i \min_j a_{ij}$$

所以

$$\min_j \max_i a_{ij} \leqslant a_{i^*j^*} \leqslant \max_i \min_j a_{ij} \tag{14-3}$$

另外，对任意 i、j 有

$$\min_j a_{ij} \leqslant a_{ij} \leqslant \max_i a_{ij}$$

所以

$$\max_i \min_j a_{ij} \leqslant \min_j \max_i a_{ij} \tag{14-4}$$

由式（14-3）和式（14-4）有

$$\max_i \min_j a_{ij} = \min_j \max_i a_{ij} = a_{i^*j^*}$$

且 $V_G=a_{i^*j^*}$。

现在来证明必要性。设有 i^*、j^* 使得

$$\min_j a_{i^*j}=\max_i\min_j a_{ij}$$

$$\max_i a_{ij^*}=\min_j\max_i a_{ij}$$

则由

$$\max_i\min_j a_{ij}=\min_j\max_i a_{ij}$$

有

$$\max_i a_{ij^*}=\min_j a_{i^*j}\leqslant a_{i^*j^*}\leqslant \max_i a_{ij^*}=\min_j a_{i^*j}$$

所以对任意 i、j 有

$$a_{ij^*}\leqslant \max_i a_{ij^*}\leqslant a_{i^*j^*}\leqslant \min_j a_{i^*j}\leqslant a_{i^*j}$$

证毕。

为了便于对更广泛的对策情形进行分析，现引进关于二元函数鞍点的概念。

定义 2：设 $f(x, y)$ 为一个定义在 $x\in A$ 及 $y\in B$ 上的实值函数，如果存在 $x^*\in A$，$y^*\in B$，使得对一切 $x\in A$ 和 $y\in B$，有

$$f(x, y^*)\leqslant f(x^*, y^*)\leqslant f(x^*, y) \tag{14-5}$$

则称 (x^*, y^*) 为函数 f 的一个鞍点。

由定义 2 及定理 1 可知，矩阵对策 G 在纯策略意义下有解，且 $V_G=a_{i^*j^*}$ 的充要条件是：$a_{i^*j^*}$ 是矩阵 A 的一个鞍点。在对策论中，矩阵 A 的鞍点也称为对策的鞍点。

关于定理 1 中式（14-2）的直观解释是：如果 $a_{i^*j^*}$ 既是矩阵 $A=(a_{ij})_{m\times n}$ 中第 i^* 行的最小值，又是 A 中第 j^* 列的最大值，则 $a_{i^*j^*}$ 即为对策的值，且 $(\alpha_{i^*}, \beta_{j^*})$ 就是对策的解。其对策意义是：一个平衡局势 $(\alpha_{i^*}, \beta_{j^*})$ 应具有这样的性质，当局中人Ⅰ选取了纯策略 α_{i^*} 后，局中人Ⅱ为了使其所失最少，只有选择纯策略 β_{j^*}，否则就可能失得更多；反之，当局中人Ⅱ选取了纯策略 β_{j^*} 后，局中人Ⅰ为了得到最大的赢得也只能选取纯策略 α_{i^*}，否则就会赢得更少。双方的竞争在局势 $(\alpha_{i^*}, \beta_{j^*})$ 下达到了一个平衡状态。

例 8：求对策的解。设有一矩阵对策 $G=\{S_1, S_2; A\}$，其中 $S_1=\{\alpha_1, \alpha_2, \alpha_3, \alpha_4\}$，$S_2=\{\beta_1, \beta_2, \beta_3, \beta_4\}$，赢得矩阵为

$$A=\begin{bmatrix}6 & 5 & 6 & 5\\ 1 & 4 & 2 & -1\\ 8 & 5 & 7 & 5\\ 0 & 2 & 6 & 2\end{bmatrix}$$

解：直接在 A 提供的赢得表上计算，有

$$
\begin{array}{c}
 \\ \alpha_1 \\ \alpha_2 \\ \alpha_3 \\ \alpha_4 \\ \\ \max
\end{array}
\begin{bmatrix}
\beta_1 & \beta_2 & \beta_3 & \beta_4 \\
6 & 5 & 6 & 5 \\
1 & 4 & 2 & -1 \\
8 & 5 & 7 & 5 \\
0 & 2 & 6 & 2
\end{bmatrix}
\begin{array}{c}
\min \\ 5^* \\ -1 \\ 5^* \\ 0 \\ \\
\end{array}
$$

$$\max \quad 8 \quad 5^* \quad 7 \quad 5^*$$

于是

$$\max_i \min_j a_{ij} = \min_j \max_i a_{ij} = a_{i^* j^*} = 5$$

其中

$$i^* = 1,\ 3; \quad j^* = 2,\ 4$$

故(α_1, β_2)、(α_1, β_4)、(α_3, β_2)、(α_3, β_4)四个局势都是对策的解，且 $V_G = 5$。

由例 8 可知，一般矩阵对策的解可以是不唯一的。当解不一定时，解之间的关系具有下面两条性质。

性质 1：无差别性。即若$(\alpha_{i_1}, \beta_{j_1})$和$(\alpha_{i_2}, \beta_{j_2})$是对策 G 的两个解，则 $a_{i_1 j_1} = a_{i_2 j_2}$。

性质 2：可交换性。即若$(\alpha_{i_1}, \beta_{j_1})$和$(\alpha_{i_2}, \beta_{j_2})$是对策 G 的两个解，则$(\alpha_{i_1}, \beta_{j_2})$和$(\alpha_{i_2}, \beta_{j_1})$也是解。

上面两条性质的证明留给读者作为练习。这两条性质表明，矩阵对策的值是唯一的。即当局中人I采用构成解的最优纯策略时，能保证他的赢得 V_G 不依赖于对方的纯策略。

最后，举一个实际应用的例子。

例 9：某单位采购员在秋天要决定冬季取暖用煤的储量问题。已知在正常的冬季气温条件下要消耗 15 吨煤，在较暖与较冷的气温条件下要消耗 10 吨和 20 吨。假定冬季时的煤价随天气寒冷程度而有所变化，在较暖、正常、较冷的气候条件下每吨煤价分别为 100 元、150 元和 200 元，又设秋季时煤价为每吨 100 元。在没有关于当年冬季准确的气象预报的条件下，秋季储煤多少吨能使单位的支出最少？

这一储量问题可以看成是一个对策问题，把采购员当作局中人Ⅰ，他有三个策略：在秋天时买 10 吨、15 吨和 20 吨，分别记为 α_1、α_2、α_3。

把大自然看作局中人Ⅱ（可以当作理智的局中人来处理），大自然（冬季气温）有三种策略：出现较暖的、正常的和较冷的冬季，分别记为 β_1、β_2、β_3。

现在把该单位冬季取暖用煤实际费用（即秋季购煤时的用费与冬季不够时再补购的费用总和）作为局中人Ⅰ的赢得，得矩阵如下：

$$
\begin{array}{c}
 \\ \alpha_1(10\text{ 吨}) \\ \alpha_2(15\text{ 吨}) \\ \alpha_3(20\text{ 吨})
\end{array}
\begin{array}{c}
\begin{array}{ccc} \beta_1(\text{较暖}) & \beta_2(\text{正常}) & \beta_3(\text{较冷}) \end{array} \\
\begin{bmatrix}
-1000 & -1750 & -3000 \\
-1500 & -1500 & -2500 \\
-2000 & -2000 & -2000
\end{bmatrix}
\end{array}
$$

$$\max_i \min_j a_{ij} = \min_j \max_i a_{ij} = a_{33} = -2000$$

故对策的解为（α_3，β_3），即秋季储煤20吨合理。

14.2.2 矩阵对策的混合策略

由上面小节的讨论可知，对矩阵对策 $G=\{S_1, S_2; A\}$ 来说，局中人Ⅰ有把握的至少赢得是

$$v_1 = \max_i \min_j a_{ij}$$

局中人Ⅱ有把握的至多损失是

$$v_2 = \min_j \max_i a_{ij}$$

一般，局中人Ⅰ的赢得值不会多于局中人Ⅱ的所失值，即总有 $v_1 \leqslant v_2$。当 $v_1 = v_2$ 时，矩阵对策 G 存在纯策略意义下的解，且 $V_G = v_1 = v_2$。然而，一般情形下不总是如此，实际中出现的更多情形是 $v_1 < v_2$，这样根据定义1，对策不存在纯策略意义下的解。例如，对于赢得矩阵为

$$A = \begin{bmatrix} 3 & 6 \\ 5 & 4 \end{bmatrix}$$

的对策来说

$$v_1 = \max_i \min_j a_{ij} = 4,\ i^* = 2$$

$$v_2 = \min_j \max_i a_{ij} = 5,\ j^* = 1$$

$$v_2 = a_{21} = 5 > 4 = v_1$$

于是，当双方各根据从最不利情形中选取最有利结果的原则选择纯策略时，应分别选取 α_2 和 β_1，此时局中人Ⅰ将赢得5，比其预期赢得 $v_1 = 4$ 还多，原因就在于局中人Ⅱ选择了 β_1，使他的对手多得了原来不该得的赢得。故 β_1 对局中人Ⅱ来说并不是最优的，因而他会考虑出 β_2，局中人Ⅰ亦会采取相应的办法，改出 α_1 以赢得6，而局中人Ⅱ可能仍取策略 β_1 来对付局中人Ⅰ的策略 α_1。这样，局中人Ⅰ出 α_1 或 α_2 的可能性以及局中人Ⅱ出 β_1 或 β_2 的可能性都不能排除。对两个局中人来说，不存在一个双方均可接受的平衡局势，或者说当 $v_1 < v_2$ 时，矩阵对策 G 不存在纯策略意义下的解。在这种情况下，一个比较自然且合乎实际的想法是：既然各局中人没有最优策略可出，是否可以给出一个选取不同策略的概率分布。如在上例中，局中人Ⅰ可以制定如下一种策略：分别以概率 $\frac{1}{4}$ 和 $\frac{3}{4}$ 选取纯策略 α_1 和 α_2，这种策略是局中人Ⅰ的策略集 $\{\alpha_1, \alpha_2\}$ 上的一个概率分布，称为混合策略。同样，局中人Ⅱ也可制定这样一种混合策略：分别以概率 $\frac{1}{2}$、$\frac{1}{2}$ 选取纯策略 β_1、β_2。下面给出矩阵对策混合策略的定义。

定义3：设有矩阵对策 $G = \{S_1, S_2; A\}$

其中

$$S_1 = \{\alpha_1, \alpha_2, \cdots, \alpha_m\}$$

$$S_2 = \{\beta_1, \beta_2, \cdots, \beta_n\}$$

$$A = (a_{ij})_{m\times n}$$

记

$$S_1^* = \left\{x \in E^m \mid x_i \geqslant 0,\ i = 1, \cdots, m,\ \sum_{i=1}^{m} x_i = 1\right\}$$

$$S_2^* = \left\{y \in E^n \mid y_j \geqslant 0,\ j = 1, \cdots, n,\ \sum_{j=1}^{n} y_j = 1\right\}$$

则 S_1^* 和 S_2^* 分别称为局中人Ⅰ和Ⅱ的混合策略集（或策略集）；$x \in S_1^*$ 和 $y \in S_2^*$ 分别称为局中人Ⅰ和Ⅱ的混合策略（或策略）；对 $x \in S_1^*$，$y \in S_2^*$，称（x，y）为一个混合局势（或局势），局中人Ⅰ的赢得函数记成

$$E(x,y) = x^T A y = \sum_i \sum_j a_{ij} x_i y_j \tag{14-6}$$

这样得到的一个新的对策记成 $G^* = \{S_1^*, S_2^*; E\}$，称 G^* 为对策 G 的混合扩充。

由定义 3 可知，纯策略是混合策略的特例。例如，局中人Ⅰ的纯策略 α_k 等价于混合策略 $x = (x_1, \cdots, x_m)^T \in S_1^*$，其中

$$x_i = \begin{cases} 1 & i = k \\ 0 & i \neq k \end{cases}$$

一个混合策略 $x = (x_1, \cdots, x_m)^T$ 可设想成当两个局中人多次重复进行对策 G 时，局中人Ⅰ分别采取纯策略 $\alpha_1, \cdots, \alpha_m$ 的频率。若只进行一次对策，混合策略 $x = (x_1, \cdots, x_m)^T$ 可设想成局中人Ⅰ对各纯策略的偏爱程度。

下面讨论矩阵对策 G 在混合策略意义下解的定义。

设两个局中人仍像前面一样地进行有理智的对策。当局中人Ⅰ采取混合策略 x 时，他只能希望获得（最不利的情形）

$$\min_{y \in S_1^*} E(x, y)$$

因此，局中人Ⅰ应选取 $x \in S_1^*$，使得上式取极大值（最不利当中的最有利情形），即局中人Ⅰ可保证自己的赢得期望值不少于

$$v_1 = \max_{x \in S_1^*} \min_{y \in S_2^*} E(x, y) \tag{14-7}$$

同理，局中人Ⅱ可保证自己的所失期望值至多是

$$v_2 = \min_{y \in S_1^*} \max_{x \in S_2^*} E(x, y) \tag{14-8}$$

首先，注意到式（14-7）和式（14-8）是有意义的。因为根据定义，局中人Ⅰ的赢得函数 E（x，y）是欧式空间 E^{m+n} 内有界闭集 D 上的连续函数，其中

$$D = \{(x,y) \mid x_i \geqslant 0, y_j \geqslant 0, i = 1,\cdots,m, j = 1,\cdots,n, \sum_i x_i = 1, \sum_j y_j = 1\}$$

因此，对固定的 x，$E(x, y)$ 是 S_2^* 上的连续函数，故 $\min\limits_{y\in S_2^*} E(x, y)$ 存在，而且 $\min\limits_{y\in S_2^*} E(x, y)$ 也是 S_1^* 上的连续函数，故 $\max\limits_{x\in S_1^*}\min\limits_{y\in S_2^*} E(x, y)$ 存在。同样可说明 $\min\limits_{y\in S_2^*}\max\limits_{x\in S_1^*} E(x, y)$ 存在。

其次，仍然有 $v_1 \leqslant v_2$。事实上，设

$$\max_{x\in S_1^*}\min_{y\in S_2^*} E(x, y) = \min_{y} E(x^*, y)$$

$$\min_{y\in S_2^*}\max_{x\in S_1^*} E(x, y) = \max_{x} E(x, y^*)$$

于是

$$v_1 = \min_{y\in S_2^*} E(x^*, y) = E(x^*, y^*) \leqslant \max_{x\in S_1^*} E(x, y^*) = v_2$$

定义 4：设 $G^* = \{S_1^*, S_2^*; E\}$ 是矩阵对策 $G = \{S_1, S_2; A\}$ 的混合扩充，如果

$$\max_{x\in S_1^*}\min_{y\in S_2^*} E(x, y) = \min_{y\in S_2^*}\max_{x\in S_1^*} E(x, y) \tag{14-9}$$

记其值为 V_G，则称 V_G 为对策 G^* 的值，称使式（14-9）成立的混合局势 (x^*, y^*) 为 G 在混合策略意义下的解（或简称解），x^* 和 y^* 分别称为局中人Ⅰ和Ⅱ的最优混合策略（或简称最优策略）。

现约定，以下对 $G = \{S_1, S_2; A\}$ 及其扩充 $G^* = \{S_1^*, S_2^*; E\}$ 一般不加区别，通常都用 $G = \{S_1, S_2; A\}$ 来表示。当 G 在纯策略意义下解不存在时，自动认为讨论的是在混合策略意义下的解，相应的局中人Ⅰ的赢得函数为 $E(x, y)$。

和定理 1 类似，可给出矩阵对策 G 在混合策略意义下解存在的充要条件。

定理 2：矩阵对策 $G = \{S_1, S_2; A\}$ 在混合策略意义下有解的充要条件是：存在 $x^* \in S_1^*$，$y^* \in S_2^*$，使 (x^*, y^*) 为函数 $E(x, y)$ 的一个鞍点，即对一切 $x^* \in S_1^*$，$y^* \in S_2^*$，有

$$E(x, y^*) \leqslant E(x^*, y^*) \leqslant E(x^*, y) \tag{14-10}$$

本定理的证明同定理 1，只需将 a_{ij} 换写成 $E(x, y)$，读者可自行证之。应注意到，当 G 在纯策略意义下解存在时，定义 4 中关于对策 G 的值的定义 V_G 与前面的定义是一致的。当 G 在混合策略意义下的解 (x^*, y^*) 存在时，$V_G = E(x^*, y^*)$。

例 10：考虑矩阵对策 $G = \{S_1, S_2; A\}$，其中

$$A = \begin{bmatrix} 3 & 6 \\ 5 & 4 \end{bmatrix}$$

由前面的讨论可知 G 在纯策略意义下的解不存在，于是设 $x = (x_1, x_2)$ 为局中人Ⅰ的混合策略，$y = (y_1, y_2)$ 为局中人Ⅱ的混合策略，则

$$S_1^* = \{(x_1, x_2) \mid x_1, x_2 \geqslant 0, x_1 + x_2 = 1\}$$

$$S_2^* = \{(y_1, y_2) \mid y_1, y_2 \geqslant 0, y_1 + y_2 = 1\}$$

局中人Ⅰ的赢得期望值是

$$\begin{aligned}E(x,\ y) &= 3x_1y_1+6x_1y_2+5x_2y_1+4x_2y_2\\&=3x_1y_1+6x_1(1-y_1)+5y_1(1-x_1)+4(1-x_1)(1-y_1)\\&=-4\left(x_1-\frac{1}{4}\right)\left(y_1-\frac{1}{2}\right)+\frac{9}{2}\end{aligned}$$

取　$x^*=\left(\frac{1}{4},\ \frac{3}{4}\right),\ y^*=\left(\frac{1}{2},\ \frac{1}{2}\right)$

则　$E(x^*,\ y^*)=\frac{9}{2},\ E(x^*,\ y)=E(x,\ y^*)=\frac{9}{2}$

即有　$E(x,\ y^*)\leqslant E(x^*,\ y^*)\leqslant E(x^*,\ y)$

故 $x^*=\left(\frac{1}{4},\ \frac{3}{4}\right)$和 $y^*=\left(\frac{1}{2},\ \frac{1}{2}\right)$分别为局中人Ⅰ和Ⅱ的最优策略，对策的值（局中人Ⅰ的赢得期望值）$V_G=\frac{9}{2}$。

14.2.3　矩阵对策的基本定理

本节主要讨论矩阵对策解的存在性及解的有关性质。如前所述，一般矩阵对策在纯策略意义下的解往往是不存在的。但本节将证明，一般矩阵对策在混合策略意义下的解却总是存在的，并且通过一个构造性的证明，引出求解矩阵对策的基本方法——线性规划方法。

先给出如下两个记号：

当局中人Ⅰ取纯策略 α_i 时，记其相应的赢得函数为 $E(i,\ y)$，于是

$$E(i,y)\ =\ \sum_j a_{ij}y_j \tag{14-11}$$

当局中人Ⅱ取纯策略 β_j 时，记其相应的赢得函数为 $E(x,\ j)$，于是

$$E(x,j)\ =\ \sum_i a_{ij}x_i \tag{14-12}$$

由式（14－11）和式（14－12），有

$$E(x,y)\ =\ \sum_i\sum_j a_{ij}x_iy_j\ =\ \sum_i\left(\sum_j a_{ij}y_j\right)x_i\ =\ \sum_i E(i,y)x_j \tag{14-13}$$

和

$$E(x,y)\ =\ \sum_i\sum_j a_{ij}x_iy_j\ =\ \sum_j\left(\sum_i a_{ij}x_i\right)y_j\ =\ \sum_j E(x,j)y_j \tag{14-14}$$

根据上面的记号，可给出定理2的另一种等价表示。

定理3：设 $x^*\in S_1^*$，$y^*\in S_2^*$，则（x^*，y^*）是 G 的解的充要条件是：对任意 $i=1$，…，m 和 $j=1$，…，n，有

$$E(i,\ y^*)\leqslant E(x^*,\ y^*)\leqslant E(x^*,\ j) \tag{14-15}$$

证明：(x^*，y^*)是 G 的解，则由定理2知式（14－10）成立。由于纯策略是混合策略的特例，故式（14－15）成立。反之，设式（14－15）成立，由

$$E(x,y^*) = \sum_i E(i,y^*)x_i \leqslant E(x^*,y^*)\sum_i x_i = E(x^*,y^*)$$

$$E(x^*,y) = \sum_j E(x^*,j)y_j \geqslant E(x^*,y^*)\sum_j y_j = E(x^*,y^*)$$

即得式（14－10）。

可以这样认识定理 3 的意义：在验证（x^*，y^*）是否为对策 G 的解时，式（14－15）把需要对无限个不等式进行验证的问题转化为只需对有限个不等式（mn 个）进行验证的问题，从而使下面的研究大为简化。

不难证明，定理 3 可表述为如下等价的形式，而这一形式在求解矩阵对策时是特别有用的。

定理 4：设 $x^* \in S_1^*$，$y^* \in S_2^*$，则（x^*，y^*）是 G 的解的充要条件是：存在数 v，使得 x^* 和 y^* 分别为不等式组（Ⅰ）和（Ⅱ）的解，且 $v = V_G$。

$$(\text{Ⅰ})\begin{cases}\sum_i a_{ij}x_i \geqslant v, j = 1,\cdots,n \\ \sum_i x_i = 1 \\ x_i \geqslant 0, i = 1,\cdots,m\end{cases} \tag{14-16}$$

$$(\text{Ⅱ})\begin{cases}\sum_j a_{ij}y_j \leqslant v, i = 1,\cdots,m \\ \sum_j y_j = 1 \\ y_j \geqslant 0, j = 1,\cdots,n\end{cases} \tag{14-17}$$

下面给出矩阵对策的基本定理，也是本节最主要的内容。

定理 5：对任一矩阵对策 $G = \{S_1, S_2; A\}$，一定存在混合策略意义下的解。

证明：由定理 3，只要证明存在 $x^* \in S_1^*$，$y^* \in S_2^*$，使得式（14－15）成立。为此，考虑如下两个线性规划问题：

$$\max w$$

$$(P)\begin{cases}\sum_i a_{ij}x_i \geqslant w, j = 1,\cdots,n \\ \sum_i x_i = 1 \\ x_i \geqslant 0, i = 1,\cdots,m\end{cases}$$

和

$$\min v$$

$$(D)\begin{cases}\sum_j a_{ij}y_j \leqslant v, i = 1,\cdots,m \\ \sum_j y_j = 1 \\ y_j \geqslant 0, j = 1,\cdots,n\end{cases}$$

易验证，问题（P）和（D）是互为对偶的线性规划问题，而且

$$x=(1,\ 0,\ \cdots,\ 0)^T\in E^m,\ \omega\in\min_j a_{1j}$$

是问题（P）的一个可行解。

$$y=(1,\ 0,\ \cdots,\ 0)^T\in E^n,\ v\in\min_i a_{i1}$$

是问题（D）的一个可行解。由线性规划的对偶理论可知，问题（P）和（D）分别存在最优解（x^*，ω^*）和（y^*，v^*），且 $v^*=\omega^*$。即存在 $x^*\in S_1^*$，$y^*\in S_2^*$ 和数 v^*，使得对任意 $i=1$，…，m 和 $j=1$，…，n，有

$$\sum_j a_{ij}y_j^* \leqslant v^* \leqslant \sum_i a_{ij}x_i^* \tag{14-18}$$

或

$$E(i,\ y^*)\leqslant v^*\leqslant E(x^*,\ j) \tag{14-19}$$

又由

$$E(x^*,y^*)=\sum_i(i,y^*)x_i^*\leqslant v^*\cdot\sum_i x_i^*=v^*$$

$$E(x^*,y^*)=\sum_j(x^*,j)y_i^*\geqslant v^*\cdot\sum_j y_i^*=v^*$$

得到 $v^*=E$（x^*，y^*），故由式（14－19）知式（14－15）成立。

定理 5 的证明是一个构造性的证明，不仅证明了矩阵对策解的存在性，而且给出了利用线性规划求解矩阵对策的方法。

定理 6 至定理 10 讨论了矩阵对策及其解的若干重要性质，它们在求解矩阵对策的过程中起到重要作用。

定理 6：设（x^*，y^*）是矩阵对策 G 的解，$v=V_G$，则

（1）若 $x_i^*>0$，则 $\sum_j a_{ij}y_j^*=v$。

（2）若 $y_j^*>0$，则 $\sum_i a_{ij}x_i^*=v$。

（3）若 $\sum_j a_{ij}y_j^*<v$，则 $x_i^*=0$。

（4）若 $\sum_i a_{ij}x_i^*>v$，则 $y_j^*=0$。

证明：按定义有

$$v=\max_{x\in S_1^*}E(x,\ y^*)$$

故

$$v-\sum_j a_{ij}y_j^*=\max_{x\in S_1^*}E(x,\ y^*)-E(i,\ y^*)\geqslant 0$$

又因

$$\sum_i x_i^*\left(v-\sum_j a_{ij}y_j^*\right)=v-\sum_i\sum_j a_{ij}x_i^*y_j^*=0$$

$$x_i^*\geqslant 0,\ i=1,\ \cdots,\ m$$

所以，当 $x_i^* > 0$ 时，必有 $\sum\limits_j a_{ij}y_j^* = v$；当 $\sum\limits_j a_{ij}y_j^* < v$ 时，必有 $x_i^* = 0$，(1)、(3)得证。同理可证(2)、(4)。

记矩阵对策 G 的解集为 $T(G)$，下面三个定理是关于对策解集性质的主要内容。

定理 7：设有两个矩阵对策

$G_1 = \{S_1, S_2, A_1\}$

$G_2 = \{S_1, S_2, A_2\}$

其中 $A_1 = (a_{ij})$，$A_2 = (a_{ij} + L)$，L 为任一常数，则有

(1) $V_{G_2} = V_{G_1} + L$

(2) $T(G_1) + T(G_2)$

定理 8：设有两个矩阵对策

$G_1 = \{S_1, S_2, A_1\}$

$G_2 = \{S_1, S_2, \alpha A_2\}$

其中 $\alpha > 0$ 为任一常数。则有

(1) $V_{G_2} = \alpha V_{G_1}$

(2) $T(G_1) + T(G_2)$

定理 9：设 $G_1 = \{S_1, S_2, A_1\}$ 为一矩阵对策，且 $A = -A^T$ 为斜对称矩阵(亦称这种对策为对称对策)。则

(1) $V_G = 0$

(2) $T(G_1) = T(G_2)$，其中 $T(G_1)$ 和 $T(G_2)$ 分别为局中人 I 和 II 的最优策略。

定理 7 至定理 9 的证明留给读者去完成。在给定定理 10 之前，先给出矩阵对策优超纯策略的定义。

定义 5：设有矩阵对策 $G = \{S_1, S_2, A_1\}$，其中 $S_1 = \{\alpha_1, \cdots, \alpha_m\}$，$S_2 = \{\beta_1, \beta_2, \cdots, \beta_n\}$，$A = (a_{ij})$，如果对一切 $j = 1, \cdots, n$ 都有 $a_{i^0j} \geqslant a_{k^0j}$，即矩阵 A 的第 i^0 行元素均不小于第 k^0 行的对应元素，则称局中人 I 的纯策略 a_{i^0} 优超于 a_{k^0}；同样，若对一切 $i = 1, \cdots, m$ 都有 $a_{ij^0} \leqslant a_{il^0}$，即矩阵 A 的第 l^0 列元素均不小于第 j^0 列的对应元素，则称局中人 II 的纯策略 β_{j^0} 优超于 β_{l^0}。

定理 10：设 $G = \{S_1, S_2, A_1\}$ 为矩阵对策，其中 $S_1 = (\alpha_1, \cdots, \alpha_m)$，$S_2 = (\beta_1, \cdots, \beta_n)$，$A = (a_{ij})$，如果纯策略 α_1 被其余的纯策略 $\alpha_2, \cdots, \alpha_m$ 中之一所优超，由 G 可得到一个新的矩阵对策 G'

$G' = \{S'_1, S_2, A'\}$

其中

$S'_1 = (\alpha_2, \cdots, \alpha_m)$

$A' = (a_{ij}')_{(m-1)\times n}$

$a_{ij} = a_{1j}$，$i = 2, \cdots, m$，$j = 1, \cdots, n$

于是有

（1） $V_{G'}=V_G$；

（2） G'中局中人Ⅱ的最优策略就是其最优策略；

（3） 若$(x_2^*,\ \cdots,\ x_m^*)^T$是 G'中局中人Ⅰ的最优策略，则 $x^*=(0,\ x_2^*,\ \cdots,\ x_m^*)^T$便是其在 G 中最优策略。

证明：不妨设 α_2 优超于 α_1，即

$a_{2j}\geqslant a_{1j}$，$j=1$，…，n

因 $x'^*=(x_2^*,\ \cdots,\ x_m^*)^T$ 和 $y^*=(y_1^*,\ \cdots,\ y_n^*)^T$ 是 G'的解，由定理3，有

$$\sum_{j=1}^{n}a_{ij}y_j^*\ \leqslant V_{G'}\leqslant \sum_{i=2}^{m}a_{ij}x_i^* \tag{14-20}$$

$i=2$，…，m；$j=1$，…，n

因 α_2 优超于 α_1，由式（14-20）有

$$\sum_{j=1}^{n}a_{1j}y_i^*\ \leqslant \sum_{j=1}^{n}a_{2j}y_j^*\ \leqslant V_{G'} \tag{14-21}$$

合并式（14-20）和式（14-21），得

$$\sum_{j=1}^{n}a_{ij}y_j^*\ \leqslant V_{G'}\leqslant \sum_{i=2}^{m}a_{ij}x_i^*\ +a_{1j}\cdot 0$$

$i=1$，…，m；$j=1$，…，n

或　$E(i,\ y^*)\leqslant V_G\leqslant E(x^*,\ j)$

$i=1$，…，m；$j=1$，…，n

由定理4，$(x^*,\ y^*)$ 是 G 的解，其中 $x^*=(0,\ x_2^*,\ \cdots,\ x_m^*)^T$，且 $V_{G'}=V_G$。

推论：在定理10中，若 α_1 不是为纯策略 α_2，…，α_m 中之一所优超，而是为 α_2，…，α_m 的某个凸线性组合所优超，定理的结论仍然成立。

定理10实际给出了一个化简赢得的矩阵 A 的原则，称为优超原则。根据这个原则，当局中人Ⅰ的某纯策略 α_i 被其他纯策略或纯策略的凸线性组合所优超时，可在矩阵 A 中划去第 i 行而得到一个与原对策 G 等价但赢得矩阵阶数较小的对策 G'，而 G'的求解往往比 G 的求解容易些，通过求解 G'而得到 G 的解。类似地，对局中人Ⅱ来说，可以在赢得矩阵 A 中划去被其他列或其他列的线性组合所优超的那些列。

下面，举例说明优超原则的应用。

例11：设赢得矩阵为 A，求解这个矩阵的对策。

$$A=\begin{bmatrix}3&2&0&3&0\\5&0&2&5&9\\7&3&9&5&9\\4&6&8&7&5.5\\6&0&8&8&3\end{bmatrix}$$

解：由于第 4 行优超于第 1 行，第 3 行优超于第 2 行，故可划去第 1 行和第 2 行，得到新的赢得矩阵

$$A_1=\begin{bmatrix}7&3&9&5&9\\4&6&8&7&5.5\\6&0&8&8&3\end{bmatrix}$$

对于 A_1，第 1 列优超于第 3 列，第 2 列优超于第 4 列，1/3 ×（第 1 列）——2/3（第 2 列）优超于第 5 列，因此去掉第 3 列、第 4 列和第 5 列，得到

$$A_2=\begin{bmatrix}7&3\\4&6\\6&0\end{bmatrix}$$

这时，第 1 行又优超于第 3 行，故从 A_2 中划去第 3 行，得到

$$A_3=\begin{bmatrix}7&3\\4&6\end{bmatrix}$$

对于 A_3，易知无鞍点存在，应用定理 4，求解不等式组（Ⅰ）、（Ⅱ）

$$(\text{Ⅰ})\begin{cases}7x_3+4x_4\geqslant v\\3x_3+6x_4\geqslant v\\x_3+x_4=1\\x_3,\ x_4\geqslant 0\end{cases}\qquad(\text{Ⅱ})\begin{cases}7y_1+3y_2\leqslant v\\4y_1+6y_2\leqslant v\\y_1+y_2=1\\y_1,\ y_2\geqslant 0\end{cases}$$

首先考虑满足

$$\begin{cases}7x_3+4x_4=v\\3x_3+6x_4=v\\x_3+x_4=1\end{cases}\quad\begin{cases}7y_1+3y_2=v\\4y_1+6y_2=v\\y_1+y_2=1\end{cases}$$

的非负解，求得解为

$$x_3^*=1/3,\ x_4^*=2/3$$

$$y_1^*=1/2,\ y_2^*=1/2$$

$$v=5$$

于是，原矩阵对策的一个解为

$$x^*=(0,\ 0,\ 1/3,\ 2/3,\ 0)^T$$

$$y^*=(1/2,\ 1/2,\ 0,\ 0,\ 0)^T$$

$$V_G=5$$

14.3　矩阵对策的解法

14.3.1　公式法、图解法和方程组法

14.3.1.1　2×2 对策的公式法

所谓 2×2 对策是指局中人Ⅰ的赢得矩阵为 2×2 阶的，即

$$A = \begin{bmatrix} a_{11} & a_{12} \\ a_{21} & a_{22} \end{bmatrix}$$

如果 A 有鞍点，则很快可求出各局中人的最优纯策略；如果 A 没有鞍点，则可证明各局中人最优混合中的 x_i^*、y_i^* 均大于零。于是，由定理 6 可知，为求最优混合策略可求下列等式组合：

$$(\text{Ⅰ})\ \begin{cases} a_{11}x_1 + a_{21}x_2 = v \\ a_{12}x_1 + a_{22}x_2 = v \\ x_1 + x_2 = 1 \end{cases} \tag{14-22}$$

$$(\text{Ⅱ})\ \begin{cases} a_{11}y_1 + a_{21}y_2 = v \\ a_{12}y_1 + a_{22}y_2 = v \\ y_1 + y_2 = 1 \end{cases} \tag{14-23}$$

当矩阵 A 不存在鞍点时，可以证明上面等式组(Ⅰ)和(Ⅱ)一定有严格非负解 $x^* = (x_1^*, x_2^*)$ 和 $y^* = (y_1^*, y_2^*)$，其中

$$x_1^* = \frac{a_{22} - a_{21}}{(a_{11} + a_{22}) - (a_{12} + a_{21})} \tag{14-24}$$

$$x_2^* = \frac{a_{11} - a_{12}}{(a_{11} + a_{22}) - (a_{12} + a_{21})} \tag{14-25}$$

$$y_1^* = \frac{a_{22} - a_{12}}{(a_{11} + a_{22}) - (a_{12} + a_{21})} \tag{14-26}$$

$$y_2^* = \frac{a_{11} - a_{21}}{(a_{11} + a_{22}) - (a_{12} + a_{21})} \tag{14-27}$$

$$V_G = \frac{a_{11}a_{22} - a_{12}a_{21}}{(a_{11} + a_{22}) - (a_{12} + a_{21})} \tag{14-28}$$

例 12：求解矩阵对策 $G = \{S_1, S_2; A\}$，其中

$$A = \begin{bmatrix} 1 & 3 \\ 4 & 2 \end{bmatrix}$$

解：易知，A 没有鞍点。由通解式（14－25）～式（14－27）计算得到最优解为 $x^*=(1/2,\ 1/2)^T$，$y^*=(1/4,\ 3/4)^T$，对策值为5/2。

14.3.1.2 $2\times n$ 或 $m\times 2$ 对策的图解法

这里，介绍一种求矩阵对策的图解法，这个方法用在赢得矩阵为 $2\times n$ 或 $m\times 2$ 阶的对策上特别方便，也可用在 $3\times n$ 或 $m\times 3$ 对策上。但对 m 和 n 均大于3的矩阵对策就不适用了。现用一个 $2\times n$ 对策的例子来说明这个方法。

例13：考虑矩阵对策 $G=\{S_1,\ S_2;\ A\}$，其中

$$A=\begin{bmatrix}2 & 3 & 11\\7 & 5 & 2\end{bmatrix}$$

$$S_1=\{\alpha_1,\ \alpha_2\},\ S_2=\{\beta_1,\ \beta_2,\ \beta_3\}$$

设局中人Ⅰ的混合策略为 $(x,\ 1-x)^T$，$x\in[0,\ 1]$。过数轴上坐标为 O 和（1，0）的两点分别做两条垂线Ⅰ－Ⅰ和Ⅱ－Ⅱ，垂线上点的纵坐标值分别表示局中人Ⅰ采取纯策略 α_1 和 α_2 时，局中人Ⅱ采取各种策略时的赢得值。如图14－1所示。当局中人Ⅰ选择每一策略 $(x,\ 1-x)^T$ 时，他的最少可能的收入为由局中人Ⅱ选择 β_1、β_2、β_3 时所确定的三条直线

$$2x+7(1-x)=V$$

$$3x+5(1-x)=V$$

$$11x+2(1-x)=V$$

在 x 处的纵坐标中之最小者，即如折线 $B_1BB_2B_3$ 所示。所以对局中人Ⅰ来说，他的最优选择就是确定 x 使他的收入尽可能地多，从图14－1可知，按最小最大原则应选择 $x=OA$，而 AB 即为对策值。为求出点 x 和对策值 V_G，可联立过 B 点的两条线段 β_2 和 β_3 所确定的方程：

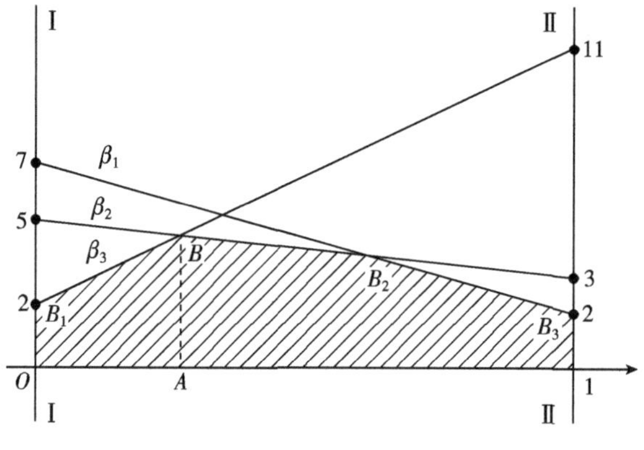

图14－1

$$\begin{cases}3x+5(1-x)=V_G\\11x+2(1-x)=V_G\end{cases}$$

解得 $x=3/11$，$V_G=49/11$。所以局中人Ⅰ的最优策略为 $x^*=(3/11,\ 8/11)^T$。此外，从图上还可以看出，局中人Ⅱ的最优混合策略只由 β_2 和 β_3 组成。

事实上，若记 $y^*=(y_1^*,\ y_2^*,\ y_3^*)^T$ 为局中人Ⅱ的最优混合策略，则有

$E(x^*,\ 1)=2\times3/11+7\times8/11=62/11>49/11=V_G$

$E(x^*,\ 2)=E(x^*,\ 3)=V_G$

根据定理 6 可知，必有 $y_1^*=0$，$y_2^*>0$，$y_3^*>0$。

根据定理 6，可由

$$\begin{cases}3y_2+11y_3=49/11\\5y_2+2y_3=49/11\\y_2+y_3=1\end{cases}$$

求得 $y_2^*=9/11$，$y_3^*=2/11$。所以局中人Ⅱ的最优混合策略为 $y^*=(0,\ 9/11,\ 2/11)^T$。

例 14：用图解法求解矩阵对策 $G=\{S_1,\ S_2;\ A\}$，其中 $S=\{\alpha_1,\ \alpha_2,\ \alpha_3\}$，$S_2=\{\beta_1,\ \beta_2\}$，$A=\begin{bmatrix}2&7\\6&6\\11&2\end{bmatrix}$。

设局中人Ⅱ的混合策略为 $(y,\ 1-y)^T$，由图 14－2 可知，直线 α_1、α_2、α_3，在任一点 $y\in[0,\ 1]$ 处的纵坐标分别是局中人Ⅱ采取混合策略 $(y,\ 1-y)^T$ 时的支付。根据最不利当中选取最有利的原则，局中人Ⅱ的最优选择就是如何确定 y，以使三个纵坐标值中的最大值尽可能地小。从图 14－2 可见，应选择 $OA_1\leqslant y\leqslant OA_2$，且对策的值显然为 6。由方程

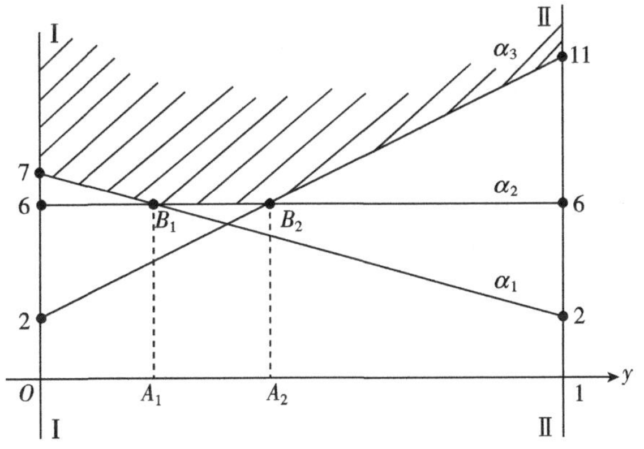

图 14－2

$2y+7(1-y)=6$ 和 $11y+2(1-y)=6$

求得 $OA_1=1/5$，$OA_2=4/9$。故局中人Ⅱ的最后混合策略是 $y^*=(y,\ 1-y)^T$，其中 $1/5\leqslant y\leqslant 4/9$，而局中人Ⅰ的最优策略显然只能是$(0,\ 1,\ 0)^T$，即取纯策略 α_2。

例 15：求解赢得矩阵 A 的矩阵对策。

$$A=\begin{bmatrix}4 & 8/3 & 4 & 2\\ 1 & 5 & 5 & 7\end{bmatrix}$$

首先，利用优超原则，第 2 列优超于第 3 列，故可划去第 3 列，又因

$(2/3)\times$(第 4 列)$+(1/3)\times$(第 1 列)$=$(第 2 列)

由优超原则又可划去 A 的第 2 列，转而求解赢得矩阵

$$A'=\begin{bmatrix}4 & 2\\ 1 & 7\end{bmatrix}$$

的对策 G'，从而求解得原对策的一个解为

$x^*=(3/4,\ 1/4)^T$

$y^*=(5/8,\ 0,\ 3/8)^T$

$V_G=13/4$

若用图解法求解本例，由图 14 – 3 可见，局中人Ⅰ的最优策略为 $x^*=(3/4,\ 1/4)^T$，若记局中人Ⅱ的最优策略为 $y^*=(y_1^*,\ y_2^*,\ y_3^*,\ y_4^*)^T$，则有 $y_3^*=0$，而 y_1^*、y_2^*、y_4^* 可由以下联立方程确定。

$$\begin{cases}4y_1+(8/3)y_2+2y_4=13/4\\ y_1+5y_2+7y_4=13/4\\ y_1+y_2+y_4=1\end{cases}$$

显然，满足上面方程组的解有无穷个，故局中人Ⅱ有无穷个最优混合策略。

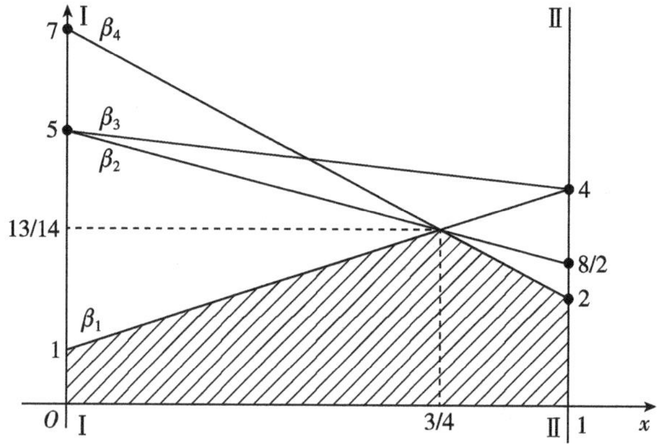

图 14 – 3

例 15 说明，利用优超原则化简赢得矩阵时，有可能将原矩阵对策的解也可划去一些，这种情况在 m 和 n 均大于 3 时仍然可能发生。

14.3.1.3　线性方程组方法

根据定理 4，求解矩阵对策解（x^*，y^*）的问题等价于求解不等式组（14－16）和不等式组（14－17），又根据定理 5 和定理 6，如果假设最优策略中的 x^* 和 y^* 均不为零，即可将上述两个不等式组的求解问题转化成求解下面两个方程组的问题：

$$\begin{cases} \sum_i a_{ij}x_i = v, j = 1, \cdots, n \\ \sum_i x_i = 1 \end{cases} \tag{14-29}$$

$$\begin{cases} \sum_i a_{ij}x_j = v, i = 1, \cdots, m \\ \sum_j x_j = 1 \end{cases} \tag{14-30}$$

如果方程组（14－29）和方程组（14－30）存在非负解 x^* 和 y^*，便求得了对策的一个解（x^*，y^*）。如果由上述两个方程组求出的解 x^* 和 y^* 中有负的分量，则可视具体情况，将式（14－29）和式（14－30）中的某些等式改成不等式，继续试算求解，直至求出对策的解。这种方法由于事先假设 x^* 和 y^* 均不为零，故当 x^* 和 y^* 的实际分量中有些为零时，式（14－29）和式（14－30）一般无非负解，而下面的试算过程则是无固定规程可循的。因此，这种方法在实际应用中具有一定的局限性。

例 16：求解矩阵对策——“齐王赛马”。

解：已知齐王的赢得矩阵为

$$A = \begin{bmatrix} 3 & 1 & 1 & 1 & 1 & -1 \\ 1 & 3 & 1 & 1 & -1 & 1 \\ 1 & -1 & 3 & 1 & 1 & 1 \\ -1 & 1 & 1 & 3 & 1 & 1 \\ 1 & 1 & -1 & 1 & 3 & 1 \\ 1 & 1 & 1 & -1 & 1 & 3 \end{bmatrix}$$

易知，A 没有鞍点，即对齐王和田忌来说都不存在最优策略。设齐王和田忌的最优混合策略为

$x^* = (x_1^*, x_2^*, x_3^*, x_4^*, x_5^*, x_6^*)^T$ 和 $y^* = (y_1^*, y_2^*, y_3^*, y_4^*, y_5^*, y_6^*)^T$

从矩阵 A 的元素来看，每个局中人选取每个策略的可能性都是存在的，故可事先假定 $x_i^* > 0$ 和 $y_i^* > 0$（$i = 1$，…，6；$j = 1$，…，6），于是求解线性方程组

$$\begin{cases}3x_1+x_2+x_3-x_4+x_5+x_6=v\\x_1+3x_2-x_3+x_4+x_5+x_6=v\\x_1+x_2+3x_3+x_4-x_5+x_6=v\\x_1+x_2+x_3+3x_4+x_5-x_6=v\\x_1-x_2+x_3+x_4+3x_5+x_6=v\\-x_1+x_2+x_3+x_4+x_5+3x_6=v\\x_1+x_2+x_3+x_4+x_5+x_6=1\end{cases}\tag{14-31}$$

和

$$\begin{cases}3y_1+y_2+y_3+y_4+y_5-y_6=v\\y_1+3y_2+y_3+y_4-y_5+y_6=v\\y_1-y_2+3y_3+y_4+y_5+y_6=v\\-y_1+y_2+y_3+3y_4+y_5+y_6=v\\y_1+y_2-y_3+y_4+3y_5+y_6=v\\y_1+y_2+y_3-y_4+y_5+3y_6=v\\y_1+y_2+y_3+y_4+y_5+y_6=1\end{cases}\tag{14-32}$$

得到

$x_i=1/6$，$i=1$，…，6

$y_j=1/6$，$j=1$，…，6

$v=1$

故齐王和田忌的最优混合策略为

$x^*=(1/6,\ 1/6,\ 1/6,\ 1/6,\ 1/6,\ 1/6)^T$ 和 $y^*=(1/6,\ 1/6,\ 1/6,\ 1/6,\ 1/6,\ 1/6)^T$

对策的值（齐王的期望赢得）为 $V_G=1$。这与我们的设想相符，即双方都以 1/6 的概率选取每个纯策略，或者说每个纯策略被选取的概率应是均等的，则总的结局应该是：齐王有 5/6 的概率赢田忌，赢得的期望值是千金。但是，如果齐王在每出一匹马前都将自己的选择告诉了对方，这实际上等于公开了自己的策略，如齐王选取出马次序为（上，中，下），则田忌根据谋士的建议便以（下，上，中）对之，结果田忌反而可得千金。因此，在矩阵对策不存在鞍点时，竞争的对方在开局前均应对自己的策略（实际上是纯策略）加以保密，否则不保密的一方是要吃亏的。

例 17：某厂用三种不同的设备 α_1、α_2、α_3 加工三种不同的产品 β_1、β_2、β_3，已知用三种设备分别加工产品时，单位时间内创造的价值由表 14－3 给出。

出现负值是由于设备的消耗大于创造出的价值。在上述条件下，求出一个合理的加工方案。

解：此问题可看成是一个矩阵对策问题，并易知没有鞍点。设采用设备 α_1、α_2、α_3 的概率分别为 $(x_1,\ x_2,\ x_3)^T$，产品 β_1、β_2、β_3 被接受加工的概率分别为 $(y_1,\ y_2,\ y_3)^T$。

表 14－3

适用设备	被加工产品		
	β_1	β_2	β_3
α_1	3	−2	4
α_2	−1	4	2
α_3	2	2	6

为简化求解计算，由定理7，转而求赢得矩阵为

$$A' = A - (2)_{3\times 3} = \begin{bmatrix} 1 & -4 & 2 \\ -3 & 2 & 0 \\ 0 & 0 & 4 \end{bmatrix}$$

的矩阵对策 G'，为此，先求解等式组

$$\begin{cases} x_1 - 3x_2 = v' \\ -4x_1 + 2x_2 = v' \\ 2x_1 + 4x_3 = v' \\ x_1 + x_2 + x_3 = 1 \end{cases} \tag{14-33}$$

和

$$\begin{cases} y_1 - 4y_2 + 2y_3 = v' \\ -3y_1 + 2y_2 = v' \\ 4y_3 = v' \\ y_1 + y_2 + y_3 = 1 \end{cases} \tag{14-34}$$

经过实际计算，知道上述等式组不存在非负解。于是根据试算，将式（14－33）中第3式取为不等式，将式（14－34）中第1式取为不等式，转而求解

$$\begin{cases} x_1 - 3x_2 = v' \\ -4x_1 + 2x_2 = v' \\ 2x_1 + 4x_3 > v' \\ x_1 + x_2 + x_3 = 1 \end{cases} \tag{14-35}$$

和

$$\begin{cases} y_1 - 4y_2 + 2y_3 < v' \\ -3y_1 + 2y_2 = v' \\ 4y_3 = v' \\ y_1 + y_2 + y_3 = 1 \end{cases} \tag{14-36}$$

由定理6，式（14－35）和式（14－36）的解 x^* 及 y^* 中的分量 $x_1^* = 0$，$y_3^* = 0$。将此结果代回上面两组不等式，得到

$x_2^* = 0$，$x_3^* = 1$

$y_1^* = 2/5$，$y_2^* = 3/5$

$v' = 0$

故原对策最优解为 $x^* = (0, 0, 1)^T$，$y^* = (2/5, 3/5, 0)^T$，对策值（单位时间内创造价值的期望值）$V_G = v' + 2 = 2$。

14.3.2 线性规划方法

由定理 5 已知，任一矩阵对策 $G = \{S_1, S_2; A\}$ 的求解均等于一对互为对偶的线性规划问题，而定理 4 表明，对策 G 的解 x^* 和 y^* 等价于下面两个不等式组的解。

$$(\mathrm{I})\begin{cases}\sum_i a_{ij}x_i \geqslant v, j = 1,\cdots,n \\ \sum_i x_i = 1 \\ x_i \geqslant 0, i = 1,\cdots,m\end{cases} \tag{14-37}$$

$$(\mathrm{II})\begin{cases}\sum_j a_{ij}y_j \geqslant v, i = 1,\cdots,n \\ \sum_j y_j = 1 \\ y_j \geqslant 0, j = 1,\cdots,m\end{cases} \tag{14-38}$$

其中

$$v = \max_{x\in S_1^*}\min_{x\in S_2^*} E(x, y) = \min_{x\in S_2^*}\max_{x\in S_1^*} E(x, y) \tag{14-39}$$

就是对策的值 V_G。

定理 11：设矩阵对策 $G = \{S_1, S_2; A\}$ 的值为 V_G，则

$$V_G = \max_{x\in S_1^*}\min_{1\leqslant j\leqslant n} E(x, j) = \min_{y\in S_2^*}\max_{1\leqslant i\leqslant m} E(i, y) \tag{14-40}$$

证明：因 V_G 是对策的值，故

$$V_G = \max_{x\in S_1^*}\min_{x\in S_2^*} E(x, y) = \min_{x\in S_2^*}\max_{x\in S_1^*} E(x, y) \tag{14-41}$$

一方面，任给 $x \in S_1^*$，有

$$\min_{1\leqslant j\leqslant n} E(x, j) \geqslant \min_{y\in S_2^*} E(x, y) \tag{14-42}$$

故

$$\max_{x\in S_1^*}\min_{1\leqslant j\leqslant n} E(x, j) = \min_{x\in S_2^*}\max_{y\in S_1^*} E(x, y) \tag{14-43}$$

另一方面，任给 $x \in S_1^*$，$y \in S_2^*$ 有

$$E(x, y) = \sum_{j=1}^{n} E(x, j)\cdot y_j \geqslant \min_{1\leqslant j\leqslant n} E(x, j)$$

故

$$\min_{y\in S_2^*}E(x,\ y)\geqslant\min_{1\leqslant j\leqslant n}E(x,\ j) \tag{14-44}$$

$$\max_{x\in S_1^*}\min_{y\in S_2^*}E(x,\ y)=\max_{x\in S_1^*}\min_{1\leqslant j\leqslant n}E(x,\ j) \tag{14-45}$$

由式（14-43）和式（14-44）得

$$V_G=\max_{x\in S_1^*}\min_{1\leqslant j\leqslant n}E(x,\ j)$$

同理可证

$$V_G=\min_{y\in S_2^*}\max_{1\leqslant i\leqslant m}E(i,\ y)$$

证毕。

下面给出求解矩阵对策的线性规划方法。

作变换（根据定理7，不妨设 $v>0$）：

$$x'_i=x_i/v,\quad i=1,\ \cdots,\ m \tag{14-46}$$

则不等式组（14-47）变为

$$(\text{I})\begin{cases}\sum_i a_{ij}x_i'\geqslant 1,j=1,\cdots,n\\ \sum_i x_i'=1/v\\ x_i'\geqslant 0,i=1,\cdots,m\end{cases} \tag{14-47}$$

根据定理11，$v=\max_{x\in S_1^*}\min_{1\leqslant j\leqslant n}\sum_i a_{ij}x_i$，故不等式组（Ⅰ）即等价于线性规划问题：

$$(P)\begin{cases}\min z=\sum_i x_i'\\ \sum_i a_{ij}x_i'\geqslant 1,j=1,\cdots,n\\ x_i'\geqslant 0\end{cases} \tag{14-48}$$

同理，作变换

$$y_j'=y_j/v,\ j=1,\ \cdots,\ n \tag{14-49}$$

则不等式组（14-38）变为

$$(\text{II})\begin{cases}\sum_j a_{ij}y_j'\leqslant 1,i=1,\cdots,m\\ \sum_j y_j'=1/v\\ y_j'\geqslant 0,j=1,\cdots,n\end{cases} \tag{14-50}$$

其中 $v=\min_{y\in S_2^*}\max_{1\leqslant i\leqslant m}\sum_j a_{ij}y_j$，与之等价的线性规划问题是：

$$(D)\begin{cases}\max w=\sum_j y_j'\\ \sum_j a_{ij}y_j'\leqslant 1,i=1,\cdots,m\\ y_j'\geqslant 0,\ j=1,\cdots,n\end{cases} \tag{14-51}$$

显然，问题（P）和（D）是互为对偶的线性规划，故可利用单纯形或对偶单纯形方法求解。在求解时，一般先求得问题（D）的解，因为这样容易在迭代的第一步就找到第一个基本可行解，而问题（P）的解从问题（D）的最后一个单纯形表上即可得到。当求得问题（P）和（D）的解后，再利用变换式（14－46）和式（14－49）即可求出原对策问题的解及对策的值。

例 18：利用线性规划方法求解赢得矩阵为 A 的矩阵对策。

$$A=\begin{bmatrix}7 & 2 & 9\\ 2 & 9 & 0\\ 9 & 0 & 11\end{bmatrix}$$

解：求解问题可化成两个互为对偶的线性规划问题

$$\min(x_1+x_2+x_3)$$

$$\begin{cases}7x_1+2x_2+9x_3\geqslant 1\\ 2x_1+9x_2\geqslant 1\\ 9x_1+11x_3\geqslant 1\\ x_1,\ x_2,\ x_3\geqslant 0\end{cases} \tag{14-52}$$

$$\max(y_1+y_2+y_3)$$

$$\begin{cases}7y_1+2y_2+9y_3\leqslant 1\\ 2y_1+9y_2\leqslant 1\\ 9y_1+11y_3\leqslant 1\\ y_1,\ y_2,\ y_3\geqslant 0\end{cases} \tag{14-53}$$

表 14－4

c_j			1	1	1	0	0	0	ω
c_B	x_B	b	y_1	y_2	y_3	u_1	u_2	u_3	
0	u_1	1	7	2	9	1	0	0	
0	u_2	1	2	9	0	0	1	0	
0	u_3	1	[9]	0	11	0	0	1	
c_j-z_j			1	1	1	0	0	0	0
0	u_1	2/9	0	2	4/9	1	0	-7/9	
0	u_2	7/9	0	[9]	-22/9	0	1	-2/9	
1	y_1	1/9	1	0	11/9	0	0	1/9	
c_j-z_j			0	1	-2/9	0	0	-1/9	1/9
0	u_1	4/81	0	0	[80/81]	1	-2/9	-59/81	
1	y_2	7/81	0	1	-22/81	0	1/9	-2/81	
1	y_1	1/9	1	0	11/9	0	0	1/9	

续表

$c_j - z_j$			0	0	4/81	0	-1/9	-7/81	16/81
1	y_3	4/80	0	0	1	81/80	-18/80	-59/80	
1	y_2	1/10	0	1	0	22/80	4/80	-18/80	
1	y_1	1/20	1	0	0	-99/80	22/80	81/80	
$c_j - z_j$			0	0	0	-4/80	-8/80	-4/80	16/80

利用单纯形方法求解问题（D），迭代过程如表 14 -4 所示，从中可得到问题（D）的解为

$$\begin{cases} y = (1/20,\ 1/10,\ 4/80)^T = (1/20,\ 1/10,\ 1/20)^T \\ \omega = 16/80 \end{cases}$$

由表 14 -4 中最后一个单纯形表可得问题(P)的解为

$$\begin{cases} y = (4/80,\ 8/80,\ 4/80)^T = (1/20,\ 1/10,\ 1/20)^T \\ z = 16/80 \end{cases}$$

于是

$$V_G = 80/16 = 5$$

$$x^* = V_G(1/20,\ 1/10,\ 1/20)^T = (1/4,\ 2/4,\ 1/4)^T$$

$$y^* = V_G(1/20,\ 1/10,\ 1/20)^T = (1/4,\ 2/4,\ 1/4)^T$$

至此，我们介绍了一些求解矩阵对策的方法。在求解一个矩阵对策时，应首先判断是否具有鞍点，当鞍点不存在时，利用优超原则和定理 7、定理 8 等提供的方法将原对策的赢得矩阵尽量地简化，然后再利用本节介绍的各种方法去求解。

在本节介绍的各类求解的方法中，线性规划方法是具有一般性的，另外还有两种具有一般性的解法：求全部解得矩阵法和至少保证求出一个解的微分方程法。

14.4 其他类型对策简介

14.4.1 二人无限零和对策

矩阵对策最简单的推广就是局中人的策略集从有限集变为无限集，如［0，1］区间。一般用 $G = \{S_1,\ S_2;\ H\}$ 表示一个二人无限零和对策，其中 S_1 和 S_2 中至少有一个是无限集合，H 为局中人Ⅰ的赢得函数。记

$$v_1 = \max_{\alpha_i \in S_1} \min_{\beta_j \in S_2} H(\alpha_i,\ \beta_j)$$

$v_2 = \min\limits_{\beta_j \in S_2}\max\limits_{\alpha_i \in S_1} H(\alpha_i, \beta_j)$

则 v_1 为局中人Ⅰ的至少赢得，v_2 为局中人Ⅱ的至多损失。显然有 $v_1 \leqslant v_2$，当 $v_1 = v_2$ 时，有如下定义

定义 6：设 $G = \{S_1, S_2; H\}$ 为二人无限零和对策，若存在 $\alpha_{i^*} \in S_1$，$\beta_{j^*} \in S_2$，使得

$$\max_{\alpha_i \in S_1}\min_{\beta_j \in S_2} H(\alpha_i, \beta_j) = \min_{\beta_j \in S_2}\max_{\alpha_i \in S_1} H(\alpha_i, \beta_j) = H(\alpha_{i^*}, \beta_{j^*}) \tag{14-54}$$

记其值为 V_G，则称 V_G 为对策 G 的值，称使式（14－54）成立的（α_{i^*}，β_{j^*}）为 G 在纯策略意义下的解，α_{i^*}、β_{j^*} 分别称为局中人Ⅰ和Ⅱ的最优纯策略。

定理 12：$(\alpha_{i^*}, \beta_{j^*})$ 为 $G = \{S_1, S_2, H\}$ 在纯策略意义下的解的充要条件是，对任意 $\alpha_{i^*} \in S_1$，$\beta_{j^*} \in S_2$，有

$$H(\alpha_i, \beta_{j^*}) \leqslant H(\alpha_{i^*}, \beta_{j^*}) \leqslant H(\alpha_{i^*}, \beta_j) \tag{14-55}$$

例 19：设局中人Ⅰ、Ⅱ相互独立地从[0，1]中分别选择一个实数 x 和 y，局中人Ⅰ的赢得函数 $H(x, y) = 2x^2 - y^2$。对策中，局中人Ⅰ希望 H 越大越好，局中人Ⅱ希望 H 越小越好。图 14－4 给出了 $H(x, y)$ 的等值线。通过对该图的分析，不难看出双方竞争平衡局势为(1，1)，即 $\alpha_i^* = 1$，$\beta_j^* = 1$ 分别为局中人Ⅰ和Ⅱ的最优纯策略，$V_G = 1$。可以验证，对 $(\alpha_i^*, \beta_j^*) = (1, 1)$，式(14－55)成立。

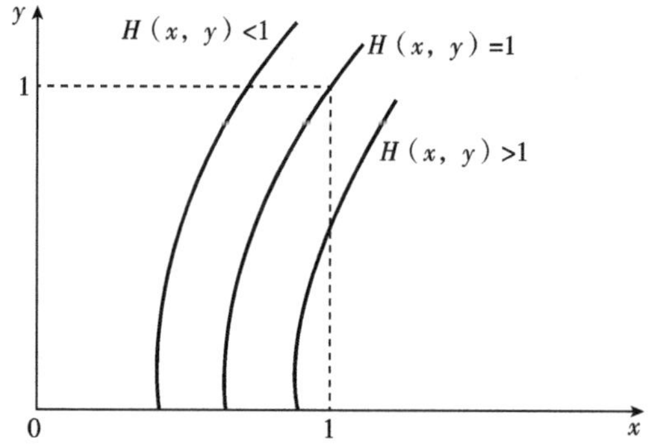

图 14－4

由矩阵对策的结果已知，式（14－54）一般并不成立，即对策 $G = \{S_1, S_2; H\}$ 在纯策略意义下无解。同矩阵对策中引入混合政策的做法类似，也可定义无限对策的混合策略如下：局中人Ⅰ和Ⅱ的混合策略 X 和 Y 分别为策略集 S_1 和 S_2 上的概率分布(或分布函数)，混合策略集记为 $\overline{X}$ 和 $\overline{Y}$。若用 x、y 表示纯策略，$F_X(x)$、$F_Y(y)$ 表示混合策略 X、Y 的分布，则局中人Ⅰ的赢得函数可以有以下四种形式：

$H(x, y)$

$H(X, y) = \int_{S_1} H(x, y)\,\mathrm{d}F_X(x)$

$$H(x,Y)=\int_{S_2}H(x,y)\,dF_Y(y)$$

$$H(X,Y)=\int_{S_1}\int_{S_2}H(x,y)\,dF_X(x)F_Y(y)$$

定义7：如果有

$$\sup_X\inf_Y H(X,\ Y)=\inf_Y\sup_X H(X,\ Y)=V_G \tag{14-56}$$

则称 V_G 为对策 G 的值，称使式（14-56）成立的$(X^*,\ Y^*)$为对策 G 的解，X^* 和 Y^* 分别为局中人Ⅰ和Ⅱ的最优策略。

定理13：$(X^*,\ Y^*)$为对策 $G=\{S_1,\ S_2;\ H\}$ 的解的充要条件是：对任意 $X\in\overline{X}$，$Y\in\overline{Y}$，有

$$H(X,\ Y^*)\leqslant H(X^*,\ Y^*)\leqslant H(X^*,\ Y) \tag{14-57}$$

当 $S_1=S_2=[0,\ 1]$，且 $H(x,\ y)$为连续函数时，称这样的对策为连续对策。对连续对策而言，局中人Ⅰ、Ⅱ的混合策略即为$[0,\ 1]$区间上的分布函数。记为$[0,\ 1]$区间上的分布函数的集合为 D，则有

$$H(X,Y)=\int_0^1\int_0^1 H(x,y)\,dF_X(x)\,dF_Y(y)$$

对连续对策，记

$$v_1=\max_{X\in D}\min_{Y\in D}H(X,\ Y)$$

$$v_2=\min_{Y\in D}\max_{X\in D}H(X,\ Y)$$

这里，不加证明地给出关于连续对策的基本定理。

定理14：对任何连续对策，一定有 $v_1=v_2$。

例20：（生产能力分配问题）某公司下属甲、乙两个工厂，分别位于 A、B 两市。设两厂总生产能力为1个单位，两市对工厂产品的总需求也是1个单位。如果 A 市的需求量为 x，则 B 市需求量为 $1-x$，这时只要安排 A 厂的生产能力为 x，就能使供需平衡。但现在不知道 A 市的确切需求量 x 是多少，如果安排 A 厂的生产能力为 y，则将产生供需上的不平衡。不平衡的程度可用数值表示为

$$\max\left\{\frac{x}{y},\ \frac{1-x}{1-y}\right\}$$

公司的目标是选择 y，使

$$\max_{0\leqslant x\leqslant 1}\max\left\{\frac{x}{y},\ \frac{1-x}{1-y}\right\} \tag{14-58}$$

达到极小。如果以市场需求为一方，公司为另一方，则以上问题可转化为一个连续对策问题，其中

$$S_1=S_2=[0,\ 1],\ H(x,\ y)=\max\left\{\frac{x}{y},\ \frac{1-x}{1-y}\right\}$$

对这个对策求解的结果为：公司方的最优策略（为纯策略）是 $y^*=1/2$，即两个厂

各生产一半；市场需求方的最优策略（为混合策略）是：分别以0.5的概率是0和1，即要么全部需求都集中在A市，要么都集中在B市，且两种情况发生的概率相等。该对策的值为$V_G=2$，即当公司和市场均选择各自的最优策略时，两市中需求大于供给的平均程度为2。

14.4.2 多人非合作对策

在实际问题中，会经常出现多人对策的问题，且每个局中人的赢得函数之和也不一定为零，特别是许多经济过程中的对策模型一般都是非零和的，因为经济过程总是有新价值的产生。所谓非合作对策，就是指局中人之间互不合作，对策略的选择不允许事先有任何交换信息的行为，不允许订立任何约定，矩阵对策就是一种非合作对策。一般非合作对策模型可描述为：

（1）局中人集合：$I=\{1, 2, \cdots, n\}$；

（2）每个局中人的策略集：S_1，S_2，…，S_n（均为有限集）；

（3）局势：$s=(s_1, \cdots, s_n)\in S_1\times\cdots\times S_n$；

（4）每个局中人i的赢得函数记为$H_i(s)$，一般说来，$\sum\limits_{i=1}^{n}H_i(s)\neq0$，一个非合作$n$人对策一般用符号$G=\{I, \{S_i\}, \{H_i\}\}$表示。

为讨论非合作n人对策的平衡局势，引入记号

$$s\parallel s_i^0=(s_1, \cdots, s_{i-1}, s_i^0, s_{i+1}, \cdots, s_n) \tag{14-59}$$

它的含义是：在局势$s=(s_1, \cdots, s_n)$中，局中人i将自己的策略由s_i换成s_i^0，其他局中人的策略不变而得到一个新局势。如果存在一个局势s，使得对任意$s_i^0\in s_i$，有

$$H_i(s)\geqslant H_i(s\parallel s_i^0)$$

则称局势s对局中人i有利，也就是说，若局势s对局中人i有利，则不论局中人i将自己的策略如何置换，都不会比在局势s下更多地赢得。显然，在非合作的条件下，每个局中人都力图选择对自己最有利的局势。

定义8：如果局势s对所有的局中人都有利，即对任意$i\in I$，$s_i^0\in S_i$，有

$$H_i(s)\geqslant H_i(s\parallel s_i^0) \tag{14-60}$$

则称s为非合作对策G的一个平衡局势（或平衡点）。

当G为二人零和对策时，上述定义等价为：$(\alpha_{i^*}, \beta_{j^*})$为平衡局势的充要条件是：对任意$i$、$j$，有

$$a_{ij^*}\leqslant a_{i^*j^*}\leqslant a_{i^*j} \tag{14-61}$$

此与前关于矩阵对策平衡局势的定义是一致的。

由矩阵对策的结果可知，非合作n人对策在纯策略意义下的平衡局势不一定存在。因此，需要考虑局中人的混合策略。对每个局中人的策略集S_i，令S_i^*为定义在S_i上的混合策略集（即S_i上所有概率分布的集合），x^i表示局中人i的一个混合策略，$x=$

$(x^1,\ \cdots,\ x^n)$ 为一个混合局势

$$x\|z^i=(x^1,\ \cdots,\ x^{i-1},\ z^i,\ x^{i+1},\ \cdots,\ x^n)$$

表示局中人 i 在局势 x 下，将自己的策略由 x^i 置换成 z^i 而得到的一个新的混合局势。以下，记 $E_i(x)$ 为局中人 i 在混合局势 x 下的赢得期望值，则有以下关于非合作 n 人对策解的定义。

定义9：若对任意 $i\in I$，$z^i\in S_i^*$，有

$$E_i(x\|z^i)\leqslant E_i(x)$$

则称 x 为非合作 n 人对策 G 的一个平衡局势（或平衡点）。

对非合作 n 人对策，已经得到了一个非常重要的结论——定理15。

定理15：（纳什（Nash）定理）非合作 n 人对策在混合策略意义下的平衡局势一定存在。

具体到二人有限非零和对策（亦称为双矩阵对策），纳什定理的结论可表述为：一定存在 $x^*\in s_1^*$，$y^*\in s_2{}^*$，使得

$$x^{*T}Ay^*\geqslant x^TAy^*\quad x\in S_1^* \tag{14-62}$$

$$x^{*T}By^*\geqslant x^TBy^*\quad y\in S_2^* \tag{14-63}$$

与矩阵对策所不同的是，双矩阵对策以及一般非合作 n 人对策平衡点的计算问题还远没有解决。但对 2×2 双矩阵对策，可得到如下结果：设双矩阵对策中两局中人的赢得矩阵分别为

$$A=\begin{bmatrix}a_{11} & a_{12}\\ a_{21} & a_{22}\end{bmatrix}\quad B=\begin{bmatrix}b_{11} & b_{12}\\ b_{21} & b_{22}\end{bmatrix}$$

分别记局中人Ⅰ和Ⅱ的混合策略为 $(x,\ 1-x)$ 和 $(y,\ 1-y)$，由式（14-62）和式（14-63），局势 $(x,\ y)$ 的对策平衡点的充要条件是

$$E_1(x,\ y)\geqslant E_1(1,\ y) \tag{14-64}$$

$$E_1(x,\ y)\geqslant E_1(0,\ y) \tag{14-65}$$

$$E_2(x,\ y)\geqslant E_2(x,\ 1) \tag{14-66}$$

$$E_2(x,\ y)\geqslant E_2(x,\ 0) \tag{14-67}$$

由式（14-65）、式（14-66），有

$$Q(1-x)y-q(1-x)\leqslant0 \tag{14-68}$$

$$Qxy-qx\geqslant0 \tag{14-69}$$

其中 $Q=a_{11}+a_{22}-a_{21}-a_{12}$，$q=a_{22}-a_{12}$，对式（14-68）、式（14-69）求解，得到

（1）当 $Q=0$，$q=0$ 时，$0\leqslant x\leqslant1$，$0\leqslant y\leqslant1$。

（2）当 $Q=0$，$q>0$ 时，$x=0$，$0\leqslant y\leqslant1$。

（3）当 $Q=0$，$q<0$ 时，$x=1$，$0\leqslant y\leqslant1$。

（4）当 $Q\neq 0$ 时，记 $q/Q=a$，有

$x=0 \quad y\leqslant a$

$0<x<1 \quad y=a$

$x=1 \quad y\geqslant a$

类似地，由式（14－66）和式（14－67），有

$$Rx(1-y)-r(1-y)\leqslant 0 \tag{14-70}$$

$$Rxy-ry\geqslant 0 \tag{14-71}$$

其中 $R=b_{11}+b_{22}-b_{21}-b_{12}$，$r=b_{22}-b_{21}$，对式（14－70）、式（14－71）求解，得到

（1）当 $R=0$，$r=0$ 时，$0\leqslant x\leqslant 1$，$0\leqslant y\leqslant 1$。

（2）当 $R=0$，$r>0$ 时，$0\leqslant x\leqslant 1$，$y=0$。

（3）当 $R=0$，$r<0$ 时，$0\leqslant x\leqslant 1$，$y=1$。

（4）当 $R\neq 0$ 时，记$\frac{r}{R}=\beta$，有

$x\leqslant\beta \quad y=0$

$x=\beta \quad 0<y<1$

$x\geqslant\beta \quad y=1$

例 21：求解 2×2 双矩阵对策，其中

$$A=\begin{bmatrix} 2 & -1 \\ -1 & 2 \end{bmatrix} \quad B=\begin{bmatrix} 1 & -1 \\ -1 & 2 \end{bmatrix}$$

解：由上面关于 2×2 双矩阵对策解的讨论可知

$Q=5>0 \quad q=2 \quad a=\frac{q}{Q}=\frac{2}{5}$

$R=5>0 \quad r=3 \quad \beta=\frac{r}{R}=\frac{3}{5}$

将这些结果代入双矩阵对策解的公式，得到

$$\begin{cases} x=0 & y\leqslant 2/5 \\ 0<x<1 & y=2/5 \\ x=1 & y\geqslant 2/5 \end{cases} \tag{14-72}$$

$$\begin{cases} x\leqslant 3/5 & y=0 \\ x=3/5 & 0<y<1 \\ x\geqslant 3/5 & y=1 \end{cases} \tag{14-73}$$

由不等式组（14－72）和不等式组（14－73）得到对策的 3 个平衡点 $(x, y)=(0, 0)$，$\left(\frac{3}{5}, \frac{2}{5}\right)$，$(1, 1)$。不等式组（14－72）的解在图 14－5 中以粗线表示，不等式组（14－73）的解以虚线表示，粗线与虚线的 3 个交点即为对策的 3 个平衡点。

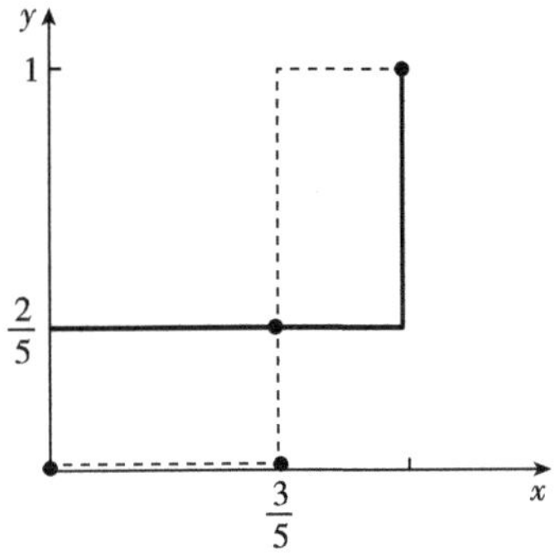

图 14-5

由

$$E_1(x, y)=5_{xy}-2(x+y)+1 \tag{14-74}$$

$$E_2(x, y)=5_{xy}-3(x+y)+2 \tag{14-75}$$

可得

$$E_1\left(\frac{3}{5}, \frac{2}{5}\right)=E_2\left(\frac{3}{5}, \frac{2}{5}\right)=\frac{1}{5} \tag{14-76}$$

$$E_1(0, 0)=1, E_1(1, 1)=2 \tag{14-77}$$

$$E_2(0, 0)=2, E_2(1, 1)=1 \tag{14-78}$$

不难发现，在平衡点（0，0）和（1，1）处，两个局中人的期望收益都比在平衡点（3/5，2/5）的期望收益要好。但由于这是一个非合作对策，不允许在选择策略前进行协商，所以两个局中人没有办法保证一定能达到平衡局势（0，0）或（1，1）。因而，尽管这个对策有 3 个平衡点，但哪一个平衡点作为对策的解都是难以令人信服的。

对“囚犯的难题”的例题（见本章例 5），不难得到两个囚犯的赢得矩阵分别为

$$A=\begin{bmatrix} -7 & 0 \\ -9 & -1 \end{bmatrix}, B=\begin{bmatrix} -7 & 9 \\ 0 & -1 \end{bmatrix} \tag{14-79}$$

由 $Q=1>0 \quad q=-1 \quad a=q/Q=-1$

$R=1>0 \quad r=-1 \quad \beta=r/R=-1$

不难确定该对策问题唯一平衡点（χ，γ）=（1，1），即两个人都承认犯罪，各判刑 7 年。从赢得矩阵式（14-79）来看，这个平衡局势显然不是最有利的。如果两个人都不承认犯罪，得到的赢得都是 -1，相当于各判刑 1 年，这才是最有利的结果。但是，在非合作的条件下，这个最有利的结局也是难以达到的。

14.4.3 合作对策

由于非合作对策模型在适用性和理论上存在的局限性，使人们开始研究合作对策问题。合作对策的基本特征是参加对策的局中人可以进行充分的合作，即可以事先商定

好，把策略协调起来；可以在对策后对所得到的支付进行重新分配。合作的形式是所有局中人可以形成若干联盟，每个局中人仅参加一个联盟，联盟的所得要在联盟的所有成员中进行重新分配。一般说来，合作可以提高联盟的所得，因而也可以提高每个联盟成员的所得。但联盟能否形成以及形成哪种联盟，或者说一个局中人是否参加联盟以及参加哪个联盟，不仅取决于对策的规则，更取决于联盟获得的所得如何在成员间进行合理的重新分配。如果分配方案不合理，就可能破坏联盟的形成，以至于不能形成有效的联盟。因此，在合作对策中，每个局中人如何选择自己的策略已经不是要研究的主要问题了，应当强调的是如何形成联盟，以及联盟的所得如何被合理分配（即如何维持联盟）。

合作对策研究问题重点的转变，使得合作对策的模型、解的概念都和非合作对策问题有很大的不同。具体来说，构成合作对策的两个基本要素是：局中人集合 I 和函数 $v(s)$，其中 $I=\{1, 2, \cdots, n\}$，s 为 I 的任一子集，也就是任何一个可能形成的联盟，$v(s)$ 表示联盟 s 在对策中的所得。合作对策的可行解是一个满足下列条件的 n 维向量 $X=(x_1, x_2, \cdots, x_n)^T$：

$$x_i \geqslant v(\{i\}),\ i=1, \cdots, n \tag{14-80}$$

$$\sum_{i=1}^{n} X_i = v(\mathrm{I}) \tag{14-81}$$

将满足式（14－80）和式（14－81）的向量 x 称为一个分配。合作对策研究的核心问题就是：如何定义“最优的”分配？是否存在“最优的”分配？怎样去求解“最优的”分配？鉴于对合作对策的系统阐述需要较多的数学知识和学时，超出了本书的基本要求，故不再作详细介绍，下面通过一个例子来说明合作对策的意义。

例 22：（产品定价问题）设有两家厂商（厂商 1、厂商 2）为同一市场生产同样产品，可选择的竞争策略是价格，目的是赚得最多的利润。已知两个厂商的需求函数为

$$Q_1 = 12 - 2p_1 + p_2 \tag{14-82}$$

$$Q_2 = 12 - 2p_2 + p_1 \tag{14-83}$$

其中，p_1、p_2 分别为两个厂商的价格，Q_1、Q_2 分别为市场对两个厂商产品的需求量（实际销售量）；又知两家厂商的固定成本均为 20 元。于是，厂商 1 的利润函数为

$$\pi_1 = p_1 Q_1 - 20 = 12p_1 - 2p_1^2 + p_1 p_2 - 20 \tag{14-84}$$

为求厂商 1 利润最大化时的价格，令

$$\frac{\mathrm{d}\pi_1}{\mathrm{d}p_1} = 12 - 4p_1 + p_2 = 0 \tag{14-85}$$

得到

$$p_1 = 3 + \frac{1}{4}p_2 \tag{14-86}$$

式（14－86）称为厂商 1 对厂商 2 的价格的反应函数；同理，可得到厂商 2 对厂商 1 的价格的反应函数为

$p_2 = 3 + \frac{1}{4}p_1$

由图14-6可以看出，如果两个厂商互不合作，各自从自身利润最大化出发，最稳妥的策略显然是都选择“定价4元”也就是实现纳什均衡，各自可以得到12元的利润。但我们发现，如果两个厂商合作起来，都选择“定价6元”，则双方都可能赚得16元的利润，显然比不合作时要好。因此，两个厂商可以结成一个“价格联盟”，统一把价格定在6元，形成一个合作均衡，争取一个双赢的结果。

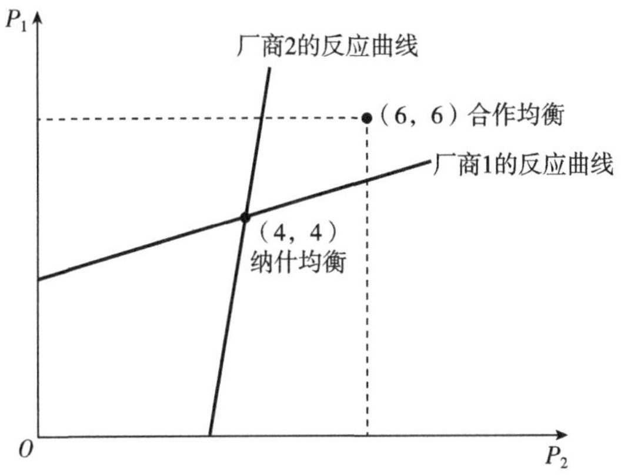

图14-6

但如果厂商1遵守价格联盟达成合作协议，把价格定在6元，而厂商2却违反合作协议，将价格定在4元（即厂商1合作，而厂商2不合作）则厂商1的利润只有4元，而厂商2的利润却可以达到20元，如图14-7所示。

		厂商1定价	
		4元	6元
厂商2定价	4元	12，12	20，4
	6元	4，20	16，16

图14-7

这就给两个厂商带来了一个定价难题：到底采取哪个价格？一方面，“合作”的前景很诱人，但各厂商都担心，如果竞争对手不合作怎么办？另一方面，在现实当中，一些厂商的确存在为了自身利益而违背市场竞争规则、与竞争对手进行削价竞争的冲动。不难看出，定价问题实际上正是“囚犯难题”在微观经济学中的一个实例。目前，“囚犯难题”的模型已被应用于经济学、社会学、心理学、伦理学、政治学等众多领域，充分说明由此模型而引出的合作对策模型具有十分广泛的适应性和应用背景。

习 题

14.1：甲、乙两个儿童游戏，双方可分别出拳头（代表石头）、手掌（代表布）、两个手指（代表剪刀），规则是：剪刀赢布，布赢石头，石头赢剪刀，赢者得一分。若双方所出相同算和局，不得分。试列出儿童甲的赢得矩阵。

14.2：“二指莫拉问题”。甲、乙二人游戏，每人出一个或两个手指，同时又把猜测对方所出的指数叫出来。如果只有一人猜测正确，则他所应得的数目为二人所出指数之和，否则重新开始，写出该对策中各局中人的策略集合及甲的赢得矩阵，并回答局中人是否存在某种出法比其他出法更为有利。

14.3：求解下列矩阵对策，其中赢得矩阵 A 分别为

(1) $\begin{bmatrix} -2 & 12 & -4 \\ 1 & 4 & 8 \\ -5 & 2 & 3 \end{bmatrix}$　　(2) $\begin{bmatrix} 2 & 2 & 1 \\ 3 & 4 & 4 \\ 2 & 1 & 6 \end{bmatrix}$

(3) $\begin{bmatrix} 2 & 7 & 2 & 1 \\ 2 & 2 & 3 & 4 \\ 3 & 5 & 3 & 6 \end{bmatrix}$　　(4) $\begin{bmatrix} 9 & 3 & 1 & 8 & 0 \\ 6 & 5 & 4 & 6 & 7 \\ 2 & 4 & 3 & 3 & 8 \\ 5 & 6 & 2 & 2 & 1 \\ 3 & 2 & 3 & 5 & 4 \end{bmatrix}$

14.4：证明 14.2.1 节中的性质 1 和性质 2。

14.5：甲、乙两个企业生产同一种电子产品，两个企业都想通过改革管理获取更多的市场销售份额。甲企业的策略措施有：①降低产品价格；②提高产品质量，延长保修年限；③推出新产品。乙企业考虑的措施有：①增加广告费用；②增设维修网点，扩大维修服务；③改进产品性能。假定市场份额一定，由于各自采取的策略措施不同，通过预测，今后两个企业的市场占有份额变动情况如表 14－5 所示（正值为甲企业增加的市场份额，负值为减少的市场占有份额）。试通过对策分析，确定两个企业各自的最优策略。

表 14－5

甲企业策略	乙企业策略		
	1	2	3
1	10	−1	3
2	12	10	−5
3	6	8	5

14.6：证明本章中的定理 2。

14.7：证明本章中的定理 4。

14.8：证明本章中的定理 7、定理 8 和定理 9。

14.9：设 G 为 2×2 对策，且不存在鞍点。证明若 $x^*=(x_1^*, x_2^*)^T$ 和 $y^*=(y_1^*, y_2^*)^T$ 是 G 的解，则

$x_i^*>0 \quad i=1, 2$

$y_i^*>0 \quad j=1, 2$

14.10：证明：矩阵对策

$$A=\begin{bmatrix} a_{11} & a_{12} \\ a_{21} & a_{22} \end{bmatrix}$$

的鞍点不存在的充要条件是有一条对角线的每一个元素均大于另一条对角线上的每一个元素。

14.11：推导 2×2 对策的求解式（14－25）～式（14－29），并由习题 14.10 的结果证明习题 14.9。

14.12：设 $M\times M$ 对策的矩阵为

$$A=\begin{bmatrix} a_{11} & a_{12} & \cdots & a_{1m} \\ a_{21} & a_{22} & \cdots & a_{2m} \\ \vdots & \vdots & \ddots & \vdots \\ a_{m1} & a_{m2} & \cdots & a_{mm} \end{bmatrix}$$

其中当 $i\neq j$ 时，$a_{ij}=1$；当 $i=j$ 时，$a_{ii}=-1$，证明此对策的最优策略为

$x^*=y^*=(1/m, 1/m, \cdots, 1/m)^T$

$V_G=\dfrac{m-2}{m}$

14.13：利用优超原则求解下列矩阵对策

（1）$A=\begin{bmatrix} 1 & 0 & 3 & 4 \\ -1 & 4 & 0 & 1 \\ 2 & 2 & 2 & 3 \\ 0 & 4 & 1 & 1 \end{bmatrix}$　　（2）$A=\begin{bmatrix} 3 & 4 & 0 & 3 & 0 \\ 5 & 0 & 2 & 5 & 9 \\ 7 & 3 & 9 & 5 & 9 \\ 4 & 6 & 8 & 7 & 6 \\ 6 & 0 & 8 & 8 & 3 \end{bmatrix}$

14.14：利用图解法求解下列矩阵对策，其中 A 为

（1）$\begin{bmatrix} 2 & 4 \\ 2 & 3 \\ 3 & 2 \\ -2 & 6 \end{bmatrix}$　　（2）$\begin{bmatrix} 5 & 7 & -6 \\ -6 & 0 & 4 \\ 7 & 8 & 5 \end{bmatrix}$

(3) $\begin{bmatrix} 4 & 2 & 3 & -1 \\ -4 & 0 & -2 & -2 \end{bmatrix}$ (4) $\begin{bmatrix} 1 & 3 & 11 \\ 8 & 5 & 2 \end{bmatrix}$

14.15：已知矩阵对策

$$A=\begin{bmatrix} 4 & 0 & 0 \\ 0 & 0 & 8 \\ 0 & 6 & 0 \end{bmatrix}$$

的解为 $\chi^* = (6/13, 3/13, 4/13)^T$，$\gamma^* = (6/13, 4/13, 3/13)^T$，对策值为 24/13。求下列矩阵对策的解，其赢得矩阵 A 分别为

(1) $\begin{bmatrix} 6 & 2 & 2 \\ 2 & 2 & 10 \\ 2 & 8 & 2 \end{bmatrix}$ (2) $\begin{bmatrix} -2 & -2 & 2 \\ 6 & -2 & -2 \\ -2 & 4 & -2 \end{bmatrix}$ (3) $\begin{bmatrix} 32 & 20 & 20 \\ 20 & 20 & 44 \\ 20 & 38 & 20 \end{bmatrix}$

14.16：用线性规划方法求解下列矩阵对策，其中 A 为

(1) $\begin{bmatrix} 8 & 2 & 4 \\ 2 & 6 & 6 \\ 6 & 4 & 4 \end{bmatrix}$ (2) $\begin{bmatrix} 2 & 0 & 2 \\ 0 & 3 & 1 \\ 1 & 2 & 1 \end{bmatrix}$

参考文献

[1] Ahuja R K, Magnanti T L & Orlin J B. Network Flows Theory Algorithms and Applications [M]. London: Prentice - Hall, 1993.

[2] Bollobas B. Modern Graph Theory [M]. New York: Springer, 1998.

[3] Bondy J A & Murty U R. Graph Theory with Applications [M]. London: The Macmillan Press, 1976.

[4] Chartrand G & Oellermann O R. Applied and Algorithmic Graph Theory [M]. New York: McGraw - Hill, 1993.

[5] Deo N. Graph Theory with Applications in Engineering and Computer Science [M]. London: Prentice - Hall, 1974.

[6] Diestel R. Graph Theory [M]. Berlin: Springer - Verlag, 2000.

[7] Dreyfus S E, Law A M. The Art and Theory of Dynamic Programming [M]. New York: American Academic Press, 1977.

[8] Even S. Graph Algorithms [M]. Henderson: Tech Science Press, 1979.

[9] Fleischner H. Eulerian Graphs and Related Topics [M]. Amsterdam: North Holland Pub. Co. , 1990.

[10] Ford L R & Fulkerson D R. Flows in Networks [M]. Princeton: Princeton University Press, 1962.

[11] Foulds L R. Graph Theory Applications [M]. Berlin: Springer - Velag, 1992.

[12] Gibbons A. Algorithmic Graph Theory [M]. Cambridge: Cambridge University Press, 1985.

[13] Hu T C. Combinatorial Algorithms [M]. Reading: Addison - Wesley Publishing Company, 1982.

[14] Jensen P A & Barnes J W. Network Flow Programming [M]. New York: John Wiely & Sons, 1980.

[15] Korte B & Vygen J. Combinatorial Optimization: Theory and Algorithms [M]. New York: Springer, 1991 .

[16] Lawler E L, Lenstra J K & Rinooy – Kan A H G. The Traveling Salesman Problem [M]. New York: John Wiley & Sons, 1985.

[17] Lawler E L. Combinatorial Optimization: Networks and Matroids [M]. New York: Holt Rinehart and Winston, 1976.

[18] Lovasz L & Plummer M D. Matching Theory [M]. Amsterdam: Elsevier Science Publishing Company Inc., 1986.

[19] Milan Zeleny. Multiple Creteria Decision Making [M]. New York: McGraw Hill Book Company, 1982.

[20] Papadimitriou C H & Steiglitz K. Combinatorial Optimization. Algorithms and Complexity [M]. London: Prentice – Hall, 1982.

[21] Swamy M N S & Thulasiraman K. Graphs Networks and Algorithms [M]. New York: John Wiley & Sons, 1981.

[22] West D B. Introduction to Graph Theory [M]. London: Prentice – Hall, 1993.

[23] Wilson R J & Beineke W L. Applications of Graph Theory [M]. New York: American Academic Press, 1979.

[24] Ignizio J P. 目标规划及其应用 [M]. 胡运权译. 哈尔滨：哈尔滨工业大学出版社，1988.

[25] James O. Berger. 统计决策论及贝叶斯分析 [M]. 贾乃光译. 北京：中国统计出版社，1998.

[26] Jensen P A, Barnes W. 网络流规划 [M]. 孙东川译. 北京：科学出版社，1988.

[27] J. A. Bondy, U. S. R Murty. 图论及其应用 [M]. 吴望名，李念祖等译. 北京：科学出版社，1984.

[28] Papadimitriou C H, Steiglitz K. 组合最优化：算法和复杂性 [M]. 刘振宏，蔡茂诚译. 北京：清华大学出版社，1988.

[29] 弗团德里克·S. 希利尔，等. 数据、模型与决策 [M]. 任建标等译. 北京：中国财政经济出版社，2001.

[30] 傅清祥，王晓东. 算法与数据结构 [M]. 北京：电子工业出版社，1998.

[31] 顾基发. 多目标决策问题 [J]. 自然杂志，1980 (2): 34 – 37.

[32] 郭耀煌，等. 运筹学与工程系统分析 [M]. 北京：中国建筑工业出版社，1986.

[33] 郭耀煌，等. 运筹学原理与方法 [M]. 成都：西南交通大学出版社，1994.

[34] 哈维·M. 瓦格纳. 运筹学原理与应用（第二版）[M]. 邓三瑞等译. 北京：国防工业出版社，1992.

[35] 胡运权. 运筹学基础及应用（第三版）[M]. 哈尔滨：哈尔滨工业大学出版

社，1998.

［36］胡运权．运筹学习题集（第三版）［M］．北京：清华大学出版社，2002.

［37］胡运权，等．运筹学基础及应用［M］．北京：高等教育出版社，2021.

［38］华罗庚．统筹方法平话及补充［M］．北京：中国工业出版社，1985.

［39］黄孟藩．管理决策概论［M］．北京：中国人民大学出版社，1982.

［40］姜青舫．实用决策分析［M］．贵阳：贵州人民出版社，1985.

［41］林文源．物料管理学［M］．澳门：澳门科技丛书出版社，1978.

［42］卢开澄．图论及其应用［M］．北京：清华大学出版社，1981.

［43］卢向南．项目计划与控制［M］．北京：机械工业出版社，2004.

［44］卢向南，等．定量分析模型与方法［M］．北京：清华大学出版社，2023.

［45］罗伯特·吉本斯．博弈论基础［M］．高峰译．北京：中国社会科学出版社，1999.

［46］马振华．现代应用数学手册（运筹学与最优化理论卷）［M］．北京：清华大学出版社，1998.

［47］马仲蕃，魏权龄，赖炎连．数学规划讲义［M］．北京：中国人民大学出版社，1981.

［48］田丰，马仲蕃．图与网络流理论［M］．北京：科学出版社，1987.

［49］王日爽，等．应用动态规划［M］．北京：国防工业出版社，1987.

［50］王玉梅．运筹学习题集［M］．北京：经济科学出版社，2017.

［51］王玉梅．运筹学［M］．北京：经济科学出版社，2017.

［52］王众托，等．网络计划技术［M］．沈阳：辽宁人民出版社，1984.

［53］吴云从．随机存储的几个问题［J］．系统工程，1984（4）：49－62.

［54］谢金星，邢文顺．网络优化［M］．北京：清华大学出版社，2000.

［55］徐光辉．随机服务系统［M］．北京：科学出版社，1980.

［56］徐光辉．运筹学基础手册［M］．北京：科学出版社，1990.

［57］宣家骥，等．目标规划及其应用［M］．合肥：安徽教育出版社，1987.

［58］严颖，程世学，程侃．运筹学随机模型［M］．北京：中国人民大学出版社，1995.

［59］俞玉森．数学规划的原理和方法［M］．武汉：华中工学院出版社，1985.

［60］运筹学教材编写组．运筹学（修订版）［M］．北京：清华大学出版社，1990.

［61］张盛开．对策论及其应用［M］．武汉：华中科技大学出版社，1985.

［62］张盛开．矩阵对策初步［M］．上海：上海教育出版社，1980.

［63］中国建筑学会建筑统筹管理分会编．工程网络计划技术规程教程［M］．北京：中国建筑工业出版社，2000.